"十三五"普通高等教育本科系列教材

普通高等教育"十一五"国家级规划教材

现代发电厂概论

(第四版)

主　编　文　锋　李长云
副主编　史月涛　臧家义
编　写　王乃华　李艳红　侯梅毅
主　审　王龙林　高永芬　魏华栋

中国电力出版社
CHINA ELECTRIC POWER PRESS

内 容 提 要

本书以600MW和1000MW汽轮发电机组为基础，系统地介绍了发电厂的生产过程和锅炉、汽轮机、发电机、变压器及各种变配电装置等主要生产设备的基本结构、工作原理和性能参数，并简单介绍了电气二次控制及生产安全管理的相关内容。本书共十一章，主要内容有电力生产概述、燃料和锅炉热平衡、锅炉设备、汽轮机本体结构及系统、汽轮机辅助设备及系统、同步发电机、电力变压器、发电厂变配电装置、发电厂电气控制、新能源发电技术和燃气-蒸汽联合循环系统。

本书可作为高等学校本科电气工程及其自动化、能源与动力工程类专业及高职高专电力技术类相关专业的实习教材，也可作为火电厂相关人员的培训教材。

图书在版编目（CIP）数据

现代发电厂概论/文锋，李长云主编．—4版．—北京：中国电力出版社，2019.6（2025.8重印）

“十三五”普通高等教育本科规划教材　普通高等教育“十一五”国家级规划教材

ISBN 978-7-5198-2237-8

Ⅰ.①现…　Ⅱ.①文…②李…　Ⅲ.①发电厂—高等学校—教材　Ⅳ.①TM62

中国版本图书馆CIP数据核字（2018）第185223号

出版发行：中国电力出版社

地　　址：北京市东城区北京站西街19号（邮政编码100005）

网　　址：http://www.cepp.sgcc.com.cn

责任编辑：吴玉贤（610173118@qq.com）

责任校对：黄　蓓　常燕昆

装帧设计：郝晓燕

责任印制：吴　迪

印　　刷：北京锦鸿盛世印刷科技有限公司

版　　次：1999年9月第一版　2019年6月第四版

印　　次：2025年8月北京第十七次印刷

开　　本：787毫米×1092毫米　16开本

印　　张：21

字　　数：514千字

定　　价：76.00元

前　言

本次修订基于现代发电厂中出现的新变化，对发电厂电气部分，补充了部分最新数据；增加了和大型发电机成套使用的励磁变压器和接地变压器的内容；同时，随着对环境保护要求的提高与科技的进步，新能源发电技术获得了快速发展，因此对生物质发电和联合循环装置的内容进行了补充修改。第四版主要增加了以下内容：

（1）生物质发电技术中，增加了锅炉结构部分的介绍，从汽包、水冷系统、燃烧系统、过热器、省煤器和烟气冷却器、空气预热器等方面对生物质发电用锅炉进行了介绍；并以某具体生物质混合燃烧发电工程为例对发电流程进行了说明。

（2）增加了联合循环装置的介绍。从燃气轮机的发展历程、工作过程、关键部件以及辅助系统等方面对燃气轮机进行了系统的讲解；同时，还对余热锅炉的工作原理、热力参数的选取、主要性能参数、汽水系统等进行了阐述。

（3）增加了大型发电机的励磁变压器和接地变压器的描述；补充了 1000MW 发电机-变压器组单元的接线方式及发电机出口有无断路器的优缺点的分析；结合最新国家标准，对火力发电厂的厂用电负荷重新进行了分类描述。

（4）将第三版第十、十一章的内容编为附录 A、B 作为电子资源，供读者扫码阅读。

本书由山东大学文锋教授和山东科技大学李长云副教授主编，文锋编写了第一、八章，山东大学王乃华编写了第二、三章，山东大学史月涛编写了第四、五章、第十章部分内容、第十一章和附录 A，齐鲁工业大学臧家义编写了第六章，山东大学侯梅毅编写了第七章的部分内容，李长云编写了第九、十章部分内容并对电气部分进行了修订，山东建筑大学李艳红编写了附录 B。本书由山东电力工程咨询院王龙林总工及高永芬、魏华栋高工主审，并组织人员对全书进行了认真校核，具体分工如下：前言、第一章由尹晓东、樊潇负责；第二章由李官鹏负责；第三章由王妮妮负责；第四章由苗井泉、隋菲菲负责；第五、十一章由张涛、张书迎负责；第六、七、八、十章由樊潇负责；第九章由李玮负责；附录 A 由张力负责；附录 B 由苗井泉负责。山东大学孙奉仲教授对本书编写进行了积极指导，华电国际邹县发电厂、华能黄台电厂、华电潍坊发电厂、国电石横发电厂、胜利发电厂、大唐黄岛发电厂及山东电力工程咨询院等单位相关技术人员提供了有效的参考资料和有益的建议，对他们的大力支持，在此表示衷心感谢。

编　者

2019 年 5 月

第二版前言

本书是根据高等学校电力类教学大纲的要求，为本科电气工程及其自动化、热能与动力工程专业和高职高专电力技术类专业编写的实习教材。随着我国电力工业的快速发展，300、600MW大容量高参数的火力发电机组已成为国家电网的主力机组，因此电厂生产人员及电力类专业学生需要对发电厂生产过程和主要生产设备的基本结构、工作原理及性能参数有一个系统全面的了解。本书对火电厂主要生产设备以图形和文字对照的方式进行简明概要的介绍，而避开详细的专业理论分析。并在每章后附有复习思考题，便于读者结合实物进行自学参考。

本书由山东大学文锋教授主编并编写了第一、八、十一章，山东大学王乃华任副主编并编写了第二、三章，山东轻工业学院臧家义任副主编并编写了第六、七章，山东大学史月涛编写了第四、五章，山东轻工业学院李长云编写了第九章，山东建筑大学李艳红编写了第十章。本书由山东电力研究院苏文博教授、郝卫东高工主审，山东电力研究院的高级工程师对本书按专业进行了审核，其中锅炉专业由王金枝审核、汽轮机专业由牛卫东、郁岚审核，热工专业由王贵明审核，电气专业由刘延华、陈玉峰、陈立新、张小勇、曹志伟、姚金霞审核。山东大学孙奉仲教授对本书编写进行了积极的指导。本书在编写中得到了邹县发电厂、黄台发电厂、潍坊发电厂、石横发电厂、胜利发电厂、黄岛发电厂及山东电力咨询院等单位相关技术人员的大力支持，并提供了有效的参考资料和有益的建议，在此表示衷心的感谢。

由于时间仓促和资料收集条件以及编者水平所限，纰漏之处在所难免，恳请读者指正。

编　者

2008年3月

第三版前言

此次修订的着眼点是，结合电力系统最新进展，补充最新的统计数据，对火力发电厂中的关键部件——锅炉、汽轮机、发电机及配电装置部分内容进行增补，同时，考虑到可再生能源在电力系统中的比重呈增大趋势，补充了新能源发电的部分内容。新增内容主要有：

（1）汽轮机的辅助系统中，结合现场机组的最新应用情况，增加了目前世界上最先进的单体式除氧器的基本工作原理与基本结构；对冷却水源受限制的发电厂，直接空冷凝汽器具有突出的优点，因而补充了直接空冷系统和间接空冷系统的原理与应用。

（2）发电机部分，补充了1000MW汽轮发电机的主要参数、结构及发电机的异常和事故运行的常见现象与处理方法。对发电厂高压配电装置，增加了KW5型空气断路器的灭弧室结构及电弧熄灭过程的介绍。新增了500kV断路器、隔离开关的控制回路与工作原理的介绍，便于和现场进行结合。

（3）增加了新能源发电技术章节，对生物质能发电、太阳能热发电、太阳能光伏发电及风力发电系统的主要工作原理、结构部件进行了简明讲解。

本书以600、1000MW大容量、高参数的火力发电机组为基础进行讲解，便于电厂生产人员及电力系统相关专业学生对发电厂生产过程和主要生产设备的基本结构、工作原理及性能参数有一个系统全面的了解；以图形和文字对照的方式对火电厂主要生产设备进行简明概要的介绍，而避开详细的专业理论分析；每章后附有复习思考题，便于读者自学参考。

本书由山东大学文锋教授和齐鲁工业大学李长云主编，文锋编写了第一、八章，山东大学王乃华编写了第二、三章，山东大学史月涛编写了第四、五章和第十二章的部分内容，齐鲁工业大学臧家义编写了第六章，山东大学侯梅毅编写了第七章，李长云编写了第九、十一章和第十二章的部分内容，山东建筑大学李艳红编写了第十章。本书由山东电力研究院苏文博、郝卫东主审。山东大学孙奉仲教授对本书编写进行了积极指导，华电国际邹县发电厂、华能黄台电厂、华电潍坊发电厂、国电石横发电厂、胜利发电厂、大唐黄岛发电厂及山东电力咨询院等单位相关技术人员提供了有效的参考资料和有益的建议，对他们的大力支持，在此表示衷心感谢。

编　者

2014年1月

目　录

第一章 电 力 生 产 概 述

在现代社会的生产和人们的日常生活中，电能已被广泛应用于各个领域，尽管自然界中有各种形式的能源，但电能已成为使用最方便、最实用的一种能源。可以想象，如果没有了电能，现代文明社会将不复存在。

本章主要介绍电能及生产过程。

第一节 电能和电力工业

自然界中能源可分为两类：一次能源和二次能源。所谓一次能源，是指自然界中现成存在的可直接利用的能源，如煤、石油、天然气、风能、水能、太阳能、地热能、原子核能等能源；所谓二次能源，是指由一次能源加工转换成的能源，如电能、燃油（汽油、柴油等）、氢能、火药等。本书仅对电能进行讨论。

一、电能的特点

电能与其他形式的能源相比具有如下特点：

(1) 便于生产和输送。生产电能的一次能源广泛，可由煤、石油、核能、风能、水能等多种能源转换而成，并便于大规模生产。电能输送简单，便于远距离传输和分配。

(2) 便于转换和控制。电能可方便地转换成其他形式的能，如机械能、热能、光能、声能、化学能及粒子的动能等，同时使用方便，易于实现有效而精确的控制，被称为“最方便的能源”。

(3) 效率高。它可取代其他形式的能源，如用电动机代替柴油机、用电气机车代替蒸汽机车、用电炉代替其他加热炉等，可提高效率20%～50%，被称为“节能的能源”。

(4) 无气体和噪声污染。如用电瓶车代替汽车、柴油车、蒸汽车等，成为“无公害车”，被称为“无污染的能源”。

二、电力工业及其发展

1752年7月，美国印刷工人本杰明·富兰克林（1706—1790年），冒着生命危险，在一个雷雨交加的荒野上，利用风筝将闪电引到地面，点燃了酒精，破除了人们对“天火”的迷信，打开了近代电学研究的大门。此后，经库仑、法拉第、麦克斯韦、爱迪生等许多科学家的努力，终于使“若神若鬼”的电成为人类驯服的动力。

1882年，美国发明家爱迪生在纽约建立了世界上第一个发电厂，通过三线直流220/110V输电线路向不同用户的400盏83W白炽灯供电，这是世界上最早的电力系统。同年，法国科学家德善普勒进行高电压长距离输电试验，用1500～2000V电压，通过57km电话线路，从米斯巴赫煤矿将电送到慕尼黑，点亮了国际博览会上的电灯。

1882年，英国工程师立德尔在上海建立了中国第一个电气公司，安装了100V直流发电机。

1885年，威斯汀豪斯公司安装了第一个试验交流系统。

1890 年，美国的第一条单相输电线路投入运行，把水力发电厂（简称水电厂）的电力送到 20km 以外的城镇用户。

1891 年，在德国劳芬电厂安装了世界第一台三相交流发电机，建成第一条三相交流输电线路。

据统计，从 1920 年以来，世界上发电设备容量和年发电量一直以大约 10 年增加 1 倍的速度发展。电压等级，从 110kV 到 330、500kV 甚至 750kV 以上的超高压电力网及 1000kV 的特高压电力网已取得运行经验。现在世界上已建成了跨越几千公里、贯穿几个国家的巨大电力系统。

我国的能源资源非常丰富，水力资源世界第一位，而煤、石油、天然气、地热等资源也十分丰富。但是，直到 1949 年，全国发电机装机容量仅有 1849MW，年发电量为 43 亿 kWh，居世界第 25 位，人均占有年发电量仅为 9.1kWh。1949 年后，我国电力工业发展迅速：截至 1998 年底，装机容量已达 2.7 亿 kW，是 1949 年的 146 倍，年发电量达 11 600 亿 kWh，居世界第 2 位，人均占有年发电量达到了 966kWh，增长了 100 多倍；截至 2011 年底，装机容量为 10.63 亿 kW，年发电量为 47 300 亿 kWh，跃居世界第一；截至 2016 年底，装机容量达到 16.5 万亿 kW，年发电量为 5.99×10^4 万亿 kWh。

我国发电装机容量和年发电量的发展情况见表 1-1。

表 1-1　我国发电装机容量和年发电量的发展情况

时间（年）	总装机容量（MW）	年发电量（亿 kWh）	时间（年）	总装机容量（MW）	年发电量（万亿 kWh）
1949	1849	43.1	2002	350 000	16 400
1960	11 918	594.2	2007	713 290	32 559
1970	23 770	1158.6	2009	874 900	36 506
1980	65 869	3006.3	2012	1 153 380	49 600
1990	137 890	6213.2	2014	1 360 190	55 200
2000	319 320	13 685	2016	1 650 000	59 900

第二节　电能生产过程

电能生产过程实质上是电能的生产、输配和耗用的过程，又常分为发电、输电、变电、配电和用电五个环节。这五个环节连续、同时进行，即构成了完整的电力生产过程。

一、电力系统的构成

电力系统是由发电厂、电力网和电力负荷三部分组成的。发电厂是电力系统的中心环节，它是将其他形式的能源转换为电能的工厂。火力发电厂（简称火电厂）由锅炉、汽轮机和发电机构成；水力发电厂由水库、水轮机、发电机构成。电力网由输（配）电线路和变电所组成。电力负荷就是电力用户。

近 20 年来，我国电力工业取得了快速发展，已建成了多个以 600MW 和 1000MW 大型机组为主的现代发电厂和以 1000kV 输电网为骨干网架，超高压输电网和高压输电网以及特高压直流输电/高压直流输电和配电网构成的分层、分区、结构清晰的现代化大电网。到

2015年，基本建成了以特高压电网为骨干网架、各级电网协调发展，具有信息化、自动化、互动化特征的坚强智能电网，形成“三华”（华北、华中、华东）、西北、东北三大同步电网，使国家电网的资源配置能力、经济运行效率、安全水平、科技水平和智能化水平得到全面提升。构成大电力系统在技术上和经济上有很大的优越性。

二、常规发电厂简介

发电厂是将各种一次能源转变成电能的工厂。按一次能源的不同，发电厂可分为火力发电厂（以煤、石油和天然气为燃料）、水力发电厂（以水的位能作动力）、原子（核）能发电厂以及风力发电厂、地热发电厂、太阳能发电厂、潮汐发电厂等。目前我国以火力发电厂为主，其发电量占全国总发电量的60%以上，多处大型水力发电厂正在加紧建设中，核电厂的建设也已取得了重大成绩。下面仅对在国民经济中占重要地位的火电厂、水电厂和核电厂的基本状况进行简要的介绍。

（一）火力发电厂

以煤、石油或天然气作为燃料的发电厂统称为火电厂。

1. 火电厂的分类

（1）按燃料分类：①燃煤发电厂，即以煤作为燃料的发电厂；②燃油发电厂，即以石油（实际是提取汽油、煤油、柴油后的渣油）为燃料的发电厂；③燃气发电厂，即以天然气、煤气等可燃气体为燃料的发电厂；④余热发电厂，即用工业企业的各种余热进行发电的发电厂。此外，还有利用垃圾及工业废料作燃料的发电厂。

（2）按原动机分类：凝汽式汽轮机发电厂、燃气轮机发电厂、内燃机发电厂和蒸汽-燃气轮机发电厂等。

（3）按供出能源分类：①凝汽式发电厂，即只向外供应电能的电厂，其效率低，只有30%～40%；②热电厂，即同时向外供应电能和热能的电厂，其效率高，一般为60%～70%。

（4）按发电厂总装机容量的多少分类：①小容量发电厂，其装机总容量在100MW以下的发电厂；②中容量发电厂，其装机总容量在100～250MW范围内的发电厂；③大中容量发电厂，其装机总容量在250～600MW范围内的发电厂；④大容量发电厂，其装机总容量在600～1000MW范围内的发电厂；⑤特大容量发电厂，其装机容量在1000MW及以上的发电厂。

（5）按蒸汽压力和温度分类：①中低压发电厂，其蒸汽压力（绝对）为3.92MPa、温度为450℃的发电厂，单机功率小于25MW；②高压发电厂，其蒸汽压力一般为9.9MPa、温度为540℃的发电厂，单机功率小于100MW；③超高压发电厂，其蒸汽压力一般为13.83MPa、温度为540/540℃的发电厂，单机功率小于200MW；④亚临界压力发电厂，其蒸汽压力一般为16.77MPa、温度为540/540℃的发电厂，单机功率为300～1000MW；⑤超临界压力发电厂，其蒸汽压力大于22.11MPa、温度为550/550℃的发电厂，机组功率为600MW及以上；⑥超超临界压力发电厂，一般指蒸汽压力大于31MPa、温度为600/600℃，机组功率为1000MW以上。

（6）按供电范围分类：①区域性发电厂，在电网内运行，承担一定区域供电的大中型发电厂；②孤立发电厂，是不并入电网内，单独运行的发电厂；③自备发电厂，由企业自己建造，主要供本单位用电的发电厂（一般也与电网相连）。

2. 火电厂的生产流程及特点

火电厂的种类虽很多，但从能量转换的观点分析，其生产过程却是基本相同的，其基本生产流程如下：

$$\text{燃料的化学能}\xrightarrow{\text{锅炉}}\text{高温高压水蒸气热能}\xrightarrow{\text{汽轮机}}\text{机械能}\xrightarrow{\text{发电机}}\text{电能}\xrightarrow{\text{变压器}}\text{电力系统。}$$

与水电厂和其他类型的电厂相比，火电厂有如下特点：

(1) 火电厂布局灵活，装机容量的大小可按需要决定。

(2) 火电厂建造工期短，一般为水电厂的一半甚至更短；一次性建造投资少，仅为水电厂的一半左右。

(3) 火电厂耗煤量大，目前发电用煤约占全国煤炭总产量的40%～50%，加上运煤费用和大量用水，其生产成本比水力发电要高出3～4倍。

(4) 火电厂动力设备多，发电机组控制操作复杂，厂用电量和运行人员都多于水电厂，运行费用高。

(5) 汽轮机开、停机过程时间长，耗资大，不宜作为深度调峰电源用。

(6) 火电厂对空气和环境的污染大。

(二) 水力发电厂

水力发电厂是利用自然界的江河湖泊的水所蕴藏的能量（位能）转换成电能的发电厂。因为水的能量与其流量和落差（水头）成正比，所以利用水能发电的关键是集中大量的水和造成大的水位落差。我国是世界上水资源最丰富的国家，蕴藏量为6.76亿kW。长江三峡水电站，位于葛洲坝水电站上游约40km处，总库容为393亿m^3，装机容量为32×70万kW+2×5万kW=2250万kW，远远超过位居世界第二的巴西依泰普水电站（位于南美洲巴西边界的巴拉那河中游，总库容290亿m^3，装机容量为20×70万kW=1400万kW）。

此外，我国2014年竣工的向家坝水电站，总库容51.63亿m^3，电站装机容量775万kW（8×80万kW+3×45万kW），是中国第三、世界第五大水电站；我国2015年竣工的溪洛渡水电站总库容为126.7亿m^3，装机容量为1260万kW（18×70万kW），是中国第二、世界第三大水电站。

1. 水电站的类型

水电站按取得水头的方式不同可分为堤坝式、引水式和混合式；按运行方式不同可分为无调节、有调节和抽水蓄能式。

(1) 堤坝式水电站。该水电站在河流中落差较大的适宜地段拦河建坝，形成水库，以提高坝前后的水头差。由于水电站厂房的位置不同，又分为坝后式和河床式两种形式。

1) 坝后式水电站。厂房建在坝的后面，水流经坝体内的水轮机管道引入厂房的水轮发电机发电。这种水电站有库容，可按计划调节，更科学、合理地利用水能。其上游水压由坝体承受，适用于水头较高的坝后式水电站。图1-1所示为坝后式水电站示意。这是我国最常见的水电站形式，葛洲坝和三峡电站都属于此类。

2) 河床式水电站。水电站的厂房代替一部分坝体，直接承受上游水的压力，水流由上游进入厂房，转动水轮发电机后泄入下游。这种电站无库容，也不需要专门的水轮机管道，又称为径流式水电站，一般建于中、下游平原河段。

(2) 引水式水电站。引水式水电站是将坡降较小的弯曲弧形河段用直线形引水管道将落差集中引入厂房中的水轮发电机发电，其尾水泄入河的下游。这种水电站的特点是具有较长的引水道，如广西红水河天生桥二级水电厂，引入渠道长达9555m，设计水头176m。河床式水电站和引水式水电站都是无调节的。

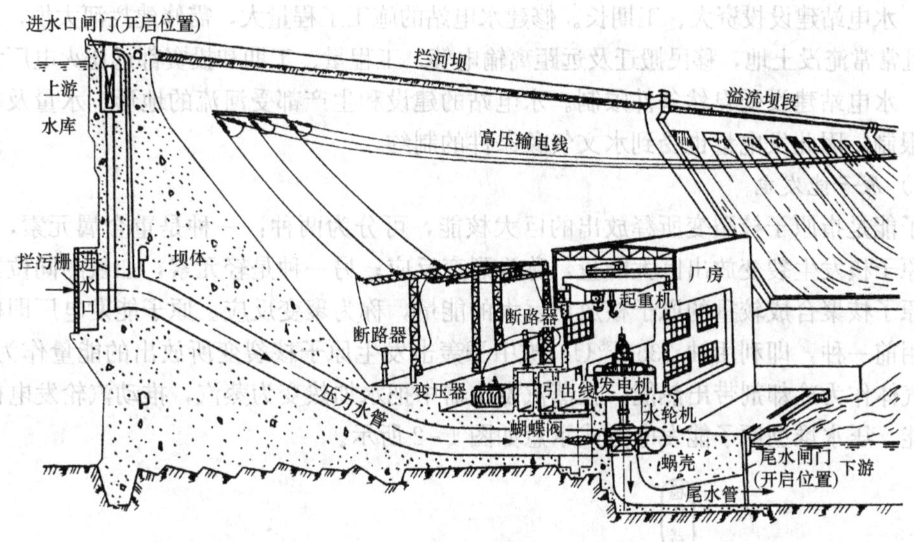

图 1-1 坝后式水电站示意

(3) 抽水蓄能式水电站。抽水蓄能式水电站有高位和低位两个水库，安装既可抽水又能发电的可逆式两用机组。在高峰负荷时，机组作为水轮机——发电机组，将高位水库的水放下来通过机组发电，对电力系统供电；当低谷负荷（如深夜不用电）时，可逆机组则作为电动机——水泵机组，用系统的电能将低位水库的水抽入高位水库蓄能；在系统缺电时（枯水期或用电高峰时），高位水库的水再用来发电。近年来，国外电力行业很重视抽水蓄能式水电站的建设，我国在建的广州抽水蓄能式水电站，装机容量为 4×300MW；随着泰安抽水蓄能式水电站 3、4 号机组启动并网，山东泰安抽水蓄能式水电站装机容量已达到 4×250MW。

2. 水力发电的生产流程及特点

水力发电的方式很多，但其基本生产流程是相同的，即

$$\text{拦河建坝集中落差的水能}\xrightarrow{\text{水轮机}}\text{机械能}\xrightarrow{\text{发电机}}\text{电能}\xrightarrow{\text{变压器}}\text{电力系统}$$

水力发电的主要特点如下：

(1) 发电成本低、效率高。水能是可再生能源，因不用燃料，也省去了开采、运输、加工等多个环节，运行人员少（是同容量火电厂的 20%～25%），厂用电率低，发电成本仅是同容量火电厂的 1/10 或更低。

(2) 可综合利用水资源。除发电外，还有防洪、灌溉、航运、供水、养殖及旅游等多方面综合效益，并且可以因地制宜，将一条河流分为若干河段，分别修建水利枢纽，实行梯级开发。

(3) 运行灵活。由于水电站设备简单，机组启动快（水电机组从静止状态到满负荷运行只需 4～5min，紧急情况可只用 1min，而火电机组则需要数小时），运行操作灵活，易于实现自动化，因此水电站适合于承担系统的调峰、调频和事故备用（容量）的任务。

(4) 水能可储蓄和调节。电能的生产是发、输、用同时完成的，不能大量储存，而水资源则可借助水库进行调节和储蓄，而且可建造抽水蓄能式水电站，扩大利用水的能源。

(5) 水力发电不污染环境。水力发电不产生烟气和废渣，不会造成环境污染。相反，大水库可调节空气的温度和湿度，改善自然生态，往往成为旅游和疗养胜地。

（6）水电站建设投资大、工期长。修建水电站的施工工程量大，需修建拦河大坝，改建道路，而且常常淹没土地，移民搬迁及远距离输电等，工程量、工期和投资都远比火电厂大。

（7）水电站建设受自然条件限制。水电站的建设和生产都受河流的地形、水量及季节气象条件限制，因此发电量也受到水文气象条件的制约。

（三）原子能发电

原子能是指原子核裂变所释放出的巨大核能，可分为两种：一种是重金属元素，如铀、钚等的原子核发生裂变放出巨大能量，称为裂变反应；另一种是轻元素，如氢的同位素氘和氚等的原子核聚合成较重的原子核放出巨大的能量，称为聚变反应。原子能发电厂即核电厂主要采用前一种，即利用铀-235（^{235}U）被中子轰击发生原子核裂变所放出的能量作为热源，由水或气体作为冷却剂带出热能，在蒸汽发生器中把水加热变为蒸汽，推动汽轮发电机做功发出电能。压水堆型原子能发电方式示意如图 1-2 所示。

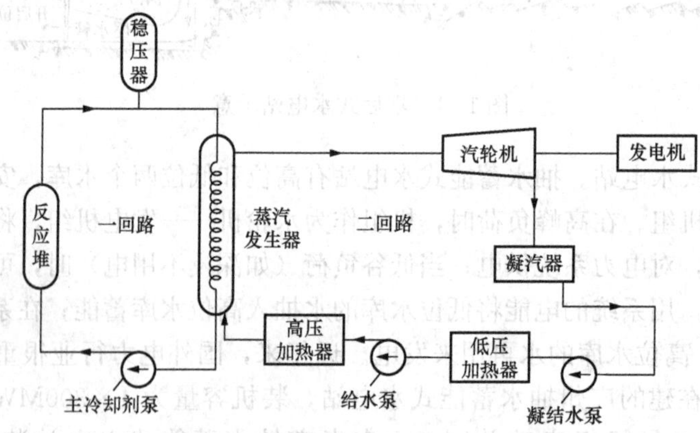

图 1-2　压水堆型原子能发电方式示意

1. 核电厂结构分析

核电厂同火电厂相比，除燃料系统外，其汽水系统、电气系统均大致相同。

核反应堆相当于火电厂的锅炉炉体，主要由核原料、减速剂、冷却系统、控制调节系统、危急保安系统和防护屏蔽层等组成。图 1-2 所示即为美、俄等国家常用的轻水型压力堆核锅炉发电厂示意。我国第一座 300MW 核电厂——秦山核电厂也属于这种类型。

核电厂的主要特点是：没有送风、引风设备和煤粉制备及输送装置，烟囱低而小；汽轮机参数比火电厂机组低得多。但是热污染较为严重，用水量大，对安全可靠性和防护措施的要求极为严格。

2. 核电厂的特点及发展概况

核电厂在近 20 年来得到很快的发展，压水堆、沸水堆、重水堆等技术已经成熟，尽管一次性建造的投资大，但发电成本低（为燃煤电厂的 60%左右）且无烟尘污染。在放射性方面，由于处理十分严格，对人类无影响。

核能储量远比化学能大，1kg 的^{235}U裂变释放的能量，相当于 2700t 标准煤完全燃烧所放出的热量，所以大大减少了燃料的运输工作量。

核电厂的反应堆进行核裂变时不需要空气助燃，因此电厂可设在地下、水下、山洞等地方。

目前，世界上已有 31 个国家和地区的 445 座商用核动力反应堆运行，总装机容量达

387GW，其发电量占全球总发电量的11.5%。另外，还有64座核电站在建。我国核电站建设起步虽较晚，但发展很快，目前已有秦山（总装机容量656.4万kW）、大亚湾（总装机容量612万kW）、岭澳（总装机容量396万kW）、田湾（一期装机容量212万kW）、宁德（一期装机容量400万kW）、红沿河（一期装机容量400万kW）、阳江（一期装机容量400万kW）等核电站建成投产。截至2015年底，中国核电装机容量为2831万kW，核电比重占电力总容量的3.01%。此外，我国还有苍南、台山、三门、防城港和连云港等在建核电站。预计到2020年，我国核电装机容量将达到在运58GW，在建30GW，核电比重约占电力总容量的5%；预计2030年，核电装机规模将达到1.2亿～1.5亿kW，核电比重约占电力总容量的8%；预计到2050年，核电比重约占电力总容量的17%。

第三节 火电厂基本生产过程

我国火力发电厂所使用的燃料主要是煤，且主力电厂是凝汽式发电厂。下面就以煤粉炉、凝汽式火电厂为例，介绍火力发电厂的基本生产过程。

火力发电厂的生产过程概括地说是把燃料（煤）中含有的化学能转变为电能的过程。整个生产过程可分为三个阶段：①燃料的化学能在锅炉中转变为热能，加热锅炉中的水使之变为蒸汽，称为燃烧系统；②锅炉产生的蒸汽进入汽轮机，推动汽轮机旋转，将热能转变为机械能，称为汽水系统；③由汽轮机旋转的机械能带动发电机发电，把机械能变为电能，称为电气系统。整个电能生产过程如图1-3所示。

一、燃烧系统

燃烧系统由输煤、磨煤、燃烧、风烟、灰渣等组成，其流程示意如图1-4所示。

（1）输煤。火电厂的用煤量是很大的，一座装机容量为4×600MW的现代火力发电厂，标准煤耗率按295g/(kWh)计，每天需用标准煤（每千克煤产生29 270kJ，即7000kcal热量）$295\times2400\times24\times10^{-3}=16\ 992$t。因为电厂燃煤多为劣质煤，且中、小汽轮发电机组的标准煤耗率为400～500g/kWh，所以用煤量会更大。据统计，我国用于发电的煤约占总产量的40%，主要靠铁路运输，约占铁路全部运输量的40%。为保证电厂安全生产，一般要求电厂储备10天以上的用煤量。

（2）磨煤。用火车、汽车或轮船等将煤运至电厂的储煤场后，经初步筛选处理，用输煤皮带送到锅炉间的原煤仓。煤从原煤仓落入煤斗，由给煤机送入磨煤机磨成煤粉，经空气预热器来的一次风烘干并带至粗粉分离器。粗粉分离器将不合格的粗粉分离并送回磨煤机再磨制，合格的细煤粉被一次风带入旋风分离器，使煤粉与空气分离后进入煤粉仓。

（3）锅炉与燃烧。煤粉由可调节的给粉机按锅炉需要送入一次风管，同时，由旋风分离器送来的气体（含有约10%的未能分离出的细煤粉），由排粉风机提高压头后作为一次风将进入一次风管的煤粉经燃烧器喷入炉膛内燃烧。

目前我国新建电厂以600MW及以上机组为主。600MW机组的锅炉为2000t/h的直流锅炉或者采用强制循环炉。在锅炉的四壁上，均匀分布着四只或八只燃烧器，将煤粉（或燃油、天然气）喷入炉膛，火焰呈旋转状燃烧上升，又称为悬浮燃烧炉。在炉的顶端，有储水、储汽的汽包，内有汽水分离装置，炉膛内壁有彼此紧密排列的水冷壁管，炉膛内的高温火焰将水冷壁管内的水加热成汽水混合物上升进入汽包，而炉外下降管则将汽包中的低温水

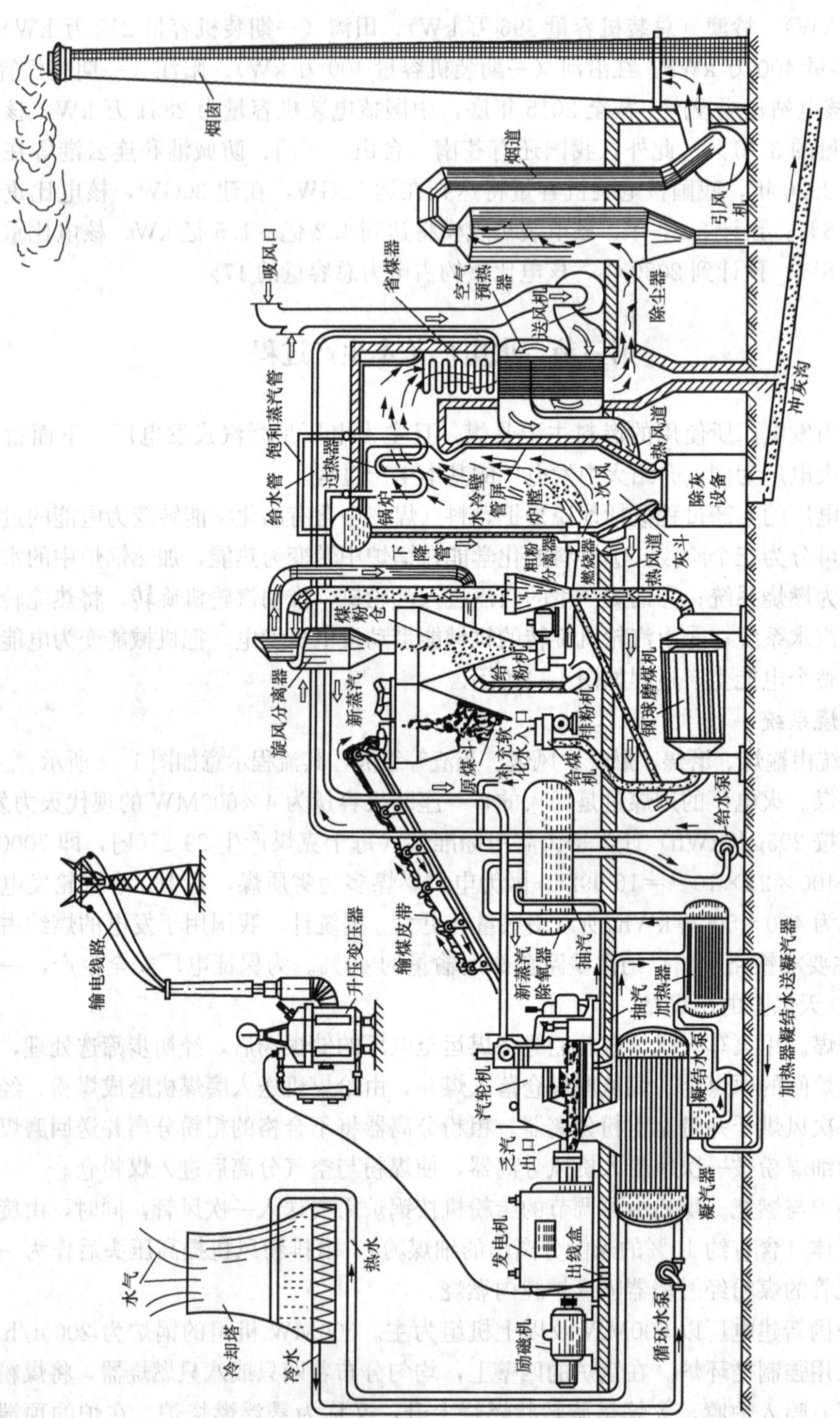

图 1-3 凝汽式火力发电厂电能生产过程示意

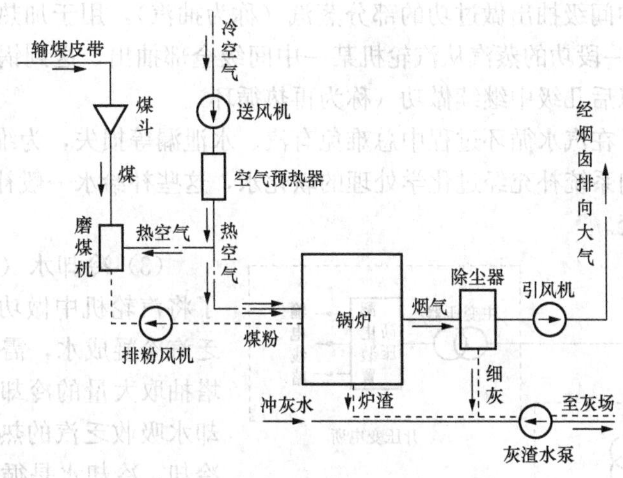

图 1-4　火电厂煤粉炉燃烧系统流程示意

靠自重下降至水联箱与炉内水冷壁管接通，靠炉外冷水下降而炉内水冷壁管中热水自然上升的锅炉称为自然循环汽包炉，而当压力高到 16.66～17.64MPa 时，水、汽密度差变小，必须在循环回路中加装循环泵，即称为强制循环锅炉。当压力超过 18.62MPa 时，应采用直流锅炉。

(4) 风烟系统。送风机将冷风送到空气预热器加热，加热后的气体一部分经磨煤机、排粉风机进入炉膛，另一部分经燃烧器外侧套筒直接进入炉膛。炉膛内燃烧形成的高温烟气，沿烟道经过热器、省煤器、空气预热器逐渐降温，再经除尘器除去 90%～99%（电除尘器可除去 99%）的灰尘，经引风机送入烟囱，排向大气。

(5) 灰渣系统。炉膛内煤粉燃烧后生成的小灰粒，被除尘器收集成细灰排入冲灰沟，燃烧中因结焦形成的大块炉渣，下落到锅炉底部的渣斗内，经过碎渣机破碎后也排入冲灰沟，再经灰渣水泵将细灰和碎炉渣经冲灰管道排往灰场（或用汽车将炉渣运走）。

二、汽水系统

火电厂的汽水系统由锅炉、汽轮机、凝汽器、除氧器、加热器等设备及管道构成，包括给水系统、冷却水（循环水）系统和补水系统，如图 1-5 所示。

(1) 给水系统。由锅炉产生的过热蒸汽沿主蒸汽管道进入汽轮机，高速流动的蒸汽冲动汽轮机叶片转动，带动发电机旋转产生电能。在汽轮机内做功后的蒸汽，其温度和压力大大降低，最后排入凝汽器并被冷却水冷却凝结成水（称为凝结水），汇集在凝汽器的热水井中。凝结水由凝结水泵打至低压加热器中加热，再经除氧器除氧并继续加热。由除氧器出来的水（即锅炉给水），经给水泵升压和高压加热器加热，最后送入锅炉汽包。在现代大型机组中，一般

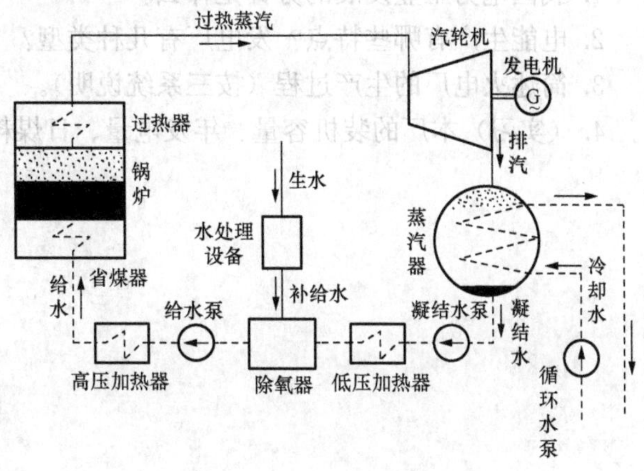

图 1-5　电厂汽水系统流程示意

都从汽轮机的某些中间级抽出做过功的部分蒸汽（称为抽汽），用于加热给水（称为给水回热循环），或把做过一段功的蒸汽从汽轮机某一中间级全部抽出，送到锅炉的再热器中加热后再引入汽轮机的以后几级中继续做功（称为再热循环）。

（2）补水系统。在汽水循环过程中总难免有汽、水泄漏等损失，为维持汽水循环的正常进行，必须不断地向系统补充经过化学处理的软化水，这些补给水一般补入除氧器或凝汽器中，这就是补水系统。

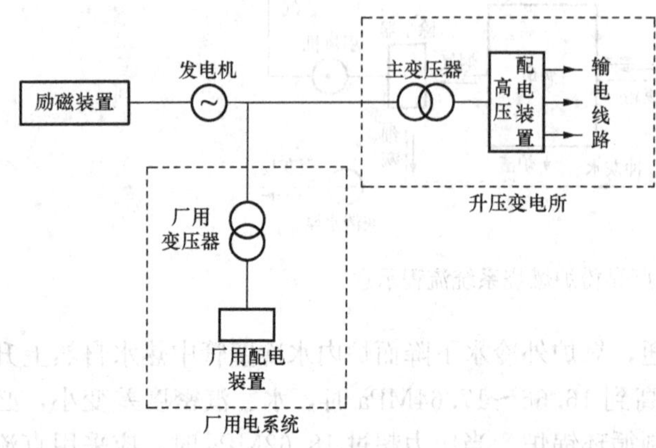

图 1-6 发电厂电气系统示意

（3）冷却水（循环水）系统。为了将汽轮机中做功后排入凝汽器中的乏汽冷凝成水，需由循环水泵从冷却塔抽取大量的冷却水送入凝汽器，冷却水吸收乏汽的热量后再回到冷却塔冷却，冷却水是循环使用的，这就是冷却水或循环水系统。

三、电气系统

发电厂的电气系统包括发电机、励磁装置、厂用电系统和升压变电所等，其示意如图 1-6 所示。

发电机的机端电压和电流随着容量的不同而不相同，一般 300、600MW 及 1000MW 机组的额定电压分别为 20、22/24kV 和 27kV，额定电流分别为 10.19、17.5kA 和 23.95kA。发电机发出的电能，其中一小部分（占发电机容量的 4%～8%）由厂用变压器降低电压（一般为 6.3/10.5kV 和 0.4kV 两个电压等级）后，经厂用配电装置由电缆供给水泵、送风机、磨煤机等各种辅机和电厂照明等设备用电，称为厂用电（或自用电），其余大部分电能，由主变压器升压后，经高压配电装置、输电线路送入电网。

复习思考题

1. 我国电力工业发展的方针是什么？
2. 电能生产有哪些特点？发电厂有几种类型？
3. 简述火电厂的生产过程（按三系统说明）。
4. （实习）本厂的装机容量、年发电量、日煤耗量、除尘率各是多少？

第二章　燃料和锅炉热平衡

第一节　锅　炉　燃　料

燃料是锅炉设计的主要依据，也是锅炉运行的基础。不同的燃料要采用不同的燃烧设备和运行方式。因此，为确保锅炉安全、经济运行，了解燃料的成分和性质具有重要意义。我国锅炉用燃料主要有煤、石油制品和天然气等。我国的燃料政策是，电厂锅炉以燃煤为主，并且尽量燃用劣质煤。本节主要介绍煤的性质。

一、煤的组成成分

煤是包括有机成分和无机成分等物质的混合物，其化学组成和结构十分复杂，一般通过元素分析和工业分析来确定各种物质的百分含量。为了燃烧计算和了解煤的某些特性，常将煤的成分分为碳（C）、氢（H）、氧（O）、氮（N）、硫（S）、灰分（A）及水分（M）。

煤的成分通常用质量分数表示，即

$$C+H+O+N+S+A+M=100\% \tag{2-1}$$

式中　C、H、O、N、S、A、M——煤中的碳、氢、氧、氮、硫、灰分及水分的质量分数。

煤中水分和灰分的含量会随外界条件的变化而变化，导致其他成分的百分含量也会随之变化。所以在说明煤中各成分的百分含量时，必须同时注明各成分的基准。常用的基准有四种。

（1）收到基。以收到状态的煤为基准，包括全部水分和灰分在内的燃煤成分总量，用下标 ar（as received）来表示，即

$$C_{ar}+H_{ar}+O_{ar}+N_{ar}+S_{ar}+A_{ar}+M_{ar}=100\% \tag{2-2}$$

（2）空气干燥基。在空气中自然干燥，以与空气湿度达到平衡状态的煤为基准，用下标 ad（air dry）来表示，即

$$C_{ad}+H_{ad}+O_{ad}+N_{ad}+S_{ad}+A_{ad}+M_{ad}=100\% \tag{2-3}$$

（3）干燥基。以假想无水状态的煤为基准，用下标 d（dry）表示，即

$$C_{d}+H_{d}+O_{d}+N_{d}+S_{d}+A_{d}=100\% \tag{2-4}$$

（4）干燥无灰基。以假想无水、无灰状态的煤为基准，用下标 daf（dry ash free）表示，即

$$C_{daf}+H_{daf}+O_{daf}+N_{daf}+S_{daf}=100\% \tag{2-5}$$

（一）元素分析成分

煤中元素分析成分是指煤中的碳、氢、氧、氮、硫、灰分和水分的含量。

1. 碳（C）

碳是燃料中的主要可燃元素，一般占燃料成分的50%～85%。煤的埋藏年代越久，含碳量就越高。1kg 纯碳完全燃烧生成二氧化碳，可放出 32 700kJ 的热量，而 1kg 纯碳不完全燃烧时生成 CO，仅放出 9270kJ 的热量。煤中的碳一部分与氢、氧、硫、氮等结合成挥发性的有机化合物，称为挥发分；其余则呈游离状态，称为固定碳。固定碳要在较高的温度下才

能着火燃烧，因此，煤中固定碳的含量越高，就越难燃烧。碳燃烧生成的 CO_2 是温室气体，会破坏臭氧层，导致全球气候变暖。

2. 氢（H）

煤中氢的含量为 2%～6%，氢的发热量很高，1kg 氢的低位发热量为 120 370kJ。氢很易点燃，燃烧也快。氢的燃烧产物是水，对环境无任何不利影响。

3. 氧（O）和氮（N）

氧和氮是有机物的不可燃成分。氧常与燃料中的氢或碳处于化合状态，减少可燃成分，是一种不利元素。氧在各种煤中的含量差别很大。年代浅的煤含氧较多，最高可达 40%。随着埋藏年代的增加，氧含量逐渐减少。煤中氮的含量为 0.5%～2%。氮在高温下形成氮氧化物（NO_x），造成大气污染。

4. 硫（S）

煤中硫以三种形态存在，即有机硫、黄铁矿硫和硫酸盐硫。硫酸盐硫不能燃烧，可燃硫只包括前两种形态。1kg 硫燃烧后生成 9050kJ 热量。煤中硫含量一般为 1%～5%。硫含量增多，会造成锅炉高、低温受热面烟气侧的腐蚀和堵灰。硫燃烧生成 SO_2 对人体有害，大气中的 SO_2 会氧化成 SO_3 并最终形成酸雨，酸雨对工业、农业都有十分不利的影响。因此，应采取脱硫措施，减少其危害。

5. 灰分（A）

灰分是煤完全燃烧后生成的固态残余物的统称。其主要成分是由硅、铝、铁、钙，以及少量镁、钛、钠和钾等元素组成的化合物。煤中灰分含量一般为 10%～50%。

灰分不仅降低发热量，影响煤的着火及燃烧的稳定性，而且容易造成结渣、沾污、磨损、堵灰，影响锅炉运行的经济性和安全性。

6. 水分（M）

水分也是燃料中的不可燃成分。煤中水分分为外部水分和内部水分。外部水分是指可以依靠在空气中自然干燥而去除的水分，内部水分是指煤在含有水蒸气的空气中达到平衡状态时的水分，外部水分和内部水分的总和称为全水分。不同燃料水分含量差别很大。水分增加，会影响燃料的着火和燃烧速度，增大烟气量，增加排烟热损失，加剧尾部受热面的腐蚀和堵灰。水分增加也会增加煤粉制备的难度。

（二）工业分析成分

把煤的成分分为水分（M_{ad}）、灰分（A_{ad}）、挥发分（V_{daf}）和固定碳（FC_{ad}）四项，称为工业分析。工业分析成分的测定按照 GB/T 212—2008《煤的工业分析方法》进行。

1. 水分的测定

测定内部水分时，称取粒度为 0.2mm 以下的空气干燥煤样（1±0.1）g 置于预先通入干燥氮气并已加热到 105～110℃干燥箱中，烟煤干燥 1h，无烟煤干燥 1～1.5h，然后根据煤样的质量损失计算出水分的百分含量。

2. 灰分的测定

称取一定质量的空气干燥煤样，放入马弗炉内，然后以一定速度加热到（815±10）℃，灼烧到恒重，并冷却至室温后称重，以残留物质占煤样原质量的百分数作为灰分。

3. 挥发分的测定

称取（1±0.1）g 空气干燥煤样，放入带盖的瓷坩埚中，在（900±10）℃的温度下，隔绝空气加热 7min，用所失去的质量占煤样原质量的百分数减去该煤样的水分（M_{ad}）即为挥发分。挥发分实际上是煤中有机物分解而析出的气体产物。挥发分的含量与碳化程度有关，碳化程度很深的无烟煤，挥发分只有 2%～10%，而地质年代较浅的褐煤，挥发分可达 37%～60%。挥发分的主要成分是各种碳氢化合物、氢、一氧化碳、硫化氢等可燃气体，其发热量为 17 000～71 000kJ/kg。挥发分是煤中最有利的可燃成分，对锅炉的工作有很大影响。挥发分着火温度较低，煤颗粒在挥发分析出后成为疏松多孔的焦炭球，易燃尽，燃烧损失较少。挥发分较少的煤着火困难，也不容易燃烧完全。故挥发分含量成为煤分类的重要指标。

4. 固定碳含量的计算

挥发分析出后，剩下的是焦炭，焦炭就是固定碳和灰分。因此，固定碳计算式为

$$FC_{ad} = 100 - (M_{ad} + A_{ad} + V_{ad}) \tag{2-6}$$

式中 FC_{ad}——分析煤样的固定碳含量，%。

按照前述各基准所包括元素分析成分和工业分析成分的关系可由图 2-1 表示。

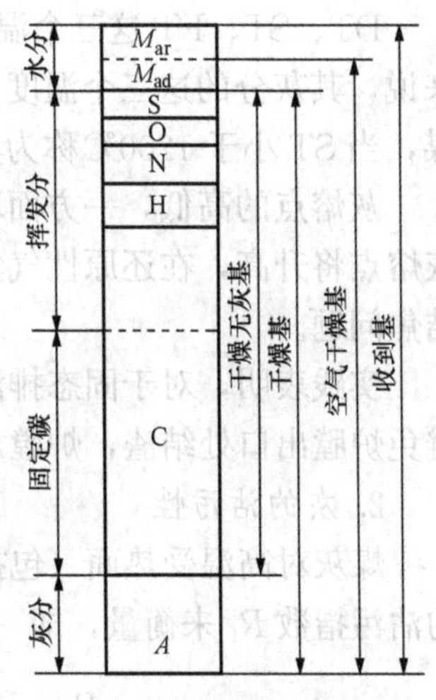

图 2-1 燃料的基准及各成分的关系

尽管燃料有不同基准，各成分在不同基准下的数值不同，但是 1kg 煤的各成分的绝对含量是不变的，所以各不同基准的成分之间可以按照一定的规律相互换算。换算方法详见有关锅炉书籍。

二、煤的某些特性

（一）发热量

发热量是煤的主要特征之一。发热量有高位发热量和低位发热量两种。

高位发热量是指 1kg 煤完全燃烧时放出的全部热量，包含燃烧产生的烟气中水蒸气凝结所放出的汽化潜热。但是，在一般的锅炉排烟温度（110～160℃）下，烟气中的水蒸气不会凝结。在这种情况下，即 1kg 煤完全燃烧时放出的全部热量扣除水蒸气的汽化潜热后所得到的热量称为低位发热量。两者之间关系为

$$Q_{net,ar} = Q_{gr,ar} - r\left(9\frac{H_{ar}}{100} + \frac{M_{ar}}{100}\right) \tag{2-7}$$

式中 $Q_{net,ar}$——煤的收到基低位发热量，kJ/kg；

$Q_{gr,ar}$——煤的收到基高位发热量，kJ/kg；

r——水的汽化潜热，r=2510kJ/kg。

煤发热量的大小取决于煤中可燃质的多少。目前主要依靠氧弹式热量计来测量，也可根据元素分析结果利用经验公式来近似计算，即

$$Q_{net,ar} = 339C_{ar} + 1030H_{ar} - 109(O_{ar} - S_{ar}) - 25M_{ar} \quad (kJ/kg) \tag{2-8}$$

各种煤的发热量差别很大，为了便于比较电厂煤耗，而采用标准煤的概念，把收到基低位发热量 $Q_{net,ar}$=29 270kJ/kg 的煤称为标准煤。电厂煤耗常以标准煤计算。

（二）灰的性质

1. 灰熔融性

当燃料在炉内燃烧时，在高温的火焰中心，灰分呈熔化或软化状态，具有黏性。这种具

有黏性的灰粒如果接触到受热面管子或炉墙，就会黏结于其上，即所谓结渣。轻者影响受热面传热，重者迫使锅炉停炉打渣。因此燃料灰分熔融性对锅炉设计和正常运行有很大的影响。

灰分的熔融性通常用灰熔点来表示。灰熔点的测定一般采用角锥法，其操作和要求如下：把灰样制成三角锥体，锥高为 20mm，底边长为 7mm 的等边三角形，锥体的一棱面垂直于底面。然后将灰锥托板送入硅碳管高温炉加热，以规定的温度升温，炉内保持弱还原性气氛。随时观察灰锥的形态变化，记录灰锥的三个熔融特征温度，如图 2-2 所示。

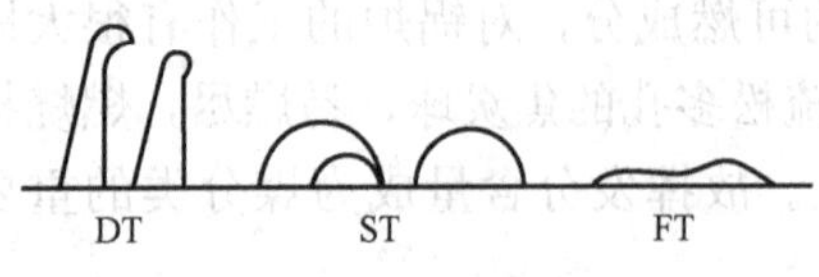

图 2-2　灰锥变化过程

(1) 变形温度 DT（deformation temperature），锥顶变圆或开始倾斜；

(2) 软化温度 ST（softening temperature），锥顶弯至底或萎缩成球形；

(3) 熔化温度 FT（fusing temperature），锥体呈流体状态，能沿平面流动。

DT、ST、FT 这三个温度表示燃料中灰分的熔化特性，均可称为灰熔点。对大部分煤来说，其灰分的这三个温度为 1000～1600℃，当 ST 大于 1430℃时，称为具有难熔灰分的煤，当 ST 小于 1200℃称为具有易熔灰分的煤。

灰熔点的高低，一方面取决于灰的成分，另一方面也与灰的气氛有关。在氧化性气氛中灰熔点将升高，在还原性气氛中灰熔点降低。锅炉运行中常利用这一特点分析和解决锅炉内结焦问题。

实践表明，对于固态排渣煤粉炉，当 ST 大于 1350℃时，炉内结渣的可能性不大。为了避免炉膛出口处结渣，炉膛出口烟温应至少比 ST 低 50～100℃。

2. 灰的沾污性

煤灰对高温受热面（包括炉膛水冷壁、高温过热器等）的沾污倾向可以用基于煤灰成分的沾污指数 R_f 来衡量，即

$$R_f = \frac{Fe_2O_3 + CaO + MgO + Na_2O + K_2O}{SiO_2 + Al_2O_3 + TiO_2} Na_2O \qquad (2-9)$$

式（2-9）中，各成分为质量百分数。$R_f<0.2$时，为轻微沾污；$R_f=0.2\sim0.5$时，为严重沾污。我国动力用煤常以干燥无灰基挥发分（V_{daf}）为主要依据进行分类，大致可以分为无烟煤、贫煤、烟煤、褐煤等。由于它们的成分和特性不同，在燃烧中的反应也显著不同，只有清楚了解它们的特性，才能获得最佳的运行性能。

(1) 无烟煤。无烟煤是生成年龄最老的煤种，其挥发分含量最低（$V_{daf}\leqslant10\%$），因而着火困难，不易燃尽。燃烧时能见青蓝色火焰。焦炭无黏结性。含碳量很高，一般 C_{ar} 大于 40%，最高可达 90%。由于其灰分、水分含量较少（$A_{ar}=6\%\sim25\%$，$M_{ar}=1\%\sim5\%$），因此无烟煤发热量较高，$Q_{net,ar}=20\ 930\sim32\ 500$kJ/kg。

(2) 贫煤。贫煤的碳化程度略低于烟煤，其挥发分 $10\%<V_{daf}\leqslant20\%$。发热量低于无烟煤，其性能介于无烟煤和烟煤之间。贫煤着火也困难，燃烧时发出很短的黄色火焰，一般不结焦。

(3) 烟煤。烟煤的挥发分含量较高，应用范围也较广，一般 V_{daf} 为 20%～37%，A_{ar} 为 7%～30%，M_{ar} 为 1%～5%，$Q_{net,ar}$ 为 20 000～30 000kJ/kg。有一部分烟煤含灰量较大，A_{ar} 达到 40%以上，发热量低于 16 700kJ/kg，这部分煤（包括 $A_{ar}>35\%$的洗中煤）称为劣质

烟煤。

烟煤各成分适中，是较好的动力用煤。烟煤容易着火和燃烧，要防止储存时发生自燃，制粉系统要考虑防爆措施。对于劣质烟煤，还要考虑受热面的积灰、结渣和磨损问题。劣质烟煤着火稳定性和燃烧效率也是运行中要重点注意的问题。

(4) 褐煤。褐煤炭化程度较低，外表呈棕褐色，似木质。褐煤挥发分高（$V_{daf}>37\%$），容易着火和燃烧。褐煤灰分、水分较大，运行中存在磨损和燃尽问题。褐煤发热量一般不超过 17 000kJ/kg。对于褐煤，还应该注意储存和制粉中发生自燃问题。

由于褐煤发热量较低，不便于远距离运输，适宜坑口电厂应用。

除了上述主要几种煤种外，固体动力燃料还有泥煤、油页岩、煤矸石等。泥煤是一种比褐煤地质年代更浅的低级煤，发热量很低（$Q_{net,ar}=8000\sim10\ 000$kJ/kg），分布在我国西南、浙江等地。油页岩是一种片状含油页岩，其挥发分和灰分都极高，发热量低（$Q_{net,ar}=6000\sim11\ 000$kJ/kg）。煤矸石是夹在煤层中含有可燃物的坚硬石块，发热量只有 4000～8000kJ/kg，无法单独在锅炉内燃烧，只能与其他煤种掺烧。

三、煤粉的性质

（一）煤粉的一般特性

磨细的煤粉，外形很不规则，煤粉颗粒大小为 0～1000μm，其中 20～60μm 的颗粒最多。

煤粉颗粒细小，具有较好的流动性能，可采用气力方便地在管内输送。但若煤粉仓内粉位太低，则易出现自流现象，大量煤粉自动穿过给粉装置，流入一次风管造成堵塞。

因煤粉中吸附了大量空气，极易缓慢氧化，当达到着火温度后便引起自燃。煤粉和空气的混合物在适当的浓度和温度下会发生爆炸。煤的挥发分越高，煤粉越细，就越易引起自燃。

煤粉的水分对煤粉流动性与爆炸性有较大的影响，水分太高，流动性差，输送困难，且易引起粉仓搭桥，同时也影响着火和燃烧。水分太低易引起自燃或爆炸，同时干燥耗能增加。因此，磨煤机出口的煤粉水分还与磨煤机出口的煤粉细度及煤粉温度有关，较可靠的数值应该通过试验或参照同类机组运行数据确定。一般要求烟煤磨制后的煤粉最终水分 M 约等于 M_{ad}，无烟煤 M 约等于 $0.5M_{ad}$，褐煤 M 约等于 $M_{ad}+8$。

（二）煤粉的细度

煤粉的粗细程度用煤粉细度 R_x 表示。煤粉细度用一组由细金属丝编织的方孔筛子进行筛分测定。R_x 是指经筛分后残留在孔径为 x 的筛子上的煤粉的质量占煤粉总质量的百分数，即

$$R_x=\frac{a}{a+b}\times100\% \tag{2-10}$$

式中　a、b——留在筛子上和通过筛孔（孔径为 x）的煤粉质量。

筛余量 a 越大，R_x 就越大，表明煤粉越粗。电厂中通常用 R_{90} 和 R_{200} 同时表示所磨制煤粉的细度和均匀度。煤粉越细，着火就越迅速完全，q_4 损失就越小，锅炉效率就越高，但对于制粉系统，磨煤消耗的电能也越多。因此，合理确定煤粉细度可以使得锅炉的不完全燃烧热损失（主要是 q_4）和制粉电耗之和最小，该煤粉细度称为经济煤粉细度。

经济煤粉细度通过试验来确定。在试验中找到不完全燃烧热损失 q_4 和制粉电耗 q_m 与

煤粉细度 R_x 之间的关系，并确定 q_4+q_m 曲线的最小点所对应的煤粉细度即为经济煤粉细度。

影响煤粉经济细度的因素有煤和煤粉的质量、燃烧方式等。如燃煤的挥发分较高，煤粉可粗些；制粉系统磨制的煤粉均匀性指数大，引起固体未完全燃烧热损失的大颗粒煤粉少，煤粉的平均粒度可以大些；若炉膛的燃烧热强度大，进入炉内的煤粉易于着火、燃烧及燃尽，则允许煤粉粗些。

（三）煤粉的颗粒组成特性

磨煤机磨制出来的煤粉不但粒度大小不一，而且煤粉颗粒的均匀程度也不一样。用不同孔径的筛子筛分煤粉可以得到煤粉细度与筛孔直径的关系为 $R_x=f(x)$，称为煤粉颗粒组成特性，其计算式为

$$R_x = 100e^{-bx^n} \tag{2-11}$$

式中 b——细度系数，b 越大，则 R_x 越大，表明煤粉越细；

n——煤粉均匀性指数，n 值较大时，煤粉中细粉和粗粉所占的份额都少，表明煤粉颗粒大小比较均匀。

对于一定的磨煤设备，当 x 为 60～200μm 时，可以认为 n 为常数。但随着磨制时间的增加，煤粉将磨得更细，即 b 值增加。

当 b 和 n 值确定后，煤粉在任意一个粒度区间的质量份额或者粒度分布就唯一确定了。由 b 和 n 可以解出一组 R_{90} 和 R_{200}，同样表明煤粉的颗粒分布。

煤粉中大颗粒多，会增加固体未完全燃烧热损失；而煤粉磨得过细又会徒然增加磨煤电耗和金属磨损。因此，在磨煤设备运行中应力求得到具有最大可能均匀性指数 n 值的煤粉。均匀性指数 n 与磨煤机及分离器的形式以及它们的运行工况有关。各种磨煤机及制粉系统所对应的煤粉均匀性指数列于表 2-1。

表 2-1　各种磨煤机及制粉系统所对应的煤粉均匀性指数

磨煤机形式	粗粉分离器形式	n 值	国外数据
筒式钢球磨煤机	离心式	0.8～1.2	0.7～1.0
	回转式	0.95～1.1	
中速磨煤机	离心式	0.86	1.1～1.3
	回转式	1.2～1.4	
风扇磨煤机	惯性式	0.7～0.8	0.9
	离心式	0.8～1.3	
	回转式	0.8～1.0	

（四）煤的可磨性系数

煤被磨碎成煤粉的难易程度取决于煤本身的结构。由于煤本身的结构特性不同，各种煤的机械强度、脆性有很大的区别，因此其可磨性就不同。一般用可磨性系数来表示煤被磨成煤粉的难易程度。国家标准规定：煤的可磨性试验采用哈德格罗夫（Hardgroove）法测定哈氏可磨指数 HGI。其方法为：将经过空气干燥、粒度为 0.63～1.25mm 的煤样 50g，放入哈氏可磨性试验仪（见图 2-3）。施加在钢球上的总作用力为 284N，驱动电动机进行研磨，旋转 60 转。将磨得的煤粉用孔径为 0.71mm 的筛子在振筛机上筛分，并称

量筛上与筛下的煤粉量，用下式计算哈氏可磨指数，即

$$HGI = 13 + 6.93G \quad (2-12)$$

式中 G——孔径 0.71mm 筛子筛下煤样质量，g，由所用总煤样质量减去筛上筛余量求得。

我国动力用煤的可磨性系数范围一般为 25～129。通常认为 HGI 大于 86 的煤为易磨煤，HGI 小于 62 的煤为难磨煤。

Hardgroove 法在欧美普遍采用。我国原来应用苏联全苏热工研究所（вти）指定的方法。它将煤的可磨性系数定义为：将质量相等的标准煤和试验煤由相同的初始粒度磨制成细度相同的煤粉时，所消耗能量的比值。哈氏可磨指数与苏联 вти 可磨性系数（K_{km}）之间可用下式换算，即

$$K_{km} = 0.0034(HGI)^{1.26} + 0.61 \quad (2-13)$$

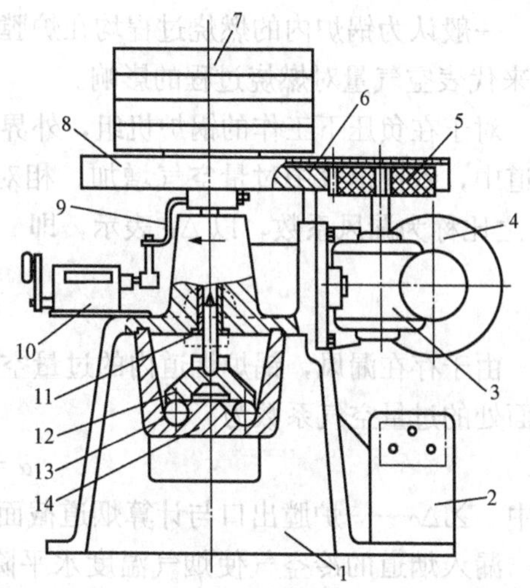

图 2-3 哈氏可磨性试验仪

1—机座；2—电气控制盒；3—涡轮盘；4—电动机；5—小齿轮；6—大齿轮；7—重块；8—护罩；9—拨杆；10—计数器；11—主轴；12—研磨环；13—钢球；14—研磨碗

第二节 锅炉机组热平衡

锅炉机组的作用是使燃料燃烧，放出热量，用以产生蒸汽。送入锅炉的燃料不可能全部燃烧，燃烧所放出的热量也不可能全部用于产生蒸汽。这部分未被利用的热量称为热损失。锅炉机组热平衡是指送入锅炉的总热量与工质吸收的有效利用热量以及全部热损失之间的热量收支平衡。通过热平衡可以指出燃料包含的热量有多少被有效利用，有多少成为热损失，这些热损失又表现在哪些方面，同时可以求得锅炉热效率和燃煤量。

一、空气量的计算概念

（一）理论空气量

理论空气量是指 1kg 收到基燃料完全燃烧又没有剩余氧气存在时所需要的干空气量，用符号 V^0 来表示。理论空气量取决于燃料中各可燃成分（C、H、S）在燃烧时所需空气及自身所含氧量，即

$$V^0 = 0.0889(C_{ar} + 0.375S_{ar}) + 0.265H_{ar} - 0.033O_{ar} \quad (m^3/kg,标准状态下) \quad (2-14)$$

式（2-14）表明，理论空气量仅与煤的成分有关。不同的煤，完全燃烧所需要的理论空气量是不相同的；而同一种煤在不同的锅炉中燃烧，理论空气量则完全相同。

（二）过量空气系数

在锅炉的实际燃烧过程中，空气与燃料不可能充分、理想地混合，燃料中可燃元素不可能都有机会与氧分子进行反应。故实际供给的空气量应比理论空气量多一些，以使燃烧反应能在有多余氧的情况下充分进行。实际供给的空气量 V（m^3/kg，标准状态下）与理论空气量 V^0（m^3/kg，标准状态下）的比值称为过量空气系数 α，即

$$\alpha = \frac{V}{V^0} \quad (2-15)$$

一般认为锅炉内的燃烧过程均在炉膛出口处结束，所以可用炉膛出口处的过量空气系数 α_1'' 来代表空气量对燃烧过程的影响。

对于在负压下工作的锅炉机组，外界冷空气会通过锅炉的不严密处漏入炉膛以及其后的烟道中，致使烟气中过量空气增加。相对于 1kg 燃料而言，漏入空气量 ΔV 与理论空气量 V^0 之比称为漏风系数，以 $\Delta\alpha$ 表示，即

$$\Delta\alpha = \frac{\Delta V}{V^0} \tag{2-16}$$

由于存在漏风，锅炉烟道内的过量空气系数沿烟气流程是逐渐增大的。炉膛后任一烟道截面处的过量空气系数为

$$\alpha = \alpha_1'' + \sum\Delta\alpha \tag{2-17}$$

式中 $\sum\Delta\alpha$——炉膛出口与计算烟道截面间，各段烟道漏风系数的总和。

漏入烟道的冷空气使烟气温度水平降低，烟气和受热面之间热交换变差，排烟温度升高；漏风还增加了烟气体积。其结果是造成锅炉排烟热损失和引风机电耗都增大，降低了锅炉运行的经济性。对于电厂煤粉锅炉，一般炉膛漏风系数每增加 0.1～0.2，排烟温度升高 3～8℃，锅炉效率降低 0.2%～0.5%；漏风系数每增加 0.1，送风机、引风机电耗增加 0.2%。因此，无论是在锅炉设计还是在运行中，都应该采取有效措施来减少漏风。

过量空气系数对炉内完全燃烧程度和锅炉经济运行有很大影响。准确而迅速地测定它，是保证锅炉经济运行的重要手段。通过 O_2 的测定，就能确定过量空气系数。电厂常用氧化锆氧量计测量烟气中氧量，经推导可得

$$\alpha \approx \frac{21}{21 - O_2} \tag{2-18}$$

应该说明的是，过量空气系数 α 是当地参数，在哪里测得的 O_2 量，计算出的就是哪里的 α 值。所以也可以利用运行中测定 α 来判断锅炉的漏风情况。锅炉漏风计算式为

$$\Delta\alpha = \alpha'' - \alpha' \tag{2-19}$$

式中 $\Delta\alpha$——所测受热面或烟道的漏风系数；

α'、α''——所测受热面或烟道进、出口的过量空气系数，按式（2-18）计算。

二、热平衡方程

图 2-4 所示为锅炉热平衡示意。热平衡计算均以 1kg 收到基煤为基准。在锅炉机组稳定的热力状态下，1kg 燃料带入炉内的热量、锅炉有效利用热量和热损失之间的关系为

$$Q_r = Q_1 + Q_2 + Q_3 + Q_4 + Q_5 + Q_6 \tag{2-20}$$

式中 Q_r——输入锅炉的热量，kJ/kg；

Q_1——有效利用热量，kJ/kg；

Q_2——排烟热损失，kJ/kg；

Q_3——可燃气体未完全燃烧热损失，kJ/kg；

Q_4——固体未完全燃烧热损失，kJ/kg；

Q_5——锅炉散热损失，kJ/kg；

Q_6——其他热损失，kJ/kg。

若以输入锅炉热量的百分率来表示，则为

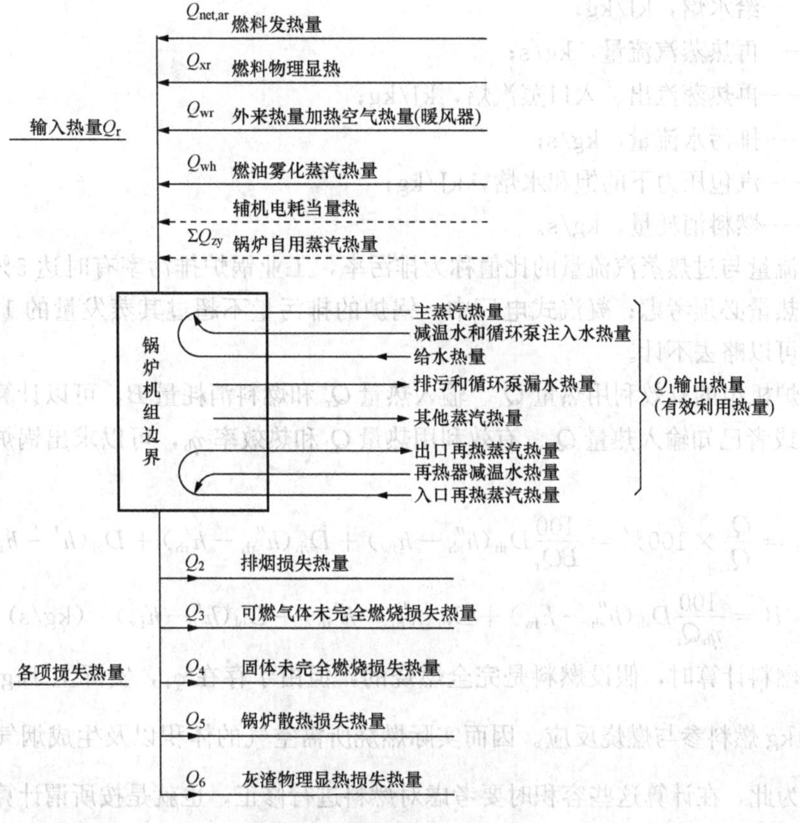

图 2-4　锅炉热平衡示意

$$100\% = q_1 + q_2 + q_3 + q_4 + q_5 + q_6 \tag{2-21}$$

式中，$q_1 = \dfrac{Q_1}{Q_r} \times 100\%$，$q_2 = \dfrac{Q_2}{Q_r} \times 100\%$，其余类推。

通过热平衡可以计算出热效率 η，锅炉的热效率即工质有效利用热与输入热量的比值，其计算式为

$$\eta = \frac{Q_1}{Q_r} \times 100\% = q_1 = 100 - (q_2 + q_3 + q_4 + q_5 + q_6)\% \tag{2-22}$$

式（2-22）中各项，对于运行中的锅炉，要按照试验数据来计算。在新设计锅炉时，要根据已有的运行经验数据来选取。由于热平衡方程中不包括非稳定热损失，如当锅炉点火时，各部分的炉壁的温度逐渐升高所吸收的热量等，因此热平衡方程只适用于稳定状态。

三、锅炉机组热效率和燃料消耗量

燃料带入锅炉机组的热量，大部分被工质所吸收，这部分热量称为锅炉机组的有效利用热量 Q_1(kJ/kg)，其计算式为

$$Q_1 = \frac{D_{sh}(h''_{sh} - h_{fw}) + D_{rh}(h''_{rh} - h'_{rh}) + D_{bl}(h' - h_{fw})}{B} \tag{2-23}$$

式中　D_{sh}——过热蒸汽流量，kg/s；

h''_{sh}——过热蒸汽焓，kJ/kg；

h_{fw}——给水焓，kJ/kg；

D_{rh}——再热蒸汽流量，kg/s；

h''_{rh}、h'_{rh}——再热蒸汽出、入口蒸汽焓，kJ/kg；

D_{bl}——排污水流量，kg/s；

h'——汽包压力下的饱和水焓，kJ/kg；

B——燃料消耗量，kg/s。

排污水流量与过热蒸汽流量的比值称为排污率，工业锅炉排污率有时达5%～10%，排污水带走的热量必须考虑；凝汽式电厂中，锅炉的排污量不超过其蒸发量的1%～2%，此时该项热量可以略去不计。

根据锅炉机组的有效利用热量Q_1、输入热量Q_r和燃料消耗量B，可以计算锅炉机组的热效率η_b；或者已知输入热量Q_r、有效利用热量Q_1和热效率η_b，可以求出锅炉的燃料消耗量B，即

$$\eta_b=\frac{Q_1}{Q_r}\times 100\%=\frac{100}{BQ_r}D_{sh}(h''_{sh}-h_{fw})+D_{rh}(h''_{rh}-h'_{rh})+D_{bl}(h'-h_{fw}) \quad (2-24)$$

$$B=\frac{100}{\eta_b Q_r}D_{sh}(h''_{sh}-h_{fw})+D_{rh}(h''_{rh}-h'_{rh})+D_{bl}(h'-h_{fw}) \quad (\text{kg/s}) \quad (2-25)$$

在进行燃料计算时，假设燃料是完全燃烧的，但由于存在q_4，实际上1kg入炉燃料只有$\left(1-\frac{q_4}{100}\right)$kg燃料参与燃烧反应。因而实际燃烧所需空气的体积以及生成烟气的体积均应相应减少。为此，在计算这些容积时要考虑对燃料进行修正，也就是按所谓计算燃料消耗量B_j进行，即

$$B_j=B\left(1-\frac{q_4}{100}\right) \quad (\text{kg/s}) \quad (2-26)$$

但在燃料供应和制粉系统的计算中，应按照实际燃料消耗量B来进行。

四、锅炉机组热平衡试验

在锅炉运行中，进行热平衡的目的如下：

（1）确定锅炉机组热效率η_b；

（2）确定锅炉机组各项热损失，拟订提高锅炉机组热效率的措施；

（3）确定各项参数（如过量空气系数、排烟温度、过热蒸汽温度）与锅炉负荷的关系。

锅炉机组热效率可以用正平衡法和反平衡法来确定。

所谓正平衡法，即在热平衡试验中，直接确定锅炉机组输出有效利用热量Q_1和输入热量，按式（2-24）求得锅炉机组热效率。正平衡法要求锅炉在比较长的时间内保持稳定工况，这是较为困难的。而且正平衡法只能确定锅炉机组热效率，不能确定锅炉机组的各项热损失，因而电厂锅炉通常采用反平衡法。

用反平衡法确定锅炉机组热效率的方法，是通过测量首先确定各项热损失q_2、q_3、q_4、q_5和q_6，再按式（2-22）确定热效率。为了确定各项热损失，需要测量许多数据，如排烟过量空气系数α_{py}、排烟温度θ_{py}、烟气成分、灰中的含碳量、煤的元素分析和发热量等。反平衡试验不要求严格保证锅炉出力不变，同时能求出各项热损失，是常用的方法。

1. 煤的成分有哪些？各种成分对锅炉燃烧有何影响？

2. 什么是煤的收到基低位发热量？

3. 煤分为哪些种类？煤分类的标准是什么？

4. 所在电厂的厂外和厂内输煤方式是什么？试说明全部过程和环节。

5. 主要的磨煤机和制粉系统共有多少种？所在电厂磨煤机的结构原理是什么？与之配套的制粉系统共有多少设备？各起什么作用？

6. 电厂中哪个单位负责对煤进行煤质分析？怎样进行分析？目的是什么？

7. 所在电厂制粉系统中曾经出现过什么事故？原因是什么？怎样解决的？

8. 所在电厂输煤、制粉系统中有哪些技术革新？

第三章　锅　炉　设　备

锅炉是火力发电厂三大主机中最基本的能量转换设备，其作用是使燃料在炉内燃烧放热，并将炉内工质由水加热成具有足够数量和一定品质（汽温、汽压）的过热蒸汽，供汽轮机使用。

目前，我国电厂锅炉所用燃料主要是煤。电厂锅炉划分为制粉系统、燃烧系统、烟风系统和汽水系统。制粉系统包括给煤机、磨煤机、分离器等设备，其任务是将初步破碎后送入锅炉房的原煤磨制成符合锅炉燃烧要求的细小煤粉颗粒，供锅炉燃烧。燃烧系统包括燃烧器、炉膛、点火装置等设备。燃烧在炉膛内进行，燃料燃烧释放出热量，产生高温火焰和烟气。为了使燃烧过程稳定持续地进行，必须连续提供燃烧需要的助燃氧气，并且将燃烧产生的烟气及时引出炉膛，这是由烟风系统来完成的，烟风系统主要包括空气预热器、送风机、引风机等设备。汽水系统主要包括省煤器、水冷壁、汽包、过热器、再热器等设备，通过该系统，将高温火焰和烟气的热量传递给锅炉内的工质。

第一节　锅炉的基本特征

一、锅炉容量

锅炉的容量，即锅炉蒸发量，分为最大连续蒸发量（BMCR）、额定蒸发量（BRL）和经济连续蒸发量（ECR）。BMCR是蒸汽锅炉在额定蒸汽参数、额定给水温度、使用设计煤种，长期连续运行时能达到的最大蒸发量。BRL是蒸汽锅炉在额定蒸汽参数、额定给水温度、使用设计煤种并保证锅炉效率时所规定的蒸发量。ECR是指锅炉热效率最高时的蒸发量。最大连续蒸发量与额定蒸发量的区别在于，最大连续蒸发量保证锅炉的最大出力而不必保证锅炉的设计效率。锅炉有时可在短时间内超过BMCR的蒸发量，但此时由于不能保证安全连续运行，例如蒸汽带水、受热面金属超温或者燃烧方面出现较严重的炉膛结焦等，因此锅炉的最大出力只能以BMCR为限。BRL即是汽轮机在TRL工况下的进汽量，也是汽轮机在TMCR工况下的进汽量。BMCR对应于汽轮机最大进汽（VWO）工况下的进汽量。如：某锅炉的BMCR、BRL和ECR分别为1900、1807.9t/h和1660.8t/h。

二、锅炉的蒸汽参数

锅炉的蒸汽参数是指额定蒸汽压力和额定蒸汽温度。额定蒸汽压力是锅炉在规定的给水压力和负荷范围内长期连续运行必须保证的过热蒸汽和再热蒸汽压力，而额定蒸汽温度是指锅炉在规定负荷范围内，额定蒸汽压力和额定给水温度下，长期连续运行必须保证的过热蒸汽和再热蒸汽温度。上述蒸汽压力和蒸汽温度均被定义在过热器和再热器的出口处。

锅炉参数反映锅炉所产生蒸汽的做功能力，蒸汽参数越高，则1kg蒸汽进入汽轮机后的做功能力也就越大。如果说锅炉容量是从量的方面反映锅炉产生蒸汽的能力，那么锅炉参数则是从质的方面反映锅炉产生蒸汽的水平。

按照锅炉额定过热蒸汽的压力级别，我国的电厂锅炉分为中压锅炉（3.9MPa）、高压锅炉（9.9MPa）、超高压锅炉（13.8MPa）、亚临界压力锅炉（16.8MPa）、超临界压力锅炉（25.4MPa）和超超临界压力锅炉（26.25MPa）。我国电厂锅炉蒸汽参数及容量系列见表3-1。

表 3-1　我国电厂锅炉的蒸汽参数及容量系列

参数			最大连续蒸发量 (t/h)	发电功率 (MW)
蒸汽压力（MPa）	蒸汽温度（℃）	给水温度（℃）		
3.9	450	145～155 165～175	35，65，130	6，12 25
9.9	540	205～225	220，410	50，100
13.8	540/540 555/555	220～250	420，670	125，200
16.8	540/540 555/555	250～280	1025	300
17.5	540/540 555/555	260～290	1025，2008	300，600
25.4	571/569	284	1181	300
26.25 29.4 32.55	605/603 605/623 605/623/623	284	1900	600
29.4 32.55	605/623 605/623/623	300	3070	1000

三、锅炉的水循环方式

流经蒸发受热面的工质为水和汽的混合物。汽水混合物可能一次或者多次流经蒸发受热面，对于结构不同的锅炉，推动汽水混合物流动的方式也不一样，按此可把锅炉分为自然循环锅炉、强制循环锅炉和直流锅炉。图3-1所示为不同类型锅炉的示意。

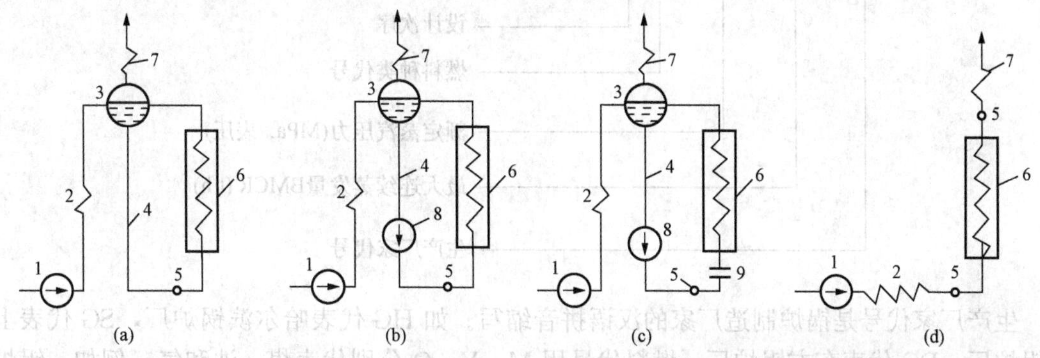

图3-1　不同类型锅炉的示意

(a) 自然循环锅炉；(b) 强制循环锅炉；(c) 控制循环锅炉；(d) 直流锅炉

1—给水泵；2—省煤器；3—汽包；4—下降管；5—联箱；6—蒸发受热面；7—过热器；8—循环泵；9—节流圈

自然循环锅炉［见图3-1（a)］给水经给水泵送入省煤器，受热后进入汽包，并在汽包内进行汽水分离，水从汽包流向不受热的下降管，下降管的工质是单相的水。当水进入蒸发受热面后，因不断受热而使部分水变成为蒸汽，故蒸发受热面内的工质为汽水混合物。由于汽水混合物的密度小于水的密度，因此下联箱的左右两侧因工质密度不同而形成压力差，推动蒸发受热面的汽水混合物向上流动。分离出的蒸汽由汽包顶部送至过热器，分离出的水则和省煤器来的水混合后再次进入下降管，继续循环。这种循环流动完全是由于蒸发受热面受热而自然形成的，故称自然循环。每千克水每循环一次只有一部分转变为汽，或者说每千克水要循环几次才能完全汽化。循环水量要大于生成的蒸汽量，单位时间内的循环水量同生成汽量之比称为循环倍率。自然循环锅炉的循环倍率为4～30。

如果在循环回路中加装循环水泵，就可以增强工质的流动推动力，这种循环方式称为强制循环［见图3-1（b)］。若强制循环锅炉在上升管入口加装节流圈，分配各管流量，则称为控制循环［见图3-1（c)］。在强制循环锅炉的循环回路中，循环流动压头要比自然循环时增强很多，故可以更自由地布置蒸发管。在自然循环锅炉中，为了维持受热蒸发管中工质的良好流动，常使蒸发管为垂直或近于垂直的布置，并使汽水混合物由下向上流动；但在强制循环锅炉中，蒸发管既可垂直也可水平布置，其中的汽水混合物既可向上也可向下流动，因而可更好地适应锅炉结构的要求。强制循环锅炉的循环倍率为3～10。

直流锅炉［见图3-1（d)］没有汽包，工质一次通过蒸发部分，即循环倍率等于1。直流锅炉的另一个特点是：在省煤器、蒸发部分和过热器之间没有固定不变的分界点，水在蒸发受热面中全部转变为蒸汽，沿工质整个行程的流动阻力均由给水泵来克服。直流锅炉既可用于临界压力以下，也可设计为超临界压力。

一般来讲，高压和超高压锅炉机组采用自然循环方式，亚临界压力锅炉大部分采用自然循环和强制循环，也有一部分采用直流锅炉。

四、锅炉型号与名称

锅炉型号通常用一组规定的符号和数字来表示。它反映了锅炉的制造厂家、容量大小、参数高低、性能和规格等。我国电厂锅炉型号一般表示方法如下：

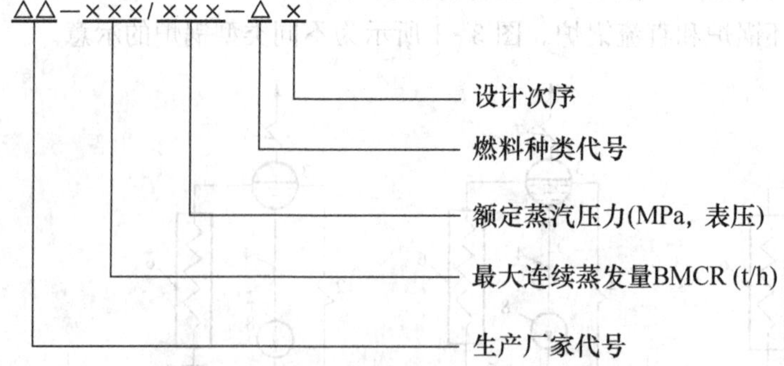

生产厂家代号是锅炉制造厂家的汉语拼音缩写。如HG代表哈尔滨锅炉厂，SG代表上海锅炉厂，DG代表东方锅炉厂。燃料代号用M、Y、Q分别代表煤、油和气。例如，锅炉型号为SG-2101/25.4-M593表示上海锅炉厂制造，锅炉容量为2101t/h，过热蒸汽压力为25.4MPa，设计燃料为煤，设计序号为593；锅炉型号HG1952/25.4-YM1型，其中HG表示哈尔滨锅炉厂，1952表示该锅炉BMCR工况蒸汽流量，单位是t/h，25.4表示该锅炉额

定工况蒸汽压力，单位是 MPa，YM1 表示该锅炉设计煤种为烟煤，设计序号为 1。

五、锅炉的性能

（一）锅炉的经济性指标

1. 锅炉效率

锅炉热效率是说明锅炉运行经济性的特征数据。它是指锅炉有效利用热量 Q_1 与单位时间内所消耗燃料的输入热量 Q_r 的百分比，常用符号 η 来表示，即

$$\eta = \frac{有效利用热量}{输入热量} \times 100\% = \frac{Q_1}{Q_r} \times 100\% \tag{3-1}$$

现在电厂大型锅炉效率都在 90%以上。

2. 锅炉净效率

只用锅炉热效率说明锅炉运行的经济性是不够的，因为锅炉热效率只反映了燃料和传热过程的完善程度。但从火电厂锅炉的作用来看，只有供出的蒸汽和热量才是锅炉的有效产品，自用蒸汽及排污水吸收热量不向外供出，而是自身消耗或损失掉了。而且，要使锅炉正常运行，生产蒸汽除了使用燃料外，还要消耗一定数量的电力，使其所有的辅助系统和附属设备正常运行。因此，锅炉运行的经济性指标，除锅炉热效率外，还有锅炉净效率。锅炉净效率是指除了锅炉机组运行时的自用能耗（热能和电能）后的锅炉效率。锅炉净效率计算式为

$$\eta_j = \frac{\eta Q_r}{Q_r + \sum Q_{zy} + \frac{b}{B} 29\,270 \sum P_z} \times 100\% \tag{3-2}$$

式中 Q_{zy}——锅炉自用热耗，kJ/kg；

b——电厂发电标准煤耗量，kg/kWh；

B——锅炉燃料消耗量，kg/h；

P_z——锅炉辅助设备实际消耗功率，kW。

3. 最低稳燃负荷

考虑到锅炉经常要调峰运行，所以锅炉的最低稳燃负荷也是一个很重要的参数。所谓最低稳燃负荷是指不投油助燃的情况下锅炉能够长期、安全、稳定运行的最低负荷。早期锅炉在燃用设计煤种时最低稳燃负荷一般为 70%BMCR 左右，通过采用稳燃技术，使得最低稳燃负荷可以低至 30%BMCR，大大提高了锅炉的经济性。当然，锅炉的燃料如果发生变化，最低稳燃负荷也会有所变化。比如，煤质变差，最低稳燃负荷将升高。

4. 负荷连续变化率

负荷连续变化率是指在保证锅炉安全、正常运行时的允许负荷变化率。例如，对于某 SG-1025/17.5-M888 型锅炉，负荷为 70%～100%BMCR 时，每分钟不小于 5%BMCR；负荷在 30%～70%BMCR 时，每分钟不小于 3%BMCR；负荷在 30%BMCR 以下时，每分钟不小于 2%BMCR。允许的阶跃负荷变化，在 50%BMCR 以上时，每分钟不少于 10%BMCR，在 50%BMCR 以下时，每分钟 5%BMCR。

（二）锅炉运行的安全性指标

锅炉运行时的安全性指标不能进行专门的测量，而用下列三个间接指标来衡量。

1. 锅炉连续运行小时数

锅炉连续运行小时数是指两次被迫停炉进行检修之间的运行小时数。一般国内中型电厂锅炉的平均连续运行小时数在 4000h 以上，而大型电厂锅炉则应在 7000h 左右。

2. 锅炉可用率

锅炉可用率是指在统计期间内，锅炉总运行小时数及总备用小时数之和与该期间总时数的百分比，即

$$可用率 = \frac{总运行小时数 + 总备用小时数}{统计期间总小时数} \times 100\% \tag{3-3}$$

3. 锅炉事故率

锅炉事故率是指在统计期间，锅炉总事故停炉小时数与总运行小时数和总事故停炉小时数之和的百分比，即

$$事故率 = \frac{总事故停炉小时数}{总运行小时数 + 总事故停炉小时数} \times 100\% \tag{3-4}$$

锅炉的可用率和事故率可按一个适当长的周期来计算。我国火力发电厂锅炉通常以一年为一个统计周期。目前，国内比较好的指标是可用率约为90%，事故率约为1%。

第二节 锅炉的本体结构

锅炉的整体布置是指锅炉炉膛和炉膛中的辐射受热面与对流烟道和其中各个对流受热面的布置方案。目前，常见的大型电厂锅炉整体布置方案有以下几种。

一、整体布置方案

1. Π形布置

这种布置方式也称为倒U形，如图3-2（a）所示。该方案的受热面布置比较方便，对流受热面易于逆流布置，尾部烟道气流向下流动利于除灰，尾部受热面的检修也比较方便，送风机、引风机、除尘器等设备均可以布置在地面。但是，由于有水平过渡烟道，使锅炉构架复杂，占地面积大，转弯烟室部分无法充分利用；大容量锅炉采用切圆燃烧方式时，炉膛和尾部烟道在截面和高度上需要协调配合。

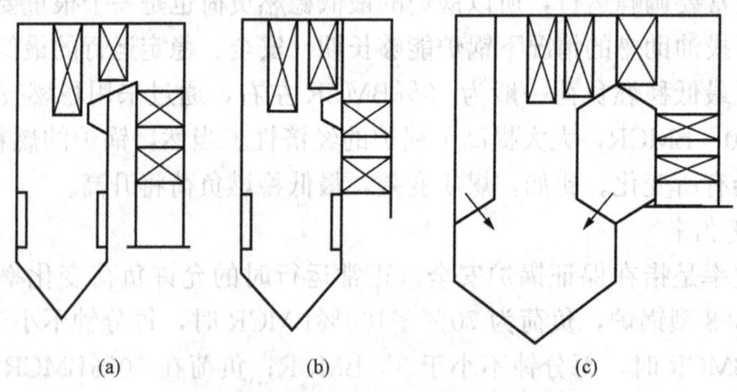

图3-2 常见的锅炉整体布置方案

（a）Π形布置；（b）Γ形布置；（c）W形火焰布置

2. Γ形布置

Γ形布置方案取消了水平过渡烟道，占地面积小，锅炉布置紧凑，可节约钢材，但是尾部受热面检修不方便，如图3-2（b）所示。

3. W形火焰布置

在Π形布置方案基础上，为了比较好地燃烧低挥发分无烟煤，可采用W形火焰炉膛，

如图 3-2（c）所示。炉膛分成燃烧室和燃尽室两部分。前后炉墙向内扩散成炉拱，拱顶布置燃烧器。煤粉气流从燃烧器垂直向下喷入燃烧室，着火后向下伸展，之后，火焰转弯 180° 向上流动，整个燃烧室内火焰呈 W 形状。W 形火焰布置方式的主要特点是燃烧器出口煤粉气流的预热条件优越，火焰行程较长，非常有利于难燃煤种着火和燃烧，其主要缺点是，空气与煤粉在燃烧后期混合较差，影响燃尽，水冷壁和汽水管道布置复杂，风粉管道布置困难。整台锅炉的制造工作量比其他炉型锅炉大得多，成本也高。

二、锅炉举例

下面分别就自然循环锅炉、强制循环锅炉和直流锅炉各举一例。

（一）300MW 自然循环锅炉

图 3-3 所示为上海锅炉厂 SG-1025/17.5-M888 型 1025t/h 亚临界压力中间再热自然循环锅炉简图。本锅炉采用单炉膛、Π 形布置、切向燃烧，钢球磨中间储仓制粉、热风送粉系统。露天布置，全钢架悬吊结构，平衡通风，固态排渣，机械刮板式捞渣机。

炉膛宽度为 12 800mm，深度为 11 890mm，宽深比为 1.0761∶1，近似正方形炉膛截面，炉顶管中心线标高为 60 000mm，汽包中心线标高为 64 500mm，炉顶大板梁顶标高 72 000mm。锅炉炉顶采用金属全密封结构，并设有炉顶大罩壳。炉膛由包覆性好的膜式壁组成。

水冷壁由炉膛四周及水平烟道底部组成。所有水冷壁均由 ϕ60 的膜式水冷壁管屏组成。一方面吸收炉内辐射热量产生蒸汽，另一方面组成炉膛或烟道的密封式炉墙。

过热器由炉顶管、水平烟道两侧墙、后烟井前后及两侧墙、后烟井隔墙、低温过热器、分隔屏、后屏及高温过热器组成。分隔屏与后屏布置在炉膛上部出口处，分隔屏采用大的横向节距（平均 2560mm）以有效吸收辐射热量。高温过热器布置于炉膛折焰角上部，低温过热器布置在后烟井后部烟道内。

再热器由低温再热器、高温再热器组成。低温再热器布置在后烟井前部烟道内。在水平烟道区域内，后屏过热器的后面布置有高温再热器。

后烟井为并联双烟道，后烟井前部为低温再热器烟道，后烟井后部为低温过热器烟道。在低温再热器和低温过热器的烟道下方都布置有省煤器受热面。再热蒸汽的温度视锅炉负荷变化用烟气挡板对进入再热器烟道的烟气量进行调节，达到控制汽温的目的。

锅炉采用钢球磨中间储仓热风送粉系统，每炉配置四台钢球磨煤机，分别有四层煤粉管道接至锅炉燃烧器四角。切向燃烧的煤粉燃烧器布置有两层主油燃烧器，八支主油枪总出力可达 20%BMCR，增设一层机械雾化小油枪。

过热蒸汽汽温调节主要靠喷水调温，一级喷水减温器布置在低温过热器与分隔屏之间的管道上，二级喷水减温器布置在后屏与末级过热器之间的管道上。再热器的调温主要靠尾部烟气挡板，在再热器进口管道上装有事故紧急喷水，低温再热器和高温再热器之间布置有微量喷水减温器。

锅炉构架为全钢结构，用高强度螺栓连接，除空气预热器和机械除渣装置外，所有锅炉重量均悬吊在炉顶钢架上。锅炉构架与主厂房之间无传递荷载，并且按七级地震烈度设防。锅炉设有膨胀中心，锅炉深度和宽度方向上的膨胀零点设置在炉膛深度和宽度中心线。锅炉炉膛高度共设置三层刚性梁导向装置，以控制锅炉受热面的膨胀方向和传递锅炉的水平载荷。由于锅炉设置了膨胀中心，炉膛采用气密封膜式水冷壁，炉顶折焰角等处采用护板，尾部包覆采用宽鳍片管排结构，各穿墙管均采用内护板或密封膨胀节等，还计算了受压部件的

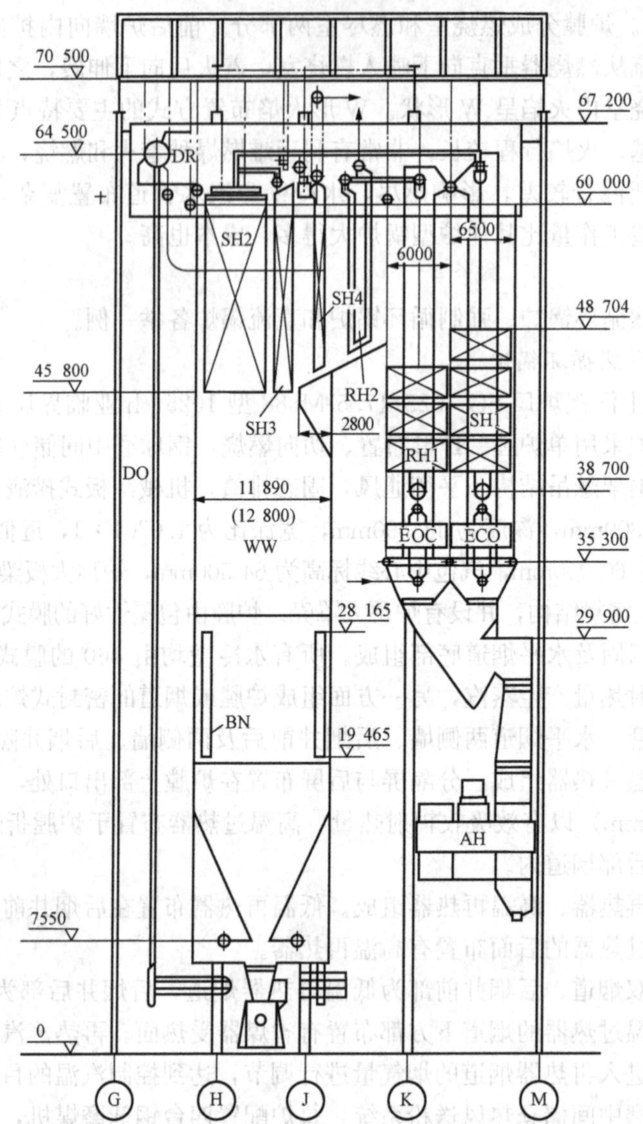

图3-3　1025t/h亚临界压力中间再热自然循环锅炉简图

DR—汽包；DO—下降管；ECO—省煤器；WW—水冷壁；SH1—低温过热器；SH2—分隔屏；SH3—后屏；SH4—高温过热器；RH1—低温再热器；RH2—高温再热器；BN—燃烧器；AH—空气预热器

热应力，因而锅炉具有良好的密封性。炉膛及后烟井四周有绕带式刚性梁，以承受烟气正、负两个方向的压力。沿锅炉炉膛高度共布置有19层刚性梁，后烟井有9层刚性梁。锅炉上有大屋顶，外护板、汽包端部小室等防雨设施。

在炉膛出口左右侧都装有烟气温度探针。

本锅炉采用了容量为5%BMCR的启动旁路系统，其作用是在锅炉启动时控制过热蒸汽温度及压力，以缩短启动时间，提高运行的灵活性。

炉膛部分布置51只炉膛吹灰器，对流烟道区域内布置有34只长行程伸缩式吹灰器，每台预热器烟气进、出口端各布置一只伸缩式吹灰器，运行时所有吹灰器均实现程序控制。吹灰器部位设有专用的检修平台，而且吹灰器和炉墙之间有严密的密封装置。

锅炉本体部分共配有11只弹簧式安全阀和一台电动泄放阀。安全阀安装位置：汽包封头两端装有3只，过热器出口管道上装有2只，再热器冷段进口管道上装有4只，再热器热段出口管道上装有2只，电动泄放阀装在过热器出口安全阀的下游主蒸汽管道上。汽包安全阀、过热器出口安全阀、再热器冷段进口安全阀、再热器热段出口安全阀和电动泄放阀都配有单独的消声器和排汽管道。

炉膛、水平烟道，尾部竖片均装设必要的开孔和测点，以便安装各种吹灰器，观察燃烧情况，炉墙上的人孔门布置，已考虑到检修人员进入炉内各受热面时的方便进出。

装设TV摄像机（为观察炉内火焰用）和火焰扫描装置，以及装设实现燃烧器管理和炉膛安全监控的设施和热工试验测点等。锅炉另配有锅炉水位电视监视系统。

（二）600MW强制循环锅炉

图3-4所示为哈尔滨锅炉厂采用CE技术制造的配600MW汽轮发电机组的亚临界压力强制循环汽包锅炉简图。锅炉型号为HG-2008/186-M。锅炉的主要参数为：额定蒸发量的2008t/h，额定主蒸汽压力为18.24MPa，主蒸汽温度为540.6℃；再热蒸汽流量为1634t/h，再热蒸汽进出口压力为3.86/3.64MPa，再热蒸汽进出口温度为315/540.6℃；设计给水温度为278.3℃；空气预热器出口二次风温度为314℃；锅炉排烟温度为128℃；锅炉效率为91.5%。

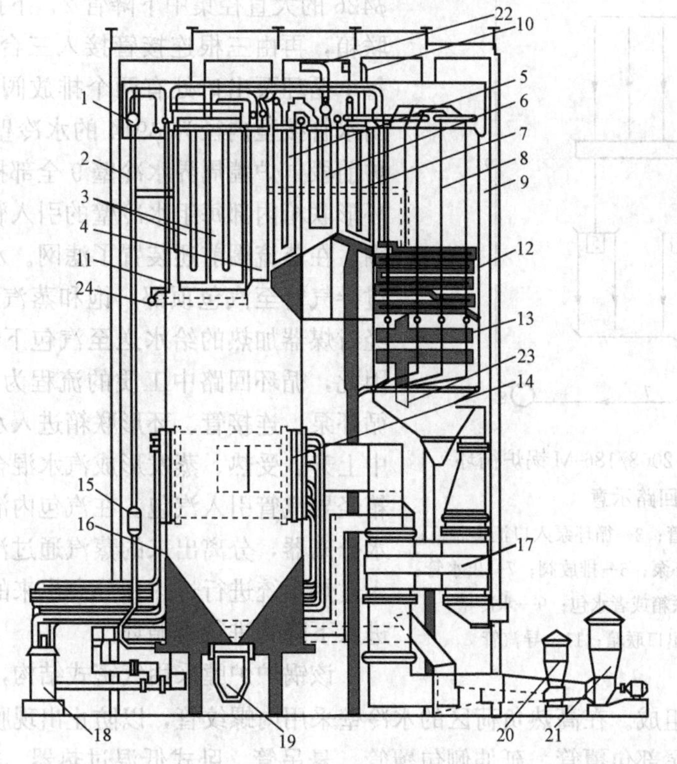

图3-4 HG-2008/186-M型亚临界压力强制循环汽包锅炉简图

1—汽包；2—下降管；3—分隔屏过热器；4—后屏过热器；5—屏式过热器；6—末级再热器；7—末级过热器；8—悬吊管；9—包覆管；10—过热蒸汽出口；11—辐射式过热器；12—低温过热器；13—省煤器；14—燃烧器；15—循环泵；16—水冷壁；17—空气预热器；18—磨煤机；19—除渣装置；20—一次风机；21—二次风机；22—再热蒸汽出口；23—给水进口；24—再热蒸汽进口

锅炉的整体结构为单炉膛Ⅱ形半露天布置；炉膛后墙与竖井烟道之间净距为8865mm；汽包中心线标高为73 304mm；锅炉大板梁底层标高为80 520mm；冷灰斗底标高为7500mm，倾角为55°；前墙至折焰角的距离为13 080mm，折焰角倾角为55°；炉膛宽18 542mm，深16 432mm；炉顶为平炉顶结构，并配以后墙上部的折焰角来改善炉内气流的流动；炉膛设计断面热负荷 $Q_A=20.3\times10^3\text{kJ}/(\text{m}^2\cdot\text{h})$，容积热负荷 $Q_V=347.4\times10^3\text{kJ}/(\text{m}^3\cdot\text{h})$。

锅炉燃烧方式为四角双切圆燃烧，切圆直径分别为 ϕ1884.2 和 ϕ1771.4，燃烧器呈四角布置。燃烧器为摆动式直流煤粉燃烧器，一次风喷口可以上下摆动27°，二次风喷口可上下摆动30°，用以改变炉内火焰中心位置和调节再热汽温。在燃烧器的上方布置有二次风，以减少 NO_x 的生成。

汽包布置在炉膛顶部，材料为碳钢，汽包内径为1778mm、筒身长25 760mm，两端采用球形封头，总长27 700mm。汽包壁厚采用不等厚结构，由上、下壁厚不等的半圆壳对焊而成，汽包上部壁厚198.4mm、下部壁厚166.7mm。为了减小上、下壁温差，汽包内设有内夹层，与汽包内壁形成环形汽水混合物通道。汽包内部装置有轴流式旋风分离器等汽水分离设备。

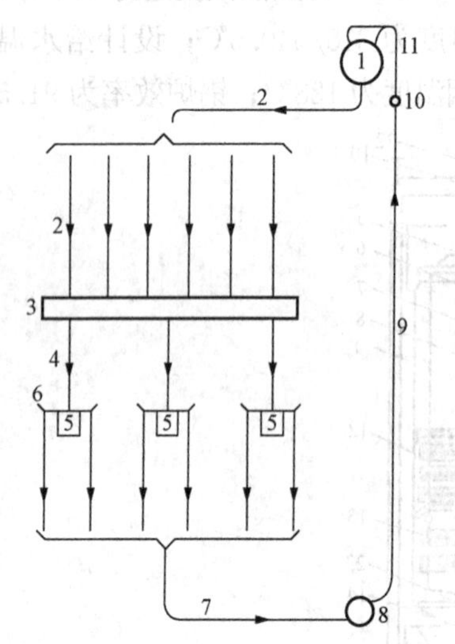

图3-5 HG-2008/186-M锅炉循环回路示意

1—汽包；2—下降管；3—循环泵入口汇集联箱；4—进水管；5—循环泵；6—排放阀；7—出水管；8—水冷壁进口联箱或者水包；9—水冷壁；10—水冷壁出口联箱；11—导汽管

图3-5所示为国产亚临界压力控制循环锅炉的循环回路示意。沿汽包1的长度方向设有六根 ϕ426 的大直径集中下降管2，下接循环泵入口汇集联箱，再由三根连接管接入三台低压头循环泵5，每个循环泵出口处有两个排放阀，由六根 ϕ350 的出水管接至内径为 ϕ914 的水冷壁下部环形联箱的炉前段，炉膛周界水冷壁9全部接自环形联箱，在环形联箱内部每组水冷壁的引入管进口都装有节流圈，在节流圈前还装置了滤网。水冷壁进口联箱通过导气管至汽包顶部。饱和蒸汽从汽包顶部引出。经省煤器加热的给水送至汽包下部下降管入口处。因此，循环回路中工质的流程为：锅水经下降管、循环泵、连接管、环形联箱进入水冷壁，在水冷壁中上升、受热、蒸发形成汽水混合物，通过出口联箱经导汽管引入汽包。在汽包内沿环形通道进入汽水分离器，分离出来的蒸汽通过汽包顶部连接管送入过热系统进行过热；分离出来的水与给水混合后进入下降管进行再循环。

该锅炉炉膛采用气密式结构，由水冷壁、折焰角及延伸水冷壁组成。在高热负荷区的水冷壁采用内螺纹管，以防止出现膜态沸腾。过热器系统由顶棚管、尾部包覆管、延伸侧包覆管、悬吊管、卧式低温过热器、立式低温过热器、分隔屏、后屏和高温过热器组成。过热器、再热器各级之间全部采用大口径连接管，以减小汽侧阻力，简化炉顶布置。在分隔屏之间设置一级混合式减温器。

（三）600MW直流锅炉

1. 锅炉的整体布置

图3-6所示为DG1900/25.4-Ⅱ1型锅炉总体布置示意，是由东方锅炉（集团）股份有

限公司与日本巴布科克-日立公司及东方-日立锅炉有限公司合作设计、联合制造的600MW超临界本生直流锅炉。该锅炉为超临界参数变压直流本生锅炉，一次再热、前后墙对冲燃烧、单炉膛、尾部双烟道结构，采用挡板调节再热汽温，固态排渣，全钢构架，全悬吊结构，平衡通风，露天布置。

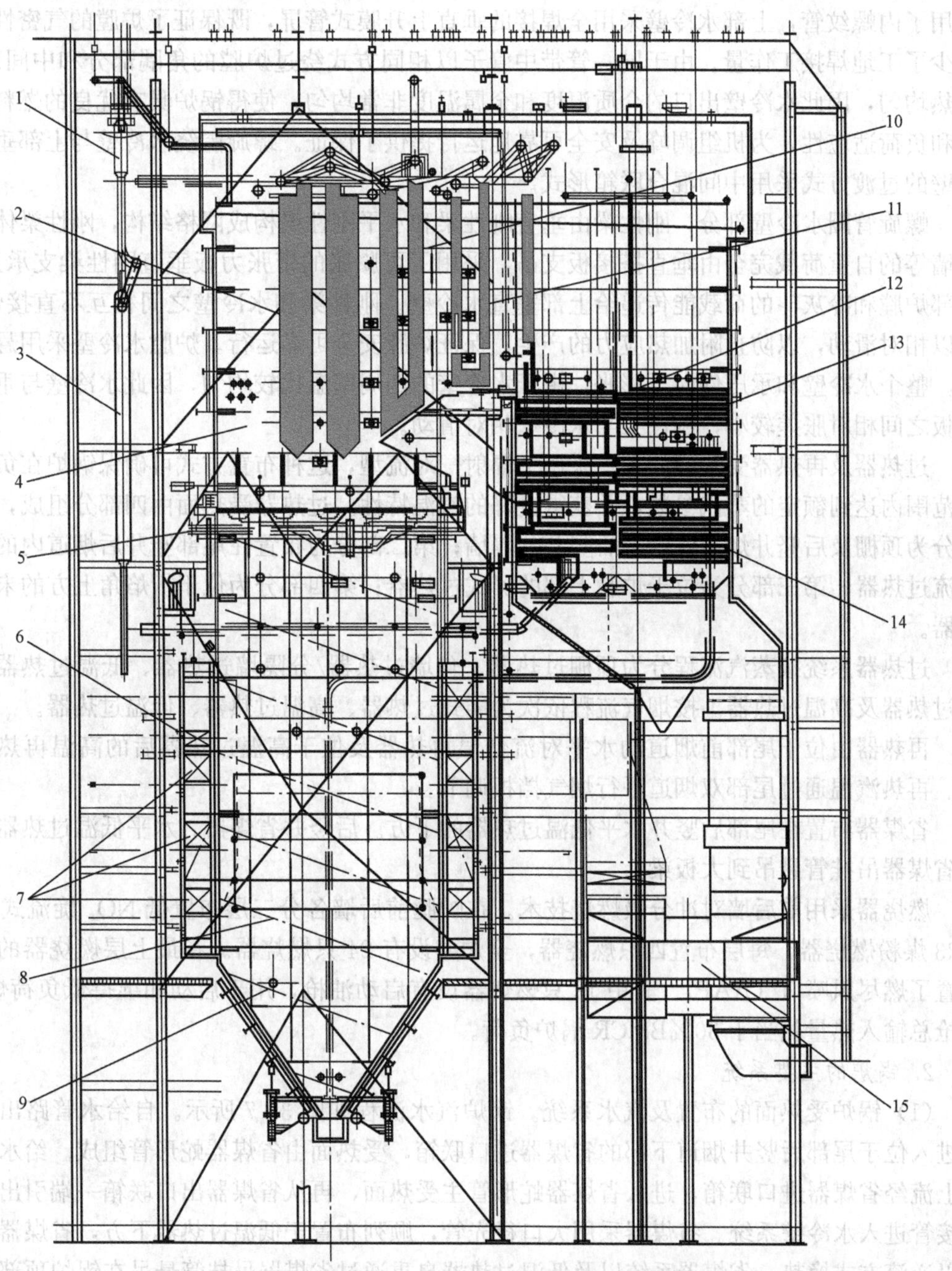

图 3-6 DG1900/25.4-Ⅱ1型直流锅炉总体布置示意

1—汽水分离器；2—屏式过热器；3—储水箱；4—上部水冷壁；5—过渡段水冷壁；6—燃尽风；7—燃烧器；8—下部水冷壁；9—冷灰斗水冷壁；10—高温过热器；11—高温再热器；12—低温再热器；13—低温过热器；14—省煤器；15—空气预热器

锅炉的循环系统由启动分离器、储水箱、下降管、下水连接管、水冷壁上升管及汽水连接管等组成。在负荷大于等于 25%BMCR 后，直流运行，一次上升，启动分离器入口具有一定的过热度。

炉膛水冷壁分上下两部分，下部水冷壁采用全焊接的螺旋上升膜式管屏，螺旋水冷壁管采用了内螺纹管，上部水冷壁采用全焊接的垂直上升膜式管屏，既保证了炉膛的气密性，又减少了工地焊接工作量。由于同一管带中管子以相同方式绕过炉膛的角隅部分和中间部分，吸热均匀，因此水冷壁出口的介质温度和金属温度非常均匀，使得锅炉具有优良的燃料适应性和负荷适应性，为机组调峰及安全可靠地运行提供了保证。螺旋围绕水冷壁与上部垂直水冷壁的过渡方式采用中间混合联箱形式。

螺旋管圈水冷壁部分，刚性梁由垂直刚性梁和水平刚性梁构成网格结构，刚性梁体系及炉墙等的自重荷载完全由垂直搭接板支吊，采用了可膨胀的带张力板垂直刚性梁支承系统，下部炉膛和冷灰斗的荷载能传递给上部垂直水冷壁。刚性梁和水冷壁之间相互不直接焊接，可以相对滑动，以防止附加热应力的产生，保证炉膛安全可靠运行。炉膛水冷壁采用悬挂结构，整个水冷壁和承压件向下膨胀，由于水冷壁的四周壁温比较均匀，因此水冷壁与垂直搭接板之间相对胀差较小，刚性梁与水冷壁相对滑动。

过热器及再热器受热面的布置采用了辐射—对流型，这种布置方式可确保锅炉在负荷变化范围内达到额定的蒸汽参数，并获得良好的汽温特性。过热器受热面由四部分组成，第一部分为顶棚及后竖井烟道四壁及后竖井分隔墙；第二部分为布置在尾部竖井后烟道内的水平对流过热器；第三部分为位于炉膛上部的屏式过热器；第四部分为位于折焰角上方的末级过热器。

过热器系统按蒸汽流程分为顶棚过热器、包墙过热器/分隔墙过热器、低温过热器、屏式过热器及高温过热器。按烟气流程依次为屏式过热器、高温过热器、低温过热器。

再热器由位于尾部前烟道的水平对流低温再热器及位于高温过热器后的高温再热器组成。再热汽温通过尾部双烟道平行烟气挡板调节。

省煤器布置在尾部后竖井水平低温过热器的下方。后竖井省煤器、水平低温过热器均通过省煤器吊挂管悬吊到大板梁上。

燃烧器采用前后墙对冲分级燃烧技术。在炉膛前后墙各分三层布置低 NO_x 旋流式 HT-NR3 煤粉燃烧器，每层布置四只燃烧器，全炉共设有 24 只燃烧器。在最上层燃烧器的上部布置了燃尽风喷口（AAP）。其中 12 只燃烧器设有启动油枪，用于启动和维持低负荷燃烧。油枪总输入热量相当于 30%BMCR 锅炉负荷。

2. 锅炉的主要系统

(1) 锅炉受热面的布置及汽水系统。锅炉汽水流程如图 3 - 7 所示。自给水管路出来的水进入位于尾部后竖井烟道下部的省煤器进口联箱，受热面由省煤器蛇形管组成。给水自下而上流经省煤器进口联箱，进入省煤器蛇形管主受热面，再从省煤器出口联箱一端引出下水连接管进入水冷壁系统。省煤器采用大口径光管，顺列布置于低温过热器下方，省煤器与烟气以逆流方式换热，省煤器系统以及低温过热器自重通过省煤器吊挂管悬吊在锅炉顶部的钢架上。

经省煤器加热后的给水，通过下降管及下水连接管进入炉膛水冷壁。水冷壁出口工质汇入上部水冷壁出口联箱后由连接管引入水冷壁出口汇集联箱，再由连接管引入启动分离器。

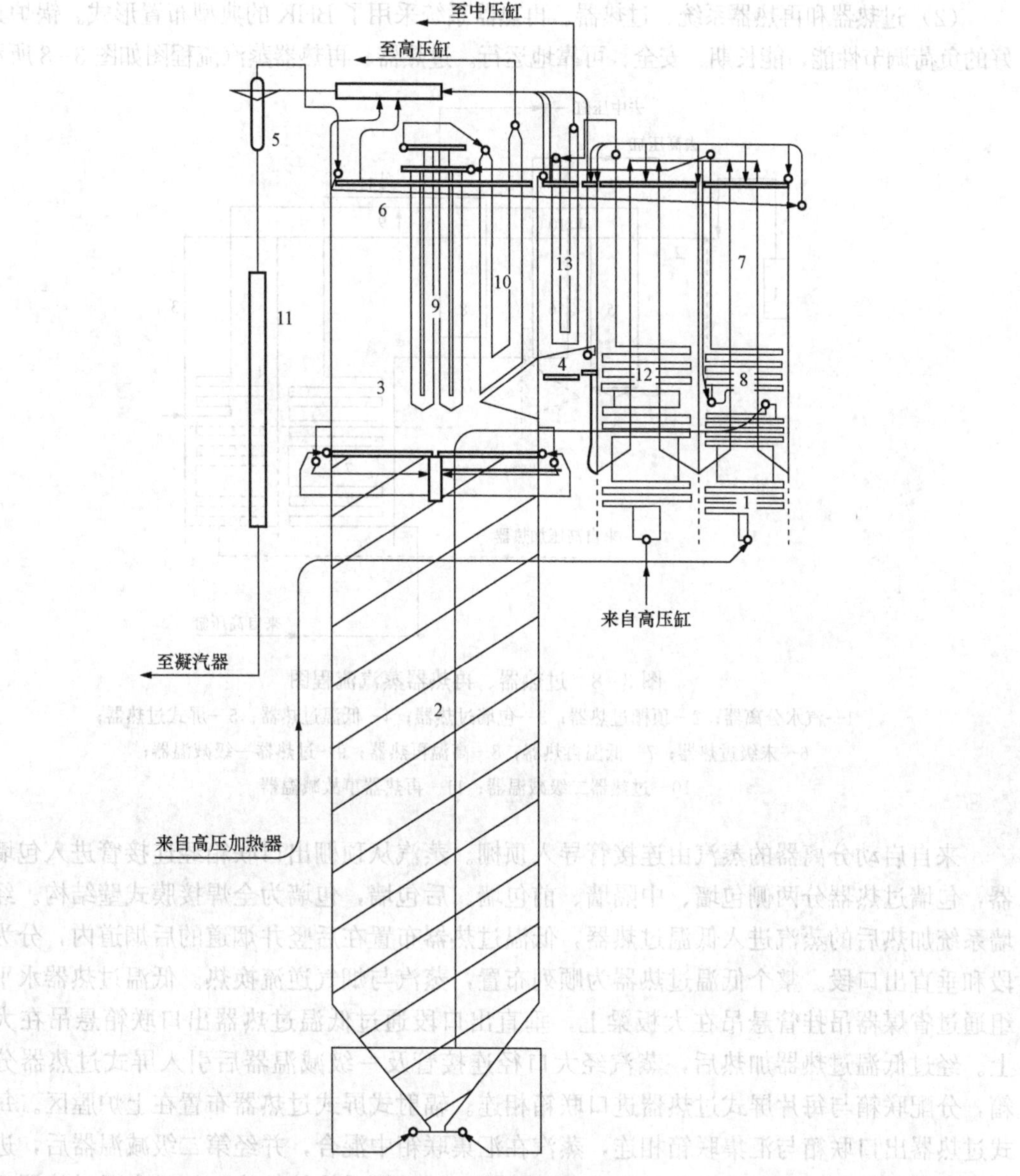

图 3-7 汽水流程

1—省煤器；2—螺旋水冷壁；3—上部水冷壁；4—折焰角；5—启动分离器；6—顶棚过热器；7—悬吊管；8—低温过热器；9—屏式过热器；10—末级过热器；11—储水罐；12—低温再热器；13—高温再热器

内置式启动分离器布置在炉前，垂直于膜式水冷壁出口，采用旋风分离形式，要承受锅炉运行压力。在负荷较低的情况下，为了保证水循环的安全，水冷壁管内仍需要保持一定的流速。这时，水冷壁管内的工质流量大于锅炉的蒸发量。在这种情况下，水冷壁出口的工质是汽水两相流，分离器在此时起到汽水分离的作用，分离的蒸汽直接送至过热器，此运行特性接近自然循环汽包炉，即蒸发受热面与过热蒸汽受热面之间的分界面是固定不变的。在循环运行结束时，蒸发完成点移至直流锅炉运行性能平衡点。当锅炉负荷逐渐提高时，进入纯直流状态运行，水冷壁出口的工质逐渐达到饱和温度乃至过热，而到了超临界压力时，已经没有汽水两相之分了。在后面的这些情况下，分离器只是流通元件，无水位，呈干式运行状态。

（2）过热器和再热器系统。过热器、再热器系统采用了 BHK 的典型布置形式。锅炉具有良好的负荷调节性能，能长期、安全、可靠地运行。过热器、再热器蒸汽流程图如图 3-8 所示。

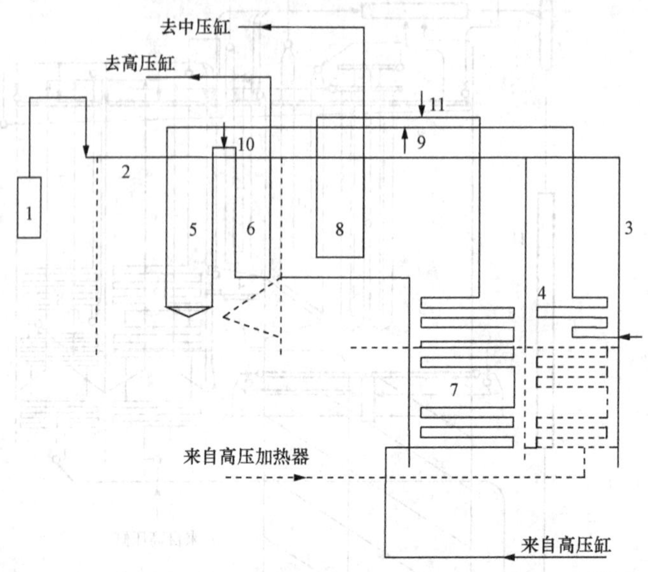

图 3-8 过热器、再热器蒸汽流程图

1—汽水分离器；2—顶棚过热器；3—包墙过热器；4—低温过热器；5—屏式过热器；6—末级过热器；7—低温再热器；8—高温再热器；9—过热器一级减温器；10—过热器二级减温器；11—再热器事故减温器

来自启动分离器的蒸汽由连接管导入顶棚。蒸汽从顶棚出口联箱经连接管进入包墙过热器，包墙过热器分两侧包墙、中隔墙、前包墙、后包墙，包墙为全焊接膜式壁结构。经过包墙系统加热后的蒸汽进入低温过热器，低温过热器布置在后竖井烟道的后烟道内，分为水平段和垂直出口段。整个低温过热器为顺列布置，蒸汽与烟气逆流换热。低温过热器水平段管组通过省煤器吊挂管悬吊在大板梁上，垂直出口段通过低温过热器出口联箱悬吊在大板梁上。经过低温过热器加热后，蒸汽经大口径连接管及一级减温器后引入屏式过热器分配联箱，分配联箱与每片屏式过热器进口联箱相连。辐射式屏式过热器布置在上炉膛区。每片屏式过热器出口联箱与汇集联箱相连，蒸汽在汇集联箱中混合，并经第二级减温器后，进入高温过热器。末级过热器是由位于折焰角上部的一组悬吊受热管组成，经过高温过热器后，蒸汽达到额定参数，经出口联箱及蒸汽导管进入汽轮机高压缸。

从汽轮机高压缸出口来的蒸汽，经过再热器两级加热，使蒸汽的焓和温度达到设计值，经过导管再返回到汽轮机中压缸。整个再热器系统按蒸汽流程依次分为两级，即低温再热器、高温再热器。低温再热器布置在后竖井前烟道内，高温再热器布置在水平烟道内末级过热器后。汽轮机高压缸排汽通过连接管进入低温再热器进口联箱，低温再热器由水平段和垂直段两部分组成。低温再热器水平段由包墙过热器支撑，垂直出口段通过低温再热器出口联箱悬吊在大板梁上。再热蒸汽经过低温再加热后进入出口联箱，在联箱内进行轴向混合后经左右交叉导管进入高温再热器。高温再热器布置于末级过热器后的水平烟道内。

过热器蒸汽温度是由燃水比和两级喷水减温来控制。燃水比的控制温度取自设置在汽水分离器前的水冷壁出口联箱上的三个温度测点，通过三取中进行控制。两级减温器均布置在锅炉的炉顶罩壳内，第一级减温器位于低温过热器出口联箱与屏式过热器进口联箱的连接管上，第二级减温器位于屏式过热器与末级过热器进口联箱的连接管上，每一级各有两只减温器，分左右两侧分别喷入，可分左右分别调节，减少烟气偏差的影响。两级减温器均采用多孔管式，喷管上有许多小孔，减温水从小孔喷出并雾化后，与相同方向流动的蒸汽进行混合，达到降低汽温的目的，调温幅度通过调节喷水量加以控制。一级减温器在运行中起保护屏式过热器的作用，同时也可调节低温过热器左右侧蒸汽温度偏差；二级减温器用来调节高温过热器及其左右侧的偏差，使过热蒸汽温度维持在额定值。

再热汽温的调节是通过布置在低温再热器和省煤器后的平行烟气挡板来调节的，通过控制烟气挡板的开度大小来控制流经后竖井水平再热器管束及过热器管束的烟气量的多少，来达到控制再热器蒸汽出口温度的目的。在满负荷时，过热器侧烟气挡板全开，再热器侧烟气挡板部分打开。当负荷逐渐降低时，过热器侧挡板逐渐关小，再热器侧挡板开大，直至锅炉运行至最低负荷时，再热器侧全部打开。再热器事故喷水减温器布置在低温再热器至高温再热器间的连接管道上，分左右两侧喷入。减温器喷嘴采用多孔式雾化喷嘴。再热器喷水仅用于紧急事故工况、扰动工况或其他非稳定工况。正常情况下通过烟气调节挡板来调节再热器汽温。

(3) 烟风系统。一次风机和送风机出来的空气通过暖风器后进入两台三分仓再生式空预器，被加热后的一次风进入磨煤机，磨煤机出来的煤粉气流（一次风）由煤粉燃烧器喷入炉内燃烧，受热后的二次风进入燃烧器风箱，并通过各调节挡板进入炉膛。

燃料燃烧产生的热烟气将一部分热量传递给炉膛四周水冷壁和屏式过热器，然后依次流经高温过热器、高温再热器进入后竖井包墙，后竖井包墙内的中隔墙将后竖井分成前、后两个平行烟道，前烟道内布置低温再热器，后烟道内布置低温过热器和省煤器，烟气调节挡板布置在低温再热器和省煤器后，烟气流经上述受热面后进入回转式空气预热器，而后流入除尘器和引风机，最后由烟囱排大气。

第三节 制粉系统设备

一、磨煤机

磨煤机是制粉系统中的重要设备，其作用是将具有一定尺寸的煤块干燥、破碎并磨制成煤粉。磨煤机的形式很多，通常按磨煤部件的转速高低分为以下三种类型。

(1) 低速磨煤机：转速 n 为 16～25r/min，如筒式钢球磨煤机；

(2) 中速磨煤机：转速 n 为 50～300r/min，如辊式中速磨煤机；

(3) 高速磨煤机：转速 n 为 500～1500r/min，如风扇磨煤机。

我国燃煤电厂目前广泛应用的是中速磨煤机，其次是筒式钢球磨煤机和风扇磨煤机。

(一) 单进单出筒式钢球磨煤机

单进单出筒式钢球磨煤机的结构如图 3-9 所示。其磨煤部件为一直径为 2～4m、长为 3～10m 的圆筒，筒内装有适量直径为 25～60mm 的钢球。筒体内壁衬波浪形锰钢护甲。筒身两端是架在大轴承上的空心轴颈，一端是热空气与原煤的进口，另一端是空气与煤粉混合物的出口。

筒体由低速同步电动机带动旋转，钢球和煤块被筒内护甲带到一定高度，然后落下将煤击碎，并使煤受到挤压和研磨。磨好的煤粉被干燥的热空气从筒体带出。

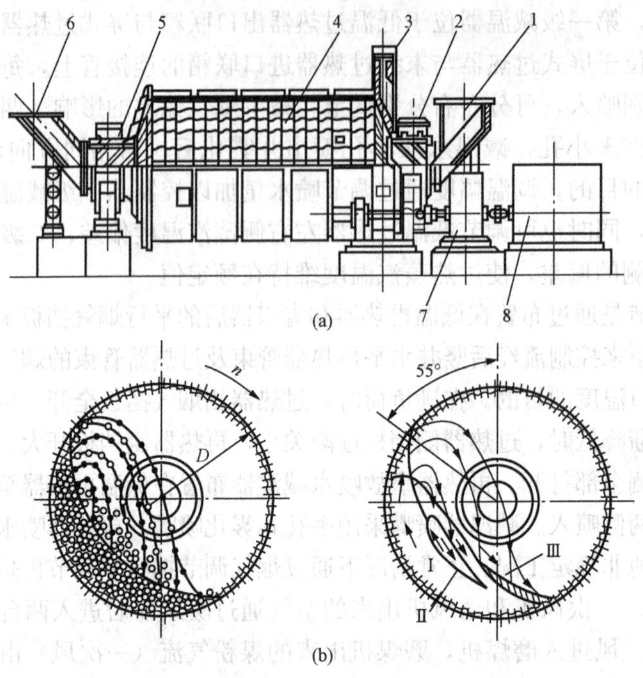

图 3-9 单进单出钢球式磨煤机的结构

(a) 结构简图；(b) 工作原理

1—进料装置；2—主轴承；3—传动齿轮；4—转动筒体；

5—螺旋管；6—出料装置；7—减速器；8—电动机

Ⅰ—压力研磨；Ⅱ—摩擦研磨；Ⅲ—冲击破碎

（二）双进双出筒式钢球磨煤机

双进双出球磨机的结构与单进单出球磨机类似，如图 3-10 所示。其筒体是一个装有锰钢或者铬钼钢护甲的圆筒，两端为空心轴，分别支撑在两个主轴承上。其工作原理也与单进单出球磨机类似。不同之处在于它的两端空心轴颈既是热风和原煤的进口，又是气粉混合物的出口，从两端进入的干燥介质气流在磨煤机筒体部位对冲后反向流动，携带煤粉从两个空心轴流出，进入煤粉分离器，形成两个互相对称的严密回路，因此称双进双出。

这种球磨机每端进口有一空心圆管，圆管外围装有弹性固定的螺旋输送器，螺旋输送器和空心圆管随球磨机筒体一起旋转，煤即被螺旋输送机送到筒体中。螺旋输送器的外侧是一个固定的圆筒外壳，在内外圆筒之间形成一个环形通道，下部通道用以通过煤块，上部通道用以通过磨制后的风粉混合物。

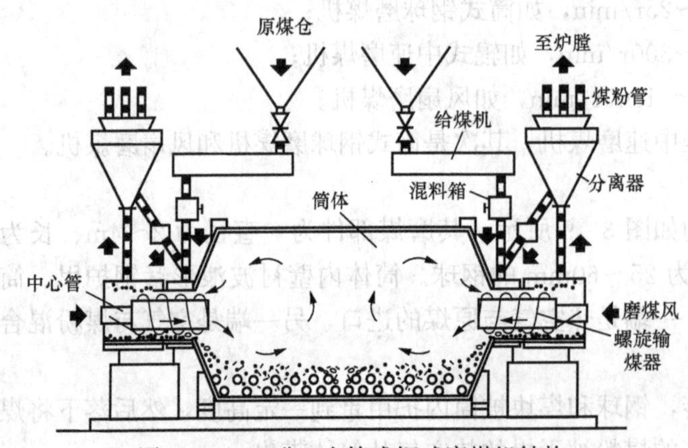

图 3-10 双进双出筒式钢球磨煤机结构

（三）中速磨煤机

图 3-11 所示为 ZGM 辊式中速磨煤机的结构，它是一种上部带有分离器的辊式磨。

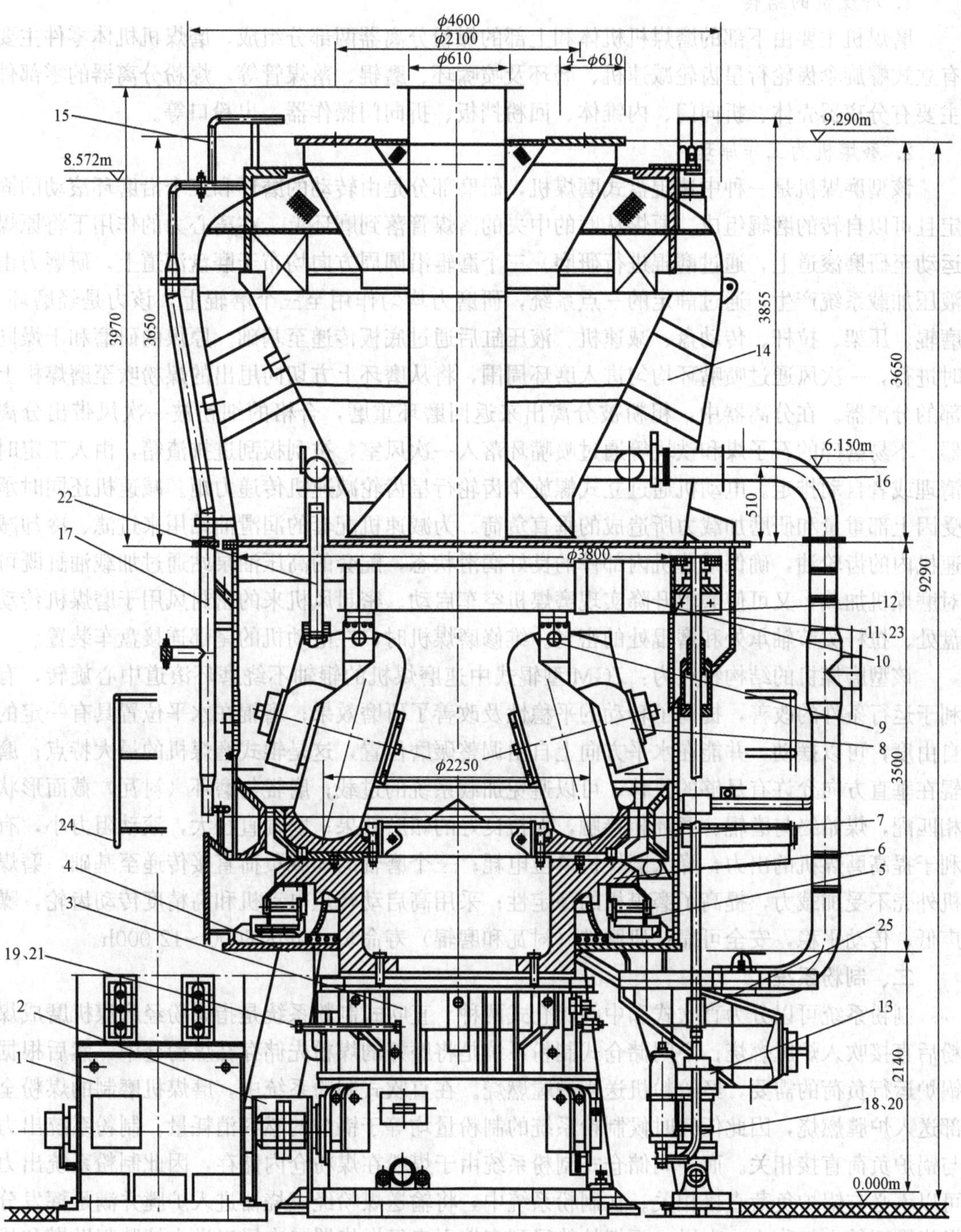

图 3-11 ZGM 辊式中速磨煤机示意

1—电动机；2—联轴器；3—减速机；4—机座；5—机座密封装置；6—传动盘及刮板装置；7—磨环及喷嘴环；8—磨辊装置；9—加压装置；10—铰轴；11—机壳；12—拉杆加载装置；13—加载油箱；14—分离器；15—分离器栏杆；16—密封管路系统；17—防爆蒸汽系统；18—高压油管理系统；19—润滑油系统；20—高压油站；21—稀油站；22—磨辊密封风管；23—铭牌；24—机座平台；25—排渣箱

1. 磨煤机的结构

磨煤机主要由下部的磨煤机机体和上部的煤粉分离器两部分组成，磨煤机机体零件主要有立式螺旋伞齿轮行星齿轮减速机、磨环及喷嘴环、磨辊、落煤管等，煤粉分离器的零部件主要有分离器壳体、折向门、内锥体、回粉挡板、折向门操作器、出粉口等。

2. 磨煤机的工作原理

该型磨煤机是一种中速辊盘式磨煤机，研磨部分是由转动的磨环和三个沿磨环滚动的固定且可以自转的磨辊组成。原煤从磨的中央的落煤管落到磨环上，在离心力的作用下将原煤运动至研磨滚道上，通过磨辊进行研磨。三个磨辊沿圆周方向均布于磨盘滚道上，研磨力由液压加载系统产生，通过静定的三点系统，研磨力均匀作用至三个磨辊上，该力是经磨环、磨辊、压架、拉杆、传动盘、减速机、液压缸后通过底板传递至基础。原煤的研磨和干燥同时进行，一次风通过喷嘴环均匀进入磨环周围，将从磨环上方切向甩出的煤粉吹至磨煤机上部的分离器。在分离器中，粗粉被分离出来返回磨环重磨，合格的细粉被一次风带出分离器。不易磨碎的石子煤和铁块等通过喷嘴环落入一次风室，被刮板刮进排渣箱，由人工定时清理或者自动排走。电动机通过立式螺旋伞齿轮行星齿轮减速机传递力矩。减速机还同时承受因上部重量和研磨加载力所造成的垂直负荷。为减速机配套的润滑油站用来过滤、冷却减速机内的齿轮油，确保减速机内部件的良好润滑状态，配套的高压油泵站通过加载油缸既可对磨煤机加载，又可使磨辊升降实现磨煤机空车启动。密封风机来的密封风用于磨煤机传动盘处、拉杆关节轴承处和磨辊处的密封。维修磨煤机时，在电动机的尾部连接盘车装置。

该型磨煤机的结构特点为：ZGM 型辊式中速磨煤机的辊轴不绕磨环滚道中心旋转，有利于运行条件的改善，提高了转动的平稳性及改善了研磨效果；磨辊在水平位置具有一定的自由度，可以摆动，并能在水平方向上自由调整碾磨位置，这是辊式磨煤机的最大特点；磨辊在垂直方向允许有足够的位移，可以避免加载系统的过载；磨辊与磨环（衬瓦）截面形状相匹配，煤始终与磨辊、磨环相接触，保持良好的碾磨效果；磨辊直径大，滚动阻力小，有利于提高磨煤机的出力，降低磨煤机单位电耗；三个磨辊的加载负荷直接传递至基础，磨煤机外壳不受加载力，提高了磨煤机的稳定性；采用高启动转矩电动机和高精度传动齿轮，噪声低，传动平稳，安全可靠；研磨件（衬瓦和磨辊）寿命长，可达 8000～12 000h。

二、制粉系统

制粉系统可以分为直吹式和中间储仓式两种。直吹式制粉系统是指煤粉经磨煤机磨成煤粉后直接吹入炉膛燃烧；中间储仓式制粉系统是将磨好的煤粉先储存在煤粉仓中，然后根据锅炉运行负荷的需要，经给粉机送入炉膛燃烧。在直吹式制粉系统中，磨煤机磨制的煤粉全部送入炉膛燃烧，因此任何时候制粉系统的制粉量均等于锅炉的燃料消耗量。制粉系统出力与锅炉负荷直接相关。而中间储仓式制粉系统由于煤粉在煤粉仓内储存，因此制粉系统出力可以不必与锅炉负荷直接相关。在制粉系统中，将输送煤粉经燃烧器进入炉膛并满足挥发分燃烧需要的空气称为一次风；而把从热风到直接引来经燃烧器二次风口送入炉膛起助燃和扰动作用的空气称为二次风。下文主要介绍几种常见的制粉系统，即单进单出钢球磨中间储仓式制粉系统、双进双出钢球磨直吹式制粉系统和中速磨直吹式制粉系统。

（一）单进单出钢球磨中间储仓式制粉系统

在单进单出钢球磨中间储仓式制粉系统中，由细粉分离器上部出来的干燥剂（也称为磨煤乏气）还含有约 10%的极细煤粉，为了利用这部分煤粉，磨煤乏气可作为一次风输送煤粉进入炉膛，这种系统称为磨煤乏气送粉系统。当燃用无烟煤、贫煤和劣质烟煤时，为稳定着火燃烧，常利用热空气作为一次风输送煤粉，此时携带细粉的磨煤乏气经燃烧器中专门的喷口送入炉内燃烧，称为三次风，这种系统称为热风送粉系统。

某SG-1025/17.5-M888型锅炉采用的制粉系统是筒式钢球磨煤机中间储仓式热风送粉系统，如图3-12所示。每台炉由四套制粉设备组成，每两套制粉设备共用一个粉仓，送粉管道在炉前交叉布置以实现每个煤粉仓带两层煤粉燃烧器，这有利于制粉系统发生故障或低负荷运行时，停一层煤粉燃烧器而能保证燃烧稳定，也有利于锅炉启动。系统可靠性高、煤种适用范围广，设计煤粉细度为 $R_{90}=10\%$，有助于维持炉膛火焰的稳定性、燃尽程度高。

每套制粉设备有磨煤机、排粉机、给煤机、粗粉分离器、细粉分离器及相关风门、筛子、木屑分离器、锁气器等。干燥介质采用热二次风。磨煤机入口设有冷风门，排粉机出口乏气作为三次风喷入炉膛，另外，在排粉机出口至磨煤机入口设有再循环风。磨煤机配有高低压联合润滑油站。减速机采用油池加冷却水管润滑冷却。

经过除铁、除木屑并初步破碎的原煤由输煤皮带送到煤仓中，煤仓中的煤靠自重下落，经给煤机送入钢球磨煤机中，煤在钢球磨煤机中被磨制成煤粉，从出口端进入粗粉分离器，合乎煤粉细度要求的煤粉随气流上升到细粉分离器中进行气粉分离，较粗的煤粉则由粗粉分离器的回粉管重新引入磨煤机再磨制成适合要求的煤粉。

由细粉分离器中分离出来的煤粉输送到煤粉仓中，也可用埋刮板式输粉机送到邻近的煤粉仓中。两台磨煤机共用一个煤粉仓，煤粉仓中的煤粉经由给粉机输送到混合器与制粉系统的一次风混合后，进入四角燃烧器中的一次风喷嘴，送入炉内燃烧。在本锅炉的设计中，一台磨煤机的制粉系统中的煤粉空气混合物送入同侧两切角的四个一次风喷嘴中。

从空气预热器出口的二次风道引出一股热风作为磨煤干燥剂。经磨煤机和分离器后，干燥剂中仍带有10%的细粉，经排粉风机升压后，形成两股三次风，送入炉膛两对角的三次风喷口。

（二）双进双出钢球磨直吹式制粉系统

某HG-1952/25.4-YM1型锅炉制粉系统属于正压直吹式。每台锅炉配置八只有效容积为500m^{3}的原煤斗。所采用的给煤机为电子称重式给煤机，磨煤机为BBD-4360型双进双出钢球磨煤机。每套制粉系统由一台磨煤机和两台给煤机组成，每台锅炉装设四套制粉系统对应四台磨煤机和八台给煤机。

图3-13所示为该双进双出钢球磨直吹式制粉系统示意。炉前原煤由每套制粉系统的两只原煤斗经下部落煤挡板落入两台转速可调的电子称重式给煤机。两台给煤机根据磨煤机筒体内煤位（料位）分别送出一定数量的煤经过给煤机出口挡板进入位于给煤机下方的磨煤机两侧混料箱。在混料箱内原煤被旁路风干燥（旁路风引自冷热一次风混合后的磨煤机总一次风），再经磨煤机两端的中空轴（耳轴）内螺旋输送器的下部空间分别被输送到磨煤机筒体内进行研磨。磨煤机筒体内的一次风将研磨到一定细度的煤粉经两侧耳轴内部的螺旋输送器上部空间分别携带进入两台煤粉分离器。细度合格的煤粉经每台分离器顶部的四根煤粉管（PC管）引至锅炉燃烧器；细度不合格的煤粉经下部的回粉管返回磨煤机再次研磨。

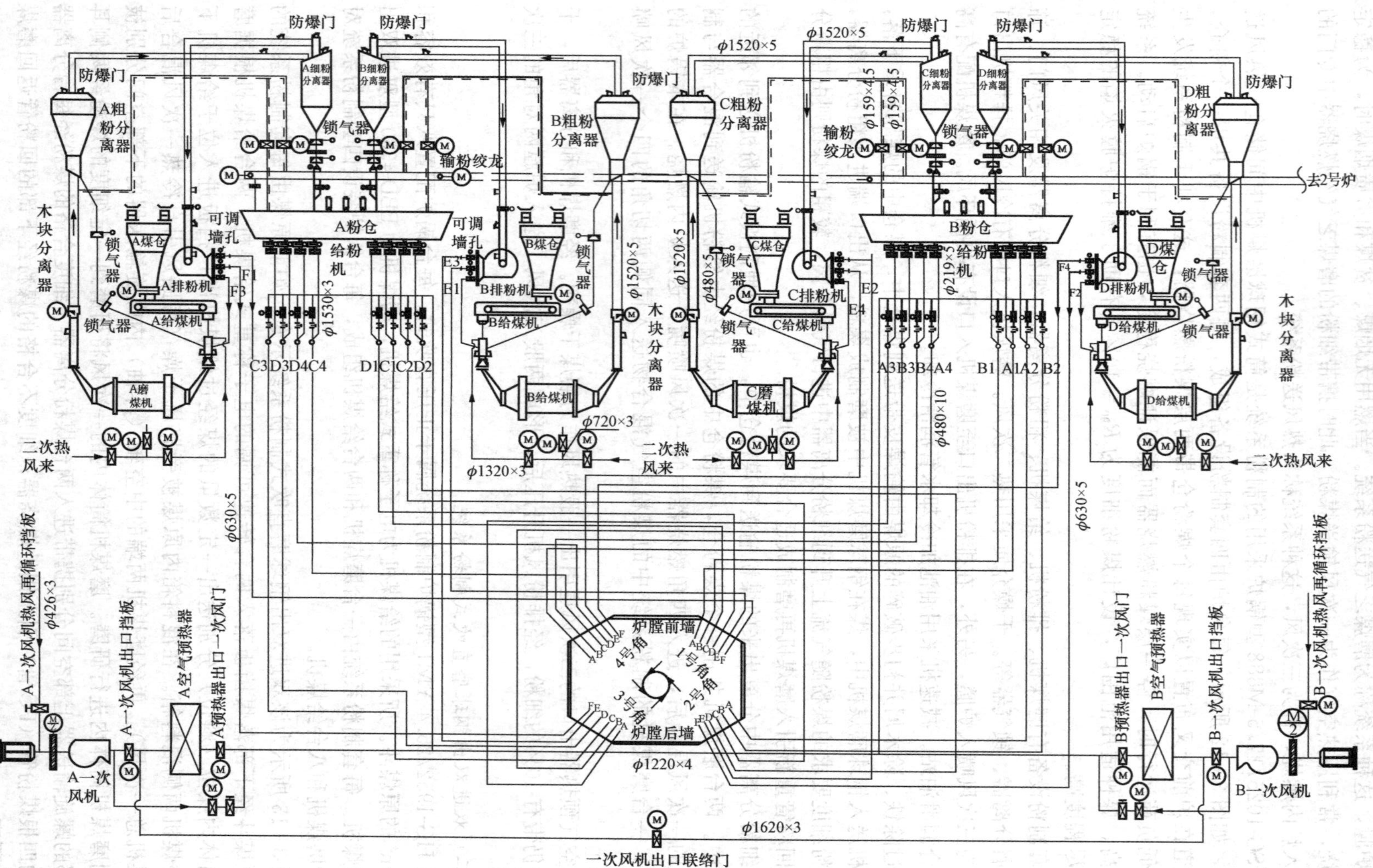

图3-12 单进单出钢球磨中间储仓式制粉（热风送粉）系统

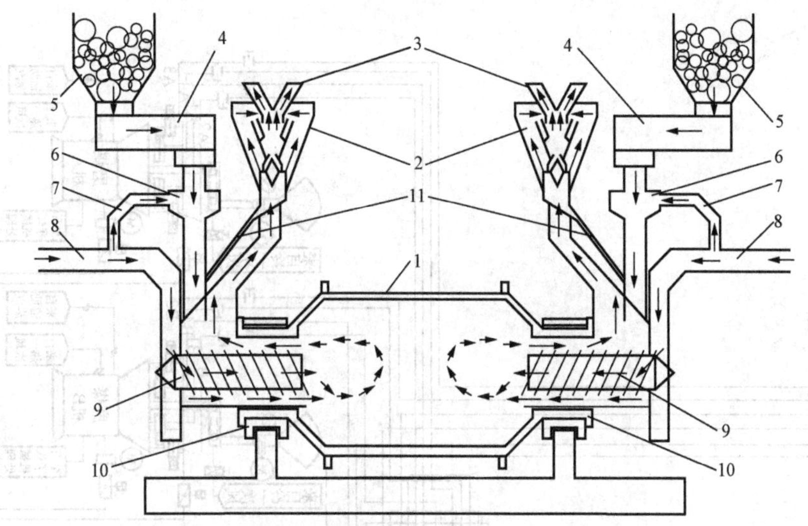

图 3-13 双进双出钢球磨直吹式制粉系统示意

1—磨煤机筒体；2—煤粉分离器；3—PC 管；4—电子称重式给煤机；5—原煤斗；6—混料箱；7—旁路风管；8—一次风总管；9—螺旋输送器；10—磨煤机中空轴轴承；11—回粉管

制粉系统运行所需要的一次风由本锅炉的一次风机提供，两台一次风机正常运行采用并联方式。每台风机出口分两路，一路经回转式空预器加热后汇入制粉系统热风母管；另一路则不经空气预热器加热而直接汇入制粉系统冷风母管。每套制粉系统分别从冷风和热风母管引出一路风经开度可调的冷风和热风挡板后汇合成该套制粉系统的入口总一次风，温度合适的一次风经该套制粉系统的一次风截止挡板后再分两路，分别从磨煤机两端的一次风进风空心圆管进入磨煤机筒体，这部分一次风是用来调节磨煤机的出力的，也称为双式球磨机的负荷风。

在磨煤机一次风截止挡板后的两路一次风管上，分别引出一路风到给煤机下混料箱与原煤汇合，这路风称为旁路风。其作用有两方面：①干燥从给煤机落下的原煤；②当低负荷时通过调整该风量来保证进入磨机筒体的一次风携带煤粉的能力。

由于制粉系统采用正压的工作方式，为防止热风及煤粉从磨煤机中空轴动静部件之间的间隙处逸向大气或污染磨煤机润滑油，本制粉系统装设专门的密封风系统。每台炉制粉系统的密封风系统由两台 100%容量的离心式风机（正常运行时一台运行一台备用）、管道及相关组件构成。为防止磨煤机大齿轮润滑油被泄漏的煤粉污染，保证齿轮罩内的微正压，每台磨煤机还设有一台齿轮罩密封风机为齿轮罩提供密封风。此外，从防止给煤机皮带高温老化及给煤机着火等角度，本系统还取本台磨煤机的中空轴密封风作为给煤机的密封风。

由于分离器出口 PC 管较长，为防止磨煤机 PC 管内存粉造成制粉系统出力下降及煤粉自燃或爆破，本系统还设有 PC 管清扫风系统，清扫风取自磨煤机冷一次风。

（三）中速磨直吹式制粉系统

图 3-14 所示为某 600MW 超临界压力锅炉机组所配备的中速磨煤机冷一次风机正压直吹式制粉系统。它由原煤斗、给煤机、磨煤机、煤粉管道、一次风机、密封风机等组成。

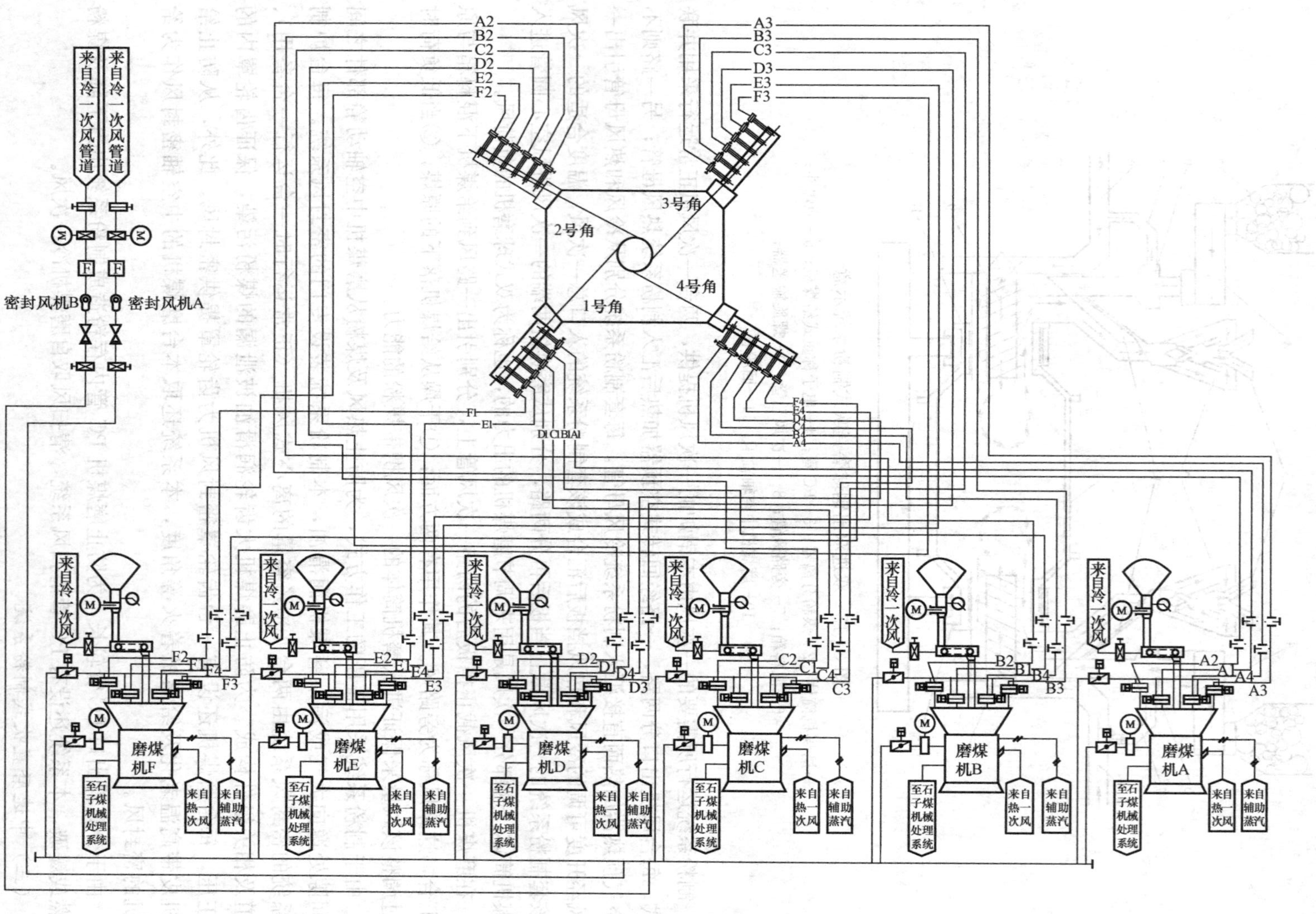

图 3-14 中速磨直吹式制粉系统

制粉间设置在汽轮机房与锅炉房之间，在制粉间的顶层布置两条输煤皮带。在制粉间的运转层（13.7m）布置六台 CS2024 型电子称重皮带式给煤机，给煤机与输煤皮带之间通过六只原煤斗连接。系统布置了六台 ZGM113G 型中速辊式磨煤机，原煤通过输煤皮带送到六只原煤斗中。六只给煤机将原煤斗中的原煤通过磨煤机中央的落煤管分别向对应的六台磨煤机供煤。通过调节给煤机电动机的转速可以控制给煤机的煤量。磨煤机磨制好的煤粉由煤粉管道输送给燃烧器。每台磨煤机各有四根出粉管道，分别供应同一层四角的四个燃烧器用煤粉。

原煤由输煤皮带从煤仓输送到原煤斗。根据锅炉负荷的要求，给煤机以一定的速率将原煤斗中的煤供给磨煤机。磨煤机的给煤量是通过给煤机电动机转速来控制的。

一次风的作用是向磨煤机提供温度适当的热风，以干燥研磨过程中的燃煤，并将磨制好的煤粉输送至燃烧器。本锅炉配备两台一次风机。空气经一次风机升压后在一次风机出口分成两路。一路为冷一次风；另一路去空气预热器一次风分仓，经空气预热器加热后成为热一次风。冷、热一次风在磨煤机进口处按照一定比例混合，以控制进入磨煤机的一次风温。进入磨煤机的一次风温可以由冷、热一次风管道上的风门挡板调节。

磨煤机磨制出的煤粉由磨煤机上部煤粉分离器分离，合格的煤粉由一次风携带，经磨煤机出粉管、煤粉管道向布置在炉膛四角的煤粉燃烧器输送一次风粉混合物，供炉膛燃烧。

密封风的作用是向磨煤机磨辊、磨煤机出粉管阀门以及给煤机等提供密封空气。制粉系统配备两台密封风机，一台运行，一台备用。从冷一次风管引出两路冷风，一路经滤网过滤后送往密封风机，再经密封风机升压后作为磨煤机磨辊、磨煤机机座、加载装置、热一次风门的密封风；另一路直接作为磨煤机出粉管阀门及给煤机的密封风。

磨煤机的出力是通过给煤量来控制的。给煤量的多少由控制给煤机电动机的转速来实现。给煤机配备有给煤量自动称量装置，磨煤机配备有断煤信号发送装置。

三、给煤机

给煤机的作用是按照锅炉负荷的需要向磨煤机输送原煤，它分为电磁式、刮板式和皮带式，其中皮带式给煤机是锅炉最常用的给煤方式。某厂 600MW 超临界参数机组给煤机为引进技术制造的一种带有电子称重装置和微机控制装置的皮带式给煤机，通过自动调速装置可以将煤精确地定量送入磨煤机，其计量精确度在±1%左右。给煤机由机体、输煤皮带、电动机和驱动装置、清扫装置、称重机构、堵煤及断煤信号装置、润滑及电气线路、电子控制柜、电源动力柜等组成，如图 3 - 15 所示。

机体为密封焊接壳体，能承受约 0.35MPa 的压力，进煤口装有导流板，使煤在皮带上形成一定断面的煤流，出煤口装有观察孔和照明，给煤皮带设有边缘，并在内侧中间有凸筋，驱动滚筒、张紧滚筒、张力滚筒上面均有相应的凹槽，使皮带能很好地导向而做正向运动不发生偏斜。驱动滚筒端装有清洁刮板，用于清除黏结于皮带外表面的煤粒。

链式清理刮板布置在皮带的下方。用于清理给煤机壳体底部的积煤，防止发生煤自燃。链式清理刮板与皮带给煤机同时运转，使机壳内不积存原煤，而且这些原煤没有通过皮带上的称重装置，可以减少给煤机的煤量误差。

断煤信号装置安装在皮带上方，当皮带上无煤时，可启动原煤仓的振动器。另外，在出口处下方装有堵煤信号，如煤流堵塞，则停止给煤机，同时发出断煤信号。该机还配有密封空气系统，可防止磨煤机前热风从出口进入给煤机。

在胶带的下面装有两个间距很准确的托辊构成称重跨距，在称重跨距的中间装有一个与

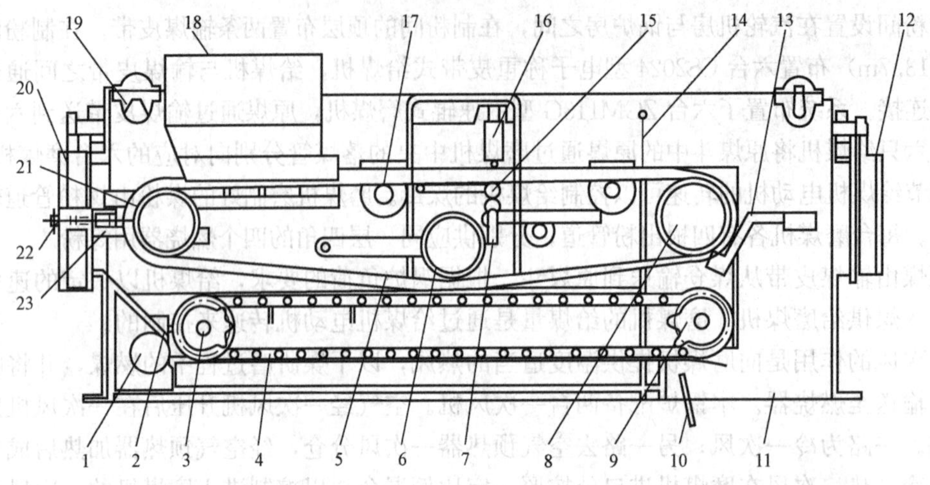

图 3-15 电子称重皮带式给煤机

1—密封空气进口；2—刮板链张紧螺丝；3—张紧链轮；4—清洁刮板链；5—给料皮带；6—张力滚筒；7—承重校重量块；8—驱动滚筒；9—驱动链轮；10—堵煤信号装置挡板；11—出料口；12—排出端门；13—皮带清洁刮板；14—断煤信号装置挡板；15—称重托辊；16—负荷传感器；17—支承跨托辊；18—进料口；19—机内照明灯；20—进料端门；21—张紧滚筒；22—皮带张紧螺杆；23—张紧滚筒座导轨

高精度称重传感器相连的称重托辊。当煤通过这个称重跨距时称重传感器发出一个与称重托辊所支撑之质量成正比的电信号，该信号经 A/D 变换后以数字信号形式送给微处理机控制系统，胶带装在驱动电动机轴上的测速传感器发出胶带运行速度信号，微处理机将速度与重量信号相乘得出给煤机的给煤量。

微处理机通过调节驱动电动机速度使给煤机实际给煤量与所需给煤量相吻合。

给煤机的电子控制装置位于微处理机/电控柜内，可以实现远方/就地控制。

第四节 燃烧系统设备

煤粉炉的燃烧系统由燃烧室（炉膛）、燃烧器和点火设备组成。

一、炉膛

煤粉炉的炉膛是燃料燃烧的场所，它的四周布满了蒸发受热面（水冷壁），有时也设有墙式再热器，炉膛也是热交换的场所，所以炉膛是锅炉最重要的部件之一。煤粉炉的炉膛既要保证燃料的完全燃烧，又要合理组织炉内换热、布置适当的受热面以满足锅炉容量的要求，并使烟气到达炉膛出口时被冷却到使其后的对流受热面不结渣和安全工作所允许的温度。

二、燃烧器

燃烧器是煤粉炉的主要燃烧设备，其作用是保证燃料和燃烧用空气在进入炉膛时能充分混合、及时着火和稳定燃烧。

通过燃烧器送入锅炉的空气是按对着火、燃烧有利的原则合理组织、分别送入的。按照送入空气的作用不同，可以将送入的空气分为一次风、二次风和三次风。

煤粉燃烧器按照其出口气流的特性可以分为直流燃烧器和旋流燃烧器。出口气流为直流射流的燃烧器称为直流燃烧器，出口气流包含旋转射流的燃烧器称为旋流燃烧器。

（一）直流煤粉燃烧器

根据燃烧器中一、二次风口的布置情况，直流煤粉燃烧器分为均等配风燃烧器和分级配风燃烧器两种。

均等配风方式采用一、二次风口相间布置，即在两个一次风口之间均等布置一个或者两个二次风口。在均等配风方式中，一、二次风口间距较近，一、二次风自喷口流出后能很快得到混合，使一次风煤粉气流在着火后能够获得足够的空气。所以这种喷口布置方式只适用于挥发分较高且很容易着火的褐煤和烟煤。燃烧器最高层的上二次风喷口，除供应上排煤粉燃烧所需要空气外，还可以补充炉内未燃尽的煤粉继续燃烧所需要的空气。最底层的下二次风，能把从气流中分离出来的煤粉托浮起来，使其燃烧而减少固体未完全燃烧热损失。

分级配风指把燃烧所需的二次风分级分阶段地送入燃烧的煤粉气流。首先，在一次风煤粉气流着火后送入一部分二次风；待全部煤粉气流着火后再分批高速喷入二次风，使它与着火燃烧的煤粉火炬强烈混合，加强气流扰动，提高扩散速度，促进煤粉的燃烧和燃尽过程。在分级配风燃烧器中，通常将一次风口比较集中地布置在一起，而二次风口分层布置。一次风口集中布置后，由于煤粉集中，燃烧放热集中，火焰中心温度会有所升高。因此这种燃烧器适用于着火温度较高的无烟煤、贫煤和劣质烟煤。

燃用无烟煤、贫煤和劣质烟煤时，为了保证煤粉稳定着火，一般要采用热风送粉。这时磨煤乏气夹带干燥析出的全部水分和一部分极细煤粉，煤粉量占燃煤量的10%～15%。将磨煤乏气作为三次风送入炉膛进行燃烧可以提高锅炉机组的经济性。

在燃用低挥发分煤的直流燃烧器的一次风喷口四周，有时常布置一层二次风，称为周界风。布置周界风有利于将周围的高温烟气卷吸进一次风煤粉气流中，以提高煤粉气流的温度，有利于煤粉气流的着火，也可保护一次风喷口防止烧坏。如果设计和使用不当，周界风反而会妨碍一次风与高温烟气的接触。

为了避免周界风妨碍一次风直接卷吸高温烟气的不利影响，又出现了夹心风。夹心风就是竖直布置在一次风口中的一个二次风喷口。夹心风的作用在于：能及时补充煤粉气流着火后燃烧所需要的空气，但却不影响着火；可以提高一次风射流的刚性，使一次风射流减少偏斜；强化了煤粉气流的湍流脉动，有利于煤粉和空气的混合。改变夹心风量的大小，可以作为煤种和负荷变动时的燃烧调节手段。

某SG-1025/17.5-M888型锅炉采用直流式燃烧器。本炉燃烧器采用美国CE公司近年来开发的WR燃烧器（直流式宽调节比摆动燃烧器），此燃烧器布置在炉膛四角上，成四角切圆燃烧方式，可以适用于燃用烟煤或贫煤，如图3-16所示。

燃烧器总高度为9m，有七层二次风喷口，四层一次风喷口，两层三次风喷口和两层过燃风喷口。全部一、二次喷嘴分为上、下两组。下面一组由一次风喷嘴A、B和二次风喷嘴AA、AB、BC1和BC2组成；上面一组由一次风喷嘴C、D和二次风喷嘴CD、DE和BC3组成。各组通过连杆机构可成组一起摆动，摆动喷口角度为上、下20°。最上面的两层过燃风喷口和两层三次风喷口都分别单独设置手动摆动结构。

图3-16 燃烧器外观

在AB、BC3、DE三层二次风喷嘴内各设一支轻油枪，每支轻油枪的侧面各布置了一只高能点火器。每只角的燃烧器内装设有火焰检测器，可监视着火和燃烧工况，并用作炉膛灭火保护信号。

来自大风箱的二次风经调风小挡板进入燃烧器箱体。在燃烧器入口急转弯的二次风道中，采用了具有最佳尺寸与布置方式的导向板。该导向板采用不等距的布置方式引导气流，目的是均匀分配到达二次风喷口处的出口气流，同时可避免在弯头内外侧形成涡流、增加燃烧器的局部阻力。

一、二次风喷口出口截面都适当缩小，气流收缩加速，且出口截面上设置了垂直、水平方向的隔板，对出口气流起良好的导向作用，有利于射流不偏离设计方向。燃烧器区切角管组成水冷套，把整组燃烧器包围起来，形成水冷套保护屏，能有效防止燃烧器烧坏和结渣。

本炉膛横截面不是正方形。为使四角燃烧器出口气流在炉膛中心形成良好的切圆旋转气流，各角喷口中心线与所在角的平分线并不全部重合：1 和 3 角处两线夹角为 5°（面向炉膛，喷口中心线右偏 5°）；2 号和 4 号角处两线重合，夹角为零，如图 3 - 17 所示。为了减少锅炉水平烟道左右侧的烟温偏差，将燃烧层上部的两层喷嘴（燃尽风）设计成射流旋转方向与其余的一、二次风射流旋转方向相反，其喷口向左偏离其他喷口中心线 17°。

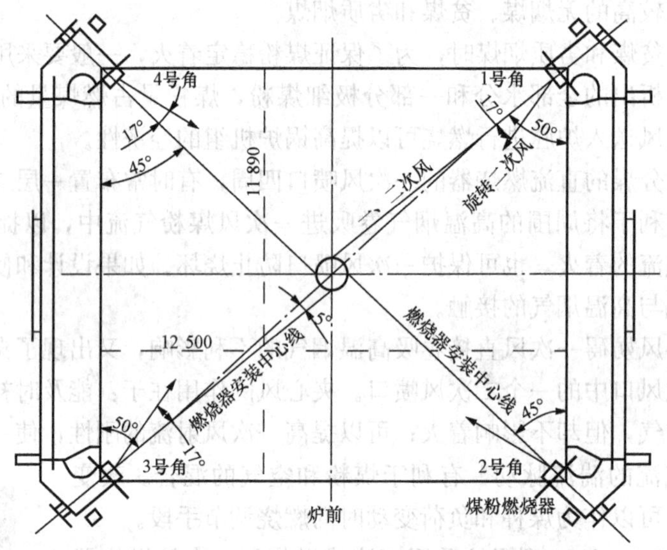

图 3 - 17　燃烧器在炉膛四角的布置

WR 煤粉燃烧器即是直流式宽调节比直流燃烧器，其结构如图 3 - 18 所示。在 WR 燃烧器中，煤粉流过煤粉管道与燃烧器连接前的最后一个弯头时，由于离心力的作用，大部分煤粉颗粒紧贴弯头的外沿进入煤粉喷管，是高浓度煤粉流，内侧则为低浓度煤粉流。通过煤粉管中的隔板（换向板）将一次风分成浓、淡两股，浓侧在向火侧，淡侧在背火侧，构成水平浓淡燃烧，从而提高了一次风喷嘴出口处的局部煤粉浓度，强化贫煤的着火条件。

在煤粉喷嘴内安装有一个 V 形钝体（见图 3 - 19）。煤粉空气混合物流过此钝体时，在钝体的下游形成一个稳定的回流区，使高温火焰不断稳定回流到回流区，以维持煤粉的稳定着火。整个钝体呈波浪形，以吸收钝体在高温辐射下的热膨胀，并增加射流的扰动。同时，由于钝体放在煤粉喷嘴内，不直接接触高温火焰，且有煤粉空气流的冷却，故不易损坏。采用这种燃烧器有助于无烟煤、贫煤的着火和燃烧的稳定，特别是对较低负荷运行更有帮助。

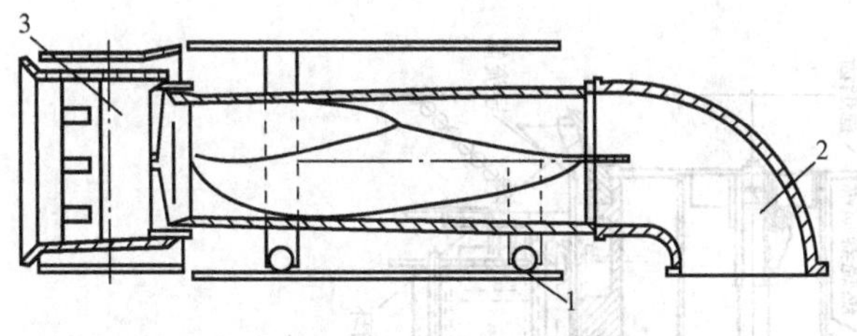

图 3-18 WR 燃烧器结构
1—滚轮；2—煤粉管道弯头；3—煤粉喷嘴

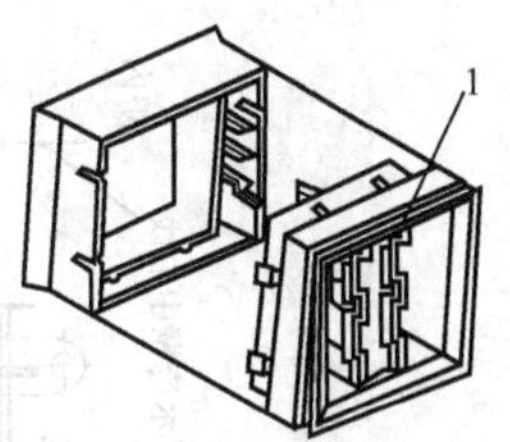

图 3-19 煤粉喷嘴
1—V 形钝体

二次风喷嘴有两种，一种是不带油枪的，另一种是带油枪的（见图 3-20）。

各二次风喷嘴采用连杆连接，便于同步调节。所有二次风喷嘴均采用横向和纵向加强肋，将喷嘴断面分成若干个小室，以增加喷口的刚性。带油枪的二次风喷嘴，最大外缘尺寸为 660mm×390mm，分别布置在两个一次风喷口的中间，在燃油期间，与油枪一起构成油燃烧器，在负荷较高停油枪时，喷口仍起到二次风作用。不带油枪的二次风喷口又有两种外缘尺寸，即顶部和底部的两个，尺寸均为 660mm×390mm，中部三个尺寸均为 660mm×440mm。

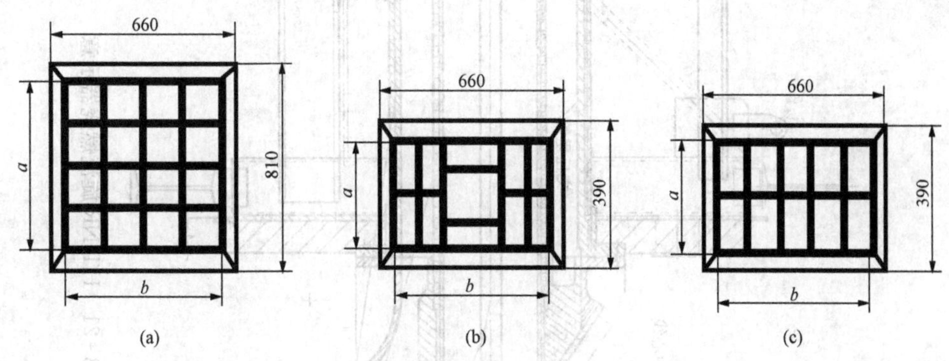

图 3-20 二次风、三次风喷口
(a) 三次风喷口；(b) 内置油枪的二次风喷口；(c) 不带油枪的二次风喷口

三次风喷嘴的结构与二次风喷嘴相似，最大外形尺寸为 810mm×660mm，设计采用了较大的喷口高度，意图是增强三次风射流动量，不使三次风进入炉膛后过早上飘。

（二）旋流煤粉燃烧器

旋流燃烧器是通过各种形式的旋流器使出口气流形成旋转射流。气流在燃烧器圆管中做螺旋运动，一旦离开燃烧器，由于离心力的作用，不仅具有轴向速度，而且还具有切向速度和径向速度。在旋流器出口的旋转射流中，中心压力低于周围介质压力。由于存在负压区，旋转射流中心具有很强的卷吸气流的能力，形成中心回流区。回流区将高温烟气抽吸到射流的根部，可使煤粉气流稳定着火。某 DG1900/25.4-Ⅱ1 型锅炉燃用贫煤，燃烧器采用 HT-NR 低 NO_x 旋流燃烧器。图 3-21 所示为 HT-NR 旋流燃烧器示意。该燃烧器主要由一次风、内二次风、外二次风以及启动油枪和点火油枪组成。在一次风管中装有煤粉浓缩器将煤粉气流进行浓淡分离，利用浓淡燃烧技术来加强煤粉气流的着火和燃尽。在一次风口出口装有火焰稳燃环用于加强煤粉气流的着火。同时，将助燃空气分为两股（内二次风和外二次风），既有利于煤粉气流的着火和燃烧，又有利于减少煤粉燃烧过程中 NO_x 的生成量。

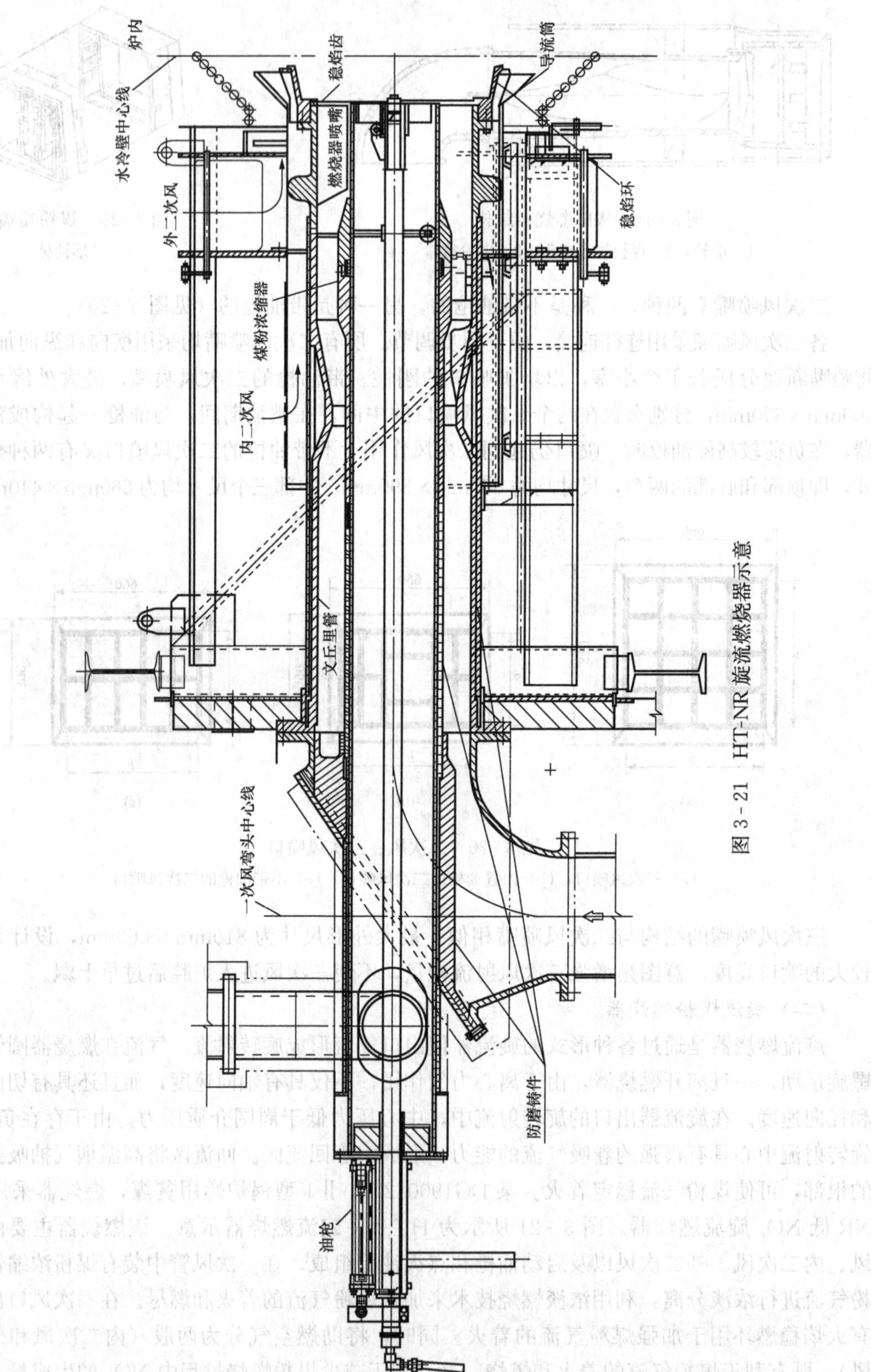

图 3-21 HT-NR旋流燃烧器示意

燃烧系统布置示意见图 3-22。燃烧器采用前后墙对冲燃烧，燃烧器共布置有 12 只燃尽风喷口，24 只 HT-NR 燃烧器喷口，共 36 个喷口，煤粉燃烧器分为三层，每层 4 只，前后墙各布置 12 只 HT-NR 燃烧器；在前后墙距最上层燃烧器喷口一定距离处布置有一层燃尽风喷口，每层 12 只，前后墙各布置 6 只，如图 3-23 所示。

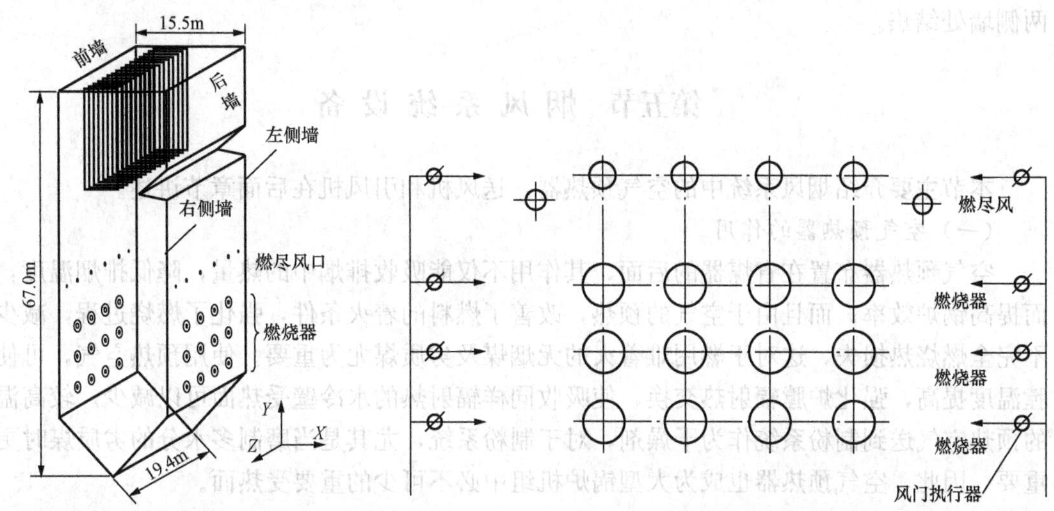

图 3-22　燃烧系统布置示意
X—离前墙的距离；Y—离炉膛底部的距离；
Z—离左侧墙的距离

图 3-23　燃烧器配风控制示意

在 HT-NR 燃烧器中，助燃空气被分为三股，即直流一次风、直流内二次风和旋流外二次风。

一次风由一次风机提供。它首先进入磨煤机干燥原煤并携带磨制合格的煤粉通过燃烧器的一次风口入口弯头组件进入 HT-NR 燃烧器，再流经燃烧器的一次风管，最后进入炉膛。一次风管内靠近炉膛端部布置有一个锥形煤粉浓缩器，用于在煤粉气流进入炉膛以前对其进行浓缩，经浓缩作用后的一次风和内二次风、外二次风调节协同配合，以达到低负荷稳燃和在其燃烧早期减少 NO_x 的目的。

燃烧器风箱为每个 HT-NR 燃烧器提供内二次风和外二次风。每个燃烧器设有一个风量均衡挡板，用于使进入各个燃烧器的风量保持平衡。该挡板的调节杆穿过燃烧器面板，能够在燃烧器和风箱外方便地对挡板的位置进行调整。

内二次风和外二次风通过燃烧器内同心的内二次风、外二次风环形通道在燃烧的不同阶段分别送入炉膛。燃烧器内设有挡板来调节内二次风和外二次风之间的分配比例，能够在燃烧器和风箱外方便地对该挡板的位置进行调整。

外二次风通道内布置有独立的旋流装置以使外二次风发生需要的旋转，外二次风旋流装置设计成可调节的形式，并设有执行器，可实现程控调节。调节旋流装置的调节轴即可调节外二次风的旋转强度，在锅炉运行中，可根据燃烧情况调整外二次风的旋流强度，以达到最佳的燃烧效果。

燃尽风风口包含两股独立的气流：中央部位的气流是非旋转的气流，它直接穿透进入炉膛中心，外圈气流是旋转气流，用于和靠近炉膛水冷壁的上升烟气相混合。外圈气流的旋流强度和两股气流之间的分离程度由一个简单的调节杆来控制。调节杆的最佳位置在锅炉试运期间燃烧调整时设定。这样，可通过燃烧调整，使燃尽风沿炉膛宽度和深度同烟气充分混合，既可以保证水冷壁区域呈氧化性特征，防止结渣；同时又可保证炉膛中心不缺氧，达到高燃烧效率。

前后墙的燃尽风口均布置六个，使沿炉膛宽度方向上燃尽风覆盖了整个一次风。这种布置可有效地防止出现煤粉逃逸现象，有利于降低飞灰可燃物，同时又可防止燃烧器区域靠近两侧墙处结焦。

第五节 烟风系统设备

本节主要介绍烟风系统中的空气预热器，送风机和引风机在后面章节讲述。

（一）空气预热器的作用

空气预热器布置在省煤器的后面，其作用不仅能吸收排烟中的热量，降低排烟温度，从而提高锅炉效率；而且由于空气的预热，改善了燃料的着火条件，强化了燃烧过程，减少了不完全燃烧热损失，这对于燃用难着火的无烟煤及劣质煤尤为重要。使用预热空气，可使炉膛温度提高，强化炉膛辐射热交换，使吸收同样辐射热的水冷壁受热面可以减少。较高温度的预热空气送到制粉系统作为干燥剂，对于制粉系统，尤其是当磨制多水分的劣质煤时更为重要。因此，空气预热器也成为大型锅炉机组中必不可少的重要受热面。

（二）空气预热器的种类

空气预热器的形式分为管式空气预热器和回转式空气预热器两种。管式空气预热器结构简单、运行可靠，但由于其受热面占地太大，因此在大容量锅炉中的使用受到限制。回转式空气预热器由于其传热面密度高、结构紧凑、安装检修方便，运行费用低，而被大中型电厂广泛采用。

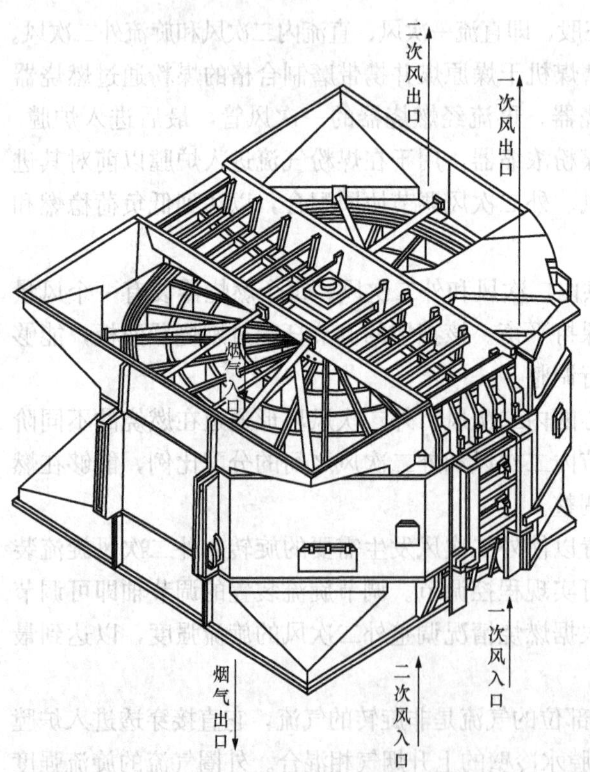

图 3-24 容克式空气预热器结构简图

回转式空气预热器按照转动部件的不同分为两种类型，一种为受热面回转式，常称为容克式，另一种是风罩回转式，又称谬勒式。容克式空气预热器最为常见，如图 3-24 所示。容克式空气预热器由转子、外壳、轴承、传热元件、传动装置、密封装置、自动控制系统等组成。圆形转子中有规则地紧密排列着传热元件——蓄热板，蓄热板由波形板和定位板组成，间隔排列在仓格内。扇形顶板和底板把转子分成烟气通道和空气通道，烟气自上而下流动，空气自下而上流动。随着转子的缓慢旋转（0.75~2.5r/min），受热面交替地经过烟气和空气。当烟气流过受热面时，热量由烟气传给受热面金属，并被金属蓄积起来，其温度升高；当空气流过该受热面时，金属就将蓄积的热量传递给空气，温度降低。

（三）空气预热器的结构

1. 传热元件

传热元件是紧密地排列在篮子框架中的成波形的金属薄板。波形板和定位板间隔叠置，两者的波纹顺向。波形板的形状如图 3－25 所示。篮子框架一般分三层叠放在转子的隔仓中，由上至下分别命名为热端、中温段、冷端。空气预热器热端和冷端所采用的材料不同，冷端材质较好，使用寿命较短（2～4 年），而热端可采用普通碳钢，使用寿命较长（7～10 年）。当冷端传热元件的一端钢板厚度减薄至原厚度的三分之一时，可翻转篮子框架，与相邻对称格仓内的对应篮子框架交换倒置使用，可以延长传热元件的使用寿命。

由于预热器的传热元件布置紧密、工质通道狭窄，因此在传热元件上容易积灰，甚至堵塞工作通道，致使空气流动阻力增加，降低传热效率，影响预热器的正常工作，故必须经常吹灰和定期清洗。

2. 转子

转子采用模块式，如图 3－26 所示。转子由 24 个模块、一个中心筒、导向端轴、支承端和转子中心筒组成。

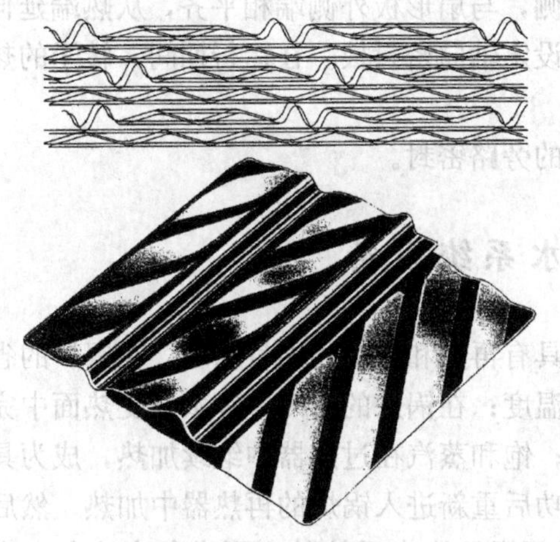

图 3－25 波形板

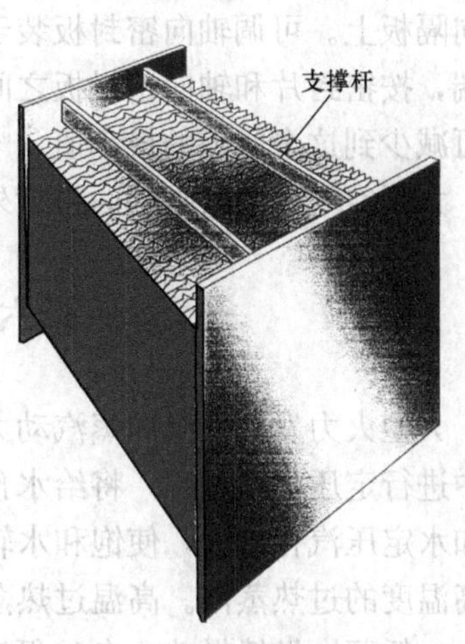

图 3－26 转子模块

转子在下部通过中心筒螺栓连接的下端轴支承在推力轴承上。转子在预热器顶部通过与中心筒螺栓连接的端轴由一只径向轴承来实现导向。支承轴承和导向轴承均采用油浴润滑方式，通过油循环系统过滤润滑油。润滑油需进行冷却时，系统中带有一只冷油器，运行中确保油质、油温要求，以避免损坏轴承。

3. 传动装置

传动装置是驱动转子转动的组件，它由电动机、液力耦合器、减速器、传动齿轮、传动装置支承等组成。传动装置的传动过程为：由主电动机将动力传至减速器，然后依靠减速器低速输出转轴端的小齿轮与装在转子外圆壳板上的围带销的相互啮合使转子得以转动。转子的转速随预热器大小而异，一般为 1～4r/min。过高的转速对传热无益，相反会由于转子旋转而使带入烟气侧的空气量增加，造成预热器漏风量增大。

辅助传动机构的作用是当主电动机出现故障时，使空气预热器继续维持运行。辅助传动装置的传动过程为：由辅助电动机或手动盘车装置将动力传至减速器，然后依次靠减速器低速输出端的小齿轮和装在外圆壳板上的围带销的相互啮合，使转子得以转动。辅助传动除了用作主传动的备用件外，还可用于在水冲洗受热面时，控制转子的转速，此外，也可用于空气预热器的维修、转子密封和传热原件的调换等。

4．密封装置

在空气预热器运行期间，当转子转动时，流过传热元件的空气与烟气存在压差，通常空气流的压力比烟气流的压力高些。这样，在空气预热器的热端和冷端就产生了空气漏入烟气的情况。为了控制由于压差而产生的泄漏，每只空气预热器配备了一套密封装置。

密封装置包括径向密封、环向密封、旁路密封、轴向密封和转子中心筒密封。

所有的容克式空气预热器，不论型号大小，都在预热器的热端和冷端装设有径向密封片。这些径向密封片固定在转子径向隔板的冷端和热端上。密封片设定在距离扇形板规定的间隙处。这些密封间隙将使空气预热器在运行过程中保持最小漏风量。

大型空气预热器装设环向密封。这些密封片装在预热器转子外圆周围的热端和冷端上。在预热器运行期间，转子的热变形可使密封片和密封面之间保持最小间隙。

大型空气预热器还装设轴向密封。这些轴向密封片固定在转子外圆周围从热端到冷端的径向隔板上。可调轴向密封板装于主支座板的内侧，与扇形板外侧端相平齐，从热端延伸到冷端，按密封片和轴向密封板之间规定的间隙来设定轴向密封板。在运行期间，转子的热变形可减少到这个间隙的最小值。

大型空气预热器除轴向密封外，还装设固定的旁路密封。

第六节　锅炉汽水系统设备

大型火力发电机组的蒸汽动力循环一般采用具有再热和过热的朗肯循环。在锅炉的省煤器中进行定压加热过程，将给水预热到接近饱和温度；在锅炉的水冷壁等蒸发受热面中完成饱和水定压汽化过程，使饱和水转化为饱和蒸汽；饱和蒸汽在过热器中继续加热，成为具有更高温度的过热蒸汽。高温过热蒸汽在高压缸做功后重新进入锅炉的再热器中加热，然后送入中、低压缸继续做功。自然循环锅炉和强制循环锅炉汽水系统的主要设备有汽包、水冷壁、过热器和再热器、省煤器等。而直流锅炉的汽水系统没有汽包，但是也有启动系统。启动系统是为解决直流锅炉启动和低负荷运行而设置的功能组合单元，它包括启动分离器、炉循环泵及其他汽侧和水侧连接管、阀门等，其作用是在水冷壁中建立足够高的质量流量，实现点火前循环清洗，保护蒸发受热面，保持水动力稳定，还能回收热量，减少工质损失。

一、省煤器

省煤器布置在锅炉的尾部，所以省煤器和空气预热器都称为尾部受热面。省煤器一方面是为了利用锅炉尾部低温烟气的余热来加热给水，从而降低排烟温度，提高锅炉效率；另一方面，省煤器工质温度低、传热系数高，价格较为低廉，可以取代部分蒸发受热面。电厂锅炉均采用钢管式省煤器（见图 3-27），钢管式省煤器由许多平行蛇形管组成，在烟道中呈逆流布置，管子外径一般为 $\phi 32 \sim \phi 51$，管径越小，烟气对管壁的放热系数就越大，传热效果就越好。按照省煤器出口工质状态不同，可以分为沸腾式和非沸腾式两种。如果出口水温低于饱和温度，则称为非沸腾式省煤器；如果出口水温已经达到饱和温度并部分产汽，则称为沸腾式省煤器。

省煤器蛇形管可以错列或顺列布置。错列布置可以使结构紧凑，管壁上不易积灰，但一旦积灰后吹灰比较困难，磨损也比较严重；顺列布置则正好相反。

非沸腾式省煤器水速要求不小于 0.5m/s，这是因为水在受热后，其中未除尽的氧气便要析出，为防止氧气贴在管壁层腐蚀管壁，必须有足够高的水速将氧气带走。为了防止沸腾式省煤器中汽水分层，要求水速不小于 1m/s。

为防止积灰，烟气流速不能太低，额定负荷时烟气流速应大于 6m/s，同时为了避免严重磨损，应控制烟速不大于 10m/s。

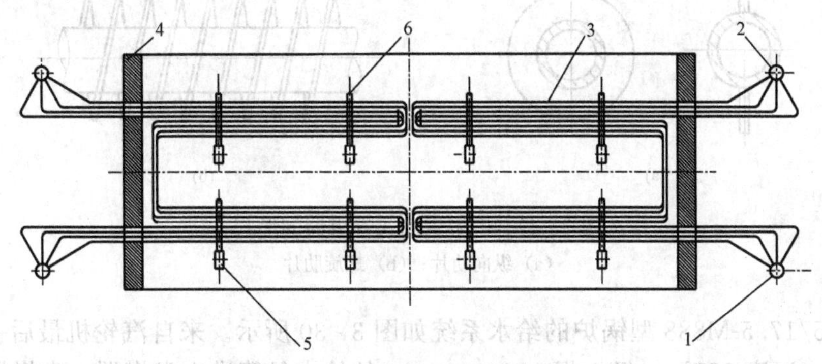

图 3-27 钢管式锅炉省煤器

1—进口联箱；2—出口联箱；3—蛇形管；4—炉墙；5—横梁；6—吊夹

蛇形管在烟道中的布置方向，可以垂直于锅炉后墙，也可以与锅炉后墙平行，如图 3-28 所示。省煤器布置方向对水速影响很大。一般尾部烟道的宽度远大于深度。图 3-28 (a) 所示的蛇形管垂直于后墙布置方式管子根数最多，采用此方案容易达到水速的要求；图 3-28 (b) 所示的蛇形管平行于后墙，单面进水布置的蛇形管数最少；为了达到水速的要求可以采用图 3-28 (c) 所示的蛇形管平行于后墙，双面进水布置。当蛇形管垂直后墙布置时，管组支吊比较容易。但此种布置方式对飞灰磨损不利，烟气自水平烟道到尾部烟道经过转弯，大部分灰粒集中在炉子的后墙，烟速也高，所有的蛇形管靠后墙的弯头都易磨损。所以一般煤粉炉应采用蛇形管平行后墙布置方案。这时候磨损最严重的仅是靠后墙的几排管子，便于更换。

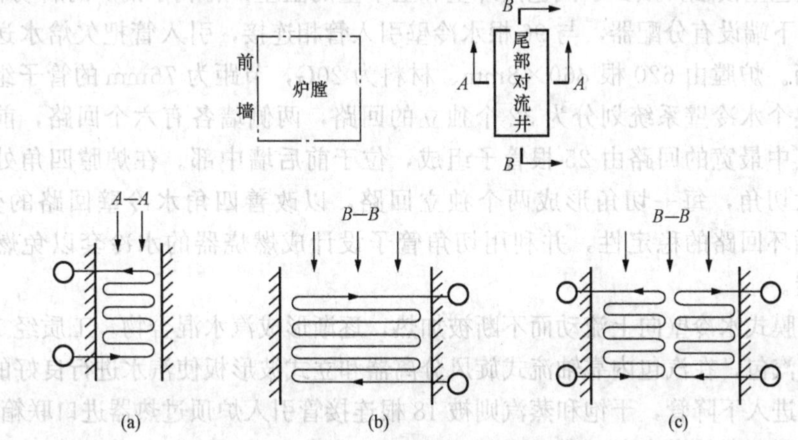

图 3-28 省煤器蛇形管布置方向

(a) 蛇形管垂直后墙布置；(b) 蛇形管平行后墙，单面进水布置；

(c) 蛇形管平行后墙，双面进水布置

为了增加省煤器烟气侧换热面积，强化传热和使结构更紧凑，可采用扩展表面式省煤器，其形式如图 3-29 所示，在蛇形管上焊接纵向肋片［见图 3-29（a）］或者螺旋肋片［见图 3-29（b）］结构，在传热量、金属消耗量和通风量相等的条件下，其受热面的体积和重量比光管省煤器小 25%～30%。扩展表面省煤器还能减轻磨损，这是因为它们比光管省煤器体积小，传热表面大得多，所以在烟道截面积尺寸不变的情况下，可以采用较大的横向节距，降低烟气流速，减轻磨损。

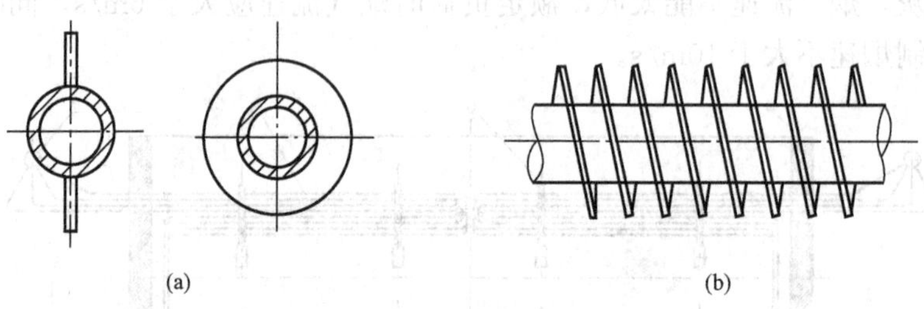

图 3-29 扩展表面式省煤器的形式

（a）纵向肋片；（b）螺旋肋片

SG-1025/17.5-M888 型锅炉的给水系统如图 3-30 所示。来自汽轮机最后一级高压加热器的给水（温度 277℃）经 1 根 ϕ324×40mm 的给水母管进入省煤器，省煤器沿炉深方向共有两组，在每一管组内的水均自下向上流动，省煤器出水为未饱和水（温度 314℃），经两排共 110 根 ϕ54×8mm 的省煤器悬吊管汇集后进入汽包。汽包通过下降管向水冷壁供水，在水冷壁内接受炉膛辐射变成汽水混合物回到汽包。汽水混合物在汽包内进行汽水分离，分离出来的饱和水进入下降管继续循环，蒸汽（约占 20%）则由汽包上部的引出管进入过热器。

二、汽包锅炉蒸发受热面

蒸发受热面包括汽包、大直径下降管、水冷壁管、引入和引出管。以 SG-1025/17.5-M888 型锅炉的蒸发系统（见图 3-31）为例，来自省煤器的未饱和水在沿着汽包长度布置的给水分配管中分四路分别注入四根大直径下降管座，给水直接在下降管中与炉水汇合，以避免给水与汽包壁接触，减少了汽包内外壁和上下壁的温差，有利于锅炉的启动和停炉。在四根下降管的下端设有分配器，与 96 根水冷壁引入管相连接，引入管把欠焓水送入水冷壁的四周下联箱。炉膛由 620 根 ϕ60×8mm、材料为 20G，节距为 76mm 的管子组成膜式水冷壁围成，整个水冷壁系统划分为 32 个独立的回路，两侧墙各有六个回路，前后墙各有六个回路，其中最宽的回路由 25 根管子组成，位于前后墙中部。在炉膛四角处的水冷壁管子设计成大切角，每一切角形成两个独立回路，以改善四角水冷壁回路的受热工况，提高该部分循环回路的稳定性，并利用切角管子设计成燃烧器的水冷套以免燃烧器的喷口烧坏过热器。

炉水随着膜式水冷壁向上流动而不断被加热，逐渐形成汽水混合物。工质经 104 根汽水引出管被引入汽包，在汽包内靠轴流式旋风分离器和立式波形板使汽水进行良好的分离，分离后的水再次进入下降管，干饱和蒸汽则被 18 根连接管引入炉顶过热器进口联箱。

水冷壁四周下联箱设有邻炉蒸汽加热装置，锅炉在点火前，邻炉加热蒸汽分四路进入 32 只水冷壁回路，以加快锅炉的启动速度。

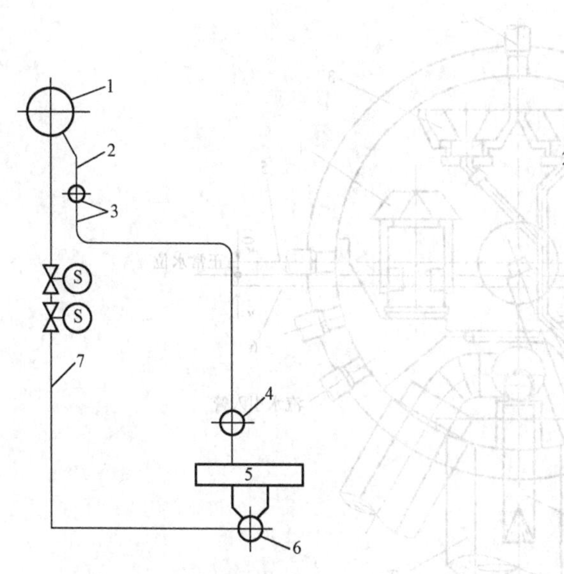

图 3-30 给水系统

1—汽包；2—汽包给水管道；3—省煤器出口管道和汇合联箱；4—省煤器出口联箱；5—省煤器管组；6—省煤器进口联箱；7—省煤器再循环管

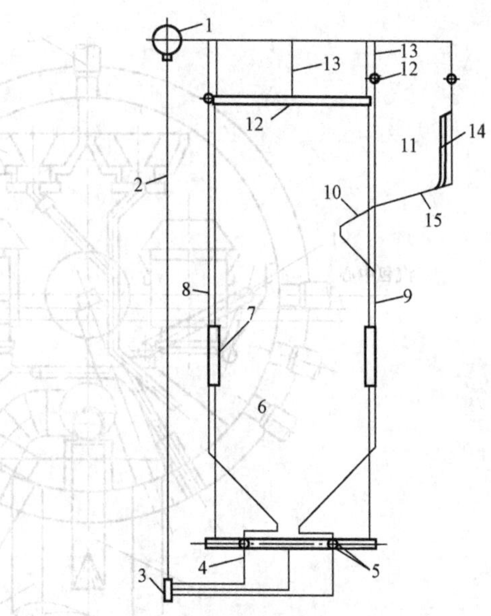

图 3-31 蒸发系统

1—汽包；2—大直径下降管；3—分配器；4—引入管；5—水冷壁下联箱；6—侧水冷壁；7—燃烧室水冷套；8—前水冷壁；9—后水冷壁；10—折焰角；11—后水冷壁悬吊管；12—水冷壁上联箱；13—水冷壁引出管；14—后墙排管；15—水平烟道底部

为确保循环系统的安全可靠，前墙和两侧墙水冷壁中部、后墙水冷壁几乎全部采用了内螺纹管，大大提高了防止产生膜态沸腾的安全裕度。

在设计循环系统时充分考虑了避免产生膜态沸腾的问题，保证锅炉在各种负荷下，水冷壁均不会产生膜态沸腾现象。

（一）汽包

汽包布置在标高 64 500mm 高度，汽包自身直段长度为 20.1m，包括封头总长为 22.1m，筒身内径为 ϕ1743，厚为 145mm，筒身两端的封头为球形封头。汽包下部焊有四个大直径下降管座，104 根 ϕ159 的引入管座及 18 根 ϕ159 的引出管座分别布置在筒身的水平和垂直位置，三只给水引入管座均匀布置在汽包下部，筒身上还设有两只省煤器再循环管、一只事故（紧急）放水管座和一只加药管座。在筒身两端下部各设一只下降管的连接座，以消除汽包两端的“死角”积水。沿着汽包长度分三个断面布置了上、中、下九对内外壁温测点，供锅炉启停时监控汽包壁温差。辅助蒸汽管座在汽包左端。三只安全阀管座分别布置在左右封头上部（左一右二），八组水位监视用管座，共两只双色水位表。两只电接点水位计和四只单室水位平衡容器用连排管座放在汽包两端下方，汇总后引出。汽包左端封头还设有水位试验用的管座，用以校正水位表计。汽包及其管座如图 3-32 所示。

对亚临界压力自然循环锅炉汽包水位，既要保证汽包具有足够的蒸汽空间，也应考虑在低水位时防止下降管带汽。本设计中汽包正常水位设定在汽包中心线下 50mm，高低水位距正常水位各 50mm。因此，即使在低水位时，距下降管入口也有充分的高度，足可以避免下降管带汽，以保证循环的稳定性；高水位时，由于旋风分离器的高度值恰当，因此仍能保证旋风分离器与干燥器之间有足够的高度。

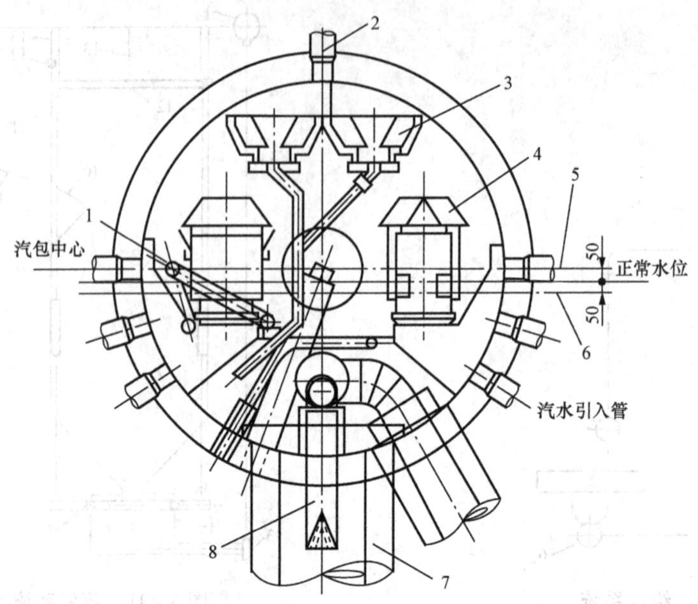

图 3-32　汽包及其管座

1—连续排污管；2—蒸汽引出管；3—干燥器；4—分离器；
5—最高水位；6—最低水位；7—下降管；8—给水管

在锅炉启动阶段必须控制汽包的内外、上下壁的温差（要求小于等于 50℃），以免产生过大的温差应力，同时控制饱和温度的平均升温速率小于 88℃/h。

汽包内部装置包括轴流式分离器、波形板干燥器、排污管、事故放水管、给水分配管。

锅炉的给水方式为直接注水式，给水直接注入下降管入口端。其目的是降低锅炉启动、滑压运行和高压加热器全切除运行时的汽包上下和内外壁温差，特别是防止在上述运行工况时下降管座的热应力，从而提高汽包的使用寿命。

位于汽包底部的给水分配管在下降管座的上方引出四根注水管，给水沿注入管进入下降管中心，从而避免下降管座焊缝区与给水直接接触，消除了焊缝区产生过大温差应力的可能性。在下降管座入口处还设置了栅网板，避免旋涡的产生，防止了下降管带入大量蒸汽，提高水循环效率。

汽包内共布置 98 只轴流式旋风分离器和 112 只波形板干燥器，汽水混合物通过汽水引入管进入旋风分离器，水滴沿分离器隔层和干燥器底部落下，进入汽包水空间。分离后的干蒸汽从汽包顶部 18 根 ϕ159 的导汽管引入过热器系统。

（二）水冷壁

炉膛四周水冷壁的鳍片由 $\phi16\times6$mm 的碳素扁钢制成，折焰角膜式水冷壁的鳍片由 $\phi21.2\times6$mm 的扁钢制成。前墙和两侧墙水冷壁中部和下部布置足够的内螺纹管，后水冷壁从冷灰斗转角以上开始至折焰角均为内螺纹管。前后水冷壁在标高 15.833m 处与水平成 55°的夹角转折形成冷灰斗。前后墙冷灰斗下倾至标高 8m 处形成深度为 1.4m 的除渣口并与渣斗装置相连接。后墙在标高 41.8m 处形成深度为 2.8m，由 $\phi70\times10$mm、节距为 91.2mm 的管子组成的折焰角。在此标高处后墙均匀抽出 24 根 $\phi76\times18$mm，材料为 15CrMo 的管子形成后墙悬吊管或称悬吊管，以此支承炉膛后墙的全部重量。折焰角以与水平成30°的夹角向后上方延伸，在标高48m处折向水平烟道底部，然后垂直向上形成后墙排管。

三、直流锅炉蒸发系统

直流锅炉启动系统按照分离器正常运行时是否参与系统工作可以分为内置式分离器启动系统和外置式分离器启动系统。内置式分离器启动系统是指在正常运行时，从水冷壁出来的微过热蒸汽经过分离器进入过热器，此时分离器仅起连接通道作用。内置式分离器启动系统有时带再循环泵，有时为了简化可以不配置循环泵。下面简要介绍这两种情况。

（一）带再循环泵的内置式分离启动系统

DG3000/26.15-Ⅱ1型超超临界压力锅炉采用这种启动系统，系统流程如图3-33所示。

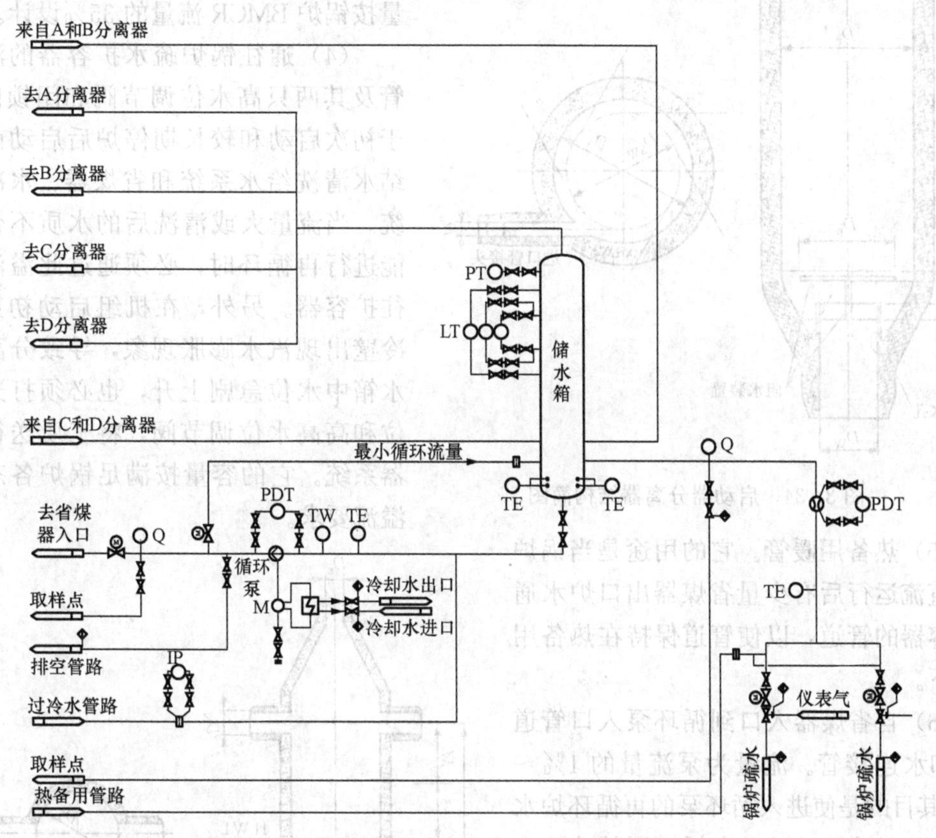

图3-33 带再循环泵的内置式分离启动系统流程

1. 该启动系统其主要部件和管道的用途

(1) 分离器及其引入与引出管系统。启动分离器结构简图如图3-34所示。启动分离器四只汽水分离器外径为$\phi660$，壁厚为82mm，高度为4m，布置在炉前，垂直水冷壁混合联箱出口；分离器采用旋风分离形式。启动分离器为直立式布置，端部采用锥形封头结构，封头开孔与连接管相连，内设有阻水装置和消旋器。经水冷壁加热以后的工质分别由六根连接管沿切向向下倾斜15°进入分离器，蒸汽在分离器中高速旋转，水滴因所受离心力大而被甩向分离器内壁流下，分离出来的水经底部的轴向引出管引出进入分离器下方的储水箱。饱和蒸汽则由顶部的轴向引出管引出进入顶棚入口联箱。

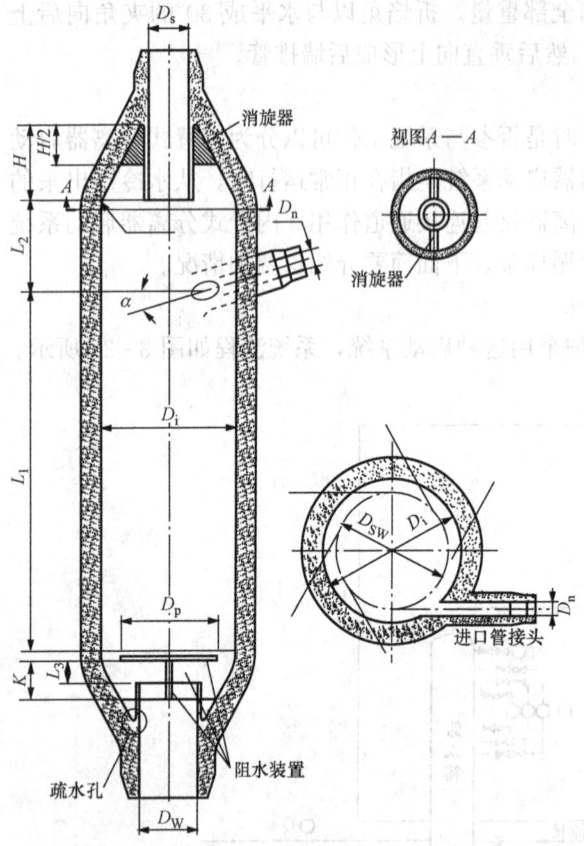

图 3-34 启动器分离器结构简图

（2）储水箱。储水箱的结构如图 3-35所示。它起到炉水的中间储藏作用，在分离器下部的水空间及四根通往储水箱的连接管道应包括在储水系统的容量内，其尺寸能够保证储水系统能储藏启动期间在打开各水位调节阀和闭锁阀前的全部工质，以保证过热器无水进入。

（3）由疏水箱底部引出的再循环管道。它连接进入循环泵的入口，它的容量按锅炉 BMCR 流量的 35%设计。

（4）通往锅炉疏水扩容器的溢流支管及其两只高水位调节阀和闭锁阀。用于初次启动和较长期停炉后启动前用凝结水清洗给水系统和省煤器、水冷壁系统。当流量大或清洗后的水质不合格不能进行再循环时，必须通过此溢流管送往扩容器。另外，在机组启动初期，水冷壁出现汽水膨胀现象，导致分离器储水箱中水位急剧上升，也必须打开高水位和高高水位调节阀，将工质送往扩容器系统。它的容量按满足锅炉各态启动溢流要求。

（5）热备用暖管。它的用途是当锅炉转入直流运行后有少量省煤器出口炉水通往扩容器的管道，以使管道保持在热备用状态下。

（6）自省煤器入口到循环泵入口管道的冷却水连接管。流量为泵流量的 1%～2%，其目的是使进入循环泵的再循环炉水有一定的过冷度，避免在循环泵的叶片上发生汽蚀现象。

（7）循环泵旁路管。泵出口到储水箱的循环泵最小流量的旁路管，以保证在锅炉低循环流量时，循环泵可维持最低安全流量。

（8）扩容器。用于承接储水箱在高水位与高高水位时的疏水、热备用状态时的少量疏水、部分负荷运行时一旦储水箱出现高水位时的疏水以及过热器、再热器、省煤器、水冷壁、吹灰器和排空气系统等

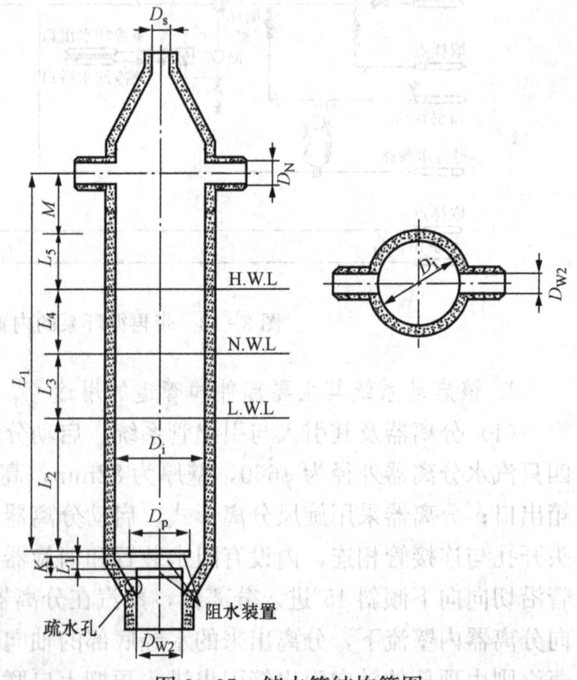

图 3-35 储水箱结构简图

的疏水，其容积应满足启动前冷态、温态大流量水冲洗和启动初期水冷壁出现汽水膨胀时分离器系统大流量疏水的需要。

(9) 冷却箱。用于承接来自扩容器产生的冷凝水。

2. 该启动系统的功能

(1) 满足锅炉给水系统和水冷壁及省煤器的冷态和温态水冲洗要求，并将冲洗水通过扩容器和冷凝水箱排入冷却水总管或冷凝器。

(2) 满足锅炉冷态、温态、热态和极热态启动的需要，直到锅炉达到 35%BMCR 最低直流负荷，由再循环模式转入直流方式运行为止。

(3) 只要水质合格，启动系统可完全回收工质及其所含的热量。

(4) 锅炉转入直流运行时，启动系统处于热备用状态，一旦锅炉度过启动期间的汽水膨胀期，即通过循环泵水位控制阀进行炉水再循环。在最低直流负荷以下运行，储水箱出现水位时，将根据水位的高低自动打开相应的水位调节阀，进行炉水再循环。

(5) 启动分离器系统也能起到在水冷壁出口联箱与过热器之间的温度补偿作用，均匀分配进入过热器的蒸汽流量。

(二) 不带再循环泵的内置式分离启动系统

DG1900/25.4-Ⅱ1 型超临界压力直流锅炉采用这种启动系统。目前该系统是在带循环泵的低负荷启动系统的基础上进行了简化，即取消了再循环泵。原因是考虑运行初期仅带基本负荷，循环泵检查维修很复杂，故不配置循环泵。但以后根据实际情况，到电力需求量增大时，再将启动时间的缩短问题与经济性进行比较后讨论是否需要设置循环泵。

现在配置的启动系统主要由启动分离器、储水箱、水位控制阀（361 阀）、截止阀、管道及附件组成，其系统如图 3-36 所示。

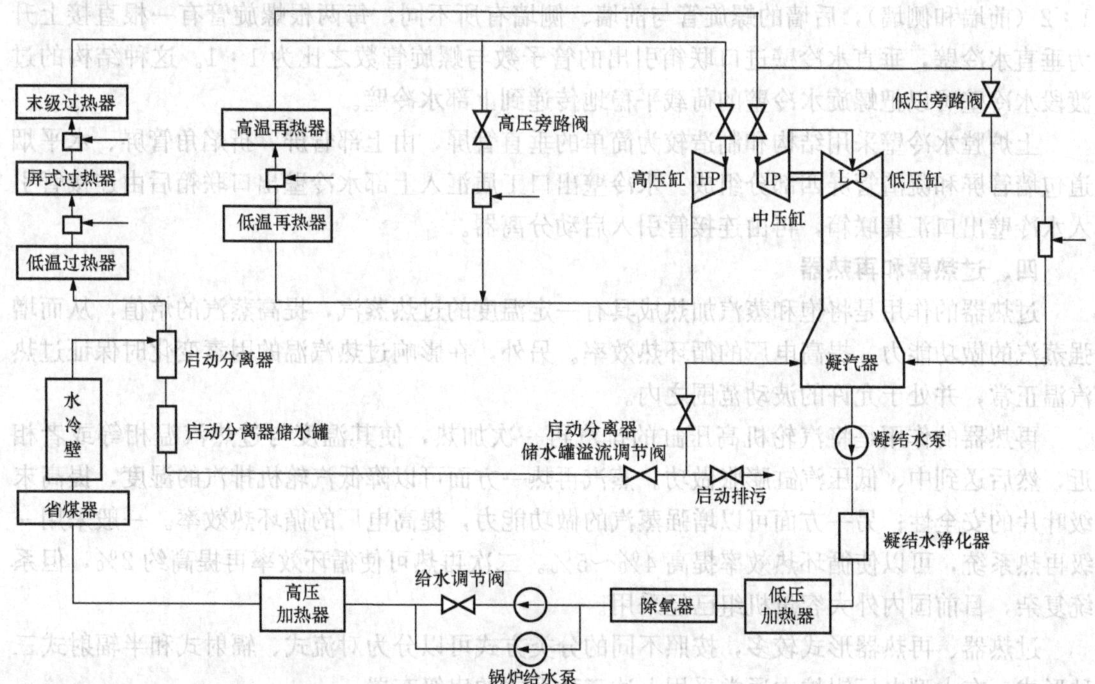

图 3-36 不带再循环泵的内置式分离启动系统

启动分离器与过热器、水冷壁之间无任何阀门。一般为35%～37%BMCR负荷下，由水冷壁进入分离器的为汽水混合物，在分离器内进行汽水分离，分离器出口蒸汽直接送入过热器；疏水通过疏水系统回收工质和热量。当负荷大于35%～37%BMCR时，由水冷壁进入分离器的为干蒸汽，分离器只起到联箱的作用，蒸汽通过分离器直接送入过热器。

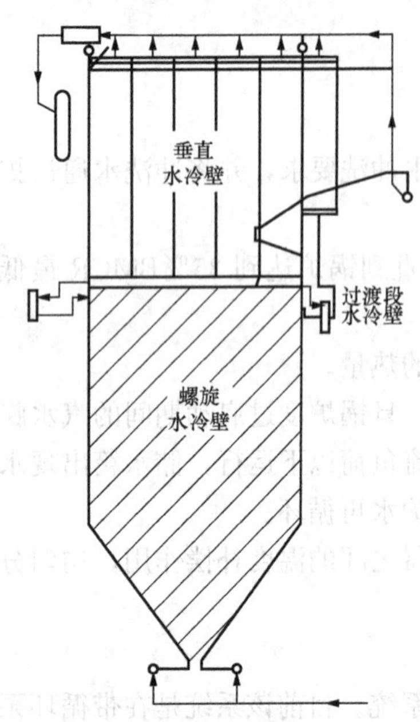

图 3-37 水冷壁总体布置

（三）水冷壁

炉膛宽度为19 419.2mm，深度为15 456.8mm，高度为67 000mm，炉膛水冷壁总体布置图如图3-37所示。整个炉膛四周为全膜式水冷壁，炉膛由下部螺旋盘绕上升水冷壁和上部垂直上升水冷壁两个不同的结构组成，两者之间由过渡水冷壁转换连接，炉膛角部为$R150$圆弧过渡结构。炉膛冷灰斗的倾斜角度为55°，除渣口的喉口宽度为1.243 2m，螺旋冷灰斗的结构如图3-38所示。

经省煤器加热后的给水，通过下降管及下水连接管进入炉膛水冷壁。从水冷壁进口到折焰角水冷壁下一定距离的炉膛下部水冷壁（包括冷灰斗水冷壁）采用螺旋盘绕膜式管圈。

过渡段水冷壁的结构如图3-38所示。螺旋水冷壁出口管引出到炉外，进入螺旋水冷壁出口联箱，再由连接管引到混合联箱，充分混合后，由连接管引到垂直水冷壁进口联箱，垂直水冷壁进口联箱引出两倍螺旋管数量的管子进入垂直水冷壁，螺旋管与垂直管的管数比为1∶2（前墙和侧墙），后墙的螺旋管与前墙、侧墙有所不同，每两根螺旋管有一根直接上升为垂直水冷壁，垂直水冷壁进口联箱引出的管子数与螺旋管数之比为1∶1。这种结构的过渡段水冷壁可以把螺旋水冷壁的荷载平稳地传递到上部水冷壁。

上炉膛水冷壁采用结构和制造较为简单的垂直管屏，由上部管屏、折焰角管屏、水平烟道包墙管屏和凝渣管屏四部分组成。水冷壁出口工质汇入上部水冷壁出口联箱后由连接管引入水冷壁出口汇集联箱，再由连接管引入启动分离器。

四、过热器和再热器

过热器的作用是将饱和蒸汽加热成具有一定温度的过热蒸汽，提高蒸汽的焓值，从而增强蒸汽的做功能力，提高电厂的循环热效率。另外，在影响过热汽温的因素变化时保证过热汽温正常，并处于允许的波动范围之内。

再热器的作用是将汽轮机高压缸的排汽再一次加热，使其温度与过热汽温相等或者相近，然后送到中、低压汽缸膨胀做功。蒸汽再热一方面可以降低汽轮机排汽的湿度，提高末级叶片的安全性；另一方面可以增强蒸汽的做功能力，提高电厂的循环热效率。一般采用一级再热系统，可以使循环热效率提高4%～5%。二次再热可使循环效率再提高约2%，但系统复杂，目前国内外大容量机组已经采用。

过热器、再热器形式较多，按照不同的分类方式可以分为对流式、辐射式和半辐射式三种形式。在大型电厂锅炉中通常采用上述三种形式的串级布置。

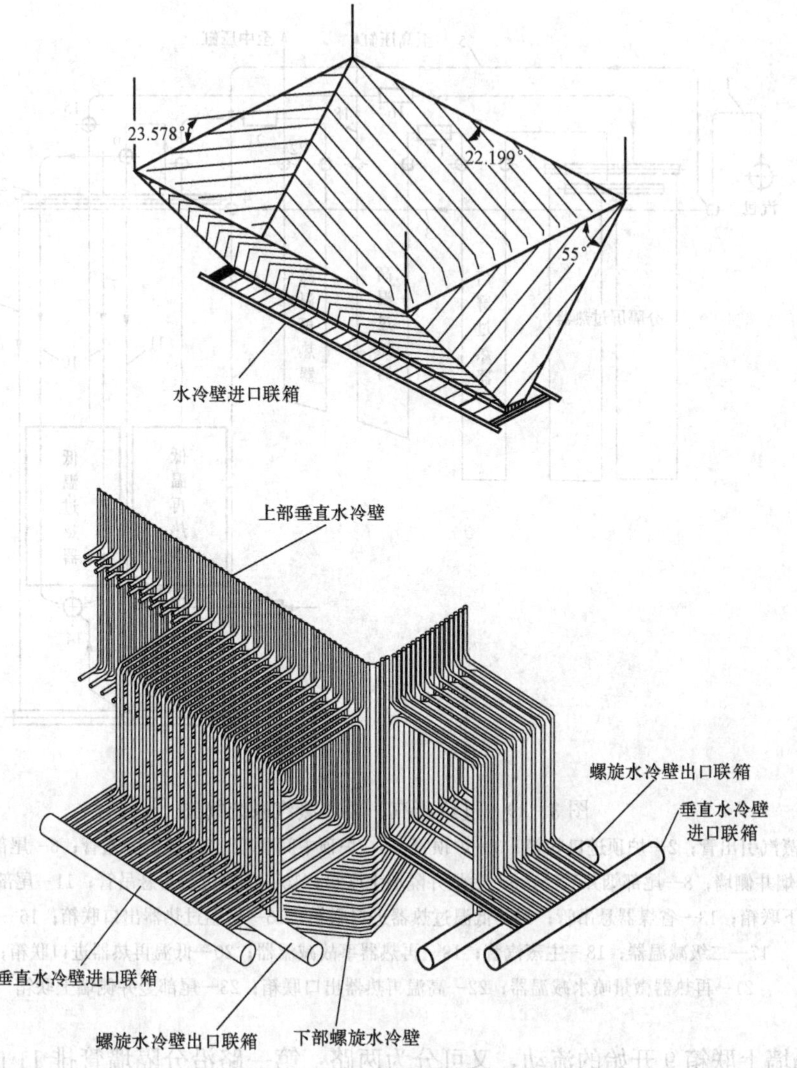

图 3-38 螺旋冷灰斗和过渡段水冷壁的结构

图 3-39 所示为某 SG-1025/17.5-M888 型锅炉过热蒸汽系统简图。过热蒸汽系统共分五级，第一级为包覆过热器，第二级为低温过热器，第三级为分隔屏过热器，第四级为后屏过热器，第五级为末级过热器或高温过热器。

来自汽包的蒸汽从饱和蒸汽引出管 1 到达炉顶进口联箱 2，经前炉顶管 3 至炉顶中间联箱 4。从炉顶进口联箱 2 另有六根 ϕ159 的蒸汽旁通管 5 直接将蒸汽引至炉顶中间联箱 4，目的是降低前炉顶管内的工质质量流速，减少其阻力损失。蒸汽进入炉顶中间联箱 4 后分成三路。第一路经水平烟道两侧包覆向下引入尾部竖井下环形联箱 12；第二路从中间联箱 4 沿尾部竖井前墙包覆 6 也进入尾部竖井下环形联箱 12；第三路沿后炉顶、尾部竖井后墙包覆 8，也进入尾部竖井下环形联箱 12。以上三路均会合于尾部竖井下部环形联箱。

从这里出发的流动分成两路：第一路沿尾部竖井两侧墙包覆向上进入尾部竖井侧墙上联箱 23，经引出管进入分隔墙上联箱 9；第二路沿着从尾部竖井下环形联箱 12 引出的两排低再悬吊管，也向上流入分隔墙上联箱 9。

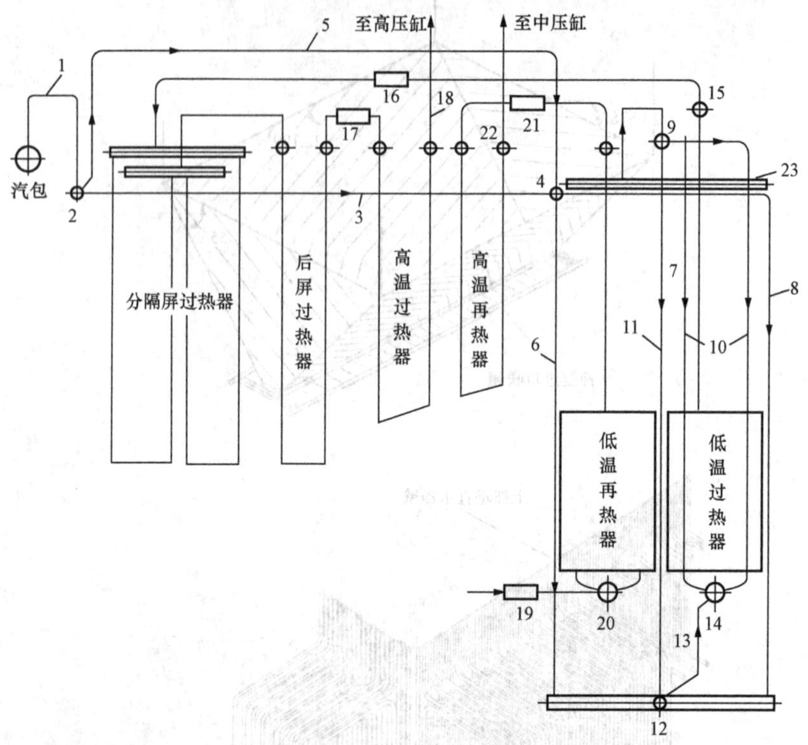

图 3-39 过热蒸汽、再热蒸汽系统简图

1—饱和蒸汽引出管；2—炉顶进口联箱；3—炉顶管；4—炉顶中间联箱；5—蒸汽旁通管；6—尾部烟井前墙；7—尾部烟井侧墙；8—尾部烟井后墙；9—后烟井隔墙上联箱；10—低温过热器悬吊管；11—尾部烟井隔墙；12—隔墙下联箱；13—省煤器悬吊管；14—低温过热器进口联箱；15—低温过热器出口联箱；16——级减温器；17—二级减温器；18—主蒸汽管；19—再热器事故减温器；20—低温再热器进口联箱；21—再热器微量喷水减温器；22—高温再热器出口联箱；23—尾部竖井侧墙上联箱

从分隔墙上联箱 9 开始的流动，又可分为两路：第一路沿分隔墙管排 11 向下进入竖井下环形联箱 12，经由两排低温过热器侧省煤器悬吊管 13 进入低温过热器进口联箱 14；第二路从分隔墙上联箱 9 向下沿两排低过悬吊管 10 进入低温过热器进口联箱 14。

以上包覆过热器流程较复杂，但最终是由前墙包覆进口联箱 2 汇集到低温过热器的进口联箱 14，完成包覆整个锅炉尾部烟道的行程。

低温过热器由水平蛇形管束组成，布置于后烟井的低温过热器侧烟道内。蒸汽自下向上在管内流动，烟气自上向下横冲管束，与蒸汽成逆流布置。作为第二级过热器，管内蒸汽温度不高，与烟气有较大的逆流传热温差，可以节省金属耗量。

蒸汽在低温过热器加热后至低温过热器出口联箱 15，经三通汇合至一根 $\phi610\times60$mm、12Cr1MoV 的管道，经混合后通往一级减温器 16，并再次分成两路至分隔屏进口联箱。分隔屏进口联箱布置于前炉顶上方的左右两侧，其走向与烟气流向相同。每一根联箱接两大片分隔屏，蒸汽在管圈内作 U 形流动加热后，被引至两个分隔屏出口联箱。

大节距的分隔屏起到切割旋转烟气流的作用，有利于降低进入其后过热器沿炉宽方向的烟量偏差和烟温偏差。

后屏过热器布置于炉膛出口处，沿炉宽方向共布置了20片后屏，后屏在炉膛内的有效高度为14 200mm，宽度为1718mm；从分隔屏出口联箱来的蒸汽自后屏进口联箱两端引入，经管屏加热后至后屏出口联箱，再由其两端引出至二级喷水减温器。

后屏出口的蒸汽经两路二级喷水减温器17后又汇总成一路，使蒸汽得到充分混合后进入高温过热器。高温过热器布置于后屏后面的水平烟道内，工质与烟气顺流流动。经加热后的蒸汽沿出口联箱中部三通以单路管道引往汽轮机高压缸。

整个过热器系统经过两次充分混合后可使两侧汽温偏差降至最小。此外，布置了两级喷水减温装置，便于调节左右偏差，增加了运行调节的灵活性。

再热蒸汽系统共分两级。第一级为低温再热器，布置于尾部竖井前烟道内；第二级为高温再热器，布置于水平烟道高温过热器之后。

汽轮机高压缸的排汽先经低温再热器管系加热（工质与烟气成逆流），再经高温再热器管系加热（工质与烟气顺流）后，即由高温再热器出口联箱22分成两路经连接管道引至汽轮机中压缸。在低温再热器进口管道上设置了事故喷水减温器19，以防过高温度的汽轮机高压缸排汽进入低温再热器。再热蒸汽温度的调节除采用后烟井出口的调温挡板外，还在低温再热器出口管道上设置了微量喷水减温器21，以调节再热器出口的左右温度偏差。

DG1900/25.4-Ⅱ1型超临界压力直流锅炉的过热器和再热器系统请参见本章第二节。

（一）对流式过热器（再热器）

对流式过热器是指布置在对流烟道内，主要吸收烟气对流放热的过热器。对流过热器由蛇形管受热面和进、出口联箱组成，通常为立式布置。管内蒸汽纵向冲刷，管外烟气横冲管束，进行对流换热。

根据管内外蒸汽和烟气总的流动方向，对流式过热器有逆流、顺流和混合流三种布置方式，如图3-40所示。逆流布置有最大的传热温差，金属耗量最少，但蒸汽出口温度最高处也是烟温最高处，管子工作条件差。一般在烟温较低区域的低温过热器采用逆流布置方式。顺流布置则相反，传热温差小，耗用金属多，但蒸汽出口处的烟气温度最低，管壁工作条件好，为在使用现有钢材条件下获得尽可能高的蒸汽出口温度，末级高温过热器都采用顺流布置方式。

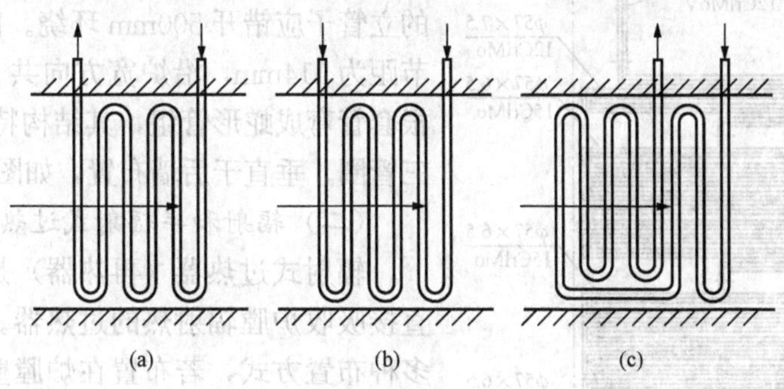

图3-40　对流式过热器布置方式

(a) 逆流；(b) 顺流；(c) 混合流

蛇形管的排列方式有顺列和错列两种布置方式，如图3-41所示。烟气横向冲刷顺列布置受热面管时的传热系数比冲刷错列布置时小，但顺列管束管外积灰易于被吹灰器清除。故布置于高温烟气区的过热器采用顺列布置，而尾部烟井中则多采用错列布置。

过热器并联蛇形管的排数主要由烟气流速决定，其横向节距，顺列布置时选取 $s_1/d=$

2.0～3.5，错列布置时取 $s_1/d=3.0～3.5$。大容量锅炉的烟道宽度相对较小，满足烟气流速的管排数后，就不能满足蒸汽流速的要求。因其管内流通截面太小，蒸汽质量流速太大，超过工质压降限制，所以通常以多管并联套弯的形式来满足蒸汽流速的要求。通常蛇形管有图 3-42 所示的单管圈和多管圈结构。

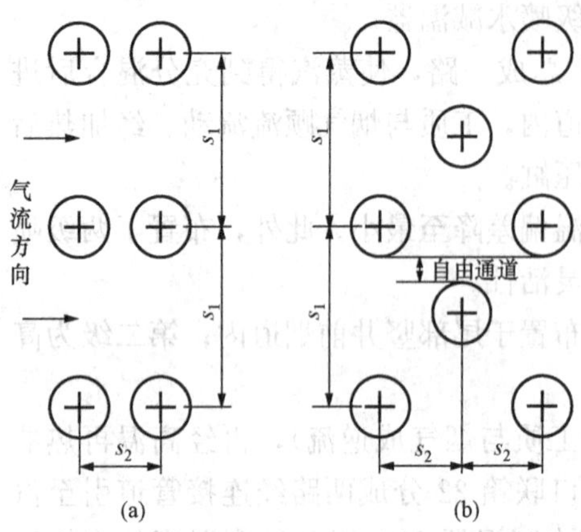

图 3-41　管子的顺列和错列布置

（a）顺列；（b）错列

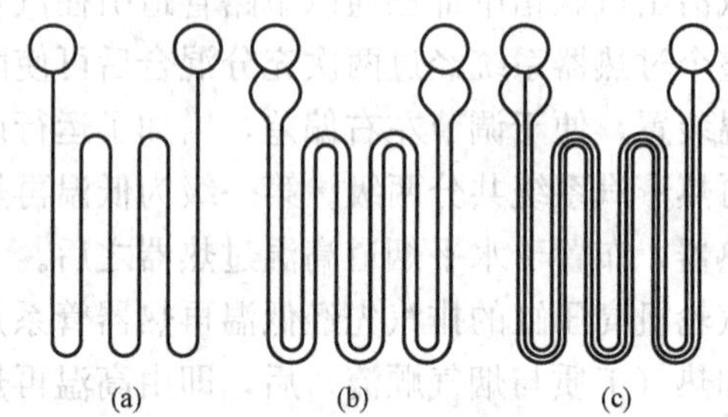

图 3-42　蛇形管结构

（a）单管圈；（b）双管圈；（c）三管圈

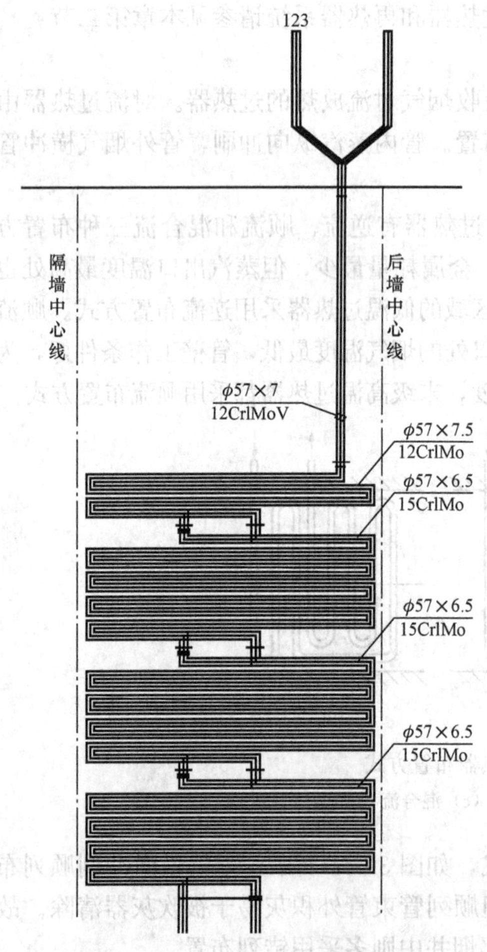

图 3-43　低温过热器结构示意

对流式过热器中蒸汽流速应当适中，气流速度过低，蒸汽对管壁的冷却差；气流速度过高，流动阻力增大，高压锅炉蒸汽流速一般为 10～25m/s。烟气流速的确定则主要考虑磨损、传热和流动压降，通常控制为 8～12m/s。

SG-1025/17.5-M888 型锅炉低温过热器布置在尾部竖井的后部烟道，蒸汽自下而上与烟气逆向流动。它由管径为 $\phi57$ 的三组蛇形管和一垂直管段及进、出口联箱组成。三组蛇行管之间留有两个检修空间。为便于检修人员工作，检修空间的立管子应错开 500mm 环绕。低温过热器的横向节距为 114mm，沿炉宽方向共 110 排，每排以三根套管弯成蛇形管组，其结构特点为顺排、卧式、三管圈、垂直于后墙布置，如图 3-43 所示。

（二）辐射和半辐射式过热器（再热器）

辐射式过热器（再热器）是指布置在炉膛中直接吸收炉膛辐射热的过热器。辐射式过热器有多种布置方式，若布置在炉膛壁面上，则称为墙式过热器；若水平布置在炉顶，则称为顶棚过热器；若悬挂在炉膛上部并靠近前墙，则称为屏式过热器（再热器）（又称前屏、大屏或者分隔屏）。布置在炉膛上部出口处，既吸收烟气的对流热又直接吸收炉内的辐射热的过热器称为半辐射式过热器（再热器）（又称为后屏）。

墙式再热器一般用于再热器的低温段，布置在炉膛上部前墙或两侧墙上，如图 3-44 所示。墙式再热器通过连接板、拉杆和圆钢与水冷壁相连。HG-2008/18.6-M 锅炉的低温再热器即采用这种形式。

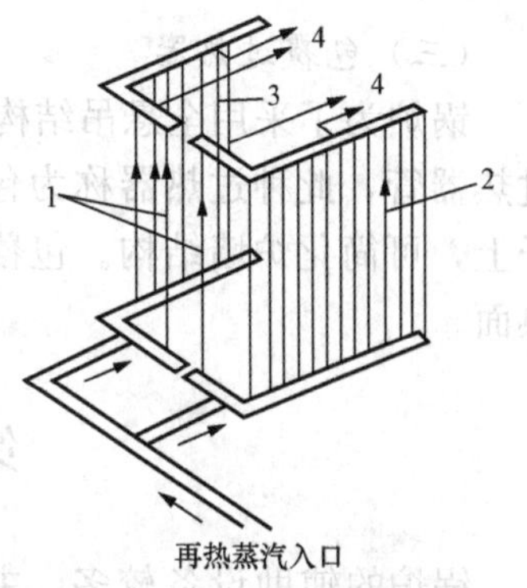

图 3-44　墙式再热器

1—前墙再热器；2、3—侧墙再热器；4—墙式再热器引出管

屏式过热器是由许多管子紧密排列的管屏组成，管屏通常悬挂在炉顶构架上，可以自由向下膨胀，为了增强屏的刚性，相邻两屏用连接管连接，在屏的下部用中间的管子把其余的管子包扎起来。屏式过热器热负荷高，为了提高受热面工作的安全性，屏式过热器通常用作低温级过热器，烟气在屏与屏之间的空间流过，烟气流速通常为 6m/s 左右。图 3-45 所示为 DG1900/25.4-Ⅱ1 型超临界压力直流锅炉的屏式过热器。屏式过热器布置在炉膛的上部区域，为全辐射式受热面，在炉深布置了两排，两排屏之间紧挨着布置，每一排管屏沿炉膛宽度方向布置 13 片屏，共 26 片。每片屏由 24 根管组成。屏式过热器蛇形管均由联箱承重并由联箱吊杆传至大板梁上。每片屏的出口联箱与汇集联箱相连，蒸汽在汇集联箱中混合，并经屏式过热器出口连接管、二级减温器及高温过热器进口连接管进入高温过热器。

SG-1025/17.5-M888 型锅炉后屏过热器如图 3-46 所示。后屏过热器布置在炉膛出口处，沿炉膛方向共布置了 20 片后屏，每片屏由 14 根 U 形管子组成。后屏在炉膛内的有效高度为 14 200mm，宽度为 1718mm。从分割屏出口联箱来的蒸汽自后屏进口联箱两端引入，经管屏加热后至后屏出口联箱，再由其两端引出至二级喷水减温器。

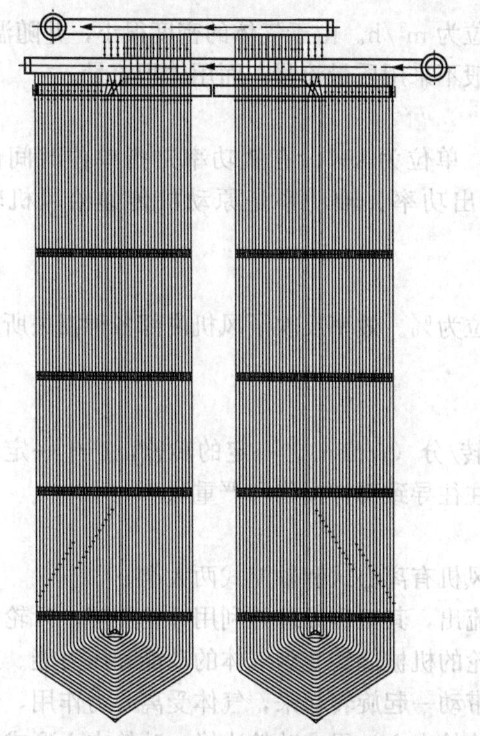
图 3-45　DG1900/25.4-Ⅱ1 型超临界压力直流锅炉的屏式过热器

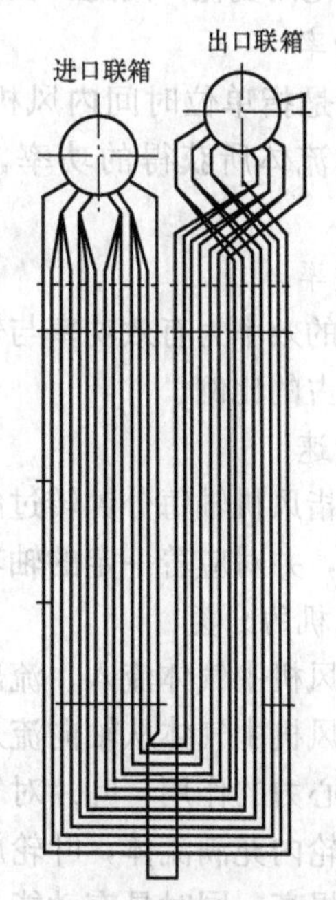

图 3-46　SG-1025/17.5-M888 型锅炉后屏过热器

（三）包覆过热器

锅炉为了采用全悬吊结构和敷管式炉墙，在水平烟道、转向室、尾部烟道内壁布置了过热器管，此种过热器称为包覆过热器。包覆过热器悬吊在锅炉顶梁上，炉墙敷设在管子上，可简化炉墙结构。包覆过热器的传热效果差，吸热量小，通常作为锅炉的附加受热面。

第七节　锅炉的主要辅助设备

锅炉的辅助设备较多，主要包括通风设备、除渣设备、除尘设备、除灰设备和脱硫设备。

一、通风设备

风机是将原动机的机械能转化为气体的压力能和动能的动力设备。电厂中的风机是构成烟风系统的关键设备，包括送风机、引风机、一次风机、排粉风机等，主要用于输送空气、烟气以及煤粉和空气的混合物等。

（一）基本概念

1. 风机的压力

风机的全压指气流流过风机叶轮时所获得的能量增加值，单位为 Pa 或 kPa。全压由动压和静压组成，即全压中动压和静压各占一定比例。全压用于风机选型及计算功率，静压用于克服管道阻力和确定风机的工作点。

2. 流量

流量是指单位时间内所输出的流体量，单位为 m^3/h。由于气体的密度很小，并随温度、压力的变化而变化，因此，在风机设计中，一般不采用质量流量，而用体积流量。

3. 功率

功率是指单位时间内风机所做功的大小，单位为 kW。有效功率是指单位时间内通过风机的流体所获得的功率，也是风机的输出功率。轴功率是原动机传递给风机轴上的功率。

4. 效率

风机的效率为有效功率与轴功率之比，单位为％。效率反映了风机内部各种损失所消耗的能量所占的比例。

5. 转速

转速指风机轴每分钟转过的圈数，单位为转/分（r/min）。一定的转速，产生一定的流量、压头，并对应着一定的轴功率。超速运行往往导致部件损伤和严重噪声。

6. 风机的分类

按照风机中气体流入、流出叶轮的方向，风机有离心式和轴流式两大类。

离心风机中气体从轴向流入叶轮并沿径向流出，其工作原理是利用叶轮旋转，叶轮中的流体受离心力的作用，叶片对气体做功，使叶轮的机械能转变为气体的动能和压力能。工作过程是叶轮内充满流体，叶轮旋转时，气体被带动一起旋转起来，气体受离心力作用，气体的静压能提高，同时具有动能，这时气体从叶轮的中心被甩向叶轮边缘，叶轮中心形成了真空，外界气体在大气压力的作用下从中心流入叶轮，从叶轮中得到能量，在蜗壳或出口导叶内将一部分动能转变为压能，然后沿着压力管道排出。

轴流风机中气体从轴向流入叶轮并沿轴向流出，其工作原理是利用叶片的挤压推力对气体做功，使气体的压能和动能得到升高。气体在轴流式叶轮中，半径方向上所受的惯性离心力均相等，所以因离心力作用而升高的静压能为零，因而它所产生的压头远低于离心式。轴流风机只适用于大流量、低压头的地方，比转数为100～500。

（二）送风机

某SG-1025/17.5-M888型锅炉选用两台50%容量、并联运行轴流式动叶可调FAF19-9.5-1型风机。风机为卧式布置，将新鲜空气自大气吸入，通过空气预热器送至锅炉炉膛，提供整个锅炉系统燃烧所需的空气。送风机采用电动机驱动，通过带联轴器的中间轴传递功率。风机负荷通过油压可调的叶轮叶片调节。风机叶片安装角可在静止状态或运行状态时用电动执行器通过一套液压调节装置进行调节。叶轮转向从顺气流方向看，为逆时针旋转。送风机的结构简图如图3-47所示。

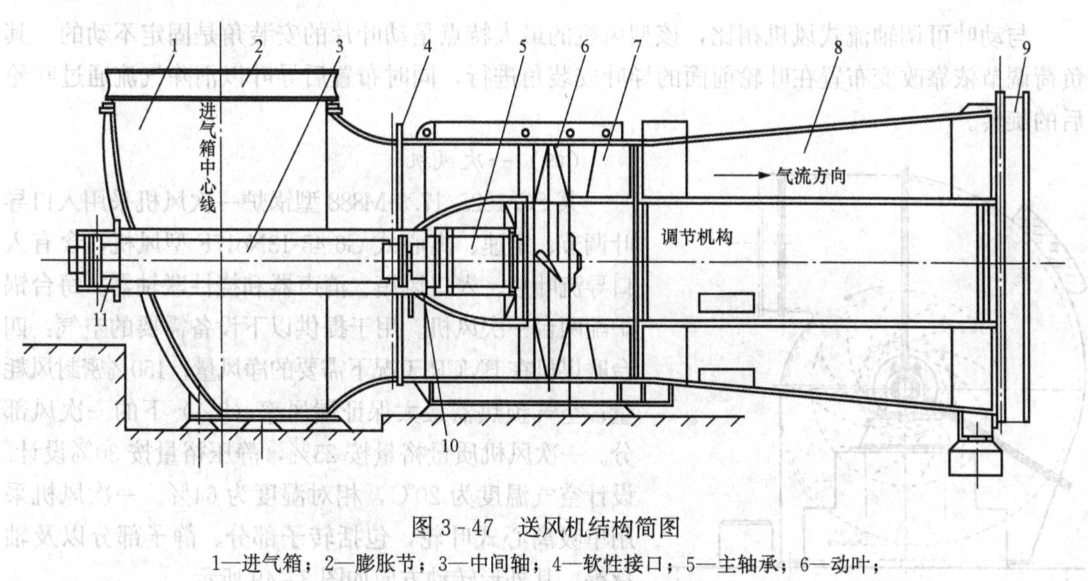

图3-47 送风机结构简图

1—进气箱；2—膨胀节；3—中间轴；4—软性接口；5—主轴承；6—动叶；7—导叶；8—扩压筒；9—膨胀节；10—联轴器；11—罩壳

（三）引风机

某SG-1025/17.5-M888型锅炉选用两台50%容量、并联运行轴流式静叶可调AN25e6（V19+4°）型风机。风机为卧式、水平布置，垂直进风，水平出风，其作用是将锅炉燃烧产生的烟气从炉膛排出，通过除尘器、脱硫装置将烟气排入烟囱，最终排往大气，维持锅炉负压。引风机采用电动机驱动，通过带联轴器的中间轴传递功率。风机叶片安装角固定不动，前导叶可在静止状态或运行状态时用电动执行器通过一套液压调节装置进行调节，并设置静止后导叶，消除轴流叶轮产生的气流旋转。叶轮转向从顺气流方向看为逆时针旋转。

AN系列静叶可调轴流式风机主要由转子和定子两部分组成。该风机的叶轮采用等厚度、等强度板型叶片。该系列风机采用两端带刚挠性联轴器的空心轴传递动力，使电动机与转子能准确地安装对中和进行热膨胀补偿，检修时拆装叶轮和传动组都非常方便。该系列风机的主轴承采用滚动轴承，油脂润滑，吹风冷却。风机外形及结构如图3-48所示。

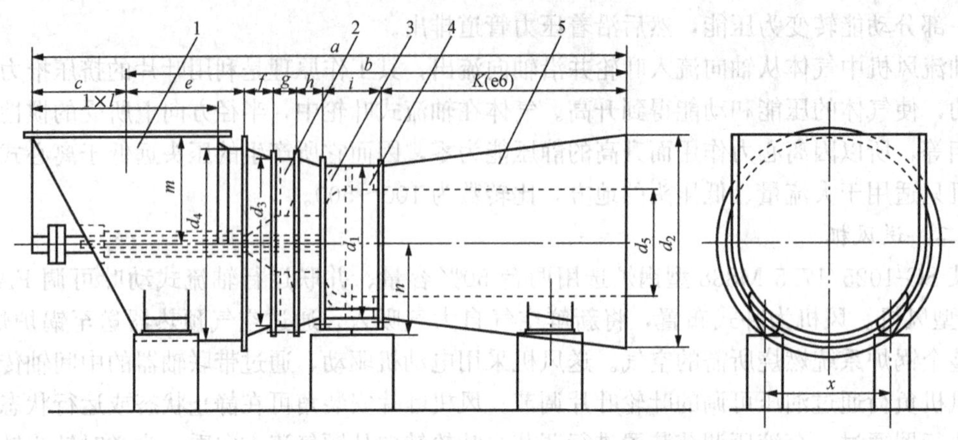

图 3-48　静叶可调轴流式风机外形及结构

1—进气箱；2—前导叶调节器；3—叶轮；4—后导叶；5—扩压器

与动叶可调轴流式风机相比，该型风机的最大特点是动叶片的安装角是固定不动的，其负荷调节依靠改变布置在叶轮前面的导叶安装角进行，同时布置后导叶以消除气流通过叶轮后的旋转。

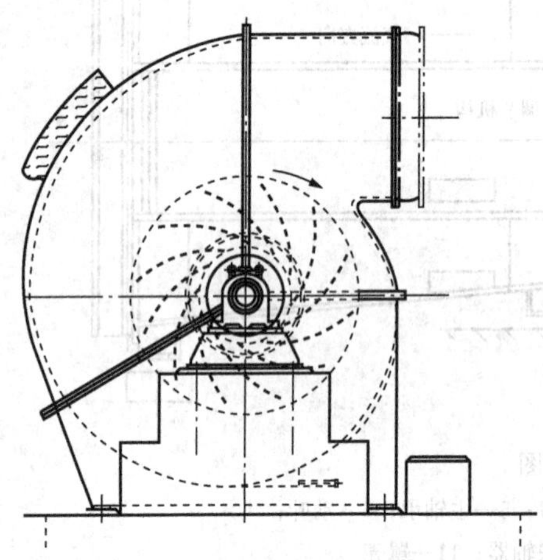

图 3-49　一次风机外形及转动方向

（四）一次风机

某 SG-1025/17.5-M888 型锅炉一次风机采用入口导叶调节、定速、离心式 G6-45-13No17F 型风机，含有入口导流叶片、入口风箱、消声器和挠性联轴器。每台锅炉配两台一次风机。用于提供以下设备需要的空气：四台磨煤机在 BMCR 工况下需要的净风量；150%密封风耗量；空气预热器最大保证漏风率（8%）下的一次风部分。一次风机质量裕量按 25%，静压裕量按 30%设计。设计空气温度为 20℃，相对湿度为 64%。一次风机采用单吸离心式叶轮，包括转子部分、静子部分以及轴承等，其外形转动方向如图 3-49 所示。

1. 静子

静子部分由以下部分构成（按流动顺序）：进气箱膨胀节、进气箱（矩形入口带 90°弯头和圆形出口管）、入口导叶装置（入口导叶装置带同步可调叶片）、吸入室喷嘴、机壳、排出口膨胀节。所有静子部分是可以分开的，方便拆卸叶轮。

（1）机壳。风机的机壳由螺形室、蜗舌和进出风口组成。螺形室的作用是收集从叶轮出来的气体，引导至出口，并将气体的部分动能转变为压能。螺形室的轮廓线是一条阿基米德螺旋线或对数螺旋线。它的轴面图为矩形，而且宽度不变。通常在螺形室出口附近的“舌状”结构称蜗舌，其作用是防止部分气流在蜗壳内循环流动。蜗舌分为平舌、浅舌、深舌三种，如图 3-50 所示。蜗舌处的流体流动复杂，它的几何形状、蜗舌尖部的圆弧半径以及距叶轮的距离，对风机的性能、效率和噪声等影响均较大。

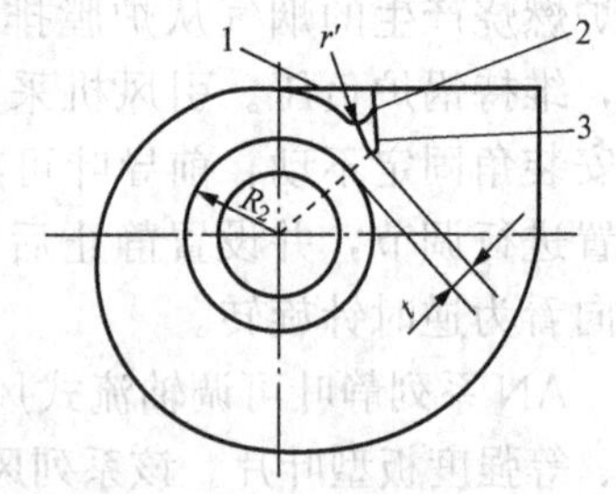

图 3-50　螺形室出口附近的蜗舌

1—平舌；2—浅舌；3—深舌

（2）入口导叶装置。该装置也称为导流器，运行时，通过改变导流叶片的角度（开度）来改变风机的性能，扩大工作范围和提高调节的经济性。常见的导流器有轴向导流器、简易导流器和斜叶式导流器。本机组采用轴向导流器。

（3）进气箱。进气箱的作用是当进风口需要转弯时，用于改变进口气流流动状况，以减少因气量不均匀进入叶轮而产生的流动损失。进气箱的几何形状和尺寸对气流进入风机的流动状态影响很大，如果进气箱结构不合理，则造成的阻力损失可达全风压的 15%～20%，所以在选择进气箱时要注意其结构。

（4）吸入室喷嘴。在导流叶片后面设置喷嘴，其作用是在损失最小的情况下，引导气流均匀地充满叶轮进口。

2. 转子

转子部分主要由叶轮、轴、联轴器等组成。

（1）叶轮。叶轮是风机的主要部件，其作用是转换能量，产生能头。叶轮分封闭式和开式两种。封闭式叶轮由前盘、后盘、叶片及轮毂组成。叶片有前弯式、径向式和后弯式，如图 3-51 所示。前弯式和径向式叶片可以获得较高的压头，但是其损失较大，效率较低。后弯式叶片有较高的效率，但其出口压头较低。大型风机为了提高效率，常采用后弯式叶片。叶片截面形状有平板形、圆弧形和机翼形。机翼形叶片具有良好的空气动力学特性，效率高、强度好、刚度大，但制造工艺复杂。输送烟气及含尘气体时，叶片容易磨穿。当粉尘进入机翼内部时，叶轮会失去平衡而引起振动。因此，机翼形叶片离心风机的叶片需采用合适的防磨措施。叶轮前盘可分为直前盘、锥形前盘和弧形前盘三种，如图 3-52 所示。弧形前盘虽然加工制造困难，但其良好的流动性能使风机具有较高的效率。叶轮整体上采用焊接结构，并带凸缘法兰，易于整体安装和替换。

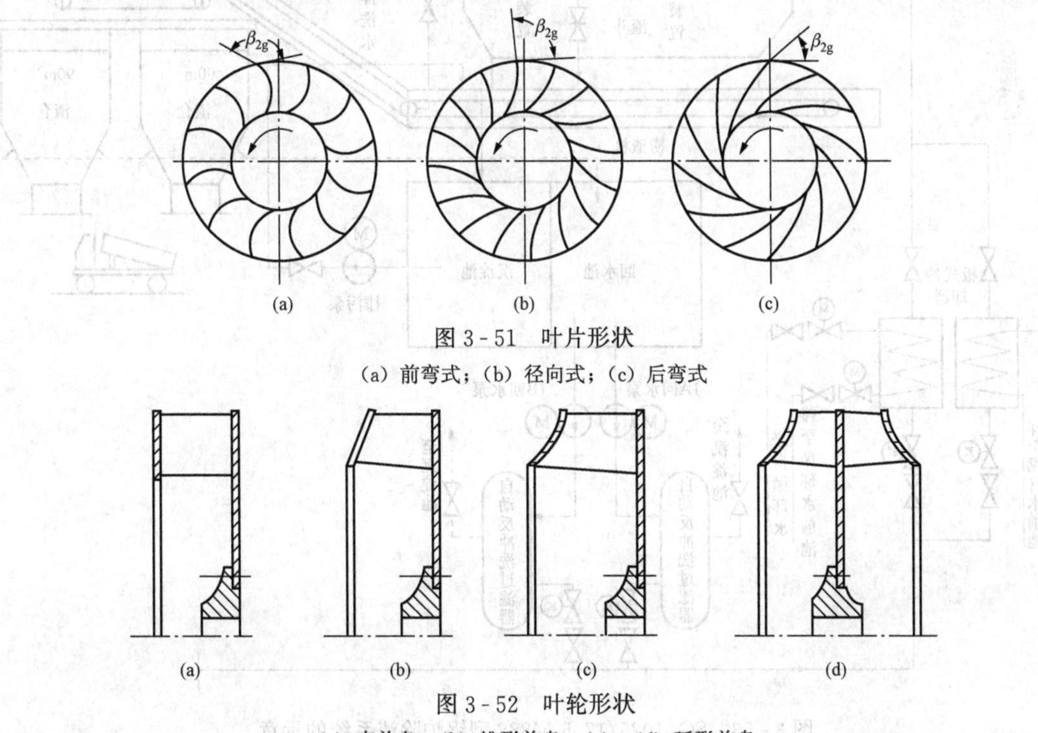

图 3-51　叶片形状

（a）前弯式；（b）径向式；（c）后弯式

图 3-52　叶轮形状

（a）直前盘；（b）锥形前盘；（c）、（d）弧形前盘

(2) 轴。离心风机通常采用刚性轴。

(3) 联轴器。风机与驱动电动机之间采用挠性可压缩套筒联轴器连接。一次风机采用两个轴承单独支撑，固定轴承装在机壳和联轴器之间，滑动轴承装在另一端。轴承本身设计为油润滑套筒式轴承。滑动轴承侧安装有齿轮装置，并通过过速离合器与轴连接。电机安装在基础上，基础及支撑用地脚螺栓牢固地固定在地基上。

风机的输出参数由入口导叶控制，控制装置、叶片同步调节。这种调节方式使叶轮前流体产生涡流，适应风机负荷，因而在低负荷时，风机效率较高。

二、除渣设备

大型电厂输送灰渣的方法主要有机械输送、水力输送两种。某 SG-1025/17.5-M888 型锅炉的炉渣系统采用机械除渣、水力输送方式。

捞渣机是保证锅炉连续除渣的机械设备。两台水浸式刮板捞渣机对称布置在锅炉冷灰斗下方。炉渣落入捞渣机上部水仓中，链条刮板连续不断地将这些渣块送入捞渣机出口处的碎渣机，以便被击碎。捞渣机上部水仓和锅炉冷灰斗有着良好的密封。冷却水不断冲洗、冷却冷灰斗，使捞渣机和水仓的温度保持在 60℃，以保护渣斗和捞渣机。每只渣斗的冷却水量约为 20t/h。

图 3-53 所示为除渣系统的示意。

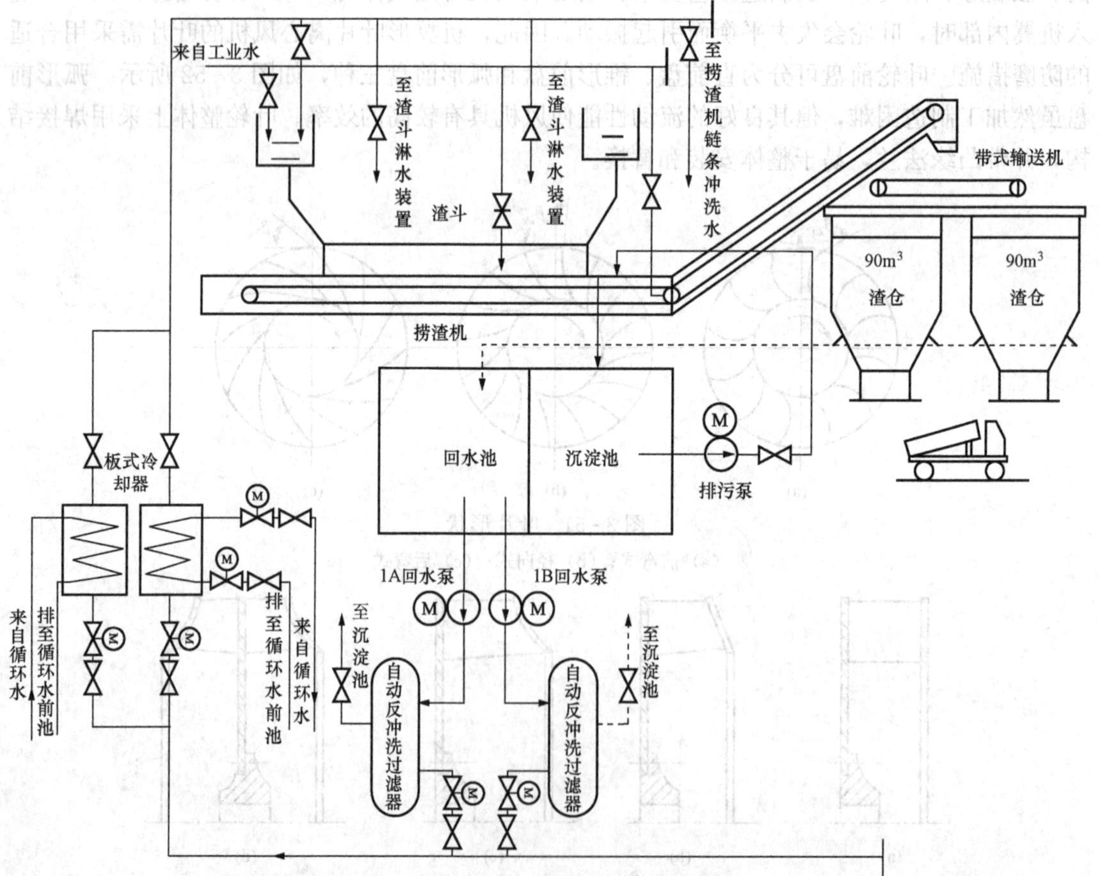

图 3-53 SG-1025/17.5-M888 型锅炉除渣系统的示意

三、除尘设备

火力发电厂的除尘设备主要指除尘器。常见的除尘器有多管除尘器、水膜除尘器、袋式除尘器和电除尘器等主要形式。多管除尘器和水膜除尘器由于除尘效率低，在发电厂中已经很少采用。袋式除尘器是一种高效的干式除尘器，在电厂的干式输灰和除尘中采用较多。由于成本较高，袋料的寿命较短，因此较少用来进行电厂烟气除尘。目前，最常用的烟气除尘器为电除尘器，本节主要介绍电除尘器。

（一）电除尘器的工作原理

电除尘器是利用高压电源产生的强电场使气体电离，即产生电晕放电，进而使悬浮尘粒荷电，并在电场力的作用下，将悬浮尘粒从气体中分离出来的除尘装置。电除尘器有许多类型和结构，但它们都是由机械本体和供电电源两大部分组成的，都是按照同样的基本原理设计的。图 3 - 54 所示为管式电除尘器工作原理示意。接地金属圆管称为收尘极（也称为阳极或集尘极)，与直流高压电源输出端相连的金属线称为电晕极（也称为阴极或放电极)。电晕极置于圆管的中心，靠下端的重锤张紧。在两个曲率半径相差较大的电晕极和收尘极之间施加足够高的直流电压，两极之间便产生极不均匀的强电场，电晕极附近的电场强度最高，使电晕极周围的气体电离，即产生电晕放电，电压越高，电晕放电越强烈。在电晕区气体电离生成大量自由电子和正离子，在电晕外区（低场强区）由于自由电子动能的降低，不足以使气体发生碰撞电离而附着在气体分子上形成大量负离子。当含尘气体从除尘器下部进气管引入电场后，电晕区的正离子和电晕外区的负离子与尘粒碰撞并附着其上，实现了尘粒的荷电。荷电尘粒在电场力的作用下向电极性相反的电极运动，并沉积在电极表面，当电极表面上的粉尘沉积到一定厚度后，通过机械振打等手段将电极上的粉尘捕集下来，从下部灰斗排出，而净化后的气体从除尘器上部出气管排出，从而达到净化含尘气体的目的。

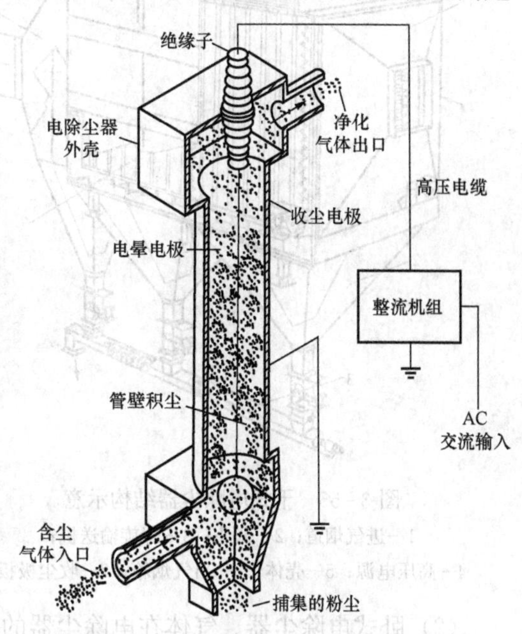

图 3 - 54 管式电除尘器工作原理示意

（二）电除尘器的分类和结构

电除尘器是由电晕电机、集（收）尘电极、气流分布装置、振打清灰装置、外壳和供电设备等部分组成的。根据不同的分类方法，电除尘器有很多类型。

1. 按照电极清灰方式分类

按照电极清灰方式可以分为干式电除尘器和湿式电除尘器等。

（1）干式电除尘器。在干燥状态捕集烟气中的粉尘，沉积在收尘极上的粉尘借助机械振打清灰的电除尘器称为干式电除尘器。这种电除尘器振打时，容易使粉尘产生二次扬尘，对于高比电阻粉尘，还容易产生反电晕。大、中型电除尘器多采用干式，干式电除尘器捕集的粉尘便于处置和利用。干式电除尘器的结构如图 3 - 55 所示。

（2）湿式电除尘器。收尘极捕集的粉尘，采用水喷淋或适当的方法在收尘极表面形成一层水膜，使沉积在收尘极上的粉尘和水一起流到除尘器的下部排出，采用这种清灰方式的静电除尘器称为湿式电除尘器。湿式电除尘器不存在二次飞扬的问题，除尘效率高，但电极易腐蚀，需要采用防腐材料，且清灰排出的浆液会造成二次污染。

2. 按照气体在电场内的运动方向分类

按照气体在电场内的运动方向可以分为立式电除尘器和卧式电除尘器。

（1）立式电除尘器。气体在电除尘器内自下而上进行垂直运动的称为立式电除尘器。这种电除尘器适用于气体流量小，除尘效率要求不高，粉尘性质易于捕集和安装场地较狭窄的情况，如图 3-56 所示。

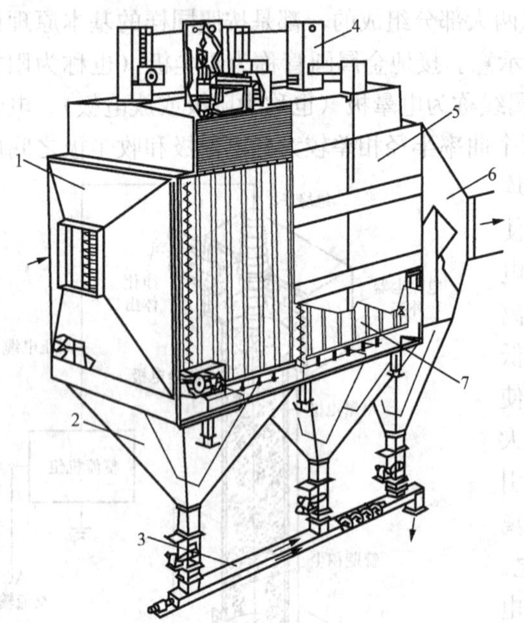

图 3-55 干式电除尘器结构示意

1—进气烟道；2—灰斗；3—螺旋输送机；
4—高压电源；5—壳体；6—出气烟箱；7—收尘极板

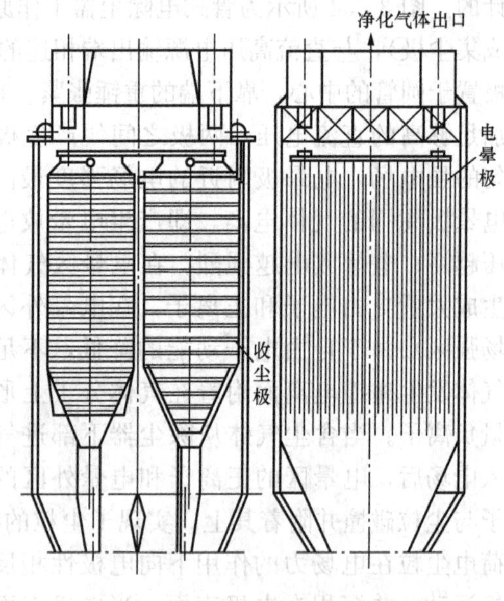

图 3-56 立式电除尘器结构示意

（2）卧式电除尘器。气体在电除尘器的电场内沿水平方向运动的称为卧式电除尘器，如图 3-57 所示。

卧式电除尘器与立式电除尘器相比有以下特点：

1）沿气流方向可分为若干个电场，这样可根据除尘器内的工作状况，对各个电场分别施加不同的电压，以便充分提高电除尘器的除尘效率。

2）根据所要求达到的除尘效率，可任意增加电场长度，而立式电除尘器的电场不宜太高，否则需要建造高的建筑物，而且设备安装也比较困难。

3）在处理较大烟气量时，卧式电除尘器比较容易保证气流沿电场断面均匀分布。

4）设备安装高度较立式电除尘器低，设备的操作维修比较方便。

5）适用于负压操作，可延长引风机的使用寿命。

6）各个电场可以分别捕集不同粒度的粉尘，这有利于有色稀有金属的富集回收，也有利于水泥厂的原料中钾含量较高时提取钾肥。

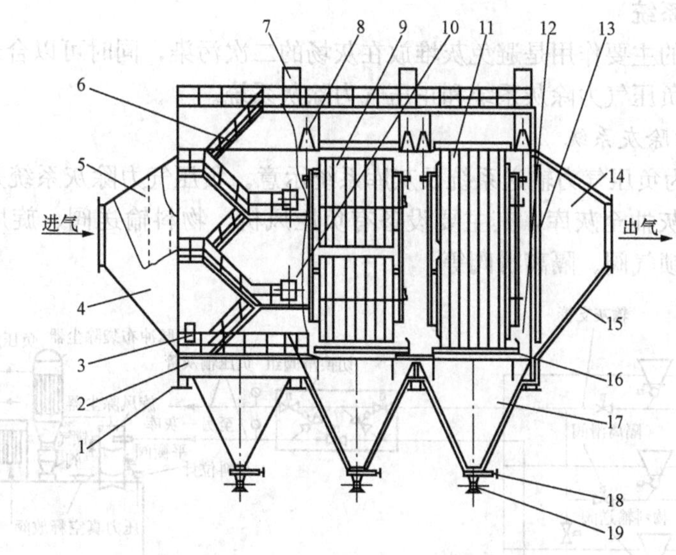

图 3-57 卧式电除尘器结构示意

1—支座；2—外壳；3—人孔门；4—进气烟箱；5—气流分布板；6—梯子平台栏杆；7—高压电源；8—电晕极吊挂；9—电晕极；10—电晕极振打；11—收尘极；12—收尘极振打；13—出口槽形板；14—出气烟箱；15—保温层；16—内部走台；17—灰斗；18—插板箱；19—卸灰阀

7）占地面积比立式电除尘器大，所以旧厂扩建或除尘系统改造时，采用卧式电除尘器往往要受场地限制。

3. 按收尘极的形式分类

按照收尘极的形式可以分为管式电除尘器和板式电除尘器。

(1) 管式电除尘器。这种电除尘器的收尘极由一根或者一组呈圆形或六角形的管子组成，管子直径一般为200～300mm，长度为3～5m。界面呈圆形或者星形的电晕线安装在管子中心，含尘气流自下而上从管子内通过，如图3-54所示。管式电除尘器为立式，且处理烟气量较小，多用于中小型水泥厂、化工厂、高炉烟气净化和炭黑制造部门。

(2) 板式电除尘器。这种电除尘器的收尘极由若干块平板组，成为减少粉尘的二次飞扬和增强极板的强度，极板一般要轧制成各种不同的断面形状，电晕线安装在每两排收尘极板构成的通道中间。板式电除尘器多制成卧式，结构布置灵活，可以组装成各种大小不同的规格。因此在各个行业得到广泛的应用。

4. 按收尘极和电晕极的不同配置分类

按照收尘极和电晕极的不同配置可以分为单区和双区电除尘器。

(1) 单区电除尘器。这种电除尘器的收尘极和电晕极都装在同一区域内，所以粉尘的荷电和捕集在同一区域内完成。

(2) 双区电除尘器。这种电除尘器的收尘系统和电晕极系统分别装在两个不同的区域内。前区内安装电晕极，粉尘在此区域内进行荷电，该区为电离区。后区内安装收尘极，粉尘在此区内被捕集，此区称为收尘区。

四、气力除灰系统

气力除灰系统的主要作用是避免灰堆放在灰场的二次污染，同时可以合理利用灰渣。气力除灰系统主要有负压气力除灰系统和正压气力除灰系统。

（一）负压气力除灰系统

图 3-58 所示为负压气力输送系统及灰库系统示意。负压气力除灰系统是利用负压风机产生系统负压将飞灰抽至灰库，其主要设备有负压风机、物料输送阀、旋风除尘器、平衡阀、布袋除尘器、锁气阀、隔离滑阀等。

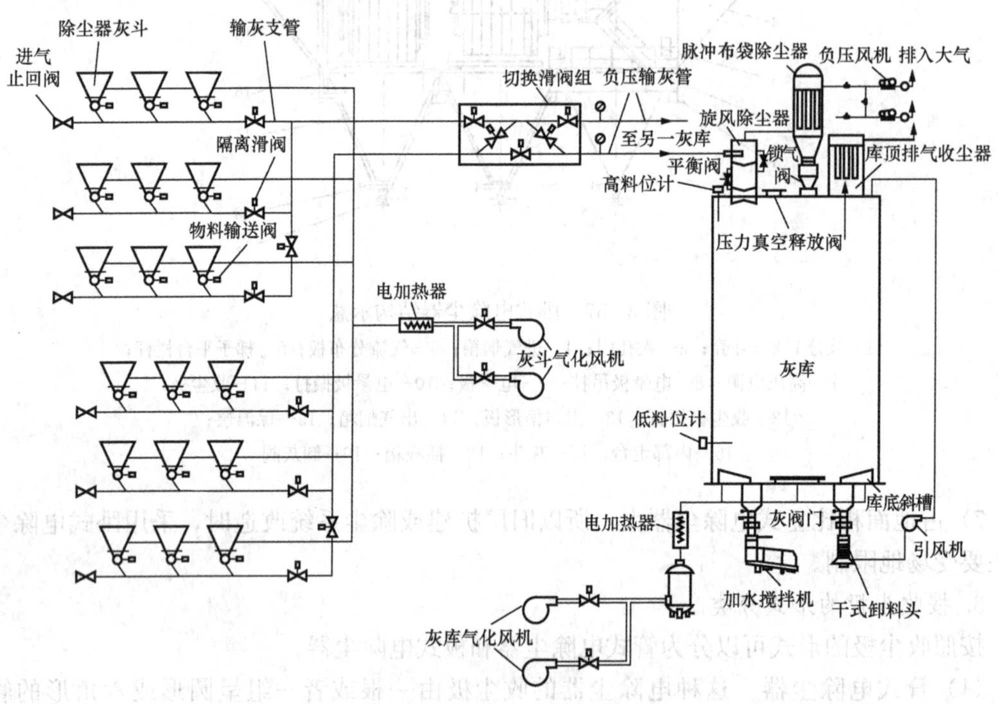

图 3-58 负压气力输送系统及灰库系统示意

系统中每个灰斗下设有物料输送阀，物料输送阀上有补气阀和灰量调节装置。它使飞灰均匀、顺利地投入输送管道。正常情况下，管道系统真空产生后，物料输送阀按设定的程序依次打开，直到灰斗内的灰输空为止。物料输送阀在真空度降到设定值时自动关闭，下一个物料输送阀开启，如此循环连续输送。该系统每个分电场布置一系列输送支管，用自动控制隔离滑阀将各支管分开，使其独立运行。支管端部的进气止回阀提供补充的输送空气；输送支管间用隔离滑阀来切换；切换滑阀组由五个隔离滑阀组成，起输灰管间的切换作用。气灰混合物沿输灰管进入灰库顶部的分离装置，将灰从空气中分离出来后排入灰库。旋风除尘器作为一级分离装置，而布袋除尘器为二级分离装置。旋风除尘器中间有隔离仓、平衡阀，平衡阀平衡上下仓的压力，连续运行；布袋除尘器下装有锁气阀，以保证连续运行。灰库部分自成一个灰库系统。

负压气力输送系统一般基建费用较低，且灰斗下面的净空间最小。由于其泄漏只发生在系统内部，因此运行比较清洁。本系统的输送距离一般小于 200m，一般最大输送能力为 40t/h。

（二）正压气力除灰系统

正压气力除灰系统目前采用的有低压气锁阀气力除灰系统和正压仓泵气力除灰系统。图3-59所示为低压气锁阀气力除灰系统示意。低压气锁阀气力除灰系统中空气压力小于或等于0.2MPa。该系统在集灰斗的出口处装有气锁阀，作为供灰装置，其出口接在气力输送管道上。各气锁阀装置编组交替运行，其中某几个装灰，另外几个则在加压和向输灰管道内送灰，以保持在压力输送管道内的气灰混合流是连续的，其压缩空气由回转式鼓风机供给。输送干灰出力最大可达100t/h，输送距离一般为200～450m。

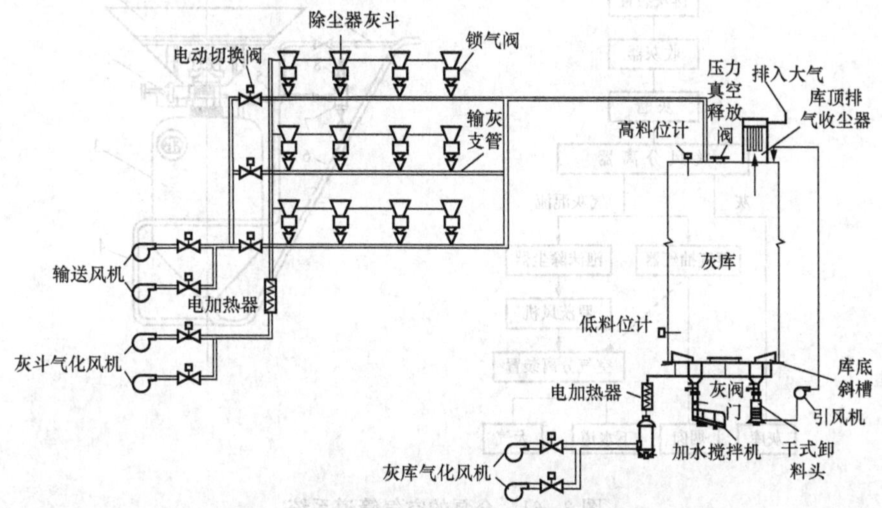

图3-59 低压气锁阀气力输送系统示意

该系统与负压系统相比，输送量比较大，能够输送较远的距离，也简化了灰库所需的灰分离设备；缺点是每个灰斗下面都需要较大的净空来安装锁气阀，基建费用较高。

图3-60所示为正压仓泵气力输送系统及灰库系统示意。正压仓泵气力输灰系统是利用压缩空气使仓泵内的灰和空气混合，并吹入输送管，直接排入灰库，其压缩空气由压缩机供给。

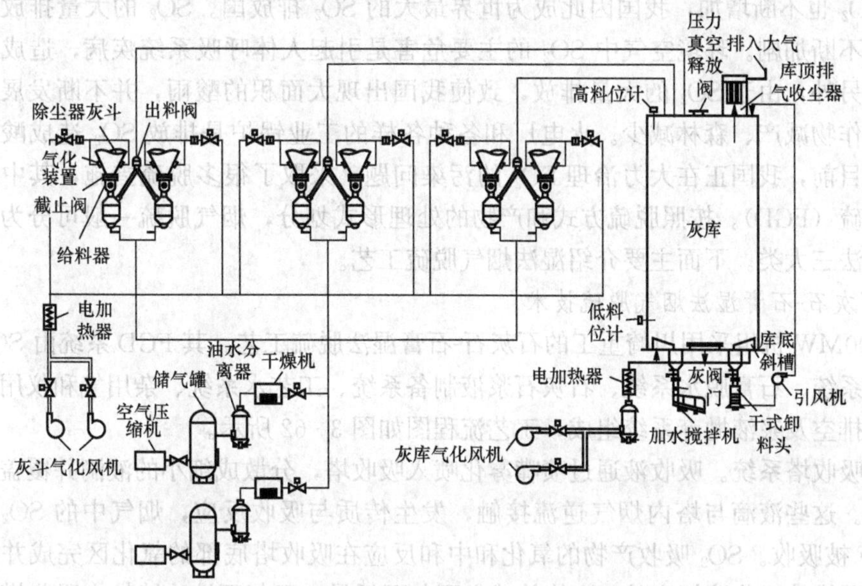

图3-60 正压仓泵气力输送系统及灰库系统示意

图 3-61 所示为仓泵的空气管道系统。灰斗 1 中的灰经锥形阀和插板定期排入仓泵，当仓泵中的灰达到一定高度后，首先开启空气阀门，压缩空气经压灰空气管 5 进入仓泵上部，同时经冲灰压缩空气管 4 引入仓泵下部进行排灰。当仓泵中的灰被除净后，再由压缩空气继续吹扫管路，以免引起管路结垢，然后关闭空气阀门。正压仓泵除灰系统密封性能较好，输送距离最大可达 1500m，此时系统出力降低较大。最经济、安全的输送距离为 500～1000m。

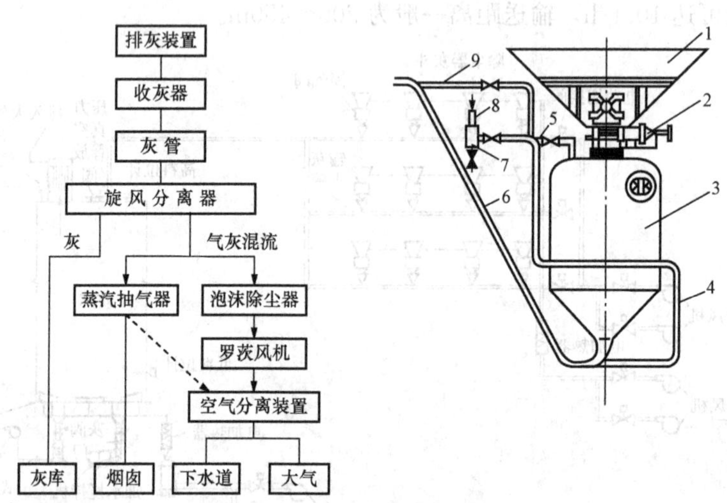

图 3-61 仓泵的空气管道系统

1—灰斗；2—锥形阀；3—仓泵；4—冲灰压缩空气管；5—压灰空气管；6—输灰管；7—滤水管；8—压缩空气总管；9—冲洗压缩空气管

五、脱硫系统

中国是燃煤大国，煤炭消耗约占一次能源消费总量的 75%。随着燃煤量的增加，燃煤排放的 SO_2 也不断增加，我国因此成为世界最大的 SO_2 排放国。SO_2 的大量排放使城市的空气污染不断加剧。环境空气中 SO_2 的主要危害是引起人体呼吸系统疾病，造成人群死亡率增加。另外，由于 SO_2 的大量排放，致使我国出现大面积的酸雨，并不断发展。酸雨污染造成农作物减产、森林减少。火电厂和各种各样的工业锅炉是排放 SO_2 造成酸雨的主要污染源。目前，我国正在大力治理 SO_2 的污染问题，采取了很多脱硫措施，其中主要是采取烟气脱硫（FGD）。按照脱硫方式和产物的处理形式划分，烟气脱硫一般可分为干法、湿法和半干法三大类。下面主要介绍湿法烟气脱硫工艺。

1. 石灰石-石膏湿法烟气脱硫技术

某 300MW 机组采用川崎重工的石灰石-石膏湿法脱硫工艺。其 FGD 系统由 SO_2 吸收系统、烟气系统、石膏脱水系统、石灰石浆液制备系统、工艺水系统、杂用气和仪用压缩空气系统以及排空及浆液抛弃系统组成，工艺流程图如图 3-62 所示。

（1）吸收塔系统。吸收液通过喷嘴雾化喷入吸收塔，分散成细小的液滴并覆盖吸收塔的整个断面。这些液滴与塔内烟气逆流接触，发生传质与吸收反应，烟气中的 SO_2、SO_3 及 HCl、HF 被吸收。SO_2 吸收产物的氧化和中和反应在吸收塔底部的氧化区完成并最终形成石膏。为了维持吸收液恒定的 pH 值并减少石灰石耗量，石灰石被连续加入吸收塔，同时吸

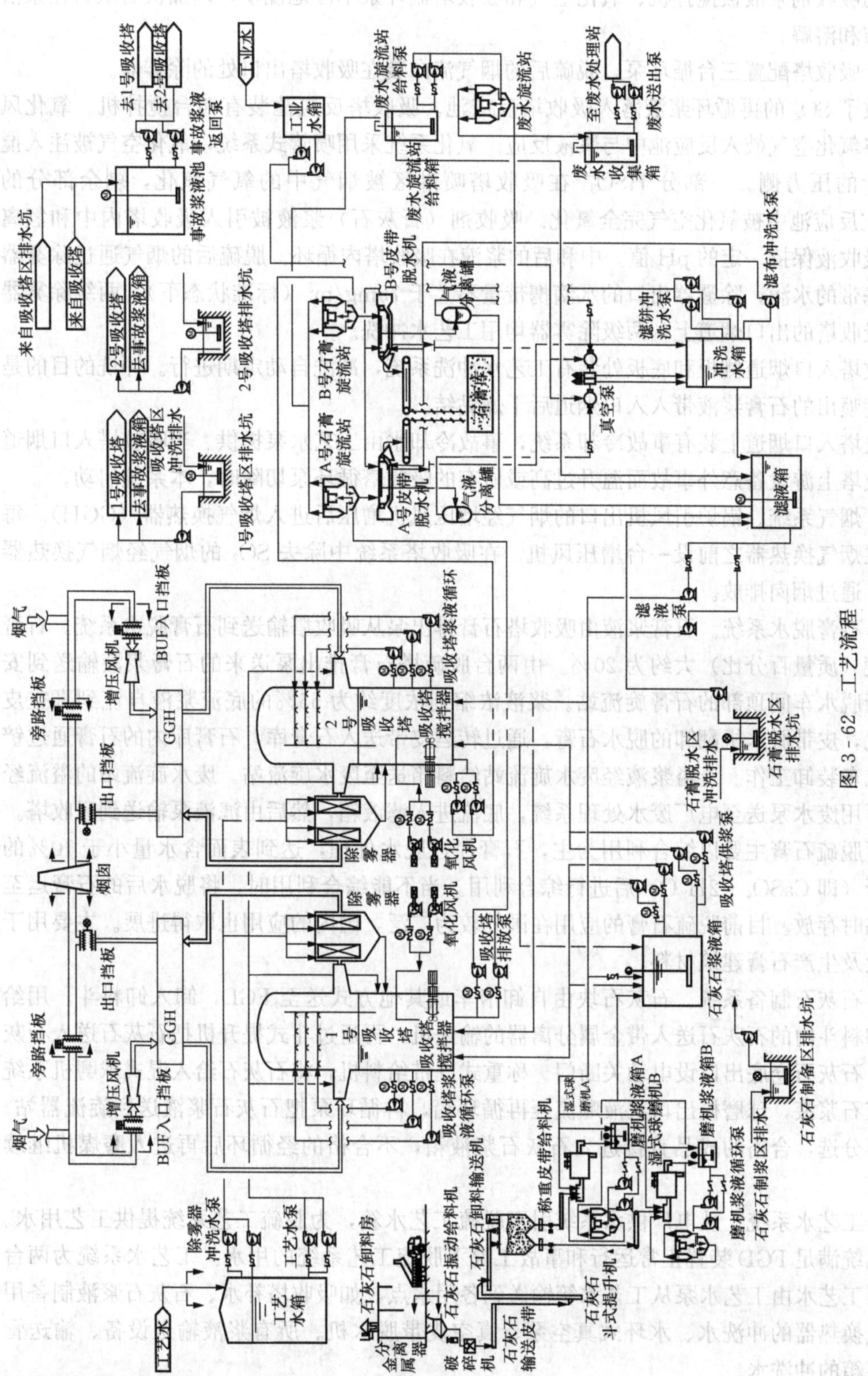

图3-62 工艺流程

工艺水
工艺水箱
除雾器冲洗水泵
工艺水泵
分离金属器
破碎机
石灰石卸料房
石灰石振动给料机
石灰石输送皮带
石灰石斗式提升机
石灰石卸料输送机
称重皮带给料机
湿式球磨机A
湿式球磨机B
磨机浆液箱A
磨机浆液箱B
磨机浆液循环泵
石灰石制浆区排水
石灰石制备区排水坑
烟气
BUF入口挡板
增压风机
旁路挡板
GGH
出口挡板
烟囱
吸收塔浆液循环泵
吸收塔搅拌器
1号吸收塔
2号吸收塔
除雾器
氧化风机
吸收塔排放泵
石灰石浆液箱
吸收塔供浆泵
石膏脱水区冲洗排水
石膏脱水区排水坑
滤液泵
滤液箱
真空泵
冲洗水箱
滤饼冲洗水泵
滤布冲洗水泵
气液分离罐
A号皮带脱水机
B号皮带脱水机
A号石膏旋流站
B号石膏旋流站
石膏库
废水旋流站给料箱
废水旋流站给料泵
废水旋流站
工业水
工业水箱
废水收集箱
废水送出泵
至废水处理站
事故浆液池
事故浆液返回泵
去1号吸收塔
去2号吸收塔
来自吸收塔区排水坑
来自吸收塔
1号吸收塔
去事故浆液箱
吸收塔区冲洗排水
1号吸收塔区排水坑
2号吸收塔
2号吸收塔排水坑

收塔内的吸收剂浆液被搅拌机、氧化空气和吸收塔循环泵不停地搅动，以加快石灰石在浆液中的均布和溶解。

每个吸收塔配置三台循环泵。脱硫后的烟气流向装在吸收塔出口处的除雾器。

吸收了 SO_2 的再循环浆液落入吸收塔反应池。吸收塔反应池装有四台搅拌机。氧化风机用于将氧化空气鼓入反应池中与浆液反应。氧化系统采用喷管式系统，氧化空气被注入搅拌机桨叶的压力侧。一部分 HSO_3^- 在吸收塔喷淋区被烟气中的氧气氧化，剩余部分的 HSO_3^- 在反应池中被氧化空气完全氧化。吸收剂（石灰石）浆液被引入吸收塔内中和氢离子，使吸收液保持一定的 pH 值。中和后的浆液在吸收塔内循环。脱硫后的烟气通过除雾器来减少携带的水滴，除雾器出口的水滴携带量不大于 $75mg/m^3$（标准状态下）。两级除雾器安装在吸收塔的出口烟道上，两级除雾器均用工艺水冲洗。

吸收塔入口烟道侧板和底板处装有工艺水冲洗系统，冲洗自动定期进行。冲洗的目的是避免喷嘴喷出的石膏浆液带入入口烟道后干燥黏结。

吸收塔入口烟道上装有事故冷却系统，事故冷却水由工艺水泵提供。当吸收塔入口烟道由于吸收塔上游设备意外事故而温升过高或所有的吸收塔循环泵切除时，本系统启动。

(2) 烟气系统。锅炉引风机出口的烟气经增压风机增压后进入烟气换热器（GGH）。每台机组在烟气换热器之前设一台增压风机。在吸收塔系统中除去 SO_2 的烟气经烟气换热器加热后，通过烟囱排放。

(3) 石膏脱水系统。石膏浆液由吸收塔石膏排出泵从吸收塔输送到石膏脱水系统。石膏浆液浓度（质量百分比）大约为 20%。由两台脱硫塔石膏排出泵送来的石膏浆液输送到安装在石膏脱水车间顶部的石膏旋流站。浆液浓缩到浓度约为 55%的底流浆液自流到真空皮带脱水机，皮带脱水机翻卸的脱水石膏，通过转运皮带送入石膏库，石膏库内的石膏通过铲车进行汽车装卸工作。上溢浆液经废水旋流站给料箱送至废水旋流站。废水旋流站的溢流经废水箱再用废水泵送至电厂废水处理系统，底流进入滤液箱，然后由滤液泵输送到吸收塔。

电厂脱硫石膏主要以综合利用为主，石膏经过脱水处理，达到表面含水量小于 10%的二水石膏（即 $CaSO_4 \cdot 2H_2O$）后进行综合利用。当不能综合利用时，将脱水后的石膏运至灰场，临时存放。目前脱硫石膏的应用在国外较为广泛，国内的应用也取得进展。主要用于水泥工业及生产石膏建筑材料。

(4) 石灰石制备系统。石灰石块由自卸卡车或其他方式送至 FGD，卸入卸料斗。用给料机将卸料斗内的石灰石送入带金属分离器的输送机，再通过斗式提升机把石灰石送入石灰石储仓。石灰石仓底出口设电动关断门、称重式皮带给料机，将石灰石给入湿式球磨机系统磨制石灰石浆液，球磨机出口浆液顺流至再循环箱，再循环泵把石灰石浆液送到旋流器站。经旋流器分选，合格的成品直接进入石灰石浆液箱，不合格的经循环后再进入磨煤机继续磨制。

(5) 工艺水系统。从电厂供水系统引至脱硫工艺水箱，为脱硫工艺系统提供工艺用水。工艺水系统满足 FGD 装置正常运行和事故工况下脱硫工艺系统的用水。工艺水系统为两台炉共用。工艺水由工艺水泵从工艺水箱输送到各用水点，如吸收塔补水、石灰石浆液制备用水、烟气换热器的冲洗水、水环式真空泵、真空皮带脱水机、所有浆液输送设备、输送管路、储存箱的冲洗水。

(6) 排空系统。排空系统设有一台事故浆液箱、两个吸收塔排水坑、一个石灰石浆液制备系统排水坑和一个石膏脱水系统排水坑。

当需要排空吸收塔进行检修时，塔内的浆液主要由吸收塔排放泵排至事故浆液箱直至泵入口低液位跳闸，其余浆液依靠重力自流入吸收塔排水坑，再由吸收塔排水坑泵打入事故浆液箱。

由每个箱体和泵内排出的疏水也通过沟道分别集中到吸收塔排水坑、石灰石浆液制备系统排水坑和石膏脱水系统排水坑。

(7) 杂用气和仪用压缩空气系统。压缩空气系统包括两台螺杆式空压机、一台杂用空气储气罐、一台仪用空气储气罐和一台冷冻式干燥装置。

2. 海水脱硫工艺

海水脱硫也是一种湿法烟气脱硫工艺。天然海水中含有大量的可溶盐，其中的主要成分是氯化物和硫酸盐，也含有一定的可溶性碳酸盐。海水通常呈碱性，自然碱度为 1.2～2.5mmol/L，这使得海水具有天然的酸碱缓冲能力及吸收 SO_2 的能力。一些脱硫公司利用海水的这种特性，开发并成功地应用海水洗涤烟气中的 SO_2，达到烟气净化的目的。

海水脱硫工艺流程图如图 3-63 所示，它主要由烟气系统、供排海水系统、海水恢复系统等组成。其主要流程和反应原理是，锅炉排出的烟气经除尘器除尘后，由 FGD 系统增压风机送入气-气换热器的热侧降温，然后送入吸收塔，在吸收塔中来自循环冷却系统的海水洗涤烟气，烟气中的 SO_2 在海水中发生以下化学反应：

$$SO_2(g)+H_2O \longrightarrow H_2SO_3$$

$$H_2SO_3 \longrightarrow H^+ + HSO_3^-$$

$$HSO_3^- \longrightarrow H^+ + SO_3^{2-}$$

$$SO_3^{2-} + \frac{1}{2}O_2 \longrightarrow SO_4^{2-}$$

以上反应中产生的 H^+ 与海水中的碳酸盐发生如下反应：

$$CO_3^{2-} + H^+ \longrightarrow HCO_3^-$$

$$HCO_3^- + H^+ \longrightarrow H_2CO_3 \longrightarrow CO_2 + H_2$$

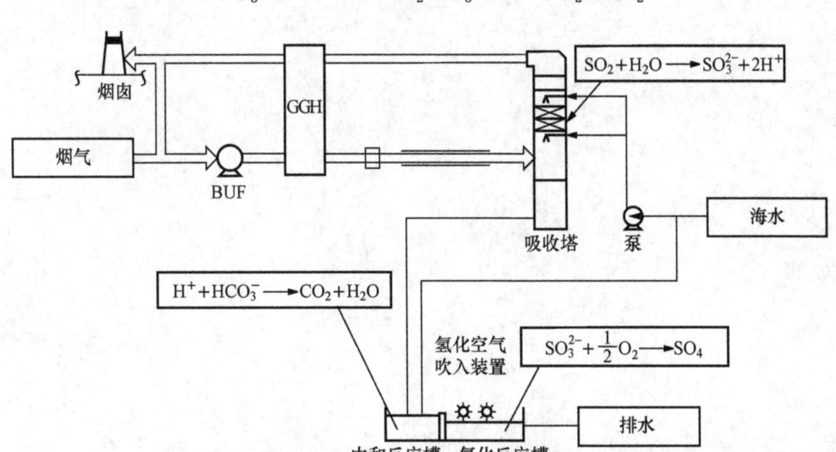

图 3-63 海水脱硫工艺流程

吸收塔内洗涤烟气后的海水呈酸性，并含有较多的亚硫酸根，不能直接排放到海中去。吸收塔排出的废水，依靠重力流入海水处理厂，与来自冷却循环系统的海水混合，并用鼓风机鼓入大量空气，使亚硫酸根氧化为硫酸根，并驱赶出海水中的二氧化碳。混合并处理后海水的pH值、COD等达到排放标准后排入海域。净化后的烟气，通过GGH升温后，经烟囱排入大气。

海水脱硫对位于海边的电厂很有吸引力，但其需要大量耗用厂用电，并且在大量使用海水脱硫技术后可能会对海洋生物产生影响。

复习思考题

1. 所在电厂锅炉的容量和参数是多少？

2. 煤粉炉为什么要燃烧煤粉？它有什么优点？

3. 按照容量和参数、排渣方式、水循环方式的不同，电厂锅炉有哪些分类？各有什么不同？

4. 煤粉燃烧器的作用是什么？一、二次风的作用各是什么？

5. 所在电厂的锅炉总体结构是什么样的？各种受热面是如何布置的？这些受热面各起什么作用？

6. 画出所在电厂锅炉的燃烧系统图。

7. 画出所在电厂锅炉的汽水系统图。

8. 锅炉汽包内部有哪些装置？各起什么作用？

9. 锅炉炉顶以上有许多联箱、管道和支吊管等，试说明它们的名称和作用。

10. 所在电厂锅炉的水循环是如何建立起来的？

11. 所在电厂锅炉采用的送风机、引风机是什么形式的？其结构原理是什么？二者哪个容量大？为什么？

12. 静电除尘器的结构原理是什么？

第四章　汽轮机本体结构及系统

汽轮机是一种以蒸汽为工质，并将蒸汽的热能转变为机械能的旋转机械，是现代火力发电厂中应用最广泛的原动机。它具有单机功率大、效率高、运转平稳和使用寿命长等优点。无论是在常规的火电厂还是在核电厂中，都采用以汽轮机为原动机的汽轮发电机组。全世界由汽轮发电机组发出的电量约占各种形式发电总量的80％左右。汽轮机是火力发电厂中的三大主要设备之一，汽轮机设备及系统包括汽轮机本体、调节保护系统、辅助设备及热力系统等。

第一节　汽 轮 机 概 述

一、汽轮机原理

由锅炉来的蒸汽通过汽轮机时，分别在喷嘴（静叶片）和动叶片中进行能量交换。根据蒸汽在动、静叶片中做功原理不同，汽轮机可分为冲动式和反动式两种。

冲动式汽轮机工作原理如图 4-1 所示。具有一定压力和温度的蒸汽在固定不动的喷嘴中膨胀加速，使蒸汽压力和温度降低，部分热能变为动能。从喷嘴喷出的高速汽流以一定的方向进入装在叶轮上的动叶片流道，在动叶片流道中改变速度，产生作用力，推动叶轮和轴转动，使蒸汽的动能转变为轴的机械能。

在反动式汽轮机中，蒸汽流过喷嘴和动叶片时，不仅在喷嘴中膨胀加速，而且在动叶片中也要继续膨胀，使蒸汽在动叶片流道中的流速提高。当由动叶片流道出口喷出时，蒸汽便给动叶片一个反动力。动叶片同时受到喷嘴出口汽流的冲动力和自身出口汽流的反动力。在这两个力的作用下，动叶片带动叶轮和轴高速旋转，这就是反动式汽轮机的工作原理。

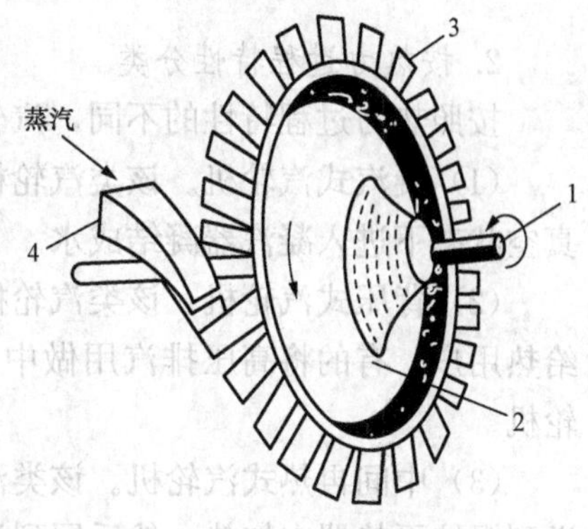

图 4-1　冲动式汽轮机工作原理

1—大轴；2—叶轮；3—动叶片；4—喷嘴

二、汽轮机分类与型号

1. 按工作原理分类

按工作原理不同，汽轮机可分为冲动式和反动式两种。冲动式汽轮机和反动式汽轮机的叶片形式和整机结构示意分别如图 4-2～图 4-4 所示。

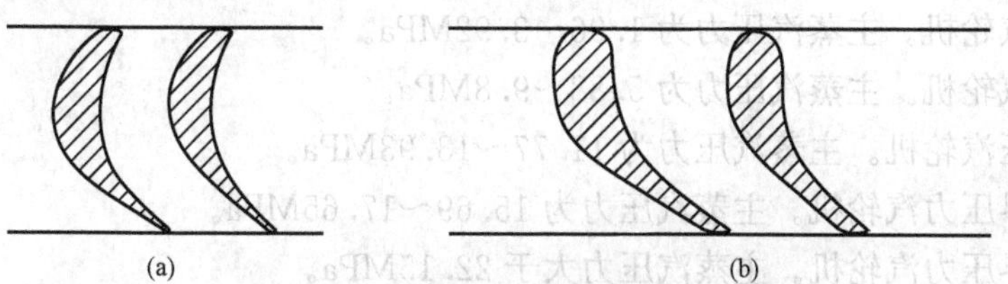

图 4-2　叶片形式

(a) 冲动式叶片；(b) 反动式叶片

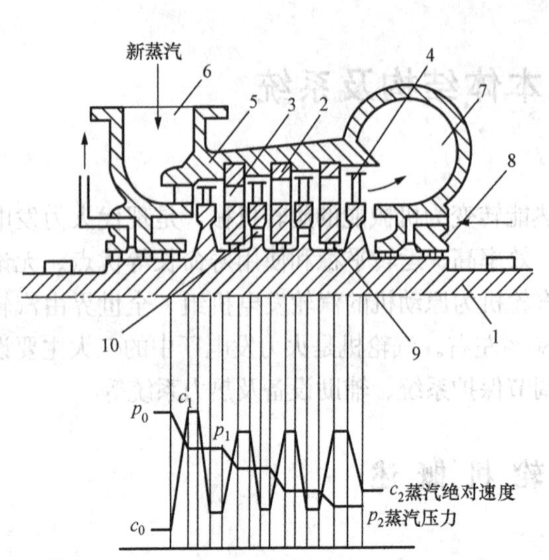

图 4-3 冲动式多级汽轮机结构示意

1—转子；2—隔板；3—喷嘴；4—动叶片；5—汽缸；6—蒸汽室；7—排汽室；8—轴封；9—隔板汽封；10—平衡孔

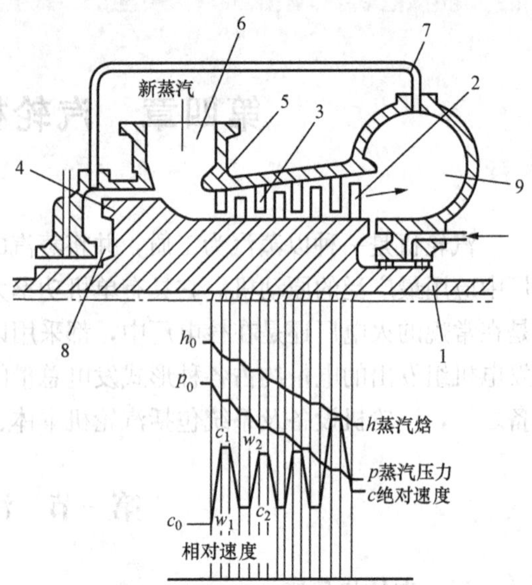

图 4-4 反动式多级汽轮机结构示意

1—鼓形转子；2—动叶片；3—喷嘴；4—平衡活塞；5—汽缸；6—新蒸汽室；7—平衡管；8—平衡室；9—排汽室

2. 按热力过程特性分类

按照热力过程特性的不同，汽轮机可分为下面四种：

(1) 凝汽式汽轮机。该类汽轮机的特点是在汽轮机中做功后的排汽，在低于大气压力的真空状态下进入凝汽器凝结成水。

(2) 背压式汽轮机。该类汽轮机的特点是在排汽压力高于大气压力的情况下，将排汽供给热用户。有的将高压排汽用做中、低压汽轮机的工作蒸汽，这种汽轮机常称作前置式汽轮机。

(3) 中间再热式汽轮机。该类汽轮机的特点是在汽轮机高压部分做功后蒸汽全部抽出，送到锅炉再热器中加热，然后回到汽轮机中压部分继续做功。

(4) 调整抽汽式汽轮机。该类汽轮机的特点是从汽轮机的某级抽出部分具有一定压力的蒸汽供热，排汽仍进入凝汽器。

3. 按主蒸汽参数分类

进入汽轮机的蒸汽参数是指蒸汽压力和温度。按不同压力等级可分为以下几种：

(1) 低压汽轮机。主蒸汽压力小于 1.47MPa。

(2) 中压汽轮机。主蒸汽压力为 1.96～3.92MPa。

(3) 高压汽轮机。主蒸汽压力为 5.88～9.8MPa。

(4) 超高压汽轮机。主蒸汽压力为 11.77～13.93MPa。

(5) 亚临界压力汽轮机。主蒸汽压力为 15.69～17.65MPa。

(6) 超临界压力汽轮机。主蒸汽压力大于 22.15MPa。

此外，按用途分类有电厂汽轮机、工业汽轮机、船用汽轮机；按汽流方向分类有轴流式、辐流式、轴流式汽轮机；按汽缸数目分类有单缸、双缸和多缸汽轮机；按机组转轴数目分类有单轴和双轴汽轮机等。

三、汽轮机的型号

我国目前都采用汉语拼音和数字来表示汽轮机的型号。型号中，第一组符号中的汉语拼音表示汽轮机的热力特性或用途，见表 4-1；第一组符号中的数字表示汽轮机的额定功率(MW)。第二组符号由数字组成，表示汽轮机的主蒸汽参数，对不同的汽轮机有不同的意义，见表 4-2。

例如，N1000-26.25/600/600 表示额定功率为 1000MW，主蒸汽压力为 26.25MPa，主蒸汽温度和再热蒸汽温度为 600℃的凝汽式汽轮机。

表 4-1　汉语拼音符号在汽轮机型号中的意义

热力特性	代号	用途	代号
凝汽式	N	工业用	G
背压式	B	船用	H
抽汽背压式	CB	移动式	Y
一次调整抽汽式	C		
二次调整抽汽式	CC		

表 4-2　第二组数字代表的意义

汽轮机类别	第二组数字意义
凝汽式	初压
抽汽式	初压/高压抽汽压/低压抽汽压
背压式	初压/背压
抽汽背压式	初压/抽汽压力

四、汽轮机的安全经济指标

1. 汽轮机运行的经济指标

(1) 循环热效率。汽轮机设备的循环热效率是指在理想条件下 1kg 蒸汽在汽轮机内转换为机械能的热量与锅炉送出蒸汽热量之比。目前大功率汽轮机的循环热效率已达 40%以上。

(2) 汽轮机内效率。汽轮机相对内效率是指蒸汽在汽轮机内的有效比焓降与等熵比焓降之比，它是评价汽轮机结构先进程度的一个重要指标。

(3) 汽耗率。汽耗率是指汽轮发电机组每生产 1kWh 电所需要的蒸汽量，一般为3.0～3.2kg/kWh。

(4) 热耗率。热耗率是指汽轮发电机组每生产 1kWh 电所消耗的热量，一般为 8000kJ/kWh 左右。

2. 汽轮机运行的安全指标

(1) 可用率。机组的可用率是指在统计期间，机组运行累计小时数及备用停机小时数之和与统计期间日历小时数的百分比。

(2) 等效可用率。等效可用率为考虑到降低出力影响的可用率，即

$$\text{等效可用率} = \frac{\text{运行累计小时数} + \text{备用小时数} - \text{等效小时数}}{\text{统计期间小时数}} \times 100\% \tag{4-1}$$

式 (4-1) 中，等效小时数为机组运行中降低出力小时数折算成机组全停的小时数。

(3) 强迫停机率。强迫停机率是指在统计期间，机组的强迫停运小时数与统计期间小时数的百分比。

(4) 等效强迫停机率。等效强迫停机率为考虑到降低出力影响的强迫停机率，即

$$\text{等效强迫停机率} = \frac{\text{强迫停机小时数} + \text{1、2、3 类等效非计划降低出力小时数之和}}{\text{强迫停运小时数} + \text{运行累计小时数} + \text{1、2、3 类等效非计划降低出力备用停机小时数}} \times 100\% \tag{4-2}$$

五、1000MW超超临界压力汽轮机主要技术规范举例

1. 汽轮机型号及型式

1000MW超超临界压力汽轮机技术规范见表4-3。

表4-3 1000MW超超临界压力汽轮机技术规范

参数	技术规范	
型号	N1000-26.5/600/600（TC4F）	
型式	超超临界中间再热凝汽式、单轴、四缸四排汽汽轮机	
功率	额定功率	950MW
	最大功率	1062.5MW
额定转速	3000r/min	
旋转方向	自汽轮机向发电机看顺时针方向	
调节系统型式	数字式电液调节系统	
允许电网频率波动	47.5～51.5Hz	
给水泵驱动型式	2×50%容量，1×25%容量（启动/备用）	
回热级数	三高（双列）、四低、一除氧	
低压末级叶片高度	1145.8mm	

2. 蒸汽参数（额定值）

高压主汽门前压力26.25MPa，高压主汽门前温度600℃，中压主汽门前温度600℃。

3. 机组工况（见表4-4）

表4-4 各工况下的主要技术参数

工况	单位	TRL	THA	TMCR	VWO（BMCR）
主汽门前压力	MPa	25	23.272	25	26.25
主汽门前温度	℃	600	600	600	600
中压主汽门前温度	℃	600	600	600	600
主蒸汽流量	kg/s	778.611	720.556	778.611	820.278
再热蒸汽流量	kg/s	641.667	601.944	646.25	677.778
高压缸排汽压力	MPa	6.06	5.701	6.11	6.4
中压主汽门前压力	MPa	5.443	5.12	5.488	5.75
给水温度	℃	294.4	290.0	294.8	298
冷却水温度	℃	38	33.1	25	25
排汽压力	kPa	11.8	4.4/5.39	4.9	4.9
补给水率	—	3%	0%	0%	0%
发电机发电功率	MW	950	950	1016.023	1062.5
热耗率	kJ/kWh	7830	7353	7321	7310

4. 临界转速

转子的临界转速见表4-5。

表4-5　汽轮发电机组转子的临界转速　r/min

转子类别	一阶	二阶	转子类别	一阶	二阶
高压转子	2640	7860	低压转子（2号）	1320	3660
中压转子	1920	5460	发电机转子	720	2040
低压转子（1号）	1200	3480			

5. 各缸级数与型式（见表4-6）

表4-6　各缸级数与型式

汽缸		参数
高压缸	级数	单流，15级反动级，包括1级低反动度叶片和14级扭叶片
	型式	反动式
	转子型式	整锻式
	汽缸型式	整体组装（内、外缸）
中压缸	级数	双流，2×14级反动级，每侧包括1级低反动度叶片和13级扭叶片
	型式	反动式
	转子型式	整锻式
	汽缸型式	整体组装（内、外缸）
低压缸	级数	双流，2×2×6级反动级，每侧包括3级鼓形叶片和3级标准低压叶片
	型式	反动式
	转子型式	整锻式
	汽缸型式	低压外缸钢板焊接、低压内缸（内内缸、内外缸）球墨铸铁铸造

6. 额定工况抽汽参数（见表4-7）

表4-7　额定工况时各级抽汽参数

抽汽级数	流量（kg/h）	压力［MPa（a）］	温度（℃）
第一级（至1号高压加热器）	141 714	8.022	413.0
第二级（至2号高压加热器）	320 684	6.110	373.2
第三级（至3号高压加热器）	115 452	2.312	464.4
第四级（至除氧器）	93 672	1.159	365.2
第四级（至给水泵汽轮机）	71 496	1.107	364.7
第四级（至厂用汽）	60 000	1.159	365.2
第五级（至5号低压加热器）	121 237.2	0.633	285.0
第六级（至6号低压加热器）	132 699	0.248 1	184.6
第七级（至7号低压加热器）	81 687	0.061 5	86.4
第八级（至8号低压加热器）	90 140	0.024 2	64.2

7. 汽轮发电机组总长度

汽轮发电机总长度约为 49m，高度约为 7.75m，宽度约为 16m。

第二节 汽 轮 机 本 体

汽轮机本体是汽轮机设备的主要组成部分，它由转动部分（转子）和固定部分（静体或静子）组成。转动部分包括动叶栅、叶轮（或转鼓）、主轴和联轴器、紧固件等旋转部件；固定部件包括汽缸、蒸汽室、喷嘴室、隔板、隔板套、汽封、轴承、轴承座、机座、滑销系统以及有关紧固零件。

一、机组的总体布置

某机组为超超临界压力、一次中间再热、单轴、四缸四排汽、凝汽式汽轮机，其立体图以及纵剖面图参见图 4-5。该汽轮机的整个流通部分由四个汽缸组成，即一个高压缸、一个双流中压缸和两个双流低压缸。对应四个汽缸的转子由五个径向轴承支承，并通过刚性联轴

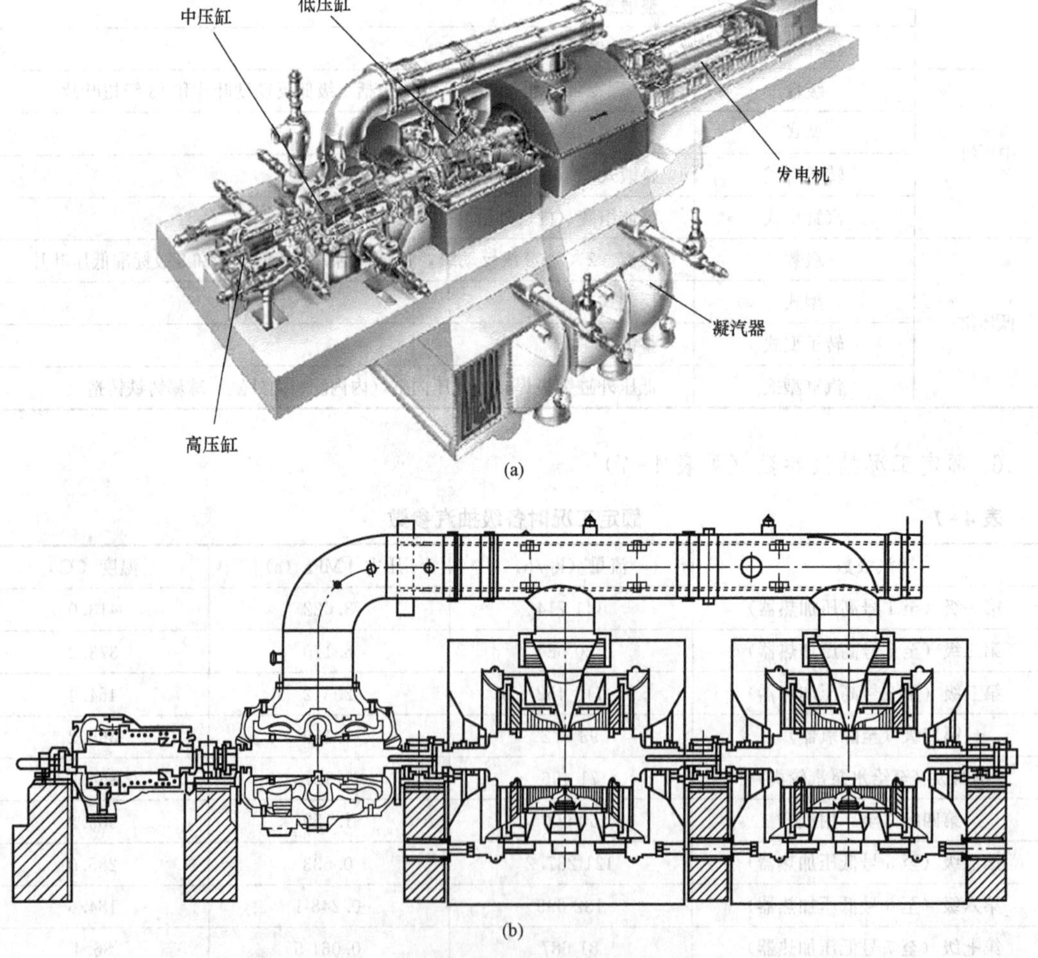

图 4-5 某超超临界压力汽轮机整体布置

(a) 某超超临界压力汽轮机立体图；(b) 某超超临界压力汽轮机纵剖面图

器将四个转子连为一体，汽轮机低压转子通过刚性联轴器与发电机转子相连，组成的汽轮发电机总长度约为 49m，高度约为 7.75m，宽度约为 16m。

该汽轮机的通流部分由高压、中压和低压三部分组成，共设 67 级，均为反动级。高压部分 15 级；中压部分为双向分流式，每一分流为 14 级，共 28 级；低压部分为两缸双向分流式，每一分流为 6 级，共 24 级。

该汽轮机采用节流调节，高压缸进口设有两个高压主汽门和两个高压调节门，高压缸排汽经过再热器再热后，通过中压缸进口的两个中压主汽门和两个中压调节门进入中压缸，中压缸排汽通过连通管进入两个低压缸继续做功后分别排入两个凝汽器。

二、汽缸及滑销系统

汽缸是汽轮机的外壳，其作用是将汽轮机的通流部分与大气隔开，以形成蒸汽的热能转换为机械能的封闭汽室。汽缸内装有喷嘴室、喷嘴（静叶）、隔板（静叶环）、隔板套（静叶持环）、汽封等部件。在汽缸外连接有进汽、排汽、回热抽汽等管道以及支承座架等。为了便于制造、安装和检修，汽缸一般沿水平中分面分为上、下两个半缸，两者通过水平法兰用螺栓装配紧固。另外，为了合理利用材料以及方便加工、运输，汽缸也常以垂直结合面为界分为两或三段，各段通过法兰螺栓连接紧固。

（一）高压缸

图 4-6 所示为某 1000MW 超临界压力汽轮机高压缸结构。从图中可以看出，该高压缸采用单流、双层缸设计，其双层缸由静叶持环组成的内缸和筒形外缸组成。高压缸内不设隔板，反动式的静叶栅直接在内缸上，有一级低反动度叶片和 14 级扭叶片。内缸为垂直中分式；外缸为轴向中分式，包括进汽和排汽两个部分，其中分面大约在高压缸中部。采用这种设计，可以减小缸体质量，提供良好的热工况。另外，内、外缸都采用轴对称设计，因而避免了不利的材料集中，各部分温度可保持一致，也就能始终维持轴对称状态，且启停或变工况时的热应力也会很小。主蒸汽从两侧通过两只联合汽门（主汽门和调节汽门）进入高压缸，在高压缸的前端通过一根排汽支管向下排至冷再热管道。

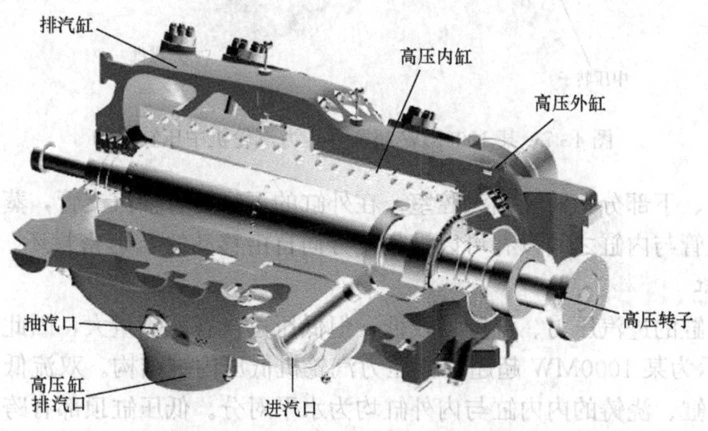

图 4-6　某 1000MW 超临界压力汽轮机高压缸结构

轴向接合的外缸安放在轴承座上，支承面的高度与汽轮机轴线高度相同。汽缸受热膨胀时，从进汽端轴承座上的搁脚处开始发生轴向位移，在该点，有凸肩向下伸出到轴的下方，装配在轴承座上相应的凹槽中。汽缸在横向方向上的位移从汽轮机轴下面的中心导承处开始，中心导承由轴承座上的搁脚与外缸上的导叉组成。为了尽可能地减小摩擦力，固定的轴承座与汽缸支承托座之间的装配件使用了低摩擦材料。

静叶持环为垂直中分。由于外缸进汽部分与静叶持环之间没有任何密封，因此外缸必须承受主蒸汽压力，在外缸壁厚的设计中相应地考虑到了这一点。外缸与静叶持环之间的高蒸汽压力压紧了静叶持环中分面，这样连接螺栓无需承受由蒸汽压差引起的作用力。

（二）中压缸

图 4-7 所示为该 1000MW 超临界压力汽轮机中压缸结构。该机组的中压缸采用双流程、双层缸设计，其双层缸由水平中分式内、外缸组成，双排汽内缸，支撑在外缸内。再热蒸汽通过装在中压缸左右两侧的两只联合汽门，经两根横向的导汽管进入中压缸内缸第一个膨胀区的叶片，导汽管用法兰固定在外缸上，它们与内缸之间设有可以沿任意方向自由移动的 L 形密封环。为了实现最佳进汽分配，并减少初级导叶级处的蒸汽损失，通流部分配有转子导流板。在中压缸顶端连着一根排汽支管，支管的另一端与跨接管路连接，蒸汽通过跨接管路进入低压缸。

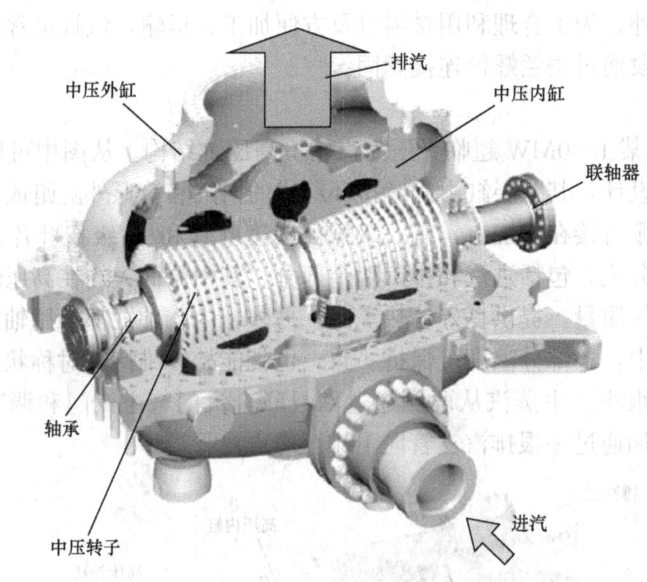

图 4-7 某 1000MW 超临界压力汽轮机中压缸结构

在内缸的上、下部分均铸有抽汽腔室，在外缸的下缸铸有抽汽支管，蒸汽由这些抽汽支管抽出。抽汽支管与内缸之间设有可以沿任意方向自由移动的 L 形密封环。

（三）低压缸

汽轮机低压缸的进汽压力、温度均较低，但低压蒸汽容积流量大，因此低压缸的体积很大。图 4-8 所示为某 1000MW 超超临界压力汽轮机低压内缸结构。双流低压缸是三层缸体设计，焊接的外缸、浇铸的内内缸与内外缸均为水平对分。低压缸顶部有跨接管路，中压缸两个排汽口的排汽分别通过两根长度不同的连通管流入两只低压缸。跨接管路垂直穿过低压外缸，通过法兰与内缸的进汽喷嘴连接。为了实现最佳配汽，并减少初级导叶级处的蒸汽损失，通流部分配有转子导流板。

来自中压缸的蒸汽通过布置在汽轮机上方的架空管流动，流入低压叶片前面的内缸。在内缸中的几个点处抽汽，通过抽汽管进入给水加热器或者通过凝汽器颈壁流到外侧。安装在

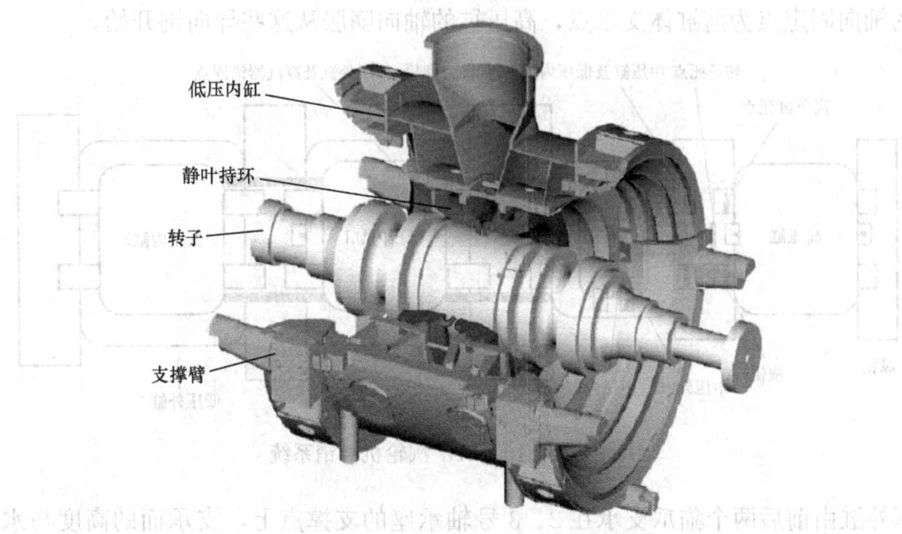

图 4-8　某 1000MW 超超临界压力汽轮机低压内缸结构

蒸汽管道中的膨胀节可以防止缸体因蒸汽管道的热膨胀而发生变形。低压缸布置三段抽汽，其抽汽口也是非对称排列。第六段抽汽向六号低压加热器供汽；第七段抽汽位于双流低压缸 LPB 两侧，向七号低压加热器供汽；第八段抽汽位于双流低压缸 LPA 两侧，向八号低压加热器供汽。

蒸汽离开叶片后通过内缸的扩压器流动。由此产生的膨胀将乏汽速度部分转换成压力，以减少排汽损失。然后，蒸汽向下流动，通过外缸的矩形部分进入下方的凝汽器。

（四）滑销系统

汽轮机在启动、停机和运行中，汽缸的温度变化很大。随着汽缸各部件温度的变化，各部件将产生膨胀和收缩。为了保证汽轮机自由地膨胀，并保持汽缸和转子中心一致，汽轮机均装有一套滑销系统，其作用如下：

（1）保持汽缸和转子的中心一致，避免因机体膨胀造成中心变化，引起机组振动或动、静部分之间的摩擦；

（2）保证汽缸能自由膨胀，以避免产生过大应力而引起变形；

（3）使转子和静止部分轴向和径向间隙符合要求。

滑销系统由各种滑销组成，根据其构造、安装位置和不同的作用，可分为以下几种：

（1）横销。引导汽缸在横向自由膨胀。

（2）纵销。纵销允许汽缸沿纵向中心线自由膨胀，限制汽缸纵向中心线的横向移动。纵销中心线与横销中心线的交点称为“死点”，汽缸膨胀时，这点始终保持不动。

（3）立销。所有立销均在机组纵向中心线的竖直线上，它的作用是保证汽缸在竖直方向自由膨胀。

图 4-9 所示为某 1000MW 汽轮机滑销系统。高压缸前后两个猫爪搁置于前轴承座的猫爪上，以汽轮机中线高度为基准，由此可确定汽缸的标高。热膨胀时，高压缸猫爪可在与定位键组装在一起的滑块上水平滑动。通过弓形梁将猫爪伸进前轴承座相应的凹槽中固定住，可防止汽缸抬升，可调节滑块与猫爪间的间隙。由轴承座上的搁脚与外缸上的导叉组成的高压缸导向键，确保高压缸相对于汽轮机轴的中心位置，利用导向键可进行汽缸的准确对中。

高压缸的轴向固定点为前缸体支承点，高压缸的轴向膨胀从这些导向键开始。

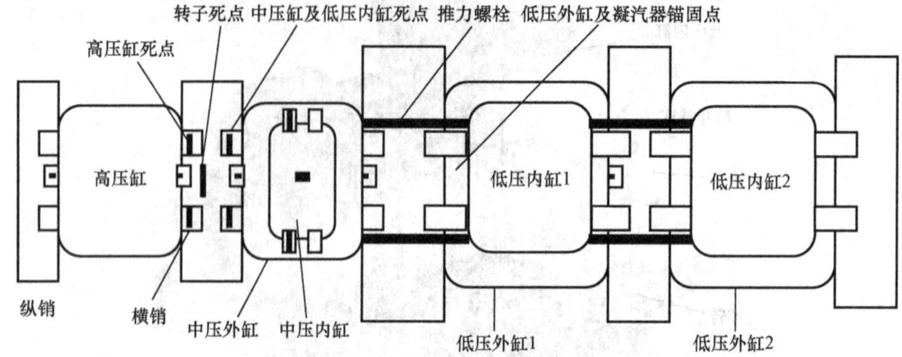

图 4-9　某 1000MW 汽轮机滑销系统

中压外缸由前后两个猫爪支承在 2、3 号轴承座的支撑点上，支承面的高度与水平中分面的高度相同。中压缸受热膨胀时，从径向推力联合轴承上的支架处开始发生轴向位移。在此处，凸肩向下伸到汽轮机轴线下方，装配在轴承座的凹槽中。在靠近发电机端的中压缸接合法兰上装有凸耳，上面连接着推力螺栓，用以平衡低压内缸的位移。中压缸横向方向上的位移从汽轮机轴下面的中心导向键处开始发生，中心导向键由轴承座上的搁脚与外缸上的导叉组成。为了尽可能地减小摩擦力，固定的轴承座与汽缸支承托座之间的装配件使用低摩擦材料。由于内、外缸温度不同，中压内缸采用中分面支承方式，使内缸从固定点轴向自由膨胀和径向沿各个方向上自由膨胀，从而保持汽缸与转子同心。中压内缸上缸的四个搁脚在同一个水平面上搁置在外缸的下缸上（垫有垫片），垂直方向上的热膨胀从中分面处开始，从而使内缸与转子在该平面上保持同心。内缸的上、下缸均设有中心定位销，用以内缸横向上的中心定位。内缸搁脚通过装在外缸下缸上的配合键固定在推力轴承侧。汽缸的轴向热膨胀从这一固定点处开始，向发电机的方向伸展，与转子的膨胀方向相同。这就意味着动叶与导叶之间的轴向间隙可以设置得小一些。

低压外缸由焊接在其下方的凝汽器支承，低压缸从凝汽器的中心导向键和支撑处开始膨胀。汽缸在横向上的位移从中心线下方、凝汽器与底板之间的中心导向键开始，轴向位移则从凝汽器的锚固点处开始，锚固点位于低压汽轮机前轴承座上。垂直方向上的膨胀从基础底板上的台板处开始，向汽轮机中心线方向膨胀。外缸与轴承座之间的位移差通过轴封盖、撑臂和跨接管路上的膨胀节补偿。

双排汽低压内缸由一个内外缸和一个内内缸组成。在内外缸中支撑并导向内内缸，将内内缸固定在汽轮机端（TE）。内缸安装在低压外缸上，可以径向任意膨胀，同时保持与转子的同心度，并可从固定的锚固点任意轴向膨胀。上、下内缸所受的蒸汽压差和热应力均由水平中分面螺栓承受。

内外缸由四个整体铸造的搁脚支承，搁置在轴承座上，在中分面下方一定距离处伸出低压缸的端壁之外。装配在撑臂里的推力螺栓穿过轴承座与上游汽缸连接，确定了内缸在轴向上的位置。采用这种推力螺栓连接方式使汽缸与轴受热时从同一点（径向/推力联合轴承处）开始发生膨胀，因此上游汽缸的膨胀量累加，使轴向间隙变小。中心导承由定位键紧固在基础钢筋上。为了减小摩擦，在固定轴承座与基础钢筋之间、支架与中心导承之间的配合键使用低摩擦材料。

内内缸在水平面上支撑在内外缸中，在垂直面上受到导向。在水平面上，内内缸上半缸体的四只猫爪搁在位于内外缸接合面上的支撑板上。内外缸上半缸体上的猫爪在盖板上突起，可防止内内缸抬升。这些盖板与猫爪间的小间隙可使内内缸在支点上以任意方向水平膨胀。缸体接合处发生垂直平面上的热膨胀。这样确保了内内缸与转子的同心度。

发电机端（GE）内内缸下半缸体有猫爪，可伸进内外缸下半缸体中的凹槽，在各边都留下空隙。所有的四只猫爪都用来对中内内缸下半缸体与内外缸的下半缸体，各边留有空隙。在汽轮机端，猫爪与销槽间插入两个调节垫片，用于轴向固定内内缸，因此从这点发生轴向热膨胀。

（五）转子对汽缸的相对膨胀

汽轮机启动加热或停机冷却以及负荷变化时，汽缸和转子都会产生热膨胀或冷却收缩。由于转子的受热表面积比汽缸大，且转子的质量比相对应的汽缸小，蒸汽对转子表面的放热系数较大，因此，在相同的条件下，转子的温度变化比汽缸快，转子与汽缸之间存在膨胀差，而该差值是指转子相对于汽缸而言的，故称为相对膨胀差，简称胀差（又称差胀，是指汽缸与转子间的相对膨胀之差）。

在机组启动加热时，转子的膨胀大于汽缸，其相对膨胀差值被称为正胀差；当汽轮机停机冷却时，转子冷却较快，其收缩也比汽缸快，产生负胀差。负胀差也说明了机组有汽缸膨胀快、转子膨胀慢的情况，该情况发生在有法兰加热装置而使用不当的汽轮机上。

某1000MW机组推力轴承设在高压缸后轴承座内，汽轮机推力轴承的位置，就是转子相对于汽缸膨胀的死点，该机组死点设在2号轴承座内。高压缸转子从推力轴承处开始朝高压缸前轴承座方向膨胀；中压缸转子从推力轴承处开始朝发电机方向膨胀。低压缸转子在轴系膨胀作用下，从推力轴承向发电机的方向偏移。该机组的汽缸与转子膨胀如图4-10所示。

高压缸和高压转子从推力轴承处开始朝高压缸前轴承座方向膨胀，高压转子和高压缸之间的胀差，是由从高压缸后轴承座开始的膨胀不同而造成的，因此在距推力轴承最远的一端，高压缸的胀差最大，高压转子的膨胀量比高压缸的膨胀量小，因此出现负胀差。

对于中压缸和两个低压缸来讲，胀差情况比较复杂，因为这三个汽缸均采用了双流布置。中压缸和中压转子从推力轴承处开始朝发电机方向膨胀，中压缸转子和汽缸之间的胀差，也是由从高压缸后轴承座开始的膨胀不同而造成的，因此在距推力轴承最远的一端，中压缸的胀差最大，中压转子的膨胀量比中压缸的膨胀量大，因此出现正胀差。低压缸转子和汽缸之间的胀差，是由轴的膨胀与低压内缸的位移不同而造成的，低压内缸的位移由中压外缸和低压内缸膨胀产生（中压外缸和低压内缸之间用推力螺栓连接）。

在汽轮机上设置有胀差（DE）监测表，用来连续监测转子相对汽缸的膨胀量。

三、进汽部分

汽轮机的启动、停机和功率的变化，是通过改变汽门的开度，调节进入汽轮机的蒸汽量或蒸汽参数实现的，这种调节蒸汽量或蒸汽参数的汽门称为调节阀（调节门）。机组在运行中遇紧急情况，需停机时，除了关闭调节阀外，还必须设置能快速切断汽源的汽门，即使在调节阀出现泄漏的情况下，也能保证汽轮机停机降速，这种具有安全保护功能的汽门称为自动主汽阀（或主汽门）。

对于一次中间再热机组，在高压缸与中压缸之间，再热器及冷、热再热蒸汽管巨大的体

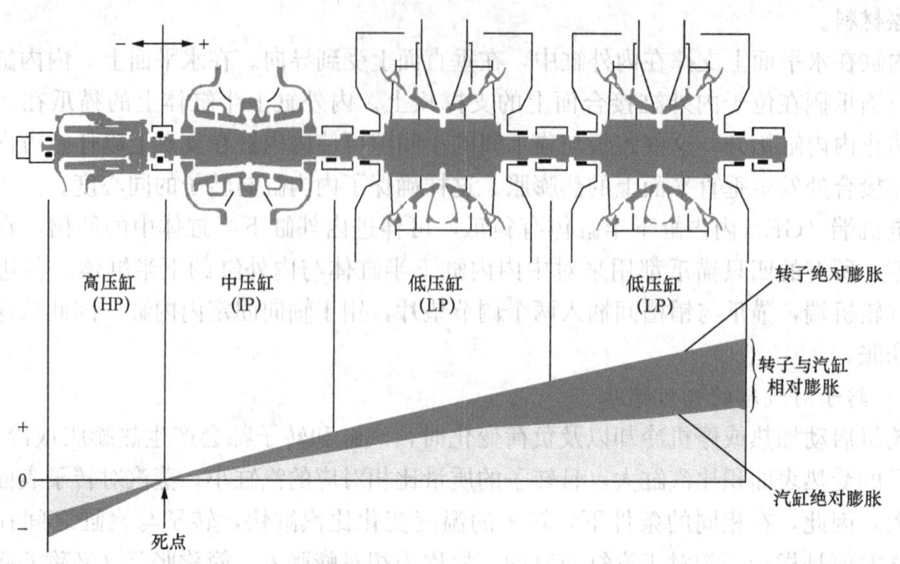

图 4-10　某 1000MW 汽轮机汽缸与转子膨胀

积空间内储存着大量的具有一定压力和温度的蒸汽，若机组发生紧急停机，这部分蒸汽也足以使汽轮机发生超速。为此，在中压缸进口处必须设置中压主汽阀来紧急切断来自再热器及管道的蒸汽。另外，在机组低负荷时，为了维持锅炉再热器及旁路系统的稳定运行，保证再热器有足够的冷却蒸汽流量，保护再热器不被烧坏，也必须设置中压调节阀。

（一）汽轮机高压阀门布置

如图 4-11 所示，该汽轮机设置两只高压主汽阀与调节阀组合件，安置在汽轮机高压缸的两侧。每个组合件由一个截止阀与一个调节阀组成，安放在共用阀体内。每个主汽阀 3 与调节阀 5 具有各自的执行机构，分别为高压主汽阀执行机构 4 和高压调节阀执行机构 6。这些执行机构安放在运转层的高度，方便操作。

通过进汽管道 1 进入的蒸汽从主汽阀进入主调节阀，短进汽喷嘴从主调节阀延伸到汽轮机缸体。蒸汽离开调节阀，从进汽喷嘴 7 进入高压汽轮机的静叶持环。因连接的管线很短，封闭在主调节阀与高压汽轮机之间的蒸汽量很小，有利于安全停机。

主汽阀位于调节阀前面的主蒸汽管道上。从锅炉来的主蒸汽，首先必须经过主汽阀，然后才能进入汽轮机。对于汽轮机来说，主汽阀是主蒸汽的总闸门。主汽阀打开，汽轮机就有了汽源，有了驱动力；主汽阀关闭，汽轮机被切断了汽源，失去了驱动力。汽轮机正常运行时，主汽阀全开；汽轮机停机时，主汽阀关闭。主汽阀的主要功能是当汽轮机需要紧急停机时（如汽轮发电机组失去负荷、调节阀调节失灵等），主汽阀应当能够快速关闭，而且越快就越能保证机组的安全。

调节阀的功能是通过改变阀门开度来控制汽轮机的进汽量。在汽轮发电机组并网带负荷之前，调节阀不同的开度（在蒸汽参数不变情况下）对应不同的转速，开度大则进汽量大，相应的转速高；在汽轮发电机组并网带负荷之后，调节阀不同的开度（在蒸汽参数不变情况下）对应不同的负荷，即开度大，发出的功率也大。调节阀在部分开度情况下，蒸汽将发生节流现象。造成蒸汽在不做功情况下的熵增，损失一部分能量，做功能力降低。因此，在进行汽轮机的配汽设计时，应使调节阀在正常运行时处于全开状态。

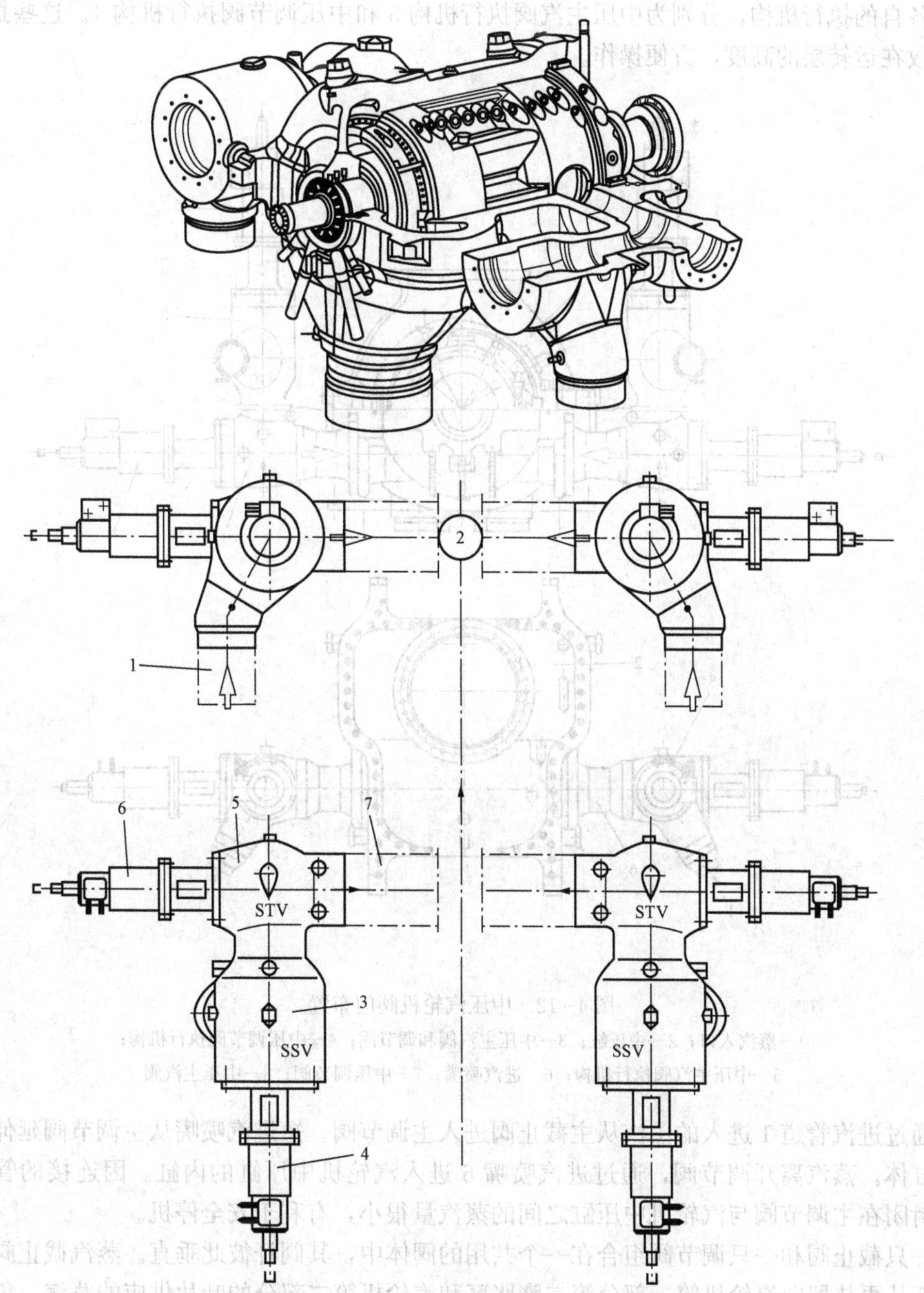

图 4-11 汽轮机高压阀门布置

1—蒸汽进口；2—高压缸位置；3—高压主汽阀（SSV）；4—高压主汽阀执行机构；5—高压调节阀（STV）；6—高压调节阀执行机构；7—进汽喷嘴

（二）中压阀门设置

中压汽轮机阀门布置如图 4-12 所示。中压汽轮机设置两只截止阀与两只调节阀，安置在汽轮机汽缸的两侧。每只截止阀与调节阀合并放置在共用的阀体内。每只截止阀与调节阀具有各自的执行机构，分别为中压主汽阀执行机构 5 和中压调节阀执行机构 4。这些执行机构安放在运转层的高度，方便操作。

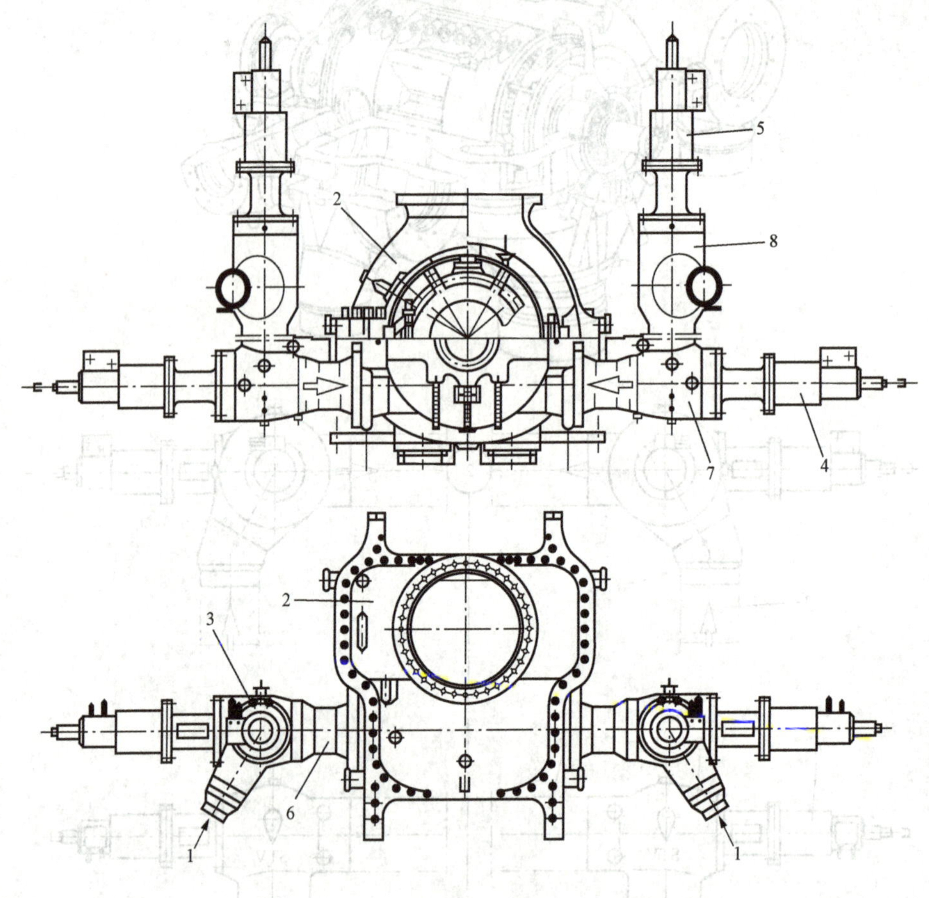

图 4 - 12　中压汽轮机阀门布置

1—蒸汽入口；2—中压缸；3—中压主汽阀和调节阀；4—中压调节阀执行机构；5—中压主汽阀执行机构；6—进汽喷嘴；7—中压调节阀；8—中压主汽阀

通过进汽管道 1 进入的蒸汽从主截止阀进入主调节阀。短进汽喷嘴从主调节阀延伸到汽轮机缸体。蒸汽离开调节阀，通过进汽喷嘴 6 进入汽轮机中压缸的内缸。因连接的管线很短，封闭在主调节阀与汽轮机中压缸之间的蒸汽量很小，有利于安全停机。

一只截止阀和一只调节阀组合在一个共用的阀体中，其阀杆彼此垂直。蒸汽截止阀可迅速中断从再热器向汽轮机第一部分第二膨胀区和汽轮机第二部分的叶片供应的蒸汽。负荷中断、启动与停机时，蒸汽调节阀控制流向汽轮机第一部分第二膨胀区与汽轮机第二部分叶片的蒸汽流，并在负荷上限时全开以消除节流损失。

四、隔板、静叶环

（一）隔板

多级冲动式汽轮机调节级后的各压力级是在不同的压力下工作的，为了保持各级前后的压力差和装设静叶，汽轮机各级都设有隔板。

隔板的作用是把汽轮机内部空间分成若干个蒸汽参数不同的腔室，蒸汽通过各级静叶栅其压力、温度逐级下降，将蒸汽的热能转变成动能，以很高的速度进入动叶流道。隔板在工作时，承受其前后蒸汽压力差产生的均布载荷，所以必须具有一定的刚度和强度。

隔板是由隔板体、静叶、隔板外缘和隔板轴封部分组成的，如图4-13所示，图中箭头表示蒸汽流动方向。将铣制或精密铸造、模压、冷拉的静叶片嵌在冲有叶型孔槽的内、外围带上，焊成或铸造成环形叶栅，然后将它焊在隔板体和隔板外缘之间，组成隔板。在隔板出口与外缘连接处有两道叶顶径向汽封片，在隔板内圆孔处开有隔板汽封的安装槽。

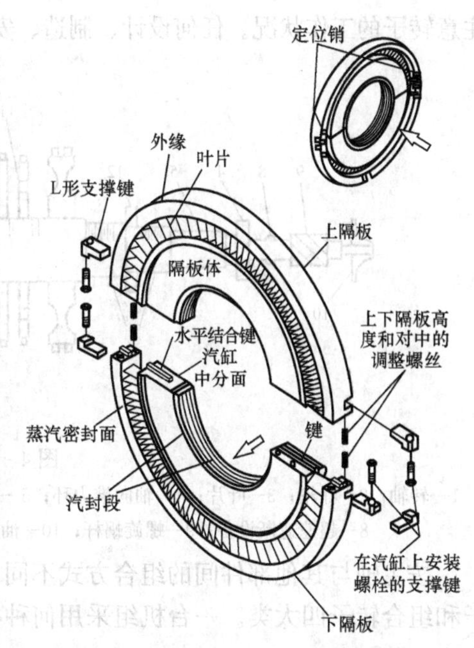

图4-13　隔板

汽轮机隔板按制造方法来分，可分为铸造隔板、焊接隔板两种。铸造隔板是将已成型的静叶片在浇铸隔板体时同时铸入，加工制造比较容易，成本低，用于温度低于350℃的级。焊接隔板是将经过铣制、冷拉、模锻、精密铸造等工艺制造的导叶，焊在内外围带之间。在围带上预先冲制成具有导叶形状的孔槽。将焊制成的喷嘴弧焊在隔板体和隔板外缘上，这样就组成了焊接隔板。焊接隔板具有较高的强度和刚度、较好的汽密性，用于250℃以上的高、中压级。

（二）静叶环、静叶

反动式汽轮机没有叶轮和隔板，动叶直接嵌装在转子的外缘上，静叶环装在汽缸内壁或静叶持环上，如图4-14所示。

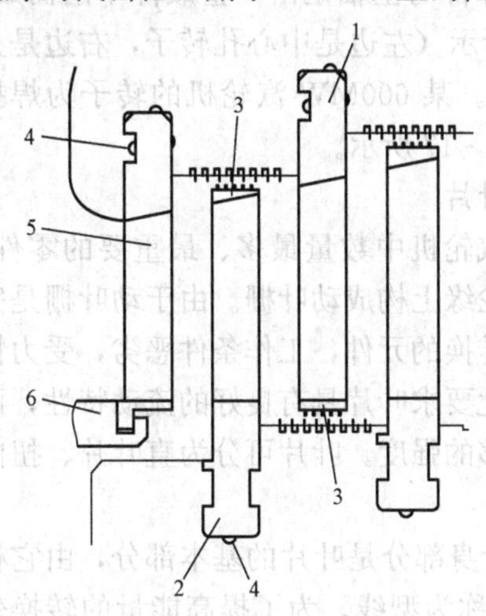

图4-14　静叶典型结构

1—L形叶根；2—T形叶根；3—整体围带；4—填料；5—叶片；6—遮挡环

为减少叶顶损失，在各汽封件之间的空间中，采用漏汽涡流最佳的汽封结构。汽封件由静止部件与旋转部件中加工过的齿条与嵌缝的汽封片组成。若误操作引起磨损，耐磨汽封片磨损可避免产生明显发热。它们在检修（如大修）时可方便更换，以恢复必要的间隙。

五、转子

汽轮机的转动部分总称转子（见图4-15），包括轴、叶轮、叶片及其他有关部件，它是汽轮机最重要的部件之一，担负着工质能量转换及扭矩传递的重任。转子的工作条件相当复杂，它处在高温工质中，并以高速旋转，因此它承受着叶片、叶轮、主轴本身质量离心力所引起的巨大应力以及由于温度分布不均匀引起的热应力（不平衡质量的离心力还将引起转子振动）。另外，蒸汽作用在动叶栅上的力矩通过转子的叶轮、主轴和联轴器传递给发电机或其他工作机。所以转子要具有很高的强度和均匀的质量，以保证它安全工作。运行中要特别注意转子的工作状况。任何设计、制造、安装、运行等方面的疏忽，均会造成重大事故。

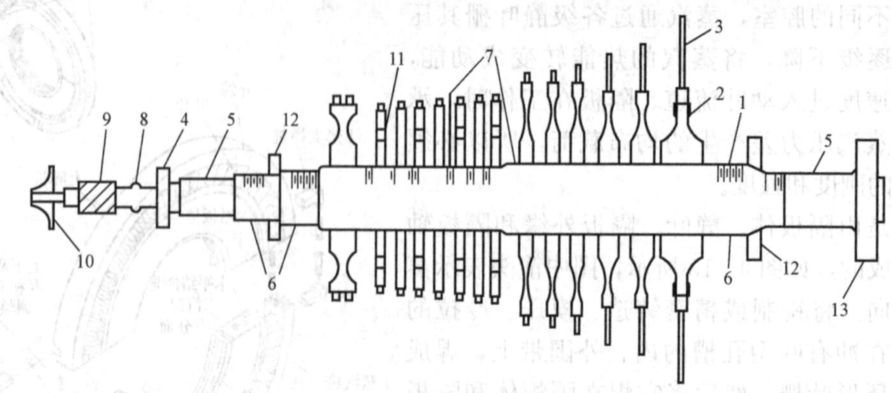

图 4-15 转子的示意

1—转轴；2—叶轮；3—叶片；4—轴向推力环；5—支承轴颈；6—高压或低压轴封凸肩；7—级间或隔板汽封凸肩；8—超速遮断设备；9—螺旋蜗杆；10—油泵叶轮；11—叶轮平衡孔；12—平衡圈；13—联轴器

按主轴与其他部件间的组合方式不同，汽轮机转子可分为套装转子、整锻转子、焊接转子和组合转子四大类。一台机组采用何种类型转子，由转子所处的温度条件和锻冶技术来确定。大容量汽轮机转子多数采用整锻转子，也有采用焊接方法将若干较小锻件组焊成大型转子体。后者的优点是各锻件尺寸较小，每一个锻件的材料性能容易得到可靠的保证，运行时应力（包括热应力）较小。整锻转子的叶轮、轴封套和联轴器等部件与主轴是由一整锻件车削而成，如图 4-16 所示（左边是中心孔转子，右边是无中心孔转子）。某 600MW 汽轮机的转子为焊接转子，如图 4-17 所示。

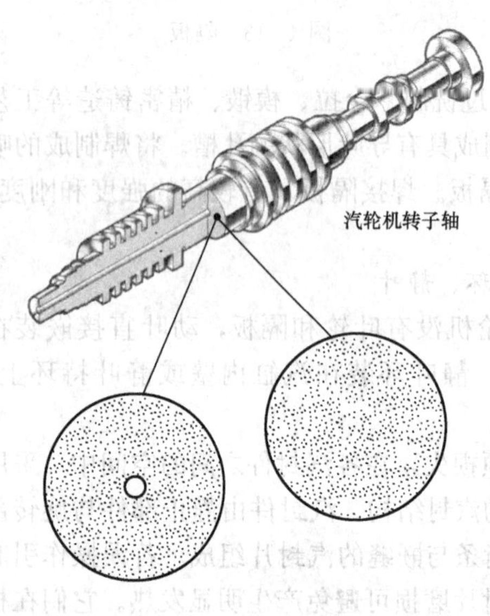

图 4-16 整锻转子

六、动叶片

叶片是汽轮机中数量最多、最重要的零件，装在叶轮的轮缘上构成动叶栅。由于动叶栅是完成蒸汽能量转换的元件，工作条件恶劣，受力情况复杂，因此要求叶片具有良好的流动特性，而且还要有足够的强度。叶片可分为直叶片、扭曲叶片和弯扭叶片，如图 4-18 所示。

叶片由叶身、叶根及叶顶组成，如图 4-19 所示。叶身部分是叶片的基本部分，由它构成汽流通道。叶身部分的横截面形状称为叶型，其周线称为型线。为了提高能量的转换效率，叶片端面型线及其沿叶高的变化规律应符合气体动力学的要求，同时还要满足结构强度和加工工艺的要求。

叶片通过叶根安装在叶轮或转鼓上。叶根的作用是紧固动叶，使其在经受汽流的推力和旋转离心力作用下，不至于从轮缘沟槽里拔出来。因此要求它与轮缘配合部分要有足够的强度且应力集中要小，同时要求它尺寸紧凑，便于加工、装配。它的结构形式取决于转子的结构形式、叶片的强度、制造和安装工艺要求和传统。常用的结构形式有 T 形、叉形、枞树形等，如图 4-20 所示。

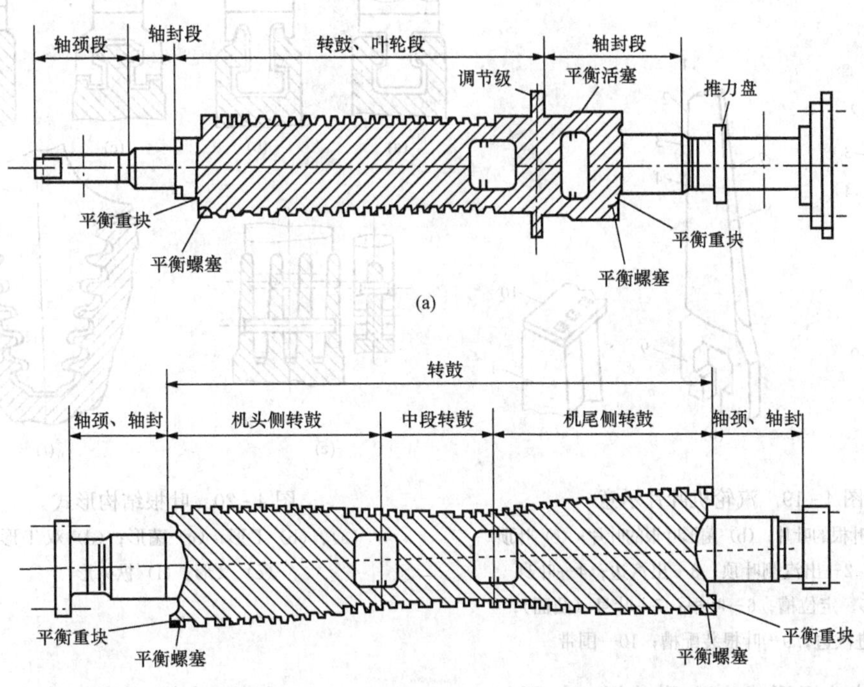

(a)

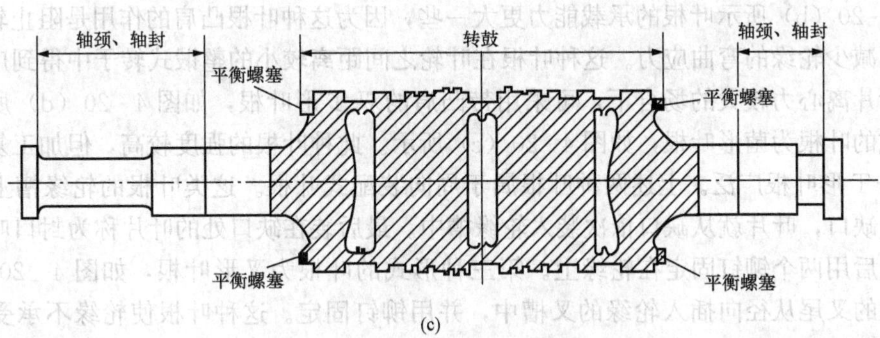

(b)

(c)

图 4-17 某 600MW 机组焊接转子示意

(a) 转鼓式高压焊接转子示意图；(b) 转鼓式中压焊接转子示意图；(c) 转鼓式低压焊接转子示意图

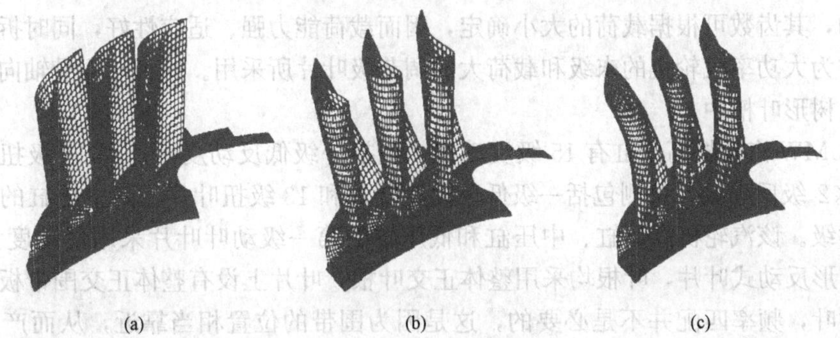

(a) (b) (c)

图 4-18 三代叶片的结构形式

(a) 直叶片；(b) 扭曲叶片；(c) 弯扭叶片

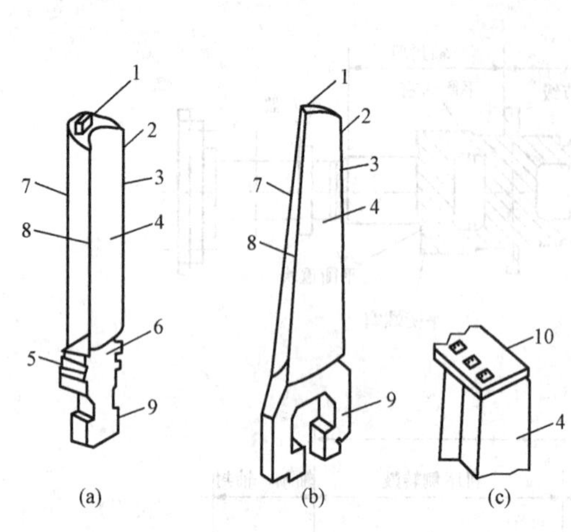

图 4-19 汽轮机叶片示意

(a) 倒T形叶根的叶片；(b) 菌形叶根的叶片；(c) 叶顶
1—凸榫；2—出汽侧叶顶；3—出汽边；4—叶身（凹面）；5—定位槽；6—叶根；7—叶身（凸面）；8—进汽边；9—叶根装配槽；10—围带

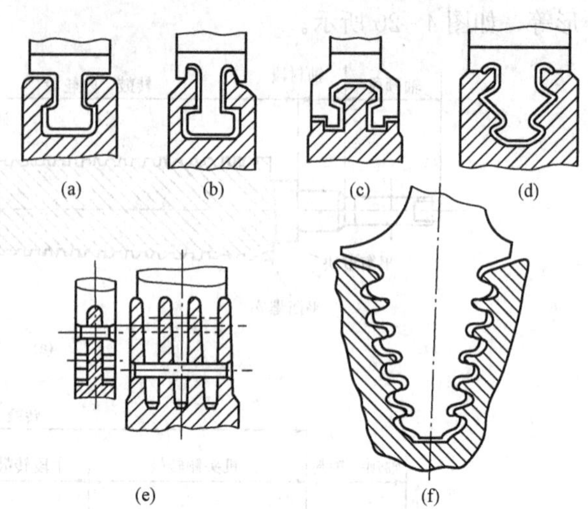

图 4-20 叶根结构形式

(a)、(b) T形；(c) 菌形；(d) 双T形；(e) 叉形；(f) 枞树形

第一种叶根形式为T形叶根，如图 4-20 (a)、(b) 所示，为短叶片所普遍采用。其中，图 4-20 (b) 所示叶根的承载能力更大一些，因为这种叶根凸肩的作用是阻止轮缘向外张开，可减少轮缘的弯曲应力。这种叶根在叶轮之间距离较小的整锻式转子中得到广泛的应用。在叶片离心力较大的场合下，可采用带凸肩的双T形叶根，如图 4-20 (d) 所示。第二种形式的叶根为菌形叶根，如图 4-20 (c) 所示。此种叶根的强度较高，但加工复杂，其应用不如T形叶根广泛。上述两种叶根属于周向装配式叶根。这类叶根的轮缘槽上开有一个或两个缺口，叶片就从缺口依次装入轮缘槽中。最后装在缺口处的叶片称为封口叶片，此叶片装入后用两个铆钉固定在轮缘上。第三种形式的叶根为叉形叶根，如图 4-20 (e) 所示，叶根的叉尾从径向插入轮缘的叉槽中，并用铆钉固定。这种叶根使轮缘不承受偏心弯矩，叉尾数目可根据叶片离心力大小选择，因而强度高，同时加工方便，检修时可以单独拆换个别叶片。所以大功率汽轮机最末几级，广泛采用这种叶片。第四种形式叶根为枞树形叶根，如图 4-20 (f) 所示，枞树形叶根按照叶根和轮缘的载荷分布设计成尖劈形，接近等强度叶根结构，其齿数可根据载荷的大小确定，因而载荷能力强、适应性好，同时拆装也很方便，所以常为大功率汽轮机的末级和载荷大的调节级叶片所采用。这种叶根沿轴向装入轮缘上相应的枞树形叶槽中。

某 1000MW 汽轮机高压缸有 15 级反动级，包括一级低反动度叶片和 14 级扭叶片。中压缸有 14×2 级反动级，每侧包括一级低反动度叶片和 13 级扭叶片。高中压缸的第一级设计为低反动级。该汽轮机高压缸、中压缸和低压缸的第一级动叶叶片采用反动度为 30%～40%的马刀形反动式叶片，叶根均采用整体正交叶根，叶片上设有整体正交围带板。对于装有围带的动叶，频率匹配并不是必要的，这是因为围带的位置相当靠近，从而产生高度阻尼，可以大大阻止振动幅度。对于高压缸，其轴向推力随着蒸汽参数的变化而变化，该力由平衡活塞达到部分补偿。该汽轮机高中压缸装动叶具有倒T形叶根和整体围带。动叶插入相匹配的轴的槽口中，并用嵌缝材料嵌缝。

双流式低压缸 A、B 有 2×6 级反动级叶片，每侧包括三级马刀形叶片和三级标准低压叶片。低压缸每侧前三级叶片为三级马刀形反动级叶片，同高中缸马刀形反动级叶片。低压缸每侧后三级叶片为由三个反动级组成的低压级叶片。这些反动级中，静叶与动叶有锥形和扭曲的外形，解决了轮毂与叶尖处圆周速度上的差异。

七、轴承

轴承大体分两类，一类为支持转子质量的轴承，称为径向轴承；另一类为支持转子轴向推力的轴承，称为推力轴承。

（一）轴承的工作原理

以圆筒形轴承为例（见图 4-21）。轴瓦直径总是略大于轴颈直径，在静止状态下，轴颈和轴瓦的下部接触，这样在轴颈和轴瓦间构成了楔形间隙。当连续向轴承供给具有一定压力和黏度的润滑油时，轴颈旋转时黏附在轴颈上的油层随轴颈一起转动，并带动各油层转动，将润滑油从楔形间隙的宽口带向窄口，使润滑油积聚在狭小的间隙中而产生油压形成油膜。当油压超过载荷时，轴颈将被抬起，油膜油压又降低。只有油膜油压作用力与载荷相平衡时，轴颈中心便在一定的偏心稳定位置，使轴颈和轴瓦完全被油膜隔开，液体摩擦随之建立，保证了轴承的稳定工作。

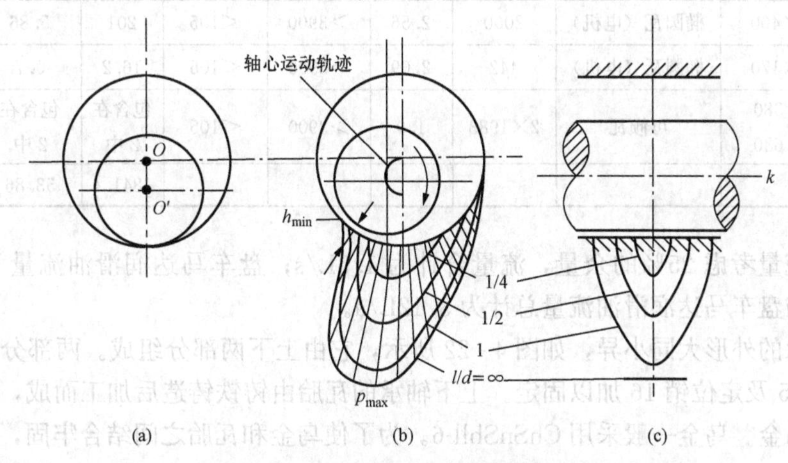

图 4-21　轴承中液体摩擦的建立

（a）轴在轴承中构成楔形间隙；（b）轴心运动轨迹及油楔中的压力周向分布；（c）油楔中的轴向压力分布

（二）支持轴承

径向支持轴承的形式很多，按轴承的支承方式可分为固定式和自位式两种；按轴瓦可分为圆筒形轴承、椭圆形轴承、多油楔轴承及可倾瓦轴承等。

圆筒形轴承主要适用于低速重载转子。常用的圆轴承在下瓦中心面附近位置（轴颈旋转方向的上游）处有进油口，轴颈旋转时只能形成一个油楔，这种轴承称为单油楔圆轴承，可能发生油膜振荡现象。

三油楔支持轴承适用于较高转速的轻、中载转子，在其下瓦偏离垂直位置两侧都有进油口，在上瓦还有一个进油口，轴颈旋转时能形成三个油楔，故称为三油楔轴承。

椭圆形支持轴承适用于较高转速中、重载转子。其垂直方向上的长径略大于水平方向上的短径，在其下瓦中分面附近的位置（轴颈旋转方向的上游）处有进油口，轴颈旋转时只能形成一个油楔，这种轴承也有可能发生油膜振荡。

可倾瓦支持轴承则适用于高转速轻、重载转子。其轴瓦由若干可绕其支点转动的轴瓦弧段组成，每一个轴瓦弧段之间的间隙作为轴瓦定额进油口，轴颈旋转时，每一个轴瓦形成一个油楔。这种轴承自动对中性能好，不会发生油膜振荡现象。

某 1000MW 机组的轴承数据见表 4-8。

表 4-8　　某 1000MW 机组的轴承数据

项目	轴径尺寸直径宽度（mm）	轴瓦形式	轴瓦受力面积（cm^2）	比压（MPa）	失稳转速（r/min）	设计轴瓦温度（℃）	功耗（kW）	润滑油流量（L/s）	顶轴油流量（L/s）
1 号轴瓦	250×180	椭圆瓦	450	2.3	>3900	<105	25.2	0.76	0.083
2 号轴瓦	380×300	椭圆瓦	1140	2.53	>3900	<105	417	12.07	0.232
3 号轴瓦	475×475	椭圆瓦	2256	3.2	>3900	<105	206	6.01	0.167
4 号轴瓦	560×560	椭圆瓦	3136	3.2	>3900	<105	439	12.8	0.202
5 号轴瓦	560×425	椭圆瓦	2380	2.43	>3900	<105	336	9.8	0.115
6 号轴瓦	500×400	椭圆瓦（电机）	2000	2.56	>3900	<105	201	5.86	0.137
7 号轴瓦	500×400	椭圆瓦（电机）	2000	2.56	>3900	<105	201	5.86	0.155
8 号轴瓦	260×170	椭圆瓦（电机）	442	2.09	>3900	<105	16.2	0.7	0.111
推力瓦	内径 380 外径 630	可倾瓦	2×1983	1.9	>3900	<105	包含在 2 中	包含在 2 中	—
小计							1841.4	53.86	1.202

顶轴油流量考虑 25%的余量，流量合计为 1.5L/s；盘车马达润滑油流量为 1.62L/a，顶轴油流量与盘车马达润滑油流量总计为 3.12L/a。

支持轴承的外形大同小异，如图 4-22 所示，它由上下两部分组成。两部分之间通过左右定位螺栓 15 及定位销 16 加以固定。上下轴承的瓦胎由铸铁铸造后加工而成，在与轴接触的内侧挂满乌金。乌金一般采用 ChSnSbll-6。为了使乌金和瓦胎之间结合牢固，在浇乌金的瓦胎内壁上，开有纵横交错的燕尾槽，并在浇乌金的瓦胎表面挂一层焊锡。为校正汽轮机中心的需要，在轴承上都设有调整垫铁，有的垫铁在轴承上成 90°布置，左右侧水平接合面处各设一块，在上下部垂直方向也各设一块。

可倾瓦支持轴承是密切尔式的支持轴承。一般由 3～5 块在支点上自由倾斜的弧形瓦块组成，如图 4-23 所示。瓦块在工作时，可随着转速、载荷以及轴承温度的不同而自由摆动，在轴颈四周形成多油楔。若忽略瓦块的惯性、支点的摩擦阻力以及油膜剪切摩擦阻力等因素，则每个瓦块作用在轴颈上的油膜作用力总是通过轴颈中心的，所以不会产生油膜涡动的失稳力，具有较高的稳定性，甚至可以完全消除油膜振荡的可能性。

某 300MW 机组 1 号可倾瓦轴承结构示意如图 4-24 所示。从图中可以看出，本机组可倾瓦轴承由五块浇有巴氏合金的可倾瓦、轴承体、轴承壳及其他附件组成。五块独立的可倾瓦互不相连。两块下瓦承受轴颈的载荷，三块上瓦保持轴承运行的稳定。各个瓦块均用调整垫片支撑在轴承体内，用螺栓连接。轴承体为对分的两半组合而成，在中分面出用定位销连

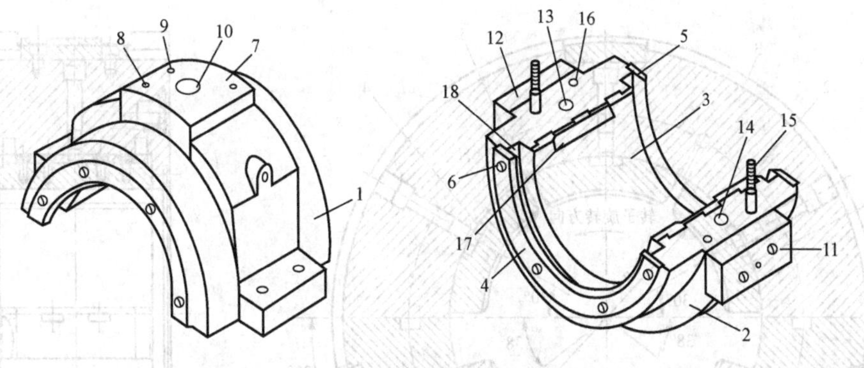

图 4-22　支持轴承外形

1—上轴瓦；2—下轴瓦；3—乌金；4—前油挡；5—后油挡；6—油挡螺栓；7—上瓦垫铁；8—垫铁螺钉；9—垫铁定位销；10—油度计插孔；11—下瓦右侧垫铁；12—下瓦左侧垫铁；13—左侧进油孔；14—右侧进油孔；15—轴瓦螺栓；16—轴瓦定位销；17—进油坡；18—排油槽

接。润滑油从轴承体的下部进入，轴承有三个润滑油入口，一部分润滑油直接从下部两瓦块之间的入口进入轴承，另一部分通过轴承体内的管路分配到上部瓦块之间的两个入口中进入轴承。排油的位置在两侧的回油槽内的出油口。

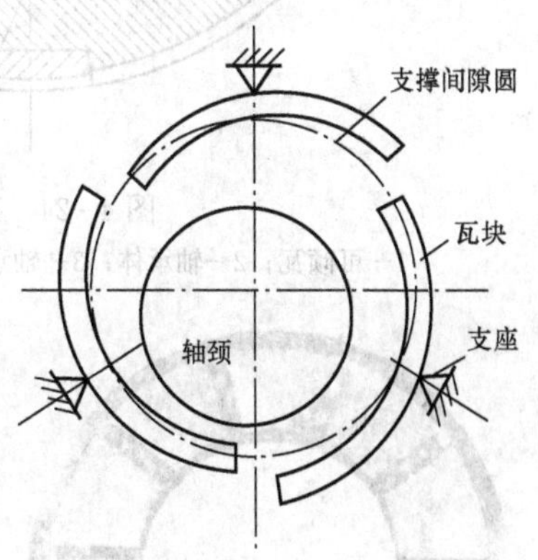

图 4-23　可倾瓦支持轴承原理

（三）推力轴承

静止推力瓦块面材料是巴氏合金，它们的表面是倾斜的，这样就可以保证在动、静推力盘之间能够形成油膜。静止推力瓦块结构类似分割开的铜环，巴氏表面被径向的供油槽分割成几块。每一块的形状都是逐渐变小的，这样在主轴的旋转方向上以及在径向上，表面都向旋转的推力盘倾斜。

转子的轴向推力通过推力盘传递到瓦块上，推力盘两侧各安装有 8～12 块推力瓦块。通过这些调整块的摆动使瓦块巴氏合金面的负荷中心处于同一平面，受力均匀。安装在轴瓦上的定位销的作用是防止推力瓦块旋转。作用在轴承上的推力传递到轴承的外壳上，然后再传递到套环，套环通过舌槽装置来固定其在轴向上的位置。在推力瓦块和外壳之间有垫片，这些垫片是用来调整转子的轴向位置和推力轴承的间隙的。推力环的结构如图 4-25 所示。

八、盘车装置

（一）盘车装置的必要性

在汽轮机启动冲转前和停机后，使转子以一定的转速连续地转动，以保证转子均匀受热和冷却的装置称为盘车装置。

汽轮机启动时，为了迅速提高真空，常需在冲动转子以前向轴封供汽。这些蒸汽进入汽缸后大部分滞留在汽缸上部，造成汽缸与转子上下受热不均匀，如果转子静止不动，便会因自身上下温差而产生向上弯曲变形。弯曲后转子重心与旋转中心不相重合，机组冲转后势必产生很大的离心力，引起振动，甚至引起动静部分的摩擦。因此，在汽轮机冲转前要用盘车

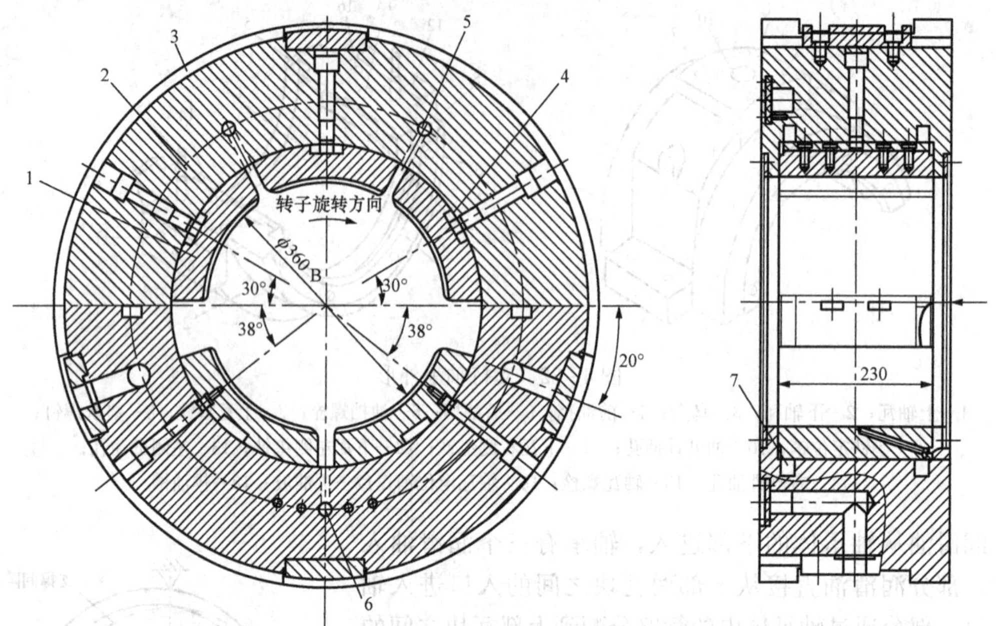

图 4-24　某 300MW 机组 1 号可倾瓦轴承结构示意

1—可倾瓦；2—轴承体；3—轴承壳；4—调整垫片；5—上部进油口；6—下部进油口；7—排油槽

图 4-25　推力环的结构

装置带动转子低速转动，使转子受热均匀，以利于机组顺利启动。

对于中间再热机组，为减少启动时的汽水损失，在锅炉点火后，蒸汽经旁路系统排入凝汽器，这样低压缸将产生受热不均匀现象。为此，在投入旁路系统前也应投入盘车装置，以保证机组顺利启动。

启动前盘动转子，可以用来检查汽轮机是否具备运行条件，如动静部分是否存在摩擦、主轴弯曲度是否正常等。

汽轮机停机后，汽缸和转子等部件由热态逐渐冷却，其下部冷却快，上部冷却慢，转子因上下温差而产生弯曲，弯曲程度随着停机后的时间而增加，对于大型汽轮机，这种热弯曲可以达到很大的数值，并且需要经过几十个小时才能逐渐消失，在热弯曲减小到规定数值以前，是不允许重新启动汽轮机的。因此，停机后，应投入盘车装置，盘车可使汽缸内的汽流均匀，以利于消除汽缸上、下温差，防止转子变形，有助于消除温度较高的轴颈对轴瓦的损伤。

大、中型机组一般都采用电动盘车装置，它们都可以自动投入和切断。常见的电动盘车装置有螺旋轴式和摆动齿轮式两种。

（二）盘车装置基本原理

尽管盘车装置构造多样，但基本上都由三部分构成：与汽轮发电机转子连接着的一套减速机构，决定盘车时减速机构与汽轮发电机转子是呈啮合状态还是脱扣状态的啮合机构，辅助机构（如行程开关、润滑系统、联动装置等）。

某机组盘车装置示意如图 4－26 所示，电动机 5 通过小齿轮 1、大齿轮 2、游动齿轮 3 及盘车大齿轮 4 带动汽轮机主轴旋转。游动齿轮与螺旋轴之间用螺旋滑动键相连，转动手柄同时盘动电动机，可以使游动齿轮沿螺旋轴移动，并控制润滑油错门和电动机行程开关。投入盘车装置时，首先拔出保险销，然后将手柄从原位向左推，同时手盘电动机转子，使游动齿轮 3 在手柄下部叉杆的作用下向右移，与大齿轮 4 啮合，这时手柄也将润滑油错油门按下，润滑油接通，向各齿轮处供油。此时将控制电动机的行程开关闭合接上电源，做好一切准备工作。需要启动盘车装置时，可以手按启动按钮，汽车装置就能带动转子转动，游动齿轮转动时的轴向分力由凸肩承受。

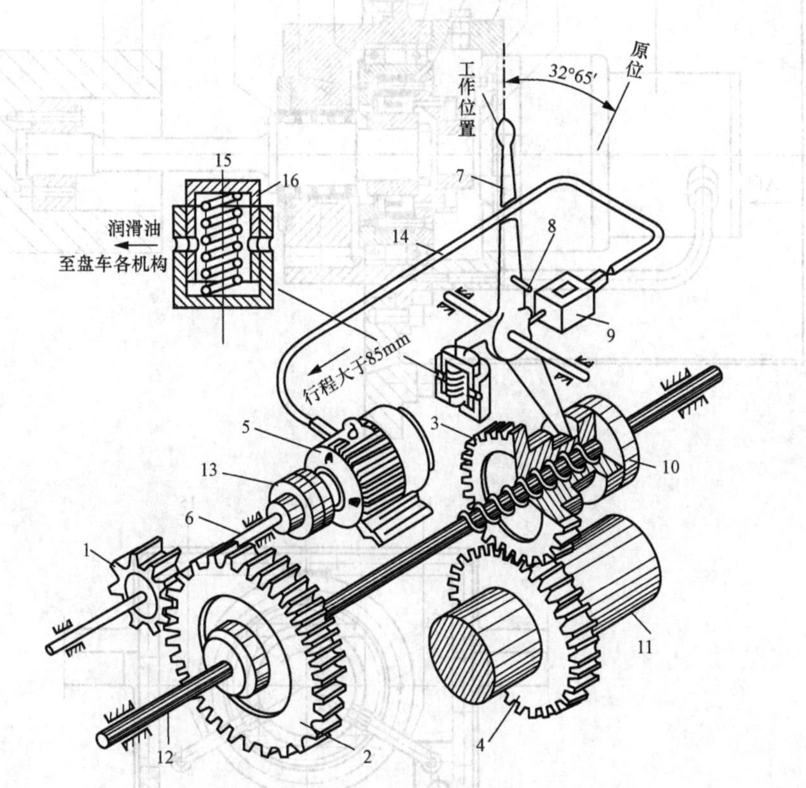

图 4－26　盘车装置示意

1—小齿轮；2—大齿轮；3—游动齿轮；4—盘车大齿轮；5—电动机；6—小轴；7—手柄；8—保险销；9—电动机行程开关；10—凸肩；11—汽轮机主轴；12—螺旋轴；13—联轴器；14—电力线；15—润滑油滑阀；16—活塞

当汽轮机冲转后，转子转速高于盘车转速时，游动齿轮 3 反被盘车大齿轮 4 带动，此时螺旋齿的轴向分力改变了方向，游动齿轮 3 被推动使之与大齿轮 4 脱开，手柄也被润滑油错油门下部弹簧顶回原来位置，保险销自动落入销孔，同时断开电动机电源，盘车装置停止工作。若需手动停止盘车，只要手动切断电源即可。电源切断后，电动机停转，螺旋轴也停转，游动齿轮 3 在汽轮机转子的惯性作用下与大齿轮 4 脱开，手柄也回到停用位置，供油中断。

电动盘车装置可以在停机后连续盘动转子，保持汽缸内部各处受热均匀，使汽轮机能随时启动。

（三）某1000MW液压盘车装置

液压盘车装置位于汽轮机高压段前轴承底座的前侧，其结构如图4-27所示。液压盘车装置的功能是在启动前及停机后以足够的速度旋转轴系统以避免汽轮机转子出现不正常的受热或冷却及相关的变形。

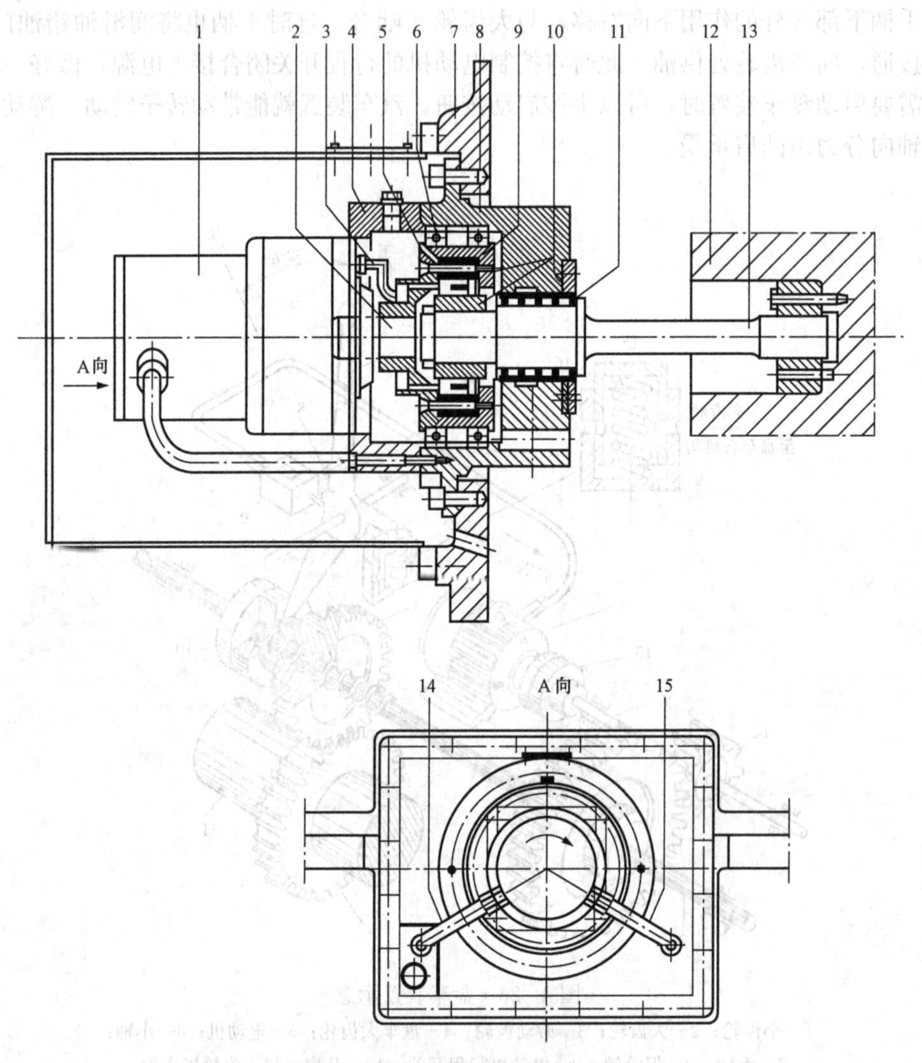

图4-27 液压盘车装置结构

1—液压齿轮电机；2—特殊仿形轴；3—泄漏油管；4—罩壳；5—联轴法兰；6—球形轴承；7—轴承座；8—缸体；9—缸体环；10—超速离合器；11—轴承；12—滑环轴；13—轴；14—顶轴油管；15—回油管

液压盘车电机1通过盖子4及汽缸8与轴承座7相连。液压盘车电机的旋转通过特殊仿形轴2及轴法兰5传递到超速离合器10的外环。外环通过汽缸环9及滚珠轴承6支撑在汽缸上。超速离合器10的内环直接固定到轴13端。

超速离合器的啮合件封装在箱体内，并以这样一种方式安装，即在投入盘车装置时，它们向内旋转，从而使内外座圈之间产生刚性连接。轴线则由液压盘车装置电机通过特殊仿形轴、轴法兰及超速离合器驱动。在汽轮机升速时，离合器的夹紧件向外旋转，断开连接。在更高转速下，离心力使得随内环一起旋转的啮合件收缩直至与外环不再接触，这样在汽轮机运行过程中就不会产生磨损。

液压盘车装置的供油由液压顶升装置提供。在液压顶升装置启动时，液压盘车装置也开启。盘车速度由液压盘车电机供油管上一个可调节流阀来控制。当使用节流阀控制时，液压盘车装置的速度随汽轮机轴旋转所需的转矩下降或上升而上升。这样可检测不对中或存在摩擦。液压盘车电机的泄油将通过泄油管道 3 流到轴法兰的颈部润滑超速离合器，而滚珠轴承则由回油润滑。

在汽轮机运行时，液压盘车电机和离合器的抗摩轴承要防止静态腐蚀损坏。在液压顶升装置停机后，液压盘车电机相应地由润滑油回路的低压油进行润滑。为了克服启动时的最小开机转矩并防止干摩擦，轴承将被短时释放，即通过从下面引入顶轴油将轴轻轻抬起。

第三节　汽轮机本体系统（汽、水、油系统）

一、供油系统

（一）系统概述

某 1000MW 机组的润滑油系统如图 4-28 所示，汽轮发电机组的供油系统是保证机组安全稳定运行的重要系统，在机组正常运行时，润滑油系统由主轴带动主油泵供油，其基本功能是为机组全部轴承和盘车装置提供润滑油，为发电机氢密封系统以及机械式超速遮断及手动遮断提供安全油。

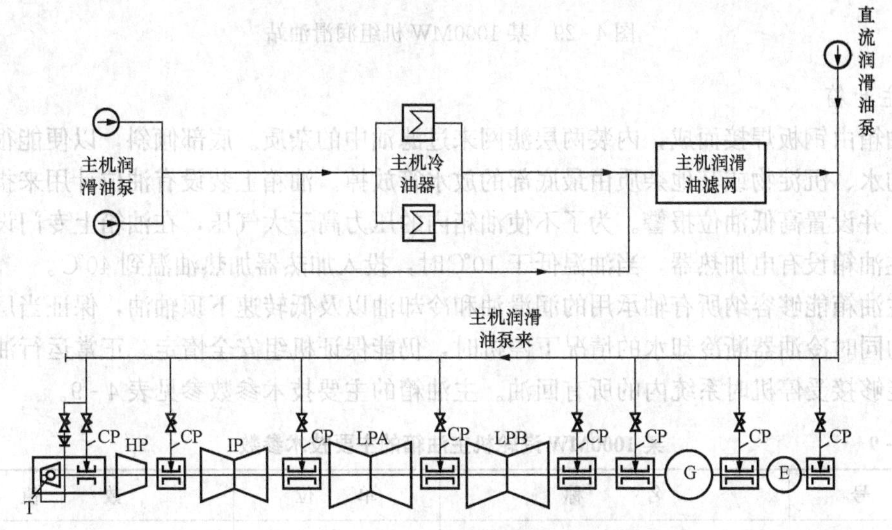

图 4-28　某 1000MW 机组的润滑油系统

汽轮机的润滑油系统用来润滑轴承、冷却轴瓦及各滑动部分。根据转子的质量、转速、轴瓦的构造以及润滑油的黏度，在设计时采用一定的油压，保证转子在运行中轴瓦能形成良好的油膜，并有足够的油量冷却。设置汽轮发电机顶轴油系统，是为了避免盘车时发生干摩擦，防止轴颈与轴瓦相互损伤，所以目前大型汽轮机组均设有顶轴油系统。

（二）某 1000MW 机组润滑油站介绍

由于不同制造厂的汽轮发电机组整体布置各不相同，因此相应的润滑油系统的具体设置也有所不同。但从必不可少的要求来看，润滑油系统主要有润滑油箱（及其回油滤网、排烟风机、加热装置、测温元件、油位计）、主油泵、顶轴油泵、交流电机（备用）油泵、直流电动（事故）油泵、冷油器、油温调节装置（或油温调节阀）、滤油装置、油温油压检测装置、管道阀门等部件组成。某 1000MW 机组润滑油站如图 4-29 所示，它由主油箱、2×100%主油泵、紧急事故油泵、除油雾风机、电加热器、冷油器、2×100%顶轴油泵、双联过滤器以及有关阀门和管道组成。

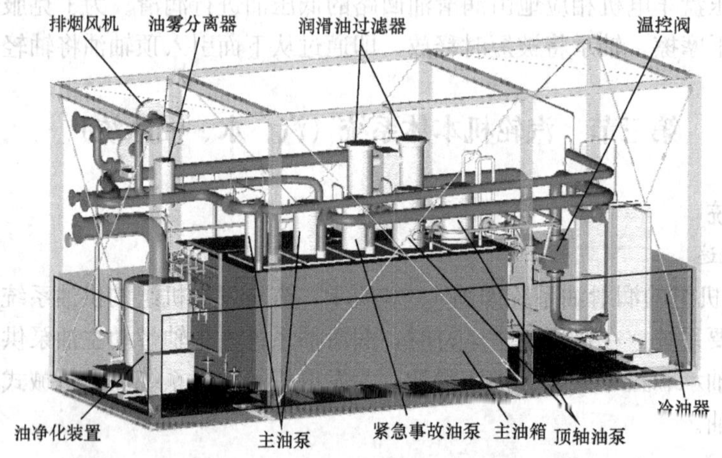

图 4-29 某 1000MW 机组润滑油站

1. 主油箱

主油箱由钢板焊接而成，内装两层滤网来过滤油中的杂质。底部倾斜，以便能很快地将已分开的水、沉淀物或其他杂质由最底部的放水管放掉。油箱上装设有油位计用来指示油位的高低，并设置高低油位报警。为了不使油箱内的压力高于大气压，在油箱上专门设置排烟风机。主油箱设有电加热器，当油温低于 10℃时，投入加热器加热油温到 40℃。

该主油箱能够容纳所有轴承用的润滑油和冷却油以及低转速下顶轴油，保证当厂用交流电失电的同时冷油器断冷却水的情况下停机时，仍能保证机组安全惰走。正常运行油位以上的空间能够接受停机时系统内的所有回油。主油箱的主要技术参数参见表 4-9。

表 4-9 某 1000MW 汽轮机主油箱的主要技术参数

序 号	名 称	单 位	数 值
1	采用的油牌号、油质标准		ISO VG46
2	油系统需油量	m^3	90
3	轴承油循环倍率		9.7
4	轴承油压	MPa (g)	0.01～0.2
5	形式		方形
6	容量	m^3	32

续表

序　号	名　称	单　位	数　值
7	外形尺寸（长×宽×高）	mm×mm×mm	4900×2900×2300
8	设计压力	MPa（g）	0
9	材料		碳钢
10	油箱质量	kg	8000
11	回油质量	kg/h	166 320

2. 主油泵

汽轮机的主油泵主要分为容积式油泵和离心式油泵两种。容积式油泵包括齿轮油泵和螺旋油泵。容积式油泵的最大优点是工作可靠，缺点是工作转速低，不能由主轴直接带动。在油动机动作，大量用油时，油泵出口油压下降太多，影响调节系统快速动作。离心式油泵的优点是转速高，可由汽轮机主轴直接带动而不需任何减速装置；特性曲线比较平坦，能满足调节系统快速动作的要求。缺点是入口为负压，一旦进入空气，油泵工作会失常，因而必须配备专门的注油器来保证入口压力的可靠与稳定。

该1000MW机组的主油泵出口油压为0.55MPa，用于轴承润滑和冷却，其结构如图4-30所示。电动主油泵使系统具有更佳的油泵入口吸入条件。在汽轮发电机运行状态下，其中一个电动主油泵为所有的轴承提供润滑油，主油泵直接从油箱吸油，润滑油经过滤油器、冷油器及节流阀供给各个轴承。每个轴承的润滑油量可通过节流阀调整。另外一个主油泵处于备用状态，如果润滑油系统的油压下降到整定点以下，则通过压力开关将第二个主油泵或危急油泵自动投入运行。主油泵的技术参数见表4-10。

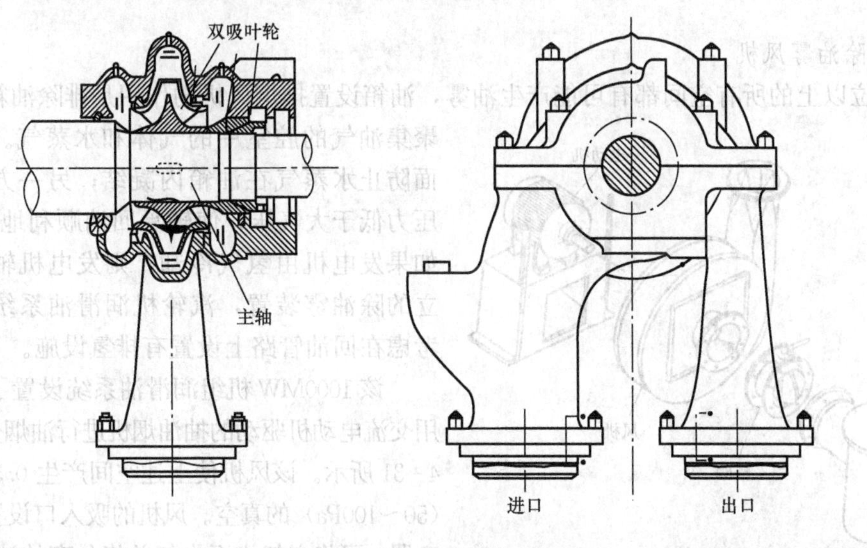

图4-30　某1000MW机组主油泵结构

3. 危急事故油泵

该1000MW机组的危急事故油泵出口压力约为0.25MPa，用于紧急停机时轴承润滑。

它由电厂蓄电池供电的直流电动机驱动，蓄电池的容量保证在机组惰走过程中提供足够的动力供泵运行。在停机过程中，危急油泵直接供油到润滑油管保证轴承供油而不经过冷油器与过滤器等设备，其主要技术参数见表 4-11。

表 4-10　主油泵的主要技术参数

序号	名称	单位	参数
1	形式		离心泵
2	数量	台	2
3	容量	m^3/h	198
4	出口压力	MPa（g）	0.55
5	转速	r/min	3000
6	外壳材料		铸铁
7	轴材料		合金钢
8	叶轮材料		铸铁
9	电动机形式		防爆
10	电动机容量	kW	69
11	电动机电压	V	380
12	电动机转速	r/min	3000
13	总质量	kg	500

表 4-11　危急油泵的主要技术参数

序号	名称	单位	参数
1	形式		离心泵
2	数量	台	1
3	容量	m^3/h	198
4	出口压力	MPa（g）	0.25
5	转速	r/min	2900
6	外壳材料		铸铁
7	轴材料		合金钢
8	叶轮材料		铸铁
9	电动机形式		防爆
10	电动机容量	kW	23.3
11	电动机电压	V	220
12	电动机转速	r/min	2900

4. 除油雾风机

油位以上的所有空间都有可能产生油雾，油箱设置排烟风机的作用是排除油箱和有可能聚集油气的腔室中的气体和水蒸气。这样一方面防止水蒸气在油箱内凝结；另一方面使油箱压力低于大气压，使轴承回油顺利地流入油箱。如果发电机由氢气冷却，则发电机轴承配有独立的除油雾装置，汽轮机润滑油系统设计时应考虑在回油管路上设置有排氢设施。

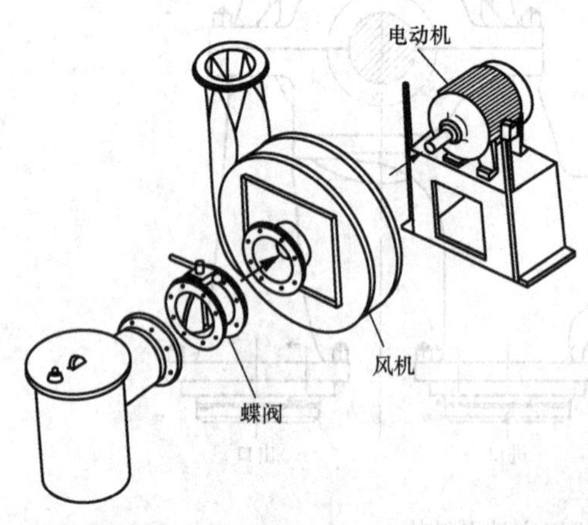

图 4-31　除油雾装置部件

该 1000MW 机组润滑油系统设置了 2×100% 用交流电动机驱动的抽油烟机进行油烟分离，如图 4-31 所示。该风机使上述空间产生 0.5～1.0mbar（50～100Pa）的真空。风机的吸入口设置一个油分离器，可将空气排至大气并将分离的油返回油箱。排烟风机的主要技术参数见表 4-12。

表 4-12　**排烟风机主要技术参数**

序　号	名　称	单　位	参　数
1	形式		离心泵
2	数量	台	2
3	容量	m^3/h	198
4	电动机形式		防爆
5	电动机容量	kW	0.4
6	电动机电压	V	380
7	电动机转速	r/min	3000
8	总质量	kg	20

5. 油温控制

润滑油的黏度受温度的影响，温度过高或过低都不利于轴承的润滑，必须对油温进行控制。所以在润滑油系统中设置了电加热器和冷油器，其主要技术参数见表 4-13 和表 4-14。冷油器分板式和管壳式两种。

表 4-13　**电加热器主要技术参数**

序　号	名　称	单　位	参　数
1	功率	kW	4×12
2	电压	V	380

表 4-14　**冷油器主要技术参数**

序　号	名　称	单　位	参　数
1	形式		板式
2	数量	台	2
3	冷却面积	m^2	175
4	冷却水入口设计温度	℃	20
5	出口油温	℃	50
6	冷却水流量	m^3/h	268
7	油量	m^3/h	198
8	水阻	MPa	0.1
9	板片尺寸（壁厚）	mm	0.4/0.5
10	水侧设计压力	MPa（g）	1.0
11	油侧设计压力	MPa（g）	1.0
12	水侧设计温度	℃	80
13	油侧设计温度	℃	90
14	板片材料		不锈钢 TP316
15	密封垫材料		丁腈橡胶
16	接口法兰材料		碳钢
17	框架材料		碳钢
18	外形尺寸（长×宽×高）	mm×mm×mm	2000×780×2160
19	每台质量	kg	2200

板式冷油器的形式分为顺流式与斜流式两种，如图 4-32 所示。

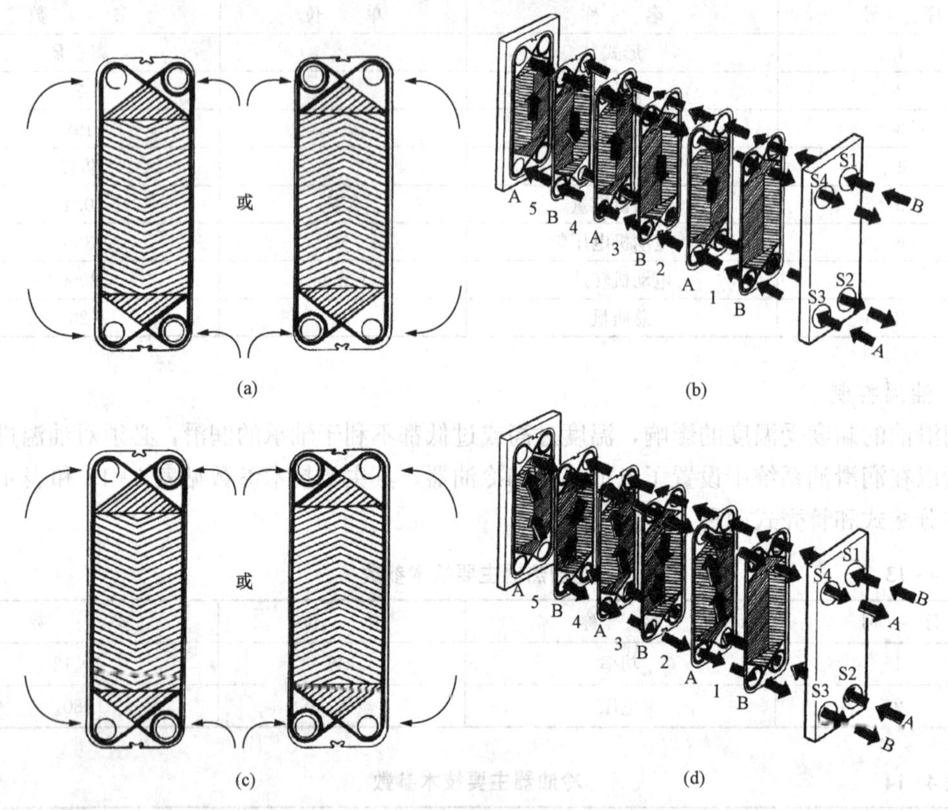

图 4-32　板式冷油器结构原理图

(a) 顺流式管板；(b) 顺流式冷油器；(c) 斜流式管板；(d) 斜流式冷油器

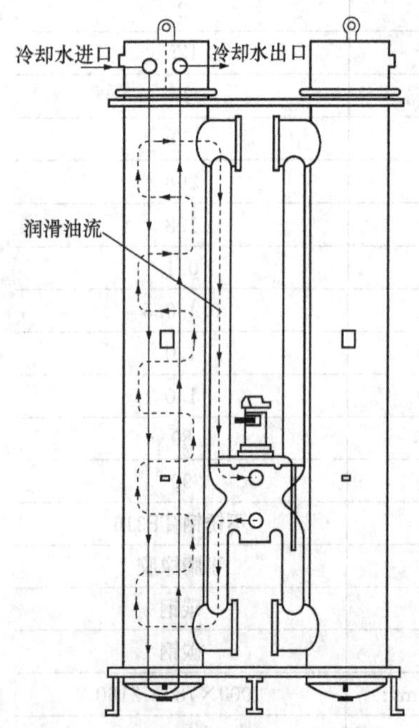

图 4-33　管壳式双联冷油器结构

把换热板组合起来就是冷油器，换热板角上的孔组成了一个通道，顺着这个通道介质可以流到两块换热板之间的间隙中间去。由于冷油器是 A 板和 B 板交替布置的，两种换热介质就会进入不同的板间隙里面，从 S1 进入的流体进入偶数板间隙，从 S3 进入的通道进入奇数板间隙。因此，两种流体可以通过板进行换热。

某超临界参数 1000MW 机组配备管壳式双联冷油器，其结构如图 4-33 所示。它的油路由一个阀门连接。该阀可在运行中切除一只冷油器并由另一只冷油器维持油温。在冷油器内流动的循环油通过的管束长度上用横向隔板导向形成的通道穿过管子外侧。循环水进入进水室，经过第一流道的管子到换向室，在该处改变方向进入第二流道的管子，然后通过进水室的出口排出。

壳体：由钢板制成的壳体围住可拆卸的管束。壳体的进水端和换向端由它各自的管板来密封。

水室：进水室和换向室由铸铁或组焊碳钢制成。进水室有两个接口供水循环用，它与进口管板间用O形圈来密封。

管子：管子两端均固定在管板上。管板由碳钢制成。由O形圈防止进口管板和壳体法兰部的泄漏。浮置的换向管板允许管子和壳体间出现胀差，并用带两只O形圈的密封隔板来密封。在密封隔板上开有疏水孔。如有渗漏，均可排入大气以便于检测，因此可把壳体内和管子内液体相混的可能性减至最小程度。

挡板：由撑杆和定距管定位的一系列横向挡板引导润滑油流过管子外侧。

换向阀（见图4-34）用来把油引到两个冷油器的任何一个，并允许从一个冷油器切换至另一个而不中断向汽轮机供油。指示手柄可指出哪一个冷油器在运行。

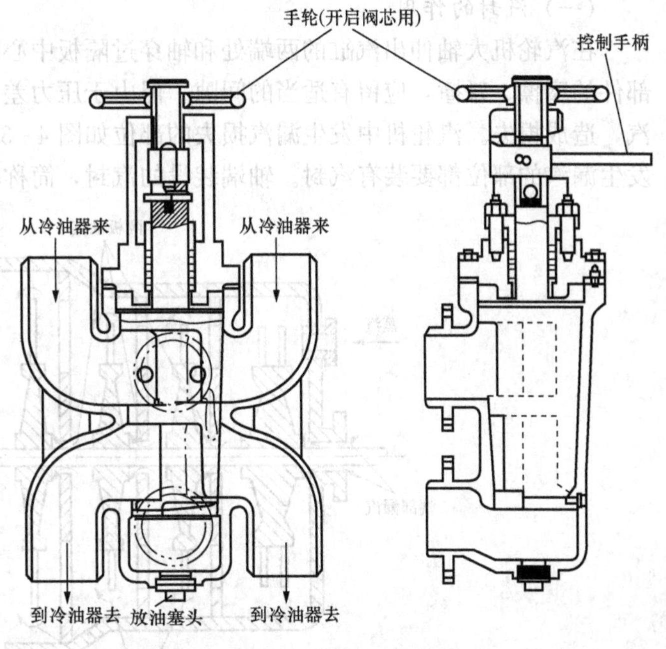

图4-34　冷油器三通换向阀

6. 顶轴油泵

该1000MW机组的顶轴油泵为两台100%容量的高压容积泵，油泵出口的高压油经过滤器向汽轮机及发电机各轴承供油。它布置在油箱之上，保证可靠运行并防止漏油。顶轴油泵出口油压约为16MPa，顶轴油系统投入工作时，还为液压盘车电机提供液压油。小流量的高压油将轴颈顶离轴承，避免在低转速下轴颈与轴承产生金属摩擦。系统油压由一个先导阀操作的压力限制阀来整定。每个轴承的供油压力由各自独立的控制阀来调节。顶轴油系统设置止回阀防止机组运行时轴承润滑油倒流，还设置有安全阀以防超压。顶轴油系统如图4-35所示。

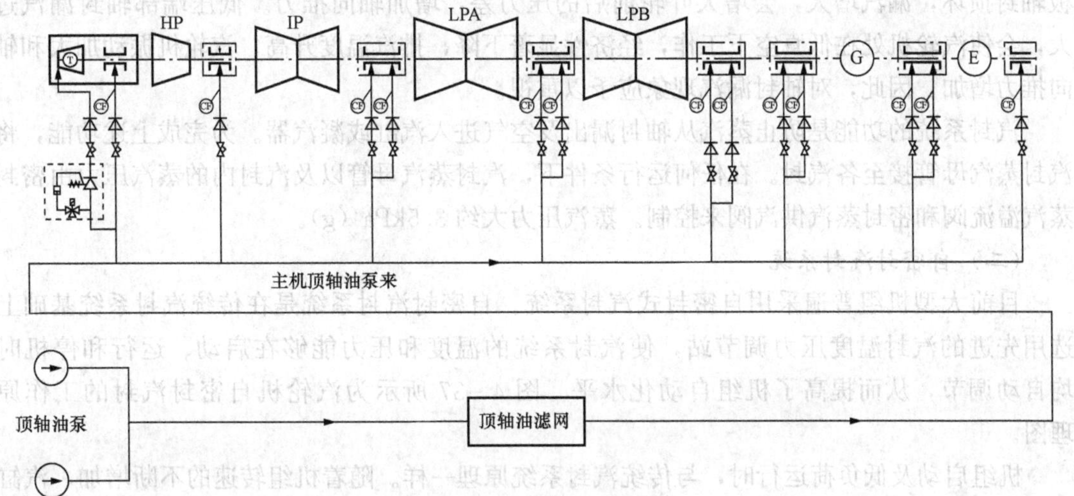

图4-35　顶轴油系统

二、汽封系统

（一）汽封的作用

在汽轮机大轴伸出汽缸的两端处和轴穿过隔板中心孔的地方，为了避免转动部件与静止部件的摩擦、碰撞，应留有适当的间隙。但由于压力差的存在，在这些间隙处必然要产生漏汽，造成损失。汽轮机中发生漏汽损失的部位如图 4-36 所示。为了减少这些漏汽损失，在发生漏汽的部位都要装有汽封。轴端装设的汽封，简称轴封。

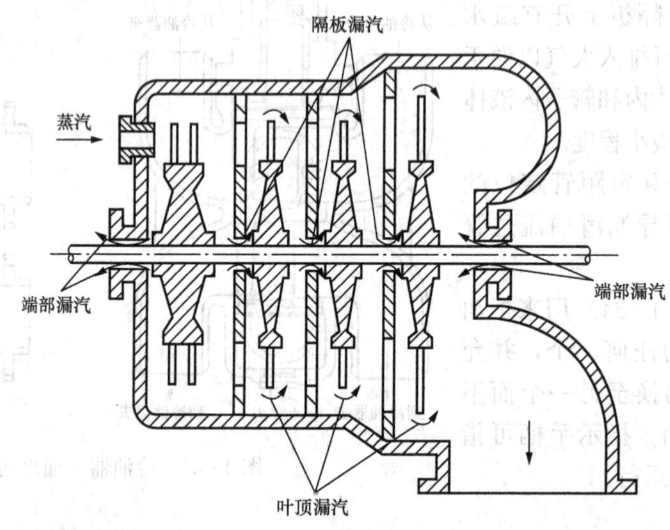

图 4-36 汽轮机漏汽部位示意

高压端部轴封的作用是减少高压汽缸向外漏汽；低压端部轴封的作用是防止空气漏入低压缸，破坏真空；隔板轴封的作用是减少级间漏汽，维持隔板前后的压力差。

轴封漏汽除了使损失增大外，严重时还会使汽轮机功率下降。此外，对汽轮机的安全运行也有很大的威胁。例如，高压端部轴封漏汽过大，蒸汽会顺着轴流入轴承中，直接加热轴承，同时使润滑油中混合水分，破坏轴承润滑，使轴承乌金熔化而造成严重事故。又如，隔板轴封损坏，漏汽增大，会增大叶轮前后的压力差，增加轴向推力。低压端部轴封漏汽过大，会使汽轮机处在低真空下工作，经济性显著下降，排汽温度升高，汽轮机振动加大和轴向推力增加。因此，对轴封漏汽现象应予以重视。

汽封系统的功能是防止蒸汽从轴封漏出及空气进入汽缸或凝汽器。为完成上述功能，将汽封蒸汽母管接至各汽封。在任何运行条件下，汽封蒸汽母管以及汽封内的蒸汽压力由密封蒸汽溢流阀和密封蒸汽供汽阀来控制。蒸汽压力大约 3.5kPa（g）。

（二）自密封汽封系统

目前大型机组普遍采用自密封式汽封系统。自密封汽封系统是在传统汽封系统基础上选用先进的汽封温度压力调节站，使汽封系统的温度和压力能够在启动、运行和停机时均自动调节，从而提高了机组自动化水平。图 4-37 所示为汽轮机自密封汽封的工作原理图。

机组启动及低负荷运行时，与传统汽封系统原理一样。随着机组转速的不断增加，汽缸内高压端汽封的压力逐渐增加，当压力超过 A 腔压力时，汽封蒸汽从 A 腔室流向 B 腔室；

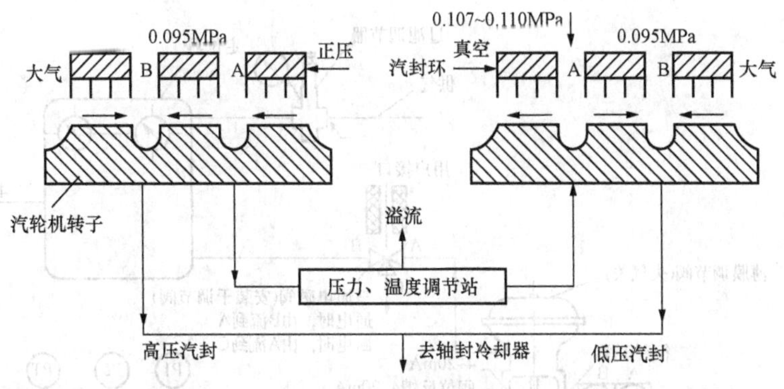

图 4-37 汽轮机自密封汽封系统工作原理

当 A 腔室压力超过供汽压力时，另一部分将流入 B 腔室而进入汽封冷却器。蒸汽泄漏量随着负荷增加、汽缸内压力升高而增加。当达到某一负荷（约 40%）时，高压汽封 A 腔室流入汽封母管的流量，能够满足低压汽封维持真空所需的汽封流量，不需用辅助汽源向汽封母管供汽，从而达到自密封。轴封溢流是通过汽封压力调节阀（溢流阀）排入凝汽器的，轴封漏汽排入汽封冷却器。溢流通常会发生在高负荷情况下。

整个启动和运行过程自行完成，系统在高负荷运行时，用高中压汽封蒸汽密封低压转子两端汽封，中间只经喷水减温装置完成喷水减温，运行中不需要用其他汽源密封高压轴端汽封，效率高，与传统汽封系统相比，大约可以降低热耗率 8.36kJ/kWh。但是系统结构复杂，有两套调压装置和喷水装置，用于降低汽封蒸汽的温度，以防汽封体可能的变形或损坏汽轮机转子。

三、低压缸喷水减温系统

在低负荷和空载情况下（特别是在甩负荷之后），由于没有足够的蒸汽量将排汽缸内摩擦鼓风产生的热量带走，会导致排汽温度升高。排汽温度太高，排汽缸的膨胀会影响与排汽缸连在一起的轴承座的标高，使转子的中心线改变，造成机组振动或发生事故。排汽缸温度过高，还会引使凝汽器内铜管泄漏。为防止排汽缸的温度过高而影响机组的安全，机组的排汽缸都配有喷水减温装置，如图 4-38 所示。

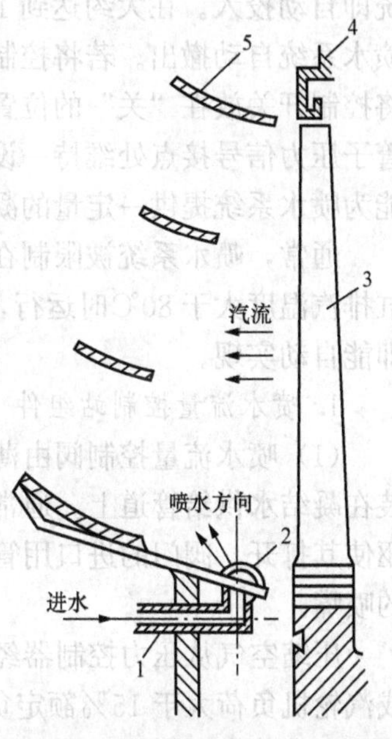

图 4-38 排汽缸喷水减温装置
1—进水管；2—喷水管；3—末级动叶片；4—去湿环；5—导流板

图 4-39 所示为某 600MW 超临界参数机组的低压缸喷水系统，该系统向双流低压缸两端喷水环的喷嘴提供凝结水。凝结水能使离开汽轮机末级叶片的蒸汽，在进入低压缸排汽室之前降低温度。通常，低压缸排汽室中的蒸汽是湿蒸汽，其温度是相应出口压力下的饱和温度，然而，在小流量情况下，低压缸末几级长叶片做负功引起的鼓风加热，使得排汽温度迅速升高。这种不能接受的排汽温度，经常发生在低于 10%负荷时的小流量工况下，特别是在额定转速空负荷状态时。排汽温度取决于通过叶片的蒸汽流量、凝汽器真空和再热蒸汽温度等参数。

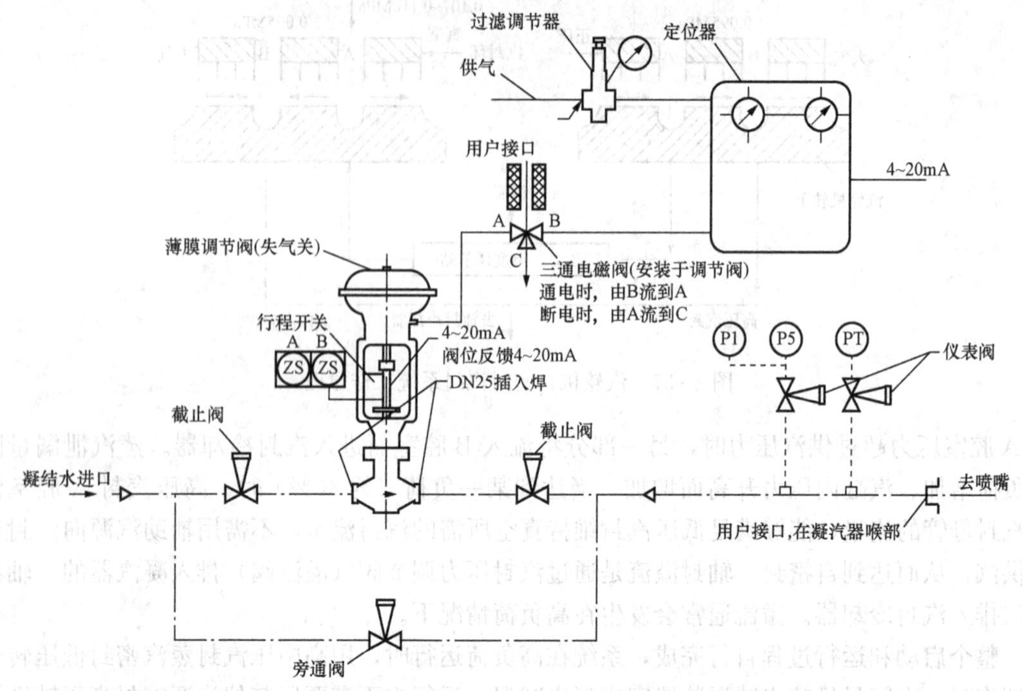

图 4-39 某 600MW 超临界压力机组的低压缸喷水系统

控制开关置于“自动”位置，转子转速达到 2600r/min 时，喷水系统自动投入运行。它的工作过程是：转速信号闭合继电器，操纵电磁阀，使喷水流量控制阀开启。低压缸喷水系统即自动投入。在大约达到 15%额定负荷时，检测中低压缸连通管内汽压的压力开关，使喷水系统自动撤出。若将控制开关置于“开”的位置上，喷水系统能在各种转速下运行。若将控制开关放在“关”的位置上，可防止喷水系统动作。通过整定压力控制器可使其在喷水管子压力信号接点处维持一设定的压力，当控制开关处于“自动”和“开”两种位置时，都能为喷水系统提供一定量的凝结水。

通常，喷水系统被限制在转速低于 2600r/min 或汽轮机负荷大于 15%额定负荷或低压缸排汽温度大于 80℃时运行，只要在启动前将控制开关放置在“自动”位置上，这一要求即能自动实现。

1. 喷水流量控制站组件

(1) 喷水流量控制阀由薄膜执行结构和阀门组成，其控制至喷嘴的凝结水压力，该阀安装在凝结水供给管道上。通常流量控制阀是关闭的。当作用于执行机构上的空气压力升高时驱使其打开。阀门的进口用管道连接到凝结水源，阀门的出口用管道接通低压排汽导流环上的喷嘴。

压缩空气从压力控制器经接管进入执行机构的薄膜控室。当汽轮机转速低于 2600r/min 或汽轮机负荷大于 15%额定负荷或低压缸排汽温度大于 80℃时，作用在执行机构薄膜上的空气压力消失，阀门全关，当汽轮机转速大于 2600r/min 或汽轮机负荷小于 15%额定负荷时，电磁阀接通，来自压力控制器的空气压缩执行机构的薄膜，使其向上移动并带动与其相连的阀杆和阀头。这样，凝结水便流过阀门通到喷嘴。压力控制器自动调整阀门的开度，以维持喷嘴处的凝结水压力为特定值。当汽轮机负荷超过 15%时，从压力控制器供至薄膜的空气被电磁阀切断。阀头落到阀座上，阀门关闭。

当汽轮机所处工况要求投入低压缸喷水系统时，系统中的电磁阀接通，空气供至喷水流量控制阀的执行机构。这样，凝结水就通向低压缸排汽导流环上的喷嘴，并且压力控制器的凝结水压力测点感受到压力信号。

(2) 减压阀。减压阀位于凝结水传感管道的压力控制器一端。它将传感压力限制在0.69MPa(g) 以下，以保护压力控制器的波形管不受损坏。

当采用4～20mA信号控制时，由用户安装压力变送器，将压力信号送到DCS，由DCS输出一个4～20mA的控制信号。

根据用户要求，喷水流量控制阀也可由电动执行机构来操纵。

(3) 过滤调节阀。过滤调节阀控制供向压力控制器的压缩空气。该阀装在供气管道上，向压力控制器提供恒压的空气。

2. 截止阀

在喷水流量控制阀的进口和出口处各装有一个截止阀。通常是打开的，当控制阀出现故障时，关闭进、出口截止阀，控制阀可以从系统中解列，以对其进行检修或更换。

开关位于控制板上，且备有断开、手动和自动操作的装置。启动期间，它应在自动位置。若需要以非自动方式操作排汽缸喷水，则可切入手动装置。

3. 旁通阀

喷水流量控制阀有一旁通阀，它仅在控制阀不能投运时使用。旁通阀只应开到足够维持计算的控制压力。为防止可能引起的汽轮机损坏，当汽轮机在排汽缸不要求喷水的范围内运行时，旁通阀不得打开。

4. 监视仪表

低压缸喷水系统的监视仪表包括一只压力开关和一只限位开关。当压力控制器从信号测点感受到凝结水压力达到0.138MPa(g) 时，压力开关打开，向运行人员揭示低压缸喷水系统已经投运。限位开关安装在喷水流量控制阀上，当阀门处于全开状态时，向运行人员发出信号。

流量控制阀的开度大小通过阀后的喷水压力控制，可采用基地式调节或通过压力变送器由DCS来的4～20mA信号控制，该压力变送器由用户提供。

5. 喷嘴和喷水环

喷嘴和喷水环安装在低压缸排汽导流环上。来自喷水流量控制站的凝结水，用管道接至喷水环上的进水接口，再经喷水环送到各个喷嘴。

空负荷汽流和低真空时排汽过热对经济性是不利的。如果机组允许电力拖动运行，将会导致低于空负荷蒸汽流量，从而引起过热。如果温度超过79.4℃，必须通过增加负荷或改善真空度来逐渐降低排汽缸的温度。排汽缸的极限温度是121℃。如果到此温度，必须停机并排除故障。

复习思考题

1. 冲动式和反动式汽轮机的工作原理是什么？现代大型汽轮机都采用何种形式？
2. 汽轮机由哪些主要部件组成？

3. 所在电厂汽轮机共有多少缸？每个缸共有多少级？
4. 隔板的结构是什么样的？喷嘴装在什么位置？
5. 叶片形状是什么样的，它是怎样装在转子上的？
6. 高压蒸汽在汽轮机中膨胀做功时，为什么不会泄漏？通过什么装置进行密封？
7. 所在电厂的汽轮机有几段抽汽？每段抽汽的用途是什么？抽汽口各在什么位置？
8. 汽轮机的主汽阀和调速汽阀的作用是什么？各装在什么位置？
9. 汽轮机的盘车装置布置在哪里？它起什么作用？它的结构原理是什么？

第五章　汽轮机辅助设备及系统

第一节　概　述

根据发电厂热力循环的特征，以安全和经济为原则，将汽轮机本体与锅炉本体由管道、阀门及其辅助设备连接起来，有机地组成了发电厂的热力系统。用特定的符号、线条等将热力系统绘制成图，称为热力系统图。按照应用与绘制的详略程度不同，热力系统图分为原则性热力系统图和全面性热力系统图两种。原则性热力系统图表明热力循环中工质能量转换及热量利用的过程，反映了发电厂热功转换过程中的技术完善程度和热经济性。它的拟定是电厂设计工作的重要环节，也是全面性热力系统设计的基本依据。

一般来说，汽轮机与锅炉之间的汽水循环系统即为汽轮机热力系统，又称为火力发电厂热力系统，如图 5-1 所示。它由凝汽系统、旁路系统、回热抽汽系统、疏水系统、补充水系统等组成。

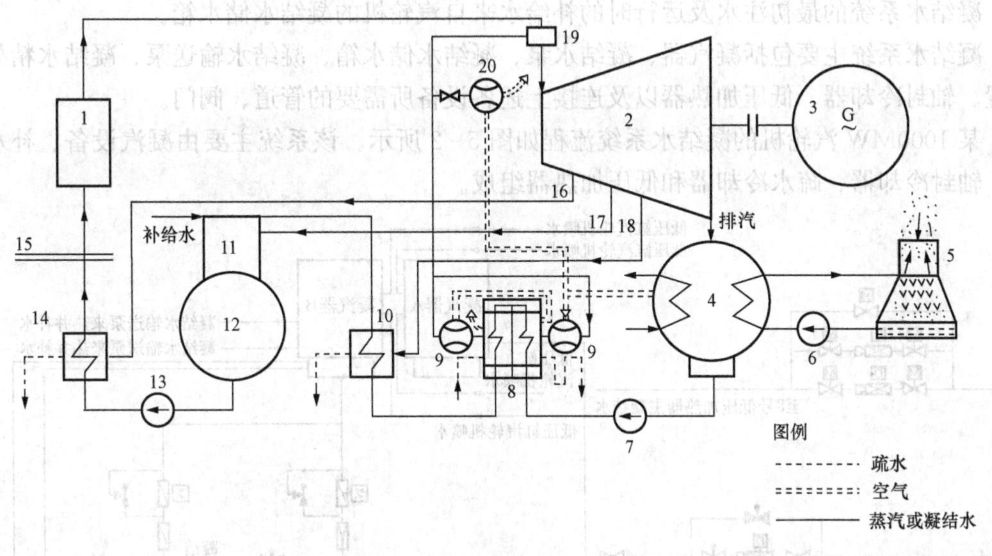

图 5-1　汽轮机热力系统

1—锅炉；2—汽轮机；3—发电机；4—凝汽器；5—冷却塔；6—循环水泵；7—凝结水泵；8—抽气冷凝器；9—抽气器；10—低压加热器；11—除氧头；12—除氧器水箱；13—给水泵；14—高压加热器；15—给水母管；16—第一段抽汽；17—第二段抽汽；18—第三段抽汽；19—分离器；20—启动抽气器

由锅炉来的过热蒸汽在汽轮机中逐级膨胀加速，蒸汽热能变为蒸汽动能。高速汽流作用于转子的叶片，推动叶轮连同转子高速旋转，又使蒸汽动能变为汽轮机主轴的机械能。汽轮机通过联轴节带动发电机，于是汽轮机轴上的机械能变为电能。做功后的乏汽压力、温度均已降低，被排入凝汽器中凝结成水，其体积缩小数倍，凝汽器中形成高度真空。凝结水由凝结水泵打入抽气冷凝器中的冷却水管，抽气设备从凝汽器中抽出的空气连同喷射抽气用的蒸汽一起送入抽气冷凝器，为凝结水泵来的凝结水加热。升温后的凝结水进入低压加热器中的冷却水管，由汽轮机第三段抽汽加热（大型汽轮机热力系统中，凝结水要经过几级低压加热器）。凝结水进一步升温后进入除氧器中，利用汽轮机第二段抽汽直接加热，使溶于水中的氧气被脱除。除氧后的水称为给水。给水由给水箱经给水泵打到高压加热器，利用汽轮机的第一段抽汽再加热，最后通过给水母管送入锅炉。各种加热器、管道和阀门中所凝结的水作为疏水直接引入除氧器，也可通过疏水泵（图 5-1 中未示出）送入凝结水。对凝汽器起冷却作用的循环水由循环水泵打入，在凝汽器中吸热后去冷却塔散热冷却，再由循环水泵打入凝汽器，如此循环使用。

第二节 凝结水系统及设备

一、系统概述

凝结水系统的主要功能是将凝汽器热井中的凝结水由凝结水泵送出，经除盐装置、轴封冷却器、低压加热器输送至除氧器，其间还对凝结水进行加热、除氧、化学处理和除杂质。此外，凝结水系统还向各有关用户提供水源，如有关设备的密封水、减温器的减温水、各有关系统的补给水以及汽轮机低压缸喷水等。

凝结水系统的最初注水及运行时的补给水来自汽轮机的凝结水储水箱。

凝结水系统主要包括凝汽器、凝结水泵、凝结水储水箱、凝结水输送泵、凝结水精处理装置、轴封冷却器、低压加热器以及连接上述各设备所需要的管道、阀门。

某 1000MW 汽轮机的凝结水系统流程如图 5-2 所示。该系统主要由凝汽设备、补水系统、轴封冷却器、疏水冷却器和低压加热器组成。

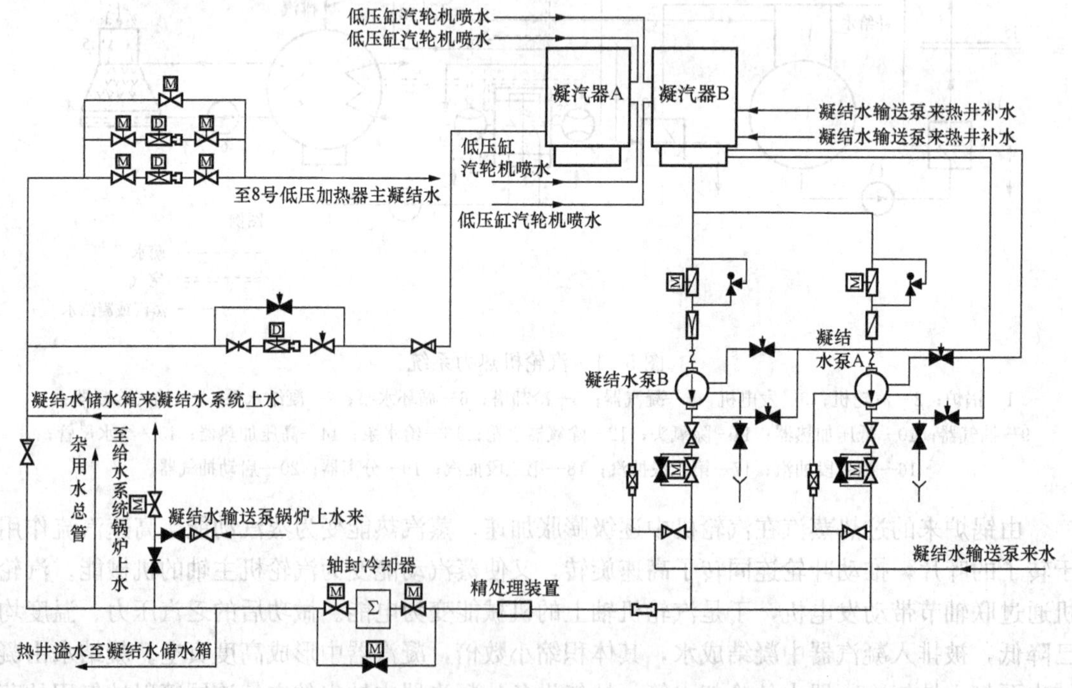

图 5-2 某 1000MW 机组凝结水系统流程

凝结水系统采用了中压凝结水精处理系统，因此系统中仅设凝结水泵，不设凝结水升压泵，系统较简单。凝汽器热井中的凝结水由凝结水泵升压后，经中压凝结水精处理装置、轴封冷却器、疏水冷却器和四台低压加热器后进入除氧器。

系统采用 2×100％容量的凝结水泵，一台运行，一台备用，当运行泵发生故障时，备用泵自动启动投入运行。凝结水泵进口管道上设置电动隔离阀、滤网及波形膨胀节，出口管道上设置止回阀和电动隔离阀。进出口的电动阀门与凝汽器连锁，以防止凝结水泵在进出口阀门关闭状态下运行。

系统设置一台全容量的轴封冷却器和四台全容量表面式低压加热器。轴封冷却器设有单独的 100％容量的电动旁路；5、6 号低压加热器为卧式、双流程形式，采用电动隔离阀的大旁路系统，以减少除氧器过负荷运行的可能性；7、8 号低压加热器采用独立式单壳体结构，置于凝汽器喉部与凝汽器成为一体，采用电动阀大旁路系统。5 号低压加热器正常疏水接至 6 号低压加热器，然后通过两台 100％容量互为备用的低压加热器疏水泵引至 6 号低压加热器出口凝结水管道。7、8 号低压加热器正常疏水接至凝汽器。除了正常疏水外，每台低压加热器还设有危急疏水管路，当发生下述任何一种情况时，开启有关加热器事故疏水阀，将疏水直接排入凝汽器疏水扩容器经扩容降压后排入凝汽器：加热器管子断裂或管板焊口泄漏，凝结水进入壳体造成水位升高或者正常疏水调节阀故障，疏水不畅造成壳体水位升高；下一级加热器高水位后事故关闭上一级疏水调节阀，上一级加热器疏水无出路；低负荷时，加热器间压差减小，正常疏水不能逐级自流时。每台加热器的疏水管路上均设有疏水调节阀，用于控制加热器正常水位。危急疏水管道上的调节阀受加热器高水位信号控制。每个调节阀前后均装有隔离阀。疏水流经疏水阀时，会受阀芯节流的影响，阀后的疏水势必汽化，造成水汽两相流动，导致管道磨损和振动，且产生噪声。为使其影响减到最小，采取以下预防措施：疏水阀尽可能地布置在靠近接受疏水的设备处，缩短疏水阀后疏水管道的长度，并且疏水阀后管道选用管径大、管壁厚、材质好的管道；布置在疏水调节阀下游的第一个弯头以三通代替，在三通的直通出口装设堵板。每台低压加热器均设有启动排气和连续排气，以排除加热器中的不凝结气体。低压加热器汽侧的启动排气和连续排气均单独接至凝汽器中。所有低压加热器的水侧放气都排大气。连续排气均设有节流孔板，其容量按能通过 0.5％加热器最大加热流量选取。

凝结水系统设有最小流量再循环管路，自轴封冷却器出口的凝结水管道引出，经最小流量再循环阀回到凝汽器，以保证启动和低负荷期间凝结水泵通过最小流量运行，防止凝结水泵汽蚀，同时也保证启动和低负荷期间有足够的凝结水流过轴封冷却器，维持轴封冷却器的微真空。最小流量再循环管道按凝结水泵、轴封冷却器所允许的最小流量中的最大者进行设计。最小流量再循环管道上还设有调节阀以控制在不同工况下的再循环流量。

在疏水冷却器之前的管道上，还设有控制除氧器水箱水位的调节阀。为了提高调节性能，并列布置主、副调节阀，分别用于正常运行及低负荷运行。

在 5 号低压加热器出口设有凝结水放水管，当安装或检修后再启动时，将不合格的凝结水放入地沟。在除氧器入口管道上设有止回阀，以防止除氧器内蒸汽倒流入凝结水系统。每台机组设有一台 500m^3 的储水箱，每台储水箱配备两台 100％容量的凝结水输送泵（互为备用）。

二、凝汽器的工作原理

（一）凝汽设备任务及分类

凝汽设备是凝汽式汽轮机装置的重要组成部分之一，它的工作情况直接影响到整个装置的热经济性和运行可靠性。凝汽设备的任务是建立和维持真空、回收凝结水、真空除氧。

按照冷却介质的不同，凝汽器可分为水冷与空冷两种形式。

（二）水冷凝汽器的基本结构

水的传热系数比较大，因此发电厂大多采用水冷凝汽器。

图 5-3 所示为火力发电厂广泛采用的表面式凝汽器结构。它的外壳通常呈圆柱形或椭圆柱形，大功率汽轮机的凝汽器则为矩形。外壳两端连接着端盖和管板，端盖和管板之间形成水室。冷却水进出一端的水室被隔板分成上下两部分，多根冷却水管装在管板上，形成主凝结区。冷却水从进口水室进入下部冷却水管，然后在另一端水室转向进入上部冷却水管，最后从出水口排出。汽轮机排汽从上部喉口进入凝汽器，在管外被冷凝成水，并流入下部热井中被凝结水泵抽走。同一股冷却水在凝汽器中先后转向两次流经冷却水管的，称为双流程凝汽器，不转向者则称为单流程凝汽器。

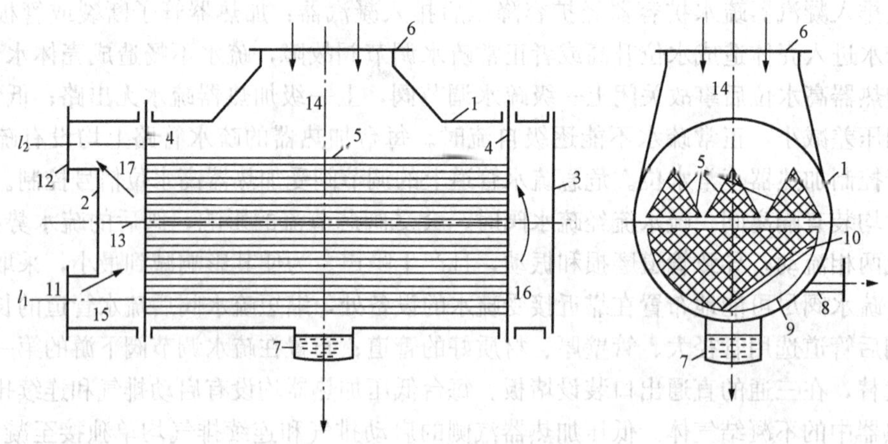

图 5-3　表面式凝汽器简图

1—凝汽器外壳；2、3—前后水室的端盖；4—管板；5—换热管；6—排汽进口；7—热井；8—抽空气口；9—空气冷却区；10—空气冷却区挡板；11—冷却水进口；12—冷却水出口；13—水室中的隔板；14—蒸汽空间；15～17—水室

在凝汽器壳体下侧装有空气抽出口。为减轻抽气设备的负荷，需要在抽出之前减少气体中的蒸汽含量。为此，把一部分冷却管束用隔板与其他管束隔开，形成空气冷却区，抽气器将该区的混合气体抽出。根据抽出口的位置不同，凝汽器的结构可分为汽流向心式和汽流向侧式两种，如图 5-4 所示。大型凝汽器的负荷大，为了缩短汽流途径，减少汽阻，出现了多区域向心式凝汽器，将若干独立区域平行布置于矩形外壳中，每个区域的中部都有空气冷却区。

凝汽器管束的基本排列方式有三种，即三角形排列、转移轴线排列和辐向排列，如图 5-5所示。凝汽器的管束布置必须使蒸汽入口处管子排列稀疏，以利于蒸汽的扩散；要避免内层管束的热负荷过低，应有通道使蒸汽直接深入到内层管束；空气冷却区的管束要适当密些。大型汽轮机凝汽器管束布置有各种方式，如图 5-6 所示。

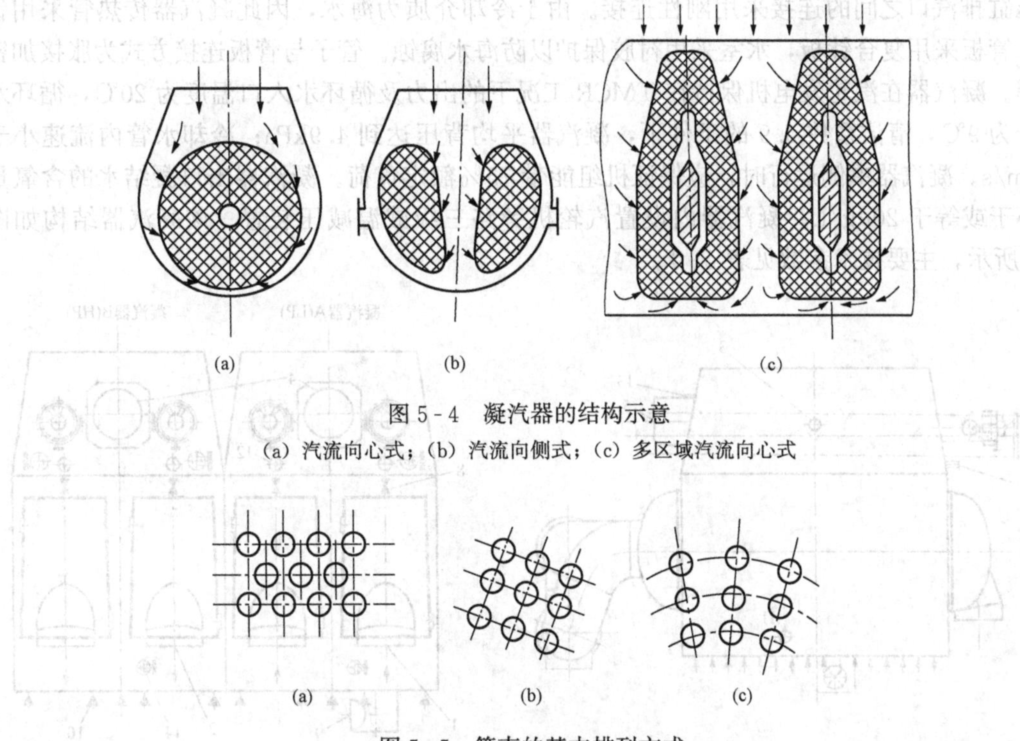

图 5-4　凝汽器的结构示意

(a) 汽流向心式；(b) 汽流向侧式；(c) 多区域汽流向心式

图 5-5　管束的基本排列方式

(a) 三角形排列；(b) 转移轴线排列；(c) 辐向排列

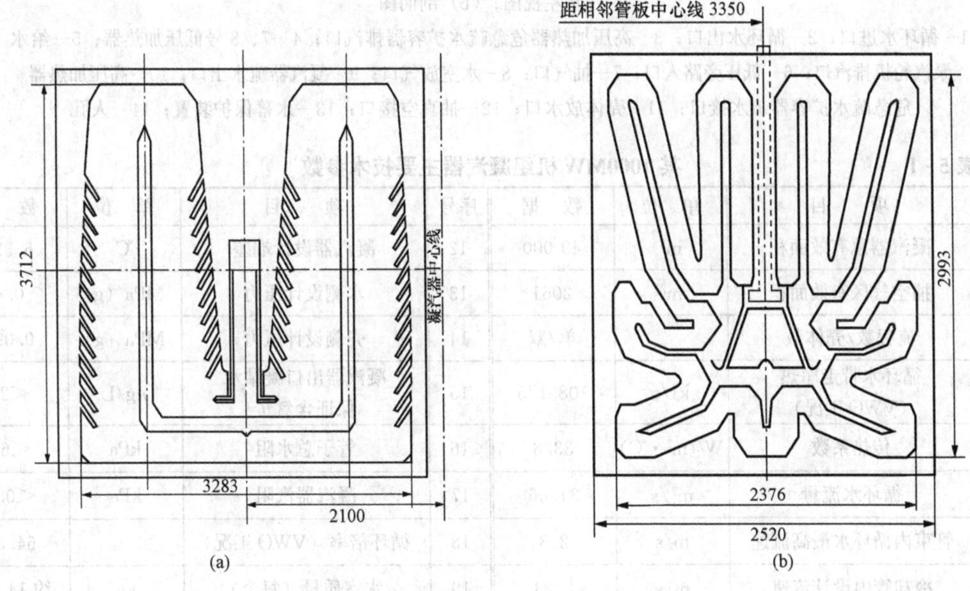

图 5-6　凝汽器的管束布置

(a) 某 328MW 机组凝汽器的管束；(b) 某 600MW 机组凝汽器的管束

(三) 某 1000MW 机组凝汽器结构简介

该凝汽器采用双背压、双壳体、单流程、表面冷却式。底部采用轴承支座支撑，上部与低压缸排汽口之间的连接采用刚性连接。由于冷却介质为海水，因此凝汽器传热管采用钛管，管板采用复合钛板，水室采用衬胶保护以防海水腐蚀。管子与管板连接方式为胀接加密封焊。凝汽器在汽轮发电机保持在 TMCR 工况下的出力及循环水入口温度为 20℃，循环水温升为 9℃，清洁系数 0.9 的条件下，凝汽器平均背压达到 4.9kPa；冷却水管内流速小于 2.3m/s。凝汽器单侧运行时，应保证机组能带 75%额定负荷。凝汽器出口凝结水的含氧量应小于或等于 20μg/L。凝汽器内设置汽轮机旁路三级减温减压装置。该凝汽器结构如图 5-7所示，主要技术参数见表 5-1。

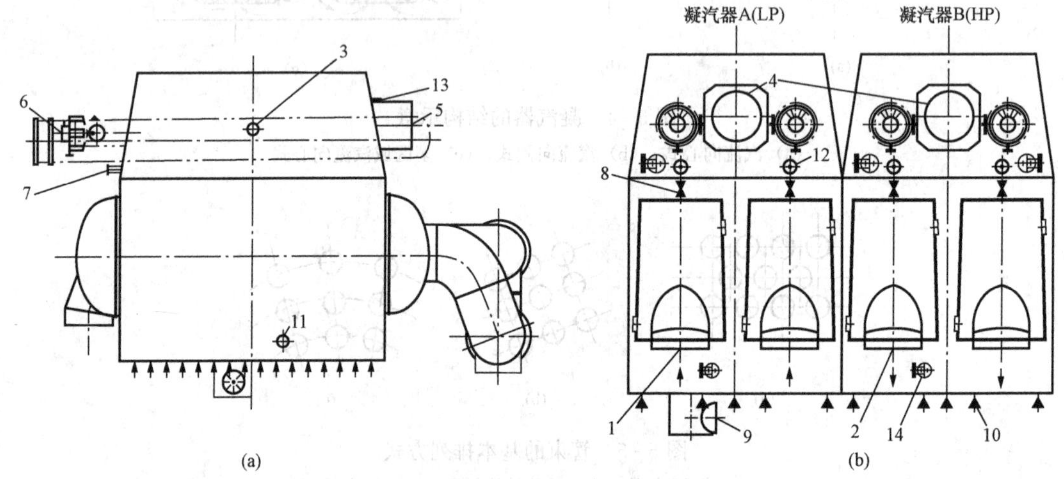

图 5-7 凝汽器结构示意

(a) 左视图；(b) 剖面图

1—循环水进口；2—循环水出口；3—高压加热器危急疏水扩容器排汽口；4—7、8 号低压加热器；5—给水泵汽轮机排汽口；6—低压旁路入口；7—抽气口；8—水室放气口；9—凝汽器疏水出口；10—高压加热器危急疏水扩容器疏水接口；11—壳体放水口；12—抽真空接口；13—水幕保护装置；14—人孔

表 5-1 某 1000MW 机组凝汽器主要技术参数

序号	项　目	单　位	数　据	序号	项　目	单　位	数　据
1	凝汽器总有效面积	m^2	49 000	12	凝汽器设计端差	℃	6.322
2	抽空气区有效面积	m^2	2061	13	水侧设计压力	MPa（g）	0.4
3	流程数/壳体数		单/双	14	壳侧设计压力	MPa（g）	0.098
4	循环水带走净热（VWO 工况）	kJ/s	1085175	15	凝汽器出口凝结水保证含氧量	μg/L	<20
5	传热系数	W/(m²·℃)	3328	16	管子总水阻	kPa	<65
6	循环水流量	m^3/s	31.06	17	凝汽器汽阻	kPa	<0.4
7	管束内循环水最高流速	m/s	2.3	18	循环倍率（VWO 工况）		64.55
8	冷却管内设计流速	m/s	2.23	19	水室质量（每个）	kg	约 14 000
9	清洁系数		0.9	20	凝汽器净重	kg	约 960 000
10	循环水温升（VWO 工况）	℃	8.661	21	凝汽器质量（运行时）	kg	约 2 350 000
11	凝结水过冷度	℃	<0.5	22	凝汽器质量（满水时）	kg	约 3 890 000

1. 结构特点

（1）壳体。凝汽器壳体采用焊接钢结构，其强度和刚度能承受管道的转移荷载和设计压力，防止汽轮机传递来的振动造成冲击和共振。

1）凡与凝汽器壳体相连的管道接口，工质温度在150℃及以上者设隔热套管。喷嘴和内部管道工作温度超过400℃者，采用合金钢。

2）为防止高速、高温气流冲击凝汽器管和内部构件，流量分配装置和挡板应具有足够的强度。

3）壳体上部设人孔门，用于检查低压加热器和抽汽管。在凝汽器上部人孔门外，还设有格栅平台和扶梯。

4）壳体上留有各汽、水管道的接管。

5）凝汽器壳体上设置电动真空破坏门，阀门进口有滤网。

6）凝汽器上留有检漏装置接口。

（2）排汽颈部。开设必要的孔洞，以便安装设在凝汽器内的设备及管道。

（3）水室。

1）水室管板采用钛复合钢板。

2）水室内部凡接触到循环水的材料具有抗腐蚀能力。

3）每个水室设置供排气和排水用的接口。

4）循环水出入口设置安全格栅。

（4）热井。

1）热井出水口设有防涡流装置，并在该处设置滤网。

2）热井放水口管道带有真空隔离门，该管能在1h内排出正常水位下的全部凝结水。

3）热井内部用挡板分隔开，并配有接头以便测量凝结水的电导率。

4）热井水位运行高度范围在高低水位报警范围之间，但不小于300mm。

5）热井有效容积不小于TMCR工况下3min的凝结水量。

2. 性能特点

（1）凝汽器换热面积为49 000m^2，凝汽器以VWO工况为设计工况，循环水温升不超过9℃，循环水设计水温为20℃，换热管内流速不超过2.3m/s。

（2）凝汽器能在VWO工况以及循环水温33℃下连续运行并保证除氧要求。

（3）在凝汽器的喉部装有7、8号低压加热器。

（4）凝汽器管束材料为钛，凝汽区管子壁厚为BWG24（0.559mm），空冷区和通道外侧管子壁厚为BWG22（0.711mm），管子与管板连接严密，能防止循环水混入汽侧，管板采用进口复合钛板。

（四）空冷凝汽器

空冷凝汽器是指利用空气带走汽轮机排汽热量的凝汽器。采用空冷凝汽器，不需要冷却水，所以发电厂厂址选择上就不会受到冷却水源的限制，特别是厂址选在煤炭产地的坑口电厂，采用空冷凝汽器更有现实意义。空冷凝汽系统可分为直接空冷和间接空冷两种方式（见图5-8），间接空冷系统的凝汽器与水冷凝汽器结构一样。

图5-8（a）所示为直接空冷凝气系统示意，汽轮机排汽送往空冷凝汽器的翅片管束中，冷空气通过风机的输送，在翅片管外流动，将管内流动的汽轮机排汽冷却、凝结，凝结水由

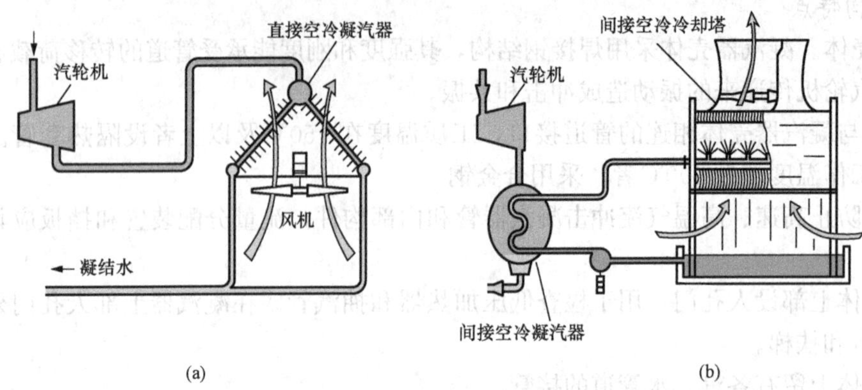

图 5-8 直接与间接空冷系统示意
(a) 直接空冷系统；(b) 间接空冷系统

凝结水泵送回回热系统，作为锅炉给水重复使用。

直接空冷系统的优点是不需要冷却水等中间冷却介质，适合严重缺水区域使用。缺点：①空气的传热系数远低于水的传热系数，导致空冷凝汽器的体积比水冷凝汽器的体积大很多，所以对安装场地有更多的要求，也更容易泄漏；②直接空冷系统采用强制通风方式，增加了发电厂的厂用电率，也增加了环境噪声。

某 600MW 机组直接空冷凝汽器布置在主厂房 A 排外高架平台上，钢结构平台由 16 根混凝土支柱支撑，支柱高 38m，直径 4m，柱底标高－4m。钢构平台长 93.72m，宽 81.3m，高 7m，平台标高 45m，钢结构总重 3300t。为减小外部空气对空冷凝汽器的影响，在钢平台上部周围布置挡风墙，挡风墙高 13.5m，空冷岛最顶部标高 58.5m。

出厂房为 2 根直径 6m 的水平段排汽管道，至空冷岛顶部分为 8 根直径 3m 支管（即蒸汽分配管），蒸汽从蒸汽分配管由上到下经翅片管束冷却凝结成水，在管束下部集水箱汇流后由凝结水管道输送回厂房内排汽装置下部热井内，进入下一个做功循环。

在每列管束的 8 片逆流管束顶部，安装抽空气管道，在机组启动前开启 3 台真空泵抽出凝汽器内的空气，机组正常运行开启 1 台真空泵维持真空。

空冷岛共有翅片管束 560 片，与 56 台风机组成 56 个换热单元，分为 8 列，每列 7 组，每组之间装有分隔墙，使每个换热单元相对独立。风机直径 8910mm，每台风机由 6 支叶片组成。电机功率 132kW，额定电压 380V，最高转速 86r/min，可根据机组排汽压力及温度经过调频降至 20r/min。风机全速运转情况下日耗电量 17 万 kWh，厂用电占全厂的 1.2%。

三、凝结水泵

（一）概述

凝结水泵是将凝汽器底部热井中的凝结水吸出，升压后流经低压加热器等设备输送到除氧器。凝结水泵采用电动机拖动的离心式泵，属中低压水泵范畴。

凝结水泵所输送的是相应于凝汽器压力下的饱和水，吸入侧是在真空状态下工作，很容易吸入空气并产生汽蚀，故凝结水泵的运行条件要求泵的抗汽蚀性能和轴密封装置的性能良好。凝结水泵性能中规定了进口侧的灌注高度，借助水柱产生的压力，使凝结水离开饱和状态，避免汽化。因而凝结水泵安装在热井最低水位以下，使水泵入口与最低水位维持 0.9～

2.2m的高度差。凝结水泵轴的密封装置可采用普通的填料密封，也可采用机械密封。无论哪一种密封，在凝结水泵运转或停运处于备用状态时，都应保证密封水的供给，以防止空气漏入凝结水系统，影响凝汽器真空度。由于凝结水泵进口处在高度真空状态下，容易从不严密的地方漏入空气积聚在叶轮进口，使凝结水泵打不出水。因此，一方面要求进口处严密不漏气；另一方面在泵入口处接一根抽空气管至凝汽器汽侧（也称脱气管），以保证凝结水泵的正常运行。凝结水泵接再循环管主要也是为了解决水泵汽蚀问题。为了避免凝结水泵发生汽蚀，必须保持一定的出水量。当空负荷和低负荷时凝结水量少，凝结水泵采用低水位运行时，汽蚀现象逐渐严重，凝结水泵工作极不稳定，这时通过再循环管，凝结水泵的一部分出水流回凝汽器，能保证凝结水泵的正常工作。此外，轴封冷却器、射汽抽气器的冷却器在空负荷和低负荷时也必须流过足够的凝结水，所以一般凝结水再循环管都从它们的后面接出。大机组的凝结水泵通常采用固定水位运行，设置自动调节凝汽器热井水位装置。

（二）1000MW机组凝结水泵

某1000MW机组凝结水泵为两台100%容量的立式筒形泵，一台运行，一台备用。凝结水泵的容量满足汽轮机VWO工况下的凝结水流量，再加上10%的裕量。其扬程也按在VWO工况下运行并留有裕量，且能适应机组变工况运行的要求。凝结水泵选用瑞士苏尔寿公司生产的电动、立式、多级、筒形、离心泵。该凝结水泵如图5-9所示，主要技术参数见表5-2。

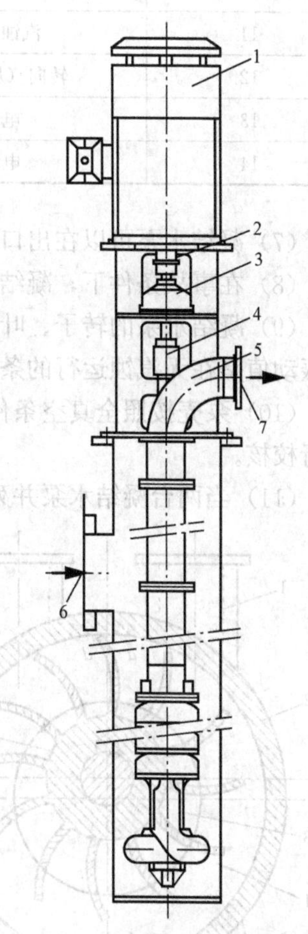

图5-9 凝结水泵示意
1—电机；2—联轴器；3—推力轴承；4—机械密封；5—出口套筒；6—泵入口；7—泵出口

其结构和性能特点如下：

(1) 凝结水泵为立式筒形壳体结构且有良好的抗汽蚀性能。

(2) 凝结水泵可以在所有运行工况下连续工作而无需运行人员监视。

(3) 在所有运行工况下，凝结水泵均能安全运行且不发生汽蚀。

(4) 凝结水泵的设计和管道的布置充分考虑了运行人员巡检、润滑油注油以及检修和维护的需要，泵的转子、密封和轴承可以在不移动外壳的情况下取出。

(5) 凝结水泵的经济运行工况点在泵特性曲线的最高效率范围之内，在经济工况点，泵的流量、压头、效率和净吸入压头均能满足要求；凝结水泵的铭牌工况点是泵的能力工况点，在能力工况点，泵的流量、压头、效率和净吸入压头同样能满足要求；凝结水泵的出力留有一定的裕量且考虑了由于磨损而引起的流量和压头的下降。

(6) 凝结水泵的流量-压头特性曲线变化平缓，从经济运行工况点到最小流量工况点，压头的升高不超过设计工况点压头的20%。

表 5-2 某 1000MW 机组凝结水泵主要技术参数

序 号	名 称	单 位	参 数
1	型式		电动立式多级筒形离心泵
2	型号		BDC500-510D3S
3	进口水温	℃	30.6
4	介质比体积（饱和水）	m^3/kg	0.001 004
5	进口压力	kPa（a）	15
6	出口压力	MPa（a）	3.1
7	流量	t/h	2215
8	扬程	mH_2O	316
9	转速	r/min	1490
10	效率	%	81.5
11	汽蚀余量 NPSH	m	5.1
12	转向（从电机向泵看）		逆时针
13	电动机功率	kW	2700
14	电动机电压	V	6000

（7）凝结水泵可以在出口门关闭的条件下启动，然后再开启出口门。

（8）在事故条件下，凝结水泵和电机均可以承受反转。

（9）凝结水泵的转子、叶轮和其他主要转动部件均经过动、静平衡试验合格；凝结水泵的振动值是在无汽蚀运行的条件下测得的且轴承处的振动值符合要求。

（10）泵壳按照全真空条件下的外部压应力计算值进行设计并按照 4MPa 的内部压应力进行校核。

（11）当两台凝结水泵并列运行时，在正常工作范围之内，负荷偏差小于 5%；凝结水泵的最小流量不超过 25%额定流量。

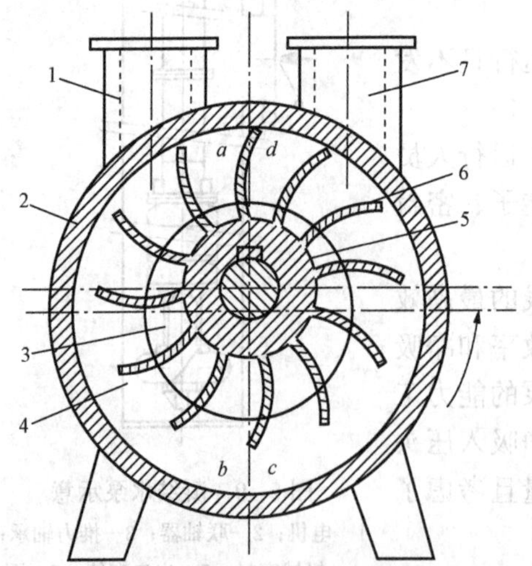

图 5-10 水环式真空泵结构原理

1—吸气管；2—泵壳；3—空腔；4—水环；5—叶轮；6—叶片；7—排汽管

四、抽真空系统

汽轮机设备在启动和正常运行过程中，都需要将设备（特别是凝汽器）和汽水管路中的不凝结气体及时抽出，以维持凝汽器的真空，改善传热效果，提高汽轮机设备的热经济性。因此，由抽气器、汽水管道和阀门等组成的抽气设备就成了凝汽设备中必不可少的一个重要组成部分。

（一）水环式真空泵工作原理

图 5-10 所示为水环式真空泵（简称水环泵）的工作原理，它的主要部件是叶轮和壳体。叶轮由叶片和轮毂组成，叶片有径向平板式，也有向前（向叶轮旋转方向）弯式。壳体由若干零件组成，不同型式的水环泵，壳体的具体结构可能不同，却有着共同的特点，那就是在壳体内部形成

一个圆柱体空间，叶轮偏心地装在这个空间内，同时在壳体的适当位置上开设吸气口和排气口。吸气口和排气口开设在叶轮侧面壳体的气体分配器上，轴向吸气和排气。

壳体不仅为叶轮提供工作空间，更重要的是直接影响泵内工作介质（水）的运动，从而影响泵内能量的转换过程，水环泵工作之前，需要向泵内灌注一定量的水，它起着传递能量的媒介作用，因而被称为工作介质。采用水作为工作介质是因为水获取容易，不会污染环境且黏性小，可以提高真空泵的效率。

当叶轮在电动机驱动下转动时，水在叶片的推动下获得圆周速度，由于离心力的作用，水向外运动，即水有离开叶轮轮毂流向壳体内表面的趋势，从而在贴近壳体的内表面处形成了运动着的水环。由于叶轮与壳体是偏心的，水环内表面也与叶轮偏心。

由水环内表面、叶片表面、轮毂表面和壳体的两个侧盖表面围成许多互不相通的小空间。由于叶轮与水环偏心，因此处于不同位置的小空间的体积是不同的。同理，对于某指定的小空间，随着叶轮的旋转，它的体积是不断变化的。如果能在小空间的体积由小变大的过程中，使之与吸气口相通，就会不断地吸入气体。当这个空间的体积开始由大变小时，使之封闭，这样已经吸入的气体就会随着空间容积的减小而被压缩。气体被压缩到一定程度后，使该空间与排气口相通，即可排出已经被压缩的气体。

（二）1000MW机组抽真空系统简介

某1000MW电厂抽真空系统在机组启动初期将主凝汽器汽侧空间以及附属管道和设备中的空气抽出以达到汽轮机启动的要求，在机组正常运行中除去凝汽器空气区积聚的非凝结气体。考虑到大容量设备选型的要求，凝汽器汽侧抽真空系统设置三台50%容量的水环式真空泵，电动机与真空泵采用直联方式。真空泵与低压凝汽器壳体连接，在凝汽器内部高压抽真空系统连接到低压抽真空系统。正常运行时，一台真空泵作为备用。在机组启动时，所有真空泵可一起投入运行，这样可以更快地建立起所需要的真空度，从而缩短机组启动时间。高、低压凝汽器水侧还设有水室真空泵，能连续抽除凝汽器水室中积存的空气，以保证循环水虹吸，提高热交换效率。每台凝汽器壳体上还设置一只带有滤网和水封的真空破坏阀。图5-11所示为某1000MW机组的抽真空系统。汽侧和水侧真空泵的主要技术参数见表5-3，汽侧真空泵的运行参数见表5-4。

表5-3　　真空泵的主要技术参数

汽侧真空泵					汽侧真空泵				
序号	项目	单位	数值	工况备注	序号	项目	单位	数值	工况备注
1	凝汽器运行最低背压	kPa（a）	4.4	低背压侧	6	要求启动抽真空时间	min	小于45min	启动工况
2	凝汽器冷却水温	℃	33/20	最高/正常	7	要求单泵出力	kg/h	61	
3	抽空气处气体过冷度	℃	4.2		8	排入凝汽器乏汽量	t/h	1790	VWO
4	需抽出的干空气量	m^3/min（标准状态下）	76	启动工况	9	真空泵冷却水压力	MPa(g)	0.8	设计工况
5	需抽真空容积	m^3	约3000	启动工况					

续表

水侧真空泵					水侧真空泵				
序号	名称	单位	数值	备注	序号	名称	单位	数值	备注
1	正常运行抽吸背压	kPa (a)	23		4	噪声（离设备1m处）	dB (A)	85	应不大于85
2	正常运行抽吸能力	m^3/h	1100	对应正常工况20℃水温30℃气温	5	电机功率	kW	37	
3	真空泵转速	r/min	980						

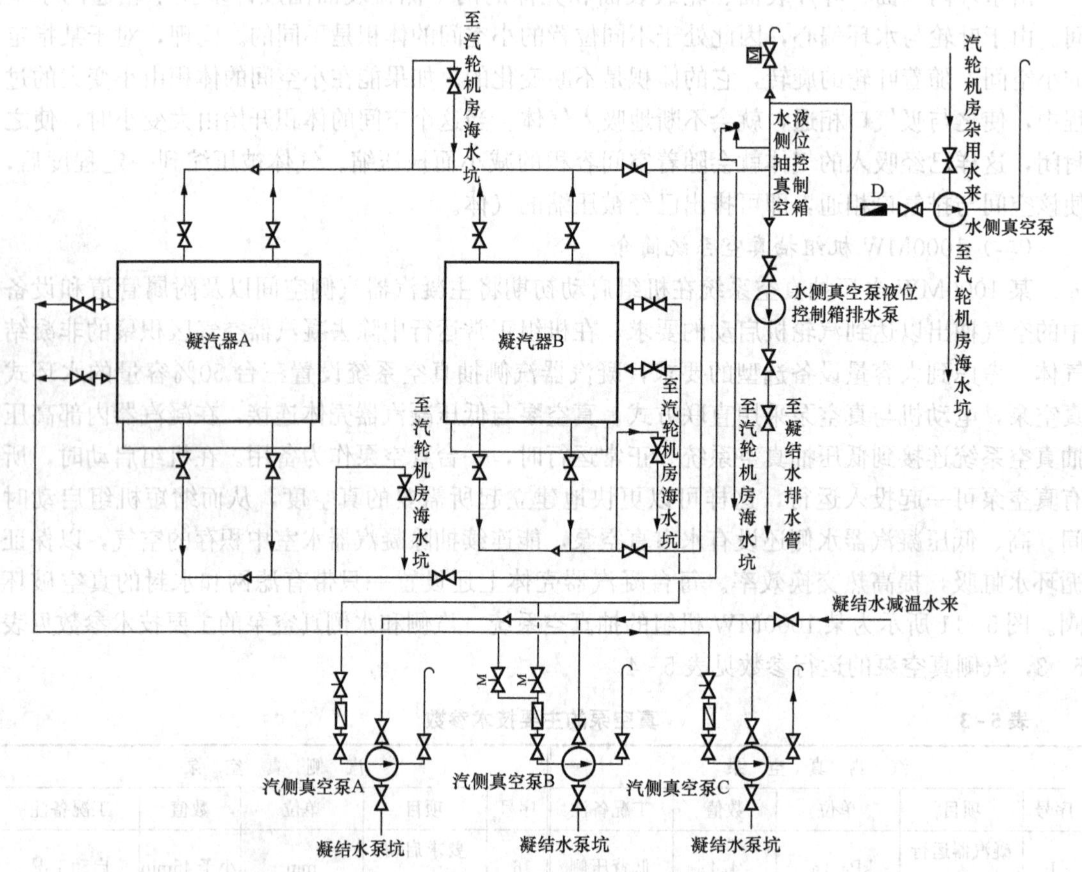

图5-11　某1000MW机组的抽真空系统

表5-4　　汽侧真空泵的运行参数

序号	名称	单位	数据	备注
1	凝汽器最低运行背压下抽吸能力	kPa (a)	4.4	低背压侧
2	凝汽器最低运行背压下三泵并列运行出力	kg/h	183	抽出的干空气量
3	三泵并列运行极限抽吸背压	kPa (a)	3.4	
4	三泵并列运行极限抽吸能力	kg/h	153	对应极限抽吸压力

续表

序　号	名　称	单　位	数　据	备　注
5	真空泵转速	r/min	495	
6	噪声	dB（A）	≤85	离设备 1m 处
7	热交换冷却水量	t/h	46	单泵
8	热交换器面积/形式	m^2	18/板式	单泵
9	真空泵工作水量	t/h	20.4	单泵
10	启动抽真空时间（三泵运行）	min	14.8	由一个大气压力降至 33.86kPa（a）

五、低压加热器

（一）设备概述

发电厂锅炉给水的回热加热是指从汽轮机某中间级抽出一部分蒸汽，送到给水加热器中对锅炉给水进行加热，与之相应的热力循环和热力系统称为回热循环和回热系统。加热器是回热循环过程中加热锅炉给水的设备。采用回热加热器后，汽轮机的总汽耗量增大了，而热耗率和煤耗率却下降了。

按换热方式不同，加热器可分为表面式加热器与混合式加热器两种型式。按装置方式可分为立式和卧式两种。按水压可分为低压加热器和高压加热器。一般管束内通凝结水的称为低压加热器，加热给水泵出口后给水的称为高压加热器。加热蒸汽和被加热的给水不直接接触，其换热通过金属壁面进行的加热器称为表面式加热器。在这种加热器中，由于金属的传热阻力，被加热的给水不可能达到蒸汽压力下的饱和温度，使其热经济性比混合式加热器低。优点是由它组成的回热系统简单，运行方便，监视工作量小，因而被电厂普遍采用。加热蒸汽和被加热的水直接混合的加热器称为混合式加热器。其优点是传热效果好，水的温度可达到加热蒸汽压力下的饱和温度（即端差为零），且结构简单、造价低廉。缺点是每台加热器后均需设置给水泵，使厂用电消耗大，系统复杂。故混合式加热器主要做除氧器使用。

低压加热器常见的是管板-U 形管式，其结构如图 5 - 12 所示。由黄铜管或钢管组成的 U 形管束放在圆筒形的加热器外壳内，并以专门的骨架固定。管子胀（或焊）接在管板上，管板上部为水室端盖。端盖、管板与加热器外壳用法兰连接。被加热的水经连接短管进入水室一侧，经 U 形管束之后，从水室另一侧的管口流出。加热蒸汽从外壳上部管口进入加热器的汽侧。借导流板的作用，汽流曲折流动，与管子的外壁接触凝结放热加热管内的给水。为防止蒸汽进入加热器时冲刷损坏管束，在其进口处设置有护板。加热蒸汽的凝结水（疏水）汇集于加热器的底部，采用疏水器及时排出这些凝结水。外壳上还装有水位计来监视疏水水位。管板与管束连为一体，便于检修和清洗。此外，在外壳和水室盖上安装必要的法兰短管用来安装压力表、温度计、排气门、疏水自动装置等。管板-U 形管式高压加热器结构简单，焊口少，金属消耗量少，但加工技术要求高，制造难度大，运行中容易损坏。加热器加热蒸汽放出热量后凝结成的水称为加热器的疏水。加热器疏水装置的作用是可靠地将加热器内的疏水排出，同时防止蒸汽随之漏出。加热器疏水装置的型式通常有疏水器和多级水封两种。常用的疏水器有浮子式疏水器和疏水调节阀两种。疏水调节阀内部机械部分为一个滑阀，外部为电动执行机构。当加热器内水位变化时，装在加热器上的控制水位计发出水位变化信号，经过电子控制系统的动作，最后由电动执行机构操纵疏水调节阀的摇杆，摇杆动作时，心轴、杠杆转动，带动阀杆、滑阀移动，改变疏水流量，使加热器保持一定水位。

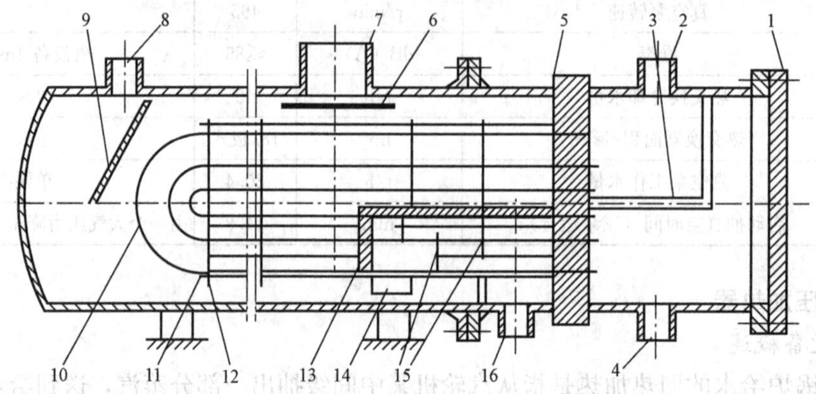

图 5-12　卧式低压加热器结构

1—端盖；2—给水出口；3—水室分隔板；4—给水进口；5—管板；6、9—防冲板；7—蒸汽进口；8—上级疏水入口；10—U 形管束；11—拉杆及定位管；12—凝结段隔板；13—疏水冷却段端板；14—疏水冷却段出口；15—疏水冷却段隔板；16—疏水出口

某 1000MW 机组配置四台低压加热器、一台轴封冷却器和一台疏水冷却器，按双流程设计。其中，7、8 号为独立式设计，置于凝汽器接颈部位；5、6 号两台低压加热器采用卧式 U 形管，5 号加热器由蒸汽凝结段和疏水冷却段两个传热区段组成，6 号加热器由蒸汽凝结段组成。壳体均为全焊接结构，传热管采用不锈钢材料。低压加热器及疏水冷却器按汽轮机组 TMCR 工况下的热平衡作为容量设计的基础，并留有裕度。但管内流速在 VWO 工况下不超过 HEI（表面式给水加热器）标准的规定。同时，加热器在堵管 5%的情况下仍不影响其热力性能，并且在性能上能够适应汽轮机组变工况运行的要求。该机组低压加热器系统见图 5-13。

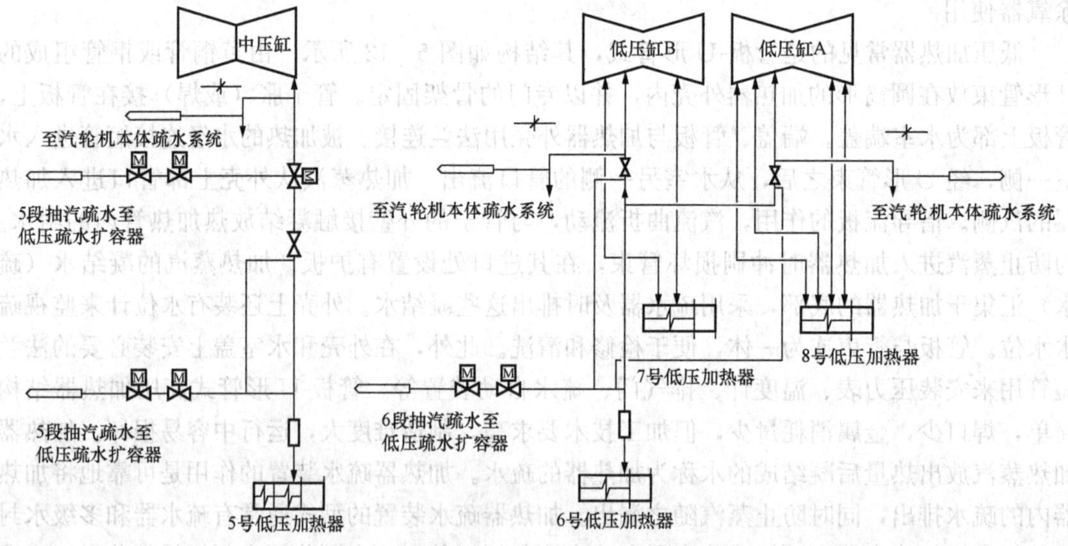

图 5-13　某 1000MW 机组低压加热器系统

（二）某 1000MW 低压加热器疏水及放气系统简介

1. 7、8 号低压加热器和疏水冷却器

该机组 7、8 号低压加热器按汽轮发电机组 VWO 工况进行设计。加热器为卧式、全焊接型，能承受高真空、抽汽压力、连接管道的反作用力及热应力的变化。水侧设计流量能满足 100%负荷的凝结水量（以 VWO 工况的热平衡为基础），最大水侧流速采用 HEI 标准。当邻近的加热器故障时，能适应由此所增加的汽侧流量而持续运行。加热器设有凝结段且有足够的储水容积，管侧设有泄压阀。所有加热器的疏水、蒸汽进口设有保护管子的不锈钢缓冲挡板。当汽轮机跳闸时，为防止过多的闪蒸倒入汽轮机，设在凝汽器喉部的低压加热器，有防闪蒸的挡板。加热器分别设置启动和连续运行用的排气接口，所有加热器设置正常疏水口和紧急疏水口，加热器上有供充氮保护的接口。

疏水自流入下一级加热器之前，先经过换热器，用主凝结水将疏水适当冷却后再进入下一级加热器，这个换热器就是疏水冷却器。一般来说，疏水对应抽汽压力下的饱和水，疏水自流入邻近较低压力的加热器中，会造成对低压抽汽的排挤，降低热经济性。而采用疏水冷却器后，减少了排挤低压抽汽所产生的损失，能提高热经济性。疏水冷却器也分外部单独设置和设在加热器内部两种，设在加热器内部的疏水冷却器称疏水冷却段。根据 SIEMENS 汽轮机热力系统的特点，机组配有疏水冷却器。疏水冷却器为表面式热交换器，用以利用 7、8 号低压加热器的疏水热量，提高机组热循环效率。7、8 号低压加热器疏水及放气系统流程如图 5-14 所示。

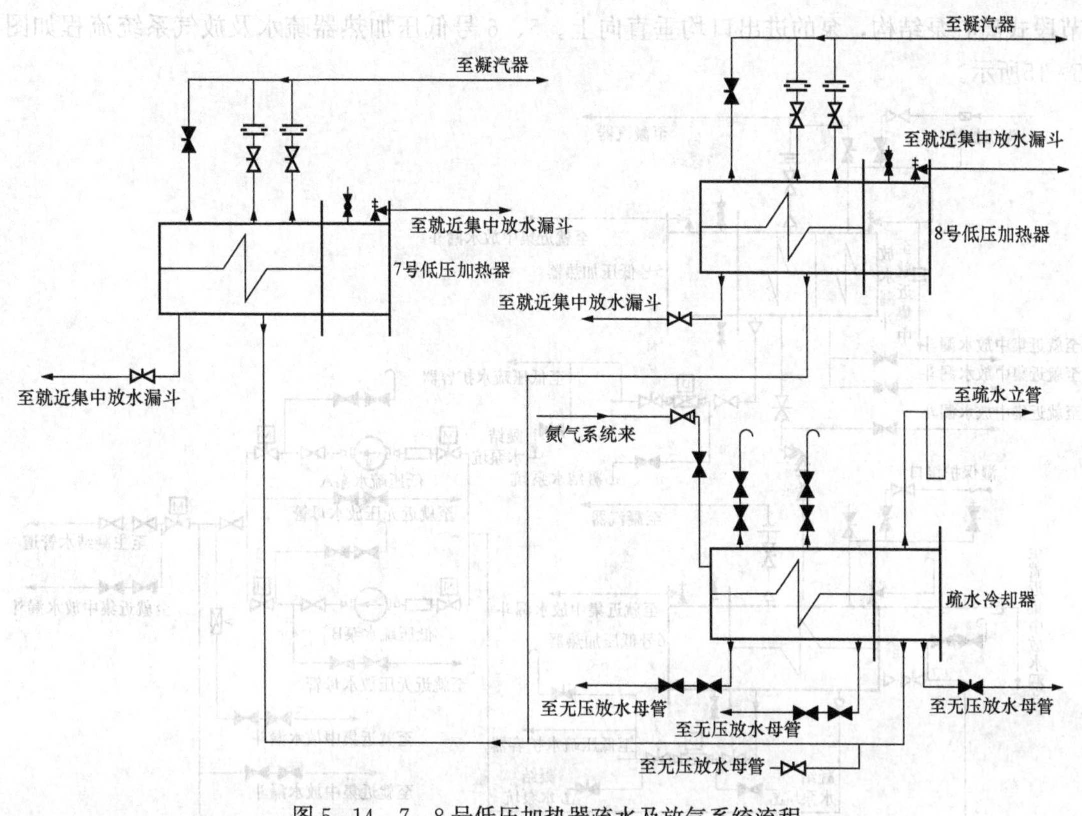

图 5-14　7、8 号低压加热器疏水及放气系统流程

2. 5、6 号低压加热器和低压加热器疏水泵

5、6 号低压加热器按汽轮机铭牌工况（夏季工况）作为设计保证工况，VWO 工况作为校核工况，并备有 5%的堵管裕量。水侧的通流能力满足 110%VWO 工况的流量。加热器管侧设计压力为 4.5MPa。管侧的设计温度，为壳侧设计压力下的饱和温度。壳侧设计压力为 VWO 热平衡工况下的抽汽压力加上 15%裕量，壳侧设计时还以全真空压力校核。壳侧设计温度为 VWO 热平衡工况下抽汽参数，等熵求取相应抽汽管道设计压力下的相应温度。低压加热器为卧式全焊接型，能承受全真空抽汽压力以及所连接管道的反作用力和热应力的变化。当邻近的加热器故障切除时，能适应由此所增加的汽侧流量而持续运行。加热器管侧（水侧）及壳侧（汽侧）设置安全阀，壳侧（汽侧）的安全阀容量，当管子破裂时能保护壳体的安全，加热器壳侧安全阀的最小容量为 10%的管侧凝结水流量或一根加热器管子破裂流出的水量，二者取较大值。在设计工况下加热器壳侧的总压力损失不超过加热器级间压差的 30%，且每台加热器壳内总压损不超过 35kPa。加热器各自设置足够的放气和内部挡板，以便在加热器启动和连续运行期间排出不凝结气体。加热器启动和连续运行排气接口单独设置，放气能力按进入加热器蒸汽量的 0.5%考虑。管侧水速平均不大于 3m/s。疏水出口管内水速不大于 1.2m/s。加热器能适应机组变工况运行，对机组的突发事故具有一定的适应性，在超负荷或非正常工况下，加热器的运行没有异常噪声、振动和变形。

5 号低压加热器正常疏水接至 6 号低压加热器，然后通过两台 100%容量互为备用的低压加热器疏水泵引至 6 号低压加热器出口凝结水管道。低压加热器疏水泵是单吸、多级卧式节段式离心泵结构，泵的进出口均垂直向上。5、6 号低压加热器疏水及放气系统流程如图 5-15所示。

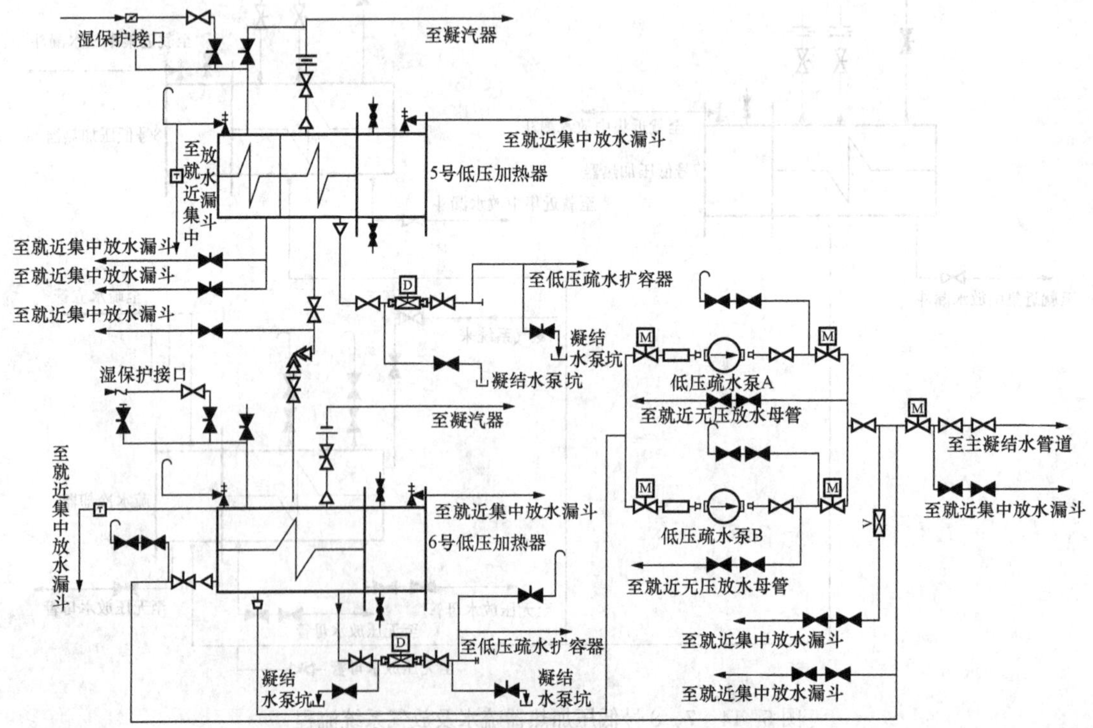

图 5-15 5、6 号低压加热器疏水及放气系统流程

（三）轴封冷却器

轴封冷却器用于凝汽式汽轮机，其功能是收集从轴封系统泄漏的蒸汽和空气的混合气体，并将泄漏的蒸汽冷凝。轴封冷却器是表面式冷凝器，混合气体不与凝结水直接接触。换热管穿过轴封冷却器的气体空间，凝结水在管内流动，管子两端胀接在两端的管板内。管板与壳体焊接，将凝结水的进出口水室与气体空间隔离。换热管全部为不锈钢材料。轴封的漏汽腔室保持轻微的负压，防止漏汽进入大气。而空气从大气侧经迷宫密封进入漏汽腔室。漏汽系统内的真空度由连接在轴封冷却器上的排风机来维持。从漏汽腔室来的蒸汽和空气的混合气体通过轴封漏汽母管进入轴封冷却器的气体空间。混合气体中的空气含量会降低轴封冷却器的换热效率，要冷凝所有泄漏蒸汽很不经济，通常按凝结 30%的漏汽总量作为设计准则。气体空间内的挡板用来提高介质流速，也可将空气对换热系数的影响减少。泄漏蒸汽在换热管表面凝结，凝结水汇集到壳体底部，经虹吸管排入疏水管路至凝汽器。不凝结蒸汽和空气由排风机从气体空间内抽出排至大气。凝结过程中的汽化潜热由流经换热管内的凝结水带走。

六、凝结水补水系统

凝结水补水系统（见图 5-16）主要包括凝结水储水箱、凝结水输送泵以及连接它们的管道和阀门。凝结水储水箱用来储存经化学处理后的除盐水，并用作凝结水的水源及补给水。凝结水输送泵用来将凝结水储水箱内的除盐水输送到凝汽器热井，并向下列系统或设备注水：

(1) 化学加药系统；
(2) 锅炉上水；
(3) 凝结水系统；
(4) 凝结水泵密封水；
(5) 闭式冷却水系统上水。

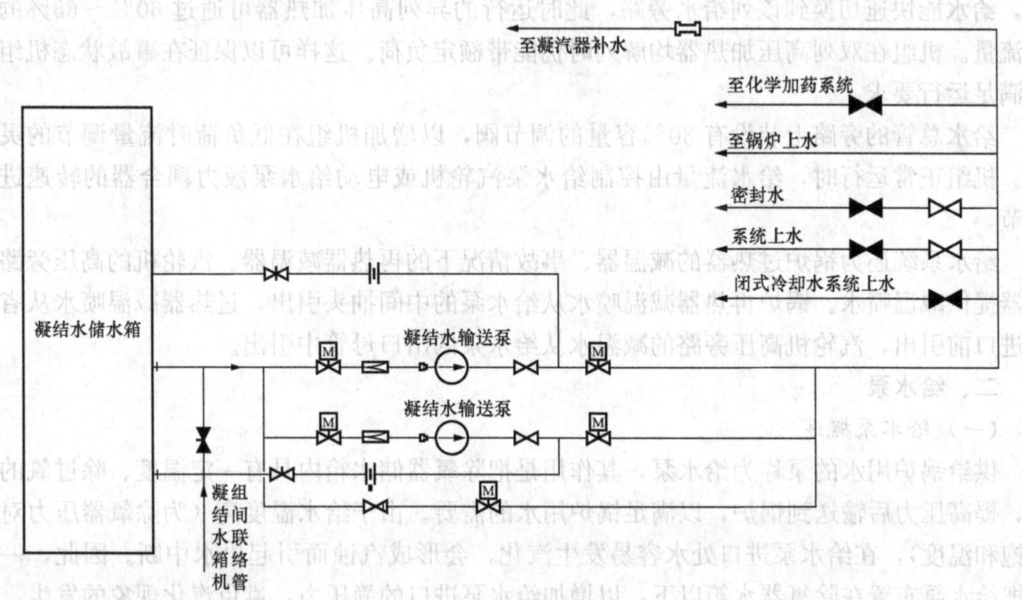

图 5-16　凝结水补水系统

第三节 给水系统及设备

一、系统概述

（一）给水系统的主要功能

给水系统的主要功能是将除氧器水箱中的主给水通过给水泵提高压力，经过高压加热器进一步加热之后，输送到锅炉的省煤器入口，作为锅炉的给水。此外，给水系统还向锅炉再热器的减温器，过热器的一、二级减温器以及汽轮机高压旁路装置的减温器提供减温水，用于调节上述设备出口蒸汽的温度。给水系统的最初注水来自凝结水系统。

（二）某1000MW机组给水系统简介

某1000MW机组给水系统（见图5-17）按最大运行流量即锅炉最大连续蒸发量（B-MCR）工况时相对应的给水量进行设计。系统设置两台50%容量的汽动给水泵和一台25%容量的电动启动/备用给水泵。每台汽动给水泵配置一台同轴给水前置泵。电动给水泵采用调速给水泵，配有一台与主泵用同一电动机拖动的前置泵和液力耦合器。在一台汽动给水泵故障时，电动给水泵和另一台汽动给水泵并联运行可以满足汽轮机83%铭牌负荷的需要。

对于2×50%汽动给水泵方案，设置一台25%～35%的启动/备用电动给水泵。若一台汽动给水泵故障，则启动电动给水泵，汽轮机仍可带80%以上负荷运行。由于该工程高压厂用电采用6kV等级，给水泵配用的电动机容量将受到一定的限制。同时参考国际上同容量和参数机组的普遍配置，该工程按1×25%电动调速泵方案考虑。给水泵的额定容量按给水系统的最大运行流量再加10%裕量进行选择。入口流量还应考虑再热器减温水量（中间抽头）及密封水泄漏量。

系统设2（即双列）×3台全容量、卧式、双流程高压加热器，每列三台高压加热器采用电动关断大旁路系统。当任一台高压加热器故障时，同列三台高压加热器同时从系统中退出，给水能快速切换到该列给水旁路，此时运行的异列高压加热器可通过60%～65%的给水流量。机组在双列高压加热器均解列时仍能带额定负荷。这样可以保证在事故状态机组仍能满足运行要求。

给水总管的旁路上装设有30%容量的调节阀，以增加机组在低负荷时流量调节的灵敏度。机组正常运行时，给水流量由控制给水泵汽轮机或电动给水泵液力耦合器的转速进行调节。

给水系统还为锅炉过热器的减温器、事故情况下的再热器减温器、汽轮机的高压旁路减温器提供减温喷水。锅炉再热器减温喷水从给水泵的中间抽头引出，过热器减温喷水从省煤器进口前引出，汽轮机高压旁路的减温水从给水泵的出口母管中引出。

二、给水泵

（一）给水泵概述

供给锅炉用水的泵称为给水泵，其作用是把除氧器储水箱内具有一定温度、除过氧的给水，提高压力后输送到锅炉，以满足锅炉用水的需要。由于给水温度高（为除氧器压力对应的饱和温度），在给水泵进口处水容易发生汽化，会形成汽蚀而引起出水中断。因此，一般都把给水泵布置在除氧器水箱以下，以增加给水泵进口的静压力，避免汽化现象的发生，保证水泵的正常工作。

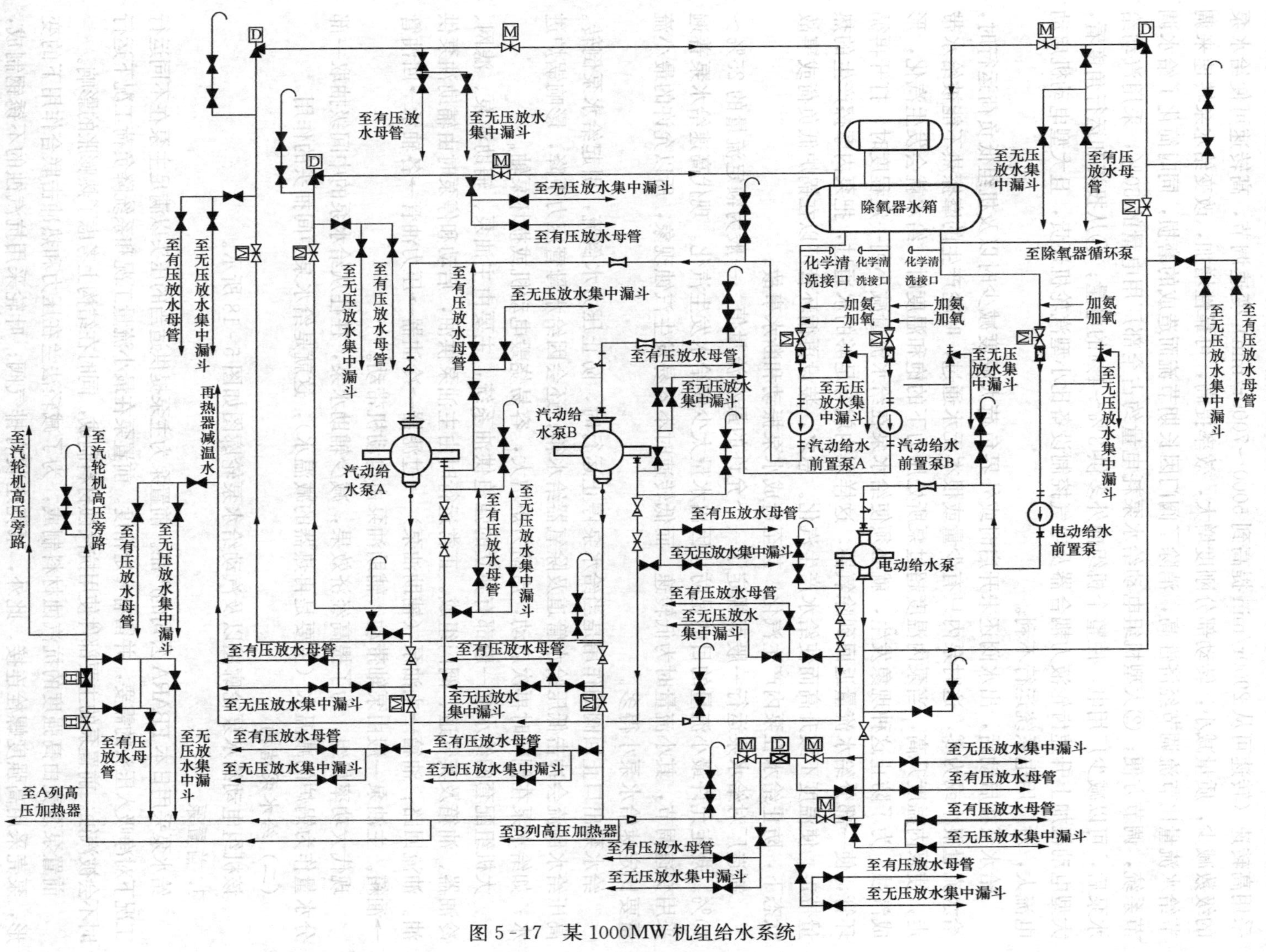

图 5-17　某 1000MW 机组给水系统

给水泵的拖动方式常见的有电动机拖动和专用小汽轮机拖动，还有燃气轮机拖动及汽轮机主轴直接拖动等。用小型汽轮机拖动给水泵有如下优点：①小型汽轮机可根据给水泵需要采用高转速（转速可从2900r/min提高到5000～7000r/min）变速调节，高转速可使给水泵的级数减少，质量减小，转动部分刚度增大，效率提高，可靠性增加，改变给水泵转速来调节给水流量比节流调节经济性高，消除了阀门因长期节流而造成的磨损，同时简化了给水调节系统，调节方便；②大型机组电动给水泵耗电量约占全部厂用电量的50％，采用汽动给水泵后，可以减少厂用电，使整个机组向外多供3％～4％的电量；③从投资和运行角度看，大型电动机加上升速齿轮液力耦合器及电气控制设备比小型汽轮机还贵，且大型电动机启动电流大，对厂用电系统运行不利。

给水泵在启动后，出水阀还未开启时或外界负荷大幅度减少时以及机组低负荷运行时，给水流量很小或为零，这时泵内只有少量或根本无水通过，叶轮产生的摩擦热不能被给水带走，使泵内温度升高，当泵内温度超过泵所处压力下的饱和温度时，给水就会发生汽化，形成汽蚀。为了防止这种现象发生，就必须使给水泵在给水流量减小到一定程度时，打开再循环管，使一部分给水流量返回到除氧器，这样泵内就有足够的水通过，把泵内摩擦产生的热量带走，使温度不致升高而使给水产生汽化。总之，装设再循环管可以在锅炉低负荷或事故状态下，防止给水在泵内产生汽化，甚至造成水泵振动和断水事故。

制造厂对给水泵运行一般都规定了一个允许的最小流量值，一般为额定流量的25％～30％。规定允许最小流量的目的是防止因出水量太少使给水发生汽化。现代高速给水泵普遍采用变速调节，其小流量时为低转速，而低转速时不容易发生汽蚀现象，所以允许的最小流量要比定速给水泵小得多。

给水泵出口止回阀的作用是当给水泵停止运行时，防止压力水倒流，引起给水泵倒转。高压给水倒流会冲击低压给水管道及除氧器给水箱；还会因给水母管压力下降，影响锅炉进水；如给水泵在倒转时再次启动，启动力矩增大，容易烧毁电动机或损坏泵轴。

大机组配套的给水泵一般都有独立的强迫供油系统，主要由主油泵、辅助油泵、滤网、冷油器、油箱及其管道、阀门组成。正常运行时由主油泵供油，启动和停泵时由辅助油泵供油。油流回路：油箱→主油泵（辅助油泵）→过滤器→冷油器→压力油管→各轴承→回油管→油箱。主油泵一般由泵轴带动，辅助油泵由电动机带动。

现代大功率机组，为了提高经济效果，减少辅助水泵，往往从给水泵的中间级抽取一部分水量作为锅炉的减温水（主要是再热器的减温水），这就是给水泵中间抽头的作用。

（二）给水泵结构

该机组电动给水泵轮廓图以及汽动给水泵轮廓图如图5-18所示。

1. 前置泵

给水泵采用日本EBARA公司的产品。前置泵为主泵提供适当的压头以满足主泵在不同运行工况下对净吸入压头的需要，并留有一定裕度。前置泵在最小流量工况和系统降负荷工况下运行时不会被汽蚀。前置泵的主要部件使用抗汽蚀材料制成，同时在结构上考虑了热膨胀的影响。

前置泵泵壳由高强度的抗汽蚀材料制成，为了减轻法兰在压力和热冲击联合作用下的变形，泵壳采用高强度螺栓连接。此外，泵壳还装有排气阀；叶轮采用抗汽蚀的不锈钢制成，而泵轴则由优质不锈钢锻成体制成；轴承采用油润滑且装有温度测量装置。前置泵采用机械密封且装有冷却套筒和过滤器。

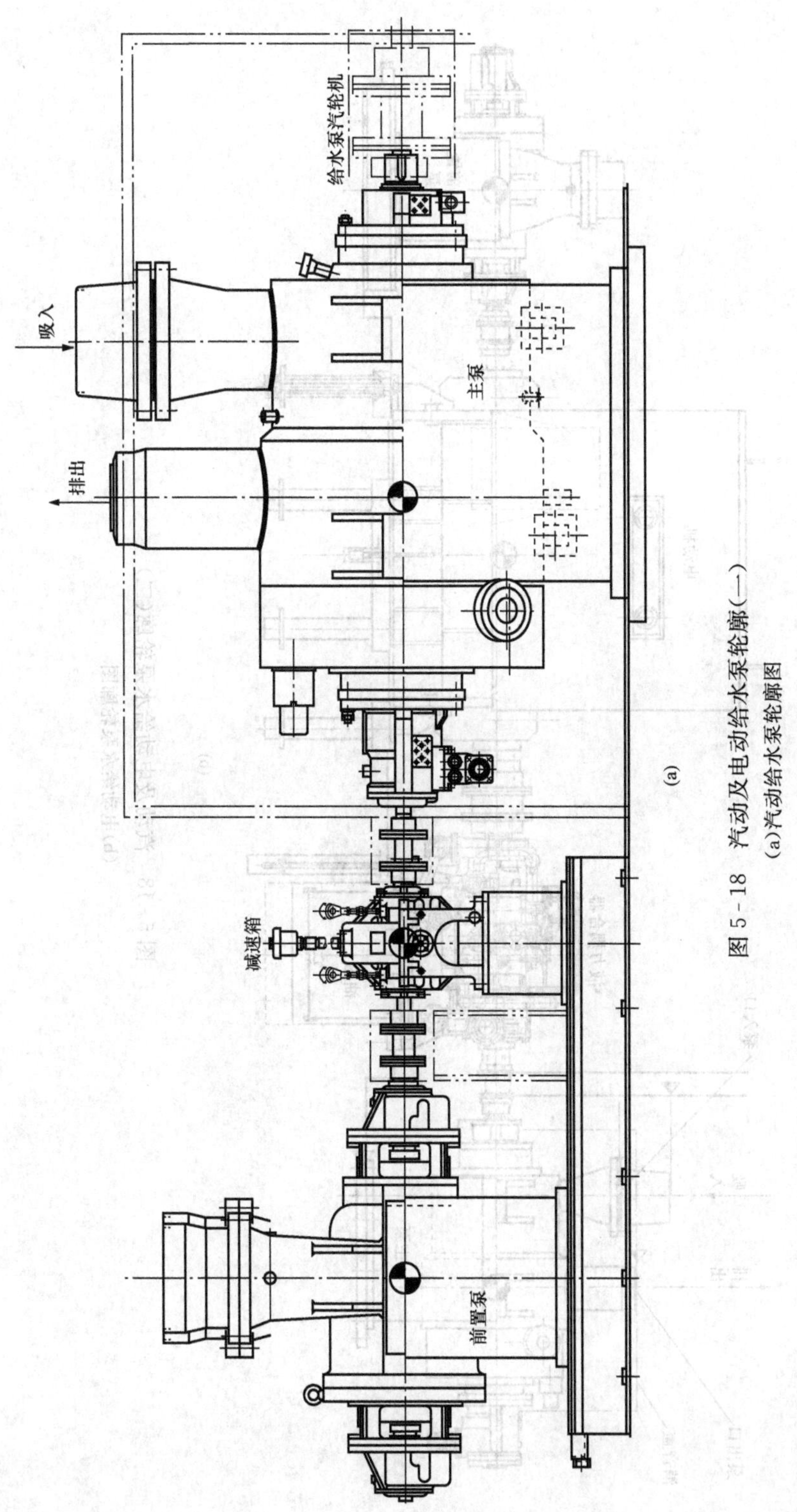

图 5-18　汽动及电动给水泵轮廓(一)

(a)汽动给水泵轮廓图

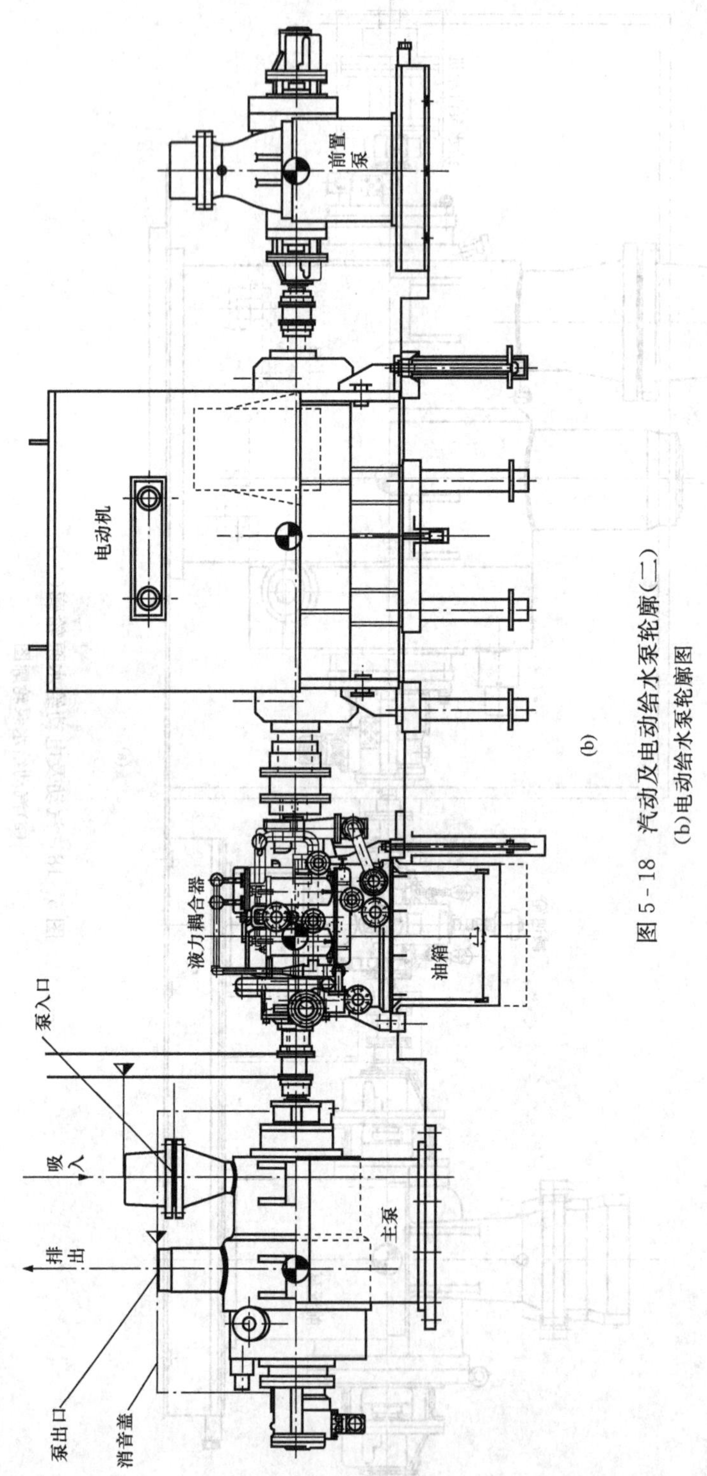

图5-18 汽动及电动给水泵轮廓(二)

(b)电动给水泵轮廓图

2. 主泵

该给水泵主泵是水平、离心、多级、轴向中分面式内壳、筒形泵。主泵的所有部件均安装在泵芯上，泵芯可以从外壳中抽出，这样就大大缩短了泵的检修时间，且同一型号的泵芯上的所有部件都具有互换性。泵体内所有和高速水流接触的表面都有相应的防汽蚀措施，所有的接合面也都有相应的保护措施。

主泵采用湿式刚性转子，在泵轴的易磨损面上设有可替换的保护套筒；在正常运行条件下，主泵的最低临界转速高于150%的最高运行转速。主泵叶轮和内部通流部分的设计确保了其有较高的水力效率，而由效率、临界转速和泵轴挠度共同决定的径向间隙则确保了其较高的运行效率和可靠性。

由于叶轮和泵壳采用了合理的结构和材料，因此即使动静部分之间发生了接触，转动部分也能得到很好的保护，而在动静部分之间由于接触出现磨损以后，通过调整动静部分之间的间隙仍然可以实现给水泵的高效运行。从主泵中间级引出的中间抽头供再热器喷水减温用，其出口设有止回阀和截止阀。

汽动给水泵主泵可以在不脱开联轴节的情况下由给水泵汽轮机驱动进行低速转动。汽动给水泵减速箱的结构、材质和各项参数均满足汽动给水泵前置泵的要求，减速箱的润滑油由给水泵汽轮机油箱供给。汽动给水泵的中间抽头设在泵体的右上侧（从给水泵汽轮机向泵看去），和进口管道成45°～50°角。汽动给水泵采用迷宫密封，确保了在运行过程中密封水不会进入泵内，而给水也不会向外泄漏。

电动给水泵前置泵由电动机直接驱动；主泵由电动机通过液力传动装置的液力耦合器驱动，并通过液力耦合器的勺管实现调速。电动给水泵的中间抽头设在泵体的右下侧（从电机向泵看去），和进口管道成45°～50°角。电动给水泵采用机械密封。

3. 液力耦合器

汽动给水泵由小汽轮机驱动，在变工况时，可以改变小汽轮机的转速满足不同负荷的要求。电动给水泵由定转速的电动机拖动，在变工况时，只能依靠液力耦合器来改变给水泵的转速，以满足相应工况的要求。液力耦合器是利用液体传递扭矩的，可以无级变速。

液力耦合器的主要功能是可以改变输出轴的转速，从而达到改变输出功率的目的。电动给水泵主泵通过液力传动装置的液力耦合器与电动机连接。液力传动装置主要包括传动齿轮、液力耦合器及其执行机构（滑阀、油动机、执行器等）、调节阀、壳体以及工作油泵、润滑油泵、电动辅助油泵、冷油器等部件。

液力耦合器（见图5-19）主要由泵轮、涡轮和转动外壳（又称为旋转内套）组成。它们形成了两个腔室：在泵轮与涡轮间的腔室（即工作腔）中由工作油所形成的循环流动圆；由泵轮和涡轮的径向间隙（也有在蜗壳上开几个小孔的）流入涡轮与转动外壳腔室（即副油腔）中的工作油。一般泵轮和涡轮内装有20～40片径向辐射形叶片，副油腔壁上也装有叶片或开有油孔、凹槽。

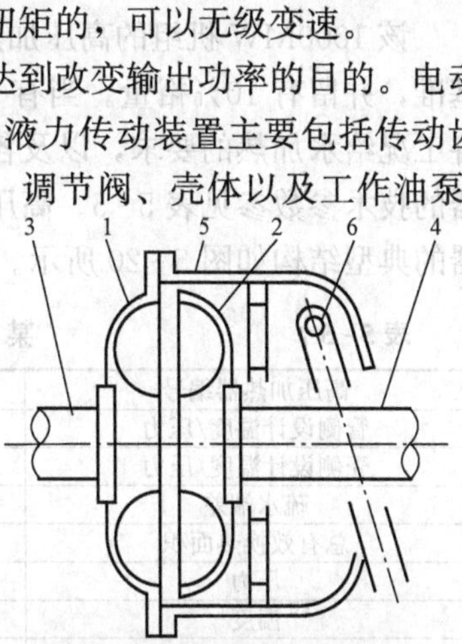

图5-19　液力耦合器结构
1—泵轮；2—涡轮；3—主动轴；4—从动轴；5—旋转内套；6—勺管

耦合器泵轮是和电动机轴连接的主动轴上的工作轮，其作用是将输入的机械能转换为工作液体的动能，即相当于离心泵叶轮，故称为泵轮。涡轮的作用相当于水轮机的工作轮，它将工作液体的动能还原为机械能，并通过从动轴驱动负载。泵轮与涡轮具有相同的形状、相同的有效直径（循环圆的最大直径），只是轮内径向辐射形叶片数不能相同，一般泵轮与涡轮的径向叶片数差 1～4 片，以免引起共振。

在泵轮与涡轮间的腔室中充有工作油，形成一个循环流道；在泵轮带动的转动外壳与涡轮间又形成一个油室。若主轴以一定转速旋转，则循环圆（泵轮与涡轮在轴面上构成的两个碗状结构组成的腔室）中的工作液体由于泵轮叶片在旋转离心力的作用下，将工作油从靠近轴心处沿着径向流道向泵轮外周处外甩升压，在出口处以径向相对速度与泵轮出口圆周速度组成合速。

冲入涡轮外圆处的进口径向流道，并沿着涡轮径向叶片组成的径向流道流向涡轮，靠近从动轴心处，由于工作油动量距的改变去推动涡轮旋转。在涡轮出口处又以径向相对速度与涡轮出口圆周速度组成合速，冲入泵轮的进口径向流道，重新在泵轮中获取能量，泵轮转向与涡轮相同，如此周而复始，构成了工作油在泵轮和涡轮二者间的自然环流，从而传递了动力。

三、高压加热器

1. 设备概述

高压加热器与低压加热器同处于火力发电厂的回热系统中，除了有与低压加热器的共同点之外，高压加热器还有自身的一些特点。高压加热器的保护装置一般有：水位高报警信号、危急疏水门、给水自动旁路、进汽门、抽汽止回阀联动关闭、汽侧安全门等。当高压加热器内部换热器破裂，水位迅速升高到某一数值时，高压加热器的进出水门迅速关闭，切断高压加热器进水，同时让给水经旁路送往锅炉，这就是高压加热器给水自动旁路。对于大型机组来说，这是一个十分重要的保护装置。

大机组配套的表面式加热器都设置内置式蒸汽冷却段器，其目的是在结构上弥补表面式加热器由于端差的存在而对热经济性的影响。将加热器出水引入蒸汽冷却段，让该加热器的抽汽先经过这一设备再进入加热器本身，这样可以充分利用蒸汽的过热度，使出水温度接近、等于甚至超过该抽汽压力下的饱和温度，提高经济性。

2. 某 1000MW 机组高压加热器结构

该 1000MW 机组的高压加热器为卧式结构，按汽轮机夏季工况热平衡图中管侧流量为基准，并留有 10%裕量。当有 10%堵管时，仍能保证高压给水加热器的性能以满足汽轮机各工况给水加热的要求，以及各工况下加热器疏水端差和给水端差的要求。该机组高压加热器的技术参数参见表 5-5。高压加热器由蒸汽冷却段、凝结段和疏水冷却段组成。高压加热器的典型结构如图 5-20 所示。

表 5-5 某 1000MW 机组高压加热器技术参数表

高压加热器编号	单 位	1	2	3
管侧设计温度/压力	℃/MPa (g)	36.5/310	36.5/290	36.5/230
壳侧设计温度/压力	℃/MPa (g)	444/9.23	400/7.0	490/2.57
疏水端差	K	5.6		
总有效换热面积	m²	1600	1800	1375
压力	MPa	9.23	7.0	2.57
温度	℃	415.7	376.2	464.1
流量	t/h	75.7	170.7	61.4
给水流量	t/h	1476.3		
给水进口压力	MPa	36.5		
给水进口温度	℃	277.8	220.6	191.2
给水出口温度	℃	297.9	277.8	220.6

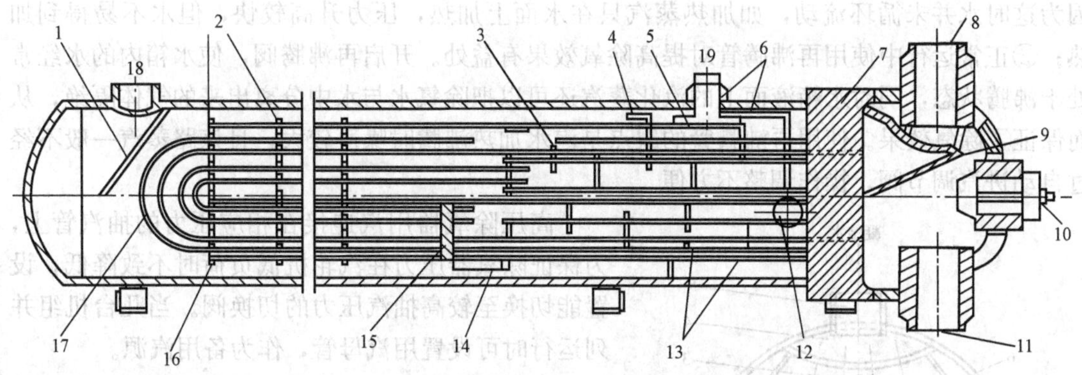

图 5-20　典型卧式 U 形管给水加热器

1、5—防冲板；2—隔板；3—过热蒸汽冷却段隔板；4—管束保护环；6—过热蒸汽冷却段遮热板；7—管板；8—给水出口；9—分流隔板；10—压力密封人孔；11—给水进口；12—疏水出口；13—疏水冷却段隔板；14—疏水冷却段进口；15—疏水冷却段端板；16—拉杆；17—U 形管；18—疏水进口；19—蒸汽进口

四、除氧器

1. 概述

进入锅炉的给水中如果含有氧气，将会使给水管道、锅炉设备及汽轮机通流部分受到腐蚀，缩短设备的寿命。除氧器的主要作用就是用它来除去锅炉给水中的氧气及其他气体，保证给水的品质。同时，除氧器本身又是给水回热加热系统中的一个混合式加热器，起加热给水、提高给水温度的作用。

根据除氧器中的压力不同，可分为真空除氧器、大气式除氧器和高压除氧器三种，大机组都是采用高压除氧器。根据水在除氧器中散布的形式不同，又可分为淋水盘式、喷雾式和喷雾填料式三种。

目前大机组采用的喷雾淋水盘式除氧器既保持了喷雾式除氧器的优点，又增设了淋水盘以弥补其不足，因而是一种除氧效果比较理想的除氧器。实际上，喷雾淋水盘式除氧器是对水进行了两次加热除氧，因而除氧效果好，此外还有低负荷适应性较好、出力大的优点。

因除氧器水箱的水温相当于除氧器压力下的饱和温度，如果除氧器安装高度和给水泵相同，给水泵进口处压力稍有降低，水就会汽化，在给水泵进口处产生汽蚀，造成给水泵损坏的严重事故。为了防止汽蚀产生，必须不使给水泵进口压力降低至除氧器压力，因此就必须将除氧器安装在一定高度处，利用水柱的高度来克服进口管的阻力和给水泵进口产生的负压，使给水泵进口压力大于除氧器的工作压力，防止给水的汽化。一般还要考虑除氧器压力突然下降时，给水泵运行的可靠性，所以除氧器安装标高还留有安全裕量，一般大气式除氧器的标高为 6m 左右，0.6MPa 的除氧器安装高度为 14～18m，滑压运行的高压除氧器安装标高达 25m 以上。

除氧器水箱的作用是储存给水，平衡给水泵向锅炉的供水量与凝结水泵送进除氧器水量的差额。也就是说，当凝结水量与给水量不一致时，可以通过除氧器水箱的水位高低变化调节，满足锅炉给水量的需要。除氧器水箱的容积一般考虑满足锅炉额定负荷下 5～20min 用水量的要求。

除氧器加热蒸汽有一路引入水箱的底部或下部（正常水面以下），作为给水再沸腾用。装设再沸腾管有两点作用：①有利于机组启动前对水箱中给水的加温及备用水箱维持水温，因为这时水并未循环流动，如加热蒸汽只在水面上加热，压力升高较快，但水不易得到加热；②正常运行中使用再沸腾管对提高除氧效果有益处。开启再沸腾阀，使水箱内的水经常处于沸腾状态，同时水箱液面上的汽化蒸汽还可以把除氧水与水中分离出来的气体隔绝，从而保证了除氧效果。使用再沸腾管的缺点是汽水加热沸腾时噪声较大，且该路蒸汽一般不经过自动进汽调节阀，操作调整不方便。

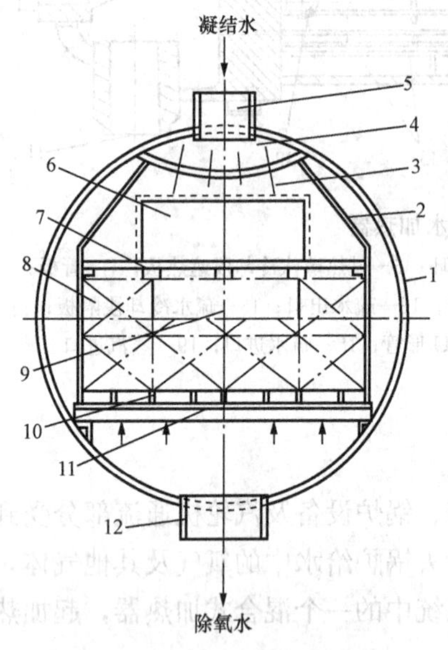

图 5-21　除氧器断面简图

1—除氧头；2—侧包板；3—恒速喷嘴；4—凝结水进水室；5—凝结水进水管；6—喷雾除氧空间；7—布水槽钢；8—淋水盘箱；9—深度除氧空间；10—栅架；11—工字钢托梁；12—除氧水出口管

高压除氧器用汽连接在相应压力的抽汽管上，为保证除氧器压力在汽轮机低负荷时不致降低，设置能切换至较高抽汽压力的切换阀。当几台机组并列运行时可设置用汽母管，作为备用汽源。

除氧器安装有溢流装置，安装溢流装置的目的是防止在运行中大量水突然进入除氧器或监视调整不及时造成除氧器满水事故。安装溢流装置后，如果满水，水从溢流装置排走，避免了除氧器运行失常危及设备安全。大气式除氧器的溢流装置一般为水封筒，高压除氧器装设高水位自动放水门。

2. 喷雾淋水盘式除氧器

某 1000MW 机组喷雾淋水盘式除氧器如图 5-21、图 5-22 所示，该除氧器按汽轮机 TMCR 工况下的参数作为容量设计的基础，并能满足汽轮机阀门全开工况的运行要求。除氧器最大出力不应小于 BMCR 蒸发量 105%时所需给水量。除氧器采用卧式，直接布置在水箱上，采用喷雾除氧（恒速喷嘴）和深度除氧（淋水盘）两段除氧，其出水含氧量小于 5μg/L。该除氧器的技术参数见表 5-6。

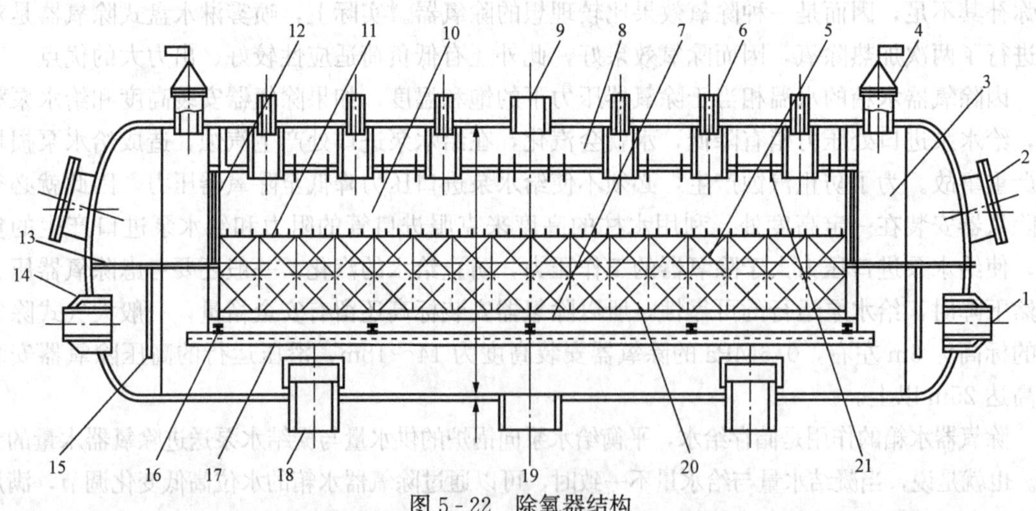

图 5-22　除氧器结构

1—进汽管；2—搬物孔；3—除氧头；4—安全阀；5—淋水盘箱；6—排气管；7—栅架；8—凝结水进水室；9—凝结水进水管；10—喷雾除氧空间；11—布水槽钢；12—人孔门；13—进口平台；14—进汽管；15—布汽孔板；16—工字钢梁；17—平面角铁；18—蒸汽连通管；19—除氧水出口管；20—深度除氧段；21—恒速喷嘴

表 5-6　除氧器主要技术参数

项目		单位	数值	项目		单位	数值
设计压力		MPa	内压 1.39	腐蚀裕量	除氧器	mm	0
			外压 0.1		除氧水箱	mm	1.6
设计温度		℃	380	焊接接头系数			1.0
最高工作压力		MPa（a）	1.196	喷嘴压降		MPa	≤0.18
最高工作温度		℃	363.7	水箱有效容积		m^3	285
水压试验压力	除氧器	MPa	2.18	水箱几何容积		m^3	364
	除氧水箱			额定出力		t/h	2975
	工地组装			最大出力		t/h	3150
安全阀开启压力		MPa	1.39	最高出水温度		℃	184.9
滑压运行范围		MPa（a）	0.147～1.196	出水含氧量		μg/L	5
设计地震烈度		度	7	容器类别		ILS	

凝结水通过进水管 5 进入除氧器的凝结水进水室 4，在进水室长度方向上均匀布置许多恒速喷嘴 3，因凝结水的压力高于除氧器内的汽侧压力，在压差的作用下将喷嘴上的弹簧压缩后打开喷嘴，使凝结水通过喷嘴喷出，呈现一个圆锥形水膜进入喷雾除氧空间 6。在这个空间中，过热蒸汽与圆锥形水膜充分接触，迅速把凝结水加热到除氧器压力下的饱和温度，绝大部分非凝结气体在喷雾除氧空间中被除去。穿过喷雾除氧空间的凝结水喷洒在淋水盘箱上的布水槽钢 7 上，布水槽钢均匀地将水分配给淋水盘箱 8。淋水盘箱由多层一排排的小槽钢交错布置而成。凝结水从上层的小槽钢两侧分别流入下层的小槽钢中并一层层交替流下去，使凝结水在淋水盘箱内有足够的停留时间并与过热蒸汽接触，使汽水加热面积达到最大。流经淋水盘箱的凝结水不断再沸腾，凝结水中剩余的非凝结气体在淋水盘箱中被进一步除去，使凝结水的含氧量达到锅炉给水的要求（5μg/L），故该段称为深度除氧空间。凡是在喷雾除氧段和深度除氧段被清除的非凝结气体均上升到除氧器上部特定的排气管中排向大气，除氧水从出口管 12 流进除氧器给水箱中。

3. 单体式除氧器

单体式除氧器（也称为无头式除氧器、内置式除氧器、一体化除氧器等）正在逐步得到推广使用。这是一种先进的除氧设备，已被欧洲、北美、中东及远东发达国家广泛应用。在我国 300～1000MW 机组上也有不少成功的应用。

常规除氧器的除氧过程是在一个高大的除氧头内进行的。除氧头内部有淋水盘或各种形状的填料。给水通过喷嘴喷出，在通过淋水盘或填料的过程中，增加了接触面积和流动行程，与由下往上流动的蒸汽混合换热达到除去不凝结气体的目的。这种除氧器的缺点是在负荷变化时，除氧效果往往达不到要求，除氧效果受到限制，而且必须有一个高大的除氧头装在除氧水箱上面，体积庞大，需要很高的建筑空间，建筑投资和金属耗量均很大。单体式除氧器将除氧部件设置在除氧水箱内，取消了常规除氧器的除氧头，通过这一结构上的根本改变，从而使得单体式除氧器具有明显的优势和特点。

单体式除氧器的除氧过程分两次进行，如图 5-23 所示。进入除氧器的主凝结水是通过特殊自调式喷水装置——雾化器，把水雾化成细小水滴，水滴的粒度及喷射的角度不因除氧

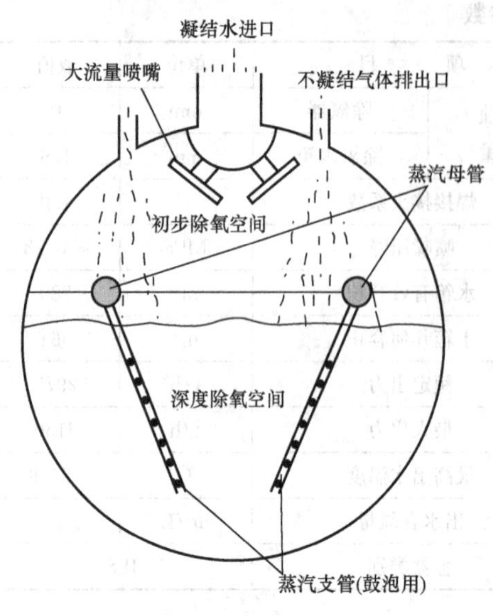

图 5-23 单体式除氧器除氧原理

器出力的大小而改变。这些细小水滴以高速通过除氧器的蒸汽空间，撞击到挡水板上坠落到水空间。除氧器内汽空间总是被饱和蒸汽占据。因此，不凝结气体的分压力很小。在小水滴穿过饱和蒸汽的同时，在水滴的表面进行冷凝，水滴被加热。由于细小的水滴接触表面与水体积之比相当大，所以水与蒸汽能得到较充分的混合和换热，部分不凝结气体逸出。这种加热过程进行得非常迅速，此过程称为初步除氧。

上述过程中，水在蒸汽空间停留时间很短，不可能彻底除去水中的不凝结气体。因此，在水空间中进一步除氧就是用蒸汽喷射设备往水空间充入蒸汽，搅动水箱内的水，使其达到饱和鼓泡状态，从而把残留在水中的气体驱赶出来。这样，除氧器出口给水含氧量就达到设计要求，此过程称为深度除氧。

图 5-24 所示为一种采用大流量喷嘴单体式除氧器结构示意，其主要部件有水箱、给水雾化器（喷嘴）、主蒸汽加热装置、辅助蒸汽加热装置、水位调节系统等。水箱为卧式圆筒形容器，两端为椭圆形封头，水箱容积的大小要由除氧器的出力来决定。水空间有除氧器水出口、循环水出口、疏水、排污接管以及电接触液位信号器接口等。为了延长给水流动时间使不凝结气体充分逸出，在水空间内部装设了隔板。主蒸汽加热装置装在除氧器上部靠近中间位置，它通过法兰与蒸汽加热管相连接，从蒸汽管道来的蒸汽（或汽水混合物）直接进入母管。在母管中，汽水混合物被分离。由于饱和水密度比较大，大部分流到母管下部，再经母管流入水空间；而蒸汽和少量饱和水进入母管两侧的分配管，在分配管中由于各支管伸入分配管一段高度，所以，进入这里的少部分饱和水留在分配管下部，由排水管进入水空间，而进入各支管的是蒸汽。蒸汽通过各支管底部很多小孔，喷入水空间底部与水箱内墙水进行混合，并对给水鼓泡加热达到饱和状态，从而把溶于水中的不凝结气体驱赶出去。

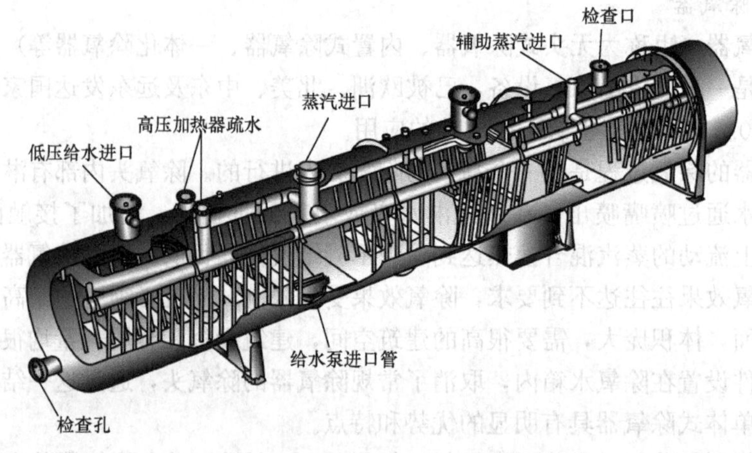

图 5-24 单体式除氧器结构示意

第四节　蒸汽系统及设备

一、主蒸汽、再热蒸汽系统

图 5-25、图 5-26 所示为某 1000MW 机组主蒸汽和再热蒸汽系统示意。

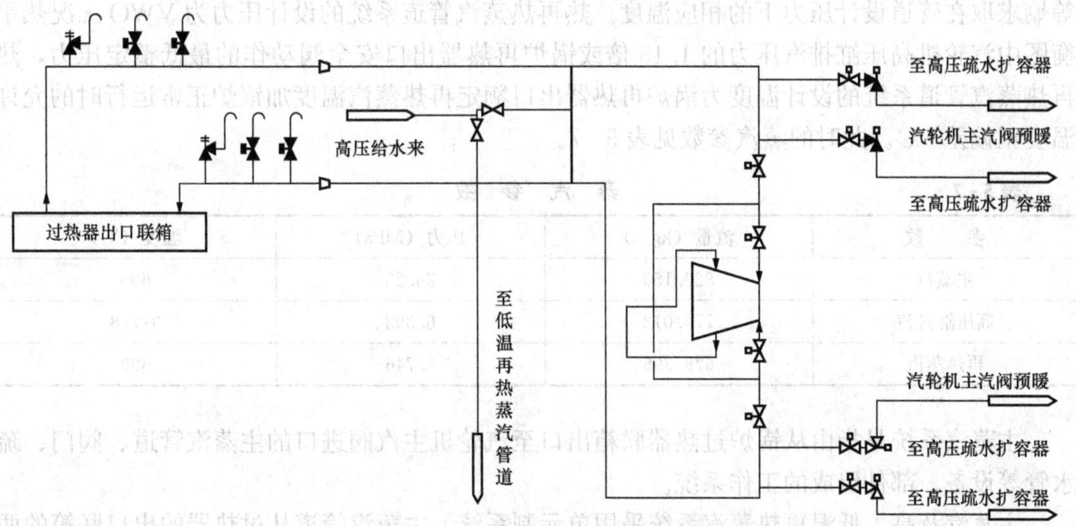

图 5-25　某 1000MW 机组主蒸汽系统示意

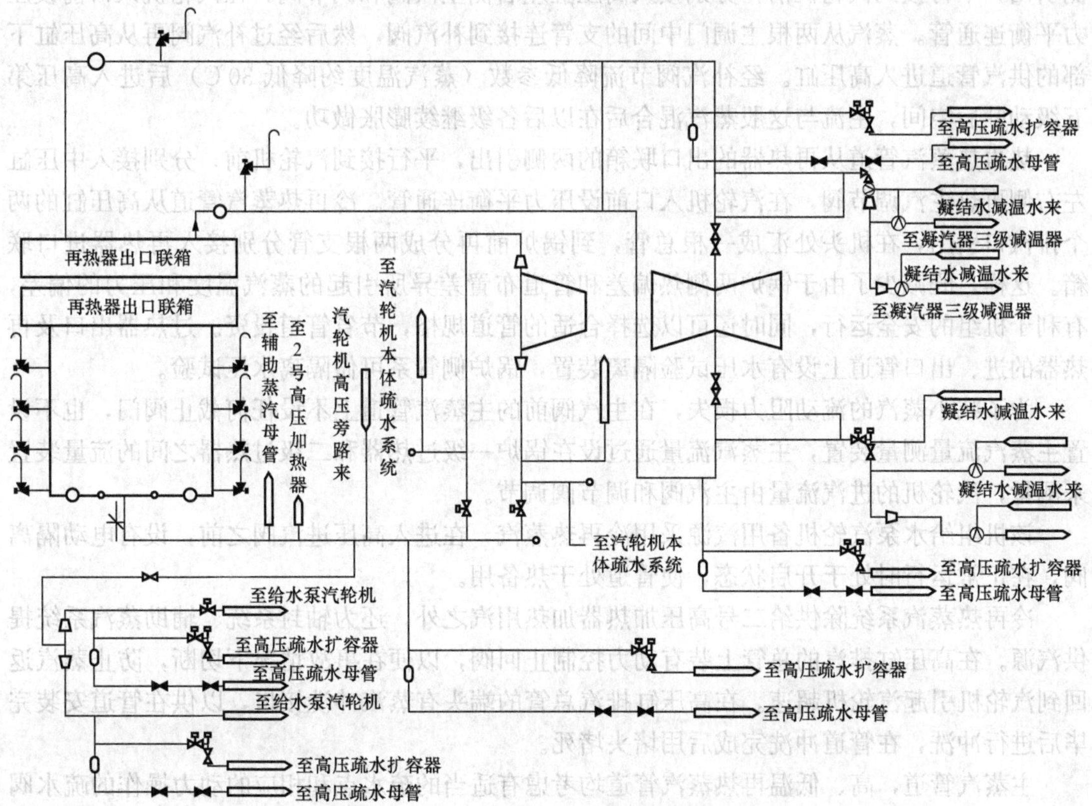

图 5-26　某 1000MW 机组再热蒸汽系统示意

主蒸汽、再热蒸汽系统是按汽轮发电机组 VWO 工况时的热平衡蒸汽量设计的。主蒸汽系统管道的设计压力为锅炉过热器出口额定主蒸汽压力，主蒸汽系统管道的设计温度为锅炉过热器出口额定主蒸汽温度加锅炉正常运行时允许温度正偏差 5℃。

冷再热蒸汽系统管道的设计压力为机组 VWO 工况热平衡图中汽轮机高压缸排汽压力的 1.15 倍，冷再热蒸汽管道系统的设计温度为 VWO 工况热平衡图中汽轮机高压缸排汽参数等熵求取在管道设计压力下的相应温度。热再热蒸汽管道系统的设计压力为 VWO 工况热平衡图中汽轮机高压缸排汽压力的 1.15 倍或锅炉再热器出口安全阀动作的最低整定压力，热再热蒸汽管道系统的设计温度为锅炉再热器出口额定再热蒸汽温度加锅炉正常运行时的允许温度正偏差 5℃。此时的蒸汽参数见表 5 - 7。

表 5 - 7　蒸　汽　参　数

参　　数	流量（kg/s）	压力（MPa）	温度（℃）
主蒸汽	820.150	26.25	600
高压缸排汽	774.012	6.393	377.8
再热蒸汽	679.395	5.746	600

主蒸汽系统是指由从锅炉过热器联箱出口至汽轮机主汽阀进口的主蒸汽管道、阀门、疏水管等设备、部件组成的工作系统。

主蒸汽及高、低温再热蒸汽系统采用单元制系统。主蒸汽管道从过热器的出口联箱的两侧引出，平行接到汽轮机前，分别接入高压缸左右侧主汽阀和调节阀，在汽轮机入口前设压力平衡连通管。蒸汽从两根主调门中间的支管连接到补汽阀，然后经过补汽阀再从高压缸下部的供汽管道进入高压缸。经补汽阀节流降低参数（蒸汽温度约降低 30℃）后进入高压第五级动叶后空间，主流与这股蒸汽混合后在以后各级继续膨胀做功。

热再热蒸汽管道从再热器的出口联箱的两侧引出，平行接到汽轮机前，分别接入中压缸左右侧再热主汽调节阀，在汽轮机入口前设压力平衡连通管。冷再热蒸汽管道从高压缸的两个排汽口引出，在机头处汇成一根总管，到锅炉前再分成两根支管分别接入再热器进口联箱。这样，既减少了由于锅炉两侧热偏差和管道布置差异所引起的蒸汽温度和压力的偏差，有利于机组的安全运行，同时还可以选择合适的管道规格，节省管道投资。过热器出口及再热器的进、出口管道上设有水压试验隔离装置，锅炉侧管系可做隔离水压试验。

为了减小蒸汽的流动阻力损失，在主汽阀前的主蒸汽管道上不设任何截止阀门，也不设置主蒸汽流量测量装置，主蒸汽流量通过设在锅炉一级过热器和二级过热器之间的流量装置来测量，汽轮机的进汽流量由主汽阀和调节阀调节。

该机组给水泵汽轮机备用汽源采用冷再热蒸汽，在进入高压进汽阀之前，设有电动隔离阀，在正常运行时处于开启状态，使管道处于热备用。

冷再热蒸汽系统除供给二号高压加热器加热用汽之外，还为轴封系统、辅助蒸汽系统提供汽源。在高压缸排汽的总管上装有动力控制止回阀，以便在事故情况下切断，防止蒸汽返回到汽轮机引起汽轮机超速。在高压缸排汽总管的端头有蒸汽冲洗接口，以供在管道安装完毕后进行冲洗，在管道冲洗完成后用堵头堵死。

主蒸汽管道，高、低温再热蒸汽管道均考虑有适当的疏水点和相应的动力操作的疏水阀（在低温再热蒸汽管道上还设有疏水袋）以保证机组在启动暖管和低负荷或故障条件下能及时疏尽管道中的冷凝水，防止汽轮机进水事故的发生。每一根疏水管道都单独接到凝汽器。

主蒸汽与再热（热段）管道的主管采用按美国 ASTM A335P91 或 P92 标准生产的无缝内径管钢管，其他管道采用 ASTM A335P91 无缝钢管。

再热（冷段）蒸汽管道采用按美国 ASTM A691 Cr1-1/4CL22 标准生产的电熔焊钢管，其他管道（二号高压加热器供汽、小汽轮机供汽、轴封蒸汽、疏水管道）采用 ASTM A335P11 无缝钢管。

系统内的各种阀门（包括主汽阀、调节阀、止回阀、疏水阀、安全阀）控制可靠、开启灵活、关闭严密，是保证系统正常工作的最基本条件。

二、旁路系统

1. 概述

旁路系统是指高参数蒸汽不进入汽轮机的通流部分做功，而是经过与该汽轮机并联的减温减压器降低压力和温度后，进入低一级参数的蒸汽管道或凝汽器的连接系统。大型中间再热式汽轮机均装有旁路系统。机组在启动、停机时，再热器中缺少蒸汽，此时可经旁路系统把新蒸汽减温减压后送入再热器，使再热器不致因干烧而损坏。另外，有的旁路系统具有控制主蒸汽压力和再热汽压力的功能，在机组启、停过程中或甩负荷时，可按设定的压力或曲线控制主蒸汽和再热蒸汽的压力。

汽轮机旁路系统的主要功能是：机组安全而经济地启动；启动时更易满足汽轮机对蒸汽温度的要求；使机组在甩大负荷时不会跳机；由于连续地流动，因此可最大限度地减少硬质颗粒对汽轮机的冲蚀。

常见的旁路系统形式如图 5 - 27 所示。

（1）三级旁路系统。三级旁路系统如图 5 - 27（a）所示，其高压旁路Ⅰ与低压旁路Ⅱ为串联系统，采用快速液压系统控制，其容量（通流量）均为锅炉额定蒸发量的 9%。整机旁路Ⅰ采用慢速电动机控制，其容量为锅炉额定蒸发量的 36%，排汽进入凝汽器。

（2）两级串联旁路系统。两级串联旁路系统如图 5 - 27（b）所示，其高压旁路Ⅰ与低压旁路Ⅱ串联，每级容量为锅炉额定蒸发量的 30%。

（3）两级并联旁路系统。两级并联旁路系统如图 5 - 27（c）所示，其特点是高压旁路与整机旁路并联，前者的容量为锅炉额定蒸发量的 10%～17%，后者为 20%～30%。多用于大型机组。

（4）单级（整机）旁路系统。单级旁路系统如图 5 - 27（d）所示，这种旁路系统较为简单，可避免复杂旁路系统布置困难、热损失多的缺点，但是再热器得不到保护，滑参数启动时，不能调整再热蒸汽温度。

（5）装有三用阀的旁路系统。装有三用阀的旁路系统如图 5 - 27（e）所示，这种旁路系统实际上仍是两级串联旁路系统，其特点是采用了兼有启动调节阀、减温减压旁路阀和安全阀三种作用的高压旁路控制阀，这种控制阀又称为三用阀。三用阀是可控的，能迅速自动跟踪超压保护，省去锅炉安全阀；与之配套的液压控制系统通过调节控制汽压以适应机组滑参数启、停和不同工况的运行；机组甩负荷后锅炉可不立即熄火，仅维持带厂用电运行。等事故排除后，数分钟内便可重新投入运行。减温水的调节与高压旁路快速联动，能大幅度地降温降压，使庞大的减温减压系统和设备大大减小。装有三用阀的旁路系统的容量为锅炉额定

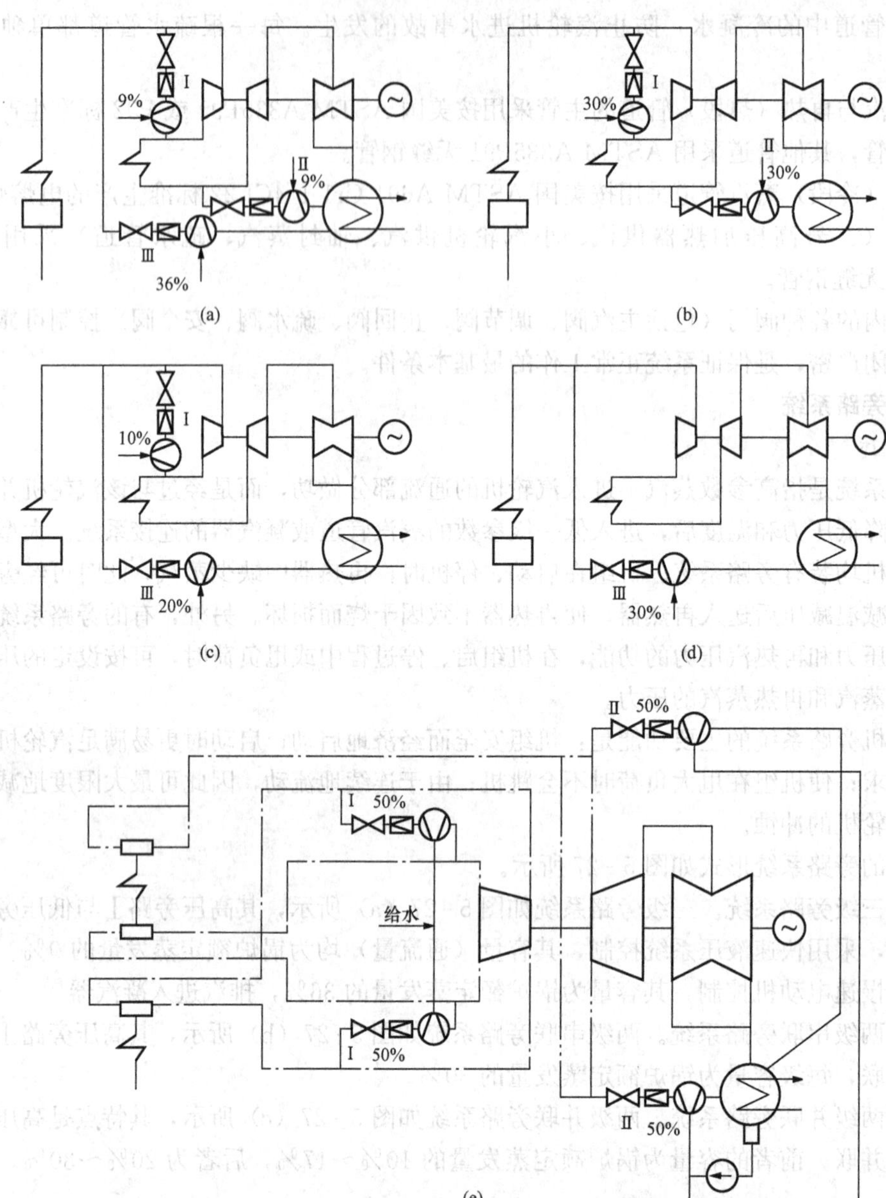

图 5-27 常见的旁路系统形式

(a) 三级旁路系统；(b) 两级旁路串联系统；(c) 两级旁路并联系统；(d) 单级旁路系统；(e) 装有三用阀的两级串联旁路系统

蒸发量的 100%，这种旁路系统被大型机组广泛采用。

2. 某 1000MW 机组旁路系统

该 1000MW 级汽轮机采用高低压串联的两级旁路系统（见图 5-28）。高压旁路系统设置在进入汽轮机高压缸前的主蒸汽管道上，低压旁路系统设置在进入汽轮机中压缸前的再热（热段）蒸汽管道上；低压旁路容量＝最小的锅炉流量×额定的冷再热压力/1.2MPa（低压旁路压力按 1.2MPa）。高压旁路容量与低压旁路容量相配。具有 40%BMCR 高压旁路和 40%BMCR＋高压旁路喷水量的低压旁路容量。

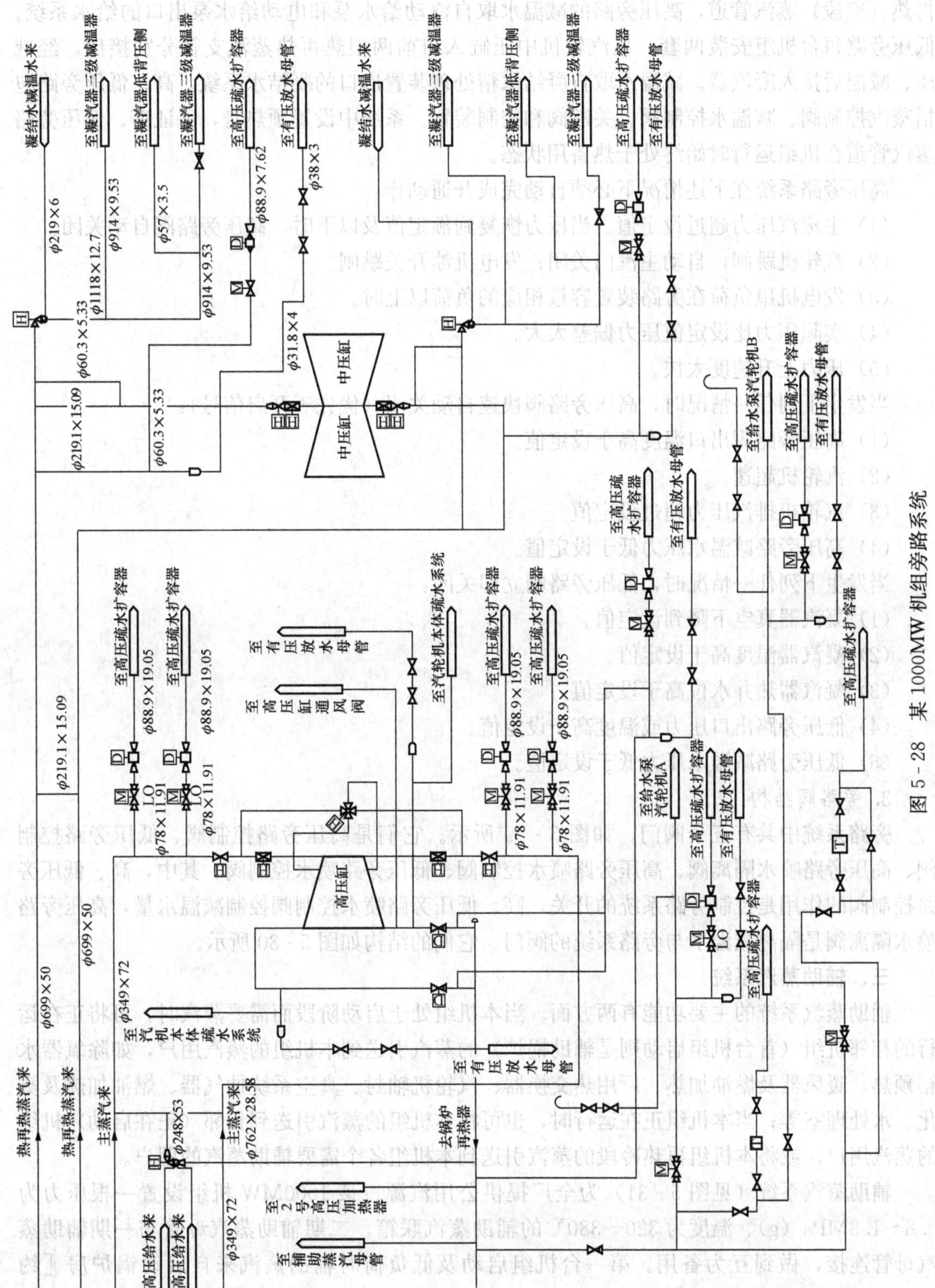

图5-28　某1000MW机组旁路系统

高压旁路每台机组安装一套，从汽轮机入口前主蒸汽联络管接出，经减压、减温后接至再热（冷段）蒸汽管道，高压旁路的减温水取自汽动给水泵和电动给水泵出口的给水系统。低压旁路每台机组安装两套，从汽轮机中压缸入口前两根热再热蒸汽支管分别接出，经减压、减温后接入凝汽器。减温水取自凝结水精处理装置出口的凝结水系统。高、低压旁路包括蒸汽控制阀、减温水控制阀、关断阀和控制装置。系统中设置预热管，保证高、低压旁路蒸汽管道在机组运行时始终处于热备用状态。

高压旁路系统在下述情况下必须自动完成开通动作：

(1) 主蒸汽压力超过设定值。当压力恢复到额定值及以下时，高压旁路阀自动关闭。

(2) 汽轮机跳闸，自动主汽门关闭；发电机油开关跳闸。

(3) 发电机甩负荷在旁路装置容量相应的负荷以上时。

(4) 实际压力比设定值压力偏差太大。

(5) 压力上升速度太快。

当发生下列任一情况时，高压旁路阀快速自动关闭（优先于开启信号）：

(1) 高压旁路阀出口温度高于设定值。

(2) 汽轮机超速。

(3) 汽轮机排汽压力超过设定值。

(4) 高压旁路减温水压力低于设定值。

当发生下列任一情况时，低压旁路阀立即关闭：

(1) 凝汽器真空下降到设定值。

(2) 凝汽器温度高于设定值。

(3) 凝汽器热井水位高于设定值。

(4) 低压旁路出口压力或温度高于设定值。

(5) 低压旁路减温水压力低于设定值。

3. 旁路阀结构

旁路系统中共有五个阀门，如图 5 - 29 所示。它们是高压旁路控制阀、低压旁路控制阀、高压旁路喷水隔离阀、高压旁路喷水控制阀、低压旁路喷水控制阀。其中，高、低压旁路控制阀的作用是控制旁路系统的开关，高、低压旁路喷水控制阀控制减温水量，高压旁路喷水隔离阀是隔离减温水与旁路系统的阀门。它们的结构如图 5 - 30 所示。

三、辅助蒸汽系统

辅助蒸汽系统的主要功能有两方面。当本机组处于启动阶段而需要蒸汽时，可将正在运行的相邻机组（首台机组启动则是辅助锅炉）的蒸汽引送到本机组的蒸汽用户，如除氧器水箱预热、暖风器及燃油加热、厂用热交换器、汽轮机轴封、真空系统抽气器、燃油加热及雾化、水处理室等；当本机组正在运行时，也可将本机组的蒸汽引送到相邻（正在启动）机组的蒸汽用户，或将本机组再热冷段的蒸汽引送到本机组各个需要辅助蒸汽的用户。

辅助蒸汽系统（见图 5 - 31）为全厂提供公用汽源。某 1000MW 机组设置一根压力为 0.8～1.3MPa (g)、温度为 320～380℃的辅助蒸汽联箱。二期辅助蒸汽母管与一期辅助蒸汽母管连接，做到互为备用。第一台机组启动及低负荷时辅助蒸汽来自启动锅炉房［约 50t/h，1.3MPa (g)］。机组正常运行后，辅助蒸汽来源主要为运行机组的冷再热蒸汽（减压后）和四段抽汽。机组投入运行时，机组的启动用汽、低负荷时辅助汽系统用汽、机组跳闸时备用汽及停机时保养用汽都来自全厂辅汽母管。当高压缸的排汽参数略高于辅助蒸汽系统用汽的参数时，即可切换到由本机高压缸排汽供给。辅助蒸汽管道设计要满足给水泵汽轮机对蒸汽流量的需求。

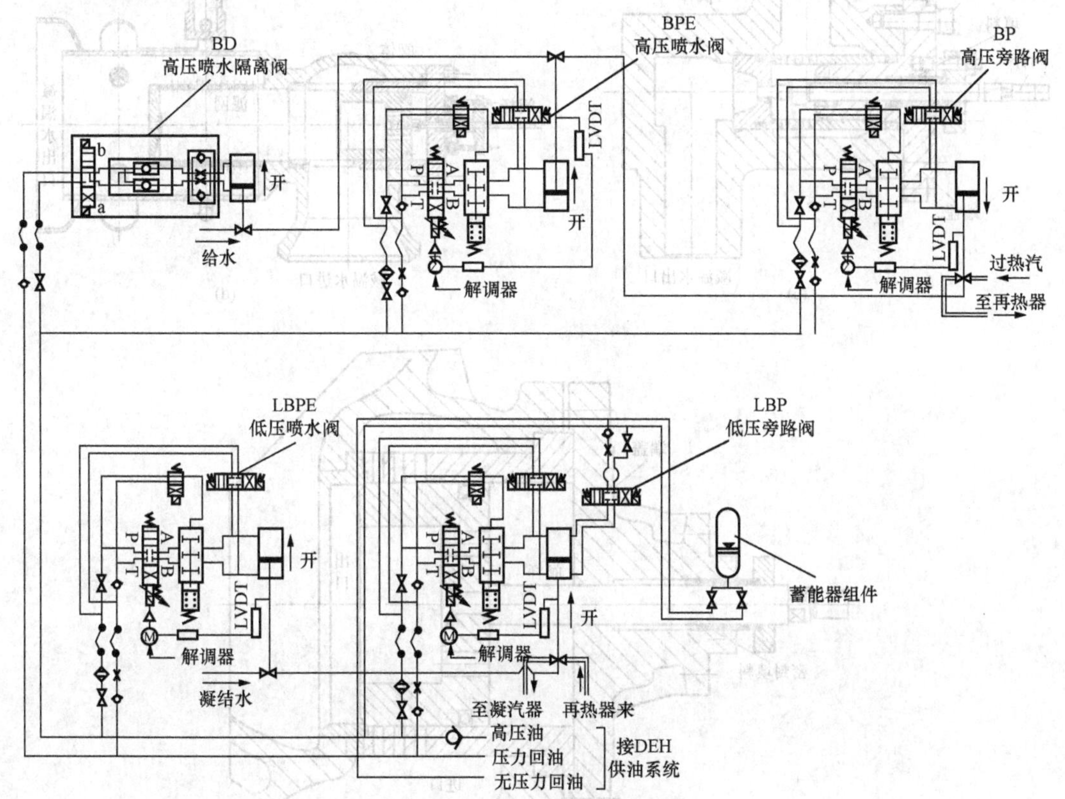

图 5-29　旁路系统中的阀门

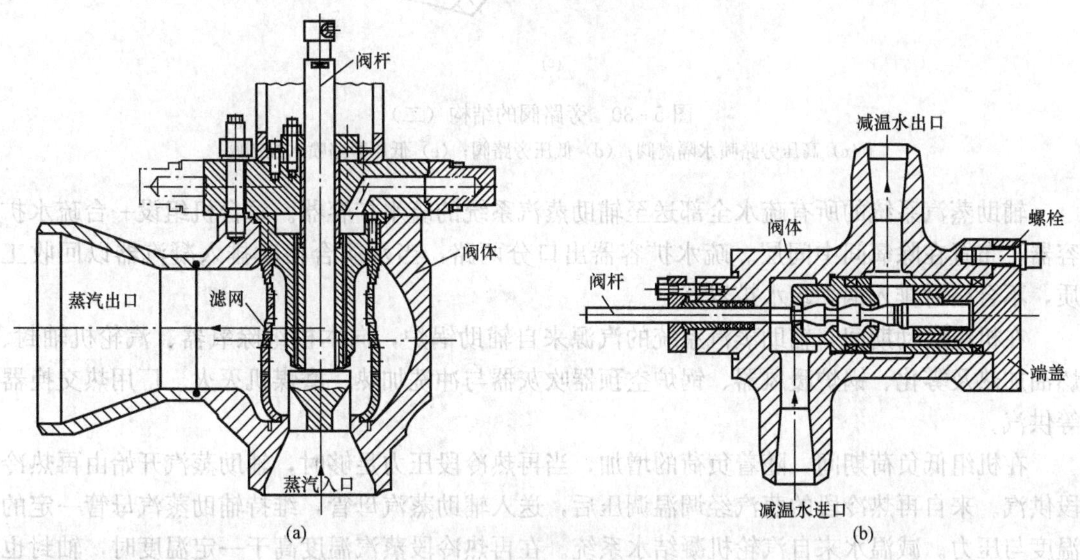

图 5-30　旁路阀的结构（一）

（a）高压旁路控制阀；（b）高压旁路喷水控制阀

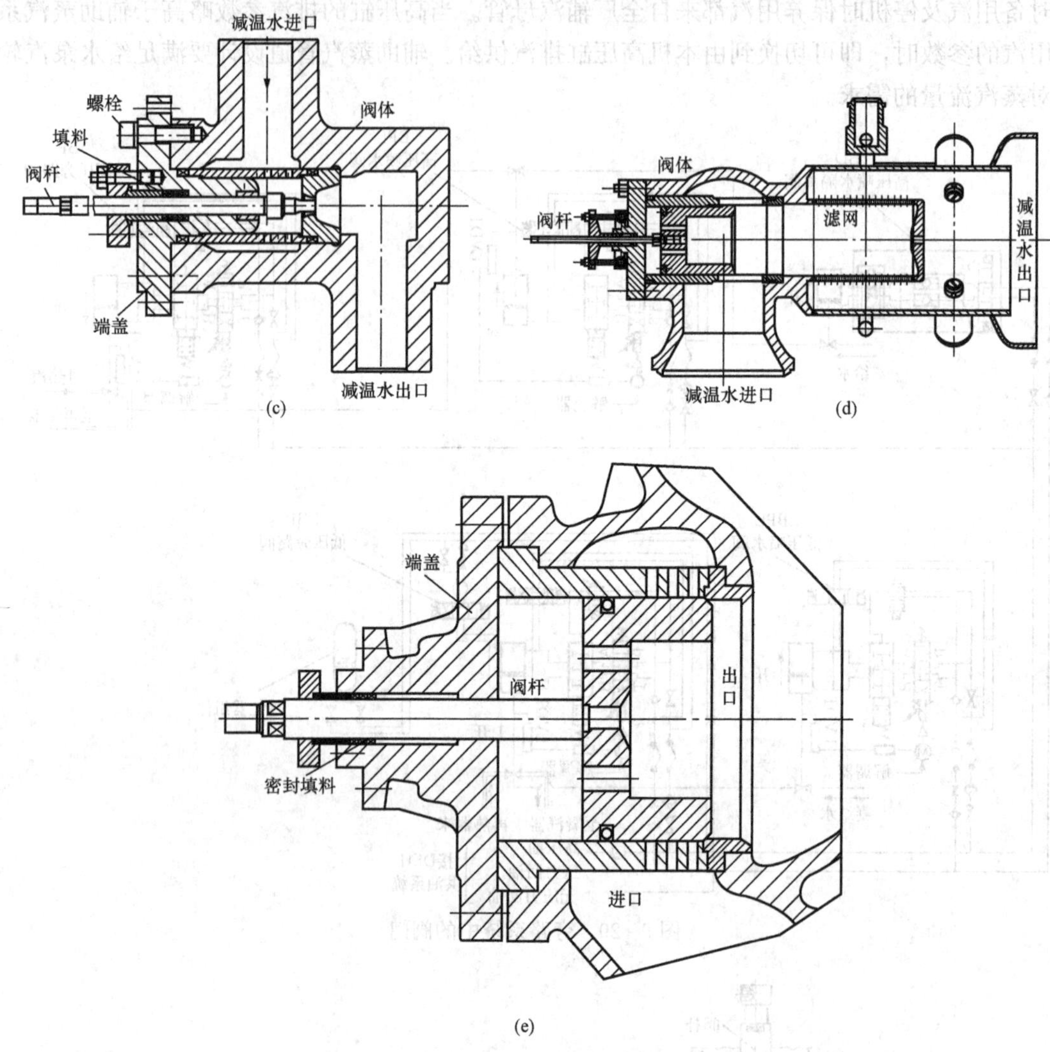

图 5-30 旁路阀的结构（二）

（c）高压旁路喷水隔离阀；（d）低压旁路阀；（e）低压旁路喷水控制阀

辅助蒸汽系统的所有疏水全部送至辅助蒸汽系统的疏水扩容器。每台机组设一台疏水扩容器，布置在除氧间中间层。疏水扩容器出口分两路，当水质合格时排入凝汽器以回收工质，不合格时排入锅炉疏水扩容器。

在机组启动期间，辅助蒸汽系统的汽源来自辅助锅炉，向本机组除氧器、汽轮机轴封、燃油加热及雾化、锅炉暖风器、锅炉空预器吹灰器与冲洗加热、磨煤机灭火、厂用热交换器等供汽。

在机组低负荷期间，随着负荷的增加，当再热冷段压力足够时，辅助蒸汽开始由再热冷段供汽。来自再热冷段的蒸汽经调温调压后，送入辅助蒸汽母管，维持辅助蒸汽母管一定的温度与压力。减温水来自汽轮机凝结水系统。在再热冷段蒸汽温度高于一定温度时，轴封也由再热冷段供汽。随着负荷进一步增加，逐渐切换成自保持方式，机组进入正常运行阶段。在辅助蒸汽管道上设有一只安全阀，其压力为整定值。

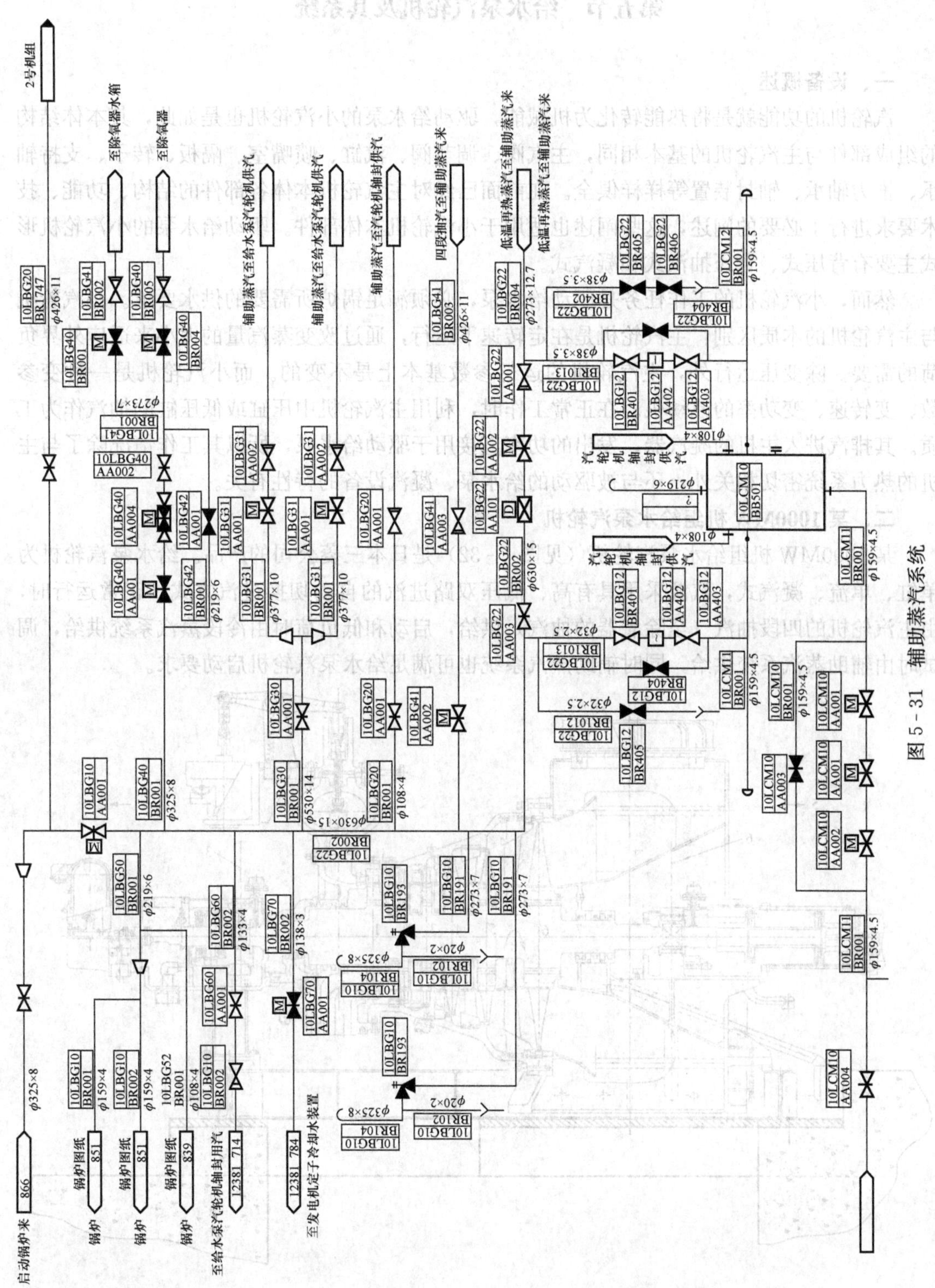

2号机组
至除氧器水箱
至除氧器
辅助蒸汽至给水泵汽轮机供汽
辅助蒸汽至给水泵汽轮机供汽
辅助蒸汽至汽轮机轴封供汽
四段抽汽至辅助蒸汽来
低温再热蒸汽至辅助蒸汽来
低温再热蒸汽至辅助蒸汽来
启动锅炉来 866
锅炉 锅炉图纸 851
锅炉 锅炉图纸 851
锅炉 锅炉图纸 839
至给水泵汽轮机轴封用汽 12381 714
至发电机定子冷却水装置 1238 784
汽轮机轴封供汽
汽轮机轴封供汽

图 5-31 辅助蒸汽系统

第五节 给水泵汽轮机及其系统

一、设备概述

汽轮机的功能就是将热能转化为机械能，驱动给水泵的小汽轮机也是如此，其本体结构的组成部件与主汽轮机的基本相同，主汽阀、调节阀、汽缸、喷嘴室、隔板、转子、支持轴承、推力轴承、轴封装置等样样俱全。在前面已经对主汽轮机本体各部件的结构、功能、技术要求进行了必要的阐述，这些阐述也适用于小汽轮机本体部件。驱动给水泵的小汽轮机形式主要有背压式、背压抽汽式和凝汽式。

然而，小汽轮机的工作任务是驱动给水泵，必须满足锅炉所需要的供水要求。小汽轮机与主汽轮机的本质区别：主汽轮机是在定转速下运行，通过改变蒸汽量的大小来适应外界负荷的需要。除变压运行外，主汽轮机的运行参数基本上是不变的。而小汽轮机是一种变参数、变转速、变功率的原动机。在正常工作时，利用主汽轮机中压缸或低压缸的抽汽作为工质。其排汽进入主机的凝汽器，发出的功率直接用于驱动给水泵，所以其工作情况除了与主机的热力系统密切相关外，还与被驱动的给水泵、凝汽设备的特性有关。

二、某1000MW机组给水泵汽轮机

某1000MW机组给水泵汽轮机（见图5-32）是日本三菱公司的产品。给水泵汽轮机为单缸、单流、凝汽式，汽源采用具有高、低压双路进汽的自动切换进汽方式，正常运行时，由主汽轮机的四段抽汽（至除氧器的抽汽）供给，启动和低负荷时由冷段蒸汽系统供给，调试时由辅助蒸汽系统供给，同时辅助蒸汽系统也可满足给水泵汽轮机启动要求。

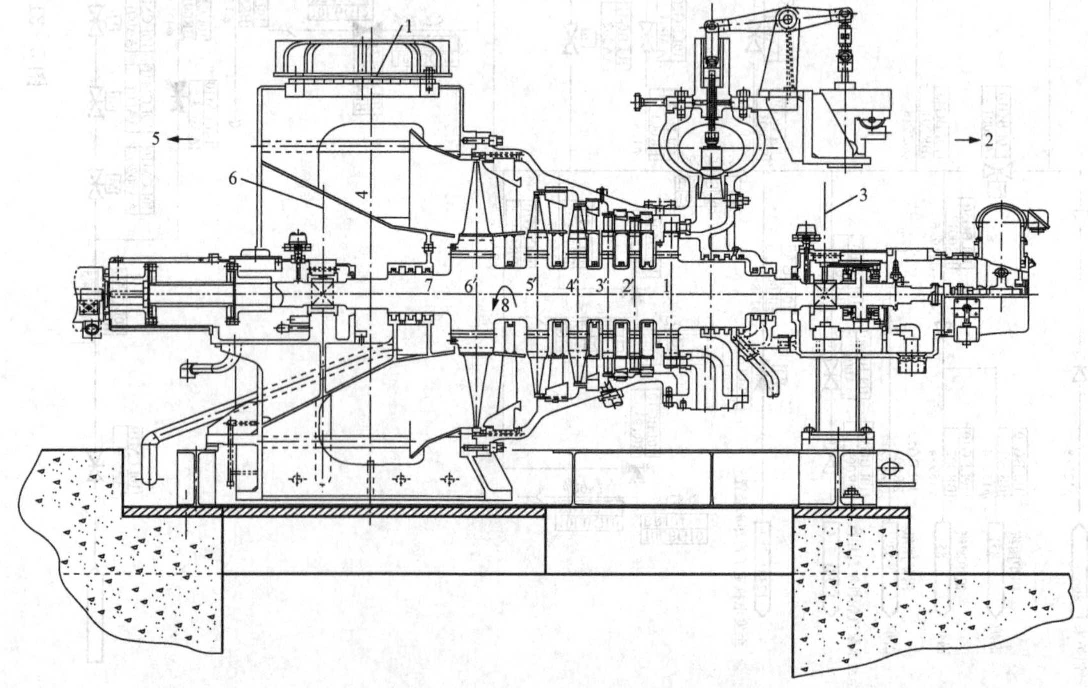

图5-32 小汽轮机的剖面

1—排汽端盖；2—调速器端；3—1号轴承；4—排汽管中心线；5—给水泵端；6—2号轴承；7—本体；8—转向

给水泵汽轮机排汽向下直接排入凝汽器。每台给水泵汽轮机各自设有一套润滑和控制油系统。给水泵汽轮机的正常工作汽源从四段抽汽管道上引出，装设有流量测量喷嘴、电动隔离阀和止回阀，止回阀是当高压汽源切换时，防止高压蒸汽窜入抽汽系统，当给水泵汽轮机在低负荷运行使用高压汽源时，该管道也将处于热备用状态。小汽轮机的主要技术参数参见表5-8。

表5-8　小汽轮机的主要技术参数

编号	项目		单位	参数
1	形式			单缸、单流、主轴驱动、凝汽式、双汽源自动切换
2	调节系统形式			DEH
3	进汽汽源			高压汽源（冷段蒸汽）；低压汽源（四段抽汽）
4	高压进汽压力		MPa（a）	5.768
5	高压进汽温度		℃	361.4
6	低压进汽压力		MPa（a）	1.066
7	低压进汽温度		℃	364.9
8	转速调节范围		r/min	2850～6300
9	额定功率		kW	15850
10	额定转速		r/min	5855
11	设计功率		kW	22000
12	设计转速		r/min	6300
13	额定内效率		%	≥81
14	最大连续出力		kW	22000
15	额定进汽压力		MPa（a）	1.066
16	额定进汽温度		℃	362.9
17	额定排汽压力	高压侧	MPa（a）	6.39
		低压侧	MPa（a）	5.4
18	额定排汽温度	高压侧	℃	约37
		低压侧	℃	约35
19	紧急跳闸转速		r/min	6440
20	转动方向			逆时针（从小汽轮机向给水泵看）
21	和给水泵的连接方式			柔性联轴器

三、小汽轮机的润滑油系统

1. 概述

由于小汽轮机的运行方式与主汽轮机不同，因此每台小汽轮机都各自配备一套独立的润滑油系统，用于向小汽轮机的轴承、盘车装置、齿形联轴器以及给水泵的轴承提供润滑和冷却用油。

小汽轮机配备有自身的压力油系统，用于向小汽轮机调节系统和保安系统供油。小汽轮机压力油系统有两种配置方式：每台小汽轮机配置一套压力油系统，两台小汽轮机共用一套压力油系统。小汽轮机压力油系统既可以与主汽轮机采用相同的工质，即采用抗燃油（如磷酸酯抗燃油），也可以和小汽轮机润滑油系统共用汽轮机油。

小汽轮机压力油系统的设备配置主要包括压力油油箱、压力油泵、净化再生油泵及油再生器、滤网、蓄能器（蓄压器）、压力调节装置（压力调节阀、安全阀）、冷油器、电加热器、试验电磁阀以及连接系统的管道、阀门（隔离阀、止回阀）等部件。

2. 某 1000MW 机组小汽轮机润滑油系统简介

该机组润滑/压力油系统（见图 5-33）设有可靠的主辅供油设备，在启停、正常运行和事故情况下均能满足给水泵汽轮机和汽动给水泵轴承的润滑需要，并能保证安全油供应。润滑油箱的容量保证了在失去交流电、冷油器断水的情况下给水泵汽轮机能在回油温度不超过 80℃的条件下惰走。油箱底部有合适的坡度，可以确保油箱内的油全部放尽。油箱上还设置了排污管、充油管、油净化装置连接管、取样管以及相应的阀门。在给水泵额定出力以及冷油器额定进口水温（38℃）的条件下，运行冷油器的热交换量不超过该冷油器额定热交换量的 120%。油系统设有可靠的排气孔和窥视窗，回油是无压的。

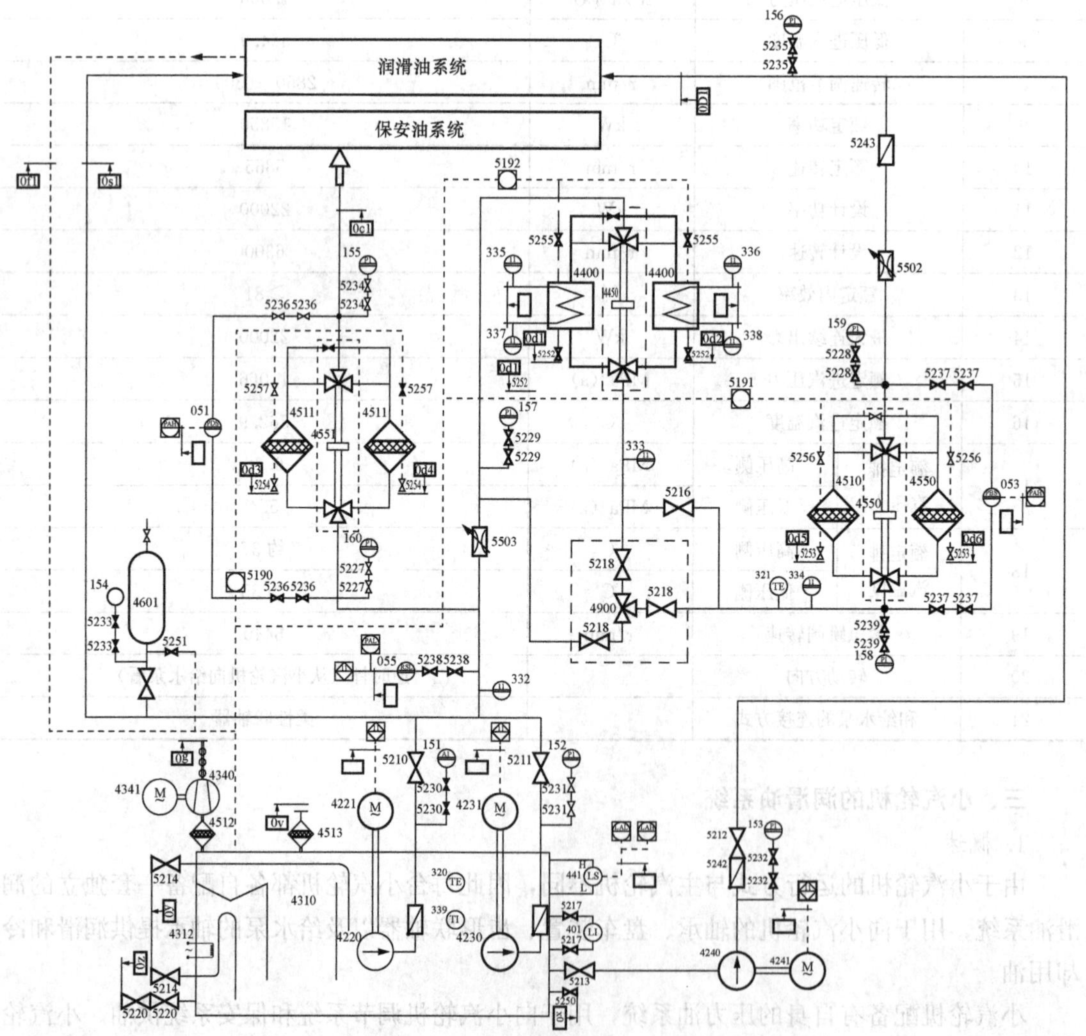

图 5-33　小汽轮机的供油系统

给水泵汽轮机设有电动油泵供油系统为给水泵汽轮机和汽动给水泵的轴承提供润滑油，同时为给水泵汽轮机供应安全油。油质和主汽轮机润滑油相同，为 ISO VG46 汽轮机油，流量为 535L/min，压力为 98kPa（g）。

第六节　汽轮机控制

一、汽轮机控制概述

电厂提供的电能是不能储存的，其生产的特点是产、销、供一次完成，没有产品的库存。而电用户要根据自己对能量的需求，不断地改变电的用量，这样就会造成供需间的不平衡。除了数量之外，电的生产必须有一定的质量，即保证一定的供电频率、电压。其中供电频率必须取决于汽轮发电机的转速，转速高则发电频率高，转速低则发电频率低。为了保证向用户每时每刻都提供合格的电能，就必须保证电力系统的电压、频率的稳定。同时，在电网出现事故时，又要能保证机组自身的安全。这就需要汽轮机配备自动调节系统。汽轮机的自动调节系统已经有了相当长的历史，可以说，汽轮机在实现自动化之后，即配备了调节系统之后才得到工程实际应用的。

调节保安系统是高压抗燃油数字电液控制系统（DEH）的执行机构，它接受 DEH 发出的指令，完成挂闸、驱动阀门及遮断机组任务。某 1000MW 机组的调节保安系统满足下列基本要求：

（1）挂闸。

（2）适应高、中压缸联合启动的要求。

（3）适应中压缸启动的要求。

（4）具有超速限制功能。

（5）需要时，能够快速、可靠地遮断汽轮机进汽。

（6）适应阀门活动试验的要求。

（7）具有超速保护功能。

机械式超速保护：动作转速为额定转速的 110%～111%（3300～3330r/min），此时危急遮断器的飞环击出，打击危急遮断器装置的撑钩，使撑钩脱扣，机械危急遮断装置连杆使高压遮断组件的紧急遮断阀动作，切断高压保安油的供油，同时将高压保安油的排油口打开，泄掉高压保安油。快速关闭各主汽、调节阀门，遮断机组进汽。

DEH 电超速保护和 TSI 电超速保护：当检测到机组转速达到额定转速的 110%（3300r/min）时，发出电气停机信号，使主遮断电磁阀（YV5、YV6 见图 5 - 35，以下同）和机械停机电磁铁（YV3）中的电磁遮断装置动作，泄掉高压保安油，遮断机组进汽。同时，DEH 又将停机信号送到各阀门遮断电磁阀、快速关闭各汽门，保证机组的安全。

机组的调节保安系统按照其组成可划分为低压保安系统和高压抗燃油系统两大部分。而高压抗燃油系统由液压伺服系统、高压遮断系统和抗燃油供油系统三大部分组成。下面对各组成部分分别加以说明。

二、低压保安系统

低压保安系统由危急遮断器、危急遮断装置、危急遮断装置连杆、手动停机机构、复位试验阀组、机械停机电磁铁（YV3）和导油环组成，如图 5 - 34 所示。

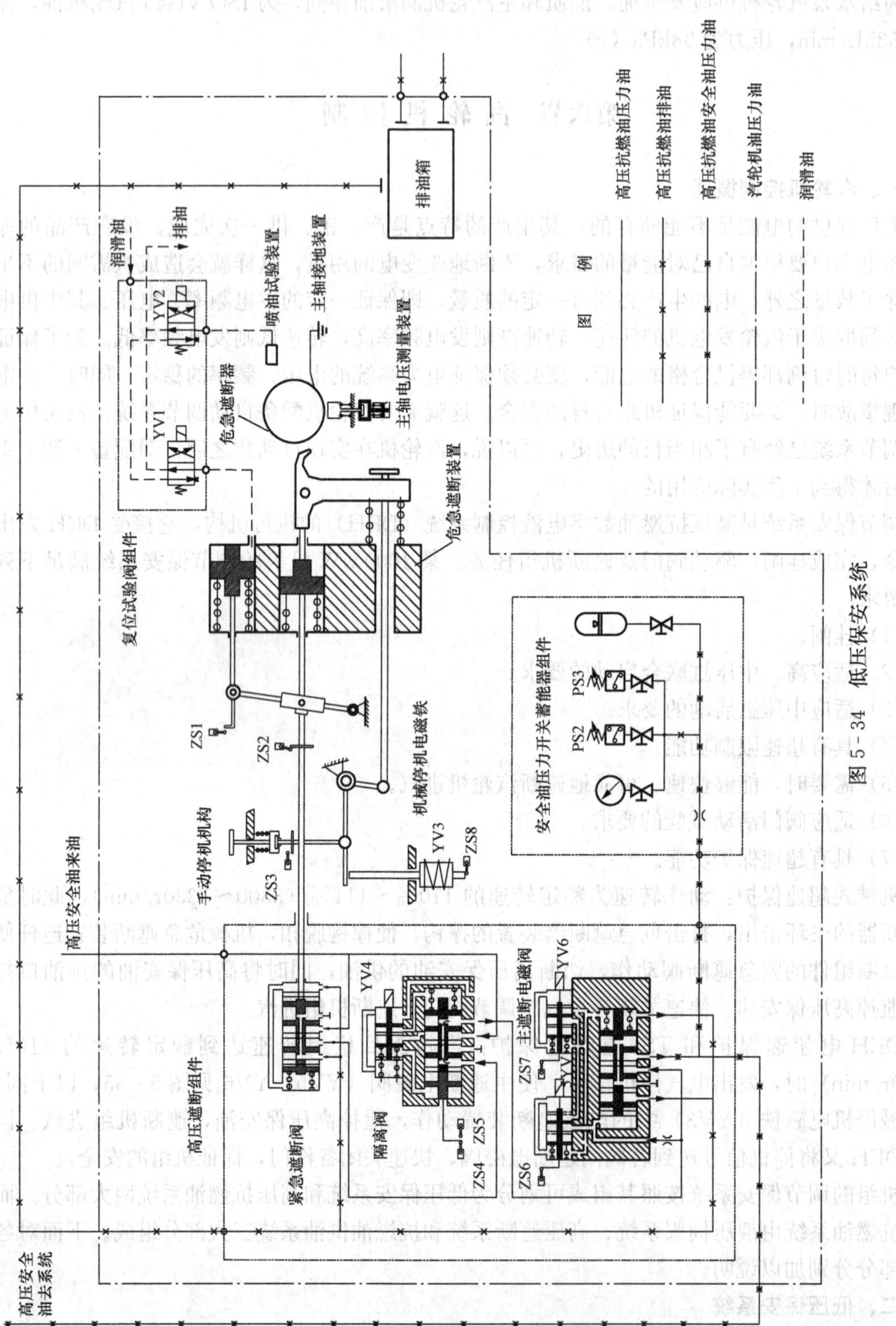

润滑油
排油
YV2
YV1
危急遮断器
喷油试验装置
主轴接地装置
主轴电压测量装置
危急遮断装置
复位试验阀组件
排油箱
图例
高压抗燃油压力油
高压抗燃油排油
高压抗燃油安全油压力油
汽轮机油压力油
润滑油
ZS1
ZS2
ZS3
手动停机机构
机械停机电磁铁
YV3
ZS8
安全油压力开关蓄能器组件
PS2
PS3
高压安全油来油
高压遮断组件
紧急遮断阀
隔离阀
YV4
ZS4
ZS5
ZS7
主遮断电磁阀
YV6
ZS6
高压安全油去系统

图 5-34　低压保安系统

润滑油分两路进入复位电磁阀，一路经复位电磁阀（YV1）进入危急遮断装置活塞腔室，接受复位试验阀组 YV1 的控制；另一路经喷油电磁阀（YV2），从导油环进入危急遮断器腔室，接受喷油电磁阀阀组 YV2 的控制。手动停机机构、机械停机电磁铁、高压遮断组件中的紧急遮断阀通过危急遮断装置连杆与危急遮断器装置相连，高压保安油通过高压遮断组件与油源上高压抗燃油压力油出油管及无压排油管相连。

（一）挂闸

系统设置的复位试验阀组中的复位电磁阀（YV1），危急遮断机构的行程开关 ZS1、ZS2 供挂闸用。挂闸过程如下：按下挂闸按钮（设在 DEH 操作盘上），复位试验阀组中的复位电磁阀（YV1）带电动作，将润滑油引入危急遮断装置活塞侧腔室，活塞上行到上止点，使危急遮断器装置的撑钩复位，通过危急遮断装置的杠杆将高压遮断组件的紧急遮断阀复位，接通高压保安油的进油，同时将高压保安油的排油口封住，建立高压保安油。当压力开关组件中的二取一压力开关检测到高压保安油已建立后，向 DEH 发出信号，使复位电磁阀（YV1）失电，危急遮断器装置活塞回到下止点，DEH 检测行程开关 ZS1 的常开触点由断开转换为闭合，再由闭合转为断开，ZS2 的常开触点由断开转换为闭合，DEH 判断挂闸过程完成。

（二）遮断

从可靠性角度考虑，低压保安系统设置有电气、机械及手动三种冗余的遮断手段。

1. 电气停机

实现该功能由机械停机电磁铁和高压遮断组件来完成。该系统设置的电气遮断本身就是冗余的，一旦接受电气停机信号，ETS 使机械停机电磁铁（YV3）带电，同时使高压遮断组件中的主遮断电磁阀（YV5、YV6）失电。机械停机电磁铁（YV3）通过危急遮断装置连杆使危急遮断装置的撑钩脱扣，危急遮断装置的撑钩脱扣又使紧急遮断阀动作，切断高压保安油的进油并将高压保安油的排油口打开，泄掉高压保安油，快速关闭各主汽、调节阀门，遮断机组进汽。而高压遮断组件中的主遮断电磁阀失电，直接泄掉高压保安油，快速关闭各阀门。因此危急遮断器装置的撑钩脱扣后，即使高压遮断组件中的紧急遮断阀拒动，系统仍能遮断所有调节门、主汽门，以确保机组安全。

2. 机械超速保护

由危急遮断器、危急遮断装置、高压遮断组件和危急遮断装置连杆组成。动作转速为额定转速的 110%～111%（3300～3330r/min）。当转速达到危急遮断器设定值时，危急遮断器的飞环击出，打击危急遮断装置的撑钩，使撑钩脱扣，通过危急遮断装置连杆使高压遮断组件中的紧急遮断阀动作，切断高压保安油的进油并泄掉高压保安油，快速关闭各进汽阀，遮断机组进汽。

3. 手动停机

系统在机头设有手动停机机构供紧急停机用。转动并拉出手动停机机构手柄，通过危急遮断装置连杆使危急遮断装置的撑钩脱扣，后续过程同机械超速保护。

4. 低压保安系统主要部套说明

(1) 危急遮断器。危急遮断器是重要的超速保护装置之一。当汽轮机的转速达到 110%～111%（3300～3330r/min）额定转速时，危急遮断器的飞环在离心力的作用下迅速击出，打击危急遮断装置的撑钩，使撑钩脱扣。通过危急遮断装置连杆使高压遮断组件的紧急遮断阀动作，泄掉高压保安油，从而使主汽阀、调节阀迅速关闭。为提高可靠性，防止危急遮断器的飞环卡涩，运行时借助隔离阀（属高压遮断组件）、复位试验阀组，可完成喷油试验及提升转速试验。调整危急遮断器的飞环弹簧的预紧力可改变动作转速。

（2）复位试验阀组。在掉闸状态下，根据运行人员指令使复位试验阀组的复位电磁阀（YV1）带电动作，将润滑油引入危急遮断装置活塞侧腔室，活塞上行到上止点，通过危急遮断装置的连杆使危急遮断装置的撑钩复位。

在飞环喷油试验情况下，使喷油电磁阀（YV2）带电动作，将润滑油从导油环注入危急遮断器腔室，危急遮断器飞环被压出。

（3）高压遮断组件。该组件主要由主遮断电磁阀、隔离阀、紧急遮断阀、油路块、行程开关等附件组成。

高压遮断组件的作用：接受 ETS 或 DEH 跳闸信号，主遮断电磁阀（YV5、YV6）失电，遮断机组。它是调节保安系统中最重要的部套之一；通过两行程开关，主遮断电磁阀可以在线做电磁阀动作试验。在主遮断电磁阀试验状态下，DEH 使 YV5（或 YV6）分别失电，当 DEH 检测到行程开关 ZS6（或 ZS7）常闭触点由断开变为闭合时，主遮断电磁阀（YV5 或 YV6）试验成功；在提升转速试验时，高压遮断组件的隔离阀处在正常状态（不隔离），它使进入主遮断阀的高压安全油由紧急遮断阀提供。DEH 接收到操作员升速指令后，将转速提升到动作值，危急遮断器飞环被击出，打击危急遮断装置的撑钩，使危急遮断装置撑钩脱扣，通过危急遮断装置连杆使高压遮断组件的紧急遮断阀动作，泄掉高压保安油，快速关闭各进汽阀，遮断机组进汽；在飞环喷油试验情况下，先使高压遮断组件的隔离阀（YV4）带电动作，由紧急遮断阀提供给主遮断阀的高压保安油被隔离阀截断，隔离阀直接向主遮断阀提供高压安全油，其上设置的行程开关 ZS4 的常闭触点闭合、ZS5 的常闭触点闭合并对外发出信号，DEH 检测到该信号后，使复位试验阀组的喷油电磁阀（YV2）带电动作，透平油润滑油从导油环进入危急遮断器腔室，危急遮断器飞环被压出，打击危急遮断装置的撑钩，使危急遮断装置撑钩脱扣，通过危急遮断装置连杆使高压遮断组件的紧急遮断阀动作。由于高压保安油已不由紧急遮断阀提供，机组在飞环喷油试验情况下不会被遮断。此时系统的遮断保护由主遮断电磁阀（YV5、YV6）及各阀油动机的遮断电磁阀来保证。

（4）手动停机机构。该机构为机组提供紧急状态下人为遮断机组的手段。运行人员在机组紧急状态下，转动并拉出手动停机机构手柄，通过危急遮断装置连杆使危急遮断装置的撑钩脱扣，并导致遮断隔离阀组的紧急遮断阀动作，泄掉高压保安油，快速关闭各进汽阀，遮断机组进汽。

（5）危急遮断装置连杆。它由连杆系及行程开关 ZS1、ZS2、ZS3 组成。通过它将手动停机机构、危急遮断装置、机械停机电磁铁、高压遮断组件的紧急遮断阀相互连接，并完成上述部套之间力及位移的可靠传递。行程开关 ZS1、ZS2 指示危急遮断装置是否复位，行程开关 ZS3 和 ZS8 分别在手动停机机构动作和机械停机电磁铁动作时向 DEH 送出信号，使高压遮断组件失电，遮断汽轮机。

（6）机械停机电磁铁。机械停机电磁铁为机组提供紧急状态下遮断机组的手段。各种停机电气信号都被送到机械停机电磁铁上使其动作，带动危急遮断装置连杆使危急遮断装置的撑钩脱扣，并导致高压遮断组件的紧急遮断阀动作，泄掉高压保安油，快速关闭各进汽阀，遮断机组进汽。

(7) 低润滑油压遮断器。该遮断器由 14 只压力开关、1 只压力变送器、6 个节流孔和 6 个试验电磁阀组成。

压力开关 PSA1 和 PSA1′检测油涡轮的驱动油压，当油压降至 1.21MPa 时，启动辅助油泵（TOP）。

压力开关 PSA2 检测主油泵的进油压力，当油压降至 0.07MPa 时，启动吸入油泵（MSP）。

压力开关 PSA3 和 PSA3′检测润滑油母管油压，当油压降至 0.1MPa 时，启动直流事故油泵（EOP）。

压力开关 PSA4 检测润滑油母管油压，当油压降至 0.1MPa 时，发出润滑油压低报警信号。

压力开关 PSA5 检测润滑油母管油压，当油压降至 0.07MPa 时，停止盘车。

压力开关 PSA6～PSA8 检测润滑油母管油压，当油压降至 0.07MPa 时，信号送至 ETS，经三取二逻辑处理后遮断汽轮机。

压力变送器 P_{t1} 监视润滑油压力。

6 个节流孔和 6 个电磁阀可分别实现交流辅助油泵（TOP）、吸入油泵（MSP）、直流润滑油泵（MSP）、低润滑油压报警、停盘车的在线试验。

(8) 低冷凝真空遮断器。压力开关 PSB1 和 PSB6 当凝汽器绝对压力升至 0.019 6MPa 时报警。

压力开关 PSB2、PSB3、PSB4 和 PSB7、PSB8、PSB9 当凝汽器绝对压力升至 0.025 3MPa 时三取二逻辑停机并报警。

压力开关 PSB5 和 PSB10 当凝汽器绝对压力降到 0.002 67MPa 时，打开真空控制调节阀。

压力开关 PSB11 和 PSB12 当凝汽器绝对压力升到 0.003 33MPa 时，关闭真空控制调节阀。

上述内容可参考图 5-35、图 5-36 调节保安油路系统图和抗燃油供油系统图。

三、液压伺服系统

(一) 液压伺服系统

液压伺服系统由阀门操纵座及油动机两部分组成，可以完成阀门的开度控制和实现阀门快关。

1. 控制阀门开度

系统设置四个高压调节阀油动机、四个高压主汽阀油动机、两个中压主汽阀油动机、两个中压调节阀油动机。其中，高压、中压调节阀及 2、3 号高压主汽阀油动机由电液伺服阀实现连续控制，1、4 号高压主汽阀油动机、中压主汽阀油动机由电磁阀实现两位控制。

在纯凝汽工况下：机组挂闸，高压保安油建立后，DEH 自动判断机组的热状态，根据需要可完成阀门预暖。预暖开始时，DEH 首先控制 2、3 号高压主汽阀油动机的电液伺服阀，使高压油进入油缸下腔，使活塞上行并在活塞端面形成与弹簧相适应的负载力。由于位移传感器（LVDT）的拉杆和活塞连接，活塞移动便由位移传感器产生位置信号，该信号经解调器反馈到伺服放大器的输入端，直到与阀位指令相平衡时活塞停止运动。此时蒸汽阀门已经开到了所需要的开度，完成了电信号-液压力-机械位移的转换过程。DEH 控制 2、3 号高压主汽阀的开度，使蒸汽进入主汽阀并达到高压调节阀前，完成阀门预暖。然后 DEH 发

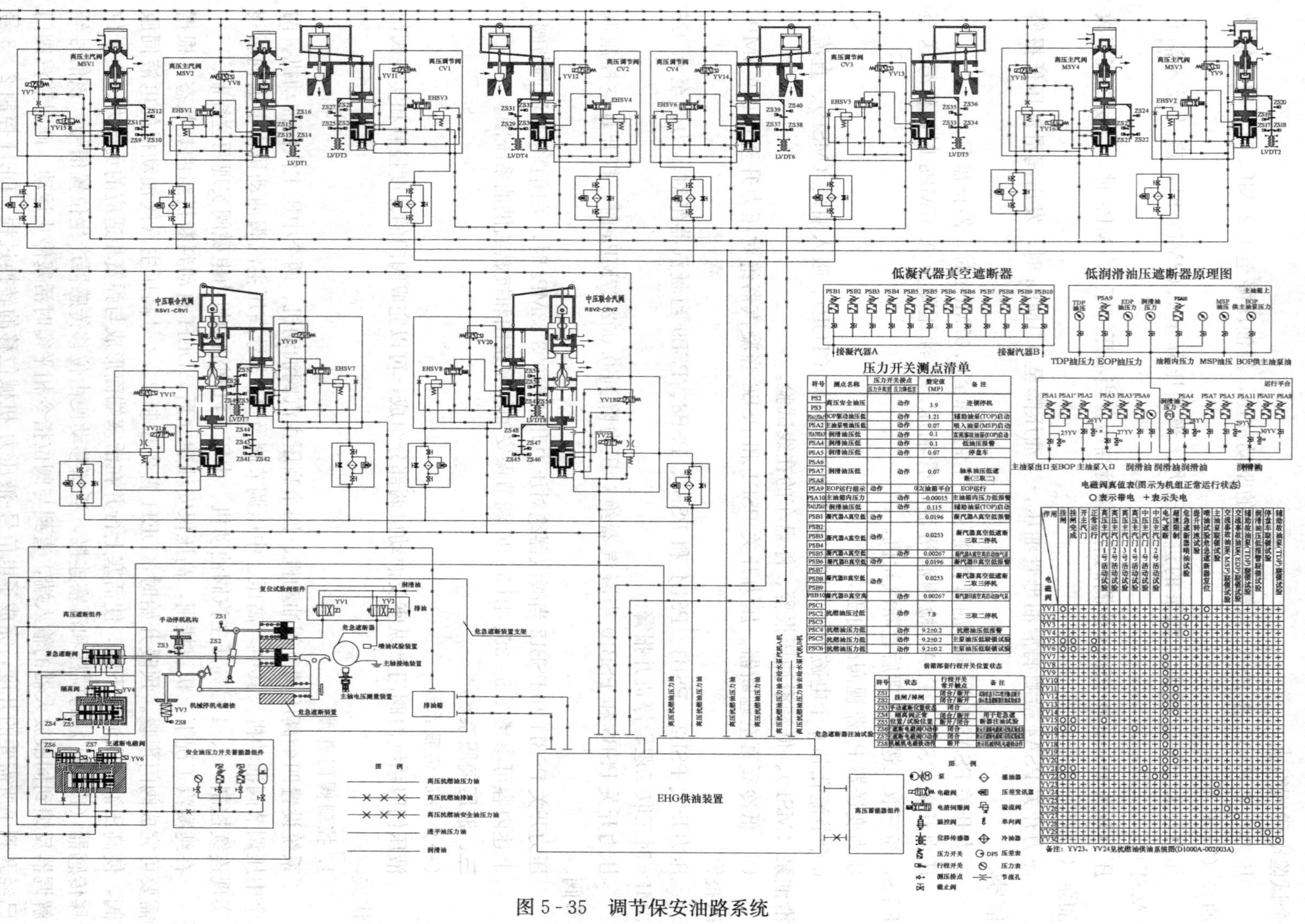

图 5-35 调节保安油路系统

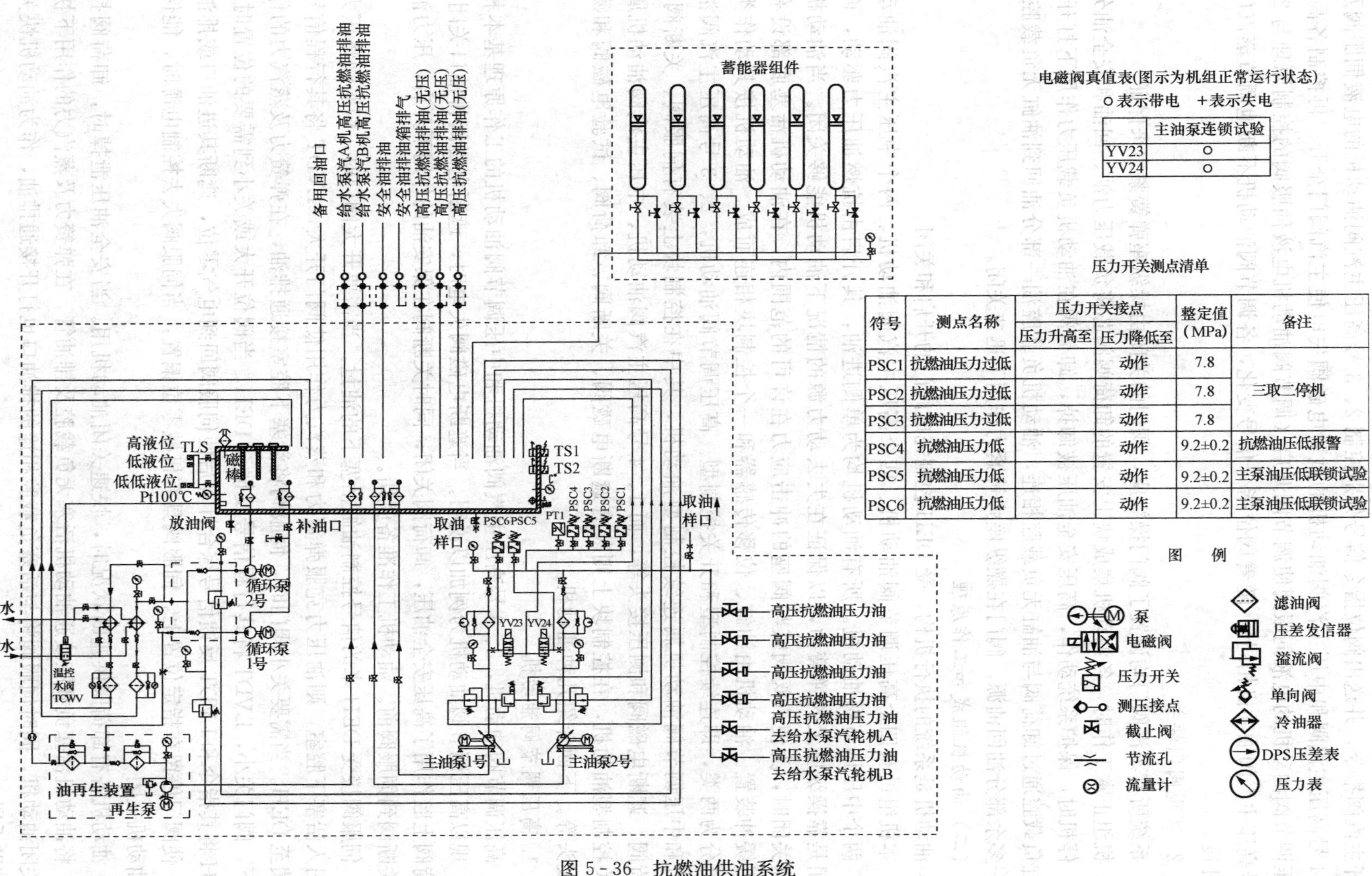

电磁阀真值表(图示为机组正常运行状态)

○表示带电　+表示失电

	主油泵连锁试验
YV23	○
YV24	○

压力开关测点清单

符号	测点名称	压力开关接点		整定值（MPa）	备注
		压力升高至	压力降低至		
PSC1	抗燃油压力过低		动作	7.8	三取二停机
PSC2	抗燃油压力过低		动作	7.8	
PSC3	抗燃油压力过低		动作	7.8	
PSC4	抗燃油压力低		动作	9.2±0.2	抗燃油压低报警
PSC5	抗燃油压力低		动作	9.2±0.2	主泵油压低联锁试验
PSC6	抗燃油压力低		动作	9.2±0.2	主泵油压低联锁试验

图 5-36　抗燃油供油系统

出开主汽阀指令，并送出阀位指令信号分别控制2、3号高压主汽阀油动机的电液伺服阀及1、4号高压主汽阀和中压主汽阀油动机的试验电磁阀失电使主汽阀门全开。再控制各高、中压调节阀油动机的电液伺服阀使调节阀开启（调节阀油动机电液伺服阀的控制原理与2、3号高压主汽阀油动机相同），随着阀位指令信号变化，各调节阀油动机不断地调节蒸汽门的开度。

2. 实现阀门快关

系统所有蒸汽阀门均设置了阀门操纵座，阀门的关闭由操纵座弹簧紧力来保证。

机组正常工作时，各油动机集成块上安置的卸荷阀阀芯将负载压力油、回油和安全油分开。停机时，保护系统动作，高压安全油压被卸掉，卸荷阀在油动机负载压力作用下打开，油缸负载腔通过卸荷阀与油缸无负载腔相连，油动机负载腔油一部分油回到油缸无负载腔，另一多余部分油回油源。阀门在操纵座弹簧紧力作用下迅速关闭。

（二）油动机组成和工作原理

油动机是系统的执行机构，受DEH控制完成阀门的开启和关闭。

本机组设有四个高压调节阀油动机、四个高压主汽阀油动机、两个中压主汽阀油动机、两个中压调节阀油动机。所有油动机均为单侧进油，其开启由抗燃油压力驱动，而关闭是靠操纵座上的弹簧力，以保证在失去动力源的情况下油动机能够关闭。当油动机快速关闭时，为使汽阀阀蝶与阀座的冲击应力在许可的范围内，在油动机活塞底部设有液压缓冲装置。油动机由油缸、位移传感器和一个控制块相连而成。油动机按其动作类型可分为两类，即连续控制型和开关控制型。高压调节阀油动机，2、3号高压主汽阀油动机和中压调节阀油动机属连续控制型油动机，其中在控制块上装有伺服阀、关断阀、卸荷阀、遮断电磁阀和测压接头等，而1、4号高压主汽阀油动机、中压主汽阀油动机属开关控制型油动机，在控制块上则装有遮断电磁阀、关断阀、卸荷阀、试验电磁阀和测压接头等。下面介绍几种油动机。

1. 高压调节阀油动机

高压调节阀油动机，2、3号高压主汽阀油动机和中压调节阀油动机的工作原理基本相同，现以高压调节阀油动机为例加以说明。当遮断电磁阀失电时，遮断电磁阀排油口关闭，卸荷阀上腔作用了高压安全油压，卸荷阀关闭；同时关断阀在保安油的作用下开启，压力油经关断阀到伺服阀前。油动机工作准备就绪。

伺服阀接受DEH来的信号控制油缸活塞下的油量。当需要开大阀门时，伺服阀将压力油引入活塞下腔室，则油压力克服弹簧力和蒸汽力作用使阀门开大，LVDT将其行程信号反馈至DEH。当需要关小阀门时，伺服阀将活塞下腔室接通排油，在弹簧力及蒸汽力的作用下，阀门关小，LVDT将其行程信号反馈至DEH。当阀位开大或关小到需要的位置时，DEH将其指令和LVDT反馈信号综合计算后使伺服阀回到电气零位，遮断其进油口或排油口，使阀门停留在指定位置上。伺服阀具有机械零位偏置，当伺服阀失去控制电源时，能保证油动机关闭。

油动机备有卸荷阀供遮断状况时，快速关闭油动机用。当安全油压泄掉时，卸荷阀打开，将油动机活塞负载腔接通油动机活塞无负载腔及排油管，在弹簧力及蒸汽力的作用下快速关闭油动机，同时伺服阀将与活塞负载腔相连的排油口也打开接通排油，作为油动机快关的辅助手段。

油动机备有关断阀供甩负荷或遮断状况时，快速切断油动机进油，避免系统油压因油动机快关的瞬态耗油而下降。

2. 1、4号高压主汽阀油动机、中压主汽阀油动机

1、4号高压主汽阀油动机、中压主汽阀油动机都采用两位开关控制方式控制阀门的开关，由限位开关指示阀门的全开、全关及试验位置，其工作原理基本相同，现以1、4号高压主汽阀油动机为例加以说明。

遮断电磁阀失电，安全油压使卸荷阀关闭、关断阀开启，油动机准备工作就绪。油动机在压力油作用下使阀门打开。当安全油失压时，卸荷阀在油动机负载腔油压作用下打开，油动机负载腔与无负载腔及回油相通，阀门操纵座在弹簧力的作用下迅速关闭主汽阀。当阀门进行活动试验时，试验电磁阀带电，将油动机负载腔的油压经节流孔与回油相通，阀门活动试验速度由节流孔来控制，当单个阀门需做快关试验时，只需使遮断电磁阀带电，油动机和阀门在操纵座弹簧紧力作用下迅速关闭。关断阀、卸荷阀的功能与调节阀油动机相同。

四、高压抗燃油遮断系统

高压遮断系统由能实现在线试验的主遮断电磁阀、隔离阀及紧急遮断阀组成。当机组挂闸后，危急遮断装置的撑钩复位，紧急遮断阀复位，主遮断电磁阀（YV5、YV6）带电，高压安全油建立。

（一）高压遮断组件

高压遮断组件是遮断系统中最重要的部件之一，它能否正常工作直接关系到机组的安全，其主要由主遮断电磁阀、隔离阀、紧急遮断阀及油路块附件组成。

高压抗燃油进入高压遮断组件后分成两路，一路经过紧急遮断阀、隔离阀到主遮断电磁阀形成高压安全油，再到系统各遮断电磁阀；另一路直接进入隔离阀。高压安全油受紧急遮断阀、隔离阀和主遮断电磁阀的控制，可完成遮断机组、危急遮断器喷油试验等功能。

主遮断电磁阀阀芯受两先导电磁阀（YV5、YV6）的控制，正常工作时，两电磁阀均带电。当出现危及机组安全的情况时，YV5、YV6失电动作，快速泄掉高压安全油，使系统掉闸，使各阀门油动机动作，快关各汽门，遮断机组进汽确保机组安全。配合指示两电磁阀（YV5、YV6）动作位置的两行程开关ZS6、ZS7，可实现电磁阀（YV5、YV6）的活动试验。

使隔离阀先导电磁阀（YV4）带电动作，紧急遮断阀从保安系统中隔离出来，以便做危急遮断器喷油试验。危急遮断器动作，打击危急遮断装置撑钩，使紧急遮断阀动作，也可泄掉高压安全油使系统掉闸。

（二）安全油压力开关蓄能器组件（属于前轴承箱油管路）

安全油压力开关：由两个压力开关及一些附件组成。监视高压保安油压，其作用是，当机组挂闸时，压力开关组件发出高压保安油建立与否的信号给DEH，作为DEH判断挂闸是否成功的一个条件。当安全油压低至3.9MPa时，安全油压力开关组件发出信号给DEH，DEH给主遮断阀失电指令，泄掉高压安全油，快关各阀门。

为防止高压安全油的波动，特别是在危急遮断器喷油试验时，为防止隔离阀动作引起高压安全油压的瞬间跌落，在高压安全油路上还配有蓄能器。

复习思考题

1. 高压蒸汽在汽轮机中膨胀做功时，为什么不会泄漏？通过什么装置进行密封？

2. 凝汽器的作用是什么？为什么它的循环水出水管装在上面，而进水管装在下面？

3. 所在电厂汽轮机的旁路系统是什么类型？高、低压旁路控制阀的作用和结构原理是什么？

4. 画出所在电厂的原则性热力系统图。

5. 高、低压加热器的结构原理是什么？各布置在什么位置？

第六章　同 步 发 电 机

发电机是电厂的主要设备之一，它同锅炉和汽轮机合称为火力发电厂的三大主机。目前，在电力系统中，交流电能几乎都是由同步发电机发出的。本章以现代大型发电厂的主力机组以 600、1000MW 汽轮发电机为主介绍同步发电机的基本构造、工作原理和运行操作。

第一节　同步发电机概述

在电力系统中，几乎所有的发电机（汽轮发电机、水轮发电机、核发电机、燃气轮发电机及太阳能发电机等）都属同步发电机。尽管其容量大小、原动机类型、构造形式、冷却方式等各有差异，但其工作原理是相同的。

一、同步发电机的工作原理

同步发电机是利用电磁感应原理将机械能转换成电能的设备，其工作原理如图 6 - 1 所示。由图可见，同步发电机可分为定子和转子两大部分，定子部分主要由定子铁芯和绕组组成，分为 A、B、C 三相，均匀地分布在定子槽中；转子部分由转子铁芯和绕组组成，绕组通以直流电，建立发电机的磁场。当转子由原动机（如汽轮机）带动旋转时，产生旋转磁场，定子绕组（导线）切割了转子磁场的磁力线，就在定子绕组上感应出电动势，当定子绕组接通用电设备时，定子绕组中即产生三相电流，发出电能。

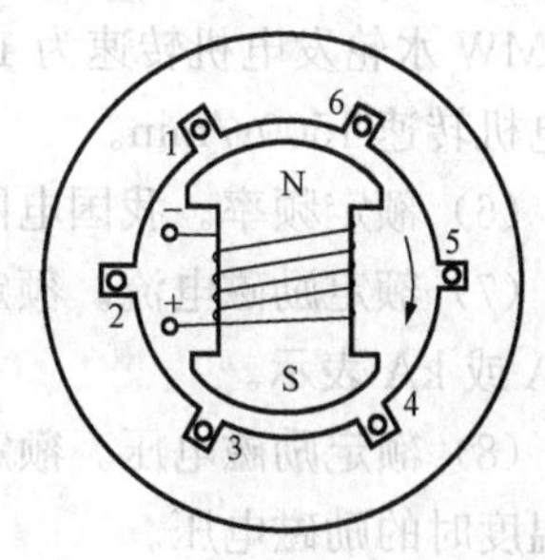

图 6 - 1　同步发电机的工作原理
（一对磁极）
1～6—定子绕组；N、S—转子磁极

二、同步发电机的分类

同步发电机因用途不同，结构也相差甚大，一般可按其原动机的类别、本体结构特点、安装方式等进行分类。

（1）按原动机的类别不同，同步发电机可分为汽轮发电机、水轮发电机、燃气轮发电机、柴油发电机等。

（2）按冷却介质的不同，可分为空气冷却、氢气冷却、水冷却等。

（3）按主轴安装方式不同，可分为卧式安装、立式安装等。

（4）按本体结构不同，可分为隐极式和凸极式、旋转电枢式和旋转磁极式等。

同步发电机的结构主要是由原动机的特性决定的。如汽轮发电机，由于转速高达 3000r/min，故极对数少，转子采用隐极式，卧式安装；水轮发电机由于转速低（一般在 500r/min 以下），故其极对数多，转子采用凸极式，立式安装。

三、同步发电机的主要技术数据

为使发电机按设计技术条件运行，一般在发电机出厂时都在铭牌上标注出额定参数，并在说明书中加以说明。这些额定参数主要有以下几个：

(1) 额定容量（或额定功率）。额定容量是指发电机在额定设计技术条件下运行输出的视在功率，用 kVA 或 MVA 表示；额定功率是指发电机输出的有功功率，用 kW 或 MW 表示。

(2) 额定定子电压。额定定子电压是指发电机在额定设计技术条件下运行时，定子绕组出线端的线电压，用 kV 表示。我国生产的 600MW 级汽轮发电机组额定定子电压有 20、24kV，1000MW 级汽轮发电机组额定定子电压为 27kV；水轮发电机额定容量为 130～300MVA 时，额定电压为 15.75kV，额定容量为 300MVA 以上时，额定电压为 18kV 及以上，长江三峡 700MW 水力发电机组额定定子电压为 20kV。

(3) 额定定子电流。额定定子电流指发电机定子绕组出线的额定线电流，单位为 A。

(4) 额定功率因数（$\cos\varphi$）。额定功率因数指发电机在额定功率下运行时，定子电压和定子电流之间允许的相角差的余弦值。600、1000MW 汽轮发电机组的额定功率因数为 0.9；水轮发电机额定功率大于 125MVA 但不超过 350MVA 时，功率因数不低于 0.85，额定功率大于 350MVA 时功率因数不低于 0.9。

(5) 额定转速。额定转速指正常运行时发电机的转速，用 r/min（每分钟转数）表示。我国生产的汽轮发电机转速均为 3000r/min，水轮发电机转速不超过 500r/min，国产 550MW 水轮发电机转速为 142.9r/min，长江三峡 700MW 水轮发电机转速 75r/min，核电发电机转速 1500r/min。

(6) 额定频率。我国电网的额定频率为 50Hz（即每秒 50 周）。

(7) 额定励磁电流。额定励磁电流指发电机在额定出力时，转子绕组通过的励磁电流，用 A 或 kA 表示。

(8) 额定励磁电压。额定励磁电压指发电机励磁电流达到额定值时，额定出力运行在稳定温度时的励磁电压。

(9) 绝缘等级。绝缘等级是按电动机绕组所用的绝缘材料在使用时允许的极限温度来分级的。极限温度是指电动机绝缘结构中最热点的最高容许温度，其技术数据见表6-1。

表 6-1　绝缘等级与极限温度的对应关系

绝缘等级	A	E	B	F	H
极限温度（℃）	105	120	130	155	180

(10) 效率。效率指发电机输出与输入能量之百分比，一般额定效率为 93%～98%，600MW 大型汽轮发电机组在 98%以上，水轮机效率要比汽轮机低，长江三峡 700MW 水轮发电机最高效率达 95%。我国生产的 1000MW 级发电机效率为 99%以上。我国生产的 600MW 汽轮发电机主要参数见表 6-2。

表 6-2　国产 600MW 汽轮发电机主要参数

生　产　厂	上海电机厂	东方电机厂	哈尔滨电机厂
型号	QFSN-600-2 型	QFSN-600-2 型	QFSN-600-2 型
额定功率（MW）	600	600	600
额定电压（kV）	20*、22**	22	20

续表

生　产　厂	上海电机厂	东方电机厂	哈尔滨电机厂
额定电流（A）	19 245	19 105	19 245
额定功率因数	0.9	0.9	0.9
额定转速（r/min）	3000	3000	3000
额定励磁电流/电压（A/V）	4900/500	3587/393	5069/417
冷却方式	水-氢-氢	水-氢-氢	水-氢-氢
效率（%）	98.85	98.87	98.7

*　超临界机组。

**　超超临界机组。

我国生产的1000MW汽轮发电机主要参数见表6-3。

表6-3　　国内各厂家1000MW汽轮发电机主要参数

生产厂	上海电机厂	东方电机厂	哈尔滨电机厂
发电机型号	THDF 125/67	QFSN-1000-2-27	TAKS
额定容量（MVA）	1111	1120	1120
额定功率（MW）	1000	1000	1000
最大连续输出容量（MVA）	1170.539（与汽轮机匹配）	与汽轮机匹配	1223
额定功率因数	0.9（滞后）	0.9（滞后）	0.9（滞后）
定子额定电压（kV）	27	27	27
定子额定电流（A）	23 788	23 949	23 950
额定频率（Hz）	50	50	50
额定转速（r/min）	3000	3000	3000
额定励磁电压（V）	437	445	660
额定励磁电流（A）	5887	5173	5360
定子线圈接线方式	YY	YY	YY
冷却方式	水-氢-氢	水-氢-氢	水-氢-氢
励磁方式	无刷或静态自并励	静态自并励	静态自并励

四、发电机的发展概况

1. 汽轮发电机

从1882年世界上第一个小型发电厂问世，仅经过了一个多世纪的时间，世界就进入了电气化时代，从社会生产到人类的生活都已离不开电能。电力工业的发展，也促进了发电机等电力设备制造技术的迅速发展。1949年前，我国基本没有制造汽轮发电机的能力，1952年制造出空冷3MW汽轮发电机，1970年就制造出了200MW定子水内冷、转子氢内冷的优质机型；1971 年由上海电机厂试制成功我国第一台 300MW 的汽轮发电机（双水内冷 QFS-300-2 型），后经改进定型为 QFSN-300-2 型，已有数十台投入运行（如吴泾、石横、汉川等发电厂）。东方电机厂于 1985 年试制成功 QFSN-300-2 型 300MW 发电机，经改型优化，定型为 QFSN-300-2-20 型。哈尔滨电机厂于 1992 年研制成功 QFSN-300-2 型水氢氢汽轮发电机，并先后在珠江、铁岭等发电厂投入运行。我国自 20 世纪 80 年代后期起，从国外进口了不同制造厂商的 600MW 汽轮发电机。哈尔滨电机厂生产的两台引进（美国西屋公司）型 600MW 汽轮发电机，于 1989 年和 1992 年先后在安徽平圩电厂投入运行。1994 年，我国首台国产化 600MW 汽轮发电机也已装于哈尔滨第三发电厂正常运行。2003 年，我国首台 1000MW 汽轮发电机于华能玉环电厂投入运行。

2. 水轮发电机

20 世纪 50 年代是我国机电安装队伍的初创阶段，水轮发电机组容量一般在 15MW 以下，丰满水电站 72.5MW 水轮发电机组是这个时期安装投产的最大容量的机组。20 世纪 60 年代开始安装伞式水轮发电机组，悬式水轮发电机单机容量提高到 100MW，从 20 世纪 60 年代到 70 年代末的十余年间，随着刘家峡水电站 225MW 水轮发电机的安装投产，一批大型水轮发电机组相继安装投产。20 世纪 80 年代，随着葛洲坝水电站 170MW 和 125MW 共 21 台水轮发电机组的安装，我国水轮发电机组安装出现了一站多机同时安装和多电站大型机组同时安装的繁荣景象。进入 20 世纪 90 年代以后，大型水轮发电机安装呈现出一派欣欣向荣、蓬勃发展的大好局面，李家峡水电站 400MW 和二滩水电站 550MW 水轮发电机组的安装投产，标志着我国水轮发电机制造与安装跃上了一个新台阶。进入 21 世纪，我国水轮发电机组生产能力进一步提高，长江三峡右岸电站共装 700MW 机组 12 台，其中 4 台由东方电机厂生产，4 台由 ALSTOM 公司生产，4 台由哈尔滨电机厂生产，可见我国已经具备了制造特大型水轮发电机组的先进技术水平和生产能力，充分展示了我国水轮发电机组国产化的重大成就。

近年来，我国电力系统中发电机单机容量不断增大，目前 600MW 的汽轮发电机组已成为系统的主力机组，1000MW 的汽轮发电机组也开始进入电力系统。理论分析和运行实践表明，大容量机组有如下优越性：

(1) 可降低发电机的造价和材料的消耗量。如一台 600MW 机组的单位材料消耗是一台 100MW 机组的 60%左右。

(2) 可降低电厂的基建安装费。若以 200MW 机组单位安装费为 100%，则 500MW 机组的单位安装费只需 85%左右。

(3) 可降低运行费用。由于大容量机组实行微机监控，自动控制功能大大提高，运行人员和装置减少，从而降低了运行和维护费用。

在汽轮发电机的发展过程中，冷却方式的发展一直占主导地位。它关系到整个发电机的技术经济指标以及运行的可靠性，各国对此问题都极为重视，一直在试验的基础上不断取得新的进展，主要是采用了冷却效果好的冷却介质，并发展了把冷却介质引入载流导体内的直接冷却技术，即所谓绕组的内部冷却方式。

目前用于大型发电机冷却的介质有氢气、水和油。它们的冷却能力都比空气强，表 6-4 列出了空气、氢气、油和水的冷却能力的比较。从表中可以看出，水的冷却能力最好。

表 6-4　　各种冷却介质的冷却能力比较

冷却介质	相对比热容	相对密度	相对流量	相对冷却能力
空气	1.0	1.0	1.0	1.0
氢气（414kPa）	14.35	0.35	1.0	5.0
油	2.09	0.848	0.012	21.0
水	4.16	1.000	0.012	50.0

在发电机冷却系统中，冷却介质可以按不同的方式组合。对于容量 600MW 的汽轮发电机，其定、转子绕组都采用内冷方式。按定、转子绕组和铁芯的冷却介质的不同组合，600MW 汽轮发电机的冷却方式主要有以下几种：

（1）全氢冷。定、转子绕组采用氢内冷，定子铁芯采用氢冷。

（2）水-氢-氢冷。定子绕组水内冷，转子绕组氢内冷，定子铁芯氢冷。

（3）水-水-氢冷。定子绕组水内冷，转子绕组水内冷，定子铁芯氢冷。

汽轮发电机结构与冷却方式密切相关。国内外生产的 600MW 汽轮发电机大部分为水-氢-氢冷却方式，也有全氢冷或全水冷等方式。

水轮发电机由于转速慢，转子直径可以比较大，散热比较容易，对于冷却的要求没有汽轮发电机高，长江三峡 700MW 发电机可以直接采用空气冷却或者采用半水冷（即定子采用水冷，转子采用空冷）。

目前，发达国家在发电机制造方面，把目标集中于“超导化”的研究与应用上，即转子绕组采用超导材料，使励磁绕组产生高的气隙磁密，可将单机极限容量提高 3 倍，即达 3600MW。1979 年美国西屋公司开始研制 300MW 大型超导汽轮发电机，1983 年制成样机，但由于各方面的原因一直未正式并网发电。苏联后来居上，列宁格勒（现圣彼得堡）的“电力”工厂开发的 300MVA 大型超导汽轮发电机已并网发电成功，目前正在研制 1200MVA 的超导汽轮发电机。

第二节　同步发电机的构造

发电机最基本的组成部件是定子和转子。火力发电厂采用的汽轮发电机皆为隐极机，只有一对电极，其转速为 3000r/min，采用卧式轴结构，图 6-2 所示为日立公司 600MW 水-氢-氢冷汽轮发电机结构与外形；水力发电厂中水轮发电机皆为凸极机，极对数大于等于 2（一般大于 6 对，转速小于 500r/min）。通常小容量水轮发电机多采用卧式，中容量水轮发电机采用立式或卧式，而大容量水轮发电机则采用立式结构。

图 6-3 所示为汽轮发电机的主要部件示意。定子由铁芯 1 和定子绕组 2 构成，固定在机壳（座）3 上。转子 4 由轴承支撑置于定子铁芯中央，转子绕组上通以励磁电流，在原动机带动下旋转时，就会在定子与转子之间的空气隙中产生旋转磁场，磁力线切割定子绕组，在定子绕组中产生正弦电动势。当定子绕组连接负荷后，负荷电流通过定子绕组又会产生一同步旋转的反作用磁场作用于转子，通过互相作用，将转子的机械能变成定子绕组上的电能。

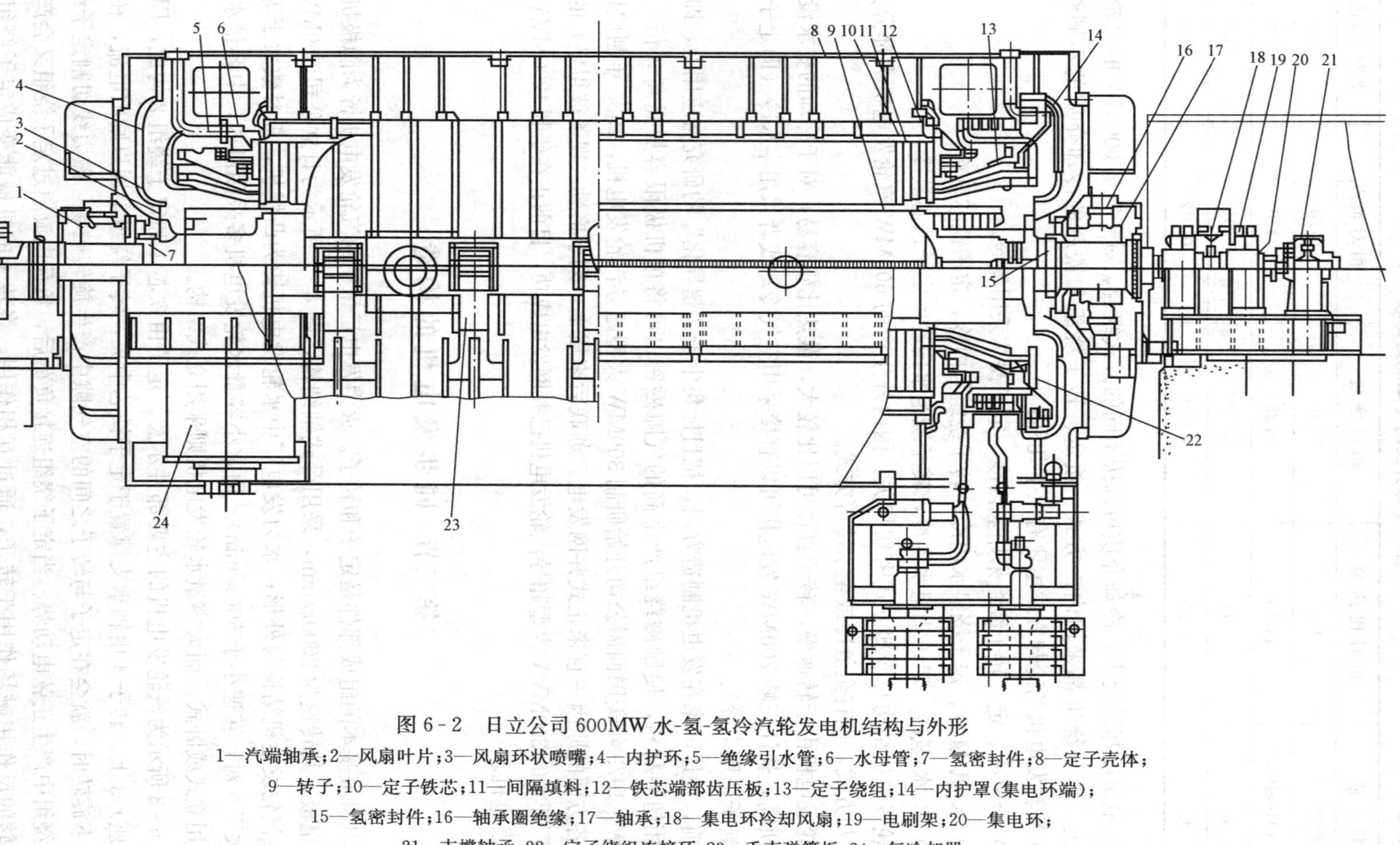

图 6-2 日立公司600MW水-氢-氢冷汽轮发电机结构与外形

1—汽端轴承；2—风扇叶片；3—风扇环状喷嘴；4—内护环；5—绝缘引水管；6—水母管；7—氢密封件；8—定子壳体；
9—转子；10—定子铁芯；11—间隔填料；12—铁芯端部齿压板；13—定子绕组；14—内护罩（集电环端）；
15—氢密封件；16—轴承圈绝缘；17—轴承；18—集电环冷却风扇；19—电刷架；20—集电环；
21—支撑轴承；22—定子绕组连接环；23—垂直弹簧板；24—氢冷却器

水轮发电机与汽轮发电机组成相似，只是水轮机转速低，所以水轮发电机转子比较短而半径比较大。大型水轮发电机都采用立式结构，立式发电又分为悬式和伞式两种，图6-4所示为悬式发电机。推力轴承位于转子上方的发电机称为悬式发电机，它适应的转速在100r/min以上。优点是推力轴承损耗小，装配方便，运转稳定；缺点是机组高度较高，消耗

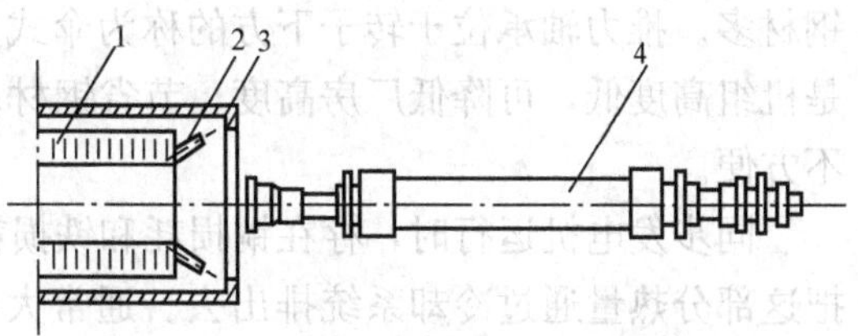

图 6-3　汽轮发电机主要部件示意
1—定子铁芯；2—定子绕组（端部）；3—机壳；4—转子

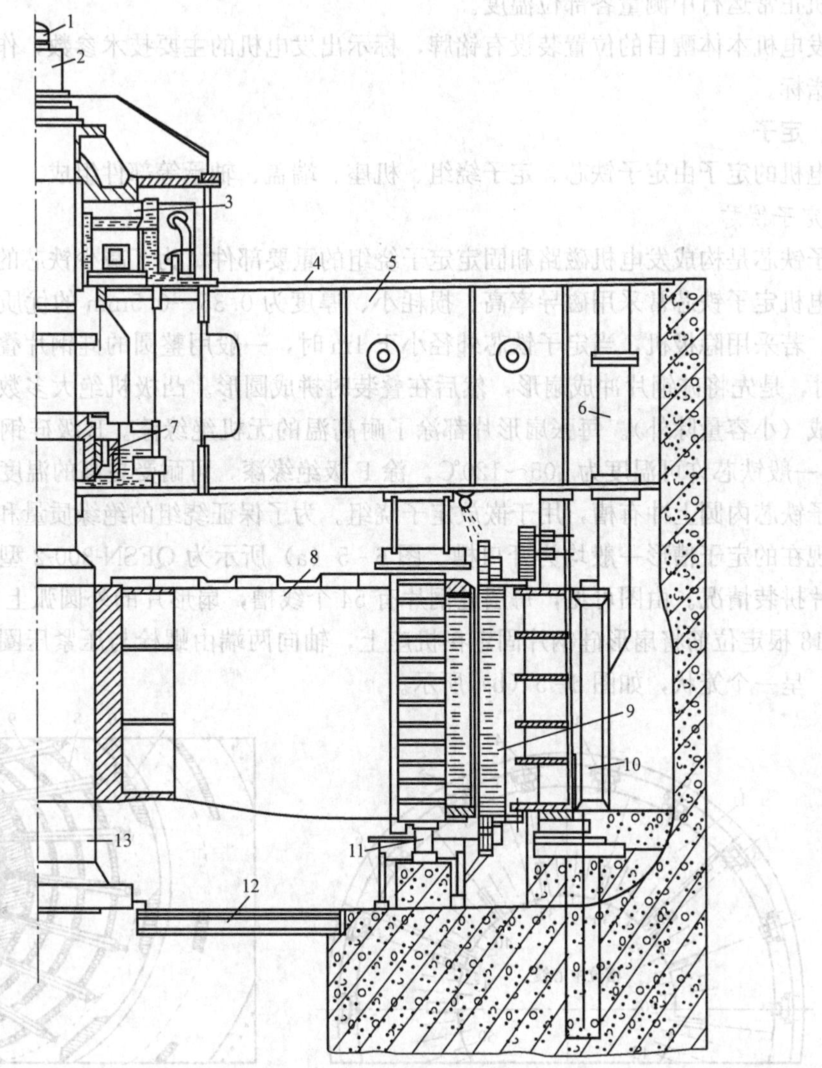

图 6-4　悬式发电机
1—转速信号器；2—永磁机；3—推力轴承；4—上风洞盖板；5—上机架；
6—暖风窗装置；7—上导轴承；8—转子；9—定子；10—空气冷却器；
11—制动器；12—下风洞盖板；13—主轴

钢材多。推力轴承位于转子下方的称为伞式发电机，它适应的转速在150r/min以下。优点是机组高度低，可降低厂房高度，节省钢材；缺点是推力轴承损耗大，安装、检修、维护都不方便。

同步发电机运行时，存在铜损耗和铁损耗，这些损耗转变成热量使电机温度升高，必须把这部分热量通过冷却系统排出去。通常大型汽轮发电机的效率达98%以上，水轮发电机效率则要低一些。

为监视发电机定子绕组、铁芯、轴承及冷却器等各重要部件的温度，发电机制造时在机内埋设了多只由铂电阻（或铜电阻或热电偶）绕制的测温元件，并通过导线引至接线盒，便于发电机正常运行中测量各部位温度。

在发电机本体醒目的位置装设有铭牌，标示出发电机的主要技术参数，作为发电机运行的技术指标。

一、定子

发电机的定子由定子铁芯、定子绕组、机座、端盖、轴承等部件组成。

1. 定子铁芯

定子铁芯是构成发电机磁路和固定定子绕组的重要部件。为了减少铁芯的磁滞和涡流损耗，发电机定子铁芯常采用磁导率高、损耗小、厚度为0.35～0.5mm的优质冷轧硅钢片叠装而成。若采用隐极机，当定子铁芯外径小于1m时，一般用整圆的硅钢片叠成；当外径大于1m时，是先将硅钢片冲成扇形，然后在叠装时拼成圆形。凸极机绝大多数由扇形硅钢片冲制叠成（小容量除外）。每张扇形片都涂了耐高温的无机绝缘漆。B级硅钢绝缘漆能耐温130℃，一般铁芯许可温度为105～120℃。涂F级绝缘漆，可耐受更高的温度。

定子铁芯内圆上冲有槽，用于嵌放定子绕组。为了保证绕组的绝缘质量和简化绕组嵌线工艺，现在的定子槽形一般均为开口槽。图6-5（a）所示为QFSN-300-2型汽轮发电机定子硅钢片拼装情况。由图可见，每层硅钢片有54个线槽，扇形片的外圆弧上冲有鸠尾槽18个，用18根定位筋将扇形硅钢片固定在机座上，轴向两端由螺栓与压紧压圈相连，从定子内空看，呈一个笼状，如图6-5（b）所示。

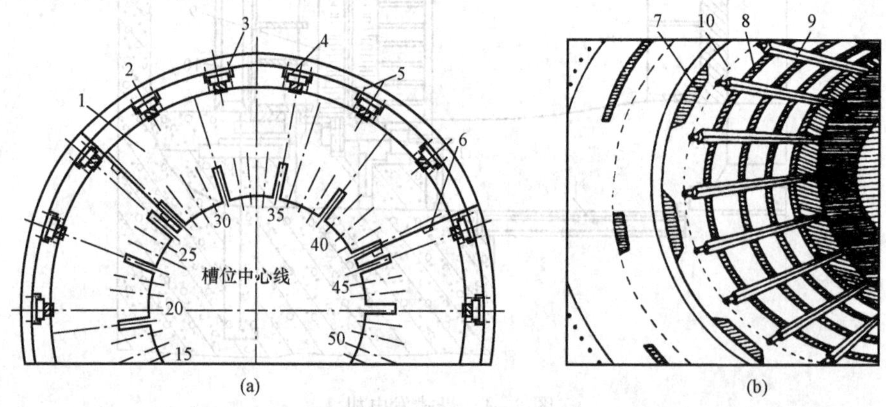

图6-5 600MW发电机定子硅钢片拼装及定子机座

（a）QFSN-300-2型汽轮发电机定子硅钢片拼装；（b）300MW发电机定子机座内空图

1—扇形硅钢片；2—定位筋；3—垫块；4—弹簧板；5—机座；6—测温元件；

7—风道；8—机座横隔板及通风沟；9—定位筋；10—压紧压圈

定子铁芯的叠装结构与其通风散热方式有关。大容量电机铁芯的通风冷却有三种方式，即铁芯轴向分段径向通风、铁芯全轴向通风、半轴向通风。

轴向分段径向通风式铁芯沿轴向分段，中段每段厚度为 30～50mm，端部铁芯易发热，每段厚度应比中段的小。国产 QFSN-600-2YH 型汽轮发电机属此种结构，沿定子铁芯全长分为 106 段，构成 105 个径向风道。

全轴向通风式铁芯，沿轴向是不分段的，铁芯轭部冲有几排孔径较大的通风孔，铁芯齿部也冲有几排孔径较小的通风孔，通风孔全轴向贯通。平圩电厂发电机（西屋技术）定子铁芯属此种结构，如图 6-6（a）所示。

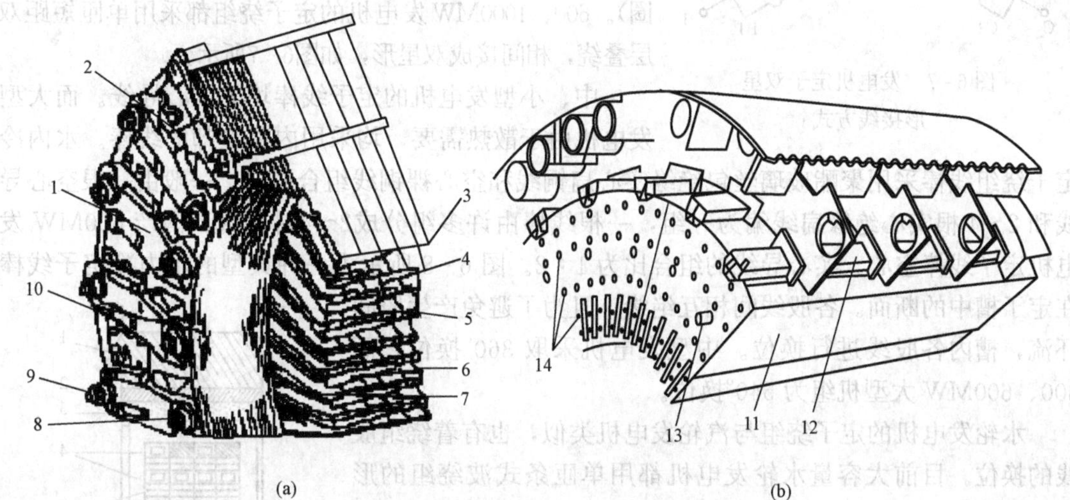

图 6-6　定子铁芯结构

（a）平圩电厂定子铁芯结构；（b）石洞口电厂定子铁芯结构

1—分块铁芯压板；2—线圈支架安装面；3—齿部；4—通风道；5—定子铁芯冲片；6—线圈槽；7—齿压板；8—穿心螺杆；9—定位螺杆；10—端部磁屏蔽；11—定子铁芯；12—弹性定位筋；13—螺栓；14—铁芯轴向通风孔

半轴向通风式铁芯，与全轴向通风式不同之处是：铁芯两端不分段，只在中间部分有若干轴向分段。冷却气体从铁芯两端进入轭部和齿部的轴向风道，经其中的若干径向风道流向气体冷却器。石洞口二电厂发电机（瑞士 ABB 厂制造）的定子铁芯属此种结构，如图 6-6（b）所示。

为了减少铁芯端部漏磁和发热，靠两端的铁芯段均采用阶梯形结构，即铁芯端部的内径由里向外是逐级扩大的。

水轮机转速低，同容量的电机直径较大，但由于运输条件限制，当直径超过 4m 时就要分瓣制造，运往工地后，再组装成一个整体，对巨型定子，若分瓣运输仍有困难，则定子铁芯可在工地叠装。

2. 定子绕组

大型同步发电机有三种绕组，即定子绕组、转子绕组（励磁绕组）和阻尼绕组。发电机定子绕组的一个共同点就是都采用三相双层短距分布，目的是改善电流波形，即消除绕组的高次谐波电动势，以获得近似的正弦波电动势。

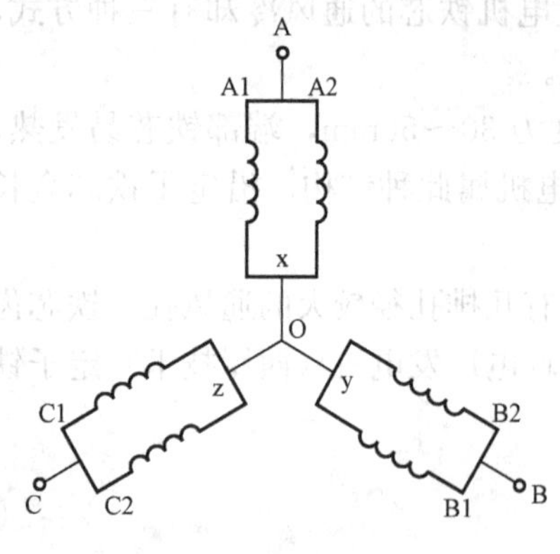

图 6 - 7　发电机定子双星形接线方式

定子绕组嵌放在定子铁芯内圆的定子槽中，分三相布置成互为 120°电角度，以保证转子旋转时在三相定子绕组中产生互成 120°相位差的电动势。定子绕组均匀分布在定子的内圆上，以利于散热和充分利用空间。每个槽内放有上、下两组绝缘导体（也称为线棒），每个线棒分为直线部分（置于铁芯槽内）和两个端接部分。直线部分为切割磁力线并感应电动势的有效边，端接部分起连接作用，把各线棒按一定规律连接起来，构成发电机的定子绕组（线圈）。600、1000MW 发电机的定子绕组都采用单匝短距双层叠绕，相间接成双星形，如图6 - 7所示。

中、小型发电机的定子线棒均为实心导线。而大型发电机由于散热需要，均采用内部冷却的线棒。水内冷定子绕组线棒采用聚酯玻璃丝包绝缘实心扁铜线和空心裸铜线组合而成。一般由一根空心导线和 2～4 根实心绝缘扁线编为一组，一根线棒由许多组分成2～4排构成。国产 600MW 发电机定子线棒空心、实心导线的组合比为 1∶2。图 6 - 8 所示为一种典型的水内冷定子线棒在定子槽中的断面。各股线间相互绝缘，且为了避免产生股间环流，槽内各股线进行换位。中型发电机采取 360°换位，而 300、600MW 大型机组为 540°换位。

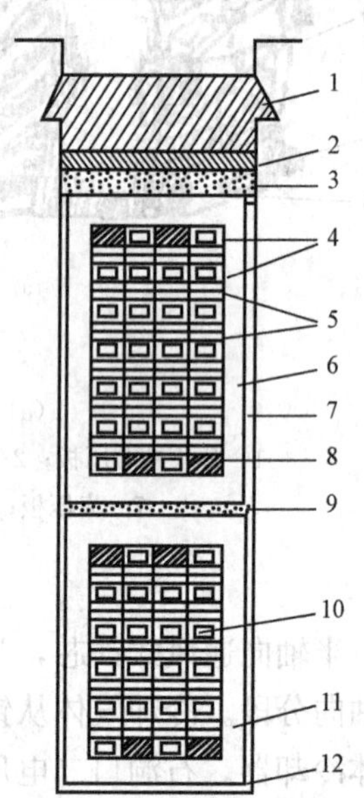

图 6 - 8　水内冷定子线棒断面

1—槽楔；2—滑动楔块；3—填充物；4—空心导线；5—实心导线；6—对地绝缘；7—侧面填充物；8—互换垫片；9—填充物（埋电阻温度检测器）；10—排间隔离物；11—对地绝缘；12—槽底填充物

水轮发电机的定子绕组与汽轮发电机类似，也有着绕组股线的换位。目前大容量水轮发电机都用单匝条式波绕组的形式，中小容量的水轮发电机一般用多匝圈式或条式叠绕组形式。

3. 机座与端盖

发电机的定子（铁芯及绕组）都固定在机座上，机座还要承受转子的质量及运行时的电磁力矩和短路时 10 倍以上的短路力矩的作用，同时还要考虑加工、运输和吊装等需要，因此机座应具有足够的强度和刚度。

汽轮发电机端盖的作用是用来保护定子绕组的端部，且担任转子两端风扇的导流并使发电机两端密封，构成一个密闭循环通风系统。为安装、检修、拆装方便，QFSN-300-2 型汽轮发电机的端盖分成上下两半，中间用橡胶或填料密封，再用螺栓固牢，以防漏气。

300MW 汽轮发电机的轴承一般为端盖式，安装于端盖的中心孔处，其瓦轴承多为椭圆形结构，如图 6 - 9 所示。采取双侧进油或单侧进油方式。当转子以 3000r/min 转速旋转时，在轴与轴承间形成厚度约 0.25mm 的油膜，以防止轴与轴承间的金属直接摩擦。

二、转子

发电机的转子是汽轮发电机最重要的部件之一，它的作用是产生一个旋转磁场，通过电磁感应原理将由汽轮机传过来的机械能转变为定子绕组中的电能。汽轮发电机由于转速高，转子受到的离心力很大，因此转子外径不能太大，且制成隐极式的，以便更好地固定励磁绕组，要增大发电机的容量，只有适当增加转子的长度。通常转子都呈细长形的，因此皆为卧式安装。图 6 - 10 所示为 QFSN-300-2 型汽轮发电机转子的外形。发电机转子主要由转子本体、励磁绕组（转子线圈）、护环、风扇等组成。

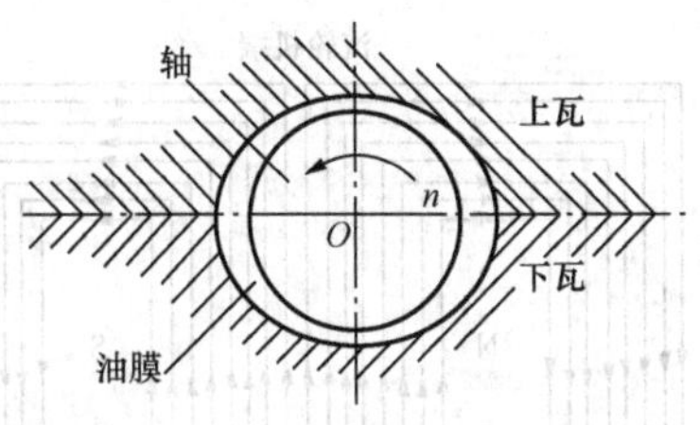

图 6 - 9 椭圆瓦轴承及油膜

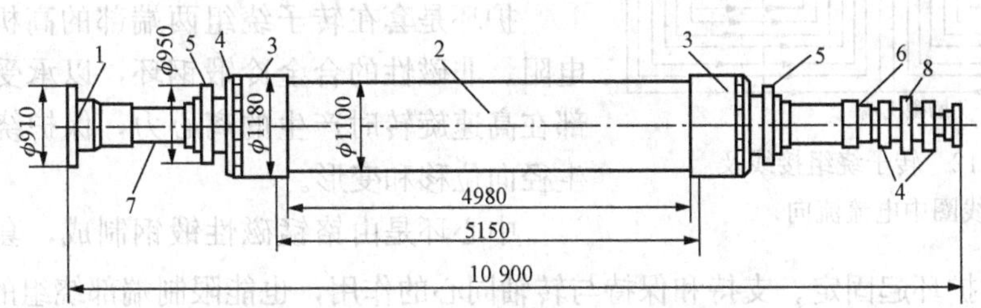

图 6 - 10 QFSN-300-2 型汽轮发电机转子外形

1—联轴器（与汽轮机相连）；2—转子本体（铁芯部分）；3—护环；4—集电环；5—风扇；6—励磁颈；7—汽端轴颈；8—集电环风扇

我国引进考核型 600MW 汽轮发电机转子外径为 1.0922m、本体长 5.893m。国产优化型 600MW 汽轮发电机转子外径为 1.13m，本体长 6.25m，总长 12.025m，质量为 72t。

1. 转子本体

QFSN-300-2 型汽轮发电机转子全长为 10.9m，外径为 ϕ1.1m，总质量为 55t（600MW 发电机转子质量为 66t）。近年来，随着大型锻压设备的发展，发电机转子都采用高强度的、导磁性能良好的镍铬钼钒的合金钢，在真空中浇铸成型，再经冷热加工而成。

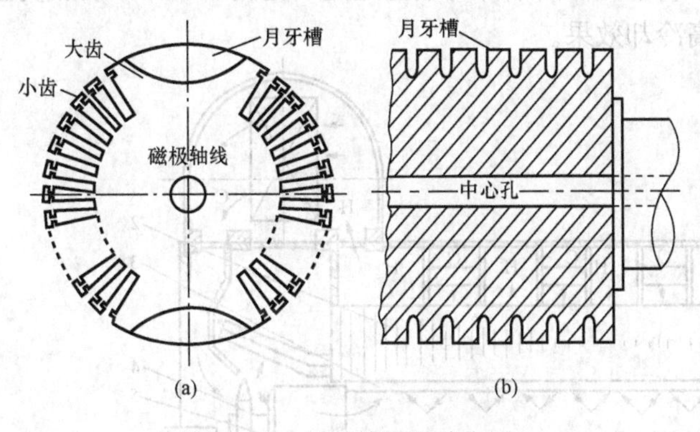

图 6 - 11 转子线槽的分布图

(a) 转子磁极的横断面；(b) 转子轴线剖视

转子中间部分（本体）作为磁极，沿转子表面在专用铣床上加工出若干轴向槽子（国产 300MW 及 600MW 机为 32 个槽），从断面看呈辐射形，分布在磁极的两侧，每侧 16 个，如图 6 - 11 所示。这部分槽子称为小齿，放置励磁绕组用；未加工的部分称为大齿，作为磁极的极身，为主要磁通回路。

沿轴的中心线膛有一个中心孔，可从中取出较粗的金属晶粒进行强度检验（轴心密度最小），同时作为转子绕组向集电环引线的通道。在大齿表面沿横向铣出若干个圆弧形月牙槽，使大齿区域和小齿区域两个方向的刚度相近。

2. 转子绕组

转子绕组（又称励磁绕组，它用于建立旋转磁场）是由扁铜线绕成的同心式线圈，以大

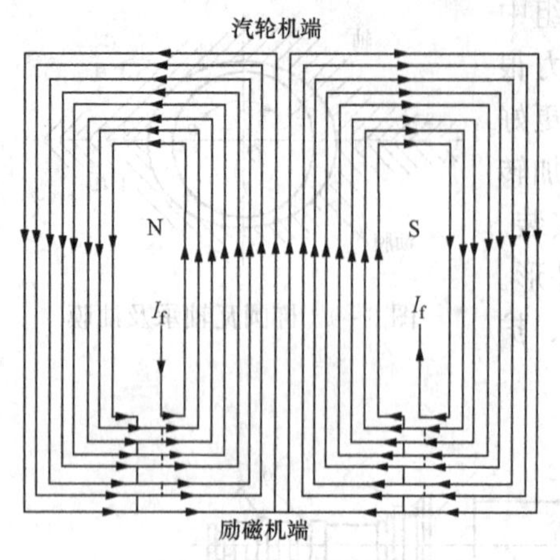

图 6-12 转子绕组接线及线圈中电流流向

齿（极身）为中心，每极八个线圈，两极共 16 个，嵌入小齿槽内，其连接如图 6-12 所示。氢内冷的转子绕组采用空心扁铜管或异形铜线制成。绕组的直线部分用槽楔压紧，端部径向固定采用护环，轴向固定用云母垫块和中心环。转子绕组的引出线经导电杆接到集电环上，再经电刷引出。

阻尼绕组用于减小涡流回路的电阻，提高发电机承受不对称负荷的能力。

护环是套在转子绕组两端部的高机械性能、高电阻、非磁性的合金冷锻钢环，以承受转子绕组端部在高速旋转时产生的离心力，保护绕组端部不发生径向位移和变形。

中心环是由铬锰磁性锻钢制成，套于轴上绕组的两端部，对护环起固定、支持和保持与转轴同心的作用，也能限制端部绕组的轴向位移。

集电环分为正、负两个环，装于发电机的励磁机端轴承外侧，由坚硬耐磨的合金锻钢制成，热套于隔有云母绝缘的转轴上，为加强集电环散热，在集电环表面加工有螺旋沟槽和通风孔，还在两环间装有离心风扇，加强对集电环的冷却。

转子绕组采用含银 0.025%～0.100%的铜线绕制，含银铜线比普通铜线导热性好，在高温下抗蠕变性能高，改善了转子绕组的变形问题。

3. 风扇

QFSN-300-2 型汽轮发电机转轴上装有三个风扇。其一装于两集电环之间，用于冷却炭刷与集电环接触面；另外两个风扇装于转子磁极两端部与端盖之间（见图 6-13），以加快氢气在定子铁芯和转子部位的循环，提高冷却效果。

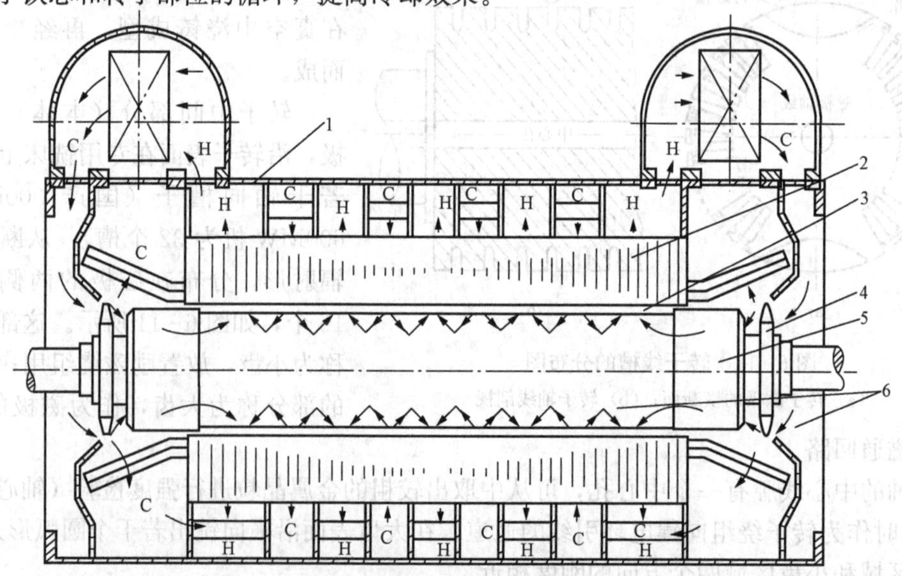

图 6-13 定子铁芯的氢气循环示意

1—机壳；2—铁芯；3—气隙；4—风扇；5—转子；6—风路流向

C—冷风区；H—热风区

第三节 发电机的冷却

发电机在运行过程中存在着各种损耗，主要是铁损（铁芯中磁场变化所产生的磁滞和涡流损耗）、铜损（铜导线中流过电流在导线电阻上所产生的热损耗）和机械损耗（转子和风扇旋转时与轴承部分的摩擦所产生的损耗）。国产 600MW 汽轮发电机效率达到 98.8%，其余 1.2%的损耗竟有 7200kW，这样大的损耗功率在发电机内部变为热量，由于大容量汽轮发电机定子、转子细长，热量不易散出，因此发电机的散热冷却就成为限制大容量发电机容量提高的主要因素。不断改进发电机的冷却技术，提高冷却效果，是大容量发电机制造中一个十分重要的问题。

汽轮发电机的冷却方式按冷却介质的不同通常分为空气冷却（风扇通风）、氢气冷却和水冷却三种类型。目前，200MW 以下汽轮发电机采用空气冷却居多，空冷机组最大容量为 350MW。

一、冷却方式简介

1. 空气冷却

空气冷却是以空气为冷却介质，用风扇将冷空气送入机内，经发电机内部的风道，对发热部件进行冷却，吸热后的热空气排出机外，经空气冷却器冷却后，再送入机内。为提高冷却效果，汽轮发电机常采用轴向分段等多流式通风系统。

2. 氢气冷却（外冷）

对大、中容量的汽轮发电机，采用氢气作介质对发电机的部件进行冷却，又称为氢外冷。氢外冷发电机的冷却系统的构成与空气冷却系统基本相同，只是将氢气冷却器装在发电机机壳内，以减少氢气的用量。

因为氢气的导热系数比空气大 6.7 倍，所以冷却效果更好；氢气的密度比空气小 14.5 倍，故风阻和摩擦损耗仅为空气冷却的 1/7 左右；如果将同一台汽轮发电机由空气冷却改为氢气冷却（外冷）后，转子温升将下降一半左右，容量可提高 20%～25%。采用氢气冷却，可避免绝缘材料与氧气接触，从而可增强绝缘材料的稳定性。在采用氢气冷却时，需采取措施防止氢气泄漏及空气进入发电机内；否则，空气和氢气混合易引起爆炸。

3. 氢内冷

冷却介质氢直接接触绕组导体的冷却方式称为氢内冷方式。这种冷却方式使绝缘导体的热量直接由冷却介质带走，可大大提高冷却效果。转子绕组采用氢内冷时，绕组槽楔上钻有与槽底通风槽相对的小孔，氢气可以自槽底通风槽进入，冷却转子导体后，再由小孔按轴向流入空气隙。定子绕组采用氢内冷时，一般采用轴向通风方式，线棒内有不锈钢管的通风管，端部做成喇叭状的进风口，使氢气从与绕组直接接触的通风管流过，将绕组导线上的热量直接带走。定子、转子均采用氢内冷的汽轮发电机容量可制成 200MW 以上。

4. 水内冷

汽轮发电机的水内冷方式，就是以凝结水（蒸馏水）作为冷却介质直接冷却绕组导体。水的冷却能力是空气的 50 倍，大大改善了冷却效果，明显降低了绕组温升，从而可大幅度提高发电机出力。

水内冷机组的定子线棒内有空心铜质或不锈钢质的通水管，在定子机壁上装有两个空心钢管制成的圆环，称为集水环，作为发电机定子绕组冷却水的总进出水管。集水环与线棒用绝缘软管连接，构成机内冷却水通路，再由集水环与机外冷却水系统的进出水管相连，即构成定子水内冷方式。

发电机转子水内冷方式，是冷却水由发电机大轴的专用进水孔进入分水箱后，经绝缘软管进入励磁绕组线束中央的空心铜管，然后再经过相连的水箱排出机外。

定子、转子均采用水内冷的发电机，称为双水内冷发电机，容量可提高到 300MW 以上。目前大型汽轮发电机，广泛采用定子绕组水内冷，转子绕组氢内冷，通风系统（转子表面及定子铁芯的冷却）采用氢气冷却，简称水-氢-氢冷却方式，其容量已达 1200MW。

水轮发电机由于转速低，转子直径较大、长度较小，所以水轮发电机的冷却更容易。大容量的水轮发电机常用的冷却方式有密闭循环空气冷却方式、水内冷冷却方式和蒸发冷却方式。

目前，利用空气作为冷却介质对定子、转子绕组以及定子铁芯表面进行冷却，仍然是水轮发电机的主要冷却方式。在大、中型水轮发电机中，采用用空气冷却器冷却的密闭循环空气冷却方式。冷却发电机后的热空气，经过通入冷却水的空气冷却器冷却后，再重新进入发电机。

二、汽轮发电机的典型冷却系统

国产 600、1000MW 汽轮发电机的典型冷却方式是水-氢-氢方式，即定子绕组是水内冷式，转子绕组是氢内冷式，定子铁芯是氢外冷方式。如今，空冷发电机容量已达 400MW 以上，蒸发冷却技术也已应用到发电机中。

1. 水内冷式定子绕组的冷却

定子绕组的线棒内设有空心铜管或不锈钢管制成的通水管。与两端的集水环用绝缘软管连接，构成机内冷却水通路，再由集水环与机外冷却水系统的水管相连，即构成定子绕组的水内冷方式。绕组线棒中导体的热量由与其并排布置的冷水管带出线棒，达到直接冷却绕组导线的目的。

2. 定子铁芯氢气循环冷却系统（氢外冷）

国产 600、1000MW 汽轮发电机定子铁芯的冷却是以氢气径向通风方式冷却的，国产 600MW 发电机氢气循环示意如图 6-13 所示。由图可见，定子铁芯沿轴向交替分成 9 个风区（段），其中 4 个冷风区，用 C 表示，风向由机壳流向转子；5 个热风区，用 H 表示，风向由转子流向机壳，国产 600MW 汽轮发电机与此类似，只是冷热风区增加到 11～13 个。

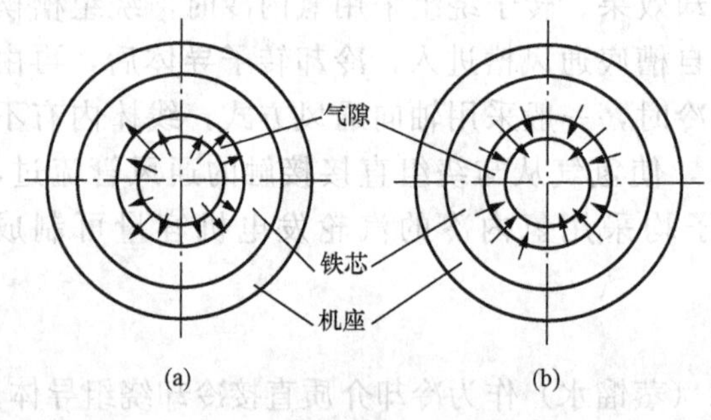

图 6-14 定子铁芯与转子间氢气的流向
(a) 热风区断面；(b) 冷风区断面

在图 6-13 中用箭头指示氢气的循环路径，经氢气冷却器冷却后的氢气（冷风），从磁极两端的风扇沿轴向进入定子各冷风区（C），再沿定子铁芯外圆四周径向流向内圆，进入转子与定子间的气隙。冷风区（C）正对转子的进风斗，将风兜入转子再斜流到相邻的出风斗，经气隙和铁芯段间的通风沟流到热风区（H），再经定子机座外圆的风道汇集，流向发电机两端的氢气冷却器。定子铁芯与转子间氢气的流向如图 6-14 所示。

3. 氢内冷式转子绕组的冷却

氢内冷转子是指氢气对转子绕组导体进行直接冷却的转子。按氢气流通方式，广泛应用的主要有分段气隙取气斜流通风式和两侧高压强迫轴向通风式两种。

(1) 气隙取气斜流通风式转子。由图 6-13 可见，转子和定子一样也分为若干个风区并与定子风区相对应。氢气从定子的冷风区进入转子的表面冷风区，然后按箭头所示方向返回进入定子铁芯的热风区（H）。

转子绕组槽内部分风路流向示意图如图 6-15 所示。转子旋转时，位于冷风区绕组表面的进风斗正对旋转前进方向形成正压，一个进风斗的进风供两路风路，一路沿右侧腰孔斜流向右，至槽底；另一路沿左侧腰孔斜流向左，也至槽底，最后都折回到相邻的出风区，经气隙进入定子铁芯的热风区（H）。

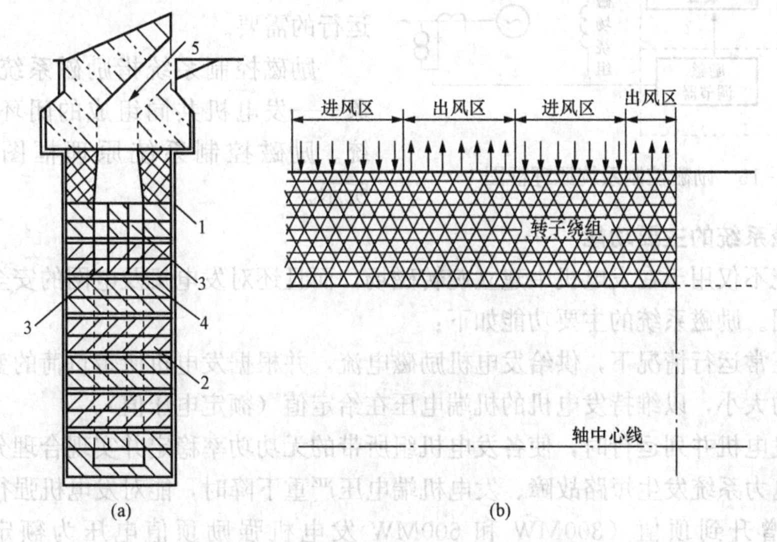

图 6-15 转子绕组槽内部风路流向示意

(a) 绕组内部结构；(b) 转子风路示意

1—楔下垫条；2—转子绕组导体；3—双排膜圆孔；4—匝间绝缘；5—进风斗

(2) 两端高压强迫轴向通风式转子（半轴向通风式）。这种通风内冷转子也是大容量电机中较广泛采用的一种转子，半轴向通风内冷转子，气流方向从两端进入转子励磁绕组内沿轴向流动，在转子中间部位径向排出。励磁绕组各线匝导体由两根一侧铣有一条或两条凹陷的导体，相向合成一根空心的导线。

另外，还有副槽通风、轴向通风的冷却方式。

三、汽轮发电机的测温系统

大型发电机的重要部件，如定子绕组、定子铁芯、转子绕组、氢气冷却器、冷风区、热风区以及密封油、轴承油等的运行温度需随时进行监视。

QFSN-300-2 型汽轮发电机机座外侧装了三个测温接线板，用导线将发电机各测温元件接出，再接至控制屏上的温度巡检装置。

在使用测温元件以前，多采用体积较小的铜热电阻（约为 500Ω）绕于绝缘板上，埋入被测部件的测温处。近年来，已逐渐改为体积更小、响应更快、工作更稳定的薄膜式铂电阻。

第四节 汽轮发电机的励磁系统

发电机要发出电来，除了需要原动机带动其旋转外，还需给转子绕组输入直流电流（称为励磁电流），建立旋转磁场。供给励磁电流的电路，称为励磁系统，包括励磁机、励磁调节器及控制装置等。

励磁系统由两个基本部分组成，即励磁功率单元和励磁调节器。励磁功率单元包括交流电源及整流装置，它向发电机的励磁绕组提供直流励磁电流；励磁调节器（AVR）是根据发电机发出的电流、电压情况，自动调节励磁功率单元的励磁电流的大小，以满足系统运行的需要。

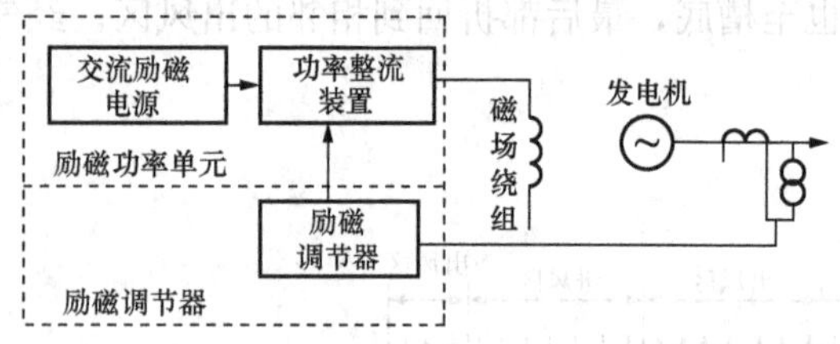

图 6-16 励磁控制系统原理框图

励磁控制系统指励磁系统及其控制对象——发电机共同组成的闭环反馈控制系统。励磁控制系统原理框图如图 6-16 所示。

一、励磁系统的主要功能

励磁系统不仅用于在发电机中建立旋转磁场，而且还对发电机及电网的安全、经济运行起着重要作用。励磁系统的主要功能如下：

(1) 在正常运行情况下，供给发电机励磁电流，并根据发电机所带负荷的变化，自动调整励磁电流的大小，以维持发电机的机端电压在给定值（额定电压值）。

(2) 当发电机并列运行时，使各发电机组所带的无功功率稳定并实现合理分配。

(3) 在电力系统发生短路故障、发电机端电压严重下降时，能对发电机强行励磁，使励磁电压迅速增升到顶值（300MW 和 600MW 发电机强励顶值电压为额定值的 2 倍，1000MW 发电机强励顶值电压为额定值的 1.8 倍），以提高电力系统的暂态稳定性；短路故障切除后，使电压迅速恢复正常。

(4) 当发电机突然甩负荷时，能进行强行减磁，将励磁电流迅速降到安全数值，以防止发电机电压过分升高。

(5) 当发电机内部发生短路故障（如定子绕组相间短路，转子绕组两点接地短路）跳闸时，能对发电机快速灭磁，将励磁电流减到零，以降低故障损坏程度。

二、发电机励磁系统简介

发电机的励磁方式主要有三种：①直流励磁机励磁方式；②交流励磁机励磁方式，又分为静止整流器励磁方式（称为有刷励磁）和旋转整流器励磁方式（称为无刷励磁）；③静止励磁方式（如自并励励磁方式）。

1. 直流励磁机励磁系统

20 世纪 60 年代以前，汽轮发电机的励磁方式均采用同轴直流发电机作为励磁机，通过励磁调节器改变直流励磁机的励磁电流，来改变发电机转子绕组的励磁电压，以调节转子的励磁电流，达到调节发电机机端电压和输出无功功率的目的。目前 100MW 以下的汽轮发电机仍采用这种励磁方式。

随着机组容量的不断增大，直流励磁机励磁方式表现出了明显的缺陷，一是受换向器所限其制造容量不可能大；二是整流子、炭刷及集电环磨损，污染环境，运行维护麻烦；三是励磁调节速度慢，可靠性低，直流励磁机励磁方式已无法适应大容量汽轮发电机的需要。

2. 交流励磁机静止整流器励磁系统

交流励磁机静止整流器励磁系统通常称为三机励磁方式。发电机、主励磁机和副励磁机三台交流同步发电机同轴旋转，励磁机不需换向器，而整流装置和励磁调节器是静止的，所以励磁容量不会受到限制。交流励磁机静止整流器励磁系统原理如图 6 - 17 所示。发电机的励磁电流由同轴的交流主励磁机经静止整流装置供给，主励磁机的励磁电流由同轴的中频副励磁机经可控整流装置供给。随着发电机运行参数的变化，励磁调节器（AVR）自动地改变主励磁机励磁回路中可控整流装置的控制角，以改变其励磁电流，从而改变主励磁机的输出电压，也就调节了发电机的励磁电流。

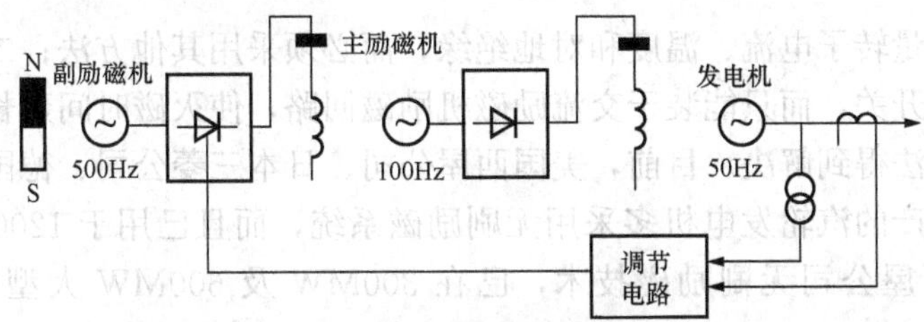

图 6 - 17　交流励磁机静止整流器励磁系统原理

交流励磁机的频率一般采用 100Hz，交流副励磁机多采用永磁式中频同步发电机，其频率一般为 400～500Hz，以减少励磁绕组的电感及时间常数。这样，既简化了结构，又提高了副励磁机运行的可靠性。目前大型汽轮发电机的励磁系统多采用永磁式中频副励磁机。

整流柜采用三相桥式硅二极管整流电路，通常由两个或两个以上整流柜并联运行，并留有备用，因此整流装置运行是可靠的。

交流励磁机静止硅整流器励磁方式的励磁能源取自主轴功率，不受电力系统扰动的影响，工作稳定可靠。以大容量的静止硅整流器代替转动的换向整流，就解决了整流子和炭刷的运行维护问题。三机励磁方式目前在国产 300MW 大容量汽轮发电机组上广为采用。

运行实践表明，三机励磁系统存在以下问题：

（1）旋转部件多，出故障的概率较高，而且修复时间较长，检修维护工作量大。

（2）由于机组轴系长，轴承座多，使轴振和瓦振值较高，对轴系稳定和机组的安全运行不利。

3. 交流励磁机旋转硅整流器励磁系统

交流励磁机旋转硅整流器励磁系统与静止硅整流器励磁系统的主要区别是整流装置是否与轴同转。整流装置与交流主励磁机及发电机同轴旋转时，三者相对静止，所以可直接相连而无需集电环、炭刷，因此又称为无刷励磁系统，如图 6 - 18 所示。目前工程中采用的均是旋转二极管型的，旋转晶闸管型尚处于试验阶段。

在无刷旋转二极管励磁系统中，主励磁机一般采用 100Hz 交流励磁机，其 100Hz 电流经整流后直接送入发电机转子绕组。因省去了集电环和炭刷，使励磁系统结构简单、便于维护、可靠性高，这对大容量的汽轮发电机组是适用的，但同时也带来两个新问题：一是不能

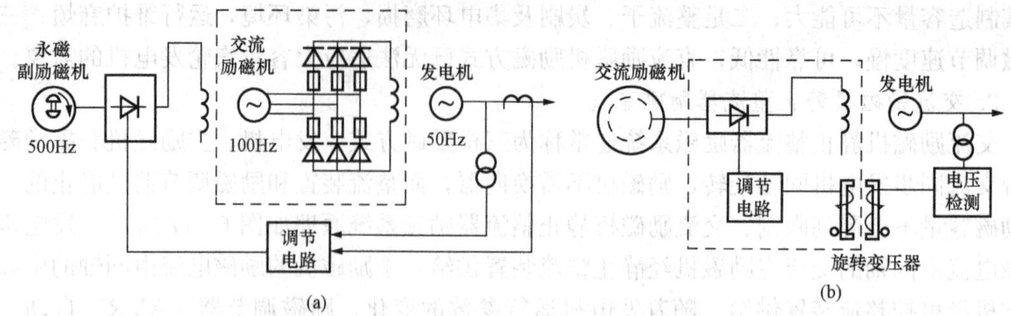

图 6-18 无刷励磁系统原理

(a) 旋转二极管励磁系统；(b) 旋转晶闸管励磁系统

用常规方法直接测量转子电流、温度和对地绝缘，而必须采用其他方法；二是无法在发电机励磁回路装设灭磁开关，而只能装于交流励磁机励磁回路，使灭磁时间延长（20s），好在这些问题已用其他方法得到解决。目前，美国西屋公司、日本三菱公司、德国西门子公司和法国阿尔斯通公司生产的汽轮发电机多采用无刷励磁系统，而且已用于 1200MW 的汽轮发电机。我国引进的西屋公司无刷励磁技术，已在 300MW 及 600MW 大型汽轮发电机组上应用。

4. 自并励励磁（静止励磁）系统

自并励励磁系统，其励磁电源由发电机自身供给，整个励磁装置没有转动部分，因此又称为静止励磁系统或全静态励磁系统。图 6-19 所示为自并励励磁系统的原理。用一只接在机端的励磁变压器取得励磁电源，通过受励磁调节器控制的晶闸管整流装置，直接控制发电机的励磁，这种励磁方式比前述几种都简单，因此又称为简单自励方式。

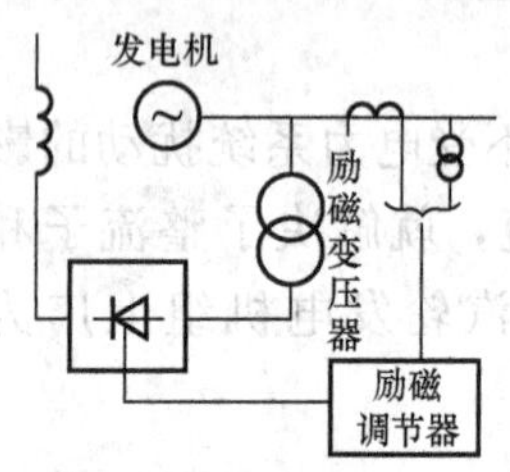

图 6-19 自并励励磁系统原理

自并励励磁系统具有下列优点：

(1) 运行可靠。由于没有旋转部件，设备接线简单，减少了出事故的概率。据统计，自并励励磁系统的强迫停机率仅为交流励磁机励磁系统的 1/3，平均修复时间仅为交流励磁机励磁系统的 1/4，大大提高了运行的可靠性。

(2) 改善了发电机轴系的稳定性。自并励励磁系统使 300MW 机组的轴系长度减少了约 3m，因无励磁机，轴承座也减少了，所以提高了轴系的稳定性，从而提高了机组的安全运行水平。

(3) 提高了电力系统的稳定水平。自并励励磁系统响应速度快，调压性能好，短路后机端电压恢复快。由于配置了电力系统稳定器（PSS），对小干扰的稳定水平较交流励磁机系统有明显提高。

(4) 经济性好，可降低投资。由于该系统设备简单，轴系长度又有缩短，因而降低了设备和厂房基础投资；调整维护简单，故障修复时间短，可提高发电的效益。

自并励励磁系统存在的问题是：当发电机近端发生三相短路而切除时间又较长时，不能及时提供足够的强行励磁。另外，接于地区网络的发电机，由于短路电流衰减快，继电保护配合较复杂。

目前，在 600、1000MW 大型汽轮发电机上采用自并励励磁方式已成发展方向，在大型水轮发电机中也已成为主要励磁方式，是新建或改建工程的推荐项目。

第五节 发电机的运行与控制

三相同步发电机以对称负荷为正常运行方式，此时发电机的每相电压和电流都是对称的。本节主要讨论汽轮发电机在起动、并列、停机、调整负荷及调相运行等不同运行条件下的状态及操作过程。

一、发电机的启动

发电机由停机状态（检修后或新安装）投入运行，需按规程进行一系列试验及启动前的准备工作（参见第十章机组的启停部分），待发电机逐渐升速至额定转速 3000r/min。

二、发电机的并列

现代电力网是由多座发电厂、多台发电机并列运行的大电网方式，省级电网、跨省的区域网，甚至跨国电力网已取得十分成熟的运行经验。多台发电机并列运行的大电网方式对提高电能的质量、供电的可靠性、系统的稳定性以及经济性等都有着重大意义。同时，电网的规模也是一个国家现代科学技术水平和经济发达程度的标志。

发电机的并列运行，又称为同步运行，就是各发电机的转子以相同的电角速度一起旋转，而电角度差不超过允许值的运行状态。将发电机与发电机、发电机与系统进行同步运行的操作，称为同步并列（俗称并车）。

发电机常用的同步并列方法有两种：准同步并列法和自同步并列法。此外，还有异步启动和非同步合闸法（事故情况下用）。

（一）准同步并列

准同步（又称为精确同步）并列，是常用的基本同步方法。准同步并列是指待并网发电机与运行系统间满足同步条件时进行并列操作，即当发电机的频率、电压和相位角与系统的电压、频率和相位角均相同（或接近）时，将发电机的断路器合闸，完成与系统的并列。这种并列方式实质上是先促成同步状态，然后进行并列操作。

准同步并列分为手动准同步并列和自动准同步并列两种具体方法。

1. 手动准同步并列

手动准同步并列即用手操作相关开关，调节发电机电压频率使其满足同步条件，并手动合闸并列的方法。

(1) 频率。汽轮机启动后，通过操作其调速开关，使其转速逐渐升高至额定值 3000r/min，则同轴旋转的汽轮发电机的转速即达到与电网频率接近同步的要求。

(2) 电压。当汽轮发电机升速至额定转速后，经检查各处工作情况正常，即可给转子加上励磁电流，缓慢转动磁场变阻器手轮，减小电阻以增加励磁电流，使发电机定子绕组电压逐渐升高达到与系统电压相等。

(3) 相位角。在满足频率和电压相等的条件后，投入同步表，待同步表指针缓慢顺时针转动至接近同步点时，操作断路器控制开关合闸，使发电机与系统并列。并列成功后，无异常现象出现，即可使发电机带上负荷，并退出同步仪表，并列操作完毕。

发电机并列操作是一项非常重要的操作，在一定程度上关系到发电厂甚至电网的安危。手动准同步操作是否成功，与操作者的现场工作经验有很大关系，如果掌握不好合闸时机，发生非同步并列事故，将会产生强烈的冲击电流和振荡现象，会使发电机端部绕组和铁芯遭到破坏。因此，只有经过考核获得同步操作权的人员才可进行此项操作。

2. 自动准同步并列

自动准同步并列装置是一种自动控制装置，它能根据系统的频率，检查待并网发电机的转速，并发出调节脉冲去调节待并网发电机的转速，使其略高出系统一预定数值。然后检查同步的回路开始工作，当待并网发电机以微小的转差向同步点接近，且待并网发电机与系统的电压差在±5V以内时，就提前一个预定时间发出合闸脉冲，合上主断路器，使发电机与系统并列。

（二）自同步并列

自同步并列法，就是当待并网发电机的转速接近额定转速（相差±2%范围之内）时，在未加励磁的情况下，先合上发电机的断路器进行并列，然后再合上励磁开关，加入励磁电流，利用发电机的自整步作用，将发电机自动拉入同步。

采用自同步的优点是：操作简单，并列速度快，在紧急情况下能很快将发电机并入系统。缺点是：待并发电机会受到较大电流的冲击（小于三相短路电流）。

三、发电机的负荷调整

1. 有功负荷的调整

发电机在运行中对有功负荷的调整，是通过汽轮机的调速电动机进行的，当需增加有功负荷时，就加大进汽量；当需减小有功负荷时，就减小进汽量，以保持发电与负荷的平衡，维持发电机的转速恒定。

2. 无功负荷的调整

发电机在运行中对无功负荷的调整，是通过改变发电机励磁电流来实现的。通常利用自动电压调节器（简称调节器）自动调节，也可手动调节。

（1）自动调节方式。该方式是主要运行方式，即根据发电机端电压的变化，采用负反馈原理对发电机励磁电流进行自动调节，以维持发电机端电压的恒定。

（2）手动控制方式。当自动电压调节器因有故障失去作用时，改用由运行人员手动操作调节方式。一般自动调节为主要方式，手动调节为备用方式。

功率因数（$\cos\varphi$）是电能质量和经济运行的重要指标。当有功负荷不变而调整无功负荷时，功率因数即改变，无功负荷减少时，功率因数增加；无功负荷增加时，功率因数下降。发电机的功率因数一般应限在0.95以内，否则易进相运行，若发现进相运行，应增大励磁电流，若此时定子电流过大，则应减少有功功率，否则将引起发电机振荡或失步。

四、同步发电机的调相运行

同步发电机空载运行时，从电网吸收有功功率（即发电机变为电动机）以维持同步旋转。此时加大励磁（过励运行），则向电网送感性无功功率；欠励运行时，则吸收电网中的感性无功，发电机变成了调相机（或称同步补偿机）。

当输电线路很长时，线路本身具有电容，当终端负荷变化时，要维持端电压不波动是很困难的。所以接上同步补偿机，通过调节其励磁电流，可以控制功率因数，保持电网电压恒定。

五、发电机的解列与停机

发电机要解列时，应先将所带厂用电转至备用电源，然后再将发电机所带的有功负荷和无功负荷转移到其他并列机组上去，并在有功负荷降至零时，断开发电机断路器，将发电机解列。

当跳开发电机断路器解列后，如果发电机需停下来，应再跳开灭磁开关，并通知汽轮机值班员减速停机。停机后拉开发电机出线隔离开关。

复习思考题

1. 所在电厂发电机的主要额定参数有哪些？各表示什么意义？
2. 汽轮发电机的定子主要由哪些部件组成？
3. 汽轮发电机的转子主要由哪些部件组成？
4. 汽轮发电机的冷却方式有几种？简述本厂发电机组冷却系统的特点。
5. 汽轮发电机的励磁方式主要有哪几种？本厂发电机的励磁系统的特点是什么？
6. 汽轮发电机组是怎样将机械能变为电能的？

第七章 电力变压器

电力变压器是电力系统中输配电能的主要设备。电力变压器利用电磁感应原理，可以把一种电压等级的交流电能方便地变换成同频率的另一种电压等级的交流电能。经输配电线路将发电厂和变电所的变压器连接在一起，便构成了工农业生产的主能源网络——电力网。

本章主要介绍电力变压器的工作原理、结构及运行管理等方面的基本知识。

第一节 变压器概述

现代大型发电厂，多数建在能源（煤矿和河流）附近的地区，这些地区一般与电力主要用户所在的大城市或工业区相距较远，因此，远距离输送大功率的电能便成为现代电力系统的特点。为减少电能输送中的损耗和过多的电压降低，必须经升压变压器升高电压后输送，而在负荷中心则安装降压变压器和多处配电变压器（如用户变压器），把高压电能变换成便于直接使用和安全经济的低压电能。可见，变压器在电力网中具有极其重要的作用。

一、变压器的基本原理

变压器是根据电磁感应原理工作的，变压器由两个互相绝缘且匝数不等的绕组，套在由良好导磁材料制成的同一个铁芯上，其中一个绕组接交流电源，称为一次绕组；另一个绕组接负荷，称为二次绕组。当一次绕组中有交流电流流过时，在铁芯中产生交变磁通 Φ，其频率与电源电压的频率相同；铁芯中的磁通同时交链一、二次绕组，由电磁感应定律可知，一、二次绕组中分别感应出与匝数成正比的电动势，其二次绕组内感应的电动势，向负荷输出电能，实现了电压的变换和电能的传递。可见，变压器是利用一、二次绕组匝数的变化实现变压的。变压器在传递电能的过程中效率很高，可以认为两侧电功率基本相等，所以当两侧电压变化时（升压或降压），两侧电流也相应变化（变小或变大），即变压器在改变电压的同时也改变了电流。

二、变压器的分类

为适应不同的用户要求，变压器分为多种类型。

1. 按用途分类

（1）电力变压器。电力变压器在输配电系统中应用时，可进一步分为升压变压器、降压变压器、联络变压器（连接几个不同电压等级的电网）等。

（2）仪用变压器。仪用变压器指电流互感器和电压互感器等，用于仪表测量、继电保护和操作电源。

（3）特殊用途变压器。特殊用途变压器有整流变压器、电炉变压器、焊接变压器、实验变压器等。

2. 按绕组数分类

（1）自耦变压器。自耦变压器指高、低压侧共用一个绕组，两侧接线匝数不同。

（2）双绕组变压器。双绕组变压器指每相有高、低压两个绕组。

（3）三绕组变压器。三绕组变压器每相有高、中、低压三个绕组，常作为联络变压器。

(4) 分裂绕组变压器。分裂绕组变压器用作大容量厂用变压器。

3. 按相数分类

(1) 单相变压器。容量过大且受运输条件限制时，在三相电力系统中用三台单相变压器组合成三相变压器组。

(2) 三相变压器。用于三相电力系统，三相绕组和铁芯连为一体。

4. 按冷却方式分类

(1) 油浸式变压器。绕组与铁芯完全浸在变压器油里。油浸式变压器的冷却方式分：油浸自冷（ONAN）、油浸风冷（ONAF）、强迫油循环风冷（OFAF）、强迫油循环水冷（OFWF）、强迫导向油循环风冷（ODAF）、强迫油循环水冷（ODWF）。

(2) 干式变压器。铁芯和绕组都由空气直接冷却。

三、变压器的额定参数与铭牌

为使变压器能按照设计技术条件安全、经济、合理地运行，制造厂将变压器的设计额定参数标注在铭牌上（又称铭牌值）。按照额定参数运行，可以保证变压器长期可靠地工作，并能达到设计的性能。

1. 变压器的额定参数

(1) 额定容量 S_N。在铭牌规定的额定工作状态下，变压器的容量称为额定容量，对三相变压器而言，即三相容量之和，用视在功率 S_N 表示，单位为 kVA 或 MVA。

(2) 额定电压 U_N。一次侧额定电压 U_{1N}，指加到一次绕组上的规定电压值；二次侧额定电压 U_{2N}，指一次侧加入额定电压 U_{1N} 时，二次侧的空载电压。额定电压的单位为 kV。三相变压器的额定电压都是指线电压。

(3) 额定电流 I_N。在额定使用条件下（或根据发热限制而规定的绕组中允许长期通过的电流值），一次侧输入的电流称为一次侧额定电流，用 I_{1N} 表示；二次侧输出的电流称为二次侧额定电流，用 I_{2N} 表示。额定电流都是指线电流，单位为 A 或 kA。

(4) 空载电流 I_0。变压器加额定电压空载运行时的电流，常以额定电流的百分比来表示，可以折算到一次侧，也可折算到二次侧。

(5) 空载损耗 P_0。在变压器一个绕组上加入额定电压，而其余绕组均为开路时，变压器的有功损耗，用 P_0 表示，单位为 kW。

(6) 短路损耗 P_k。当变压器的一个绕组通以额定电流，而另一绕组短接时的有功损耗，用 P_k 表示，单位为 kW。

(7) 短路阻抗百分比 $U_k\%$。当一个绕组短接时，在另一绕组中为产生额定电流所加入的电压称为短路阻抗，以额定电压的百分比 $U_k\%$ 来表示。

2. 变压器的型号表示及符号说明

变压器的铭牌上，除规定了该台变压器的额定运行数据之外，还用各种符号表示了变压器的型号。电力变压器用字母及数字表示方法如图 7-1 所示。

产品型号即变压器型号由字母和数字表示，见表 7-1。

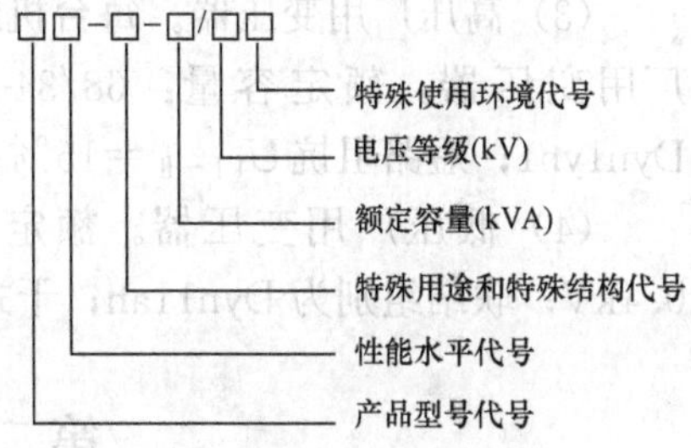

图 7-1 电力变压器型号的表示方法

表 7-1　　　　变压器型号符号及含义

数字	含　义		符号	数字	含　义		符号
1	绕组耦合方式	自耦	O	3	冷却方式	强迫油循环风冷	FP
2	相数	单相	D			强迫油循环水冷	SP
		三相	S	4	绕组数	双绕组	—
3	冷却方式	油浸自冷	J			三绕组	S
		干式空气自冷	G	5	绕组导线材质	铜	—
		干式浇注绝缘	C			铝	L
		油浸风冷	F	6	调压方式	无励磁调压	—
		油浸水冷	S			有载调压	Z

例如，SFP-360000/220 表示三相油浸风冷强迫油循环式电力变压器，额定容量为 360 000kVA，额定电压为 220kV。

3. 600MW 发电机组配用变压器情况（以北仑港电厂为例）

（1）主变压器（升压变压器）。主要参数是：额定容量为 755MVA；额定电压为525±2×2.5%/20kV；额定电流为 830/21 800A；联结组标号为 YNd11；冷却方式为 FOA（强迫油循环风冷式）；器身重 347t；油重 8.7t；总质量为 494t；空载损耗为 298.6kW；短路阻抗为 13.32%。

（2）启动变压器。冷却方式为风冷/自然冷却，额定容量为 48/36/12MVA（风冷），自然冷却减至 48/36/12MVA 的 75%。

（3）高压厂用变压器。额定容量为 55/40/15MVA，冷却方式为强迫油循环风冷/自然油循环风冷/自然冷却，强油风冷时为额定容量，风冷时为额定容量的 80%，自然冷却时为额定容量的 60%。

4. 1000MW 发电机组配用变压器情况（以邹县电厂为例）

（1）主变压器（升压变压器）。主要参数是：三台额定容量 380MVA、500kV 单相、双绕组、油浸式变压器组成；变比 $525/\sqrt{3}\pm2\times2.5\%/27$kV；联结组别为 YNd11（三相）；冷却方式 FOA（强迫油循环风冷式）；短路阻抗 18%，高压侧中性点直接接地。

（2）启动/备用变压器。每台启用/备用变压器为户外、三相、分裂铜绕组、有载调压变压器。冷却方式：油浸风冷，额定容量：68/34-34MVA；变比 230±8×1.25%/10.5kV；联结组别为 Ynyn0yn0，短路阻抗 17%，高压侧中性点直接接地。

（3）高压厂用变压器。每台机组设置两台三相油自然循环风冷分裂绕组变压器作为高压厂用变压器。额定容量：68/34-34MVA；变比 27±2×2.5%/10.5kV；联结组别为 Dyn1yn1；短路阻抗 $U_{k\text{I}-\text{II}}=15\%$。

（4）低压厂用变压器。额定容量为 800～2500kVA 不等；变比 10.5±2×2.5%/0.4kV；联结组别为 Dyn11an；干式；短路阻抗随容量不同而不同。

第二节　变压器的结构

电力变压器一般由铁芯、绕组、油箱（壳体）及附件、冷却系统、测量及保护系统组成。变压器最主要的部件是铁芯和绕组，此二者装配在一起又称器身，器身置于装满变压器油的油箱中；油箱外装有散热器，油箱上部还装有储油柜、安全气道、套管等。图 7-2 所示为变压器的结构示意。下面分别介绍变压器各主要部件的结构和作用。

一、铁芯

铁芯构成变压器的磁路，也是绕组的机械骨架。一般采用磁导率高、磁滞和涡流损耗小的硅钢片叠装而成，其表面涂有高机械强度、高耐热性和高绝缘性能的绝缘漆，使片与片间绝缘。

叠装成型后的铁芯，分为铁芯柱和铁轭两部分，铁芯柱上套装一、二次绕组，上、下铁轭将铁芯柱连接起来，形成闭合的磁路，图 7-3 所示为三相变压器铁芯示意。

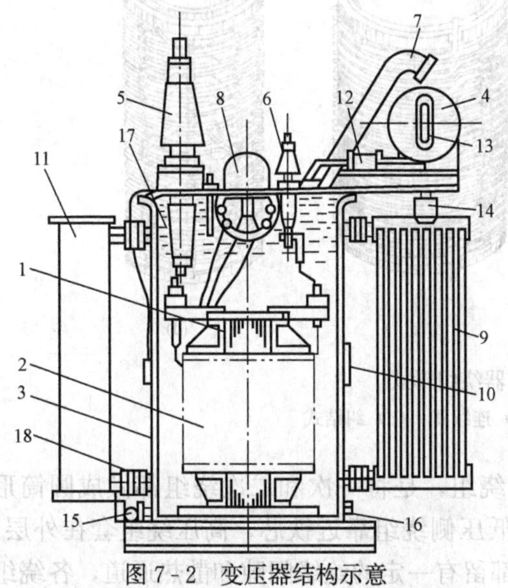

图 7-2　变压器结构示意

1—铁芯；2—绕组；3—油箱；4—油枕（储油柜）；5—高压套管；6—低压套管；7—安全气道；8—分接头开关；9—散热器；10—铭牌；11—净油器；12—气体继电器；13—油位计；14—呼吸器；15—放油阀门；16—接地螺栓；17—变压器油；18—阀门

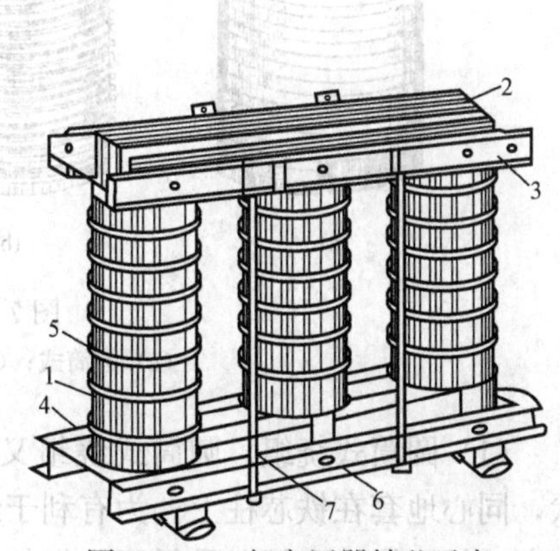

图 7-3　三相变压器铁芯示意

1—铁芯柱；2—铁轭；3—上夹件；4—下夹件；5—铁柱绑扎；6—铁轭螺杆；7—拉螺杆

在大容量变压器中，为节省材料和充分利用空间，铁芯柱的截面一般做成一个外接圆的多级阶梯形，并设有散热沟（油道），以便将铁芯中的热量由绝缘油充分地带走，达到更好的冷却效果。有散热沟的铁芯柱截面示意图如图 7-4 所示。

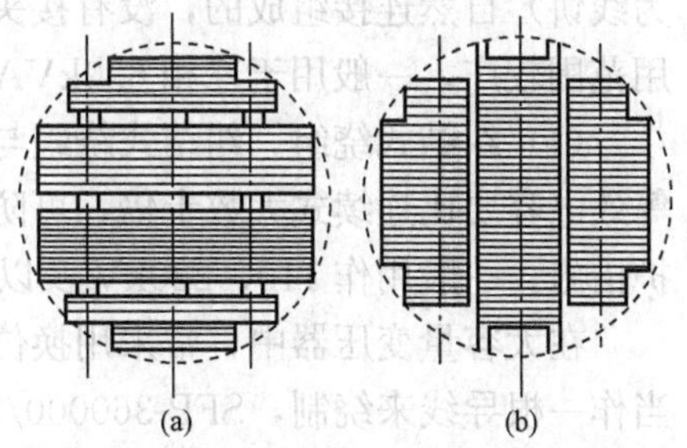

图 7-4　有散热沟的铁芯柱截面示意

(a) 散热沟与硅钢片平行布置；
(b) 散热沟与硅钢片垂直布置

为防止变压器运行或试验时，由于静电感应而在铁芯或其他金属构件上产生悬浮电位，造成对地放电，铁芯及所有金属构件都必须可靠接地。铁芯叠片只允许一点接地，有两点以上接地时，在两接地点之间可能形成闭合回路，当主磁通穿过此闭合回路时，就会产生循环电流，造成铁芯局部过热事故。

二、绕组

绕组是变压器中发生电磁感应的电路部分，它由带绝缘包层的高导电性能的电解铜导线（或铝导线）绕制而成，输入电能侧的绕组称一次绕组；输出电能侧的绕组称二次绕组。电力变压器的一、二次绕组在铁芯柱上的排列形式不同，构成多种形式的绕组，如圆筒式、螺旋式、连续式、纠结式、内屏蔽式等。常见变压器绕组形式如图 7-5 所示。

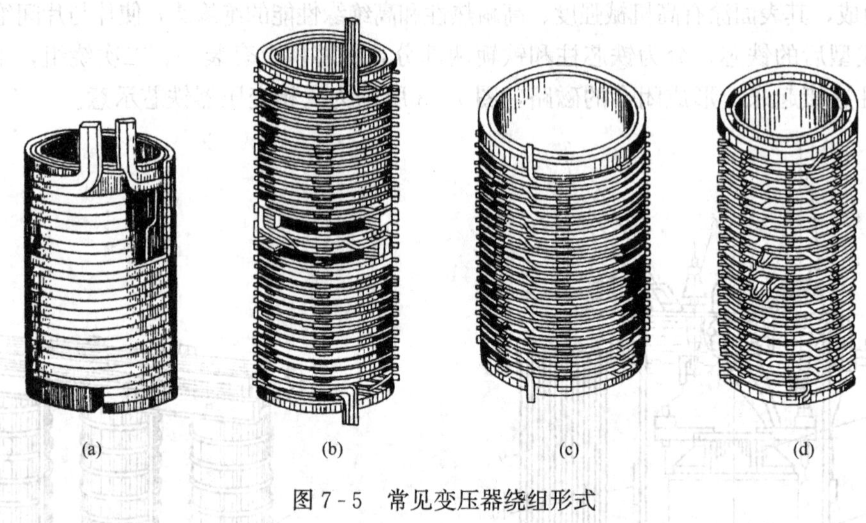

图 7-5 常见变压器绕组形式

(a) 圆筒式；(b) 螺旋式；(c) 连续式；(d) 纠结式

(1) 圆筒式绕组。圆筒式绕组又称为同心式绕组，是将一次和二次绕组都做成圆筒形状，同心地套在铁芯柱上。为有利于绝缘，一般低压侧绕组靠近铁芯，高压绕组套在外层，在高、低压绕组之间以及低压绕组与铁芯柱之间都留有一定的绝缘间隙和散热通道，各绕组的端头经绝缘瓷套管引出箱外。这种绕组一般用于三相容量在 1600kVA 以下、电压不超过 35kV 的电力变压器。

(2) 螺旋式绕组。这种绕组每匝由六根导线并联绕成一个螺旋，中间隔以沟道，由于多导线并联，因此可用于 35kV 以下大电流绕组的情况。

(3) 连续式绕组。连续式绕组是由数根并联扁导线沿径向连续绕制的许多个线段（又称为线饼）自然连接组成的，没有接头，所以具有很高的机械强度，散热性能好。这种绕组应用范围较广，一般用于三相 630kVA、110kV 以下的绕组。

(4) 纠结式绕组。纠结式绕组与连续式绕组的区别是两线饼内的导线是交替排列的，其等效电容要比连续式大数十倍，可防止绕组绝缘在过电压时被击穿，是一种有效的过电压防护措施。一般用作 110、220kV 及以上的高压变压器绕组，以改善防雷性能。

在大容量变压器中，常采用换位导线法，就是将多股并绕导线先进行 360°连续换位，并当作一根导线来绕制，SFP-360000/220 型变压器的绕组用无氧铜换位导线绕制，主绕组为内屏蔽连续式。

三、油箱及附件

油箱是油浸式变压器的外壳，用钢板焊成，为增强冷却效果，油箱壁外焊有散热管或装有散热器。变压器的铁芯和绕组置于充满变压器油的油箱内。油箱有吊器身式和吊箱壳式（又称为钟罩式）两种。小容量变压器采用可揭开箱盖、起吊器身的普通油箱；大容量变压器的器身质量大，多采用吊箱壳式的油箱，检修变压器时吊去上节油箱（钟罩），器身便全部暴露在外，以方便进行检修。

在变压器油箱的上部或侧面，装有用于连接、测量和保护用的多个附件，如绝缘套管、分接开关、储油柜、压力释放装置、气体继电器、净油器、呼吸器等，如图 7-2 所示。

1. 绝缘套管

变压器的绝缘套管将油箱内部高、低压绕组的引出线引出油箱外，并使引线与接地的油箱相绝缘且将引线固定。图 7-6 所示为 220kV 及以上电压等级的胶纸电容式套管结构。

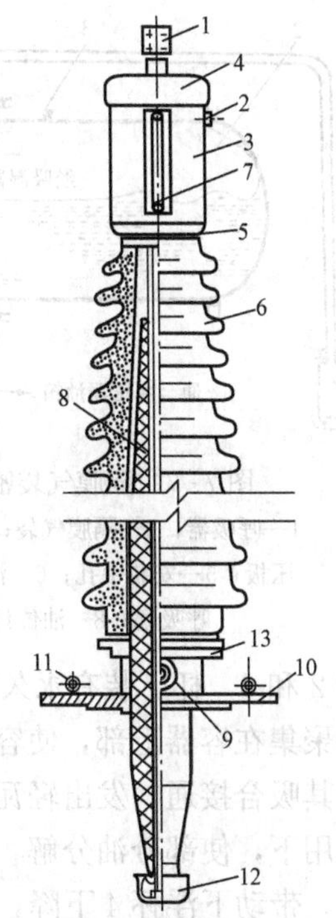

图 7-6 胶纸电容式套管结构

1—接线端子；2—放气塞；3—储油器；4—均压罩；5—密封垫圈；6—伞形瓷套；7—油位计；8—电容芯子；9—接地套管；10—法兰盘；11—单环；12—均压球；13—取油样塞

图 7-6 中，电容芯子由单面上胶纸的铝箔，经加温加压制成与中心导电管并列的同心圆柱体电容屏，利用电容分压原理使芯子电位分布均匀。电容芯子的最内屏与导电管相连接形成同电位，最外屏与法兰盘连接在一起接地，成为零电位。电容芯子与瓷套之间的空隙中注入变压器油，可通过空心导电铜管与变压器油箱中的油连通，导电铜管既是电容芯子的骨架，又是引线穿过的通孔。

2. 分接开关

为调节变压器的输出电压，在高压绕组的中段或末端引出若干个抽头，连接在可切换的分接开关上，调整分接开关的不同位置，可改变高压绕组匝数，从而达到调节电压的目的。分接开关由安装在变压器油箱盖上的操动机构来操作，调压时先将变压器断电再操作的分接开关，称为无励磁调压分接开关；还有一种是在变压器带有负荷的情况下进行切换调压，称为有载调压开关。

3. 储油柜

储油柜也称为油枕，装在油箱上部，用联通管与油箱接通。储油柜的作用是容纳油箱中因温度升高而膨胀出的变压器油，并缩小变压器油与外界空气的接触面，减少油受潮和氧化的程度。储油柜的一端装有油位表，以指示实际油位。

4. 呼吸器

呼吸器通过连通管接入储油柜内油面的上部，当油的体积随温度变化膨胀或缩小时，排出或吸入的空气都要经过呼吸器。呼吸器的干燥剂——硅胶，吸收空气中的水分和杂质，以保证油的绝缘性能。

大型电力变压器，采用变压器油不与空气直接接触的密封式油枕，图 7-7 所示为隔膜气袋密封式油枕结构原理。在油枕内上部设有耐油的 0.6mm 厚的尼龙橡胶隔膜气袋 2，其形状和体积与油枕内腔相似。隔膜袋充满油枕上部空间，袋内的空气经呼吸器 1 与大气相通，将油与空气隔离。当油箱内的油因温度升高而膨胀时，油枕内的油面即上升，隔膜气袋就向外排气；反之，油温降低，油面下降时，空气经呼吸器进入气袋，自动平衡袋内外的压力。这样，将变压器油与大气隔离，减少了变压器油与空气接触发生氧化和受潮的机会。

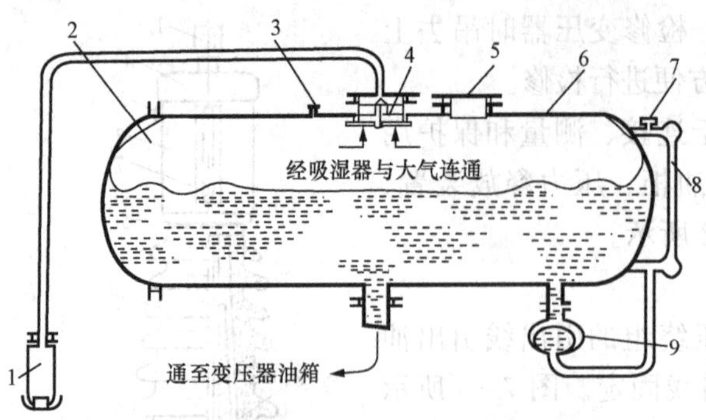

图 7-7 隔膜气袋密封式油枕结构原理

1—呼吸器；2—隔膜气袋；3—放气塞；4—隔膜气袋压板；5—安装手孔；6—油枕本体；7—油表注油及呼吸塞；8—油位计；9—油位计胶袋

5. 气体继电器

气体继电器是电力变压器内部故障时的保护报警装置。它安装在油箱和油枕联管的中部，图 7-8 所示为油枕、气体继电器、压力释放装置安装位置示意。当变压器绕组发生匝间短路、铁芯事故及绝缘击穿等内部故障时，变压器油局部游离产生瓦斯气体，或油箱漏油使油面降低时，气体继电器动作发出变压器故障信号。

浮杯式气体继电器的构造如图 7-9 所示。铸铁容器壳体里装着两只开口浮杯 2 和 4，杯下装有永久磁铁 5 和舌簧触点 7。当变压器内发生轻微故障时，产生的瓦斯气体聚集在容器上部，使容器内油面下降，浮杯 2 随之下降，永久磁铁 5 向舌簧触点 7 靠近并使其吸合接通，发出轻瓦斯动作预告信号。当变压器内部发生相间短路故障时，在电弧高温作用下，使部分油分解，产生大量的瓦斯气体，强大的油、气流冲向继电器挡板，挡板偏转，带动下浮杯 4 下降，使下舌簧触点 7 动作闭合，跳开变压器各侧的断路器。另外，当油箱漏油油位下降至一定程度时，也会使浮杯 2 下降，发出信号。

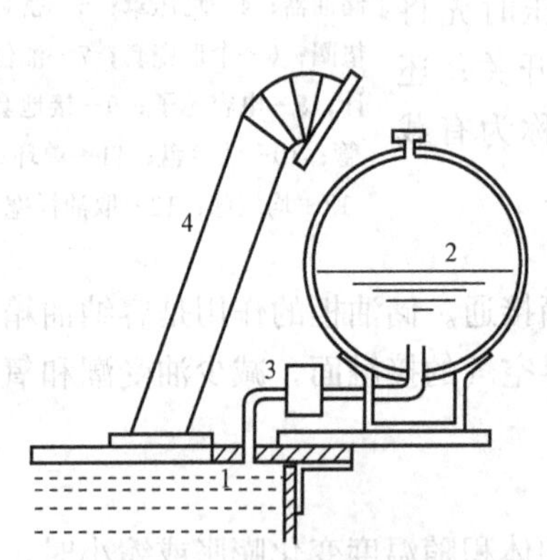

图 7-8 油枕、气体继电器和压力释放装置安装位置示意

1—油箱；2—油枕；3—气体继电器；4—压力释放装置

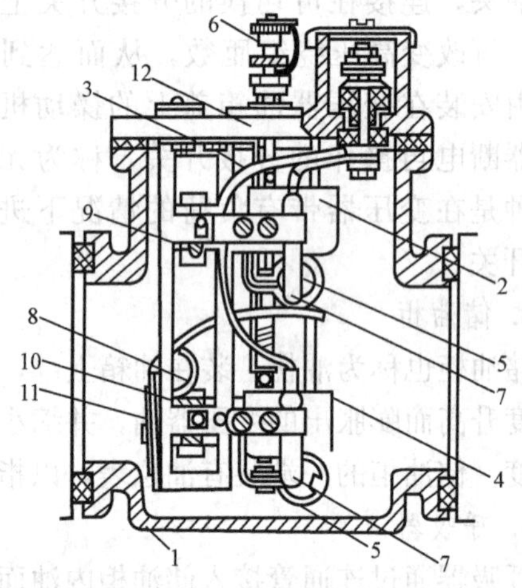

图 7-9 浮杯式气体继电器构造

1—外壳；2—上浮杯；3—引出线；4—下浮杯；5—永久磁铁；6—放气阀门；7—舌簧触点；8—挡板；9—上平衡锤；10—下平衡锤；11—挡油板；12—盖子

6. 压力释放装置（安全气道）

压力释放装置安装在变压器的油箱盖上，作为油箱内部压力过大时的安全保护，其下端与油箱相通，上端出口处装有一定厚度的密封膜片，如图 7-8 所示。当变压器内部发生故障，油箱内压力达到一定值时，将密封膜片冲破，使高压油气向外喷出，以防止因压力过大

而发生油箱爆裂事故。

7. 净油器

净油器（见图 7-2 中 11）是用来改善运行中变压器油的性能，防止油老化和绝缘下降用的装置。净油器同散热器一样装到变压器油箱臂上，上、下端与油箱内相通。器内充满硅胶等干燥吸附剂。在变压器运行中，由于油箱上、下部有明显温差，变压器油从净油器上端进入，通过净油器后再从下端回到油箱内，形成自然循环。当变压器油在净油器中通过时，在被吸附剂过滤的同时，将油中的水分、氧化物、沉积物等吸附，从而使变压器油得到净化。

四、变压器的冷却

变压器在运行时，绕组和铁芯中的损耗所转化的热量必须设法去除，否则会降低工作效率，甚至发展为事故。油浸变压器的器身放于油箱内，箱内注满变压器油。变压器油除具有绝缘作用外，还把绕组和铁芯产生的热量带出，通过油箱表面及散热管、散热器和其他冷却装置进行冷却。

变压器冷却的方式有多种。对中、小型变压器一般采用油浸自然冷却方式；对大型变压器采用油浸风冷、强迫油循环风冷、油浸水冷、强迫油循环水冷等方式。

（1）油浸风冷。这种冷却方式是在管式散热器的空挡处，安装两台轴流式风扇，使风扇的风吹向散热器上部（因上部温度高），使其冷却。

（2）强迫油循环风冷。强迫油循环风冷式冷却系统用于大容量变压器。这种冷却系统是在油浸风冷式的基础上，在油箱主壳体与带风扇的散热器（也称为冷却器）的连接管上装有潜油泵。油泵运转时，强制油箱体内的油从上部吸入散热器，再从变压器的下部进入油箱体内，实现强迫循环。冷却的效果与油的循环速度有关。为了增强散热器（冷却器）的散热能力，在散热管外焊有许多散热片，并在每根散热管的内部有专门机加工的内肋片。强迫油循环风冷变压器风冷器外形图如图 7-10 所示。

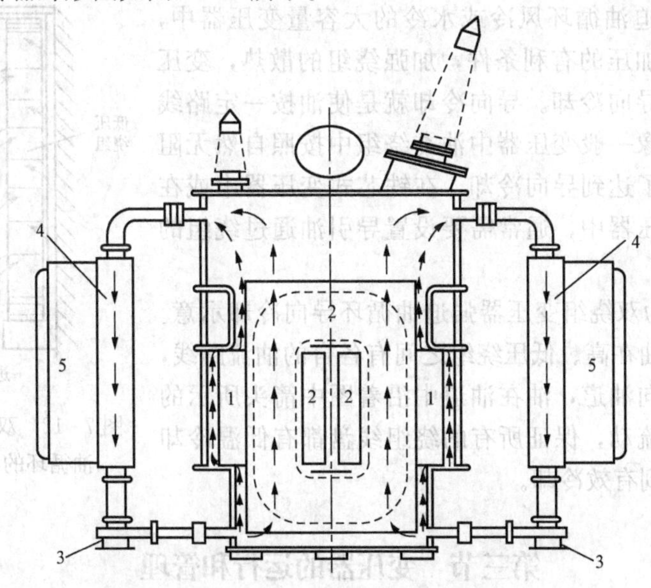

图 7-10 强迫油循环风冷壳式变压器中油循环通道

1—铁芯；2—绕组线圈；3—油泵；4—散热器；5—风扇框

600MW 以上机组的主变压器冷却方式基本上都是采用强迫油循环风冷，每台变压器配有 6～8 组冷却装置，每台变压器在额定工况下运行需有 5～7 组冷却器投入运，一组备用。

图 7 - 10 所示为一种大型强迫油循环风冷壳式变压器中的油循环通道。该壳式变压器有两个并联的磁路，铁芯水平布置，狭窄的铁芯上未设置冷却油道。在这种变压器中，绕组线圈（线盘）间距较大，构成较大的垂直方向的油流通道，泵送的油在油箱内主要通过绕组线圈，因而冷却效率高。

（3）强迫油循环水冷式。强迫油循环水冷式冷却系统与风冷式的区别在于，油通过冷却器时，利用冷却水冷却油。因此，在这种冷却系统中，铁芯和绕组的热先传给油，油中的热又传给冷却水。

在上述采用强迫油循环风冷或水冷的大容量变压器中，为了充分利用油泵加压的有利条件，加强绕组的散热，变压器绕组部分常采用导向冷却。导向冷却就是使油按一定路线通过绕组，而不是像一般变压器中油在绕组中按照自然无阻无定向地流动。为了达到导向冷却，在铁芯式变压器中或在铁芯垂直放置的变压器中，通常需要引导油通过绕组的结构部件。

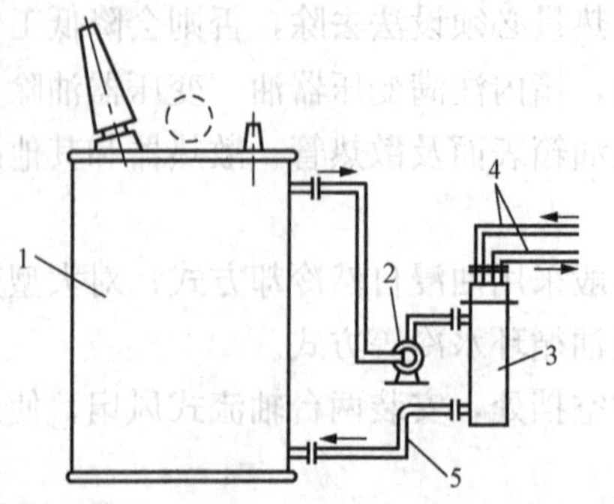

图 7 - 11　强迫油循环水冷式冷却系统原理结构
1—变压器；2—潜油泵；3—冷油器；
4—冷却水管道；5—油管道

强迫油循环水冷式冷却系统的原理结构如图 7 - 11 所示。它由潜油泵 2、冷油器 3、油管道 5、冷却水管道 4 等组成。工作时，变压器上部的热油被油泵吸入后增压，迫使油通过冷油器 3 再进入油箱底部，实现强迫油循环。油通过冷却器时，利用冷却水冷却油。因此，在这种冷却系统中，铁芯和绕组的热量先传给油，油中的热量又传给冷却水。

在上述采用强迫油循环风冷或水冷的大容量变压器中，为了充分利用油泵加压的有利条件，加强绕组的散热，变压器绕组部分常采用导向冷却。导向冷却就是使油按一定路线通过绕组，而不是像一般变压器中油在绕组中按照自然无阻无定向地流动。为了达到导向冷却，在铁芯式变压器中或在铁芯垂直放置的变压器中，通常需要设置导引油通过绕组的结构部件。

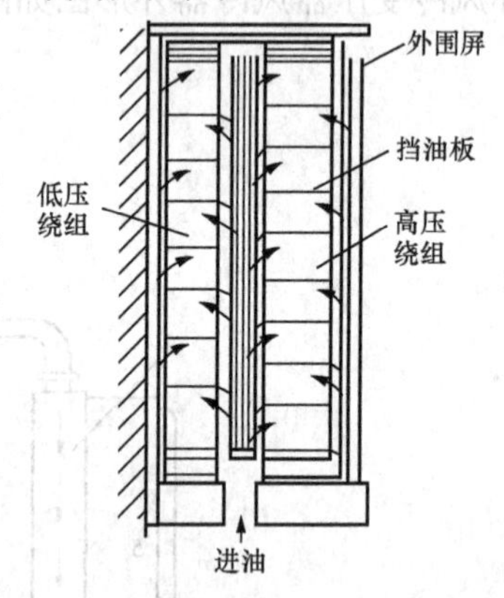

图 7 - 12　双绕组变压器强迫油循环的导向冷却示意

图 7 - 12 所示为双绕组变压器强迫油循环导向冷却示意。从图中可见，压力油在高、低压绕组之间有各自的油流路线，绕组中有纵向和横向油道，油在油道中沿着图中箭头所示的路线有规律地定向流动，保证所有的绕组线盘都有低温冷却油流过，使绕组得到有效冷却。

第三节　变压器的运行和管理

变压器的运行方式有两种，即空载运行和负载运行。运行中的变压器要产生铜损耗和铁损耗，这些损耗使变压器绕组和铁芯的温度升高，长时间高温下运行，会加速绝缘老化，缩短使用寿命。因此，对变压器必须有经常性的监测和保护措施，下面分别进行介绍。

一、变压器的运行

1. 变压器的空载运行

变压器的一次绕组接入电源、二次绕组开路时的运行方式，称为变压器的空载运行，或称为无载运行。变压器在空载运行时的电流很小（对一般变压器只有额定电流的1%～5%；对大型变压器在1%以下），其功耗称为空载损耗，它包括空载电流经过一次绕组的电阻时产生的有功损耗和磁通在铁芯上的损耗两部分。由于主要是铁芯上的损耗，因此一般又把空载损耗称为铁损耗。铁损耗又分为磁滞损耗和涡流损耗两部分。

变压器的空载电流也由两部分组成，即产生主磁通的励磁（磁化）电流和使铁芯发热的铁损电流。

2. 变压器的负载运行

变压器负载运行是指一次绕组接有电源，二次绕组接入一定负载的情况。当负载增大时，一次绕组会产生一个电流增量，其磁通势与二次绕组产生的磁通势相抵消，铁芯内的主磁通维持不变。这样，就保持了一、二次绕组磁通势的平衡，并把一次绕组的电功率传到了二次绕组。

3. 变压器的经济运行

变压器在传输电能的过程中要消耗一部分电能，即铁损和铜损。铁损是励磁电流在铁芯中造成的损耗，基本上固定不变，称为不变损耗。铜损的大小与负荷电流的平方成正比，是可变的，称为可变损耗。根据理论计算可知，当铁损和铜损相等时，变压器效率达到最大值，处于最经济运行状态。这时变压器所带的负荷称为经济负荷。当变压器所带的负荷大于变压器的经济负荷时，变压器的铜损将成倍地增加，所以应使变压器工作在经济负荷范围内。

二、变压器的参数测定试验

变压器的变比、励磁阻抗及短路阻抗等参数可通过空载试验和短路试验来测定。

1. 空载试验

变压器的空载试验接线如图 7-13 所示。因空载时电压很高，但电流小，为试验方便，改由低压侧加压，高压侧开路。用电压表测出低压绕组外加电压 U_2 和高压绕组开路电压 U_1，即可算出变压器的变比为

$$K=\frac{U_1}{U_2} \tag{7-1}$$

励磁阻抗可由空载特性曲线求得：调节外加低压侧电压 U_2，使其从零逐渐升高到1.15倍额定值，并逐点测量高压侧空载电流 I_1、外加电压 U_1 和相应的空载功率 P_0，即可求出空载特性曲线 $I_1=f(U_1)$ 和 $P_0=f(U_1)$，由此可确定额定电压时的励磁阻抗 Z_m，即

$$Z_m=\frac{U_1}{I_1} \tag{7-2}$$

2. 短路试验

变压器短路试验接线图如图 7-14 所示。低压侧短路，在高压侧加入交流电压，并从零逐渐升高（为额定电压的5%～10%），使高压侧电流达1.2倍的额定电流，并逐点记录短

路电流 I_1、外加电压 U_{1k} 和相应的输入功率 P_k，即可得出短路特性 $I_k=f(U_k)$ 和 $P_k=f(U_k)$。

短路试验时，使短路电流达到额定值时所加的电压即为变压器的短路阻抗，再变成额定电压的百分数 $U_k\%$。

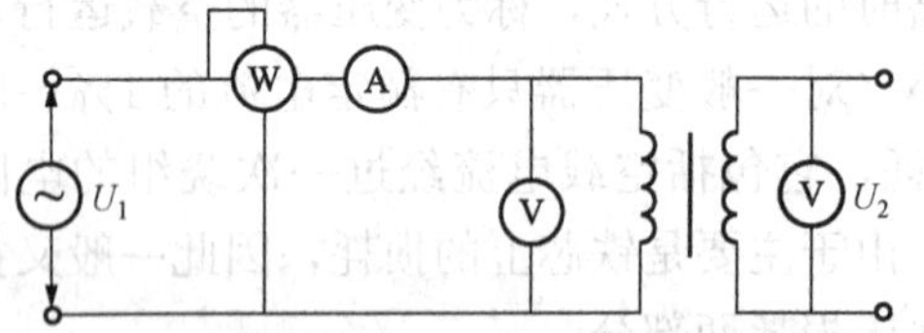

图 7-13 变压器的空载试验接线图

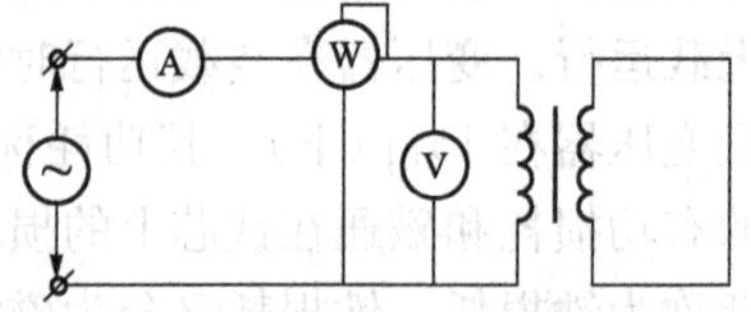

图 7-14 变压器短路试验接线图

第四节 其他形式变压器简介

根据用途的不同，电力系统中还有其他几种形式的电力变压器在使用，应用较多的是自耦变压器、三绕组（联络）变压器及分裂绕组变压器。

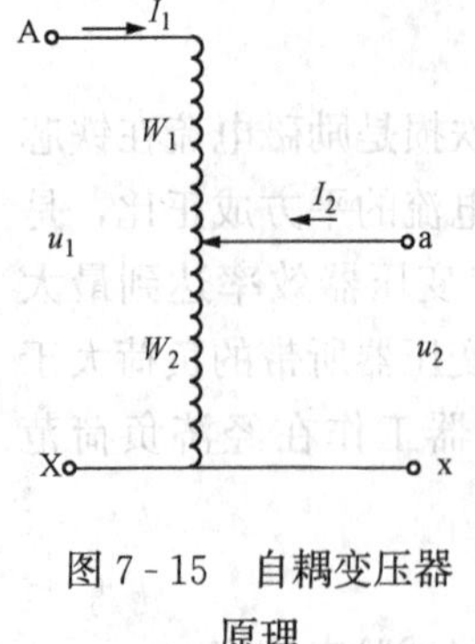

图 7-15 自耦变压器原理

一、自耦变压器

自耦变压器又称为单绕组变压器，因为传输相同容量时，自耦变压器与普通双绕组变压器相比，不但体积小、效率高，且容量越大、电压越高时，此优点就更为明显，所以在大容量电力变压器中应用较多。

图 7-15 所示为自耦变压器原理。由图可见，自耦变压器每相只有一个绕组，当作为降压变压器使用时，全绕组 AX 上接入电源高电压 u_1，从中抽出一部分绕组（W_2）作为二次绕组 ax，取得所需的低电压 u_2；当作为升压变压器使用时，则将电源低电压接入 ax 绕组，在 AX 全绕组上将感应出所需的高电压。

实用的自耦变压器的绕组设计为固定的两部分 W_1 和 W_2，通常将同属于一次和二次的部分（W_2）称为公共绕组，其余部分（W_1）称为串联绕组。自耦变压器的变比 K 为

$$K=\frac{W_1+W_2}{W_2}=\frac{U_1}{U_2} \tag{7-3}$$

自耦变压器的额定容量 S_N 为

$$S_N=\frac{U_{1N}I_{1N}}{U_{2N}I_{2N}} \tag{7-4}$$

即自耦变压器所传递的功率不变。

三相自耦变压器的一次和二次绕组多采用星形连接，为了改善电动势的波形并减少因负荷不对称时的中性点位移，常加装一个三角形接线的第三绕组，成为三相三绕组自耦变压器。第三绕组可用作地区性电源或接调相机、电容器组，以提高电网的功率因数。第三绕组的容量通常为总容量的 1/3 左右。自耦变压器星形接线的中性点必须接地（或经小电抗接地），以避免当高压电网内发生单相接地故障时，在二次绕组（又称中压绕组）上出现过电压。

自耦变压器耗材少，效率高，质量轻，成本低，便于运输。但其高、中压绕组间有自耦

联系，电抗比普通变压器小，使系统短路电流增大，同时调试工作量大。因自耦的影响，使继电保护的配合较复杂。

二、三绕组变压器

三绕组变压器有高、中和低压三个绕组，一般用于有三个电压等级的电力系统，作为电网的联络变压器。三绕组变压器的使用提高了系统供电的灵活性和可靠性，而且比采用两台双绕组变压器更方便、节省材料和降低损耗。

三绕组变压器同相的三个绕组套装在同一个铁芯柱上，由于绝缘的要求，高压绕组常套装在最外层。考虑到短路阻抗的合理性，升压变压器的低压绕组常套在高、中压绕组之间；降压变压器的绕组由内向外的排列顺序是低、中、高。

根据各电压等级负荷的不同，三绕组变压器各侧绕组的容量也不相同，三侧容量比一般有 100/100/100、100/50/100、100/100/50 等。

三、分裂绕组变压器

分裂绕组变压器是将双绕组变压器的低压绕组分裂成额定容量相等的两个完全对称的绕组，这两个绕组与高压绕组间的短路电抗相等，两分裂绕组独立供电，但只有磁的耦合，而没有电的联系。

分裂绕组变压器两个分裂绕组之间的阻抗称为分裂阻抗；高压绕组与低压分裂绕组之间的短路阻抗与分裂绕组间的短路阻抗都有较大的数值，以减少短路电流，降低短路容量。

目前，分裂绕组变压器常用于两机一变接线的升压变压器和高压厂用变压器。

1. 两机一变接线的升压变压器分裂绕组接线

随着变压器容量的增大，出现了两台发电机共用一台分裂绕组升压变压器的接线，如图 7-16（a）所示。两台发电机分别接于低压侧的两个分裂绕组上。当一个分裂绕组发生短路故障时，发电机和另一个分裂绕组上可有较高的残压，从而提高了厂用电的供电可靠性。

2. 高压厂用变压器的分裂绕组接线

现代大型发电厂的启动变压器和高压厂用变压器一般均采用分裂绕组变压器。高压厂用变压器接线如图 7-16（b）所示。将厂用电负荷分成两部分，分别接到两个绕组上。由于分裂绕组的阻抗值较大，因此，当一个绕组的出线发生短路时，发电机供给的短路电流（与双绕组变压器供电比较）将显著减小，从而降低了对母线、断路器等电气设备的要求。

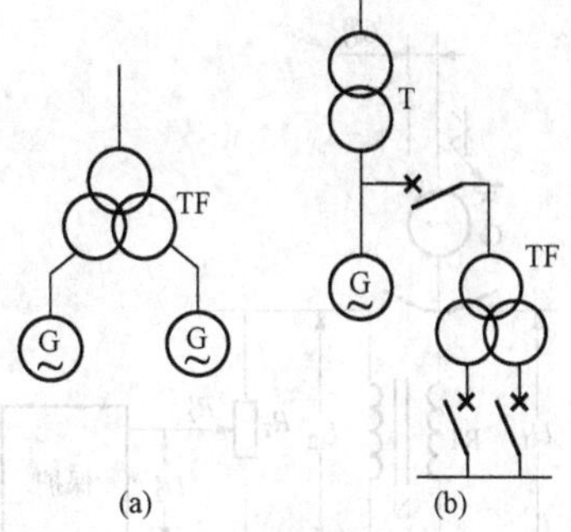

图 7-16 分裂绕组升压变压器的接线

（a）两机一变接线的升压变压器接线；（b）高压厂用变压器接线

G—发电机；T—升压变压器；TF—分裂绕组变压器

分裂绕组变压器的缺点是价格较贵，一般为同容量普通变压器的 1.3 倍。

四、励磁变压器

励磁变压器是一种专门为发电机励磁系统提供三相交流励磁电源的装置，如图 6-17～图 6-19 所示。其作用主要有两个，一是为功率整流器提供合适的工作电压并传递励磁功率；二是在同步发电机的转子侧和励磁电源（同步发电机定子或其他电源）之间实现电气上的隔离。励磁变压器通常接于发电机出口端，因发电机出口电压较高，而励磁系统额定电压较低，故需经励磁变压器降压。励磁变压器的输出由晶闸管将三相电源转化为发电机转子直流电源，形成发电机励磁磁场，通过励磁系统调节晶闸管的触发角，可以调节电机端电压和无功。

与普通变压器相比，励磁变压器的变比更大，抗过载能力更强，是一个要求更苛刻的变压器。励磁变压器的容量通常按常规容量并考虑一定的裕量，即

$$S=\sqrt{3}U_2I_2+\Delta S \tag{7-5}$$

式中 S——励磁变压器的容量；

U_2——励磁变压器的二次电压；

I_2——励磁变压器的二次电流；

ΔS——励磁变压器的损耗，通常其损耗可按（10%～30%）S 考虑。

五、接地变压器

600MW 和 1000MW 大型汽轮发电机中性点经接地变压器（二次侧并联电阻）接地，其目的是在发电机电压回路对地电气网络中并接一个适当阻尼，以降低发电机电压回路接地时的过电压，并提供接地保护装置需要的检测量。其作用：①将单相接地时健全相的过电压值限制在 2.6 倍相电压之下，以保证发电机及其他设备的绝缘不被击穿；②限制接地故障电流不超过 10～15A；③为定子接地保护提供电源，以便检测，而且为保证接地保护不带时限立即跳闸，要求发生单相接地时，总的接地故障电流不超过允许值。

接地变压器二次电阻经变压器转换后接地，其目的是避免二次侧直接经电阻接地时选用的电阻值过大致使电阻用量太多，接线图如图 7-17 所示。

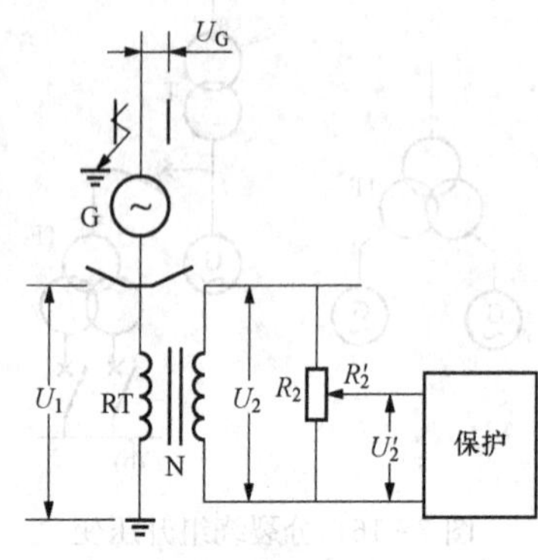

图 7-17 发电机中性点接地变压器接线图

（1）电阻 R_2 经接地变压器接入发电机中性点，电阻 R_2 接在接地变压器的二次侧。通过二次侧接有电阻的接地变压器接地，实际上就是经高电阻接地。变压器的作用是使低压小电阻起到高压大电阻的作用，从而可简化电阻器的结构，降低其价格，使安装空间更易解决。

（2）接地电阻的一次值 $R=K^2R_2$。其中 K 为接地变压器的变比。R 选择的原则是使得 R 小于或等于发电机的三相对地容抗，从而使得单相接地故障有功电流大于或等于电容电流，即 $R^2\leqslant 10^6/(K^2\times 3\omega C)$。其中 C 为发电机本身、发电机回路中其他设备（封闭母线、主变压器、厂用变压器等）的每相对地电容及为防止过电压而附加的电容器容量之和，单位为 μF。

（3）接地变压器的一次电压取发电机的额定相电压，二次电压 U_2 可取 100V 或 220V。当二次电压取 220V，而接地保护又需要 100V 时，可在电阻中增加分接头（见图 7-17）。接地变压器的容量 S 按 $S\geqslant U_2^2/(3R)$ 选择，因接地变压器大多数时间运行在接近空载状态下，过负荷时间较短，通常选用干式变压器。

（4）发生单相接地故障时，总的接地故障电流不宜小于相关规范规定的值，以保证接地保护不带时限立即跳闸停机。

1. 电力变压器的本体构造和各主要部件的作用是什么？

2. 电厂主变压器、厂用变压器和联络变压器的构造和用途有何不同？
3. 变压器油的作用是什么？
4. 变压器有哪些保护装置？
5. 变压器的冷却方式有哪几种？

第八章　发电厂变配电装置

前面两章已经分别对发电厂的主要电气设备——发电机和变压器进行了介绍。为了使电力生产正常进行，电厂自身用电系统是最重要的保障，而要将电厂生产的电能送入高压电网，还必须有各种开关设备、汇集和分配电能的主接线及配电装置和设施。所以本章将从电气主接线入手，对发电厂除发电机和变压器外的其他一次设备进行介绍，而将电气控制、信号、保护等二次设备部分在第九章介绍。

第一节　电气主接线

电气主接线是发电厂变电所及电网中汇集和分配电能的主电路，它把发电厂的主要电气设备，如发电机、变压器、隔离开关、电抗器等通过母线、电缆等相连接，并配置避雷器、互感器等保护测量装置，构成发电厂完整的电力生产系统。发电厂和变电所的电气主接线图是将电气一次设备用统一规定的图形和文字符号，按一定的顺序连接起来，用于表示发电厂发电、汇集和分配电能的电路图。

电气主接线的方式根据发电厂和变电所的规模及其在电力系统中的地位、电压等级、进出线回路数、电气设备的特点、负荷的性质等条件决定。同时要满足供电可靠（保证对用户不间断供电）、运行灵活（便于调度、倒闸操作和扩建的余地）和经济合理（投资省、占地面积小、电能损耗小）的基本要求。为使电气运行人员熟悉发电厂和变电所的主接线，便于分析、处理事故和运行操作，在控制室里设有简化的主接线模型（单线表示的主接线图），并将需经常操作的断路器、隔离开关、接地开关等模型元件与实际位置信号对应相连，成为动态模拟盘，以便进行有效的监视。

一、电气主接线的基本形式

常用的主接线形式可分为有母线和无母线两大类。有母线的主接线形式包括单母线和双母线接线。单母线又分为单母线（不分段）、单母线分段、单母线分段带旁路等形式；双母线又分为单断路器双母线、双断路器双母线、双母线带旁路母线、串接断路器接线、双母线四分段等多种形式，下面分别进行介绍。

（一）有母线形式

1. 单母线接线

单母线接线是最简单的接线方式，如图 8-1 所示。这种接线的特点是所有电源和出线都接在同一母线上，进出线回路均装设断路器。

单母线接线的优点是接线简单、操作方便、设备少、便于扩建、造价低。缺点是在母线和母线隔离开关故障或检修时，均需使母线停电。所以单母线接线方式一般用于出线回路较少的小容量发电厂和变电所中。

2. 单母线分段接线

单母线分段接线如图 8-2 所示。用一台断路器和两组隔离开关将单母线分成两段，这样，当一段母线故障或检修时，另一段母线仍可继续运行。

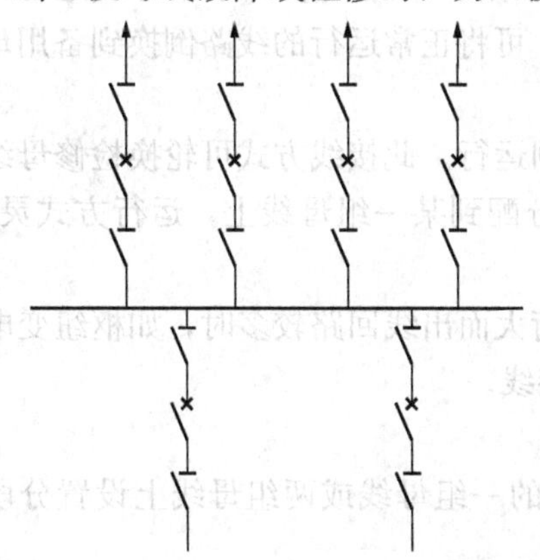
图 8-1　单母线接线

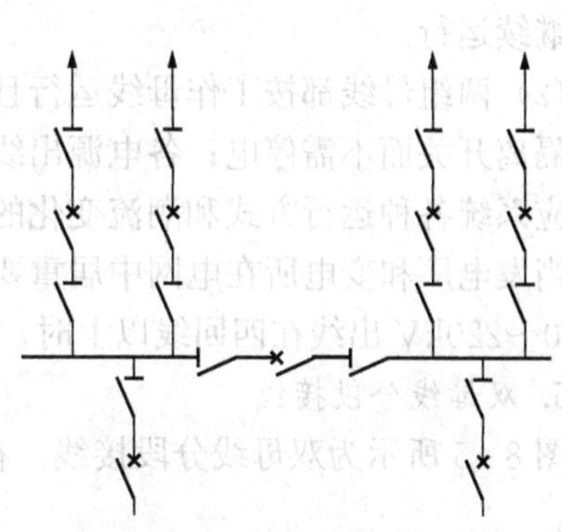
图 8-2　单母线分段接线

单母线分段接线也具有接线简单清晰、操作方便、投资省等优点，并提高了供电的可靠性。其缺点是，当一段母线或母线隔离开关发生故障或检修时，该母线上的全部出线都需长时间停电。所以这种接线方式一般用于电压不高、线路较少、装设有两台变压器、重要负荷由两回线供电的变电所和小型发电厂。

3. 单母线分段带旁路母线的接线

图 8-3 所示为单母线分段带旁路母线接线。当出线或断路器检修时，可通过旁路隔离开关将出线接至旁路母线，再经旁路断路器接至主母线，使该出线可继续正常运行。这种接线方式常用于 35~-110kV 的变电所中。

4. 双母线接线

双母线接线的基本形式如图 8-4 所示。由图可见，每一条出线和电源进线，都通过一台断路器和两组隔离开关接到两组母线上。两组母线之间设置一台母线联络断路器（简称母联断路器）。

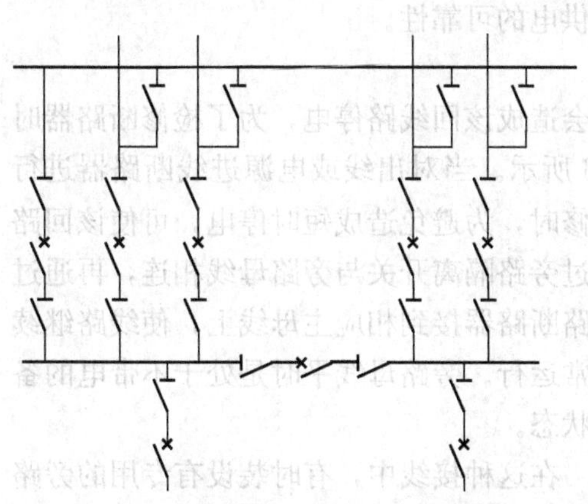
图 8-3　单母线分段带旁路母线的接线

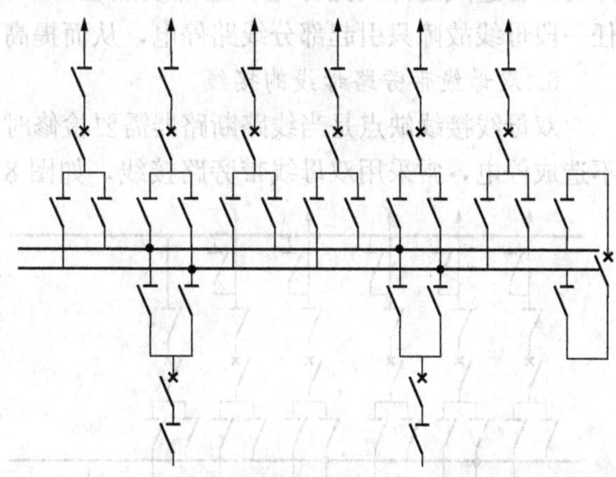
图 8-4　双母线接线的基本形式

双母线接线有两种运行方式，即将两组母线分为工作母线和备用母线，或两组母线都为工作母线。

（1）按工作母线和备用母线方式运行（母联断路器断开）。此时相当于单母线运行，当工作母线或出线的母线隔离开关故障跳闸后或检修时，可将正常运行的线路倒换到备用母线上，继续运行。

（2）两组母线都按工作母线运行且母联断路器合闸运行。此接线方式可轮换检修母线或母线隔离开关而不需停电；各电源出线的负荷可任意分配到某一组母线上，运行方式灵活，更适应系统各种运行方式和潮流变化的要求。

当发电厂和变电所在电网中居重要地位，电力负荷大而出线回路较多时，如枢纽变电所中 110～220kV 出线在四回线以上时，多采用双母线接线。

5. 双母线分段接线

图 8-5 所示为双母线分段接线。在双母线接线中的一组母线或两组母线上设置分段断路器。

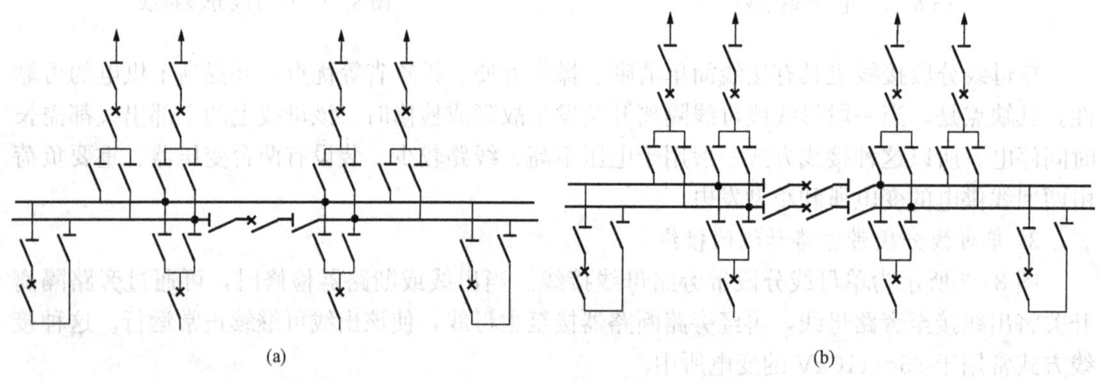

图 8-5　双母线分段接线
(a) 双母线单分段接线；(b) 双母线双分段接线

在双母线接线中，当一组母线发生故障时，会引起 1/2 回路停电，当母联断路器发生故障时，会造成全部线路停电，这些缺点在 220kV 及以上电网是不允许的。双母线分段后，任一段母线故障只引起部分线路停电，从而提高了供电的可靠性。

6. 双母线带旁路母线的接线

双母线接线缺点是当线路断路器需要检修时，会造成该回线路停电，为了检修断路器时不造成停电，常采用双母线带旁路接线，如图 8-6 所示。当对出线或电源进线断路器进行检修时，为避免造成短时停电，可使该回路通过旁路隔离开关与旁路母线相连，再通过旁路断路器接到相应主母线上，使线路继续正常运行。旁路母线平时是处于不带电的备用状态。

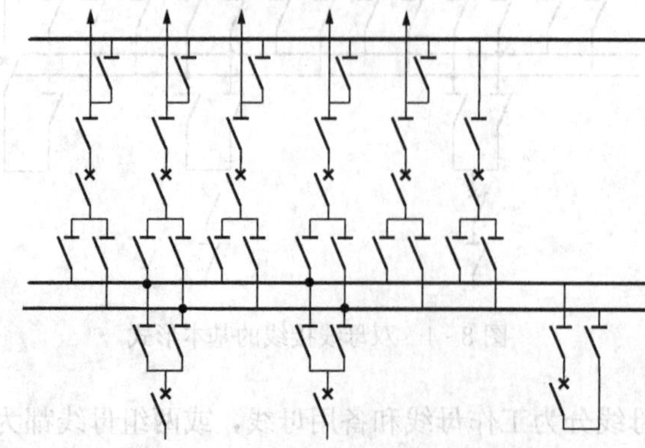

图 8-6　双母线带旁路母线的接线

在这种接线中，有时装设有专用的旁路断路器，有时则利用母联断路器兼作旁路断路器。一般来说，在 220kV 线路为四回路及以上、110kV 在六回路以上、35kV 线路在八回路以上时，才装设专用的旁路断路器，在电网允许断路器停电检修或可迅速转换时，或采用检修周期长的 SF_6 断路器时，不设旁路母线。

7. 3/2 断路器接线

图 8-7 所示为 3/2 断路器接线图。运行时，两组母线相同一串的三个断路器都投入工作，称为完整串运行，形成多环路状供电，具有很高的可靠性。其主要特点是，任一母线故障或检修，均不造成停电；任一断路器检修，也不引起停电。一串中任何一台断路器退出或检修时，这种运行方式实际为不完整串运行，此时仍不影响任何一个元件的运行。这种接线运行方便、操作简单，隔离开关只在检修时作为隔离电器。这种接线方式在 330～500kV 超高压电网中广泛应用。

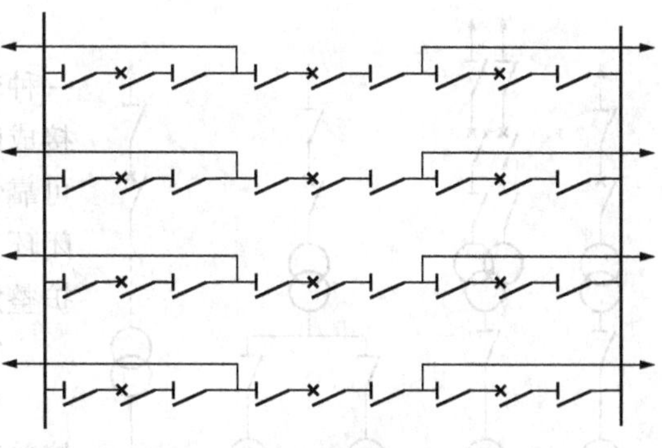

图 8-7 3/2 断路器接线图

(二) 无母线形式

1. 桥形接线（无母线形接线）

当主接线中只有两台变压器和两条线路时，采用桥形接线所用的断路器数量最少，如图 8-8 所示。

图 8-8（a）所示为内桥接线。两台断路器接在桥外线路侧，因此线路的断开和投入比较方便，不会影响另一线路的正常运行。内桥接线适用于线路较长（易出故障）而变压器不需经常切换的情况。由于变压器运行可靠，不需经常投切，因此内桥接线应用较多。

图 8-8（b）所示为外桥接线。两台断路器接在桥内变压器侧，变压器的投入和断开比较方便，不会影响另一线路正常运行，但线路投切会影响另一台变压器的正常运行。所以此接线适用于短线路（不易出故障）和变压器按照经济运行需要经常投入或断开的情况。

2. 多角形接线（无母线形）

为了提高桥形接线的可靠性和灵活性，在桥形接线的跨条增设一台断路器，即成为闭环运行的多角形接线，如图 8-9 所示。另外还有三角形接线、五角形接线和六角形接线。

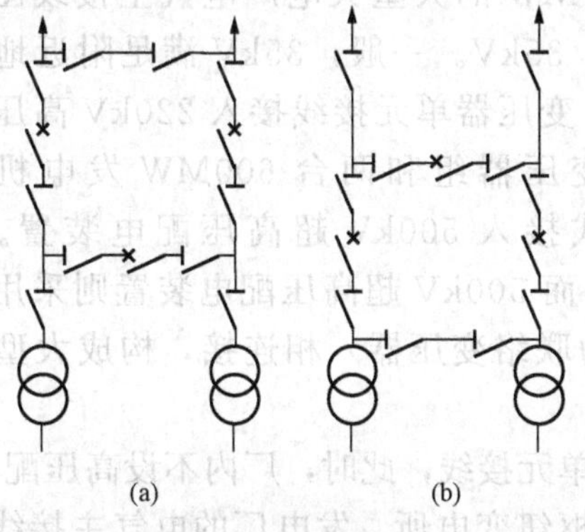

图 8-8 桥形接线

（a）内桥接线；（b）外桥接线

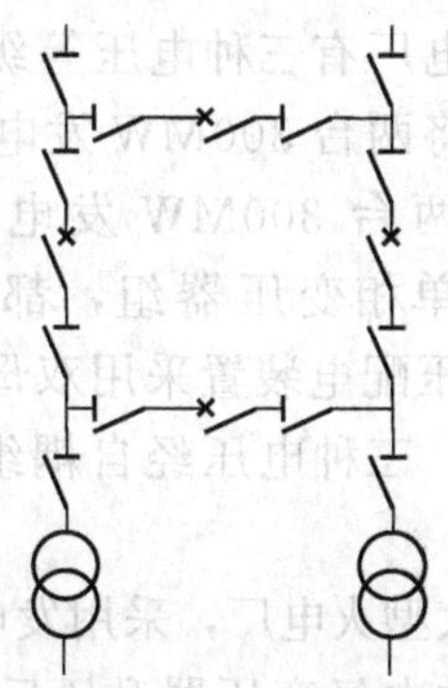

图 8-9 四角形接线

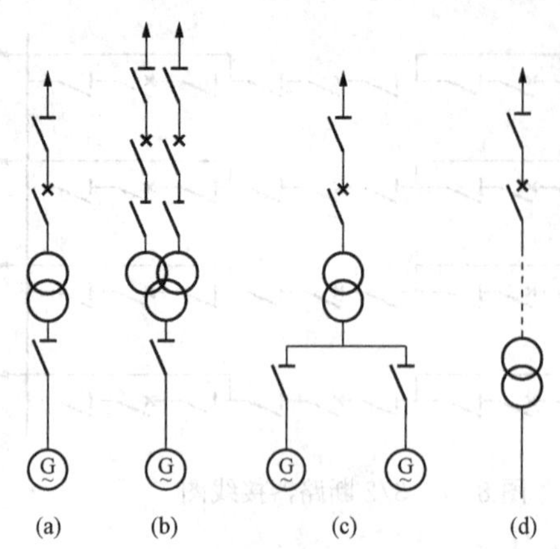

图 8-10 单元接线

(a) 发电机—双绕组变压器单元接线；(b) 发电机—三绕组变压器单元接线；(c) 扩大单元接线；(d) 变压器—线路单元接线

多角形接线的断路器台数与引出线路数相等，是一种较为经济的接线方式。此接线的各断路器互相连接成闭合环状，实现了双重连接的原则，具有较高的可靠性和灵活性。缺点是线路回路数受到限制；开、闭环工作电流相差很大，造成设备选型困难，继电保护整定复杂，扩建困难。

3. 单元接线

单元接线是发电机、变压器、输电线路等元件直接单独相连接的接线方式，没有横向的联系，所以是最简单、可靠的接线方式。

(1) 发电机-变压器组单元接线如图 8-10 (a)、(b)、(c) 所示，这种接线方式往往是电厂接线方式中的一部分或一条回路。在发电机和变压器之间加装一组隔离开关，以便于发电机或变压器单独进行试验时操作。其中图 8-10 (c) 为扩大单元接线，此接线简单明显、设备少、投资省。但此接线灵活性较差，如在检修变压器时，两台发电机都需停止运行。

(2) 图 8-10 (d) 所示为变压器-线路单元接线。变压器高压侧与线路直接相连形成一个整体，共用一台断路器，同时工作、同时停电。为避免变压器故障而线路端继电保护灵敏度不能满足要求，一般在变压器高压侧装设快分开关和接地开关。

二、电气主接线实例分析

以上介绍了主接线的十种基本形式，此外还有双母线双断路器、单母线多分段接线、发电机-变压器-线路单元接线和单均衡母线接线等其他接线方式，此处不再介绍。原则上，这些接线方式对各种发电厂和变电所都是适用的，但是不同类型的发电厂和变电所的地位和作用以及容量大小的不同，所采用的接线方式也各有特点，下面介绍几种不同类型发电厂的典型主接线形式。

1. 大型火电厂电气主接线

大型火电厂是指总装机容量在 1000MW 以上，安装单机容量为 200MW 及以上的发电厂。图 8-11 所示为 (4×300+2×600) MW 的大型火电厂电气主接线图。由图可见，该电厂有三种电压等级，即 500、220、35kV。一般，35kV 满足附近地区用电的需要；将两台 300MW 发电机组和 360MVA 变压器单元接线接入 220kV 高压配电装置，而将两台 300MW 发电机与 360MVA 变压器组和两台 600MW 发电机与 3×240MVA 单相变压器组，都以单元接线方式接入 500kV 超高压配电装置。其中，220kV 高压配电装置采用双母线加旁路方式；而 500kV 超高压配电装置则采用 3/2 断路器接线；三种电压经自耦组变压器（在此为联络变压器）相连接，构成大型火电厂的主接线。

有的大型火电厂，采用发电机-变压器-线路单元接线，此时，厂内不设高压配电装置，发电机发的电经变压器升压后直接送至附近的枢纽变电所，发电厂的电气主接线变得很简单。

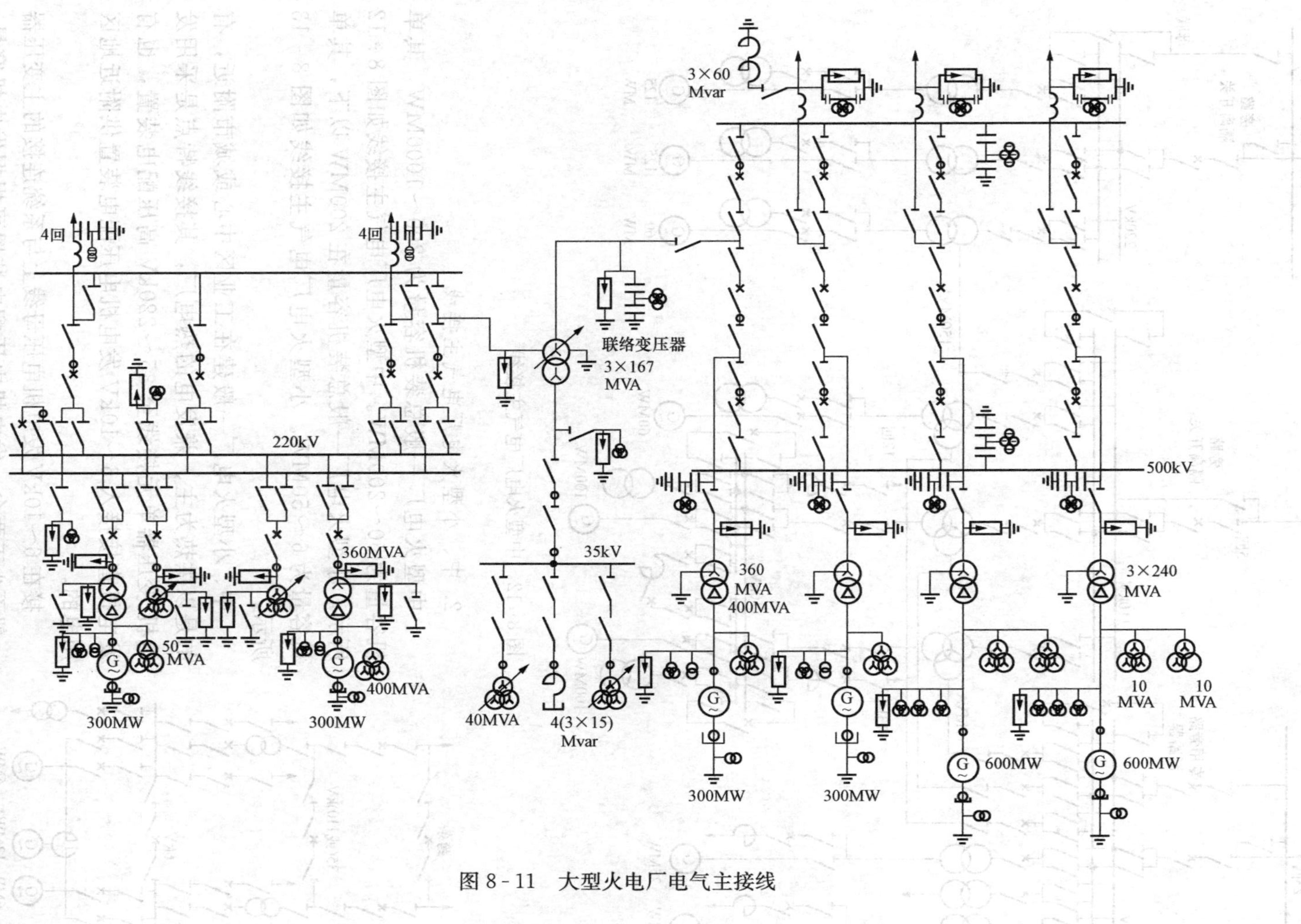

图 8-11　大型火电厂电气主接线

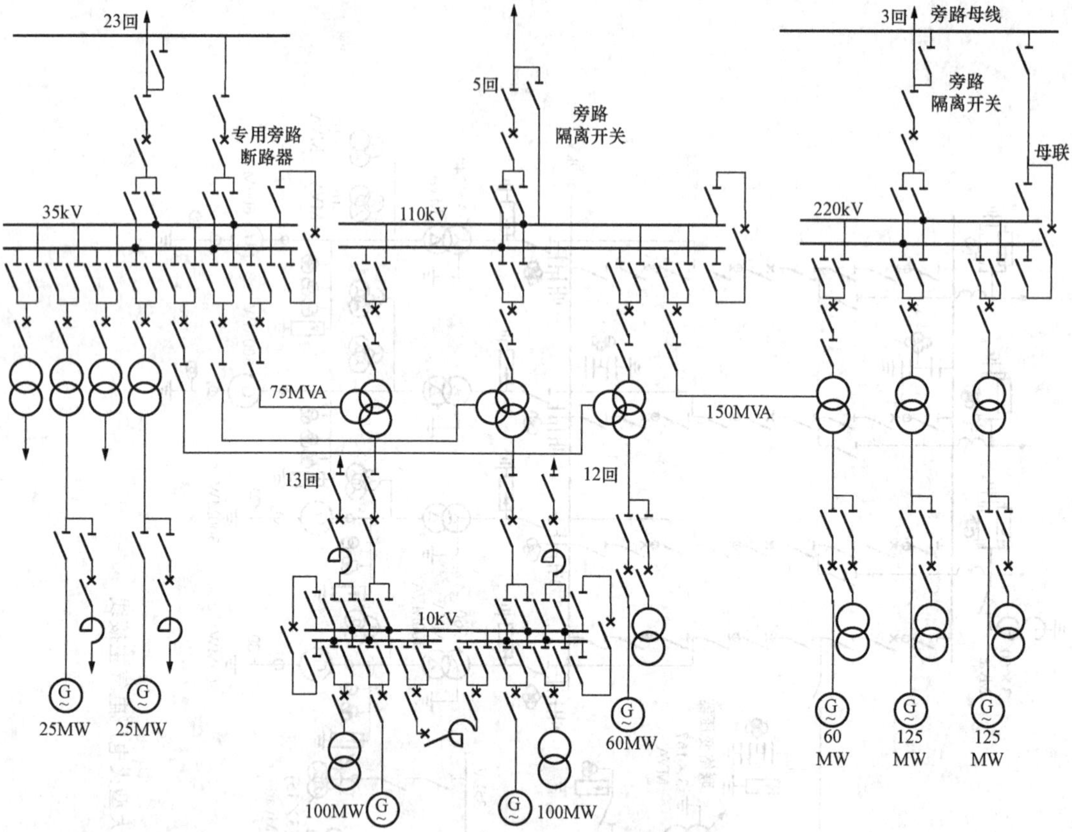

图 8-12　中型火电厂电气主接线

2. 中、小型火电厂电气主接线

中型火电厂一般总装机容量为 200～1000MW，其单机容量为 50～200MW。中型火电厂电气主接线如图 8-12 所示。小型火电厂一般总装机容量在 200MW 以下，其单机容量为 6～50MW。小型火电厂电气主接线如图 8-13 所示。

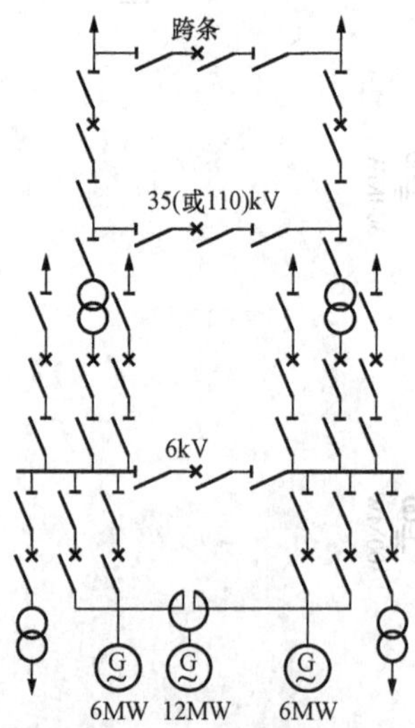

图 8-13　小型火电厂电气主接线

中、小型火电厂一般建在工业区中心或城市附近，有的是以供热为主、兼发电的热电厂，其接线特点是采用发电机-变压器单元接线至 35～220kV 高压配电装置，也有发电机直接接入 6～10kV 发电机电压配电装置供附近地区用电的。

接在 6～10kV 发电机电压母线上与系统连接的主变压器一般不少于两台。发电机电压配电装置可根据发电机容量、台数、负荷重要性等因素，确定采用单母线分段接线或双母线接线。

3. 1000MW 发电机-变压器组单元接线

1000MW 电厂电气主接线的基本接线形式为 3/2 断路器接线方式。某 1000MW 大型电厂装设两台 1000MW 汽轮发电机组，汽轮发电机与主变压器接成发电机-变压器组单元接线方式。发电机至主变压器采用分相封闭母线，厂用工作总变压器分支引出线和电压互感器分支引出线也采用分相封闭母线。

（1）大型发电机出口装设断路器有如下缺点：

1）大容量发电机出口断路器价格昂贵，国内不能生产，需要进口。

2）发电机与主变压器之间串接发电机出口断路器后，发电机出口断路器故障或检修将影响整个机组的运行，发电机变压器回路的可靠性要比无发电机出口断路器时下降。

3）由于主变压器作为降压变压器倒送厂用电，为了保证厂用电动机启动时高压厂用母线的电压水平，主变压器或高压厂用变压器需采用有载调压型，也会导致可靠性下降。同时发电机出口断路器价格昂贵，投资增加，每台机组约增加 1000 万元。

（2）装设发电机出口断路器的优越性也很明显：

1）机组正常启动或停机时，厂用电源均由系统通过主变压器供给。机组并网或停机只需操作出口断路器就可完成，缩短了机组启动时间，减少了误操作的概率。由于避免了高压厂用电源的切换，简化了厂用电源的控制和保护接线，从而提高了厂用电系统的可靠性。

2）机组在汽轮机、锅炉或发电机故障引起跳闸时，仅需跳开发电机出口断路器，而不必连同主变压器一同切除，提高了机组保护的可选择性。此时停机，厂用电源仍可由系统通过主变压器倒送，避免了高压厂用电源系统的事故切换，避免了对厂用负荷的冲击，提高了厂用电系统的可靠性。

3）当 500kV 采用 3/2 断路器接线时，机组故障只需跳开发电机出口断路器，不需跳 500kV 断路器，不影响 500kV 接线的完整性，不会导致系统开环，提高了系统的稳定性。

4）保护发电机。在发电机承受不平衡负荷或发电机出口发生不对称短路时，发电机出口断路器可以迅速切除故障，使发电机免遭损坏。发电机带不平衡负荷运行、外部和内部发生不对称短路时，会在转子本体表面感应出两倍工频涡流，在转子中引起附加发热。同时，两倍工频的交变电磁转矩使机组产生倍频振动，引起金属疲劳和机械损伤。附加发热和倍频振动都会严重威胁发电机的安全运行。

5）保护主变压器和高压厂用变压器。变压器内部因绝缘闪络形成的电弧使油分解后产生的大量气体引起变压器内部压力的升高，将导致变压器油箱破裂或爆炸。变压器内部故障电弧电流由系统和发电机共同提供。系统提供的电弧电流由装在主变压器高压侧的断路器切断，切断时间大约 40ms。高压系统断开后，发电机在灭磁前仍连续不断地提供电弧电流，使油箱内部压力继续上升，发电机转子灭磁及定子电流衰减时间通常数秒（与励磁系统有关），以致保护不了变压器。而在发电机出口装设断路器可在 3 个频率周期（60ms）内切断故障电流，将发电机和故障变压器迅速隔离，从而避免变压器遭受严重损坏。

第二节 高压开关设备

在发电厂和变电所中，各电气设备之间密切相连，在发电、输配和负荷变化的过程中，需经常对电路进行必要的投切转换，所以在电路中必须装设不同用途的高压开关设备。电力系统常用的高压开关设备主要是断路器和隔离开关。

一、断路器

断路器是发电厂和变电所中最重要的开关设备。在正常运行时，断路器用来接通和断开电路；在故障时，能快速切除故障部分，保证非故障电路的安全正常运行。断路器有专门的灭弧装置，能断开比正常电流大几十倍的短路电流，是电力系统中最完善的开关电器。断路器主要由触头、灭弧室、操动机构及绝缘支柱等部件组成。对断路器的基本要求是：在各种情况下，应具有足够的开断能力、尽可能短的动作时间和高度的工作可靠性。

（一）断路器的分类

断路器有多种形式。按灭弧介质和绝缘介质的不同，断路器可分为多油断路器、少油断路器、压缩空气断路器、真空断路器、六氟化硫断路器等；按安装地点不同，可分为户内式和户外式断路器；按操动机构形式不同，可分为手动式、电磁操动式、弹簧操动式、气动式、液压式等；按相数不同，可分为单相式和三相式；按有无重合闸功能，可分为能自动重合闸和不能自动重合闸式。

（二）断路器结构原理简介

下面对应用较多的几种断路器的结构原理进行介绍。

1. 多油断路器

多油断路器由大容量的油箱、瓷套管、动（静）触头、灭弧装置、操动机构等部件组成。多油断路器的绝缘油既用来灭弧，又用来绝缘。断路器的油箱不带电，用灰色漆涂于箱体外表。多油断路器的用油量随电压等级的升高而增加，10kV 级的用油量为数十千克，而 220kV 级的用油量多达 48t。

图 8-14 所示为 DW8-35 型多油断路器结构示意。由图可见，35kV 多油断路器有三个独立的油箱，装置在一个支架上，每个油箱为一相，三相触头分别装在三个油箱内，由同一传动机构操作（10kV 及以下的多油断路器，三相触头同装在一个油箱内）。每相电路有两个断口，即有两对触头，每对触头（动触头与静触头）有一个灭弧室，其静触头接至固定在油箱盖上的引出瓷套管上。动触头通过铜（铝）横担，用绝缘杆与提升机构相连，由油箱上部的伸张机构传动，可进行上下方向的运动。提升机构由绝缘管导向，此导向管内装有强力断路弹簧，当断路器合闸时，弹簧被压缩储能，并被操动机构的维持机构锁住；当维持机构被脱扣时，断路弹簧使断路器迅速跳闸。

多油断路器可以制成较大容量而工艺要求不高，在套管内附有电流互感器，维护简单，运行可靠。一般 10kV 多油断路器有户内式和户外式；35kV 多油断路器都是户外式的。多油断路器用油量大，易发生火灾，运输和检修不便，动作特性较差，从 20 世纪 50 年代起，已逐渐被少油断路器和无油断路器（如空气断路器）所取代。

2. 少油断路器

少油断路器的绝缘油只用来灭弧，油箱带电（用红色漆涂于油箱外表），其绝缘靠瓷套

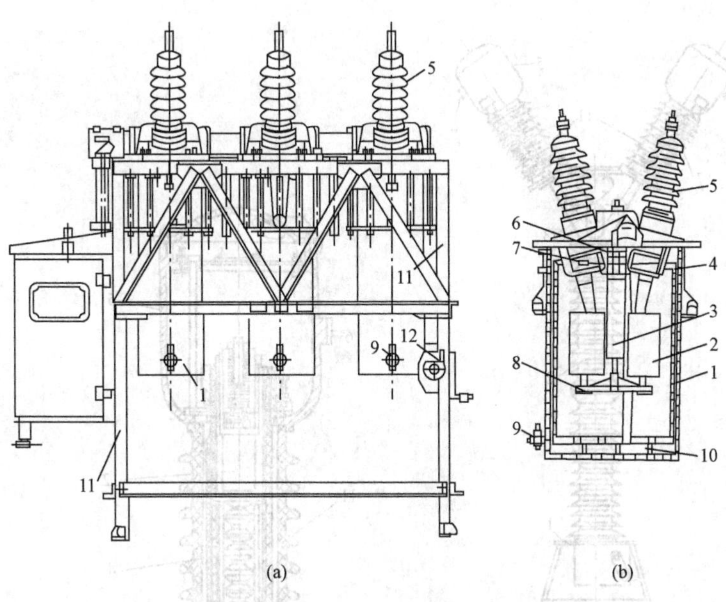

图 8-14 DW8-35 型多油断路器结构示意
(a) 整体装配图；(b) 侧视图（油箱剖开）
1—油箱；2—双弧室；3—导向管；4—电流互感器；5—瓷套管；
6—传动机构；7—油面；8—动触头；9—放油阀；
10—油加热器；11—支架；12—油槽升降器

管和支持绝缘子来实现，所以用油量少（10kV 断路器用油量仅为数千克，220kV 断路器用油量也只有数百千克）。油箱结构坚固，而且防爆防火，运行安全，配电装置的结构也比用多油断路器时简单得多。少油断路器具有重量轻、动作快、运行可靠、易于安装维修的优点。

图 8-15 所示为 SW6-220 型户外式少油断路器的结构。图 8-15（a）所示为 220kV 单柱 Y 形单元结构，由两节直立的绝缘瓷导管连接形成对地绝缘。套管内装有传动提升杆，其下端经转轴拐臂与操动机构相连。其上部经三角形机构箱内的变直传动机构，将垂直上下运动变为两个导电杆及动触头的斜向直线运动，实现断口处动、静触头的分、合，即进行断路器的跳、合闸操作。

少油断路器的另一个特点是可以按照电压等级，以搭积木的方式灵活组成不同规格的断路器，如图 8-16 所示。由图可见，110kV 少油断路器由一个 Y 形单元组成，一节绝缘瓷套管、两个断口呈 Y 形串接；220kV 少油断路器由两个 Y 形单元组成，两节绝缘瓷套管串接，四个断口呈双 Y 形串接；330kV 少油断路器由三个 Y 形单元组成，三节绝缘瓷套管串接，六个断口呈三个 Y 形串接。采用这种标准元件搭积木的组合方式，结构简单，其零部件通用性强，便于互换，维修管理方便。

当少油断路器的断口较多时，为了使断口的电压分布更均匀，在每个断口上都并联一组均压电容器。断口的触头呈梅花形，中间采用滚动（活动）触头过渡，从而提高了动、静触头接触的紧密程度和分、合闸的速度。当断路器合闸时，其电流沿 Y 形结构的路径是：由接线板经顶罩、灭弧室中的动静触头，中间导电连板，再经另一个灭弧室的动静触头、顶罩和接线板引出，如图 8-15 所示。

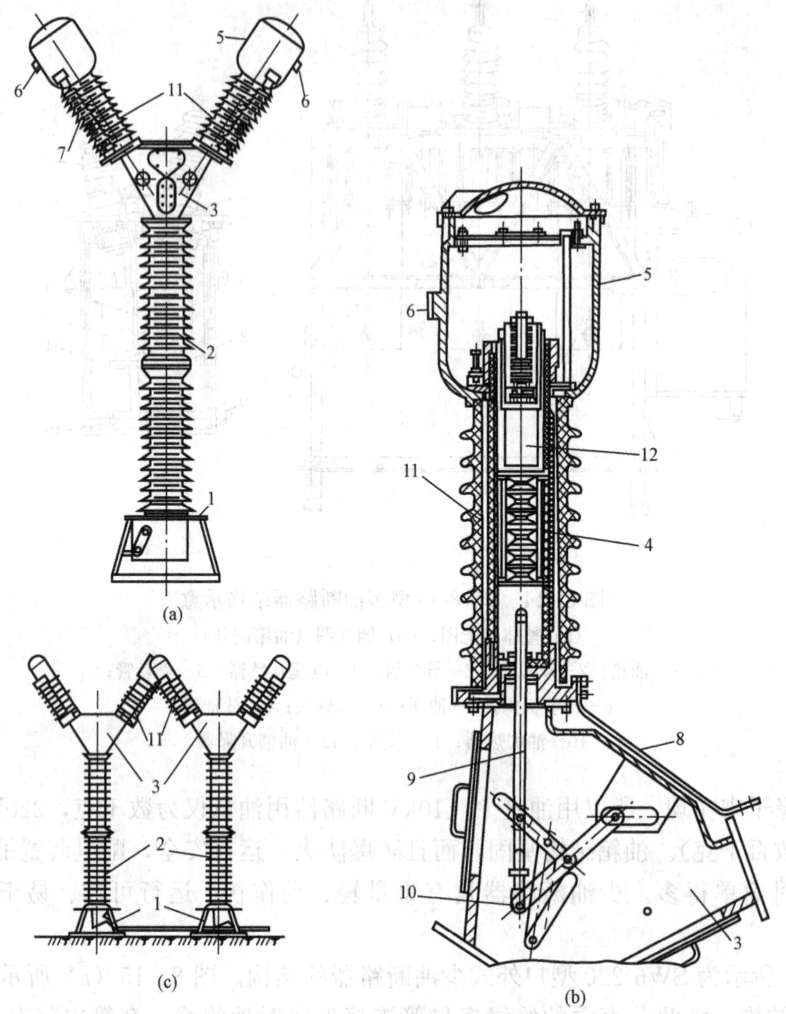

图 8-15　SW6-220 型户外式少油断路器结构

(a) 单柱结构单元；(b) 一个断口灭弧室机构；(c) 两个单元串接成 220kV 断路器

1—底座；2—支柱瓷套管；3—三角形传动机构箱；4—断口灭弧室；5—顶罩及油气分离器；6—接线板；7—均压电容器；8—导电连板；9—导电杆及动触头；10—变直传动机构；11—绝缘套管；12—静触头

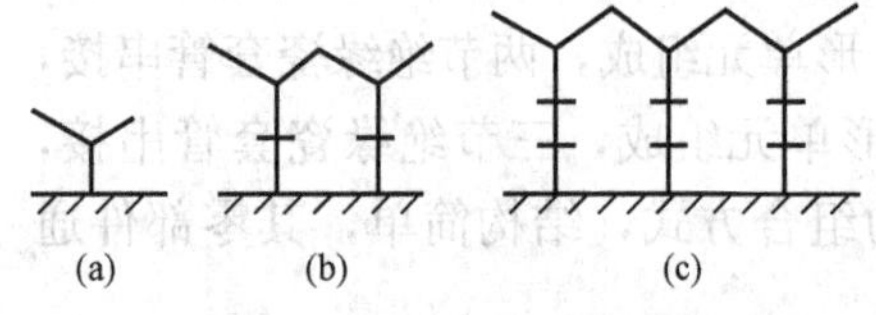

图 8-16　少油断路器积木式结构示意

(a) 110kV 级；(b) 220kV 级；(c) 330kV 级

少油断路器广泛用于发电厂和变电所的 10～330kV 的配电装置中，其开断性能已超越了多油断路器，单断口电压等级已经达到 $154\sqrt{3}$kV。由于 SF_6（六氟化硫）介质具有比油更优良的绝缘性能，所以，近年来，各种电压等级的少油断路器已逐渐被 SF_6 断路器所取代。

3. 空气断路器

空气断路器是以压缩空气（压力为 2～3MPa）为灭弧和绝缘介质，并作为操动机构动力源的无油断路器。空气断路器通常由灭弧室、储气筒、空气压缩装置及支持绝缘子等组成。图 8-17 所示为 KW4-330 型空气断路器的一相外形图。压缩空气需由专设的空气压缩装置供给，空气经压缩后有良好的灭弧性能，在 7 个大气压下空气的绝缘性能已超过变压器油，而且性能稳定，不会老化。空气断路器开距小，电弧短，开断能力强（开断电流可达 70kA 以上），动作快，燃弧时间短（全开断时间可到两个频率），而且无着火危险，体积小。但空气断路器结构复杂，需装设专用的空气压缩装置，价格贵。空气断路器多用于对断流容量、开断时间及自动重合闸等有较高要求的电网中。

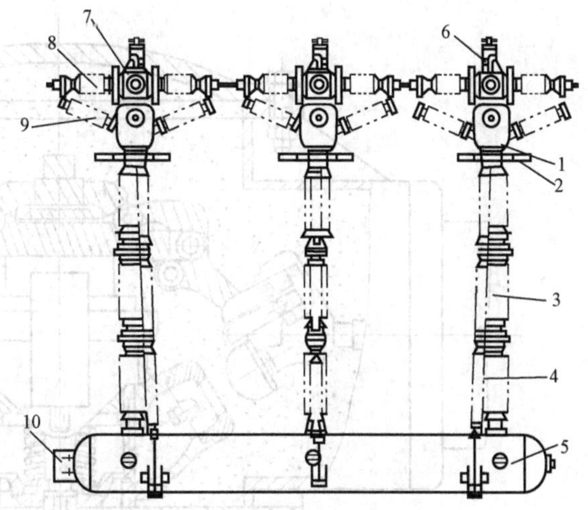

图 8-17　KW4-330 型空气断路器的一相外形

1—辅助灭弧室；2—均压环；3—支柱瓷套管；4—拉紧绝缘子；5—储气筒；6—排气阀；7—主灭弧室；8—引线套管；9—均压电容器；10—控制箱

目前应用较广泛的 KW4 系列空气断路器采用组合式结构，以搭积木的方式可以灵活地组成不同电压等级 T 形连接的空气断路器。图 8-18 所示为 KW4 系列空气断路器的单相结构示意。由图可见，110kV 空气断路器由一个 T 形单元标准元件构成，一节绝缘套管，两个断口呈 T 形串接；220kV 空气断路器由两个 T 形标准单元组成，两节绝缘套管，四个断口呈双 T 形串接成一相；330kV 空气断路器由三个 T 形标准单元组成，由三节绝缘套管、三个 T 形标准单元串接成一相。110kV 的空气断路器，其 A、B、C 三相安装于一个共同的大储气筒上，形成三相共体式结构。由于三相共用一套控制阀系统，因此只能三相联动。220kV 和 330kV 的空气断路器，采用三相分装方式，每相置于一个储气筒上，各相有独立的控制阀系统，既能单相操作，也能三相联动控制。

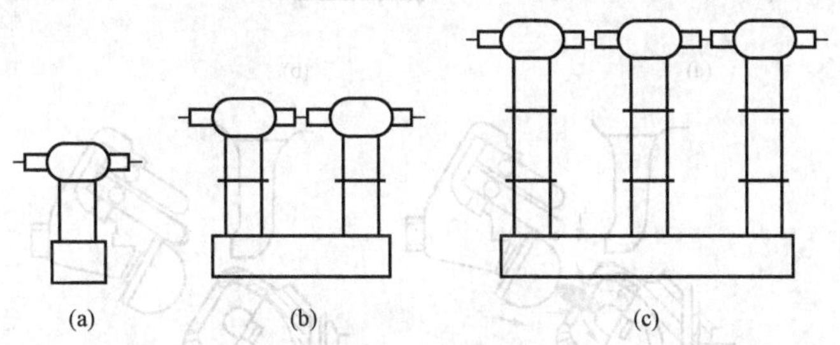

图 8-18　KW4 系列空气断路器的单相结构示意

(a) 110kV 一柱两断口；(b) 220kV 二柱四断口；(c) 330kV 三柱六断口

图 8-19 所示为 KW5 型空气断路器的灭弧室结构示意。当断路器在合闸位置时，电流经一侧的导电杆 1、静触头座 2、静触指 3、动触头 4、导电板 5，再到另一侧，形成通路。

当分闸时，在控制系统的作用下，排气阀 10 向上运动，排气孔 11 打开，此时，灭弧室内的压缩空气通过喷口 8 高速喷出，排往大气。排气孔 11 打开后，拉杆 6 立即向上运动，带动动触头 4 高速分断。因此，电弧开始产生后就立即受到强烈气流作用，电弧则从动触头 4 和静触指 3 之间，迅速转到静触头 7 之间，如图 8-20（a）、（b）所示。

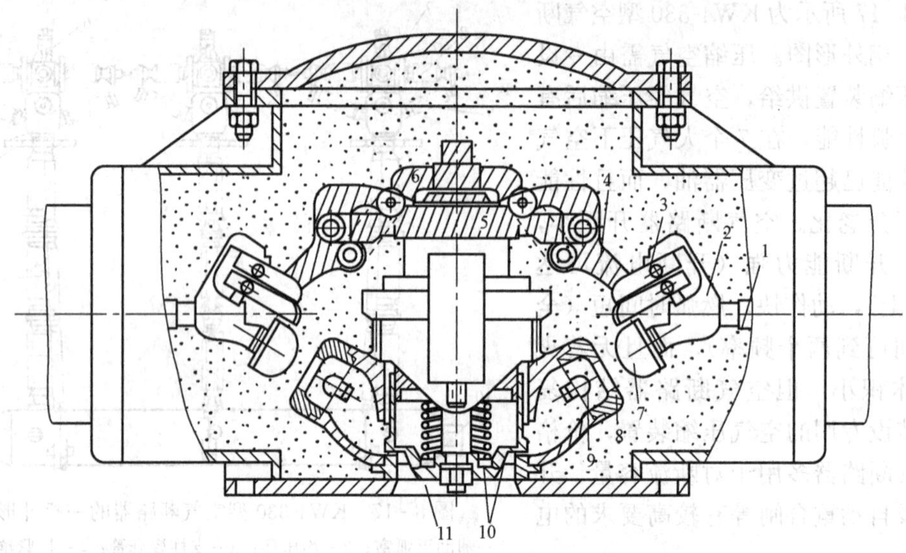

图 8-19　KW5 型空气断路器的灭弧室结构示意

1—导电杆；2—静触头座；3—静触指；4—动触头；5—导电板；6—拉杆；7—静触头；8—喷口；9—定弧触头；10—排气阀；11—排气孔

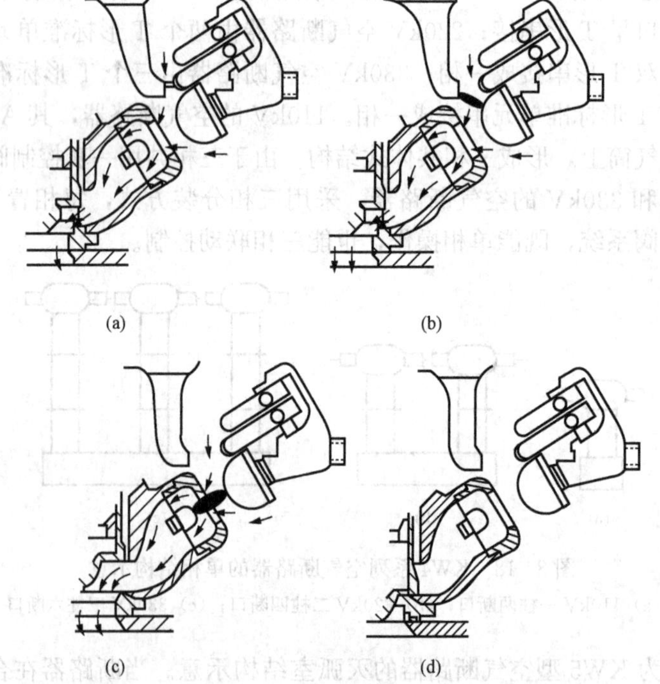

图 8-20　灭弧过程示意

(a)、(b)、(c) 电弧移动过程；(d) 电弧熄灭

随后，电弧继续移动到静触头 3 和定弧触头 9 之间。在喷口 8 中燃烧的电弧，在气流的强烈纵吹作用下迅速熄灭。全部灭弧过程，如图 8-20 所示。

电弧熄灭后，排气阀10在弹簧力的作用下，自动向下运动复位，关闭排气孔11，分闸过程结束。此时，灭弧室内仍充满压缩空气，以保证触头之间的绝缘强度。

4. 六氟化硫（SF_6）断路器

SF_6 断路器是利用 SF_6 气体作为灭弧介质和绝缘介质的新型断路器。SF_6 气体是不燃烧的惰性气体，其密度是空气的5.1倍。它具有很高的绝缘强度和良好的灭弧性能，在三个大气压下，相当于变压器油的绝缘强度，而灭弧能力相当于空气的100倍。它还有良好的冷却性和隔音性能。因此 SF_6 断路器断流能力大，绝缘距离小，噪声小，是最有发展前途的新型断路器。

SF_6 断路器按结构形式和使用地点不同，可分为户外敞开式（又称为绝缘子支柱式，分为瓷柱式和罐式）和户内封闭式（又称为落地罐式）两种。

（1）户外敞开式 SF_6 断路器。户外敞开式 SF_6 断路器的外形与少油断路器类似，一般做成T形（国内产品）和Y形（国外产品）结构，也可以积木式组合，通用性强，互换率高。SF_6 气体只起灭弧作用，对地绝缘由支柱瓷套管承担，多用于户外。图8-21所示为LW1-220型 SF_6 断路器（L—六氟化硫；W—户外式）一相的结构。由图可见，SF_6 断路器为三相分装式结构，每相有两个灭弧断口，装在两个独立封闭的灭弧室内。灭弧室对称地安装在支柱瓷套两侧，呈T形布置，三相共用一个控制柜，每相有一个液压机构，既能单相操作，又可以用电气连接实现三相联动。

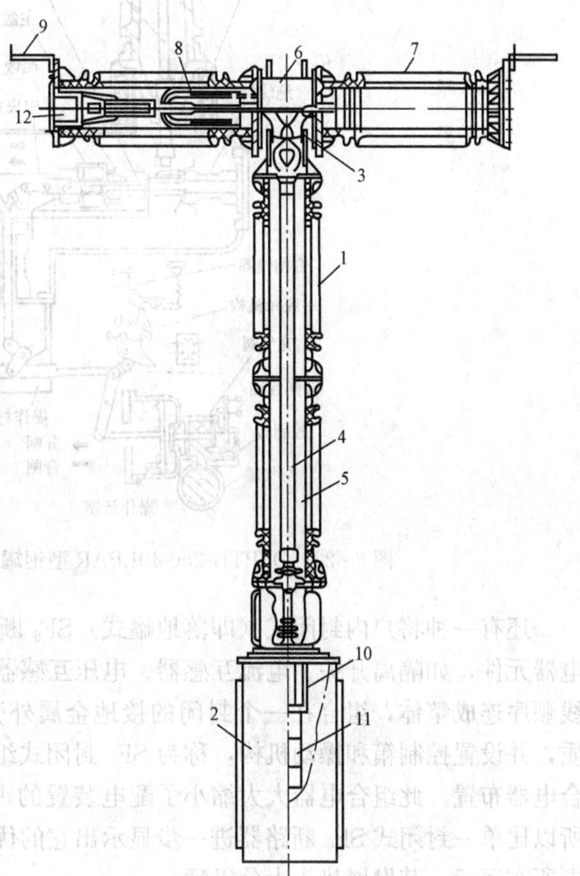

图8-21　LW1-220型 SF_6 断路器一相的结构

1—支柱绝缘子；2—机构箱；3—剪刀式变直机构；4—垂直联杆；5—充 SF_6 气体空间；6—直动密封装置外壳；7—灭弧室瓷套管；8—灭弧室；9—接线端；10—活塞；11—工作缸；12—过滤器（活性氧化铝吸附剂）

LW1-220型 SF_6 断路器采用CY型液压操动机构，分、合闸电流仅需数安。

（2）户内封闭式 SF_6 断路器。户内封闭式 SF_6 断路器，又称为落地罐式断路器，其外形类似多油断路器，不同的是油箱换成钢制管状密封的罐，内有灭弧室及连杆，SF_6 气体密封在罐内。它的整体性强，机械稳固性好，但系列性差。图8-22所示为OFPTB-250-40LPAR型钢罐落地式 SF_6 断路器的一相结构。由图可见，这种断路器也是三相分装式结构，每相的两个灭弧断口封装在一个罐内。在引线瓷套管根部装有套管式电流互感器，缩小了装配空间，其额定电压为300kV，额定电流为3kA，开断容量为21 000MVA，开断时间为0.04s，是由空气操动的。

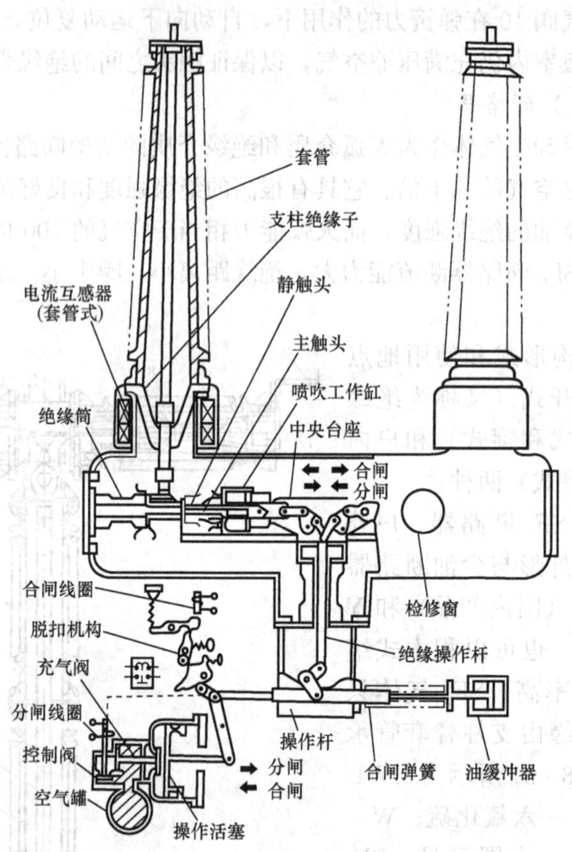

图 8-22 OFPTB-250-40LPAR 型钢罐落地式 SF_6 断路器的一相结构

还有一种将户内封闭式（即落地罐式）SF_6 断路器进一步扩展，把特殊设计的其他高压电器元件，如隔离开关、电流互感器、电压互感器、母线、避雷器、接地开关等，按电气接线顺序连成整体，组合在一个封闭的接地金属外壳中，充以 SF_6 气体，作为绝缘和灭弧介质，并设置控制箱和操动机构，称为 SF_6 封闭式组合电器。图 8-23 所示为 SF_6 全封闭式组合电器布置。此组合电器大大缩小了配电装置的占地，噪声小，不易出故障，检修周期长，所以比单一封闭式 SF_6 断路器进一步显示出它的优越性，国外已有很多的全封闭组合电器变电所在运行，其发展势头十分迅猛。

SF_6 全封闭组合电器与常规配电装置相比，有如下优点：

1）断口耐压高。SF_6 断路器的单元断口耐压与同电压级的其他断路器相比要高，所以 SF_6 断路器的串联断口数和绝缘支柱较少，因而零部件也较少、结构简单，使制造、安装、调试和运行都比较方便。

2）允许断路次数多，检修周期长。由于 SF_6 气体分解后可以复原，且在电弧作用下的分解物不含有碳等影响绝缘能力的物质，在严格控制水分的情况下，生成物没有腐蚀性。因此，断路后 SF_6 气体的绝缘强度不下降，检修周期相应也长。

3）开断性能很好。SF_6 断路器的开断电流大、灭弧时间短、无严重的截流和截流过电压。无论开断大电流或小电流，其开断性能均优于空气断路器和油断路器。

4）占地少。与其他断路器相比，在电压等级、开断能力及其他性能相近的情况下，

SF_6 断路器的断口少、体积小，尤其是 SF_6 全封闭组合电器，可以大大减少变电所的占地面积，对于负荷集中、用电量大的城市变电所和地下变电所更为有利。

5）无噪声和无线电干扰。

6）要求加工精度高、密封性能良好。

SF_6 气体本身虽无毒，但在电弧作用下，少量分解物（如 SF_4）对人体有害，一般需设置吸附剂来吸收。运行中要求对水分和气体进行严格检测，而且要求在通风良好的条件下进行操作。

5. 真空断路器

真空断路器是利用真空环境灭弧的断路器，由真空灭弧室（真空泡）、保护罩（金属屏蔽罩）、动静触点、导电杆、开合操动机构、支柱绝缘子支架等组成，其核心部件是真空灭弧室。

真空灭弧室的构造示意如图 8-24 所示。它由真空容器（玻璃外壳）将动静对接触点、波纹管、保护罩等密封构成。真空容器内保持高度真空。动触头在绝缘操作杆与开合操动机构相连接，并在操动机构控制之下完成断路器的分、合动作，触头外面的保护罩，可用于冷凝和吸收灭弧过程中产生的金属蒸气微粒，加快灭弧过程。

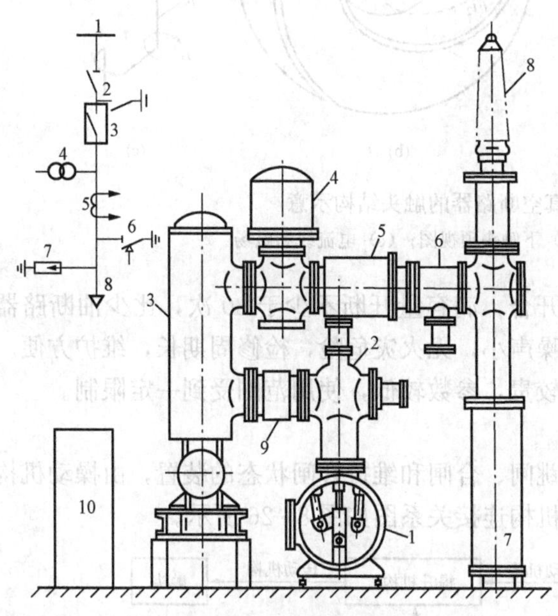

图 8-23 SF_6 全封闭式组合电器布置

1—母线；2—带接地装置的隔离开关；3—断路器；4—电压互感器；5—电流互感器；6—快速接地开关；7—避雷器；8—电缆线端盒；9—波纹臂；10—断路器操动机构

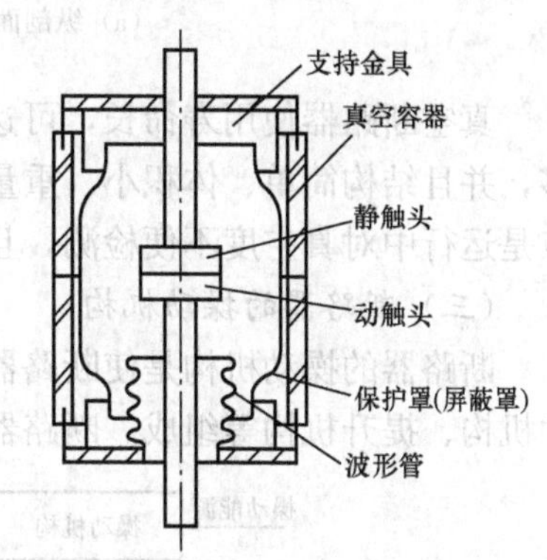

图 8-24 真空灭弧室的构造示意

当断路器分闸时，触头间产生被游离的金属蒸气，形成电弧。由于真空中几乎没有什么气体分子可供游离导电，且弧隙中少量金属蒸气离子在电磁力的作用和弧内外温差效应下，使弧隙中的带电质点（金属蒸气微粒）迅速外散，介质绝缘强度很快恢复，电弧在交流电流过零后不再重燃，电弧迅速熄灭。真空具有良好的绝缘和灭弧性能，比空气、绝缘油及 SF_6 的绝缘强度都高得多。

真空断路器的触头结构示意如图 8-25 所示，触头的中部是一个圆环状的接触面，接触面的周围是开有螺旋槽的吹弧面，触头闭合时，只有接触面相接触。当开断电流时，最初在接触面上产生电弧，电流回路呈Ⅱ形，在流过触头中的电流所形成的磁场作用下，电弧沿径向向外缘快速移动，即从位置 a 向外移动到 b。电流在触头中的流动路径受螺旋线的限制，因此，通过电极内的电流路径是螺旋形的，如图 8-25（b）中的虚线所示。电流可分解为切向分量 i_2 和径向分量 i_1。其中切向分量电流 i_2 在弧柱上产生沿触头方向的磁感应强度 B_2，它与电弧电流形成的电动力是沿切线方向的，在此力的作用下，可使电弧沿触头作圆周运动，在触头的外缘上不断旋转，于是可避免电弧固定在触头某处而烧坏触头，同时能提高真空断路器的开断能力。例如：直径为 46mm 的铜-铋-铈触头，当做成圆盘状的结构时，在 10kV 电压下只能开断 5、6kA 的电流，而做成具有螺旋槽的结构时，开断电流可达 10kA。

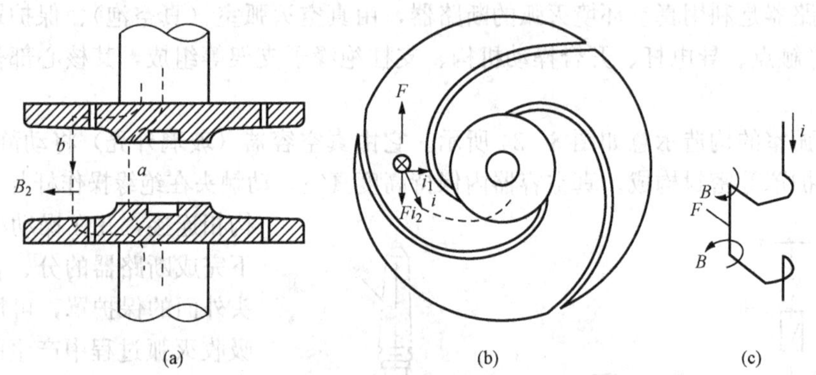

图 8-25 真空断路器的触头结构示意

（a）纵剖面图；（b）下触头顶视图；（c）电流线和磁场

真空断路器使用寿命长，可达万次开合，满容量开断不少于 30 次，比少油断路器长得多，并且结构简单、体积小、重量轻、噪声小，无火灾危险，检修周期长，维护方便。其缺点是运行中对真空度不便检测，且价格较贵，参数较低，使用范围受到一定限制。

（三）断路器的操动机构

断路器的操动机构是使断路器进行跳闸、合闸和维持合闸状态的装置，由操动机构、传动机构、提升机构等组成。断路器操动机构连接关系图如图 8-26 所示。

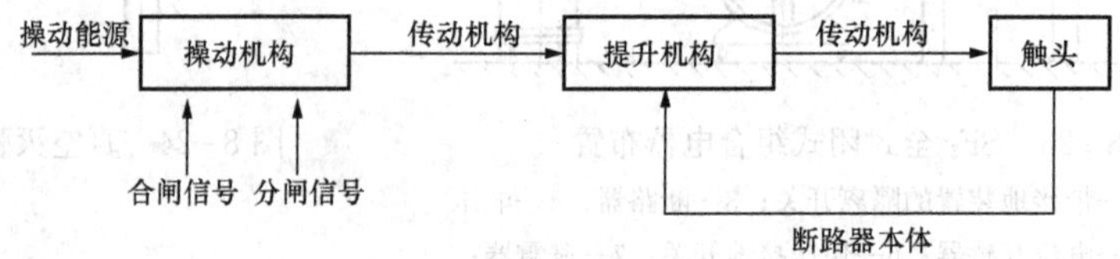

图 8-26 断路器操动机构连接关系

1. 操动机构的基本组成

断路器的操动机构包括操动的能源以及操动、提升及传动等机构，对不同类型的断路器，以上各环节也不尽相同。

（1）断路器的操动能源。断路器的跳、合闸操动能源通常有人力手动、电磁能、气压能、液压能和弹簧储能等多种形式的能源。

（2）操动机构。断路器的操动机构是其分合闸的操作、驱动部分，由操作手柄（开关）、驱动机构及保持、脱扣机构等组成，是断路器分、合闸的启动机构。

(3) 提升机构。提升机构是将操动机构的动力经转向装置变成上下直线运动的机构。

(4) 传动机构。传动机构是把操动机构与断路器本体相连接的中间传递机构（提升机构也可归于传动机构范围）。最终结果是把操作力变为断路器触点分、合闸的动力。

2. 操动机构的分类与应用

断路器操动机构按所用能源不同有以下几种类型：

(1) 手动操动机构。由操作人员手动直接进行分、合闸操作的机构称为手动操动机构。此机构构造简单，但合闸时间长。手动操动机构不能实现自动重合闸，且只能就地操作，不够安全，适用于开断电流小的断路器。手动操动机构应逐渐被手力储能的弹簧操动机构所代替，目前除工矿企业用户外，电力部门中手动操动机构已很少采用。

(2) 直流电磁操动机构。用电磁铁将电能转变成机械能，使断路器进行分、合闸的操动机构称为电磁操动机构。由分、合闸电磁系统（包括合闸线圈、分闸线圈及铁芯）、脱扣机构及缓冲底座等组成。电磁操动机构结构简单，运行可靠，由直流供电，操作能量较小，动作速度较慢，一般用于户内 110kV 以下的少油断路器上。

(3) 气动操动机构。用压缩空气进行断路器分、合闸的操动机构称为气动操动机构。国产 KW4 和 KW5 系列断路器，即采用气动操动机构。气动机构灵活、快速、简便，可提供较大的操动功率，操作时没有剧烈的冲击。缺点是需要有压缩空气的供给设备。气动操动机构多用于 110kV 以上电压等级的空气断路器上。

(4) 弹簧储能操动机构。利用弹簧储存的能量对断路器进行分、合闸操作的机构称为弹簧储能操动机构。它由合闸弹簧储能及控制机构、自由脱扣、传动机构等组成。其优点是用交流电源、直流电源或手动方式都可以使弹簧储能，不需要大容量的操作电源，且成套性强，不需配备附加设备。缺点是结构较复杂，只能进行一次快速重合闸操作，可与 220kV 及以下少油断路器配套。

(5) 液压操动机构。利用高压压缩氮气作为能源，以液态高压油作为传递能量的介质注入活塞式液压工作缸，推动活塞做功使断路器进行分、合闸的机构，称为液压操动机构。此机构结构较复杂，制造工艺要求高；体积、噪声和冲击力都很小，运行维护简单，动作快，应用电流小（分、合闸电流都在 5A 以下），适用于高电压、大容量的 110～500kV 的少油断路器上。

二、隔离开关

隔离开关是电力系统应用最广的电气开关之一。它的主要用途是将需要检修部分与带电部分可靠地隔离，并造成明显可见的空气间隙，以保证检修人员的安全。此外，隔离开关还可用来进行电路的切换操作，以改变系统的运行方式。

隔离开关没有灭弧装置，不能用来断开负荷电流和短路电流，应与断路器配合使用。否则，“带负荷拉隔离开关”将造成“飞弧”，形成相对地或相间短路，烧坏设备，危及人员安全。隔离开关与断路器的配合顺序应是：送电时，先合隔离开关，后合断路器；断电时，先跳开断路器，后拉开隔离开关。为避免误操作，在隔离开关与断路器之间一般都设有电气的或机械的防止误操作联锁装置。隔离开关也可以接通或断开小电流电路，如空载变压器、空载母线、空载短线路、电压互感器等的投切操作。

隔离开关的形式有户内式和户外式；单极、两极和三极式；带接地开关和不带接地开关等。

1. 户内隔离开关

图 8-27 所示为 GN19-10/400 型三极户内隔离开关，其额定电压为 10kV，额定电流为 400A。拉杆绝缘子可随轴转动，通过连杆与拐臂对隔离开关进行开、合闸操作。

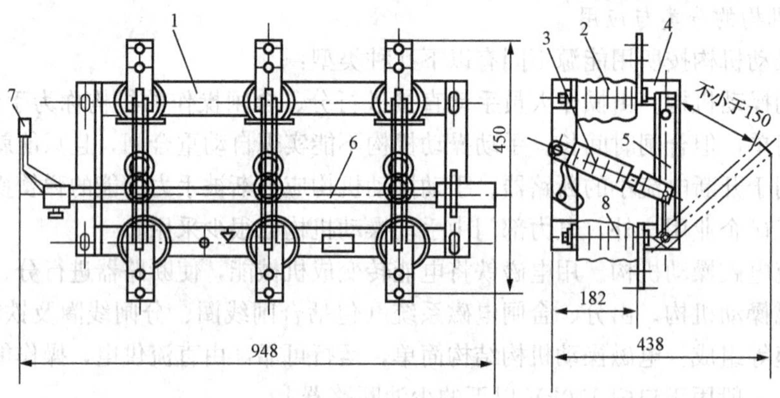

图 8-27　GN19-10/400 型三极户内隔离开关

1—角钢底座；2、8—支柱绝缘子；3—拉杆绝缘子；4—静触头；5—闸刀铜条；6—轴；7—拐臂

2. 户外三柱式隔离开关

图 8-28 所示为 GW7-330D 型隔离开关结构。这种隔离开关为三柱双断点水平转动式结构，每相有三组支持瓷柱，每组瓷柱顶部装有均压环，两端的瓷柱是固定不动的，顶部设有静触头；中间瓷柱可转动 70°。瓷柱顶部装有水平瓷杆，杆的两端部是由紫铜管制成的动触头，隔离开关的分、合闸是由操动机构带动中间瓷柱转动完成的。

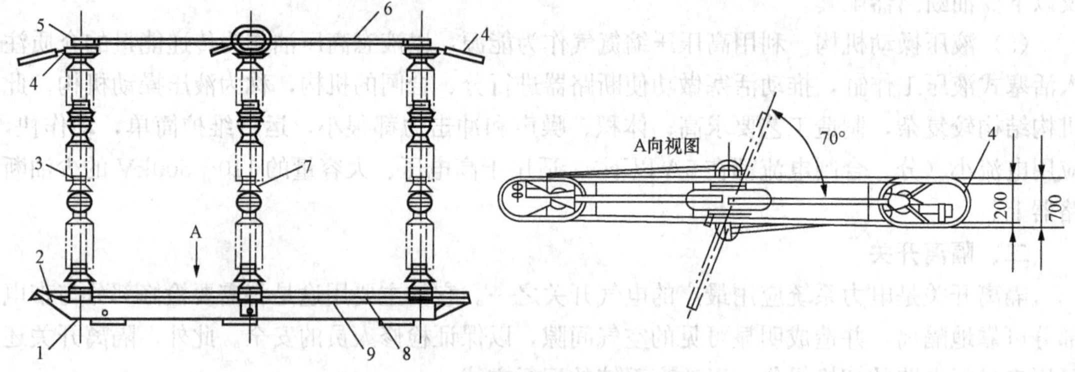

图 8-28　GW7-330D 型隔离开关结构

1—底座；2—接地开关支架；3—瓷柱；4—均压环；5—静触头；6—主开关；7—操作瓷柱；8—接地开关；9—拉杆

GW7 系列隔离开关有 220、330kV 和 500kV 三种规格，最大额定电流为 3150A。

3. 户外双柱式隔离开关

图 8-29 所示为 GW4-220D 型双柱式隔离开关结构（一相），它由底座、可转动的棒型瓷柱和两段导电触头组成。隔离开关的分、合操作，由主开关传动轴通过连杆机构带动两侧棒型绝缘支柱各向左、右旋转 90°，就像人的双手一样握住，实现了分合闸。

在底座两端部装设有接地开关，当主开关分开后，利用接地开关将待检修线路或设备接地，以确保安全。为防止误操作，在主开关和接地开关之间加装有误操作闭锁装置。

GW4 系列隔离开关种类较多，一般额定电压为 35～220kV，额定电流为 600～2000A。

4. 户外单柱式隔离开关

图 8-30 所示为 GW6-330 型单柱式隔离开关外形图。这种隔离开关为剪刀式结构，合闸时双臂折架向上伸直，动触头（剪刀口）夹住上方的静触头，隔离开关接通；分闸时双臂折架分开下落，动静触头分开。

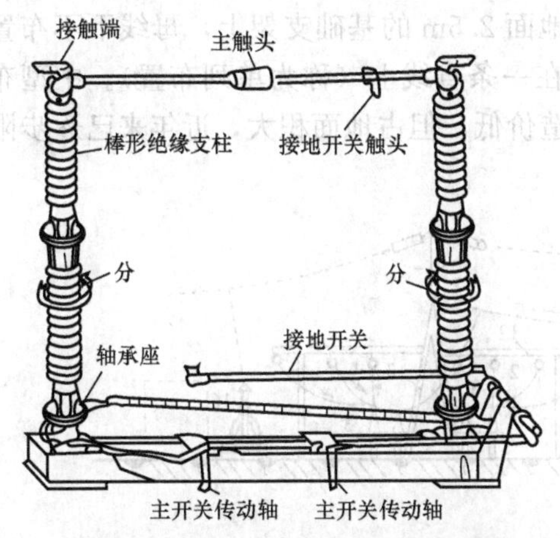

图 8-29　GW4-220D 型双柱式隔离开关结构

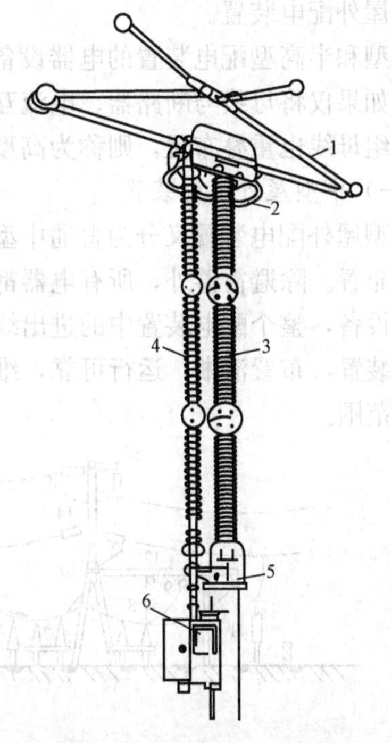

图 8-30　GW6-330 型单柱式隔离开关外形

1—双臂折架；2—均压环；3—支持瓷柱；4—操作瓷柱；5—底座；6—操动机构

这种隔离开关活动部分少，额定电流大，质量小，结构简单，无笨重底座，可直接布置在架空母线的下面，减小了配电装置的面积。

除本节讲到的断路器和隔离开关外，高压开关设备还有高压负荷开关、高压熔断器（跌落式熔断器）等，由于其电压等级较低，而且应用地位并不十分重要，此处不再讨论。

第三节　高压配电装置

在发电厂和变电所中，按照电气主接线的要求，将相关电气设备布置连接，组合成汇集和分配电能的综合电气设施，称为高压配电装置。配电装置通常包括断路器、隔离开关、母线、接地开关、电流互感器、电压互感器、避雷器等电气设备，按照电压等级和设备规模，布置于屋外、屋内或密封于金属外壳中，分别构成屋外配电装置、屋内配电装置和封闭式电器配电装置。

一、屋外配电装置

根据电气设备和母线的安装高度，屋外配电装置可分为低型、中型、半高型和高型四种类型。

低型配电装置（又称为落地式）的电气设备直接安放于地面基础上，为保证有足够的安全距离，设备周围设有围栏，这种装置仅在多地震区的 110kV 配电装置中使用。

中型配电装置的所有电器都安装在离地面有一定高度的同一水平面上，使电气部分对地保持足够的安全距离，母线位置稍高于电器所在的水平面。这种配电装置是发电厂普遍采用的一种屋外配电装置。

高型和半高型配电装置的电器设备和母线分别装在几个不同高度的水平面上，上下重叠布置。如果仅将母线与断路器、电流互感器等重叠布置，则称为半高型配电装置；一组母线与另一组母线也重叠布置，则称为高型配电装置。

（一）中型屋外配电装置

中型屋外配电装置又分为普通中型和中型分相两种。图 8-31 所示为 220kV 普通中型配电装置布置。除避雷器外，所有电器都布置在离地面 2.5m 的基础支架上，母线下不布置任何电气设备，整个配电装置中的进出线断路器摆在一条直线上（称为单列布置）。中型布置的配电装置，布置清晰，运行可靠，维护方便，造价低，但占地面积大，近年来已逐步限制其使用范围。

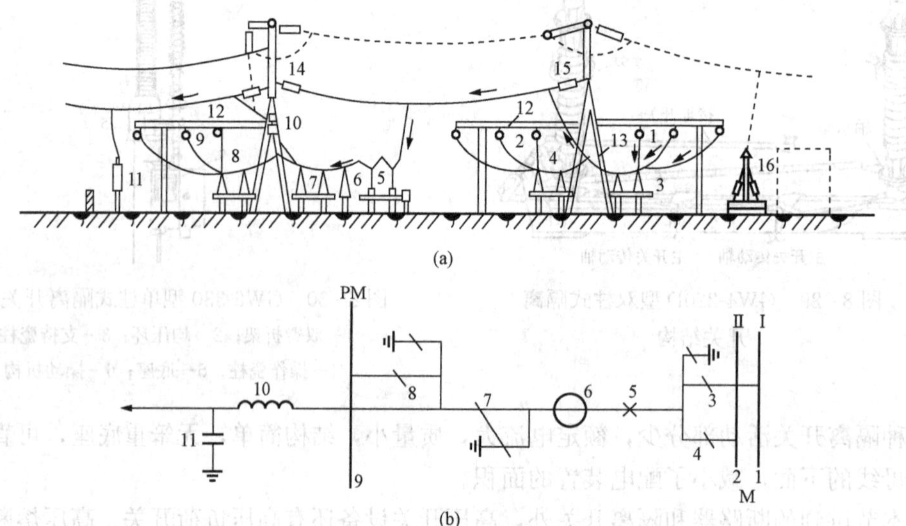

图 8-31 220kV 普通中型配电装置布置

（a）断面图；（b）解释性电路接线图

1、2、9—Ⅰ、Ⅱ段母线和旁路母线；3、4、7、8—隔离开关；5—少油断路器；6—电流互感器；10—阻波器；11—耦合电容器；12—母线构架；13—中央门形构架；14—出线门形构架；15—悬式绝缘子；16—避雷器

中型分相式屋外配电装置，就是将各相的隔离开关分别直接布置在母线正下方，这种布置方式比普通中型可节约用地 20%～30%，且构架简化，因此逐步得到发展，是我国目前普遍采用的配电装置。

（二）高型屋外配电装置

高型屋外配电装置是把两组母线和母线隔离开关分上下两层布置，母线隔离开关对应安装在母线下面，其他较重的设备，如断路器、电流互感器、避雷器等，仍放在地面或支架上。图 8-32 所示为 220kV 高型配电装置（双母线带旁路母线）布置。由图可见，两组母线上下重叠布置，进出线不交叉跨越，所以大大减少了占地面积（一般比中型布置可减少 50%），同时也便于巡视和操作，但最大的缺点是维修时需高空作业。只有扩大占地困难时，才采用高型布置。

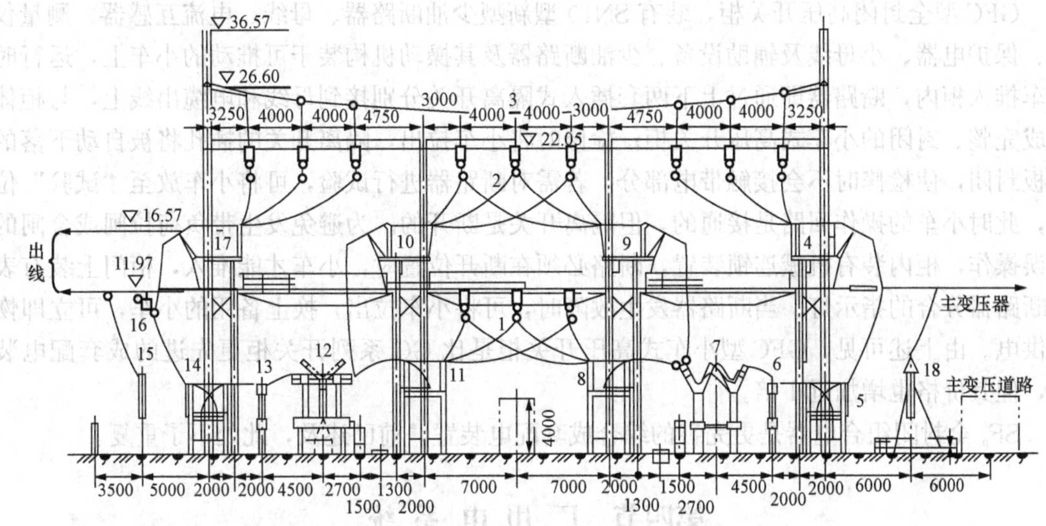

图 8-32　220kV 高型配电装置（双母线带旁路母线）布置

1、2—母线；3—旁路母线；4、5、8～11、14、17—隔离开关；
6、13—电流互感器；7—少油断路器；12—少油（或空气）断路器；
15—耦合电容器；16—阻波器；18—避雷器

（三）半高型屋外配电装置

半高型配电装置是将母线位置增高，双母线时将两组母线并列排在一个高度平面，其下层依次为隔离开关和断路器，断路器及操动机构置于地面。这种布置使设备在空间上重叠，布局紧凑，比中型布置少占地约 40%，缺点是检修时需高空作业。

（四）超高压配电装置

超高压配电装置是指电压等级在 330kV 及以上的配电装置，一般采用硬管母线及 GW6 型剪刀式隔离开关、3/2SF_6 断路器接线，并逐渐发展 500kV 级的 SF_6 全封闭电器。

500kV 输变电系统目前是世界上最主要的电力系统。自 1959 年至今，先后建成 500kV 输变电系统的国家是苏联、美国、加拿大、日本、澳大利亚、阿根廷、埃及、巴西、巴基斯坦和中国等十多个国家。我国于 1981 年建成华中系统 500kV 配电装置，目前 500kV 输电系统已成为我国的主干网架。

二、屋内配电装置

屋内配电装置是指电气设备布置于屋内的配电装置，其特点是占地面积小、运行检修条件好，一般用于 35kV 及以下的配电装置中。

屋内配电装置中，电气设备的安装有装配式和成套式两种。装配式是将电气设备分别固定在间隔内的分层架构上，一般有三层式、两层式和单层式的建筑形式。成套式是将电气设备按接线要求组装在金属柜内，形成小型、紧凑的标准化成套高压开关柜。在发电厂和变电所中，常采用 6～10kV GG 系列固定式高压开关柜和 GFC 系列全封闭式小车式高压开关柜。

GG系列固定式高压开关柜是半封闭式的，内装 SN1 或 SN2 型少油断路器、电流互感器、母线和出线隔离开关，并装有防误操作的设施；面板上安装有指示仪表和继电器，断路器的手动和电动的操作开关手柄、隔离开关分合闸操作手柄以及指示灯等，母线装在柜的上部。GG 系列开关柜结构简单、价格便宜，目前在中小电厂和变电所中应用比较广泛。

GFC 型全封闭高压开关柜，装有 SN10 型新型少油断路器、母线、电流互感器、测量仪表、保护电器、小母线及辅助设备。少油断路器及其操动机构装于可推动的小车上，运行时将车推入柜内，断路器即通过上下两套插入式隔离开关分别接到母线和电缆出线上，与柜体连成完整、封闭的小车式高压开关柜；检修时将小车拉出，隔离开关的插孔将被自动下落的盖板封闭，使检修时不会接触带电部分。若需对断路器进行试验，可将小车放至“试验”位置，此时小车的操作回路是接通的，但隔离开关是断开的。为避免发生带负荷拉闸或合闸的错误操作，柜内装有机械连锁装置，断路必须在断开位置时，小车才能推入，柜门上装有表明断路器分合的指示灯。当断路器发生故障时，可将小车拉出，换上备用的小车，可立即恢复供电。由上述可见，GFC 型小车式高压开关柜是比 GG 系列开关柜更先进的成套配电装置，但其价格也增加近 1 倍。

SF_6 全封闭组合电器是更完善的综合成套配电装置，前已述及，此处不予重复。

第四节 厂用电系统

在发电厂生产过程中，有大量的机械设备需用电动机拖动，如输煤机械、给水泵、循环水泵、凝结水泵、磨煤机、给粉机、送风机、引风机等，还有照明用电，都是为保证电厂正常发电所必需的。发电厂为保证正常发电所消耗的动力和照明用电，称为发电厂的厂用电或自用电。在任何情况下，厂用电都是发电厂中最重要的负荷，应保证高度的供电可靠性和连续性。

1. 厂用电负荷的分类

火力发电厂的厂用电负荷按其对人身安全和设备安全的重要性，可分为 0 类负荷和非 0 类负荷。停电将直接影响到人身或重大设备安全的厂用电负荷，称为 0 类负荷，除此之外的厂用电负荷均可视作非 0 类负荷。

0 类负荷按其重要性程度及对电源的要求可分为如下三类：

(1) 0Ⅰ类负荷（交流不停电负荷）：在机组运行期间以及停机（包括事故停机）过程中，甚至在停机以后的一段时间内，应由交流不间断电源（UPS）连续供电的负荷。如电子计算机、热工保护、热工检测和信号、自动控制和调节装置、电动执行机构、调度通信和远动通信。

(2) 0Ⅱ类负荷（直流保安负荷）：在发生全厂停电或在单元机组失去厂用电时，为了保证机组的安全停运或者为了防止危及人身安全等原因，应在停电时继续由直流电源供电的负荷。如主汽轮机直流润滑油泵、发电机氢密封直流油泵、停机冷却水泵等。

(3) 0Ⅲ类负荷（交流保安负荷）：在发生全厂停电或在单元机组失去厂用电时，为了保证机组的安全停运或者为了防止危及人身安全等原因，应在停电时继续由交流保安电源供电的负荷。如主汽轮机盘车电动机、汽轮机顶轴油泵、发电机氢密封交流油泵、主厂房应急照明、不间断电源装置电源等。

非 0 类负荷的分类按其在电能生产过程中的重要性不同，又可分为如下三类：

(1) Ⅰ类负荷：短时停电可能影响设备正常使用寿命，使生产停顿或发电量大量下降的负荷，如供锅炉用水的给水泵，保证炉膛燃烧的给粉机、排粉机、送风机、引风机，供汽轮机冷却设备用的循环水泵、凝结水泵等。对Ⅰ类负荷，要求供电绝对可靠。因此，这些设备一般设两套，互为备用，并用两个独立电源对其供电，且有备用自投功能。

（2）Ⅱ类负荷：允许短时停电，但停电时间过长有可能影响设备正常使用寿命或影响正常生产的负荷。如疏水泵、输煤机械、灰浆泵等。对这类负荷也应有工作、备用两个电源，但允许采用手动切换。

（3）Ⅲ类负荷：长时间停电不会直接影响生产的负荷，如修理厂、试验室、油处理室、化学水处理车间等。对这类负荷允许单电源供电。

2. 厂用工作电源和备用电源

厂用电是发电厂生产的基本动力，必须设置可靠的工作电源和备用电源，正常情况下由工作电源向厂用负荷供电，当工作电源故障时，备用电源应自动投入。现代火力发电厂的厂用工作电源多由发电机出口直接供出或发电机通过厂用变压器提供，厂用备用电源通过厂用备用变压器或电抗器由电力系统提供。

厂用电系统应做到各发电机组的厂用电互相独立，当一台机组故障停运或其辅机的电气设备故障时，不至影响另一台机组的正常运行。高压厂用工作电源的设置可根据单机容量确定。单机容量为 600MW 级的机组，每台机组可采用 1 台分裂变压器或 1 台分裂变压器加 1 台双绕组变压器作高压厂用工作变压器；单机容量为 1000MW 级及以上的机组，每台机组可采用 2 台分裂变压器或 1 台分裂变压器加 1 台双绕组变压器作高压厂用工作变压器；当技术经济合理时，也可采用 1 台分裂变压器。当有二级高压厂用电压时，可采用三绕组变压器代替分裂变压器。

高压厂用电的电压等级也与机组容量有关，对于单机容量为 600MW 级以上的机组，可根据工程具体条件，采用 6kV 一级，或 10kV 一级，或 10kV/6kV 二级，或 10kV/3kV 二级高压厂用电电压。低压厂用电电压可采用 380、380/220V 作为标称电压。单机容量为 200MW 级及以上的机组，主厂房内的低压厂用电系统宜采用动力与照明分开供电的方式，动力网络的电压宜采用 380V 或 380/220V。

暗备用又称为热备用，是在正常运行时所有厂用电源（变压器、线路等）都投入工作，每台厂用变压器只在低负荷下运行，设有专用的备用变压器，当一台变压器发生故障时，另一台变压器应能担负全部重要负荷。

明备用又称为冷备用，是在正常运行时有专门备用的厂用变压器或线路，它的容量应等于容量最大的一台厂用工作变压器容量。运行中任一台厂用变压器事故断开时，备用变压器都能自动投入。

3. 厂用电率

一般 600MW 纯凝汽式湿冷机组的厂用电率为 3%，空冷机组厂用电率 4.7%；1000MW 湿冷机组厂用电率 3.2%～4.9%，1000MW 空冷机组厂用电率 5.0%左右，水电厂的厂用电率为 0.3%～1.0%。

第五节 防雷与接地

在发电厂和变电所的运行过程中，有时会出现超过额定电压许多倍的电压突变现象，对电气设备造成威胁和破坏，甚至危及人身安全，这种电压突然升高称为过电压。按照产生过电压的原因不同，可分为内部过电压和雷电过电压。内部过电压是由于断路器操作故障或其他原因，造成系统运行状态发生突变引起的操作过电压；雷电过电压是雷电直接对设备或对设备附近物体放电而引起的过电压，也称为外部过电压，这种过电压程度高、危害大，特别是对35kV及以下的中性点不接地系统更为严重，应特别加以防护。

一、雷电过电压的形式及危害性

雷电过电压的基本形式有直击雷、感应雷和侵入波三种。

（1）直击雷。雷电直接对电气设备（含输电线路）或建筑物进行放电，称为直接雷击或直击雷。直击雷过电压可引起数万安培的强大雷电流通过被击物体而入地，产生破坏性很强的热效应和机械效应，损坏设备，击毁建筑物，引起火灾，甚至造成人身伤亡。

（2）感应雷。雷电落在电气设备附近或雷云在电气设备上方移动时，通过静电感应或电磁感应在电气设备上呈现出数万乃至数十万伏的感应过电压，称为感应雷或间接雷击。

（3）侵入波。输电线路上遭受直击雷或感应雷产生的雷电波侵入发电厂或变电所，产生过电压击坏电气设备，称为雷电波侵入或侵入波。由于侵入波造成的雷害事故占全部雷害事故的一半以上，因此需采取特别措施。

二、电气设备的防雷保护

因雷电产生过电压造成的事故十分严重，如直接击毁电气设备、破坏电气设备的绝缘、烧毁变压器和开关电器、烧断导线和烧坏绝缘子，造成断路器跳闸引起线路长时间停电，还可引起火灾、伤害人畜等，造成巨大损失，因此必须采取防雷保护。常用的防雷装置有避雷针、避雷线、避雷器和避雷带，以及相应的防雷接地装置。

1. 防雷装置

（1）避雷针。避雷针是一根镀锌圆钢或钢管，安装在屋外配电装置或高大建筑物上方的构架上，通过圆钢或扁铁引下线与埋在地下的防雷接地装置连成整体，使靠近的雷云对避雷针放电，将雷电引下泄入大地，避免雷电直击于被保护的电气设备或建筑物。

（2）避雷线。架空线路的避雷线多采用镀锌钢绞线，500kV输电线路的避雷线采用LB-GJ型铝包钢绞线。避雷线架设在杆塔顶端，110kV以上线路沿全线架设，避雷线遮住导线，使雷尽量落在避雷线上，并通过杆塔上的金属部分，经引下线和接地体，使雷电流顺利流入大地，为此应设法降低杆塔的接地电阻。

（3）避雷器。避雷器分排气式和阀式两种。阀式避雷器性能较好，应用广泛。阀式避雷器由放电间隙（又称为火花间隙）和非线性电阻阀片组成。放电间隙由垫有云母垫圈的两片黄铜片组成，多个间隙相串联，以保证在正常情况下使导线（母线）与地隔离。阀片是由碳化硅（金刚砂）、硅酸钠（水玻璃）、石墨等胶合制成的非线性电阻，当很高的雷电压加到阀片上时，其电阻值很小，以保证雷电流迅速泄入大地；在额定电压下，其电阻很大，工频电流不能通过。阀片电阻随电压增高而减小的特性，称为非线性或阀性。此外，在发电厂中还用磁吹避雷器来保护旋转电机。

氧化锌避雷器是无间隙、由氧化锌阀片组成的新型避雷器。氧化锌有良好的非线性，由于取消了传统的碳化硅避雷器不可缺少的串联间隙，因此使保护更可靠。氧化锌避雷器吸收雷电和操作过电压的能量比碳化硅避雷器大四倍，而且由于不用火花间隙，因此结构简单、体积缩小、工作更稳定。

（4）避雷带。避雷带是用圆钢或扁钢做成的长条带状体，常装设在建筑物易受直接雷击的部位，如屋脊、山墙、通风管道以及平屋顶的边沿等。避雷带应保持与大地良好的电气连接，当雷云的下行先导向建筑物上的易受雷击部位发展时，避雷带率先接闪，承受直击雷，将强大的雷电流引入大地，从而使建筑物得到保护。

2. 电气设置的防雷措施

电气设备由于其结构和工作性质的不同，所采取的防雷措施也不相同。

（1）发电厂和变电所的防雷保护。发电厂和变电所电气设备对直击雷的防护主要采用避雷针；对侵入波的防护采用进线保护和避雷器保护的综合措施，即用进线保护限制雷电流的幅值和陡度，用避雷器限制雷电过电压的幅值。

（2）架空输电线路的防雷保护。输电线路采用装设避雷线的方法防止线路遭受直击雷的侵害，并降低杆塔的接地电阻，提高线路的绝缘水平。为减少线路因雷击引起的跳闸次数，可采用系统中性点经消弧线圈接地的工作方式。为避免雷击跳闸造成的供电中断，可采用自动重合闸装置。

三、接地

电气设备接地是为了保证人身安全和电气设备及建筑物的安全。电气设备与大地间进行良好的电气连接，称为接地。埋入土壤的金属物体称为接地体或接地极，连接接地体及电气设备的导线称为接地线。接地体和接地线总称为接地装置。

1. 接地的分类

按接地的目的不同，电气设备的接地可分为以下三种类型：

（1）工作接地。为保证发电厂电气设备能正常工作而将设备的某些点与大地进行良好的电气连接，称为工作接地。如变压器和发电机中性点接地或经消弧线圈接地等，通常称为中性点接地。

（2）保护接地。为保证人身安全，防止触电事故而进行的接地，称为保护接地。如电气设备平时不带电的金属外壳接地，配电装置的金属构架接地，配线的外套金属管接地，各种屏的屏体框架接地等。这些设备外壳平时不带电，但当绝缘破坏时，导体漏电将使外壳带电，所以先将金属外壳接地，以避免触电事故，保证人身安全，所以保护接地又称为安全接地。

（3）防雷接地。在防雷保护中，用以传导雷电流使泄入大地的接地称为防雷接地。如避雷针、避雷器等的接地。防雷接地应与工作接地、保护接地分开，以免雷电流对其他电气设备产生反击。

2. 接地装置

接地装置可分为人工接地和自然接地两种。人工接地由垂直埋入土壤的镀锌钢管或角钢构成，并从顶部用扁铁相连。自然接地是利用埋入地下的金属管道、电缆铠甲等作为接地装置的。

在敷设接地装置时，应首先利用自然接地体。在敷设人工接地装置时，应选择土壤导电率好的场所，以减少材料消耗、降低接地电阻。接地装置敷设竣工后，必须实地测量接地电阻值。

原来的技术规程对接地电阻值的一般要求：110kV 及以上电压等级的配电装置接地电阻应小于 0.5Ω，35kV 及以下电压等级的配电装置接地电阻应小于 10Ω，1kV 及以下三相四线制中性点接地电阻应小于 4Ω，防雷接地的接地电阻应小于 30Ω。

GB/T 50065—2011《交流电气装置的接地设计规范》对发电厂和变电站的接地网有了

更为详细的要求，对接地阻抗也给出了不同的公式，可根据具体情况计算接地阻抗的要求值。

复习思考题

1. 现代发电厂控制室的特点是什么？

2. 什么叫电气主接线？对主接线的基本要求是什么？

3. 单母线、双母线及旁路母线的构成和作用是什么？

4. 单元接线、桥形接线（分内、外桥）、多角形接线各有何特点？一般各适用于什么情况？

5. 实际电厂的主接线有几种电压等级？与电力系统是怎样联系的？

6. 高压断路器有几种类型？各有什么优缺点？

7. 高压断路器、负荷开关和隔离开关各切断（或接通）什么电流？

8. 电厂有几种防雷装置？电力系统的接地方式有几种？各起什么作用？

第九章　发电厂电气控制

在发电厂和变电所中，对生产和传输电能的主设备进行监视、控制、测量和保护的电气设备和接线，称为电气二次系统，又称为二次接线或二次回路。二次系统由互感器、测量监视仪表、继电保护、自动装置等组成，对实现发电厂及变电所的安全、可靠和经济运行都具有极其重要的作用。在300、600MW的现代发电厂和500kV超高压输变电系统中，电气控制量大幅度增加，微机和综合自动化控制已取代了常规性控制，使控制接线的作用变得更加重要。

第一节　电气二次系统概述

发电厂及变电所的电气设备通常分为一次设备和二次设备，其接线也分为一次接线和二次接线。

一次设备是指直接用于生产、输送和分配电能的高电压、大电流的设备，又称为电力生产的主设备，包括发电机、变压器、断路器、隔离开关、母线、输电线和电力电缆、电抗器、避雷器、高压熔断器、电流互感器和电压互感器等。

二次设备是指对一次设备进行监测、控制、保护和调整的低压设备，又称为辅助设备，包括测量仪表、控制开关、信号器具、继电保护装置、自动远动装置、操作电源、控制电缆及熔断器等。

电力系统的一次接线又称为主接线，是将电力生产的所有主设备相连接而构成的电气接线。

二次接线又称为二次回路，是将二次设备互相连接而形成的电气接线，包括电气设备的控制操作回路、保护和自动装置回路、测量表计回路、信号回路、同步合闸回路及操作电源回路等。

电力系统的二次系统是发电厂和变电所自动控制系统的重要组成部分，其基本任务是：反映一次系统的工作状态，控制一次设备，在一次设备发生故障时，能迅速将故障设备退出工作，以保持电力系统处在最佳运行状态。

电力系统接线图是以国家规定的统一图形符号和文字符号，表示电气设备互相连接关系的图。其中二次系统接线图远多于一次系统图，而且也复杂得多，本章重点讨论电气二次系统的接线图。工程上常采用三种形式的二次系统图，即原理接线图、展开接线图和安装接线图。

一、原理接线图

原理接线图是表示电气二次系统各设备（仪表、继电器、信号器具等）的电气联系及工作原理的电气图。图9-1所示为典型的线路过电流保护原理。TA是电流互感器，KA是电流继电器，KT是时间继电器，KS是信号继电器，QF是断路器，YT是QF的跳闸线圈，QS是隔离开关。现将保护装置的动作过程分析如下：

由图9-1可见，当线路A相或C相有短路故障发生时。电流互感器TA的一次侧绕组中流过短路电流I_1，其二次绕组中感应出的电流I_2流经电流继电器KA绕组Ⅰ，KA动作，其动合触点闭合，将直流电源加在时间继电器KT的线圈上，KT启动，经一定时限后其延

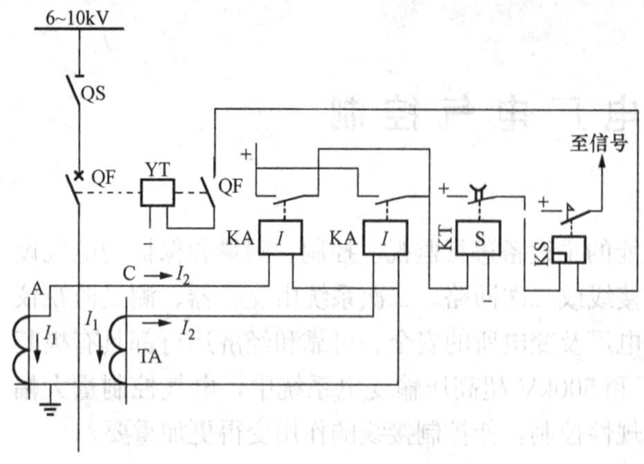

图 9-1 6～10kV 线路过电流保护原理

时动合触点闭合，经信号继电器 KS 的线圈、断路器 QF 的动合辅助触点及其跳闸线圈 YT，接通直流电源回路；KS 线圈和 YT 同时启动，使断路器 QF 跳闸，信号继电器 KS 动作，其动合触点闭合发出 QF 跳闸信号。

原理接线图主要表明了继电保护和自动装置的工作原理和构成这套装置所需要的设备，没有标明具体的接线端子和回路编号，因此只有原理图是不能进行施工的。但原理接线图将二次系统和一次系统的相关部分画在一起，电气元件以整体的形式表示，图形直观形象，便于设计构思和记忆，而且按动作顺序画出，便于分析装置的动作原理，是绘制展开接线图的原始依据。

二、展开接线图

展开接线图是根据原理接线图绘制的，其特点是将二次设备的线圈和触点所在的不同电源回路，划分成多个独立的电源回路，如交流回路（又分为电流回路、电压回路），直流回路（又分为控制回路、信号回路、测量回路、保护回路、合闸回路）等。交流回路中，按 A、B、C、N 自左至右排列；直流回路中，按继电器（装置）的动作顺序，自左至右，自上而下，依次排列。图形上方有文字说明，便于分析和读图。图 9-2 是根据图 9-1 所示原理图绘制的展开接线图，其动作过程与原理图相同。

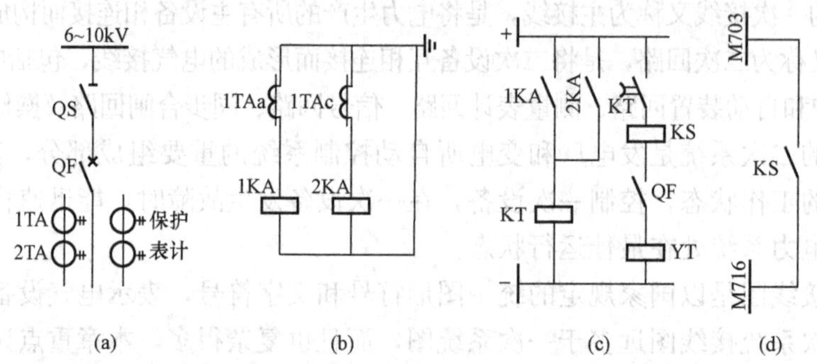

图 9-2 6～10kV 线路过电流保护展开接线图

(a) 6～10kV 一次系统的示意图；(b) 交流回路图；(c) 直流控制回路图；(d) 信号回路图

比较图 9-1 和图 9-2 可见，展开接线图按独立电源回路接线，动作程序层次分明，电流流向清晰，便于分析各器件的逻辑动作过程，读图方便。

三、安装施工图

安装施工图是控制屏（台）制造厂生产加工和电力现场安装施工接线、维修试验的工程图纸，是根据展开接线图绘制的，包括屏面布置图、屏背面接线图和端子排图。

1. 屏面布置图

屏面布置图是从屏的正面看到的各设备仪表实际安装布置的图纸，屏上各设备的安装位置、外形尺寸都按比例画出，图册附有设备明细表，列出屏上各设备的名称、型号、技术数据及数量等，以便制造厂备料和安装加工。屏顶装设小母线，屏后两侧装端子排。

控制屏台由直立屏和桌式控制台两部分组成。标准屏高为2200mm、宽为800mm、深为610mm，屏正面是各种测量和指示表计及信号光字牌；桌式台面上布置模拟接线、控制开关以及位置信号灯等。

图9-3所示为35kV线路控制屏的屏面布置。可见在一块屏上控制四条线路，即屏上有四个安装单位。

图9-4所示为继电保护屏的屏面布置。一般将调试工作量较小的简单继电器，如电流、电压、中间、时间等继电器布置在屏的上部；将调试工作量较大的复杂继电器，如阻抗、方向、差动、重合闸等继电器布置在屏的中部，以便于调试；信号继电器、连接片等布置在屏的下部，便于操作；相同安装单位的屏面布置应尽可能一致和对称分布；在屏面中心离地250mm处，开一个直径500mm的圆孔，以便在调试时屏前后穿线用。

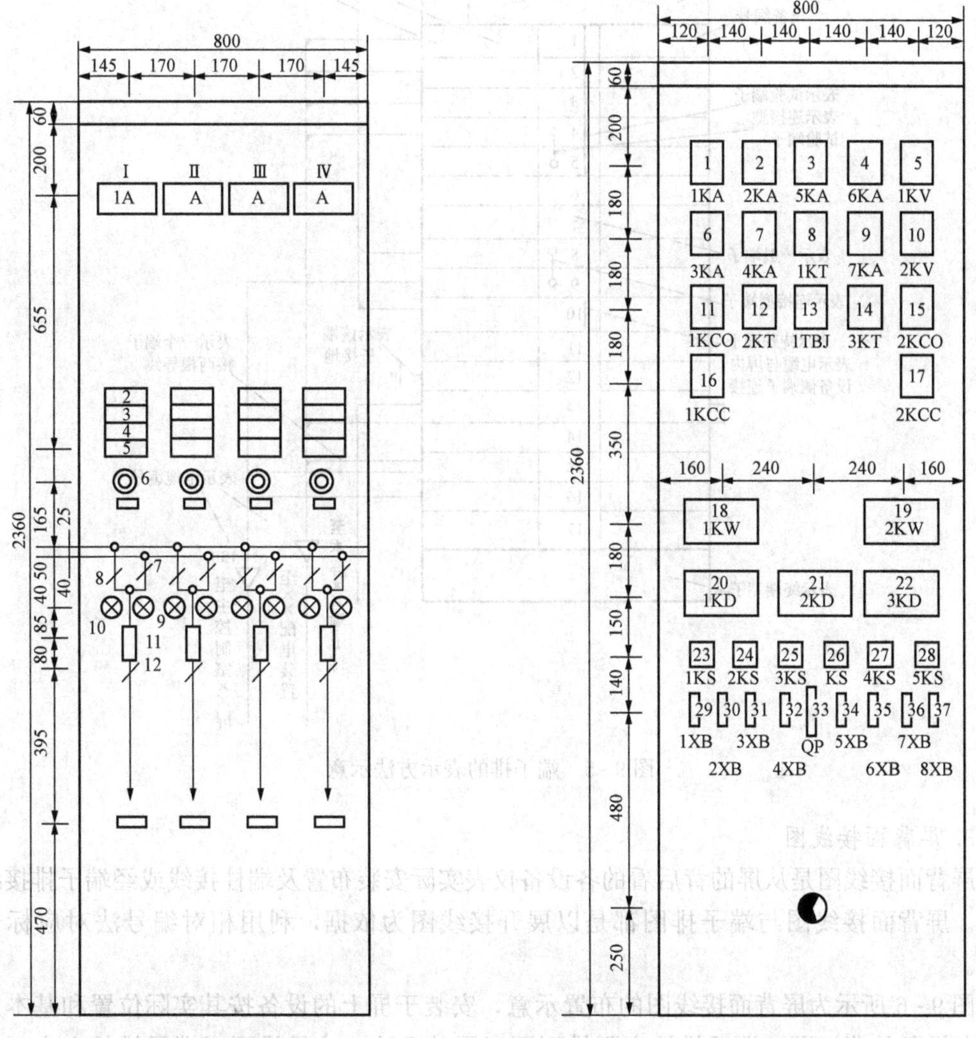

图9-3 35kV线路控制屏的屏面布置

图9-4 继电保护屏屏面布置

2. 端子排图

屏内设备相隔较远时的连线、屏内外设备间的连线以及屏与屏之间设备的连接，都是通过接线端子的过渡来完成的。数十节甚至上百节不同功能型号的接线端子组合在一起，构成布置于屏后两侧的端子排。

20 世纪 80 年代中期以前，国内通用由黑色胶木粉压制的绝缘座和金属导电片组成的老式端子排，其尺寸大，易破碎，装卸麻烦。近十年来，已被由高分子聚碳酸酯等材料制成的高强度、绝缘性能好、阻燃、耐温的新型端子所取代。

图 9-5 所示为端子排的表示方法示意。可见，端子排因用途不同，采用的端子也各不相同，但其过渡接线的作用都是一样的。

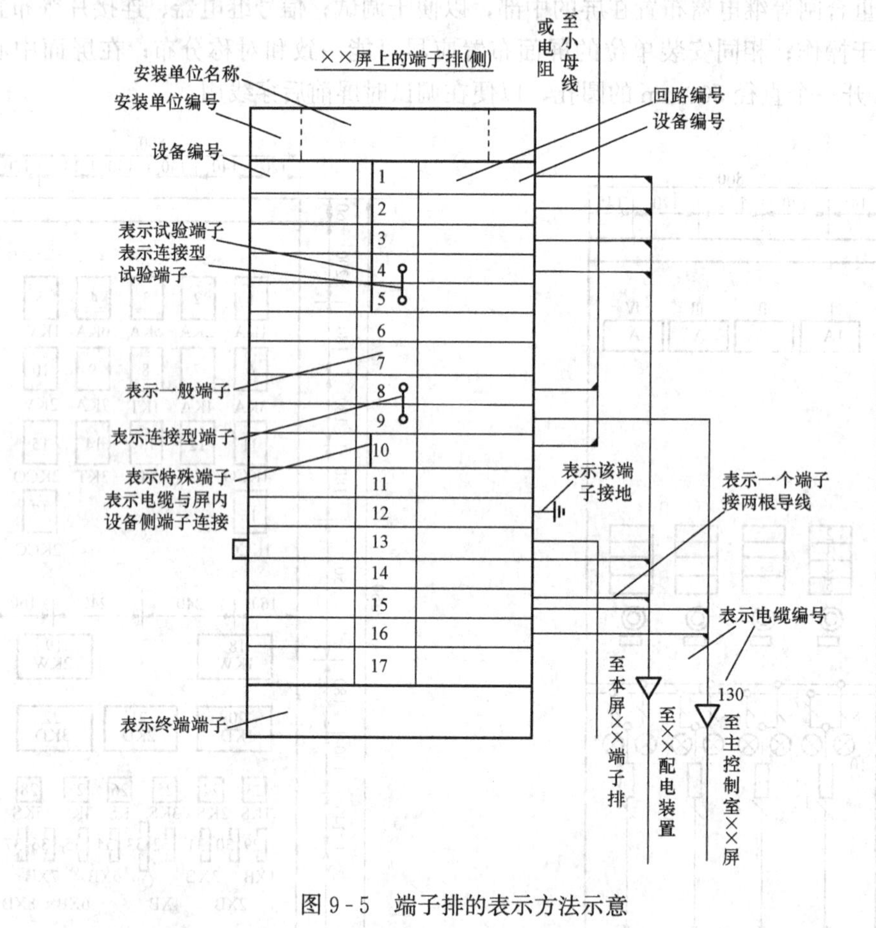

图 9-5　端子排的表示方法示意

3. 屏背面接线图

屏背面接线图是从屏的背后看的各设备仪表实际安装布置及端柱接线或经端子排接线的图纸。屏背面接线图与端子排图都是以展开接线图为依据，利用相对编号法对应标号画出的。

图 9-6 所示为屏背面接线图的布置示意，安装于屏上的设备按其实际位置和基本尺寸画出各设备的背视图，端子排按实际排列画于屏的两边，小母线画于端子排的上方，熔断器、小开关、电铃等画于屏的上面。

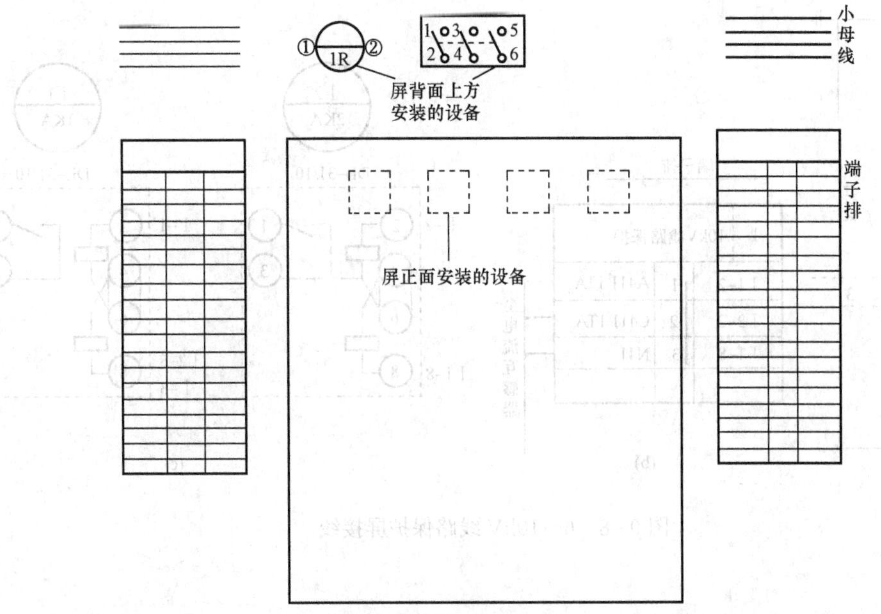

图 9-6 屏背面接线图的布置示意

图 9-7 所示为屏背面接线图中各设备图形的标示方法。图中接线柱都是按背视实际位置画出的。

在发电厂和变电所中，二次设备是十分复杂的，所以各种接线数目很多，不可能将连线直接相接，目前普遍采用相对编号法来表明各端子间的连线情况。相对编号法就是指，如果甲乙两个端子应当用导线连接，则在甲端子旁标上乙端子的编号，而在乙端子旁标上甲端子的编号；如果端子旁没有标号，即表明该端子空着。为使连线牢固、可靠，一般每个端子只接一条导线，最多只能接两条导线。下面以图 9-2 所示 6～10kV 线路保护的展开图（交流回路部分）为例，说明相对编号法的应用。图 9-8 所示为 6～10kV 线路保护屏接线图。(a) 为回路的展开图，以此为据标出端子排图［见图 9-8 (b)］和设备图［见图 9-8 (c)］。标注方法说明如下：①电流互感器 1TA 在配电现场，而电流继电器 1KA、2KA 在主控室保护屏上，所以从 1TA 二次绕组引来的三条控制电缆接端子排 1、2、3 号端子的外侧，并标明回路编号 A411、C411 和 N411 及相应电流互感器标号。②端子排内侧与屏内设备的连线是在屏的生产厂完成的，该端子排安装单位为 I，相连接的电流继电器 1KA、2KA 编号定为 I1、I2。③1、2、3 号端子与电流继电器 I1、I2 的相对编号连接如图 9-8 (b) 左侧及图 9-8 (c) 方框外标出所示：1 号端子与 I1 的绕组 2 相连，则在 1 号端子边写 I1-2，而在 I1 的绕组 2 边标上 I-1，其余类推。

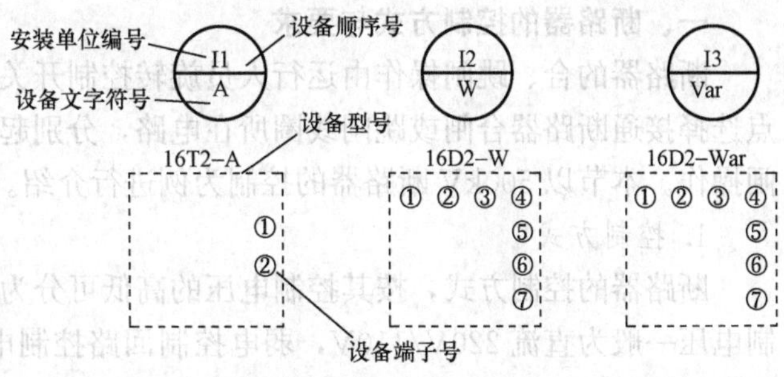

图 9-7 屏背面图中各设备图形的标示方法

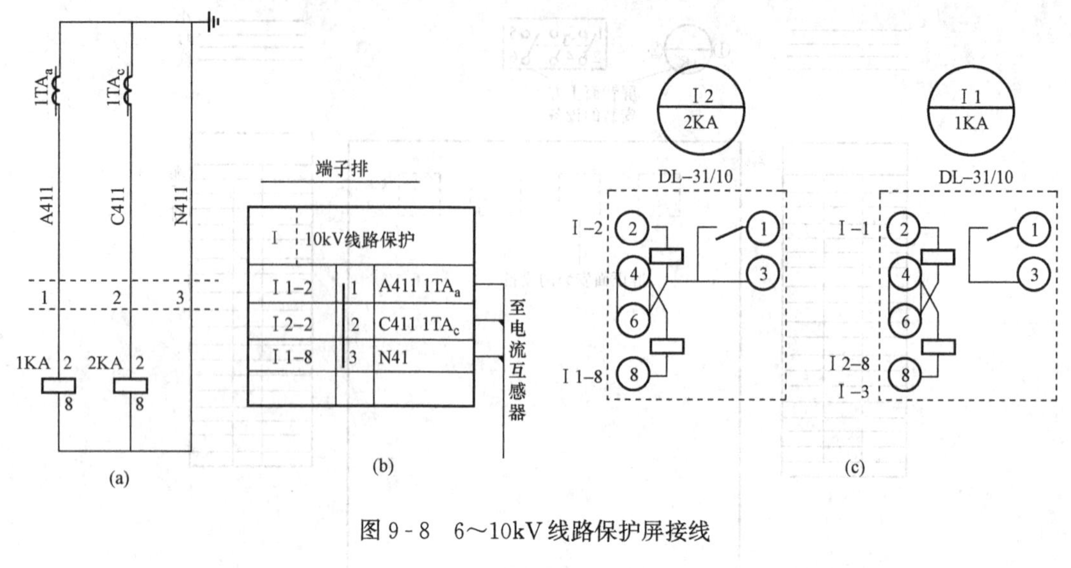

图 9-8 6～10kV 线路保护屏接线

第二节 断路器及隔离开关的控制

发电厂和变电所的控制主要是指断路器的控制，在超高压、特高压系统中，还有隔离开关的控制问题。

一、断路器的控制方式与要求

断路器的合、跳闸操作由运行人员旋转控制开关控制。根据操作要求，使控制开关的触点选择接通断路器合闸或跳闸线圈所在电路，分别起动断路器的操动机构执行断路器合、跳闸操作。本节以 500kV 断路器的控制为例进行介绍。

1. 控制方式

断路器的控制方式，按其控制电压的高低可分为强电控制与弱电控制。强电控制回路控制电压一般为直流 220V/110V，弱电控制回路控制电压一般为直流 48V（经转换到断路器操动机构的是 220V）；按操作方式可分为一对一控制方式与选线控制，一对一控制为一个控制开关只控制一组断路器（一台三相断路器或三台单相断路器组），选线控制为一个控制开关可以控制多组断路器，选线指定某一组断路器。

强电控制分为强电一对一直接控制和一对 N 选线控制。

(1) 强电一对一控制。利用一个控制开关控制一台断路器，一般适用于重要且操作机会较少的设备，如发电机、变压器等。

(2) 强电一对 N 选线控制。利用一个控制开关控制多台断路器，一般适用于馈线较多、接线和要求基本相同的高压和厂用馈线。

对于强电控制，根据其控制特点，又可分为就地控制和远方控制。就地控制是控制设备安装在断路器附近，运行人员就地进行手动操作。这种控制方式一般适用于中、低压设备，例如 3～35kV 的配电装置、厂用电动机等。远方控制是在离断路器几十至几百米的主控制室的主控制屏（台）上，装设能发出跳、合闸指令的控制开关和按钮，对断路器进行操作。一般适用于发电厂和变电站内较重要的设备，如发电机、主变压器、35kV 及以上线路等。

弱电控制方式可分为以下两类：

(1) 弱电一对一控制。对于发电机-变压器组、高压厂用工作及启/备变压器等重要的电力设备，其重要性较高，但操作频率较低，宜采用一对一控制。

(2) 弱电选线控制。常用的选线方式有按钮选线控制、开关选线控制和编码选线等方式。

大型发电厂和变电所中，因主控制室或集中控制室离变配电现场都有几十甚至几百米距离，所以高压断路器多采用弱电一对一控制方式，断路器跳、合闸线圈仍为强电，两者之间增加转换环节。这样设计，控制屏能采用小型化弱电控制设备，操动机构强电化，控制距离与单纯的强电控制一样。

2. 对控制回路的一般要求

500kV 断路器的重要性极高，设计其控制回路时，应满足以下要求：

(1) 双重化要求。当需要准确可靠地切除电力系统故障时，除了继电保护装置能准确、可靠地动作外，作为继电保护的执行元件的断路器能否可靠地动作，对于切除故障是至关重要的。在电力系统发生故障时，即使继电保护装置可靠动作，但是断路器失灵而拒动时，故障仍不能被切除，势必酿成严重后果。断路器的可靠工作，与断口部分（消弧机构）、操动机构、控制回路和控制电源等因素有关。其中，断口部分和操动机构的可靠性取决于断路器的制造水平，而控制回路和控制电源两部分可靠性的提高主要取决于断路器的二次回路的设计。据统计，在 187kV 以上电力系统中，断路器的拒动率约为 1.8×10^{-3}，其中 72%是由控制回路不良引起的，在控制电缆和断路器的跳闸线圈采用双重化措施后，拒动率降至原来的 1/3.6，即 5×10^{-4}。所以，为保证可靠地切除故障，500kV 断路器采用双重化的跳闸回路设计非常必要。通常 500kV 断路器的操动机构都配有两个独立的跳闸回路，并且两跳闸回路的控制电缆也分开。

(2) 防止断路器发生跳跃的“防跳”措施。如断路器合闸时，遇到永久性故障，在继电保护作用下断路器跳闸，若此时控制开关尚未复归或自动装置的合闸触点被卡住，将引起断路器多次合、跳闸。这种断路器在一次操作中出现多次合、跳闸的现象称为“跳跃”现象。断路器的跳跃会损坏断路器，因此，断路器控制回路中必须具有防跳措施，以保证每次合闸操作时，断路器只能进行一次合闸操作。

在 500kV 断路器的控制接线中，常用的“防跳”接线方式有串联“防跳”和并联“防跳”两种。

(3) 跳、合闸命令应保持足够长时间。为确保断路器可靠地跳、合闸，即一旦操作命令发出，就应保证整个跳闸或合闸过程执行完成，因此，在断路器的跳、合闸回路中应设有命令保持环节。在合闸回路中，一般利用合闸继电器的电流自保持线圈来保持合闸脉冲，直到三相全部合好后才由断路器的辅助触点来断开合闸回路。在跳闸回路中，保持跳闸脉冲的方式和“防跳”接线有关。当采用串联“防跳”接线时，可利用“防跳”继电器的电流线圈和其常开触点来保持跳闸脉冲；当采用并联“防跳”接线时，一般在保护的出口继电器和跳闸继电器的触点回路中加电流自保持电路。跳闸回路由断路器的辅助触点在断路器完全跳开后断开。

(4) 能监视断路器跳合闸回路的完好性。在 500kV 断路器的控制回路中，通常采用跳闸和合闸位置继电器来监视跳合闸回路的完好性。

（5）能实现液压、气压异常和 SF_6 浓度低等状态的闭锁。在空气断路器、SF_6 气体绝缘断路器以及其他采用液压机构的断路器中，这些工作的气体及液压的压力只有在规定的范围内时，断路器才能正常运行；否则，应当闭锁断路器的控制回路，禁止操作。

通常，断路器的跳闸、合闸和重合闸所规定的气压或液压的允许限度是不同的，因此，当闭锁断路器跳闸、合闸或重合闸的压力值也不同。在设计断路器的压力闭锁回路时，应按断路器制造厂的具体要求进行。

反应气体或液体压力的电触点压力表或压力继电器的触点容量一般较小，不能直接接到断路器的跳、合闸回路中，需经中间继电器去控制断路器的跳合闸回路。断路器在操作过程中必然要引起气压或液压的降低，此时闭锁触点不应断开跳闸或合闸回路，否则会导致断路器的损坏。一般可采用带延时返回或带电流自保持的中间继电器作为闭锁继电器，以确保在断路器的操作过程中闭锁触点不断开。

此外，对于 SF_6 断路器，当 SF_6 气体密度低到一定值时，应闭锁跳、合闸回路。

（6）设有断路器的非全相运行保护。在 500kV 系统中断路器出现非全相运行的情况下，因出现零序电流，可能引起网络相邻段零序过电流保护的后备段动作，而导致网络的无选择性跳闸。所以，当断路器出现非全相状态时，应使断路器三相跳开。

（7）断路器两端隔离开关拉合操作时应闭锁操作回路。

二、500kV 断路器的控制回路

1. 合闸回路

图 9-9 所示为强电一对一控制合闸回路。KIH 为合闸继电器，它有两个触点，KIH1 自保持，KIH2 接通合闸回路，使三个合闸线圈 YNA、YNB、YNC 励磁，分别合上 A、B、C 三相开关。

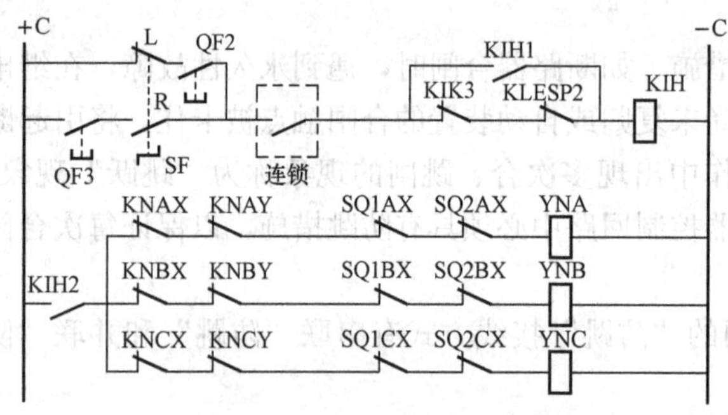

图 9-9　500kV 断路器强电一对一控制合闸回路

SF 为近控/遥控选择开关，R——远控，L——近控，QF2 为近控按钮，QF3 为远控带灯按钮开关；连锁触点代表一组合触点，当断路器两端六只隔离开关分合操作时此触点即打开，静止不动时（不管是合或分），此触点闭合；KIK3 为 SF_6 气体密度闭锁触点，气体密度低时，此触点打开；KIESP2 为液压操动机构油压力闭锁触点。KNA（B，C）X、KNA（B，C）Y 触点是 A 相开关的两个防跳继电器的常闭触点；当防跳继电器未动作时，该触点闭合，允许合闸；当开关合在故障线路上，保护动作跳闸时，该继电器动作，闭锁合闸回路（在开关合闸按钮未返回时）。SQ1A（B，C）X 为断路器的辅助常闭触点，断路器正确合闸后，切断合闸回路。SQ2AX 为断路器手动分闸时辅助触点，切断合闸回路。

500kV 断路器合闸动作情况：

（1）当近控/遥控选择开关放遥控位置时，SF 开关 R 接通。

（2）回路+C→QF3 触点→R 触点（已闭合）→连锁触点→KIK3→KIESP2→KIH 线圈→−C，当转动开关 QF3 合闸时，触点接通，则 KIH 线圈励磁，KIH1，KIH2 闭合。

(3) ＋C→KIH2（已闭合）→

KNAX→KNAY→SQ1AX→SQ2AX→YNA→－C，A 相开关合闸。
KNBX→KNBY→SQ1BX→SQ2BX →YNB→－C，B 相开关合闸。
KNCX→KNCY→SQ1CX→SQ2CX →YNC→－C，C 相开关合闸。

在上述过程中，各闭锁触点接在相应的回路中，一旦条件满足，就会切换，闭锁合闸回路，其动作过程这里不再详述。

2. 弱电选择、强弱转换控制回路

图 9－10 所示为弱电选择、强弱转换控制回路接线示意。

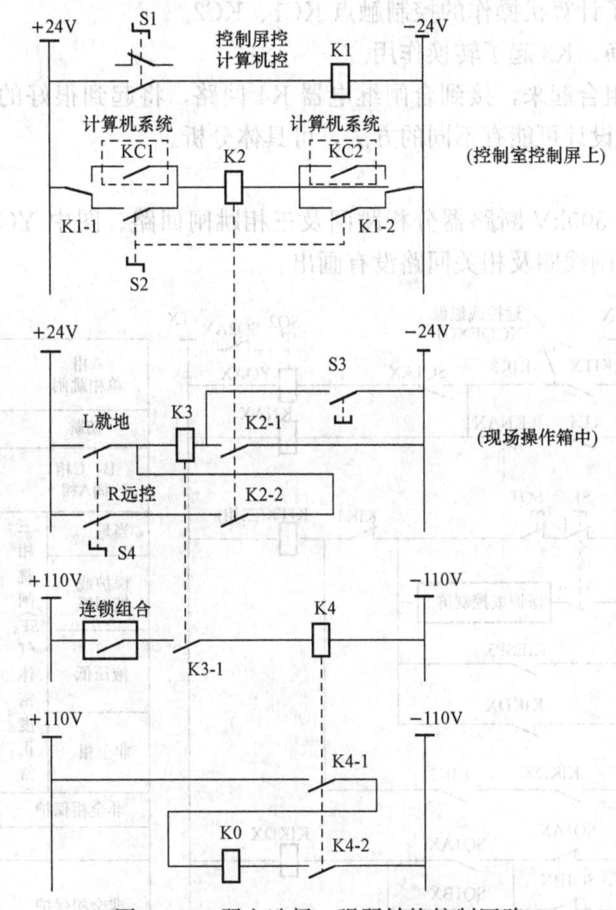

图 9－10 弱电选择、强弱转换控制回路

断路器既可在控制室内操作旋转开关 S2 或通过计算机控制系统（KC1、KC2）远方控制，也可在开关操作箱上，由合闸按钮 S3 控制合闸。其手动合闸、计算机控制合闸和就地合闸的原理如下所述。

(1) 手动合闸。S1 置于控制屏控制状态，K1 断开，触点 K1-1、K1-2 均处于常闭位置，回路＋24V→K1-1→S2 触点→K2→S2 触点→K1-2→－24V 接通，转动 S2，使其触点闭合，则 K2 励磁，其触点 K2-1、K2-2 闭合；S4 转在“远控”位置，则＋24V→R 触点→K2-2→K3→K2-1→－24V 接通，K3 励磁，其触点 K3-1 闭合，接着＋110V→连锁触点→K3-1→K4→－110V 接通，K4 励磁，其触点 K4-1、K4-2 闭合，＋110V→K4-1→K0→K4-2→

－110V接通，K0 为合闸线圈，断路器合闸。

（2）计算机控制合闸。S1 置于计算机控制位置，K1 励磁，触点 K1-1、K1-2 切换，使常开触点闭合，回路＋24V→K1-1（常开触点闭合）→KC1→K2→KC2→K1-2（常开触点闭合）→－24V 接通。当计算机系统选择控制后，触点 KC1、KC2 闭合，则上述回路接通，K2 励磁，以下同（1），断路器合闸。

（3）就地合闸。S4 转在“就地”位置，触点 L 接通，操作按钮 S3，则使回路＋24V→L→K3→S3→－24V 接通，K3 励磁，其触点 K3-1 闭合，以下同（1）。

本接线有如下特点：

1）正确地引入了计算机操作的控制触点 KC1、KC2。

2）强、弱电转换。K3 起了转换作用。

3）所有的连锁组合起来，接到合闸继电器 K4 回路，将起到很好的作用，至于连锁触点如何组合，不同的设计可能有不同的方法，可具体分析。

3. 分闸回路

图 9－11 所示为 500kV 断路器分相跳闸及三相跳闸回路。图中 YOAX 为 A 相跳闸线圈，B 相和 C 相的跳闸线圈及相关回路没有画出。

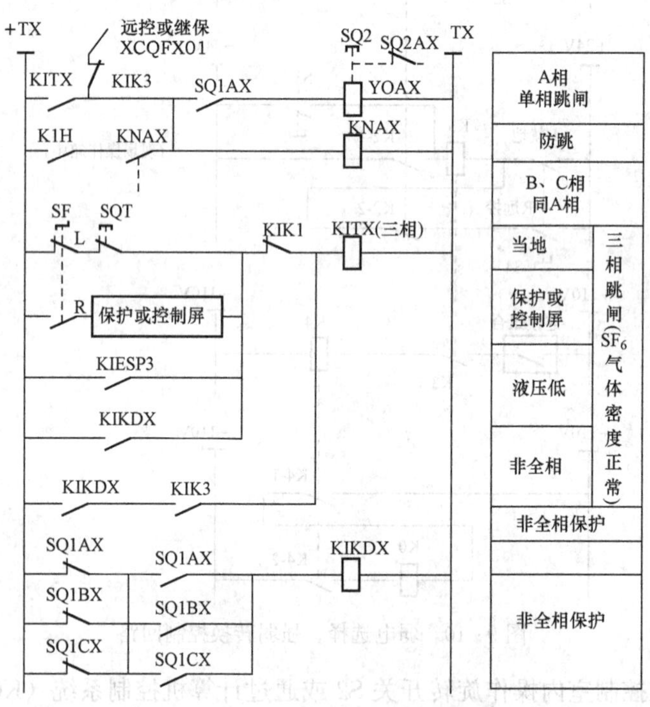

图 9－11　500kV 断路器分闸回路

500kV 断路器有两套跳闸回路，第一套跳闸回路为 X 回路，第二套跳闸回路为 Y 回路，两套回路动作情况相同，本节以 X 回路为例进行说明。

（1）分相跳闸回路。该回路有三种方式使断路器跳闸：

1）遥控拉闸或保护动作。保护动作或控制屏上操作，使 XCQFX01 端带电。回路 XCQFX01→KIK1（SF_6 气体密度正常时常闭）→SQ1AX 触点（断路器常开辅助触点，断路器合上时，此触点闭合）→YOAX线圈→－TX。YOAX线圈励磁，A相断路器跳闸。

2）手动近控操作。当手动跳闸开关SQ2向“跳闸”位置按下时，YOAX线圈直接动作于跳闸，不经任何闭锁。

3）三相跳闸继电器动作。回路＋TX→KITX（KITX三相跳闸继电器的动合触点，KITX启动后其触点接通）→SQ1AX触点→YOAX线圈→－TX接通。A相跳闸，同时B、C相也跳闸。

（2）三相跳闸回路。三相跳闸又有人为控制和自动装置动作两种情况。

1）人为控制。

（a）当近控/遥控开关置于遥控位置时，SF开关R接通，回路＋TX→R触点（已闭合）→保护或控制屏接通→KIK1（SF_6气体密度正常闭合）→KITX线圈→－TX接通，使KITX线路励磁，对应触点接通，去接通三相断路器的分相跳闸线圈使三相断路器同时跳闸。

（b）当近控/遥控开关置于近控位置时，SF开关L接通。按下按钮SQT即可跳三相断路器。

2）自动控制。

（a）保护动作跳三相断路器。同前述1）中（a）。

（b）液压装置压力低强行跳三相断路器。当液压装置压力低于一定值（25MPa）时，压力开关KIESP3触点闭合，启动三相跳闸回路。

（c）断路器非全相运行时，强行跳三相断路器。非全相运行时，以A相没合上，B、C相合上为例：

$$+TX \rightarrow SQ1AX（动断触点闭合）\rightarrow \left\{ \begin{array}{l} \rightarrow SQ1BX 动合触点闭合 \\ \rightarrow SQ1CX 动合触点闭合 \end{array} \right\} \rightarrow KIKDX 线圈 \rightarrow -TX,$$

此时KIKDX线圈励磁，相应触点接通，则有如下几种情况：①当气体密度正常时，回路＋TX→KIKDX触点（已接通）→KIK1触点→KITX线圈→－TX接通，跳开三相断路器；②当气体密度低时，回路＋TX→KIKDX触点（已接通）→KIK3触点（已接通）→KITX线圈→－TX接通，跳开三相断路器。

综上所述，单相断路器跳闸，必须符合以下条件：

1）保护或遥控跳单相断路器时，气体密度必须正常。

2）单相手动跳闸，可不经任何条件闭锁。

三相断路器跳闸，必须符合以下条件：

1）保护跳闸、近控或遥控拉闸时，气体密度必须正常。

2）液压装置压力低到一定时（25MPa）强跳三相断路器时，气体密度必须正常。

3）非全相运行时，三相跳闸可以经气体密度闭锁，也可以不经气体密度闭锁。

三、隔离开关的控制

发电厂对隔离开关的控制，可以采用就地和远方控制两种方式，其操动机构有手动和动力式两类。由于没有灭弧装置，隔离开关不能用来通断大电流，所以隔离开关和断路器之间必须有闭锁。

1. 隔离开关的控制回路

隔离开关的控制分就地和远方控制两种方式。由制造厂配套供应的隔离开关操动机构有手动、电动、气动和液压传动等型式，除手动机构以外，其他各种都具备就地和远方控制的条件。由于隔离开关的分、合闸速度要求不高，为了简化二次接线及节约控制电缆，故隔离开关一般可以采用手动操动机构来进行操动，但是，110kV及以上的也可以采用动力式操动机构。具体规定如下：220kV及以上倒闸操作用的隔离开关一般采用远方和就地控制两种方式；检修用隔离开关和接地开关一般采用就地控制；110kV以下隔离开关、接地开关一般采用就地的控制。

（1）隔离开关控制接线的构成原则如下：

1）为防止带负荷拉合隔离开关，其控制回路必须和相应的断路器闭锁，以保证断路器在合闸状态下，不能操作隔离开关。

2）为防止带接地线合闸，其控制回路必须和相应接地开关闭锁，以保证接地开关在合闸状态下，不能操作隔离开关。

3）操作脉冲必须是短时间的，并且在完成操作后能自动撤除。

4）操作用隔离开关应有其所处状态的位置指示信号。

（2）隔离开关的动力式操作机构有气动、电动、电动液压操作三种型式。

2. 隔离开关的误操作闭锁回路

隔离开关由于没有灭弧装置，不能接通或断开负荷电流。如果违反操作规程，在带负荷的情况下拉、合隔离开关，将造成严重的后果。因此，为了防止隔离开关的误操作，除了在隔离开关控制电路中串入相应断路器的辅助常闭触点外，还需在隔离开关的控制电路中装设专门的闭锁装置。闭锁装置分为机械闭锁和电气闭锁两种型式。6～10kV配电装置，一般采用机械闭锁装置；35kV及以上配电装置，通常采用电气闭锁装置。

（1）机械闭锁。机械闭锁一般用于比较简单的配电装置中，目前用得比较多的是防误操作程序锁。锁由锁体、锁轴及钥匙等几个部分组成，其中锁体是主体部分，上有钥匙孔，孔边有两个圆柱与钥匙的两个编码圆孔相对应。锁轴是锁对开关设备的闭锁执行元件，直接控制设备的操作，它的运动受两把钥匙的控制。当具有两把钥匙时，锁轴被释放，设备才可以进行操作。操作后上一程序钥匙被锁住，下一程序钥匙取出，此时锁轴被制止，而将设备闭锁。

（2）电气闭锁。

1）电气闭锁装置。电气闭锁装置是采用电磁锁实现的操作闭锁。电磁锁的结构如图9-12所示。

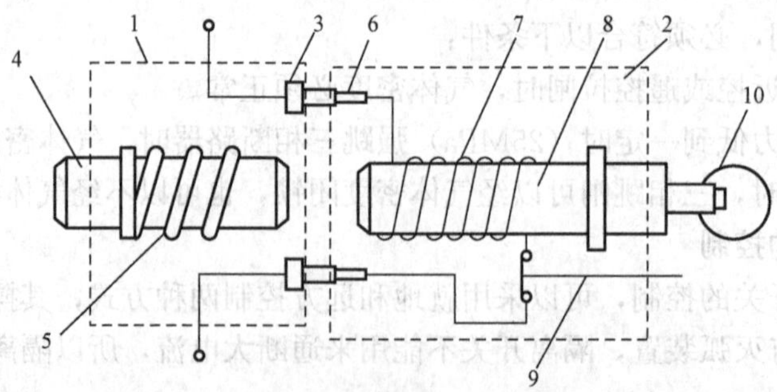

图9-12 电磁锁的结构示意

1—电锁；2—电钥匙；3—插座；4—锁芯；5—弹簧；6—插头；7—线圈；8—电磁铁；9—解除按钮；10—钥匙环

电磁锁由电锁 1 和电钥匙 2 组成。电锁由锁芯、弹簧和插座组成；电钥匙由插头、线圈、电磁铁、解除按钮、钥匙环组成，电锁装在每个隔离开关的操作机构上。电钥匙是可以取下来的，全厂（站）备有两三把电钥匙作为公用。只有在相应断路器处于跳闸位置时，才能用电钥匙打开电锁，对隔离开关进行合、跳闸操作。

如图 9-13 所示，电磁锁闭锁原理是：用电锁锁住操作机构的转动部分，即锁芯在弹簧压力作用下，锁入操作机构上的小孔内，使操作手柄不能转动。当需要断开隔离开关 QS 时，必须先跳开断路器 QF，使其辅助常闭触点 QF1 闭合，将电锁的插座加上直流电源，然后将电钥匙的插头插入插座，则线圈中就有电流流过，电磁铁被磁化吸出锁芯，锁被打开，即可用操作手柄拉断隔离开关。隔离开关断开后，取下电钥匙插头，使线圈失电，释放锁芯，锁芯在弹簧压力作用下锁入操作机构下边的小孔内，锁住操作手柄。当需要合上隔离开关时，其原理同上。

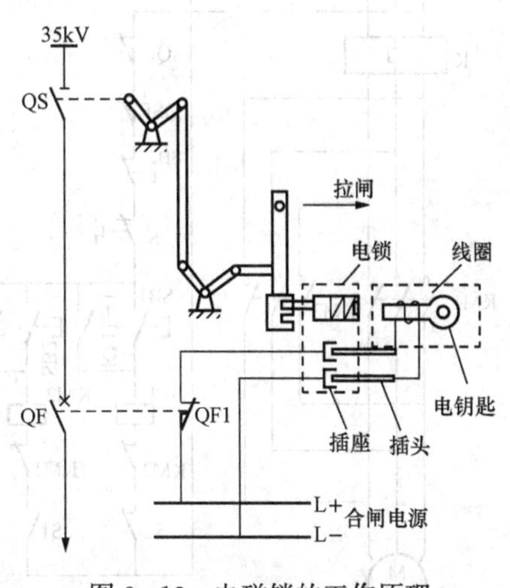

图 9-13 电磁锁的工作原理

可见，只有断路器在断开状态，才能打开电磁锁，操作隔离开关，从而可靠避免了带负荷拉、合隔离开关。

2）电气闭锁回路。隔离开关的电气闭锁回路与电气一次接线的方式有关。隔离开关的闭锁就是在隔离开关的合闸回路串入接地开关和开关的辅助触点，以防止带接地线合隔离开关，防止带负荷合隔离开关。当满足隔离开关的合闸条件时才允许发出合闸指令。

3. 隔离开关的控制接线

图 9-14 所示为电动操作的隔离开关控制接线。图中，SB1 为合闸按钮，SB2 为跳闸按钮；SB 为紧急解除按钮；KM1 为合闸接触器，KM2 为跳闸接触器；K 为热继电器；QSE 为接地开关的辅助触点；QF 为断路器的常闭辅助触点，起到闭锁作用；S1 为隔离开关合闸终端开关，合闸后 S1 闭合；S2 为隔离开关跳闸终端开关，跳闸后 S2 闭合同时 S1 断开；M 为隔离开关操作电动机，其动作原理分析如下：

（1）隔离开关合闸操作。隔离开关与断路器操作需要互锁，此处欲对隔离开关进行跳合闸操作，其前提是：断路器在分闸状态，QF 动断触点闭合；接地开关在断开状态，QSE 动断触点闭合；电动机正常（不超温），热继电器不动作，K 的动断触点闭合；SB 按钮正常时呈闭合状态；隔离开关在分闸位置时，跳闸终端开关 S2 的动断触点在闭合状态；跳闸接触器 KM2 在无跳闸操作时其动断触点闭合。所以按下隔离开关合闸按钮 SB1，合闸接触器 KM1 线圈通电启动，其主触头闭合，电动机 M 转动，带动隔离开关的操动机构使隔离开关合闸，同时经 KM1 的动合触点 KM1-1 进行自保持，以确保隔离开关合闸到位。

隔离开关合闸后，合闸终端开关 S1 合上，同时 S2 断开，KM1 失电返回，M 停转，合闸操作完成。

（2）隔离开关分闸操作。隔离开关在合闸状态（接上述）时，欲使隔离开关分闸，则按下跳闸按钮 SB2，跳闸接触器 KM2 启动，其动合触点闭合，电动机 M 反向转动，隔离开关进行跳闸。同时，经 KM2 的动合辅助触点 KM2-1 自保持，以确保隔离开关分闸到位。

隔离开关分闸后，跳闸终端开关辅助触点 S2 闭合，为合闸做好准备；同时合闸终端开关 S1 断开，KM2 失电返回，电机 M 停转，分闸操作完成。

（3）电动机紧急停止操作。在隔离开关分、合闸操作过程中，如遇特殊情况需立即停止操作，可按下紧急解除按钮 SB，使跳、合闸接触器失电，电动机立即停止转动。

（4）跳、合闸保护。电动机 M 启动后，如遇电机回路故障发热，则热继电器 K 动作，其主触头切断电机三相电源，电机失电停止转动。同时 K 的动断辅助触点断开，切断控制回路，停止操作。此外，KM1 与 KM2 的动断触点互相闭锁跳、合闸回路，以免误操作。

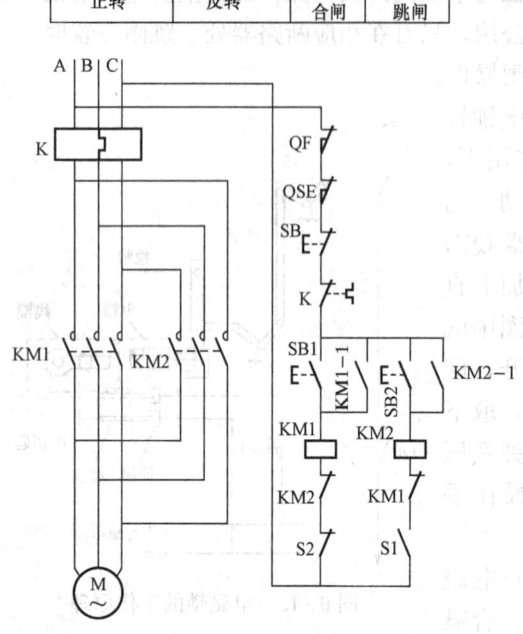

图 9-14 电动操作的隔离开关控制接线

第三节 信号系统

在发电厂和变电所中，值班人员需利用测量表计对系统（设备）的运行状态进行监测，但首先应借助音响和灯光信号装置，来监视设备的运行状况和报告非正常运行状态，以便更加直观和醒目地发现和处理事故。

一、信号系统的分类和功能

发电厂和变电所中的信号系统，按照用途的不同可分为事故信号、预告信号、位置信号与联络信号等。由于事故信号与预告信号全厂（所）共用一套，并设于中央控制室内，因此又称为中央信号系统。

（1）事故信号。电气设备发生事故，造成线路跳闸、设备停机或严重不正常状态时，事故信号装置发出较强的音响（蜂鸣器）报警和灯光闪光信号，光字牌指明事故设备及事故性质，以便值班人员及时进行处理。

（2）预告信号。电气设备故障或出现不正常运行状态，如过负荷、绝缘降低等，不会立即造成设备损坏或危及人身安全，但若不及时处理，可能扩大为事故，此时信号装置发出较弱的音响（警铃）和灯光（光字牌）信号。

预告信号又分为瞬时预告（故障发生立即发出信号）和延时预告（经延时后再发出的）信号。

（3）位置信号。表明断路器、隔离开关、接触器等的分、合闸位置的信号，通常用灯光或专用指示器表示。

（4）指挥和联络信号。由主控制室（或集中控制室）向各分控制室（车间）发出操作命令，或各控制室之间互相联络的信号。

二、中央事故信号系统

事故信号是发电厂和变电所发生事故时断路器跳闸所发出的最紧急性信号。目前，在大机组发电厂和超高压变电所中，虽已有新型闪光报警和事故记录装置出现，但传统的事故信号装置仍占大多数。

图 9-15 所示为中央复归（不重复动作）的事故信号装置接线图。图中，SB 为试验按钮，SB1 为音响解除按钮，KC 为中间继电器，HA 为蜂鸣器，1SA 和 1QF 为第一条出线的控制开关和断路器辅助触点（其余类推），M708 为事故音响信号小母线。其工作原理分析如下：

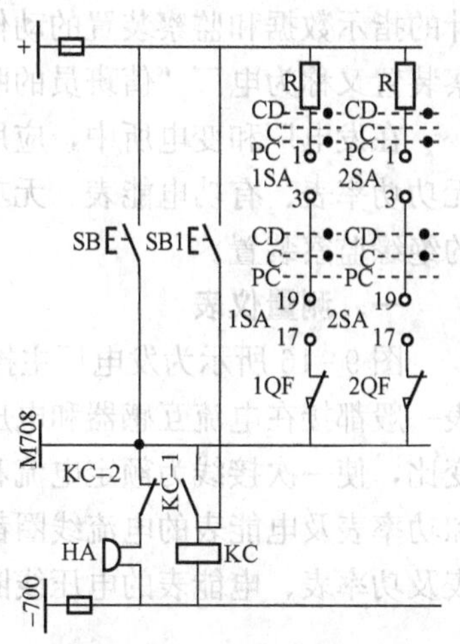

图 9-15 中央复归（不重复动作）的事故信号装置接线

当有任一条线路发生事故，断路器（如 1QF）跳闸时，其动断触点闭合；而控制开关 1SA 在合闸位置，其 1-3、19-17 触点都闭合，接通＋M708 回路；此时 KC 线圈不通电，其动断触点 KC-2 闭合，所以接通蜂鸣器 HA，发出事故音响信号。手动按下 SB1 音响解除按钮，KC 线圈带电启动，其动断触点 KC-2 断开，音响解除；同时其动合触点 KC-1 闭合，使 KC 继电器经 1SA 的 1-3、19-17 触点及 1QF 动断触点进行自保持。此时，若再有另一条回路故障，断路器（如 2QF）跳闸，虽然 2SA-2QF 回路接通，但 KC 仍处于自保持状态，其动断触点 KC-2 断开位，HA 不会发出音响。

由以上分析可见：①当线路发生事故，信号装置发出音响后，是在中央控制台上手动 SB1 解除音响的，所以叫中央复归（音响）。②若紧接着再有另一条线路发生事故，装置不再发出音响，所以又叫不重复动作。③事故音响发出后，手动 SB1 中央解除音响，只有到控制屏处，手动控制开关 SA，打至跳闸后，1-3、19-17 断开，这样 KC 断电，再有第二条线路事故时，才能发出音响，称为就地复归。④这种装置只适用于小型发电厂和变电所，在大中型发电厂和变电所必须采用中央复归、能重复动作的事故信号装置。

三、预告信号系统

预告信号是发电厂和变电所中电气设备发生故障或出现不正常运行状态时发出的信号，与事故信号相比，属“次紧急”信号。常见的预告信号有：①发电机、变压器等电气设备过负荷；②变压器油温过高、轻瓦斯保护动作及通风故障等；③直流回路断线或绝缘损坏；④小电流接地系统单相接地故障；⑤发电机转子一点接地；⑥信号继电器动作、掉牌未复归；⑦压缩空气系统故障、液压操动机构压力异常等。

预告信号可以帮助值班人员及时发现设备隐患，以便及时采取措施，防止事故的发生和故障的扩大。预告信号和事故信号同属中央信号，其信号装置接线原理相同，只是音响装置和用途不同。

四、其他信号

在发电厂和变电所中，除中央信号装置外，还有断路器、隔离开关及变压器有载调压开关等的位置信号，控制室与车间的联络信号等。

第四节　测量及监察系统

测量表计与监察装置是发电厂和变电所控制接线的重要组成部分，值班人员根据测量表计的指示数据和监察装置的动作情况，监视和了解电力系统的运行状态，所以测量表计和监察装置又称为电厂“值班员的眼睛”。

在发电厂和变电所中，应用较多的电气仪表是电流表、电压表、频率表、有功功率表、无功功率表、有功电能表、无功电能表、同步表等；绝缘状况的监察有直流系统和交流系统的绝缘监察装置。

一、测量仪表

图 9-16 所示为发电厂主控制室发电机控制屏上测量仪表接线示意。由图可见，测量仪表一般都接在电流互感器和电压互感器的二次绕组上，合理选择电流互感器和电压互感器的变比，使一次接线为额定电流和额定电压时，二次侧回路电流为 5A 和 100V 电压。电流表和功率表及电能表的电流线圈都串接于相应电流互感器的二次绕组回路中；而电压表、频率表及功率表、电能表的电压线圈都并接于电压互感器二次侧相应位置上。

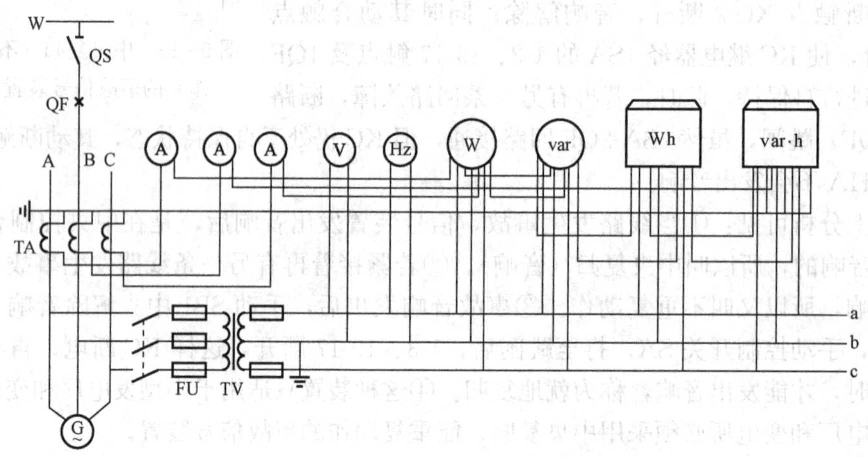

图 9-16　发电机控制屏上测量仪表接线示意

（1）电流表。在发电机定子 A、B、C 三相中经电流互感器 TA 各接入一块电流表，用以监视发电机的负荷，测量三相电路中的电流。

（2）电压表。在每台发电机的定子回路中都接入一只电压表，经电压转换开关可分别测量显示三相的线电压。在发电机转子回路中，还装有直流电压表和电流表，用来监视励磁电压和励磁电流。

（3）频率表。在每台发电机的定子回路中经电压互感器接入两相间，装于主控室信号返回屏中央，供主控室值班人员随时了解和控制发电机的转速和电频率。在汽轮机控制屏上也装有频率表，以监视发电机的转速。发电厂的频率表一般都采用数字式的。

（4）有功功率表。有功功率表用来监视发电机供给电网或用户的有功功率和汽轮机的负荷，一般在主控制室和汽轮机控制屏处各装设一只。图 9-17 所示为三相有功功率表经互感器接入电路的接线图。TA 是电流互感器，TV 是三相电压互感器，PW 是二元件式有功功率表。

(5) 无功功率表。无功功率表用来监视发电机发出的无功功率，使其符合规定值。无功功率表的结构原理与有功功率表相同，但其接线方式与有功功率表不同。由于发电机的无功功率是通过调节励磁电流来改变的，故通过无功功率表还可以监视励磁系统的工作状况。图 9-18 所示为有功功率表和无功功率表的接线比较，假设电压和负荷平衡，则有

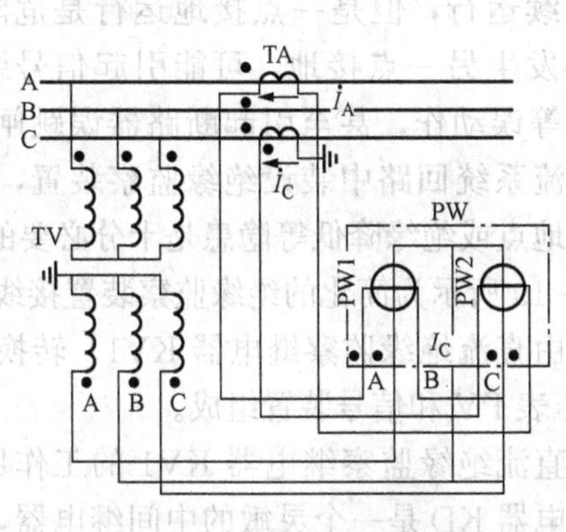

图 9-17　三相有功功率表经互感器接入电路的接线

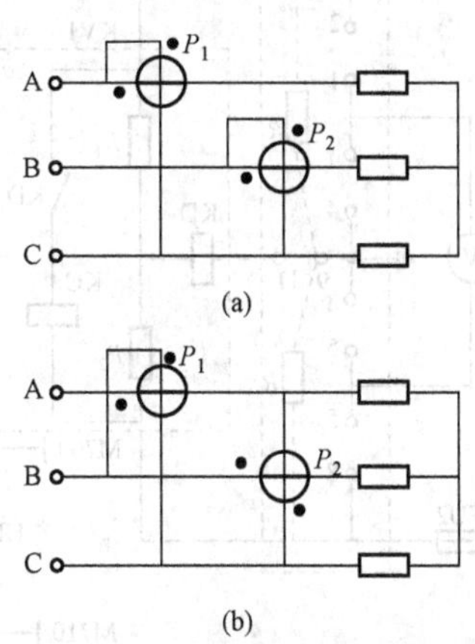

图 9-18　有功功率表和无功功率表的接线比较

(a) 有功功率表接线；(b) 无功功率表接线

1) 有功功率表接线中二元件所测功率为

$$P_1 = U_{AC} I_A \cos(30° - \varphi_A) \tag{9-1}$$

$$P_2 = U_{BC} I_B \cos(30° - \varphi_B) \tag{9-2}$$

所以 $P = P_1 + P_2 = \sqrt{3} U_{P-P} I_{ph} \cos\varphi$，即为三相总功率。

2) 无功功率表接线中二元件所测功率为

$$P_1 = U_{BC} I_A \cos(90° - \varphi_A) \tag{9-3}$$

$$P_2 = U_{CA} I_B \cos(90° - \varphi_B) \tag{9-4}$$

$P = P_1 + P_2 = 2U_{P-P} I_{ph} \sin\varphi = 2/\sqrt{3}Q$，即为 $2/\sqrt{3}$ 总无功功率。

可见：①有功功率和无功功率的测量元件相同，都是由电压线圈和电流线圈组成的；②测无功功率的接线是按跨相 90°接线（$90° - \varphi$）法取得 $\sin\varphi$ 的，还有用人工中性点接线法的，利用测有功的元件测得无功的；③电流与电压间的相角可由相量图求得。

(6) 电能的测量。电能是功率与时间的乘积，所以电能表可由功率表加计时器构成，其接线与功率表（有功和无功）相同。

在现代大容量机组和高电压电网中，电气量的测量因实行微机监控和弱电化有所改变，一般是在互感器二次侧加变送器，将测量表计接在变送器的输出端。测量办法有常测和选测两种：对重要设备需经常监视的参数应设常测表计，其他设备可设选测表计。

测量表计有准确度等级的要求，等级的划分是：在额定负载条件下，以测量误差占的百分比定级。即测量误差为 1%的为 1 级表，误差为 0.5%的为 0.5 级表。一般装于控制屏上的监视性仪表为 1.5～2.5 级；普通用户的有功电能表为 1.0～1.5 级；无功电能表为 2 级；用于测量和计费的仪表一般不高于 0.5 级，而互感器和变送器的等级一般要高于所接仪表的

等级，例如，若表的等级为 0.5 级，则互感器可选 0.2 级。

二、绝缘监察装置

发电厂和变电所的绝缘监察，包括对直流系统的绝缘性和交流系统的绝缘性进行监察。

1. 直流绝缘监察装置

直流系统主要指直流母线和直流控制回路。若直流系统发生一点接地，并不形成短路回路，系统可继续运行，但是一点接地运行是危险的，因为若再发生另一点接地，可能引起信号装置、继电保护等误动作，甚至引起断路器误跳闸。所以，在直流系统回路中装设绝缘监察装置，以及时发现接地点或绝缘降低等隐患是十分必要的。

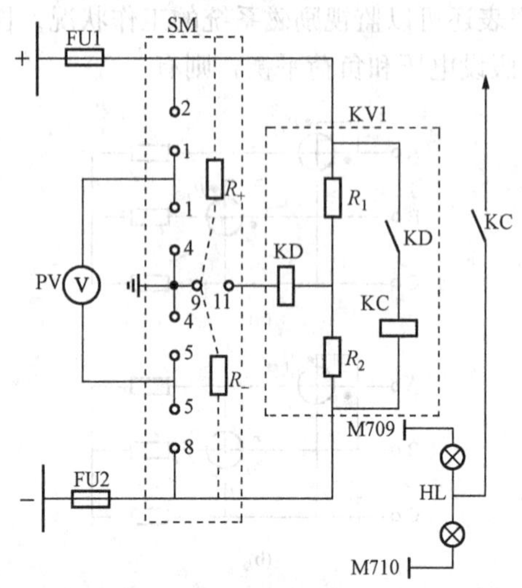

图 9-19 简化的绝缘监察装置接线原理

图 9-19 所示为简化的绝缘监察装置接线原理图，主要由直流绝缘监察继电器 KV1、转换开关 SM、电压表 PV 和信号装置组成。

（1）直流绝缘监察继电器 KV1 的工作原理。干簧管继电器 KD 是一个灵敏的中间继电器，R_1、R_2 是阻值为 1000Ω 的电阻，假设正母线与地和负母线与地之间的绝缘电阻用 R_+ 和 R_- 来表示，两者基本相等，接于+、−母线与地之间，KD 则位于由 R_1、R_2 及 R_+、R_- 形成的直流电桥中心。当 R_+ 与 R_- 相等时，KD 中无电流流过，KD 不启动；当 R_+ 或 R_- 有一个降低时，电桥失去平衡，KD 启动，其动合触点闭合，接通 KC 线圈回路，KC 动合触点闭合，发出母线绝缘降低信号，并点亮光字牌。

KV1 利用电桥原理启动，所以当正负母线绝缘电阻均等下降时，不能发出信号。

（2）母线对地绝缘电阻下降的判断和测量。当值班人员发现有母线对地绝缘电阻下降时，将转换开关 SM 先打至正母线对地电压位置，则 SM 的 2-1 和 4-5 接通，测出正母线对地电压值，然后再打至负母线对地电压位置，则 SM 的 5-8 和 1-4 接通，测出负母线对地电压值，从而比较两电压值，得出是哪一个母线绝缘降低，然后根据有关公式测出 R_+ 和 R_- 的具体数值。

2. 交流绝缘监察装置

在 35kV 及以下电压系统中，中性点不接地（或经消弧线圈接地）。在正常情况下，三相对地电压等于相电压；当一相发生金属性接地故障时，故障相对地电压降为零，而非故障相对地电压则升高$\sqrt{3}$倍成为相间电压。此时这种系统只有一点接地，并不形成短路回路，故障点流过很小的电容电流，一般在 5A 以下。因此，中性点不接地系统又叫做小接地短路电流系统。由于小接地电流系统单相接地不形成短路，因此可允许继续运行一段时间（一般规定为 2h）。但这种“带病”工作状态不能长久，否则再有一点接地，很可能造成相间短路，造成大事故，因此必须装设绝缘监察装置，以便在电网发生一相接地时能及时发现并予以处理。

图 9-20 所示为小电流接地系统绝缘监察装置的原理接线图。可见，它以三相五柱式电压互感器为基础，在其二次侧星形绕组上每相接入一只电压表，以监视三相母线电压。在二次侧开口三角形绕组上接入一只过电压继电器，再由继电器接信号装置。

交流绝缘监察装置的动作原理如下：

(1) 在正常情况下，二次侧星形绕组上的电压表显示三相母线的相电压，而开口三角形绕组在三相对称时其引出端子上没有电压（或只有三相不平衡电压），过电压继电器不动作。

(2) 当发生单相接地故障（如某相金属性接地）时，此时故障相电压为零，而其他两相电压升高$\sqrt{3}$倍；在开口三角形引出端的过电压继电器上电压不再为零，而是二次绕组的电压和，即为三倍零序电压，即

$$\underline{U}_J = \underline{U}_a + \underline{U}_b + \underline{U}_c = 3\underline{U}_0 \quad (9-5)$$

其值为100V左右。当非金属性接地时，故障相电压不降至零，而非故障相电压也低于$\sqrt{3}$倍相电压；但当开口三角形绕组引出端继电器上的电压高于继电器的启动电压（一般整定为15V）时，继电器动作，发出单相接地报警信号（音响及灯光）。值班人员根据二次侧星形绕组上三只电压表上的电压指示，即可确定故障相。

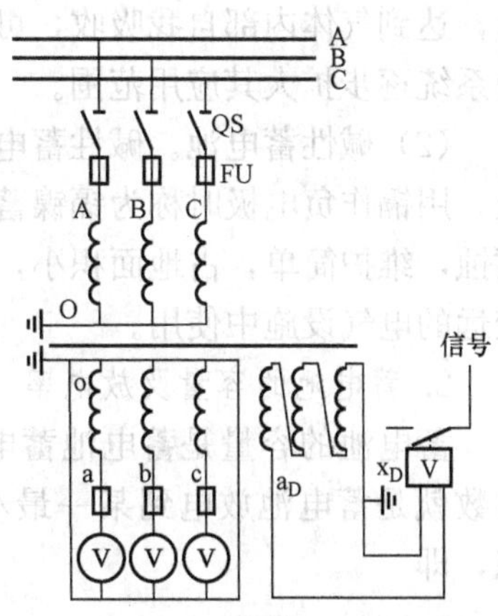

图9-20 小电流接地系统绝缘监察装置原理接线

第五节 操 作 电 源

发电厂及变电所中各种设备的操作、控制、信号、保护及自动远动装置，都需要有可靠的供电电源，由于这些电源特别重要，因此一般都专门设置，通常又称其为操作电源。

操作电源分为直流和交流两种。在大中型发电厂中通常采用蓄电池组供电的直流系统，对强电控制的电厂，一般为110V或220V电源；对弱电控制的电厂，可设置48V或更低电压的操作电源系统；对远离发电机主厂房的电气设施，如水源地等可采用专用的镍镉电池供电的直流系统、交流复式整流电源、电容储能的直流电源或交流电源。对大容量机组电厂的部分重要的交流设备，如热工仪表、计算机和通信设备等，采用交流不停电电源装置UPS供电。

一、蓄电池组直流系统

蓄电池组直流电源是与电力系统运行状态无关的独立电源系统，由于它电压平稳、供电可靠、容量大，尽管有价格贵、占地面积大、维护工作量大等缺点，目前大型发电厂和变电所中仍广泛采用蓄电池组的直流电源系统。

1. 蓄电池的分类及应用

(1) 酸性蓄电池。酸性蓄电池的电解液是27%～37%的硫酸水溶液，电极以二氧化铅(PbO_2)作为正极，以绒状铅(Pb)作为负极，因此又称为铅酸蓄电池。铅酸蓄电池端电压高、冲击放电电流大，但老式蓄电池寿命较短，充电时会逸出有害的硫酸气体。近几年来，我国已生产出具有国际先进水平的固定型阀控密封式铅酸蓄电池。这种新型铅酸蓄电池，保留了原有铅酸电池容量大的优点，其充放电过程的化学反应也不变（充电后期正极板析出氧气，负极板析出氢气），但采用无锑合金，提高了负极析氢过电位，抑制了氢气的析出；采用特制安全阀，使电池保持一定内压；采用超细玻璃纤维隔板，并在隔板中预留气体通道，使正极产生的氧气沿气道传递至负极，在负极析氢前发生化学反应生成水，实现氧气循环复

合，达到气体内部自我吸收，可以实现蓄电池密封，不需维护。因此这种新型蓄电池正在电力系统逐步扩大其应用范围。

(2) 碱性蓄电池。碱性蓄电池的电解液是20%的氢氧化钾水溶液，用氢氧化镍作正电极，用镉作负电极时称为镉镍蓄电池，用铁作负电极时称为铁镍蓄电池。碱性蓄电池无酸气腐蚀，维护简单，占地面积小，寿命长，但事故放电电流较小，一般在新建变电所和离厂房较远的电气设施中使用。

2. 蓄电池的容量及放电率

蓄电池的容量是蓄电池蓄电能力的重要标志，一般用Ah（安时）来表示。容量的安时数就是蓄电池放电到某一最小允许电压的过程中，放电电流的安培数和放电时间的乘积，即

$$Q = It \tag{9-6}$$

式中 Q——蓄电池容量，Ah；

I——放电电流，A；

t——放电时间，h。

蓄电池的容量与极板的面积、电解液的浓度及放电电流有关。蓄电池放电至终止电压的快慢称为放电率，对同一蓄电池，采用不同的放电率其容量是不同的。10h放电率的容量约是1h放电率容量的2倍。这是因为，放电电流小时，极板细孔内电解液的浓度与细孔外容器内电解液的浓度相差小，可以充分与极板发生化学反应；而放电电流大时，极板表面的化学反应猛烈，很快形成一层硫酸铅，堵塞了极板的细孔，电解液不能进入细孔内发生化学反应，蓄电池内阻很快增大，端电压下降迅速。所以电力系统规定，以10h放电率为标准放电率，此时的容量为蓄电池的额定容量。

3. 蓄电池直流系统的运行方式

蓄电池直流系统的运行方式有两种，即充电-放电式和浮充电式。

充电-放电式即将充好电的蓄电池接到直流母线上对直流负荷供电，放电结束时再换下来专门对其充电。

浮充电式运行就是将充好电的蓄电池与浮充电整流器并联工作，浮充电整流器除供给直流母线上经常性负荷外，同时以不大的电流向蓄电池浮充电，使蓄电池处于满充电状态。浮充电运行的蓄电池主要承担短时冲击性负荷。

浮充电运行方式提高了直流系统工作的可靠性，减少了维护工作量，也使蓄电池使用寿命大大增加。所以目前浮充电运行方式得到广泛应用。

二、复式整流的直流系统

复式整流是指整流装置在正常运行时由厂（或所）用变压器或电压互感器供电，事故情况下由故障设备的电流互感器供给短路电流，经整流后作为操作电源的直流系统。

图9-21所示为复式整流系统的原理框图，由图可见，其电源由电流源和电压源两部分组成。

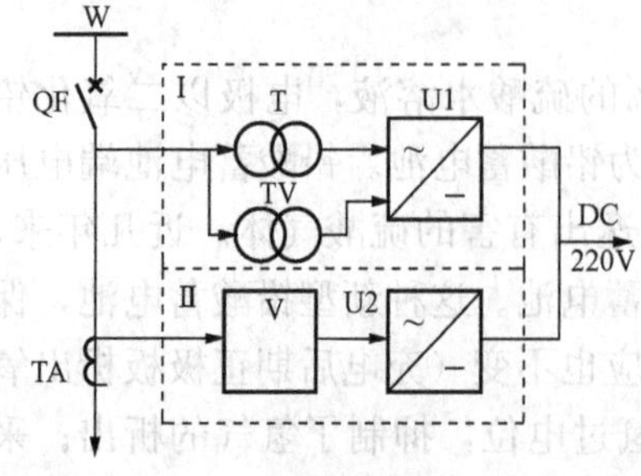

图9-21 复式整流系统原理框图

Ⅰ—电压源；Ⅱ—电流源

(1) 电压源。复式整流装置的电压源应由两条独立的回路供电，一般取自变电所用电源和外接高压系统

（变电所外高压线路）。在正常运行和非对称短路时，电压源的电压为额定电压，而在母线或馈线发生三相短路故障时，电压源电压严重降低甚至消失。

（2）电流源。在发生三相短路时，事故设备的电流互感器上有较大的短路电流，其输出功率较电容储能式大，所以将电流互感器作为复式整流系统事故情况下的电流源是实用的。

（3）稳压器。事故情况下电流互感器的短路电流变化较大，因此电流源必须设置稳压装置，才能获得比较平稳的直流电压，一般采用并联铁磁谐振饱和稳压器 V 进行稳压。

复式整流装置简单，投资少，减少了运行维护工作，并能在短路故障发生时输出较大的直流电流，以保证断路器可靠跳闸，但必须有可靠的交流电源。断路器合闸电源一般单独设置。

三、电容储能的直流系统

电容储能的直流系统是在交流整流后，在线路和变压器操作电源上并联电容器组，平时电容器上充满电，在一次系统发生故障时，由于失去交流电源，直流母线也失电，此时储能电容器向控制回路、保护装置和自动装置等放电，以保证这些装置可靠动作。

图 9-22 所示为目前国内使用较多的硅整流电容储能装置接线图，分析如下：

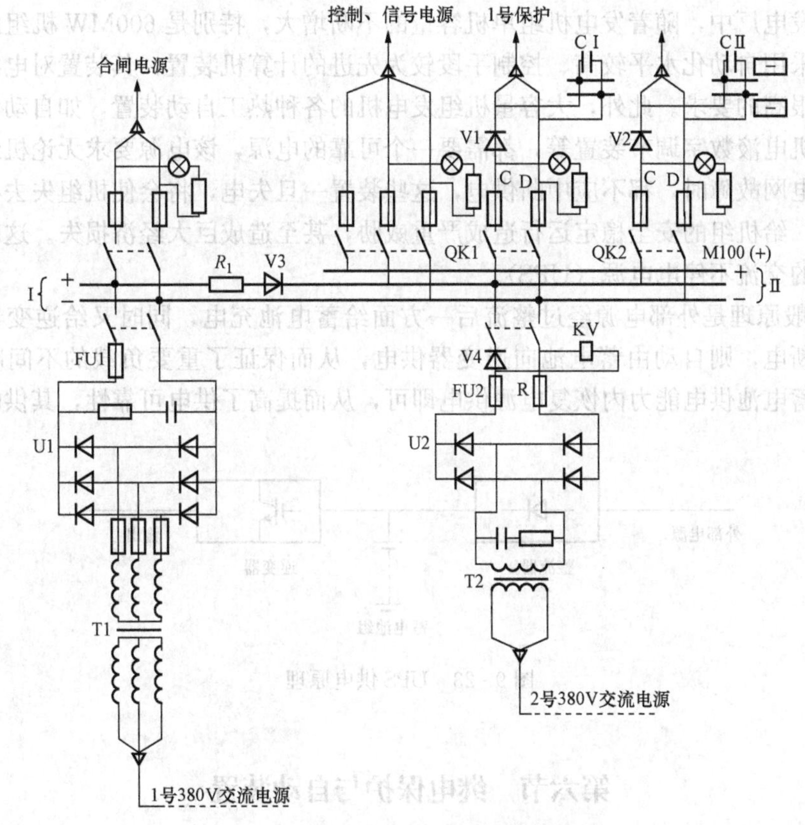

图 9-22 硅整流电容储能装置接线图

（1）整流器及直流母线。直流系统有两组硅整流装置，U1 是供断路器合闸（Ⅰ母线）用的，也可兼向控制回路（Ⅱ母线）供电，其容量较大，一般采用三相桥式整流。U2 容量较小，仅用作向控制和保护回路供电，两组整流装置分别与直流母线Ⅰ和Ⅱ相连接，其间用

电阻 R_1 和二极管 V3 隔开。V3 的作用相当于止回即只容许从合闸母线（Ⅰ）向控制母线（Ⅱ）供电，而不能反向供电，以确保控制和保护回路供电的可靠性。电阻 R_1 用以限制控制母线Ⅱ侧发生短路时流过整流管 V3 的电流，起保护 V3 的作用。

（2）储能电容器组。CⅠ和 CⅡ为储能电容器组，又称为补偿电容器组。二极管 V1、V2 的作用是防止事故时电容器向母线上其他回路（如信号灯等）放电。装设两组储能电容器，一组供 10kV 线路的继电保护和断路器跳闸回路，另一组供给主变压器和电源进线的继电保护和跳闸回路。这样，当线路故障且保护动作，但断路器操动机构失灵而不能跳闸（此时由于跳闸线圈长时通电，已将电容器 CⅠ储能耗尽）时，起后备保护作用的主变压器过流保护，仍可利用 CⅡ的储能将故障切除并发出信号。

（3）保护和信号。FU1、FU2 为快速熔断器，起短路保护作用。R 串入 U2 的输出电路，起保护控制电源整流器 U2 的作用。KV 是电源监视继电器，当 U2 的输出电压降低或消失时，KV 返回，其动断触点闭合，发出预告信号。V4 为隔离二极管，防止在 U2 输出电压消失后，由 U1 向 KV 供电，误发信号。

四、交流不停电系统（UPS）

在现代发电厂中，随着发电机组单机容量的不断增大，特别是 600MW 机组的控制、监视系统，都采用自动化水平较高、控制手段较为先进的计算机装置，其装置对电源质量和供电可靠性有很高的要求。此外，大容量机组发电机的各种热工自动装置，如自动调节用组装仪表、汽轮机电液数字调节装置等，都需要一个可靠的电源，该电源要求无论机组本身厂用电中断还是电网故障时，都不应中断供电，这些装置一旦失电，将会使机组失去必要的监视和调节手段，给机组的安全稳定运行造成严重威胁，甚至造成巨大经济损失。这就要求提供一个高品质的交流不停电电源（UPS）。

UPS 一般原理是外部电源经过整流后一方面给蓄电池充电，同时又给逆变器供电，一旦外部电源断电，则自动由蓄电池向逆变器供电，从而保证了重要负载的不间断输出。这样，只要在蓄电池供电能力内恢复电源供电即可，从而提高了供电可靠性，其供电原理如图 9-23 所示。

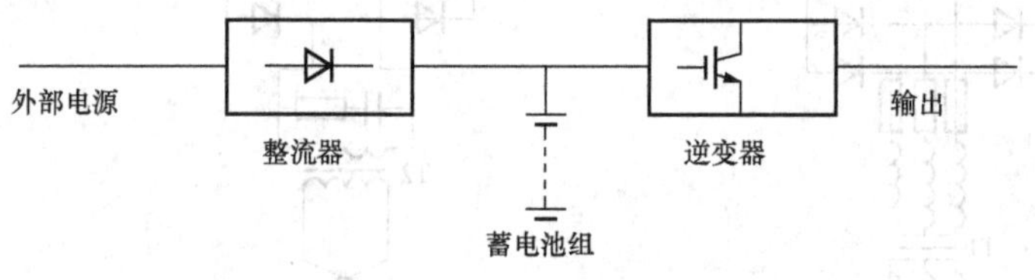

图 9-23 UPS 供电原理

第六节 继电保护与自动装置

电力系统在运行中，由于雷击、鸟害、设备故障、误操作等原因，可能引起短路或接地等故障，产生巨大的短路电流、母线电压降低及相角变化等现象，甚至使各电厂并列运行的发电机解列，使整个系统瓦解。继电保护装置是指能反应电力系统电气元件发生故障或不正常运行状态，并动作断路器跳闸或发出信号的装置，继电保护则泛指由各种继电保护装置组成的继电保护系统。例如，利用短路时电流增大的特点构成过电流保护；利用电压降低构成低电压保护；利用电压和电流间的相位变化构成方向保护等。

一、继电保护装置的构成原理、作用和性能要求

1. 保护装置的构成原理

继电保护装置尽管其作用和元件不同，但其基本构成原理是相同的，通常都是由测量部分、逻辑部分和执行部分组成，如图 9 - 24 所示。

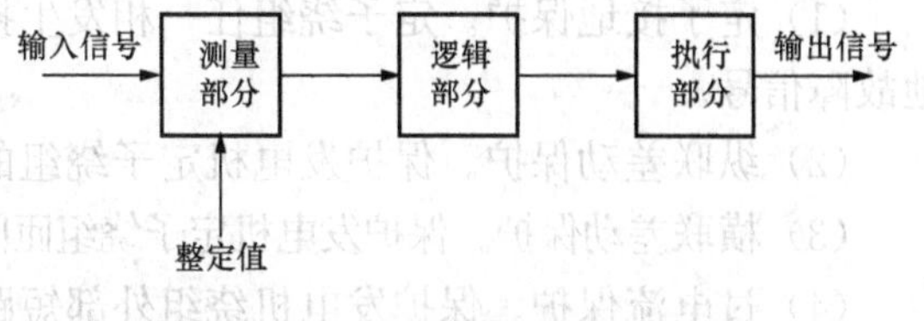

图 9 - 24　继电保护装置原理框图

(1) 测量部分。其作用是通过互感器测量被保护设备的有关参数，并与事先规定好的整定值相比较，以判断设备所处的状态（正常运行、故障或不正常工作状态）。

(2) 逻辑部分。其作用是根据测量部分输出量的大小、性质、出现次序等进行逻辑判断，以确定保护装置是否应该动作，以及如何动作。

(3) 执行部分。其作用是根据逻辑判断的信号进行放大，执行预定的保护任务，如跳闸、发信号或不动作。

2. 继电保护装置的作用（基本任务）

继电保护装置的作用或基本任务如下：

(1) 在发生故障的瞬间，能自动地、迅速地、有选择性地将故障设备从系统中切除，以保证无故障设备能迅速恢复正常运行，并使故障设备免于继续遭受损害。

(2) 反应设备的不正常工作状态，并根据需要自动发出信号或跳闸，使值班人员及时采取措施。

(3) 与自动装置配合使用。如配合自动重合闸，在线路发生暂时性故障时，迅速恢复故障线路的正常运行，从而提高系统供电的可靠性。

可见，继电保护装置的主要作用是防止电力系统故障的发生和扩展，限制事故的范围，最大限度地保证向用户连续、安全地供电。所以，继电保护是现代电网的一个极其重要的部分，对保证系统安全运行具有十分重要的意义。

3. 继电保护装置的性能要求

为切实完成保护装置的作用和任务，保护装置必须满足四个方面的性能要求，即选择性、快速性、灵敏性和可靠性。

(1) 选择性。当系统发生故障时，保护装置仅将故障元件从系统中切除，以尽量缩小停电范围，而保持非故障元件继续运行。

(2) 快速性。系统发生故障后，应尽快地将故障切除，以减少对设备的损害，保证系统运行的稳定性和对用户供电的连续性。

(3) 灵敏性。保护装置对故障的位置、类型能正确、灵敏地反应出来。

(4) 可靠性。在保护范围内的故障，装置可靠动作而不拒动；在保护范围外发生故障时，装置不应误动。

二、发电厂继电保护的配置

发电厂主要电气设备的保护一般由几种不同保护继电器相互配合，以实现完善的保护功能。

1. 发电机保护

发电机常见的事故有定子单相接地、相间短路、匝间短路、过电流、过电压以及转子绕组一点接地、失去励磁等，而常见的故障有定子绕组过负荷、励磁绕组过负荷等，相应的一般配置的保护有以下几种：

（1）定子接地保护。定子绕组任一相发生接地，零序电流保护作用于跳闸，或者发出接地故障信号。

（2）纵联差动保护。保护发电机定子绕组的相间短路。

（3）横联差动保护。保护发电机定子绕组匝间短路，适用于定子绕组为双星形接线的机组。

（4）过电流保护。保护发电机绕组外部短路时引起的定子绕组过电流。

（5）过电压保护。距发电机不远的外部短路经保护跳开后，可能引起发电机定子绕组过电压，应设保护延时跳开发电机。

（6）转子接地保护。转子绕组一点接地时，应发信号，避免转子有两点接地时烧坏绕组。

（7）失磁保护。发电机励磁消失，将进入异步运行。对系统造成影响，应延时跳开发电机。

2. 变压器保护

电力变压器常见的事故有绕组及引出线的相间短路、匝间短路和单相接地短路及外部短路引起的过电流等，而常见的故障状态有过负荷、油面降低及外部短路引起的过电流等。一般配置以下保护装置。

（1）气体保护（瓦斯保护）。油箱内绕组或铁芯过热或发生故障，变压器油分解产生瓦斯气体。当有少量瓦斯气体产生或油面降低时，轻瓦斯保护瞬时动作作用于信号；当有严重故障时，将产生大量瓦斯气体，重瓦斯保护动作于变压器各侧断路器跳闸。

（2）纵差保护或电流速断保护。变压器绕组或引出线短路、电网侧绕组接地短路及绕组间匝间短路（区内故障）时保护动作，跳开变压器。

（3）过电流保护。变压器外部相间短路引起变压器过电流及外部接地短路引起过电流时，可装设过电流保护和零序电流保护。同时，过电流保护兼作气体保护和纵差保护的后备保护。

（4）零序电流保护。用于防止中性点直接接地系统外部接地短路。

（5）过负荷保护。当过负荷或绕组温升超过限额时，过负荷保护经延时动作于信号。

3. 线路保护

输电线路的环境相对复杂，保护设置也复杂。常见的事故有单相接地和相间短路，相应的保护设置如下：

（1）电流保护。线路发生故障，短路电流超过继电保护的整定值时，保护动作。

（2）接地保护。当出现接地故障电流时，接地继电器动作：对中性点不接地的小电流接地系统一般作用于信号；对于中性点接地的大电流系统作用于跳闸。

（3）功率方向保护。一般与电流保护配合使用。当线路发生故障时，短路电流超过整定值且功率流动方向为保护方向时动作。

（4）距离保护。利用阻抗继电器测量故障点到保护安装处之间的阻抗来反映故障点至保护安装处的距离，根据距离的远近确定动作时间，又称为阻抗保护。

（5）高频保护。利用纵联差动保护原理，把线路两端的电流相位或功率方向转换为高频信号，利用输电线路相互传送到对端进行比较，如故障在本线段内，则两端保护装置同时动作跳闸，加速切除故障。反映被保护线路两端功率方向的为方向高频保护，比较线路两端电流相位的为相差高频保护。

(6) 行波保护。将故障分量从故障点以行波形式向线路两侧传播，通过行波测量、逻辑元件，对故障点方位进行判断，决定跳闸与否的保护。

(7) 光纤差动保护。光纤差动保护采用分相电流差动元件作为快速主保护，并采用PCM光纤或光缆作为通道，使其动作速度更快，因而是短线路的主保护。纵联保护的通道一般有以下四种类型：电力线载波纵联保护，也就是常说的高频保护；微波纵联保护，简称微波保护；光纤纵联保护，简称光纤保护；导引线纵联保护，简称导引线保护。

4. 母线保护

母线发生故障时，可利用供给母线电流的供电元件（发电机、变压器等）的保护装置切除母线故障，必要时也可采用专用的母线保护装置、母线差动保护装置来切除母线故障。

三、发电厂的自动装置

电力系统的自动装置用来提高供电的连续性和可靠性以及生产的经济性，对提高电能的质量和运行水平，也是十分重要的。发电厂中常用的自动装置有备用电源自动投入装置、自动重合闸装置、发电机自动调节励磁装置、发电机自动同期装置以及自动按频率减负荷装置等。此处仅以备用电源自动投入装置为例进行介绍。

在发电厂厂用电系统中，为保证供电的可靠性，一般采用由两个独立电源供电并考虑其备用的方式。高压电源投入装置目前均采用微机型快切装置，可以不停电切换。备用电源自动投入装置仅在低压明备用电源使用。当工作电源故障失去电压时，备用电源由自动装置自动投入工作，以保证供电的连续性，这种装置称为备用电源自动投入装置，简称 AAT 装置。

发电厂的备用电源可以是专设的（正常运行时不带负荷），称为明备用。也可以将两个电源互为备用，即都带有一定负荷但都留有裕度，当一个电源故障时，其负荷自动转移到另一个电源上，称为暗备用。

图 9 - 25 所示为发电厂厂用高压备用变压器自动投入装置的原理接线图。其动作原理分析如下。

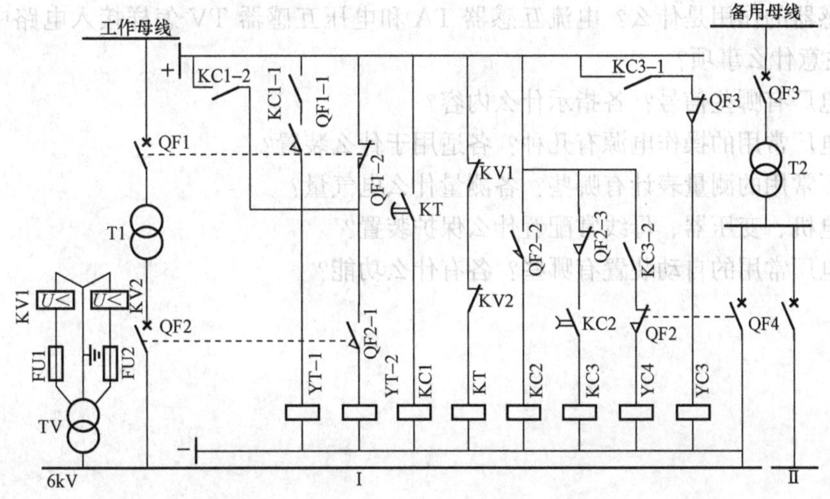

图 9 - 25 发电厂厂用高压备用变压器自动投入装置的原理接线图

(1) 正常工作。正常工作时，工作变压器 T1 接入系统，其高、低压侧断路器 QF1、QF2 处于合闸状态，向厂用电母线Ⅰ（6kV）供电。

(2) T1 发生故障。当工作变压器故障或其他原因使 T1 失电时，厂用电母线Ⅰ段失去电压，经电压互感器 TV 并联连接的两低电压继电器 KV1、KV2 同时启动（返回），经串联连接的两动断触点 KV1、KV2 启动时间继电器 KT，KT 的动合触点延时闭合，启动中间继电器 KC1，KC1 的两动合触点 KC1-1 和 KC1-2 闭合，分别启动断路器 QF1 和 QF2 的跳闸线圈 YT-1 和 YT-2，使 QF1 和 QF2 同时跳闸，将工作变压器 T1 切除。此处采用两个低电压继电器相并联，是为了防止只有 KV1 时，由于电压互感器 TV 的熔断器 FU1 熔断而使 KV1 误动作将 T1 切除，此处设两低电压继电器线圈并联，且使其两动断触点串联后再启动 KT，可防止误切除 T1。

(3) 备用变压器 T2 的自动投入。在变压器 T1 正常工作时，中间继电器 KC2 的线圈经 QF2 的动合触点 QF2-2 是一直通电的，其动合触点闭合，但由于 QF2-3 是断开的，因此 KC3 线圈不通电。当 QF2 断开时，KC2 线圈失电，其动合触点需延时 0.5s 后才断开，其间经 QF2-3 触点和 KC2 延时打开的动合触点使 KC3 线圈通电启动。KC3 启动后，其两个动合触点 KC3-1、KC3-2 同时闭合，接通断路器 QF3、QF4 的合闸线圈 YC3、YC4，使断路器 QF3 和 QF4 合闸，将备用变压器 T2 投入工作，对Ⅰ母线供电，完成备用电源的自动投入操作。

(4) 备用电源只能投入一次。KC2 动合触点延时为 0.5s，即 KC3 线圈的通电时间只有 0.5s。在此时间内，QF3、QF4 合闸将 T2 接入，若属Ⅰ母线短路而非 T1 故障，则 QF3、QF4 合闸后，T2 的保护装置动作，使 QF3、QF4 跳开，此时 KC3 已返回，所以 YC3、YC4 不会再通电启动，使备用电源只能一次投入。

复习思考题

1. 发电厂中，哪些属于一次设备？哪些属于二次设备？其区分原则是什么？

2. 互感器的作用是什么？电流互感器 TA 和电压互感器 TV 怎样接入电路中？接线时二次侧应注意什么事项？

3. 发电厂有哪些信号？各指示什么内容？

4. 发电厂常用的操作电源有几种？各适用于什么装置？

5. 电厂常用的测量表计有哪些？各测量什么电气量？

6. 发电机、变压器、母线常配置什么保护装置？

7. 发电厂常用的自动装置有哪些？各有什么功能？

第十章　新能源发电技术

第一节　概　述

根据《BP世界能源统计年鉴2017》报告，到2016年底，按世界石油、天然气和煤炭的探明储量及生产量，三者可分别共开采50.7年、52.5年和218年。而中国石油探明储量35亿t，年生产量2.08亿t和消耗量6.44亿t，即可供开采16.8年或消费5.4年；天然气探明储量54 000亿m^3，年生产量1384亿m^3和消耗量2103亿m^3，即可供开采39年或消费25.7年；煤炭探明储量1708亿t油当量，年生产量16.9亿t油当量和消耗量18.9亿t油当量，即可供开采101年或消费90.4年。以上数据说明中国是个化石能源资源匮乏，特别是石油和天然气资源极贫的国家。

另外，中国经济的快速发展，能源消费激增。2016年，中国能源消费仅增长1.3%。2015年和2016年是中国自1997—1998年以来能源消费增速最为缓慢的两年。尽管如此，中国已连续第十六年成为全球范围内增速最快的能源市场。1993年中国成为石油净进口国后，2010年的石油对外依存度约为60%，2016年攀升到67.7%；2010年天然气的对外依存度为20%，2016年增长为34.2%。因此，社会发展与能源安全之间的矛盾较为突出。

再者，化石能源的消费也直接影响地球的环境，使大气和水资源遭受严重污染。大气中主要的五种污染物是：氮氧化物（如NO与NO_2）、二氧化硫（SO_2）、各种悬浮颗粒物、一氧化碳（CO）。其主要后果是：酸雨、温室效应和臭氧层破坏。

为实现人类的可持续发展，学者及研究人员将目光转向生物质、太阳能及风能等新能源发电。

第二节　生物质能发电

一、生物质能概述

1. 基本概念

生物质是指利用大气、水、土地等通过光合作用而产生的各种有机体，即一切有生命的可以生长的有机物质通称为生物质。它包括植物、动物和微生物。生物质能是太阳能以化学能形式储存在生物中的一种能量形式，一种以生物质为载体的能量，它直接或间接地来源于植物的光合作用。

广义概念：生物质包括所有的植物、微生物以及以植物、微生物为食物的动物及其生产的废弃物。有代表性的生物质如农作物、农作物废弃物、木材、木材废弃物和动物粪便。

狭义概念：生物质主要是指农林业生产过程中除粮食、果实以外的秸秆、树木等木质纤维素（简称木质素）、农产品加工业下脚料、农林废弃物及畜牧业生产过程中的禽畜粪便和废弃物等物质。

2. 生物质的分类

依据来源的不同，可以将适合于能源利用的生物质分为林业资源、农业资源、生活污水、工业有机废水、城市固体废物和畜禽粪便六大类。

(1) 林业资源。林业生物质资源是指森林生长和林业生产过程提供的生物质能源，包括薪炭林、在森林抚育和间伐作业中的零散木材、残留的树枝、树叶和木屑等；木材采运和加工过程中的枝丫、锯末、木屑和截头等；林业副产品的废弃物，如果壳和果核等。

(2) 农业资源。农业生物质能资源是指农业作物（包括能源作物）；农业生产过程中的废弃物，如农作物收获时残留在农田内的农作物秸秆（玉米秸、高粱秸、麦秸、稻草、豆秸和棉秆等）；农业加工业的废弃物，如农业生产过程中剩余的稻壳等。能源植物泛指各种用以提供能源的植物，通常包括草本能源作物、油料作物、制取碳氢化合物植物和水生植物等几类。

(3) 生活污水与工业有机废水。生活污水主要由城镇居民生活、商业和服务业的各种排水组成，如冷却水、洗浴排水、盥洗排水、洗衣排水、厨房排水、粪便污水等。工业有机废水主要是酒精、酿酒、制糖、食品、制药、造纸及屠宰等行业生产过程中排出的废水等，其中都富含有机物。

(4) 城市固体废物。城市固体废物主要是由城镇居民生活垃圾，商业、服务业垃圾和少量建筑业垃圾等固体废物构成。其组成成分比较复杂，受当地居民的平均生活水平、能源消费结构、城镇建设、自然条件、传统习惯以及季节变化等因素影响。

(5) 畜禽粪便。畜禽粪便是畜禽排泄物的总称，它是其他形态生物质（主要是粮食、农作物秸秆和牧草等）的转化形式，包括畜禽排出的粪便、尿及其与垫草的混合物。

(6) 沼气。沼气是由生物质能转换的一种可燃气体，通常可以供农家用来烧饭、照明。

二、生物质直接燃烧发电技术

1. 概述

生物质直接燃烧发电是指利用生物质燃烧后的热能转化为蒸汽进行发电。在原理上，与燃煤火力发电没什么区别。从原料上区分，生物质直接燃烧发电目前主要包括生物质（如农林废弃物、秸秆等）燃料的直接燃烧发电和垃圾焚烧发电。

直接燃烧发电是指把生物质原料送入适合生物质燃烧的特定蒸汽锅炉中，生产蒸汽，驱动蒸汽轮机，带动发电机发电。直接燃烧发电的关键技术包括原料的预处理技术、蒸汽锅炉的多种原料适应性、蒸汽锅炉的高效燃烧、蒸汽轮机的效率。

2. 生物质直接燃烧技术

直接燃烧是把生物质转化成能量所通用的基本过程，大致可分为炉灶燃烧、锅炉燃烧、垃圾焚烧和固体燃料燃烧四种情况。炉灶燃烧是最原始的利用方法，一般适用于农村或山区分散独立的家庭用炉，投资最省，效率最低，燃烧效率为15%～20%。锅炉燃烧采用了现代化的锅炉技术，适用于大规模利用生物质，效率高，可实现工业化生产。但是投资较高，不适合分散的小规模利用，生物质必须相对集中才能采用本技术。垃圾焚烧也是采用锅炉技术处理垃圾，但由于垃圾的品位低、腐蚀性强，所以技术要求更高，投资更大。从能量利用的角度来看，必须规模较大才比较合理。固体燃料燃烧是把生物质固化成型后再采用传统的燃煤设备燃烧。主要优点是所采用的热力设备是传统的定型产品，不必经过特殊的设计或处理；主要缺点是运行成本高，比较适合企业对原有设备进行技术改造时，在不重复投资的前提下，以生物质代替煤，以达到节能的目的，或应用于对污染要求特别严格的场所等。

3. 生物质直接燃烧发电原理

生物质燃料的燃烧过程是强烈的化学反应过程，又是燃料和空气间的传热、传质过程。图 10-1 所示为燃料燃烧过程，可分为预热、干燥、挥发分析出及着火、焦炭燃烧等过程。

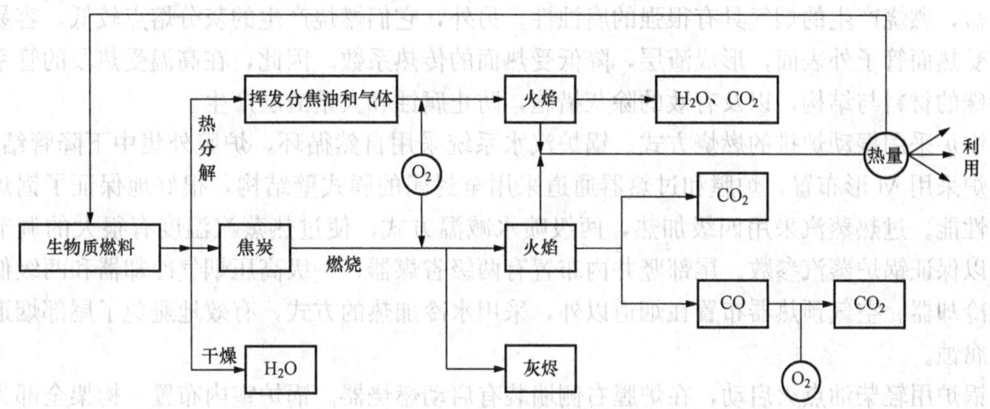

图 10-1 生物质燃料的燃烧过程

生物质直接燃烧发电的原理是：由生物质锅炉设备利用生物质直接燃烧后的热能产生蒸汽，推动汽轮发电系统进行发电。在原理上与燃煤锅炉火力发电没什么区别，其工艺流程如图 10-2 所示。

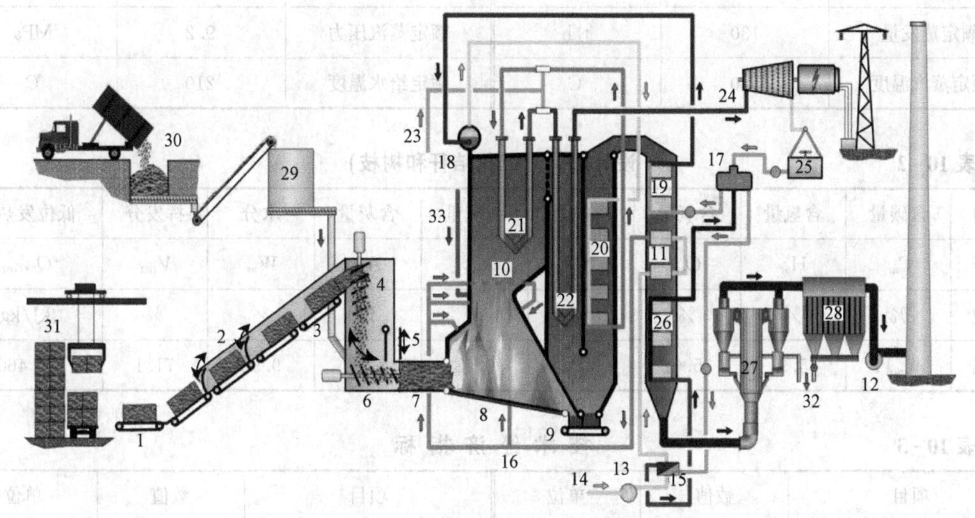

图 10-2 生物质直接燃烧发电工艺流程

1—链条输送机；2—密封门；3—给料机；4—切碎机；5—防火挡板；6—自动添料机；7—水冷通道；8—振动炉排；9—捞渣机；10—燃烧室；11—空气预热器；12—引风机；13—送风机；14—进风口；15—空气预热器；16—热风；17—给水箱；18—汽包；19—省煤器；20～22—过热器；23—减温水；24—蒸汽轮机；25—空冷凝汽器；26—烟气冷却器；27—气体悬浮吸收器；28—织物过滤器；29—木屑筒仓；30—木片；31—草料；32—副产品及灰处理；33—天然气

三、YG-130/9.2-T 型生物质直燃锅炉

1. 锅炉简介

该锅炉是采用丹麦 BWE 公司先进的生物燃料燃烧技术的 130t/h 振动炉排高温高压蒸

汽锅炉。锅炉为高温、高压参数自然循环炉，单汽包、单炉膛、平衡通风、室内布置、固态排渣、全钢构架、底部支撑结构型锅炉。

设计燃料为棉花秸秆，可掺烧碎木片、树枝等。这种生物质燃料含有包括氯化物在内的多种盐，燃烧产生的烟气具有很强的腐蚀性。另外，它们燃烧产生的灰分熔点较低，容易黏结在受热面管子外表面，形成渣层，降低受热面的传热系数。因此，在高温受热段的管系采用特殊的材料与结构，以及有效的除灰措施，防止腐蚀和大量渣层产生。

锅炉采用振动炉排的燃烧方式。锅炉汽水系统采用自然循环，炉膛外集中下降管结构。该锅炉采用M形布置，炉膛和过热器通道采用全封闭的膜式壁结构，很好地保证了锅炉的密封性能。过热蒸汽采用四级加热，两级喷水减温方式，使过热蒸汽温度有很大的调节裕量，以保证锅炉蒸汽参数。尾部竖井内布置有两级省煤器、一级高压烟气冷却器和两级低压烟气冷却器。空气预热器布置在烟道以外，采用水冷加热的方式，有效地避免了尾部烟道的低温腐蚀。

锅炉用轻柴油点火启动，在炉膛右侧墙装有启动燃烧器。锅炉室内布置，构架全部为金属结构，按7度地震烈度设计。

2. 锅炉主要技术经济指标和有关数据（见表10-1～表10-4）

表10-1　锅 炉 参 数

项目	数值	单位	项目	数值	单位
额定蒸发量	130	t/h	额定蒸汽压力	9.2	MPa
额定蒸汽温度	540	℃	额定给水温度	210	℃

表10-2　设计燃料（棉花秸秆和树枝）

项目	含碳量	含氢量	含氧量	含氮量	含硫量	含灰量	水分	挥发分	低位发热量
符号	C_{ar}	H_{ar}	O_{ar}	N_{ar}	S_{ar}	A_{ar}	W_{ar}	V_{daf}	$Q_{net,ar}$
单位	%	%	%	%	%	%	%	%	kJ/kg
数据	46.11	5.9	35.01	0.32	0.18	2.57	9.92	71.1	16 460

表10-3　技 术 经 济 指 标

项目	数值	单位	项目	数值	单位
冷风温度	35	℃	一次风预热温度	190	℃
二次风预热温度	190	℃	一、二次风占总风量之比	1∶1	
排烟温度	124	℃	燃料粒度要求	＜100mm	100％
锅炉热效率	92	%		＜50mm	90％
燃料消耗量	22 266.02	kg/h		＞5mm	＞50％
排污率	2	%		≤3mm	≤5％

表 10-4 锅炉外形尺寸

项目	数值	单位	项目	数值	单位
宽度（锅炉钢架中心线）	24 687	mm	深度（锅炉钢架中心线）	32 388	mm
汽包中心线标度	23 450	mm	锅炉本体最高点标高	26 074	mm

其他技术标准如下：

水质要求：锅炉的给水、炉水、蒸汽品质均应符合 GB 12145—2016《火力发电机组及蒸汽动力设备水汽质量标准》，且符合用户的特殊要求。

负荷调节：允许的负荷调节范围为 40％～100％，调节方法为风燃料比调节。

灰与渣的比率：8：2。

NO_x 排放量：小于 450mg/m^3（标准状态下）。

CO 排放量：小于 650mg/m^3（标准状态下）。

噪声水平：小于 85dB。

3. 锅炉的整体布置

该锅炉是在总结了丹麦 BWE 公司以往生物质锅炉的大量设计经验、运行经验，并针对燃料的特点以及燃烧特性进行开发设计的。

（1）燃料供应。锅炉的主要燃料是棉花秸秆，另外可掺烧碎木片、树枝等生物质燃料。这些燃料经加工到一定的尺寸后由输料机进入炉顶料仓，然后由几级螺旋给料机送入炉膛下部燃烧。

（2）燃烧方式选择。根据环境保护、洁净燃烧的要求，以及这种生物质燃料的燃烧特性，选用水冷振动炉排加炉前风力给料的燃烧方式。振动炉排由振动机构、风室、支撑件和炉排水冷壁组成，炉排水冷壁由全膜式壁组成，其上开有很多小孔。一次风进入炉底风室后再由炉排水冷壁上的小孔进入炉膛，为燃烧提供所需的氧。

燃料由于强风的作用进入炉膛时被抛至炉排后部，在此处由于高温烟气和一次风的作用逐步预热、干燥、着火、燃烧。随着振动机构的工作，燃料边燃烧边向炉排前部运动，直至燃尽，最后灰渣落入炉前的除渣口。

在炉膛下部，前后墙各布置有许多二次风口，这些二次风约占总风量的一半。二次风在此锅炉的燃烧中起到十分关键的作用，二次风搅拌炉内气体使之混合，使炉内烟气产生旋涡，延长悬浮的飞灰及飞灰可燃物在炉内的行程，使飞灰及飞灰可燃物进一步降低。它的合理使用可以使飞灰量减少，使飞灰可燃物降低。另外，对悬浮可燃物供给部分空气，有利于提高锅炉热效率，有利于降低锅炉初始排烟浓度，有利于设计锅炉的节能与环保。

（3）烟气流程。按炉膛（含三级过热器）、第二烟气通道（含四级过热器）、第三烟气通道（含一、二级过热器）和尾部对流受热面（包括省煤器和烟气冷却器）。空气预热器不在烟气通道内，它是由热水和空气换热。

（4）锅炉汽水系统。锅炉正常运行时，不但要保证蒸发受热面水循环可靠，而且还必须保证给水及省煤器不发生水击，过热蒸汽不发生偏流等，本锅炉的汽水系统针对上述问题进行了合理设计。

给水流程：锅炉给水分高压给水和低压给水，高压给水经给水调节阀后分为两路，一路直接进入省煤器，另一路经由高压空气预热器、高压烟气冷却器后进入省煤器，最后从省煤器进入汽包。低压给水从除氧器经过两台低压循环水泵进入低压空气预热器、低压烟气预热器后再回到除氧器。

蒸汽流程：蒸汽由汽包引出后依次经过：一级过热器、一级减温器、二级过热器、二级减温器、三级过热器、三级减温器、四级过热器，最后由主蒸汽管进入汽轮机。

为了保证锅炉运行，锅炉汽水系统还布置了有排污、疏水、加药、取样等系统。

4. 锅炉结构

(1) 汽包。汽包内径为 1600mm，壁厚为 100mm，全长 12 120mm，由 P355GH 钢板卷焊而成，封头是用同种钢板冲压而成。汽包及汽包内部装置总重约 63t。

汽包内部装置由孔板分离装置、钢丝网分离器、连续排污管等组成。由孔板分离装置出来的蒸汽经过钢丝网分离器分离后，由蒸汽引出管进入过热器系统。

在集中下降管进口处布置了十字挡板，改善下降管带汽及抽孔现象。汽包上除布置必需的管座外，还布置了再循环管座，备用管座。

为防止低温的给水与温度较高的汽包壁直接接触，在管子与汽包壁的连接处装有套管接头。给水进入锅筒之后，进入给水分配管，使给水沿汽包纵向均匀分布。

汽包内正常水位在中心线处，最高、最低安全水位距正常水位为上下各 50mm。汽包装有两只就地水位表，此外还装有三只电接点水位表、三只平衡容器，可把汽包水位显示在操纵盘上并具有报警的功能。

为提高蒸汽的品质、降低炉水的含盐浓度，汽包上装有连续排污管连续排污率为 1%。

汽包支撑在两根集中下降管上，另外与水冷联箱和过热器系统的连接管起到稳固作用，汽包可沿轴向自由胀缩。

(2) 水冷系统。水冷系统受热面由炉排水冷壁、侧水冷壁、前水冷壁、后一水冷壁、后二水冷壁、后三水冷壁、后三中间水冷壁以及炉顶水冷壁组成。炉膛横截面为 9120mm×5760mm，炉顶标高为 21 500mm。炉排水冷壁由 ϕ38×6mm 的管子和 6mm×22mm 扁钢焊制而成，扁钢上钻有不同间距的 ϕ4.5 的小孔，作为一次风的通风孔。侧水冷壁由 ϕ57×7mm 的管子和 6mm×23mm 扁钢焊制而成。前水冷壁，后一、后二及炉顶水冷壁由 ϕ57×5mm 的管子和 6mm×23mm 扁钢焊制而成。后三及后三中间水冷壁由 ϕ38×4mm 和 6mm×42mm 扁钢焊制而成。整个水冷壁受热面形成三个烟气通道，分别为炉膛、烟气通道二和三。

汽水引出管由 ϕ168×10mm 及 ϕ133×10mm 钢管组成，2 根 ϕ406×28mm 大直径下降管由锅筒引出后布置在炉侧，再由 ϕ133 管子引入两侧下联箱。在两集中下降管上分别装有加酸、加碱、取样装置。集中下降管由底部装置支撑在基础上，在其上方与侧墙下联箱连接，起加固作用。

水冷壁两侧下联箱由 ϕ273×50mm 的管子制成，通过其下方的支座支撑在底部支撑装置上。两联箱之间有连接管，作为前后水冷壁的下联箱和连通联箱，这些联箱有一个膨胀中心，向四个方向膨胀，因此，侧下联箱的支座与底部支撑装置之间是可相对移动的。

水冷壁及其与之相连的其他部件、附件的质量全部通过侧下联箱传至底部支撑装置上。

水冷壁上设置测量孔、检修孔、观察孔等。水冷壁上的最低点设置放水排污阀。膜式水冷壁外侧设置数层刚性梁，保证了整个炉膛有足够的刚性。

(3) 燃烧系统。燃烧系统由燃烧室、炉排、风室组成。炉排水冷壁上开有很多 $\phi4.5$ 的小孔，作为一次风的通风口，炉排下部是风室。

燃烧室的截面、炉排的面积大小、炉膛高度能保证燃料充分地燃烧。燃料由炉前 6 个螺旋绞笼给料装置送入燃烧室。给料管尺寸、位置满足锅炉在不同工况运行时的要求。炉膛进料口处设有送料风，取自空气预热器后的热风，用来把燃料送入炉排后部。

经预热的一次风由风室经炉排水冷壁上的小孔送入燃烧室，二次风在燃烧室的前后墙送入。一、二次风风量各占总空气量的 50%，调节一、二次风量、给料量，可以使锅炉负荷在 40% ～100%之间调节。

燃烧后的灰渣由炉前的排渣口排出炉外。在排渣口下方设有捞渣机，能使灰渣安全有效地排出炉外。

在二、三烟气通道下方设有一个落灰口，从过热器落入的灰渣可坠落后进入下方的捞渣机，排出炉外。

(4) 过热器。本锅炉过热器分四级，饱和蒸汽由锅筒上的饱和蒸汽连接管引入饱和蒸汽汇集联箱，沿连接管进入一级过热器，一级过热器逆流顺列布置，从一级过热器出来后经过一级减温器减温后进入二级过热器，然后再经过二级减温器、三级过热器、三级减温器、四级过热器后进入主蒸汽管。

一、二级过热器管系均由 $\phi38\times4.5$mm 的管子组成，顺列布置，位于第三烟气通道。三、四级过热器均由 $\phi33.7\times5.6$mm 的管子组成，顺列混流布置，分别位于炉膛出口和第二烟气通道。过热器系统采用喷水减温，这样既可保证汽轮机获得合乎要求的过热蒸汽，又能保证过热器管不至于因工作条件恶化而烧坏，使过热器的辐射吸热份额增加，可使锅炉在 100%～70%负荷范围内汽温特性不随负荷变化，喷水调节量大为减少。

为保证安全运行，一、二级过热器采用 15CrMoG（GB 5310—2023)、12Cr1MoVG (GB 5310—2023) 的无缝钢管，三、四级过热器采用 TP347H 的不锈钢管，防止高温腐蚀对管子造成大的损害，提高了运行的可靠性。

(5) 省煤器和烟气冷却器。省煤器和烟气冷却器由 $\phi38\times4$mm 的 20G（GB 5310—2023）管子弯制而成的方形鳍片蛇形管组成，支撑在尾部竖井内的两侧支撑板和通风梁上。

蛇形管沿烟气的方向顺列布置，纵横节距均为 79mm。每组蛇形管之间布置了人孔门，便于检修、清灰。给水沿蛇形管自下而上与烟气成逆向流动，可将管内可能产生的气体及时带出。

省煤器与烟气冷却器连接方式分为两种，烟气冷却器有高低压之分。高压烟气冷却器与省煤器串联；低压烟气冷却器与低压空气预热器形成单独的回路，用来冷却尾部烟气，使达到理想的排烟温度。

(6) 空气预热器。空气预热器由 $\phi25\times3.2$mm 的螺旋鳍片蛇形管组成，横向排列在空气通道内，由两侧的钢板支撑。空气预热器布置在烟气通道外，采用水加热空气的形式，空气与水成逆流布置。空气预热器设计的水流速和空气流速都控制在合理的范围内，提高了空气预热器的换热效率。分为高压空气预热器和低压空气预热器。

高压空气预热器中的水冷却后进入高压烟气冷却器中加热，再并入给水管进入省煤器。

低压空气预热器在低压循环管路上，由两台低压循环水泵从除氧器中给水。

高低压空气预热器在厂内组装完毕，方便安装。高低压空气预热器之间设有人孔门，便于检修。低压空气预热器进出口处设有水旁路，当出口水温过低时开启旁路阀门，可以有效的避免低温腐蚀的发生，有利于保护低压烟气冷却器的出口管子。

（7）锅炉钢架。锅炉本体钢架分为锅炉主钢架和外围副钢架，为焊接连接的钢结构。按地震烈度 7 度设防。

锅炉立柱从锅炉层零米起，钢柱与基础采用螺栓连接和埋入式连接，具体连接方式由设计院设计。

钢架计算的荷载统计，包括支吊水管、烟风道、平台扶梯的荷载，需承受运转层荷载必须经设计单位同意方可实施。

钢架散装出厂，满足运输条件。

（8）锅炉平台、扶梯。在锅炉的人孔门、检查门、看火孔、测量孔、联箱手孔处以及应操作的阀门处都设置了运行检修平台。上下平台之间设有扶梯。平台之间净空间设计合理，方便观察、操作、维修。

检修平台允许的最大荷载为 250kgf/m^2。

平台和扶梯边缘都装设高度 1.2m 的防护栏杆，平台采用栅格板式，并装设高度 120mm 的踢脚板。

（9）炉墙与保温。炉膛部分以及所有膜式水冷壁外侧均采用敷管式轻型炉墙，为柔性保温材料，炉墙重量分别通过水冷壁传到基础上。炉膛炉墙外护板表面温度小于 50℃。

炉膛落渣口处四周内侧浇筑复合材料耐火混凝土，该材料耐温达 1200℃。该材料性能可以有效地阻止由于炉温变化而引起的交变热应力，由于发生化学反应引起的相关变化，而造成体积变化所产生的微裂纹扩展，从而大大提高了材料的高温强度，耐温性能和高温中的抗磨损抗灰渣侵蚀损性能及热稳定性。

尾部受热面外侧有内护板，内外护板间填满柔性保温材料，具有可靠的保温性能，所以炉墙的外表面温度小于 50℃。

人孔门、检查门内均有耐火混凝土，该处外表面温度小于 50℃。各种门孔都能开启自如，门把上的自锁装置，使炉门处有良好的密封性。锅炉管道保温层表面温度小于 50℃。

四、生物质混合燃烧发电技术

1. 概述

混合发电（见图 10-3）是指将生物质原料应用于燃煤电厂中，使用生物质和煤两种原料进行发电。混合燃烧主要有两种方式：一种是将生物质原料直接送入燃煤锅炉，与煤共同燃烧，产生蒸汽，带动蒸汽轮机发电；另一种是先将生物质燃料在气化炉中气化生成可燃气体，再通入燃煤锅炉，可燃气体与煤共同燃烧生产蒸汽，带动蒸汽轮机发电。无论哪种方式，生物质原料的预处理技术都是非常关键的，要将生物质原料处理成符合燃煤锅炉或气化炉的要求。混合燃烧的关键技术还包括生物质混燃技术、煤与生物质可燃气体混燃技术、蒸汽轮机效率。

2. 某生物质混合燃烧发电工程简介

某发电厂 5 号机组（140MW）秸秆发电采用生物质与煤混合燃烧技术，该技术引入了丹麦的 BWE 公司的生物质发电公司的生物质发电理念，结合电厂自身的特点，对国外技术

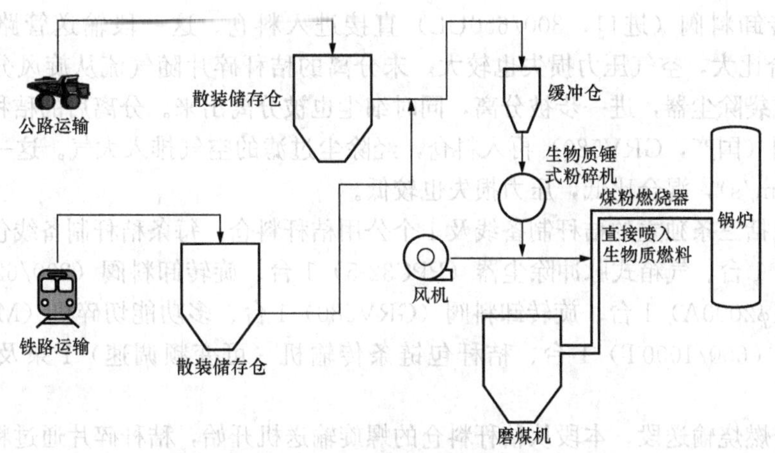

图 10-3　生物质混合燃烧发电

进行了全面的消化和改进。工程总建筑面积 3383m²。改造的主要内容是增加一套秸秆粉碎及输送设备，增加两台额定输入热量为 30MW 的秸秆燃烧器，同时对供风系统及相关控制系统进行改造。

改造后的锅炉既可秸秆与煤粉混烧，也可继续单独燃用煤粉，每年可燃用秸秆 10 万 t 左右。

整个工艺系统（见图 10-4）由两部分组成，秸秆制备段和秸秆燃烧输送段，另外还有较多配套设施（原料加工车间、消防和循环冷却水系统、给排水、除尘通风和照明系统等）。

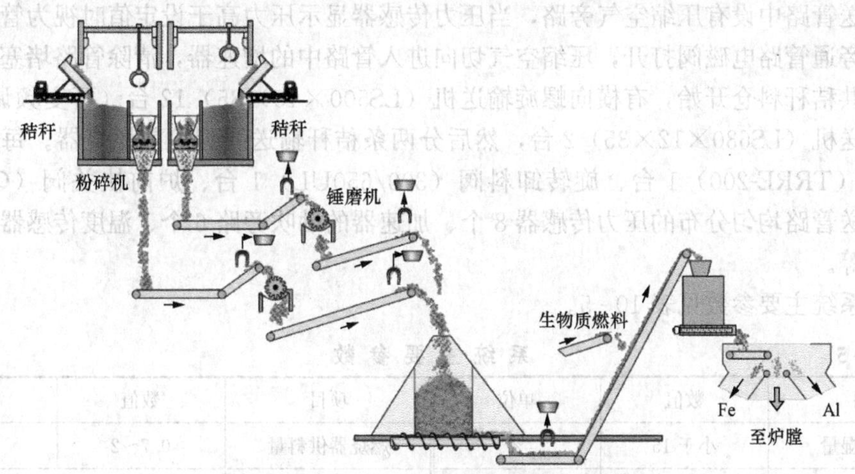

图 10-4　生物质混燃技术新增工艺系统

（1）秸秆粉碎机输送设备。通过秸秆包输送机秸秆包被送入切碎机，切碎机把传输机送来的秸秆切成 75～100mm 的小段，通过切碎机输出螺旋将切碎秸秆送至吸口，调节风门大小，一方面可调节吸风风速，另一方面可将混杂在秸秆中的石头、大块泥土分离，石头、土块沿吸口下端出口分离出去。秸秆沿吸口通过输送管道进入锤磨机，在高速旋转的锤磨机中进一步粉碎，经过滤筛的筛口出来，粉碎至 10～15mm，经锤磨机下部的集料箱口进入吸料管路到旋风分离器。秸秆碎片经旋风分离器分离，60%以上的物料被分离出来，从旋风分离器出口经旋转卸料阀（进口，300/650UL）直接进入料仓。这一段输送管路风速高（约19m/s）、混合比大，空气压力损失也较大。未分离的秸秆碎片随气流从旋风分离器上端出口进入气震式袋除尘器，进一步被分离，同时细尘也被分离出来。分离后的秸秆碎片及细尘经旋转卸料阀（国产，GRV580）再入料仓，经除尘过滤的空气排入大气。这一段的特点是风速低（约6m/s），混合比低，压力损失也较低。

该部分包括三条独立的秸秆制备线及1个公用秸秆料仓。每条秸秆制备线包括高压风机（9～19№8D）1台、气箱式脉冲除尘器（PPC32-5）1台、旋转卸料阀（200/620UL）1台、旋风分离器（ϕ2000A）1台、旋转卸料阀（GRV580）1台、多功能切碎机（MS-300/2-ES）1台、锤磨机（650/1000T）1台、秸秆包链条传输机（可变频调速）1条及压力传感器6个。

（2）秸秆燃烧输送段。本段从秸秆料仓的螺旋输送机开始，秸秆碎片通过料仓下面布置的螺旋输送机进入系统的变径料管，使秸秆燃料均匀分散进入旋转卸料阀（300/650UL），旋转卸料阀以28r/min的转速均匀供给发射器。罗茨风机产生的压缩空气经出口消声器、安全阀、冷却器等消声、冷却后以低于60℃的温度进入发射器，将发射器中的连续物流变成物料、空气的高速双相流，并进入输送管路。通过改变螺旋输送机转速即可改变物料输送量，改变气力输送系统料气比。在输送管路沿途设有8个压力变送器将双相流的压力变化即时传入控制系统。

输送管路的末端就是秸秆燃烧器，在燃烧器前管路设有气动球阀和膨胀节。锅炉发生故障或其他紧急情况时，气动球阀可快速关闭，切断秸秆燃料的供应。膨胀节用来吸收管路冷热态下的膨胀差。

在输送管路中设有压缩空气旁路，当压力传感器显示压力高于设定值时视为管路发生堵塞，此时旁通管路电磁阀打开，压缩空气切向进入管路中的增速器，清除管路堵塞。

从公共秸秆料仓开始，有横向螺旋输送机（LS500×10×35）12台（可变频调速）、纵向螺旋输送机（LS630×12×35）2台，然后分两条秸秆输送线到炉前燃烧器。每条线包括罗茨风机（TRRE-200）1台、旋转卸料阀（300/650UL）1台、炉前快关阀（Q641F）1个、沿压送管路均匀分布的压力传感器8个、加速器的助吹旁路6个、温度传感器6个及燃烧器1台等。

（3）系统主要参数见表10-5。

表10-5　系统主要参数

项目	数值	单位	项目	数值	单位
秸秆含湿量	小于15	%	燃烧器供料量	0.7～2	kg/s
秸秆含脂类	小于10	%	燃烧器入口风速	24	m/s
秸秆颗粒度	10～15	mm	燃烧器入口风压	900	Pa
制备系统输送量	3×5	t/h	燃烧系统输送量	2×7.2	t/h
料仓容量	300	m³			

五、生物质气化发电技术

1. 生物质气化发电原理与过程

生物质气化发电技术的基本原理是把生物质转化为可燃气，再利用可燃气推动燃气发电设备进行发电。它既能解决生物质难于燃用且分布分散的缺点，又可以充分发挥燃气发电技术设备紧凑且污染少的优点，所以是生物质能最有效、最洁净的利用方法之一。

气化发电过程包括三个方面：一是生物质气化，把固体生物质转化为气体燃料；二是气体净化，气化出来的燃气都带有一定的杂质，包括灰分、焦炭和焦油等，需经过净化系统把杂质除去，以保证燃气发电设备的正常运行；三是燃气发电，利用燃气轮机或燃气内燃机进行发电，有些工艺为了提高发电效率，发电过程可以增加余热锅炉和蒸汽轮机。生物质气化发电工艺流程如图 10-5 所示。

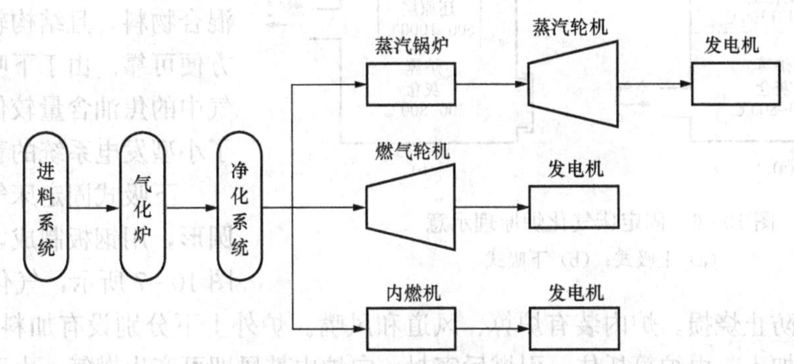

图 10-5　生物质气化发电工艺流程

经预处理（以符合不同气化炉的要求）的生物质原料，由进料系统送进气化炉内。由于有限地提供氧气，生物质在气化炉内不完全燃烧，发生气化反应，生成可燃气体——气化气。气化气一般要与物料进行热交换以加热生物质原料，然后经过冷却系统及净化系统。在该过程中，灰分、固体颗粒、焦油及冷凝物被除去，净化后的气体即可用于发电，通常采用内燃机、燃气轮机及蒸汽轮机进行发电。

2. 生物质气化设备

气化炉是气化反应的主要设备。在气化炉中，生物质完成了气化反应过程并转化为生物质燃气。针对其运行方式的不同，气化炉可分为固定床气化炉和流化床气化炉。

（1）固定床气化炉。固定床气化炉的气化反应一般发生在相对静止的床层中，生物质依次完成干燥、热解、氧化和还原反应。根据气流运动的不同，固定床气化炉可分为下吸式、上吸式和横吸式。

上吸式固定床气化炉原理如图 10-6（a）所示，生物质由上部加料装置装入炉体，然后依靠自身的重力下落，由向上流动的热气流烘干、析出挥发分，原料层和灰渣层由下部的炉箅支撑，反应后残余的灰渣从炉箅下方排出。气化剂由下部的送风口进入，通过炉箅的缝隙均匀地进入灰渣层，被灰渣层预热后与原料层接触并发生气化反应，产生的生物质燃气从炉体上方引出。上吸式气化炉的主要特征是气体的流动方向与物料运动的方向是逆向的，所以又称为逆流式气化炉。上吸式气化炉的热效率高于其他种类固定床气化炉，在气化过程中也可加入一定的水蒸气，以提高燃气中氢含量，提高燃气热值。但是，上吸式气化炉燃气中焦油含量较高，需要作进一步净化处理。

下吸式固定床气化炉如图 10-6（b）所示，其特征为气体和生物质的运动方向相同，故又称为顺流式气化炉。下吸式气化炉一般设置高温喉管区，气化剂通过喉管区中部偏上的位置喷入，生物质在喉管区发生气化反应，可燃气从下部被吸出。下吸式气化炉的热解产物必

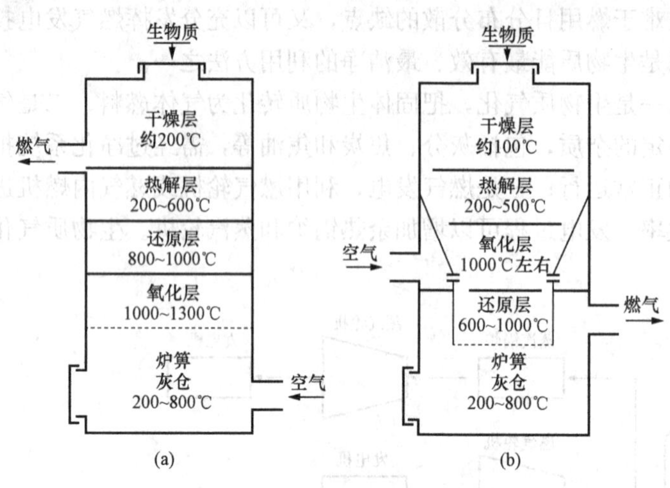

图 10-6　固定床气化炉原理示意

(a) 上吸式；(b) 下吸式

须通过炽热的氧化层，因此，挥发分中的焦油可以得到充分分解，燃气中的焦油含量大大低于上吸式气化炉。它适用于相对干燥的块状物料（含水量低于30%），块状物料（灰分低于1%）以及含有少量粗糙颗粒的混合物料，且结构较简单，运行方便可靠。由于下吸式气化炉燃气中的焦油含量较低，特别受到了小型发电系统的青睐。

下吸式固定床气化炉通常为圆形，用钢板制成，具体结构如图 10-7 所示，气化室用耐火材料作为炉衬，防止烧损。炉内装有炉箅、风道和风嘴。炉外上下分别设有加料口和清灰口。燃料从加料口加入，由炉箅托住，引燃后密封，向炉内鼓风即可产生燃气。由于受到物理条件制约，气化炉的直径不能过大，其容量的上限约为 500kg/h 或者 500kW。另外，有一种下吸式气化炉的特例，用转动炉栅替代了高温喉管区，被称为开心式固定床气化炉。该气化炉由我国研制成功，主要应用于稻壳气化，已经商业化运行多年。

横吸式固定床气化炉的特征是空气由侧方向供给，产出气体从侧向流出，气体流横向通过气化区。一般适用于木炭和含灰量较低物料的气化，工作原理如图 10-8 所示。

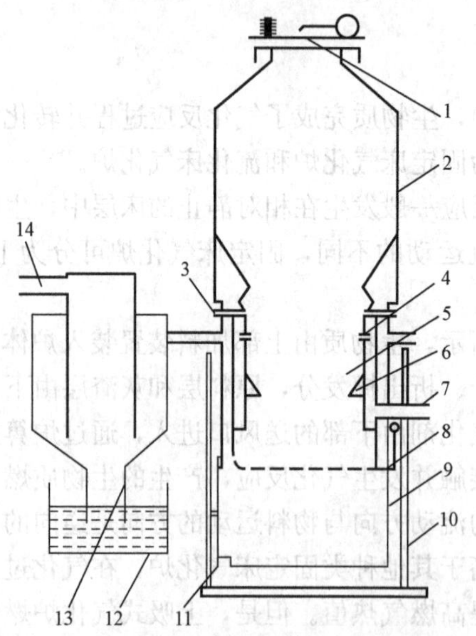

图 10-7　下吸式固定床气化炉结构示意

1—加料口；2—料仓；3—焦油收集出口；4—风嘴；5—气化室；6—喉口；7—进风口；8—炉箅；9—炉体；10—支架；11—清灰口；12—水池；13—除尘器；14—燃气出口

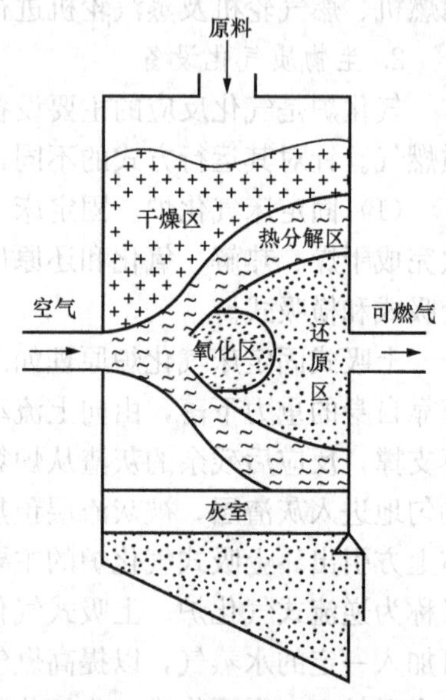

图 10-8　横吸式固定床气化炉工作原理示意

(2) 流化床气化炉。流化床气化炉多选用惰性材料（如石英砂）作为流化介质，首先使用辅助燃料（如燃油或天然气）将床料加热，然后生物质进入流化床与气化剂进行气化反应，产生的焦油也可以在流化床内分解。流化床原料的颗粒度较小，以便气固两相充分接触反应，反应速度快，容易发生床结渣而丧失流化功能，因此需要严格控制运行温度，反应温度一般为700～850℃。流化床气化炉可分为鼓泡床气化炉、循环流化床气化炉、双床气化炉和携带床气化炉。

鼓泡床气化炉（见图10-9）是最基本、最简单的气化炉，只有一个反应器，气化后生成的可燃气直接进入净化系统中。鼓泡床气化炉流化速度较低，适用于颗粒度较大物料的气化。由于其存在飞灰和炭颗粒夹带严重等问题，一般不适合小型气化系统。

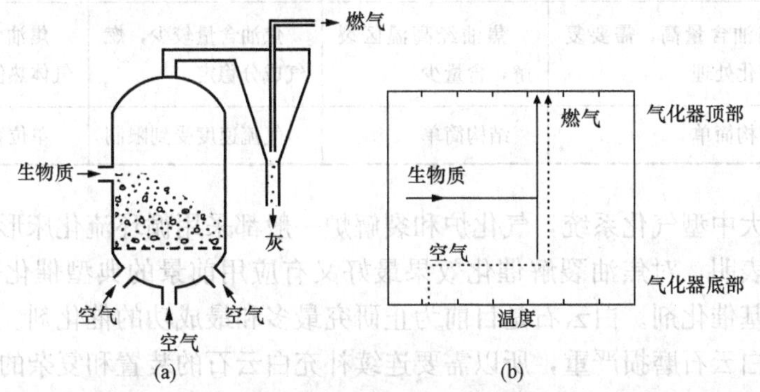

图10-9　鼓泡床气化炉示意

(a) 结构；(b) 炉内温度分布

循环流化床气化炉（见图10-10）的流化速度较高，由于产生的可燃气中携带大量固体颗粒经分离器分离后返回流化床，重新进行气化反应，提高了碳的转化效率，适用于颗粒度较小物料的气化。

双床气化炉的原理见图10-11，它分为两个组成部分，分别为第1级反应器和第2级反应器。生物质在第1级反应器发生裂解反应，生产可燃气送至净化系统，生成的炭颗粒送至第2级反应器。第2级反应器中进行氧化反应，为第1级反应器提供已经加热的床料。双床气化床的碳转化率也很高，其运行方式与循环流化床类似，不同的是第1级反应器的流化介质被第2级反应器所加热。

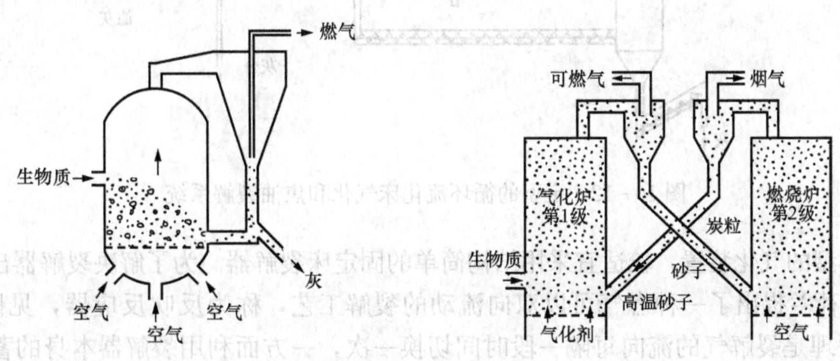

图10-10　循环流化床气化炉示意　　图10-11　双床气化炉原理示意

携带床气化炉是流化床气化炉的一种特例，它不使用惰性材料作为流化介质，由气化剂直接吹动生物质，属于气流输送。该气化炉要求原料破碎成细小颗粒，其运行温度可高达1100～1300℃，产出气体中焦油成分及冷凝物含量很低，碳转化率可达100%。但由于运行温度高易烧结，故而选材较困难。

综上所述，几种不同形式气化炉的特性对比见表10-6。

表10-6　　几种气化炉的特性

特性	上吸式固定床	下吸式固定床	鼓泡流化床	循环流化床
原料适应性	适用不同形状尺寸原料，含水率15%～45%	大块原料不经预处理可直接使用	原料尺寸要求较为严格小于10mm	适应不同种类原料，要求细颗粒
燃气特性	焦油含量高，需要复杂净化处理	焦油经高温区裂解，含量少	焦油含量较少，燃气成分稳定	焦油含量少，产气量大，气体热值高
设备特点	结构简单	结构简单	气流速度受到限制	单位容积的生产能力最大

另外，对于大中型气化系统，气化炉和裂解炉一般都采用循环流化床形式，如图10-12所示。大量实验表明，对焦油裂解催化效果最好又有应用前景的典型催化剂有3中，即木炭、白云石和镍基催化剂。白云石是目前为止研究最多和最成功的催化剂。由于裂解炉采用流化床反应器，白云石磨损严重，所以需要连续补充白云石的装置和复杂的除尘系统。这种工艺路线的特点适合于大规模气化利用，焦油裂解效率较高；其缺点是系统复杂，出口燃气温度高。

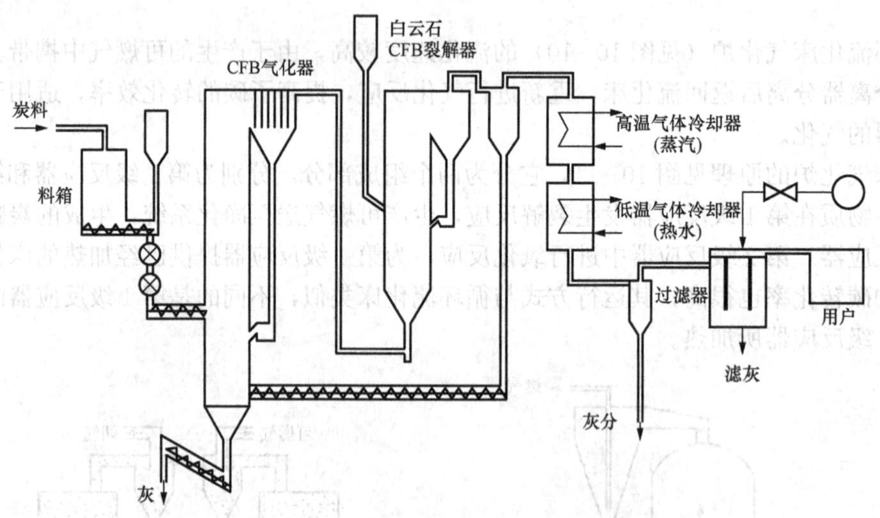

图10-12　定型的循环流化床气化和焦油裂解系统

对中小型的气化装置，较适宜采用结构简单的固定床裂解器。为了解决裂解器出口温度太高的难题，荷兰提出了一种燃气可以双向流动的裂解工艺，称为反吹反应器，见图10-13。它的基本原理是裂解气的流向每隔一段时间切换一次，一方面利用裂解器本身的蓄热特点把燃气加热；另一方面裂解后的气体经过一段温度较低的区域，使出口气体温度降低，这样可以减少热损失，提高裂解器的热效率。这一工艺流程的优点是系统简单，裂解器可以在较高温度下工作（1000℃），而不必要消耗很多热量；它的缺点是需要精密的切换阀，这种阀门的耐热性和耐磨性要求很高。

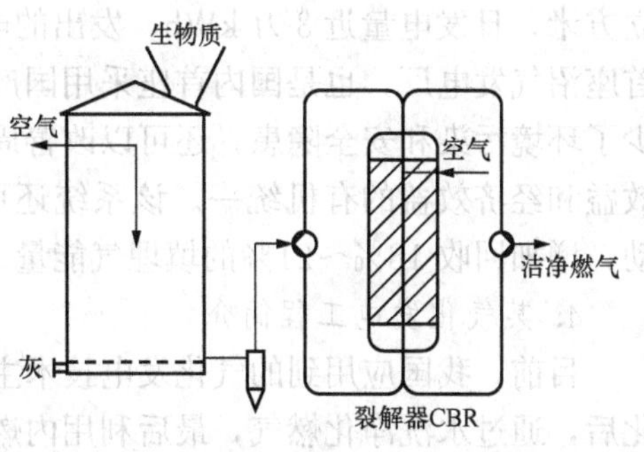

图 10-13　具有反吹裂解气的气化系统示意

3. 沼气发电

沼气是将人畜粪便、庄稼秸秆等有机物在隔绝空气的还原条件和适宜的温度、湿度下，经过微生物的发酵作用而产生的一种可燃气体。其主要成分是甲烷，占 60%～80%。图 10-14所示为某生活垃圾粪污沼气处理工程的工艺流程。

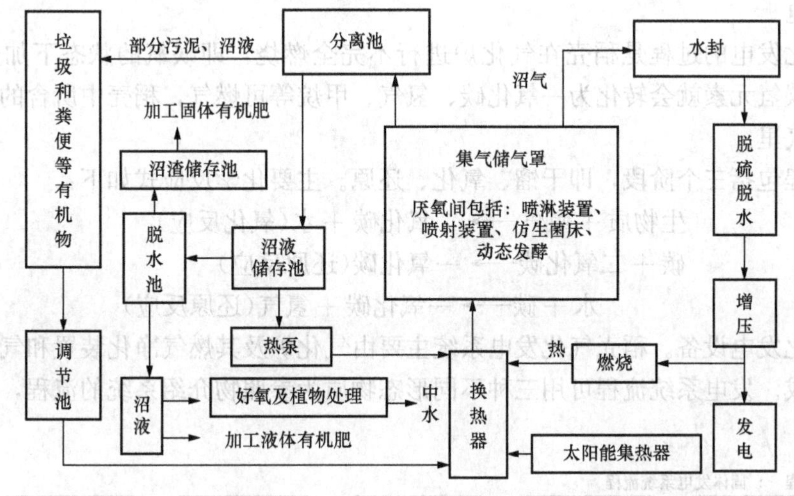

图 10-14　某生活垃圾粪污沼气处理工程沼气部分工艺流程

沼气发电技术是集环保和节能于一体的能源综合利用新技术。它是利用工业、农业或城镇生活中的大量有机废弃物（例如酒糟液、禽畜粪、城市垃圾和污水等），经厌氧发酵处理产生的沼气，驱动沼气发电机组发电，并可充分将发电机组的余热用于沼气生产。沼气发电热电联产项目的热效率，视发电设备的不同而有较大的区别，如使用燃气内燃机，其热效率为 70%～75%，而如使用燃气轮机和余热锅炉，在补燃的情况下，热效率可以达到 90%以上。

沼气发电技术本身提供的是清洁能源，不仅解决了沼气工程中的环境问题、消耗了大量废弃物、保护了环境、减少了温室气体的排放，而且变废为宝，产生了大量的热能和电能，符合能源再循环利用的环保理念，同时也带来巨大的经济效益。

目前在济南市垃圾填埋场安装有 5 台 700GF-NK1 沼气机组，机组在沼气充足的情况下，功率可以稳定在 650kW，机组运行平稳。该项目总投资约 2700 万元人民币，装机容量 3500kW。

具体操作方式就是将填埋场废气经拉拔井送入收集运输管道，再通过收集管道送至沼气发电车间。目前五台机组中，3 台正常运行，2 台备用，每天可收集处理垃圾填埋气 2 万多立方米，日发电量近3万kWh，发出的电经升压后能并入济南10kV电网。该项目是山东省首座沼气发电厂，也是国内首座采用国产发电设备建设的沼气发电项目。投产后不仅大大减少了环境污染和安全隐患，还可以改善周边环境，使填埋气变废为宝，实现环境效益、社会效益和经济效益的有机统一。该系统还可以对发电机组的排气进行余热利用，实现热电联动，增加回收18%～21%的填埋气能量。

4. 某气化发电工程简介

目前，我国应用到的气化发电技术主要采用生物质循环流化床气化技术，生物质经过气化后，通过水洗净化燃气，最后利用内燃机发电，以下将以某600kW稻壳气化发电工程为例进行介绍。

（1）稻壳气化发电技术原理。稻壳气化也称为热解气化工程技术，这是一种热化学处理技术，原料经过气化设备热解、氧化和还原反应转化为可燃气体，经净化、除尘、冷却、储存，用于发电。

稻壳气化发电的过程是稻壳在气化炉进行不完全燃烧，即缺氧的状态下加热反应的过程，其中的碳氢元素就会转化为一氧化碳、氢气、甲烷等可燃气，稻壳中所含的能量也就转移到了可燃气里。

气化过程包括三个阶段，即干馏、氧化、还原。主要化学反应式如下：

生物质＋氧气⟶二氧化碳＋水(氧化反应)

碳＋二氧化碳⟶一氧化碳(还原反应)

水＋碳⟶一氧化碳＋氢气(还原反应)

（2）气化发电设备。稻壳气化发电系统主要由气化炉及其燃气净化装置和气体发电机组两大部分组成。发电系统流程可用三种不同形态物质为参照物介绍系统的流程，如图10-15所示。

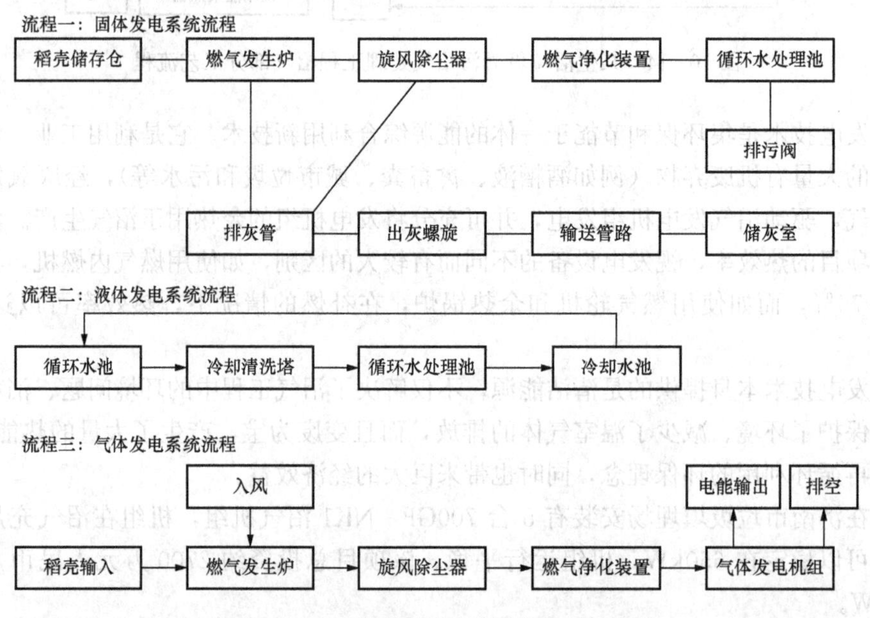

图10-15 三种不同形态物质发电系统流程

下面对图10-15所示流程进行简单说明：

进料机构主要采用螺旋加料器，动力设备是电磁调速电动机。螺旋加料器便于连续均匀进料，能有效地将气化炉同外部隔绝密封起来，使气化所需的空气只由进风机构控制进行入气化炉，电磁调速电动机则可任意调节生物质进料量。

燃气发生装置采用的气化装置为循环流化床气化炉，主要由进风机、气化炉和排渣螺旋构成。生物质在气化炉中经高温热解气化生成可燃气体，气化后剩余的灰分则有排渣螺旋及时排出炉外。

燃气净化装置包括惯性除尘器、旋风分离器、高温过滤器、间接冷却器、文丘里管和喷淋塔等。燃气只有通过净化后才能送到内燃机内进行发电。净化系统采用多阶段除尘工艺：第一阶段是效率为70%的旋风分离器；第二阶段是效率为60%的惯性除尘器；第三阶段是高温过滤器，效率为80%；第四阶段是文丘里管除尘器，效率为98%。经过四个阶段的除尘后，燃气中只含有很少的固体颗粒和粉末。焦油通过冷凝和水洗除去，主要设备是间接冷却器和喷淋塔。

燃气发电装置是采用3台200kW的低热值燃气内燃机发电机组并联组成600kW的发电系统。配套的200kW低热值燃气内燃机发电机组，是在柴油机基础上的改进产品，其主要特点是采用符合燃气性能要求的压缩比；采用机外单体的混合器结构、简单可靠的电点火系统和燃气防爆措施，来保证燃气内燃机的正常、安全运行。

灰渣处理装置用来处理来自气化炉及除尘净化装置系统的灰渣，气化炉底部渣采用排渣螺旋机械排出炉外后，采用干式出渣方式进行出渣，用气力输送系统输送到储灰仓。

控制与管理系统装置用于气化炉控制炉温、提高产气量、发电机组满负荷安全运行的自动化和安全设置的系统操作装置。

废水处理装置通过过滤吸附、曝气、沉淀、生化处理等方法处理废水，处理后的废水可再循环使用。

(3) 建设与运行。规模为600kW的稻壳气化发电厂，总投资为400万元。

厂房的建筑面积450m²，东西长30m，南北宽15m，整个厂房设有控制室、设备室、办公室、备品备件室。控制室和设备运行间采用大窗体隔断，以便清楚地观察设备运行情况。厂房的高度方面，地面到房顶不低于4.5m，房顶为承重顶，上面设有天窗；距离地面0.5m按一定间隔距离设有低层通风口（百叶窗口），整个厂房换气量不低于6000m³/h。房顶设计成承重顶是为了设备维修吊装用；通风量的要求主要是考虑内燃机使用的燃气主要成分是CO，一旦有气体泄漏，如通风不好会造成人员中毒。

建设一个450m²的简易料棚，高度4m，根据场地情况确定料棚的长宽。该料棚用于储存袋装稻壳，储存量约600t，大约为30天的燃烧用量，以备雨季时使用。稻壳室外储藏场地1000m²，作为淡季稻壳储备，储存方式为一面围墙，三面灌袋围栏散储方式，顶部防雨，存储量约为1200t。

上料仓采用砖砌料仓，存储量约为一天的稻壳用量，采用活动式皮带输送机上料。

因一炉多机，要求有一个稳定的气体压力，所以应建一座储气罐。同时气化炉由于进料及其他方面产生短时间的供气波动，如没有储气罐，对发电机组正常运行不利，湿式储气罐采用水封，对除焦有很大好处。与干式储气罐相比，湿式储气罐结构简单、造价低、维护量小、使用寿命长。

对于一座 600kW 的稻壳气化发电厂，按每年发电小时数 6000h，年需稻壳 6480t。产水稻超过 12 万 t，加工可产生约 2.4 万 t 的稻壳，除了其他用途用去 20%的稻壳量，还有近 2 万 t 的稻壳可用于气化发电。在厂内建设简易的袋装稻壳储存棚和一定面积的露天储存场地，防止雨雪天断料；厂内的储存量大于 2 个月燃料用量。

发电厂净化冷却水采用循环冷却水，定时排放的循环水中加入絮凝剂，并通过稻壳灰过滤排放，基本上解决了排放循环水的污染问题。

稻米加工所产生的稻壳除了用于酿酒、孵化、机制炭等一小部分外，大部分废弃掉或挖沟烧成稻壳灰卖，被废弃的稻壳长期不会腐烂，严重影响了环境卫生，燃烧产生大量的烟气也会给周围的环境造成污染。利用稻壳发电不仅解决了环境污染的问题，还为稻谷加工企业解决了多余稻壳处理难的问题。

六、生活垃圾发电

随着我国城市化进程的不断加快、生活垃圾产量日益增长，如何无害化处理生活垃圾已经成为许多城市亟待解决的问题。垃圾常见的处理方式有卫生填埋、堆肥、焚烧，此外，还有热解气化、厌氧消化和高温高压液化等处理方法。由于垃圾焚烧具有占地小、场地选择易、处理时间短、减量化显著、最终处置的无害化程度高以及可回收垃圾焚烧余热等优点，使得垃圾发电成为处理城市生活垃圾的一种有效的方式。垃圾发电将收集到的垃圾进行分类处理，对燃烧值较高的进行高温焚烧（也彻底消灭了病源性生物和腐蚀性有机药物），在高温焚烧（产生的烟雾经过处理）中产生的热能转化为高温蒸汽，推动涡轮机转动，使发电机产生电能。对不能燃烧的有机物进行发酵、厌氧处理，最后干燥脱硫，产生沼气。再经燃烧，把热能转化为蒸汽，推动涡轮机转动，带动发电机产生电能。其中，垃圾用于发电分为垃圾焚烧发电和垃圾气化发电。

我国垃圾发电起步比较晚，目前国内运用较广、比较成功的垃圾焚烧炉排炉，分为进口炉排炉和引进进口技术设备转国产化炉排炉两类。其中进口炉排如日本三菱炉排、德国马丁炉排、比利时西格斯炉排等机械式炉排炉。在国内引进比较成功，进口技术设备国产化的炉排如杭州新世纪能源有限公司，温州伟明集团等推广应用较多。在国内垃圾发电建设投资方面，采用国产设备一般比采用进口设备或大部分进口设备在投资上相差 30%～40%；在性能保证方面，国产设备和进口设备相比也存在一定的差距。与我国相比，欧美、日本等发达国家较早就已采用了“垃圾焚烧＋发电”的处理方法，早在 1874 年英国就建成了世界上第一座垃圾焚烧厂，1931 年，丹麦伟伦公司在丹麦 Gentohe 建造了世界上第一个垃圾焚烧发电厂，处理能力为 288t/d。日本是世界上垃圾焚烧发电装机量最大的国家，自 20 世纪 60 年代就开始大力建设垃圾焚烧厂。截至 2012 年，日本的垃圾焚烧发电厂多达 314 座。此外，日本还实行分类处理垃圾，注重垃圾发电和热能利用。从 20 世纪 70 年代起，德国、法国就开始利用焚烧垃圾产生的热量进行发电，目前垃圾焚烧已经成为发达国家广泛采用的城市垃圾处理技术和最重要的垃圾处理方式。瑞士、新加坡、丹麦、瑞典等国垃圾焚烧率在 2005 年前就达到了 50%左右。新加坡于 1986 年建成一座处理能力 2000t/d 的大型垃圾发电厂，现新加坡垃圾焚烧率已接近 100%。

（一）垃圾焚烧发电

垃圾经锅炉焚烧用于发电是垃圾无害化良性处理的一条最好途径。该方法技术成熟可靠，已有 100 多年的历史，是一种传统的处理垃圾的方法。近代各国也相继建造了焚烧炉，垃圾焚烧法已成为城市垃圾处理的主要方法之一。垃圾焚烧法处理后的垃圾，便于填埋，节省用地，还可消灭各种病原体将有毒有害物质转化为无害物，并回收热能。近代的垃圾焚烧炉皆配有良好的烟尘净化装置，防止大气污染且烟气的排放的指标与一般燃煤电厂相同。

1. 垃圾焚烧发电工艺

垃圾焚烧发电工艺流程如图 10 - 16 所示。城市环卫部门将垃圾运至电厂垃圾库用地磅称重后，卸入垃圾储存坑中。储存坑体积一般足够堆放三天以上的堆烧量。垃圾在坑内发酵脱水后，由垃圾吊车将其送入给料器，然后进入焚烧炉内焚烧。送风机从垃圾储存坑中吸收空气，使垃圾储存坑内保持负压，避免坑中臭气外漏，空气经过空气预热器后作为锅炉的一次风和二次风。燃烧完全后灰渣送入灰渣处理系统，灰渣处理过程的污水和电厂内部其他的污水一起送到污水处理厂进行无害化处理。

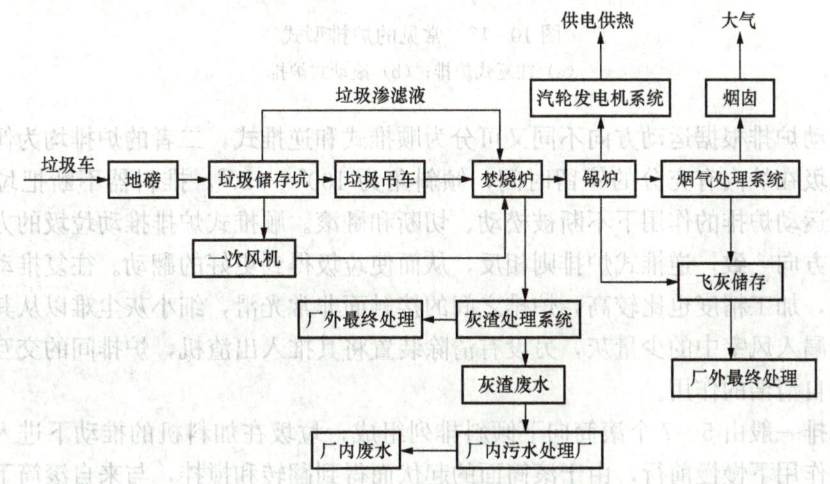

图 10 - 16　垃圾焚烧发电主要工艺流程

2. 垃圾焚烧炉形式

焚烧炉是垃圾焚烧系统的关键设备，它必须充分考虑垃圾在炉内的停留时间、燃烧温度、烟气在炉内停留时间及混合程度，从而达到固体和气体的完全燃烧，控制恶臭及二噁英的产生。由于垃圾种类多，水分和灰分高、发热量低、物理成分复杂，并含有腐败性有机物及有毒物质的混合物，垃圾焚烧系统和垃圾焚烧炉的结构也多种多样。按燃烧方式的不同，焚烧炉的形式可分为机械炉排焚烧炉、流化床焚烧炉、回转式焚烧炉、CAO 焚烧炉及热解焚烧炉等。

（1）机械炉排焚烧炉。机械炉排焚烧炉将垃圾燃料在炉排上形成一定厚度的料层进行燃烧，垃圾由进料斗倒入炉排，空气从炉排下方进入，通过炉排的机械运动来对垃圾进行进一步的混合和搅动，实现垃圾的干燥和燃烧。炉排焚烧炉是目前世界垃圾焚烧的主导产品，分为固定炉排焚烧炉和机械炉排焚烧炉。其中机械炉排焚烧炉是使用最为广泛的焚烧炉。炉排是机械焚烧炉的心脏部分，在操作过程中能实现自动化和连续化，它们的运行能直接影响垃圾焚烧的效果。根据炉排结构和运动方式不同，机械炉排形式有往复推动炉排、滚动炉排、多段波动炉排、脉冲抛动炉排，但主要形式是往复推动炉排及滚动炉排，常见的炉排型式如

图 10 - 17 所示。

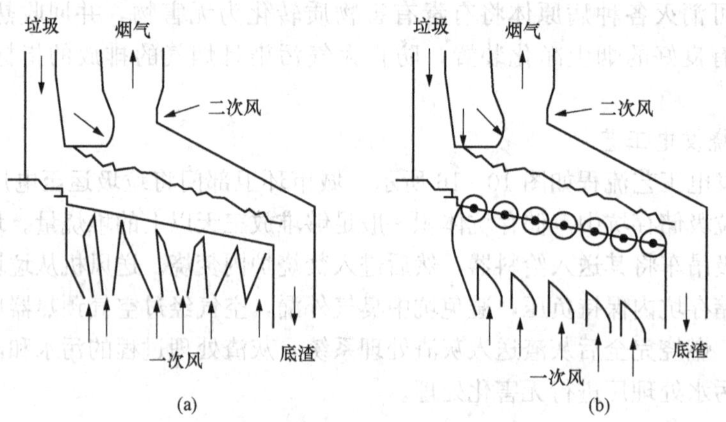

图 10 - 17 常见的炉排型式
(a) 往复式炉排；(b) 滚动式炉排

往复推动炉排根据运动方向不同又可分为顺推式和逆推式，二者的炉排均为倾斜阶梯式布置，使垃圾在炉内有充分的停留时间，倾斜角为 100°～150°，推料器不断把垃圾推入炉内，垃圾在运动炉排的作用下不断被松动、切断和翻滚。顺推式炉排推动垃圾的方向与垃圾的总体流动方向一致，逆推式炉排则相反，从而使垃圾得到更好的翻动。往复推动炉排的材质要求较高，加工精度也比较高，炉排之间的接触面非常光滑，细小灰尘难以从其缝隙之间漏出，对于漏入风室中的少量灰，另设有清除装置将其推入出渣机，炉排间的交互运动可使炉排面达到自清洁的作用。

滚动炉排一般由 5～7 个滚筒向下倾斜排列组成，垃圾在加料机的推动下进入炉膛，在滚筒的旋转作用下慢慢前行，由于滚筒面的起伏而得到翻转和搅拌，与来自滚筒下面的空气充分接触燃烧。每个滚筒都配有一套单独的调速系统，进风根据滚筒单独分区，通过调整滚筒转速和进风量，控制垃圾在该阶段的驻留和燃烧。因此，在处理不同种类的垃圾时，适应范围较广。滚筒在滚动过程中，可以不断得到冷却，因而滚筒炉排材料可以采用一般的灰铸铁。

机械炉排焚烧炉的典型结构如图 10 - 18 所示，其燃烧室内放置的是往复顺推式空气冷却炉排，运动炉排单元与固定炉排单元间隔布置。整副炉排由四部分组成，第一部分是干燥区和点火区，第二部分是垃圾燃烧区，第三和第四部分是最后燃尽区。垃圾通过进料斗进入倾斜向下的炉排，在推料器的推动下，与从炉排下灰斗上来的预热空气（一次风）充分接触，依次经过干燥区、燃烧区、燃尽区。每一段炉排间均有一定的垂直落差，使垃圾更容易破散、溅开、翻滚，增加了燃料与燃烧空气的接触面积，使燃烧进程加快。在推料器的下面分左右各布置有一个灰斗，用于收集推料器在推动垃圾时渗漏下来的渗滤液。燃烧炉排的运动速度应保证垃圾在达到炉排的尾端时被完全燃尽成灰渣，其中，炉渣可经出渣斜槽掉到出渣机的水槽里排出炉膛，水槽不仅起到冷却和运输灰渣的作用，还能形成水封，以防止空气通过出渣机进入炉子里。产生的废气上升进入燃烧室，与炉排上方的助燃空气充分混合，完全燃烧后进入燃烧室上方的废热锅炉回收余热。

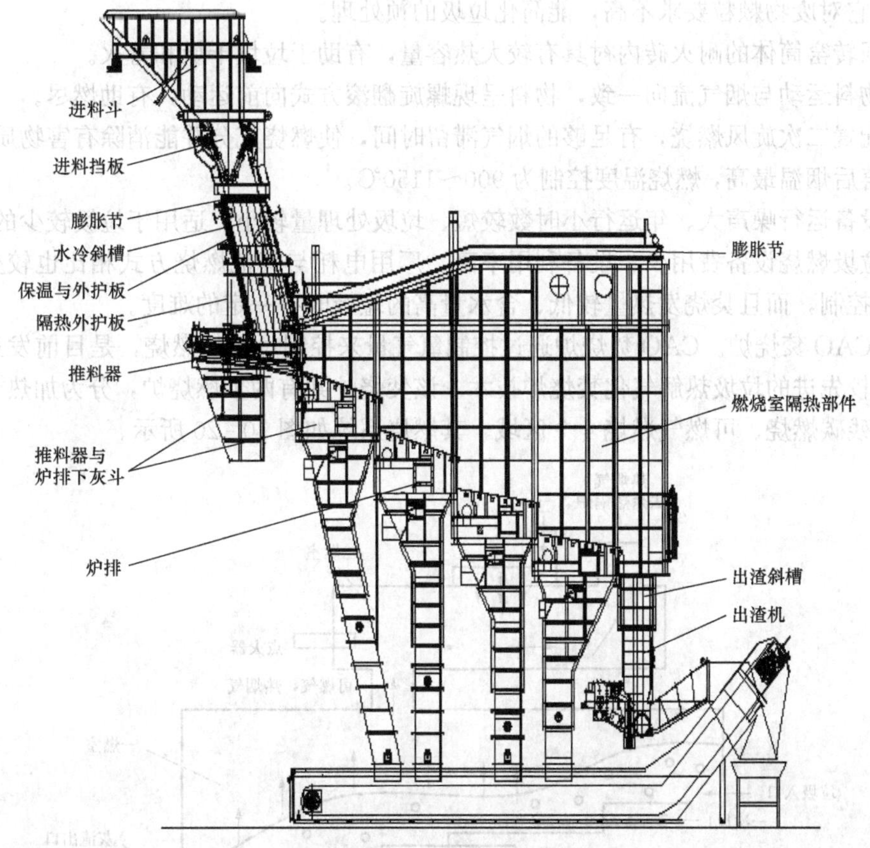

图 10-18 机械炉排焚烧炉的典型结构

(2) 流化床焚烧炉。流化床焚烧炉与层燃方式完全不同，主要通过燃油将炉内的石英砂加热至 600℃以上，依靠炉膛内高温流化床料的高热容量、强烈掺混和传热作用，使破碎至 5cm 以下的垃圾中的水分很快蒸发，快速升温着火。循环流化床锅炉由于有热载体的存在，燃烧稳定且效率高，特别适合焚烧高水分低热值的垃圾，由于炉内温度能均匀地保持在 850～900℃，确保垃圾能够快速充分燃尽，因此可彻底分解破坏有毒有害物质，防止局部超温出现，很大程度降低了 NO_x 的产生。同时可在炉内直接加入石灰，与 SO_2、HCl 等酸性气体反应，达到取出酸性气体的目的。未燃尽的垃圾密度较小，继续沸腾燃烧，燃尽的垃圾密度较大，落到炉底，经过水冷后，用振动筛分选将粗渣和细渣送出场外，少量的中等炉渣和石英砂通过床料回送管送回炉中继续使用。图 10-19 所示为流化床焚烧炉的结构示意。

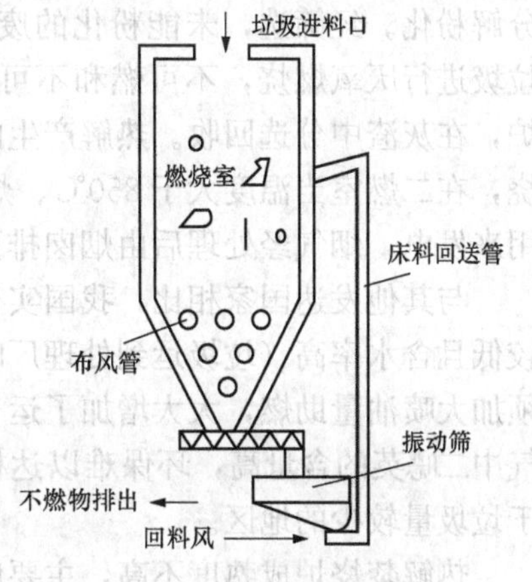

图 10-19 流化床焚烧炉结构示意

(3) 回转式焚烧炉。回转式焚烧炉是一种成熟的技术，如果待处理的垃圾中含有多种难燃烧的物质或者垃圾的水分变化范围较大，回转窑是唯一理想的选择。具体特点如下：

1) 可处理各类垃圾、有毒工业废物和发热量较高的废料。它对废物颗粒要求不高，能简化垃圾的预处理。

2）回转窑筒体的耐火砖内衬具有较大热容量，有助于垃圾干燥和着火。

3）物料运动与烟气流向一致，物料呈现螺旋翻滚方式向前运动，有助燃尽。

4）配置二次旋风燃烧，有足够的烟气滞留时间，使燃烧充分并能消除有害物质。

5）窑后烟温最高，燃烧温度控制为900～1150℃。

6）设备运行噪声大、年运行小时数较短、垃圾处理量较小，适用于垃圾较少的地区。

7）垃圾燃烧设备费用少、设备利用率高、厂用电耗与其他燃烧方式相比也较少，但其燃烧不易控制，而且焚烧发热量较低、含水量高的垃圾时有一定的难度。

(4) CAO焚烧炉。CAO焚烧炉通过控制氧气量来控制垃圾的燃烧，是目前发达国家开始采用的较先进的垃圾热解气化焚烧炉技术。该焚烧炉共有两个燃烧炉，分为加热干燥、热解气化、残碳燃烧、可燃气燃烧4个区域，其燃烧系统如图10-20所示。

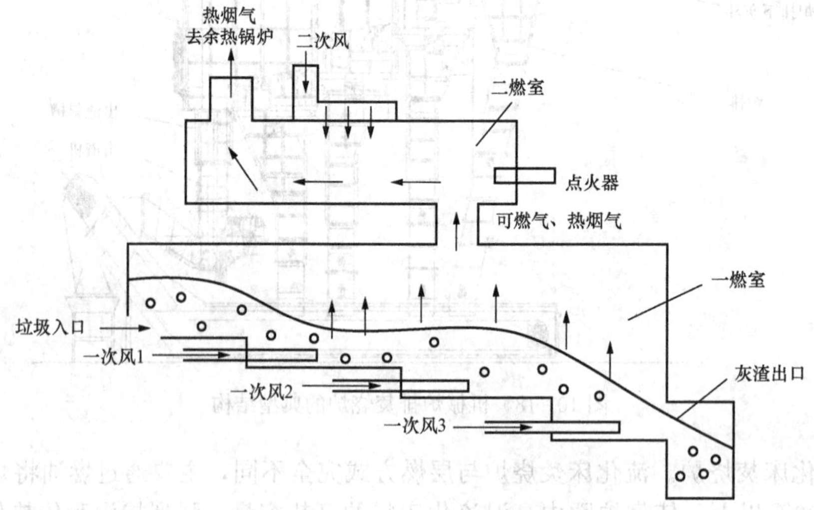

图10-20 CAO焚烧炉的燃烧系统

垃圾运至储存坑，进入生化处理罐，在微生物作用下脱水，使天然有机物（厨余、叶、草等）分解成粉状物，其他固体（包括塑料胶一类的合成有机物和垃圾中的有机物）则不能分解粉化。经筛选，未能粉化的废弃物进入焚烧炉时先进入第一燃烧室（温度为600℃），垃圾进行厌氧燃烧，不可燃和不可热解的物体（如金属、玻璃等）经过自动清灰系统排出炉，在灰渣中分选回收。热解产生的可燃气体通过喉口（烟道）进入二燃室进行富氧二次燃烧，在二燃室当温度大于850℃、烟气停留2s以上时二噁英等有害气体被燃烧分解，余热用来发电，烟气经处理后由烟囱排至大气。

与其他发达国家相比，我国实行生活垃圾分类的区域较少，垃圾成分十分复杂、发热量较低且含水率高（垃圾运到处理厂时含水量约为50%），达不到850℃缺氧燃烧的要求，必须加大喷油量助燃，大大增加了运行成本。此外，单台焚烧炉的处理量小，处理时间长，烟气中二噁英的含量高，环保难以达标。因此，CAO焚烧炉不太适宜我国垃圾焚烧，可应用于垃圾量较少的地区。

热解焚烧炉成熟度不高，主要应用在焚烧医疗垃圾方面，不作具体介绍。

综上所述，四种主要的焚烧炉的技术比较见表10-7。

表 10-7 四种主要焚烧炉的技术比较

比较项目	机械炉排焚烧炉	流化床焚烧炉	回转焚烧炉	CAO 焚烧炉
主要应用地区	欧洲、美国、日本	日本、美国	美国、丹麦、瑞士	加拿大
处理能力	大型（200t/d 以上）	中小型（150t/d 以下）	大中型（200t/d 以上）	中小型（150t/d 以下）
设计、制造水平	已成熟	较成熟	生产供应商有限	生产供应商有限
燃料适应性	适应性广	发热量适应性广	燃料种类受限制	适应性广
对入炉垃圾要求	除大件垃圾外，一般不分类破碎	需分类破碎至 15cm 以下	除大件垃圾外，一般不分类破碎	除大件垃圾外，一般不分类破碎
燃烧性能	燃烧可靠，余热利用较好，燃烧稳定性好，燃烧速度较快，燃尽率高	燃烧温度较低，燃烧效率较佳，燃烧稳定性一般，燃烧速度较快，燃尽率高	可高温安全燃烧，残灰颗粒小，燃烧稳定性一般，燃烧速度一般，燃尽率高	先热解、气化、再燃烧，燃烧稳定性较好，燃烧速度较慢，燃尽率高
炉内温度	垃圾层表面温度 800℃，烟气温度 800～1000℃	流化床内燃烧温度 800～900℃	回转窑内温度为 600～800℃，燃尽室内温度为 1000～1200℃	第一燃烧室温度为 600～800℃，第二燃烧室温度为 800～1000℃
垃圾停留时间	固体垃圾在炉内停留 1～3h，气体几秒钟	固体垃圾在炉内停留 1～2h，气体为几秒钟	固体垃圾在窑内停留 2～4h，气体在燃尽室约几秒钟	固体垃圾在第一燃烧室内时间为 3～6h，第二燃烧室温度为 800～1000℃
垃圾运动方式	取决于炉排的运动	炉内翻滚运动	回转窑内回转滚动	推进器推动
对污染的防治	较易	较难	较难	较易
炉体结构	瘦高型，体积大	瘦高型，体积大	长圆型，体积大	紧凑型，体积较大
运行操作费用	较高	高	较低	中
初投资	大	大	较大	较大
存在缺陷	操作运转技术高、炉排易损坏	操作运转技术高、需添加流动媒介、进料颗粒较小、单位处理量所需动力高、炉床材料易损坏	连接传动装置复杂，炉内耐火材料易损坏，焚烧热值较低、含水分高的垃圾时有一定的难度	对氧量、炉温控制有较高要求，对于高水分的垃圾在无油助燃时不能稳定燃烧

（二）垃圾气化发电

垃圾气化处理是实现垃圾资源化、无害化和减量化的有效途径之一，垃圾气化发电是指在高温（500～900℃）和气化介质（空气、氧气、水蒸气等）的共同作用下，将垃圾中的有机组分转化为可燃合成气（主要是一氧化碳、氢气和甲烷），用来燃烧发电、提纯合成液体燃料以及高附加值的化学品。与煤炭相比，生活垃圾含碳量低，而且 H/C 和 O/C 比高，具有较高的挥发分含量，但垃圾发热量比一般的煤炭低。此外，垃圾中 N、S 等元素含量较少，由于整个气化过程温度较少，产生的氮氧化物较少，减少了对环境污染。

1. 垃圾气化发电系统

图 10-21 所示为垃圾气化发电厂工艺流程。

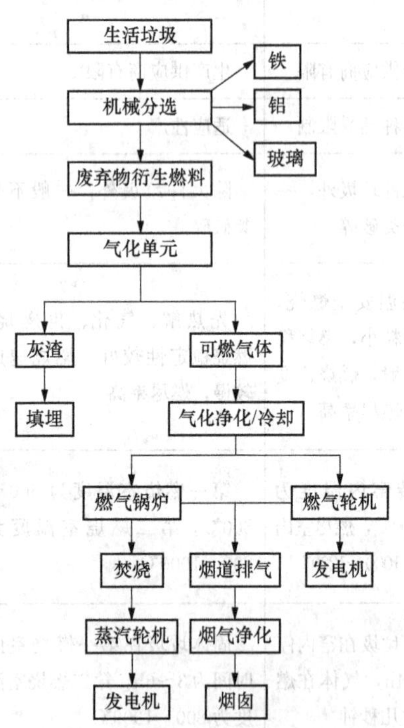

图 10-21 垃圾气化发电厂工艺流程

城市生活垃圾经过分选，除去不可燃烧物质并经过破碎、干燥、成型制成无害固体燃料，其水分含量不超过 20%，只剩下一部分变量的炭和矿物质灰烬在固相当中，这种处理后的生活垃圾称为废弃物衍生燃料（RDF）。在高挥发性（大于 60%）和低着火点（250～350℃）条件下，垃圾碎片的加入会抑制 RDF 的挥发，这一过程为热解过程。RDF 由给料装置送入气化反应器，挥发分和炭进入气化阶段，经过多重复杂的化学反应转化为气体。气化过程产生的灰渣在反应器底部被收集，产生的可燃气体进入气体净化装置，然后经过一系列清洗装置去除气体中携带的焦油、微粒和未反应完的固体颗粒，然后气体送至燃气轮机和燃气锅炉用来发电。

气化炉是整个气化发电系统的关键设备，同其他生物质气化装置相类似，主要有固定床、气流床、流化床回转窑等类型。

2. 垃圾气化熔融焚烧技术

垃圾气化熔融焚烧技术是 21 世纪的环保与能源类高新技术，该技术极大遏制了二噁英产生和有害物质的排放。气化熔融焚烧技术将低温气化和高温熔融相结合起来，先将垃圾在 400～600℃的还原性气氛下气化，由于垃圾中的有价金属没有被氧化，有利于有价金属的回收利用，同时垃圾中 Cu、Fe 等金属不易成为促进二噁英类物质形成的催化剂。可燃气体再在辅助燃料（氧气、天然气或富氧空气）的助燃下燃烧，使灰渣在约 1300℃的条件下熔融燃烧，熔融渣在高温下稳定化，可实现再生利用，最大限度地实现垃圾减容。垃圾气化熔融焚烧技术主要有回转窑式和流化床式，其中，回转窑式生活垃圾气化熔融焚烧技术和低温流化床熔融焚烧技术是发展前途较大的垃圾气化发电技术。

（1）回转窑式生活垃圾气化熔融焚烧技术。回转窑式生活垃圾气化熔融焚烧技术最早是德国西门子首先开发的，垃圾的气化过程在回转窑中进行，一边接受由回转形成的搅拌作用，一边在约 450℃的无氧条件下进行分解气化。该技术最大优点是处理垃圾范围较广，气化率较高。

（2）低温流化床熔融焚烧技术。低温流化床熔融焚烧技术是由日本荏原公司开发，该技术中的生活垃圾在温度为 500～600℃的流化床内气化，流化床气体产物进入立式旋涡熔融炉，在约 1350℃的温度下进行熔融燃烧。

第三节 太阳能热发电

一、太阳能热发电概述

1. 基本概念

通过水或其他工质和装置将太阳能辐射能转换为电能的发电方式，称为太阳能发电。目前利用太阳能发电主要有两种基本途径：一种是将通过光电器件直接将太阳能辐射能转换为电能，即太阳能光发电，本节不做介绍；另一种是先将太阳辐射能转换为热能，然后再按照某种发电方式将热能转换为电能，即太阳能热发电。

2. 分类

太阳能热发电分为两大类型。

一类是利用太阳热能直接发电，如利用半导体材料或金属材料的温差发电，真空器件中的热电子和热离子发电，碱金属的热电转换以及磁流体发电等。这些装置可以将聚集的太阳光和热直接转化为电能，但它们目前的功率均很小，有的仍处于原理性试验阶段，尚未进入商业化应用，所以在此不做介绍。

另一类是太阳能热动力发电，利用太阳能集热器将太阳能收集起来，将热水或其他工质，使之产生蒸汽，驱动热力发动机，再带动发电机发电——即先把热能转换为机械能，然后再把机械能转换为电能。此类型已达到实际应用的水平，美国等国家已建成具有一定规模的实用电站。

二、聚光型太阳能热发电系统

1. 工作原理

聚光型太阳能系统，可以采用常规火电厂中通用的朗肯循环，也可以使用更高效的布雷顿循环和斯特林循环。因此与火电厂相比，两者的工作原理基本上是相同的，区别在于火电厂使用化石燃料获得热能，而太阳能热发电则利用太阳能产生热能。

在学习之前章节的火力发电系统的相关知识后，就比较容易理解聚光型太阳能热发电系统的工作原理。其具体过程为利用聚光集热器将低密度的太阳能汇聚到焦斑处，使其生成高密度的能量，然后由工作流体将其转化成热能，然后经过热交换器产生高温高压的过热蒸汽，驱动汽轮机并带动发电机发电。从汽轮机出来的蒸汽，其压力和温度已经大幅降低，经过冷凝器凝结成液体后，被重新泵回热交换器，又开始新的循环。

整个能量转换过程包括太阳辐射能转换为热能，热能转换为机械能，最后是机械能转换为电能。因此，整个系统的效率也是由这三部分的效率组成。

太阳能发电系统的总效率 η_s 为集热器效率 η_c、热机效率 η_m 和发电机效率 η_g 的乘积，即

$$\eta_s = \eta_c \eta_m \eta_g$$

2. 基本组成

典型的聚光型太阳能热发电系统主要由聚光集热子系统、热传输子系统、蓄热子系统和汽轮发电子系统四部分组成，其系统组成如图 10 - 22 所示。

(1) 聚光集热子系统。集热子系统是吸收太阳辐射能转换为热能的装置，包括聚光器、接收器和跟踪装置。

聚光器是太阳能热发电系统中的一个关键部件，用于收集阳光并将其聚集到一个有限尺

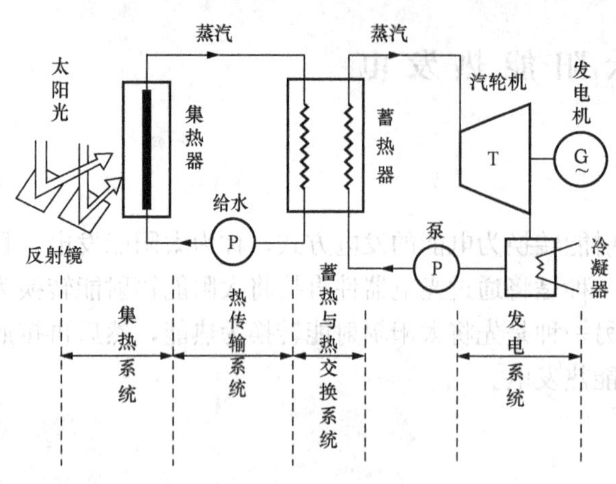

图 10-22 聚光型太阳能热发电系统组成

寸面上，以提高单位面积上的太阳辐照度，从而提高被加热工质的工作温度。最常用的聚光方式有两种，即平面反射镜和曲面反射镜。

接收器是通过接受经过聚焦的阳光，将太阳辐射能转变为热能，并传递给工质的部件。它的主要构成部件是吸收体，其形状有平面状、点状、线状，也有空腔结构。在吸收体表面往往覆盖选择性吸收面，如经过化学处理的金属表面，由铝-钼-铝等类多层薄膜构成的表面，用等离子体喷射法在金属基体上喷镀特定材料后所构成的表面等，它们对太阳光的吸收率很高。还可在包围吸收体的玻璃等的表面镀上一定厚度的铝、锡、钛等金属制成选择性透过膜。这种膜能使可见光区域的波长几乎全部透过，而对红外区域的波长则几乎完全反射。这样，吸收体吸收了太阳辐射并变成热能再以红外线辐射时，此膜即可将热损耗控制在最低限度。

为使聚光器和接收器发挥最大效果，反射镜应配置跟踪太阳的跟踪装置，这样可以使一天中所有时段的太阳辐射都能通过反射镜面反射到固定不动的接收器上。从跟踪方式上可分为两种，即单轴跟踪和双轴跟踪。前者的反射镜绕一根轴转动，后者反射镜则可以绕两根轴转动。从实现跟踪的方式上来分，有程序控制和传感器控制两种。程序控制方式是预先用计算机计算并存储设置地点的太阳运行规律，然后依据程序以预定的速度转动光学系统，使其跟踪太阳。传感器控制方式是用传感器测出太阳入射光的方向，通过步进电机等驱动机构调整反射镜的方向，以消除太阳方向同反射镜光轴间的偏差。

(2) 热传输子系统。对于热传输子系统的基本要求有输热管道的热损耗小；输送传热介质的泵功率小；热量输送的成本低。

对于分散型太阳能热发电系统来说，通常是将许多单元集热器串、并联起来组成集热器方阵，这就使得由各个单元集热器收集起来的热能输送给蓄热子系统时所需要的输热管道加长，热损耗增大。对于集中型太阳能热发电系统，虽然输热管道可以缩短，但却要将传热介质送到塔顶，消耗动力增大。

传输系统中使用的传热介质需要根据温度和特性来选择，目前大多选用在工作温度下为液体的加压水和有机流体，也有选择气体和两相状态物质的。

(3) 蓄热子系统。蓄热系统在集热器和汽轮发电机组之间提供一个缓冲环节，发挥蓄热和放热作用，以保证太阳能热发电系统稳定地发电。通常蓄热装置是由真空绝热或以绝热材料包覆的蓄热器构成，可分为四种类型：低温蓄热、中温蓄热（100～500℃，通常为 300℃左右）、高温蓄热（500℃以上）和极高温蓄热（1000℃左右）。对于不同的蓄热方式，应选用相应不同的蓄热材料。低温蓄热一般用水蓄热，也可用水化盐等；中温蓄热适宜用高压热水、有机流体（在 300℃左右可使用导热油、稳定饱和的石油流体等）和载热流体（如烧碱等）；高温蓄热主要使用钠和熔化盐等；极高温蓄热常用铝或氧化锆耐火球等做蓄热材料。

(4) 汽轮机发电子系统。与火力发电系统基本相同，应用于太阳能热发电系统的动力发电装置有汽轮机、燃气轮机、低沸点工质汽轮机、斯特林发动机等。对于大型太阳能热发电系统，由于其温度等级与火力发电系统基本相同，可选用常规的汽轮机，工作温度在 800℃以上时，可选用燃气轮机；对于小功率或低温的太阳能热发电系统，则可选用低沸点工质汽轮机或斯特林发动机。

低沸点工质汽轮机是一种使用低沸点工质的朗肯循环热机，一般它的热温度设计为 150℃。以前常用氟里昂做工质，现在多用丁烷和氨等。来自蓄热系统的热能送入气体发生器，使加压换热系统的热能送入气体发生器，使加压的液体工质蒸发，然后被引至汽轮机膨胀做功。压力下降后的低压气体经冷凝器冷却并液化，再由泵将加压的工质送回气体发生器，其工作流程如图 10-23 所示。

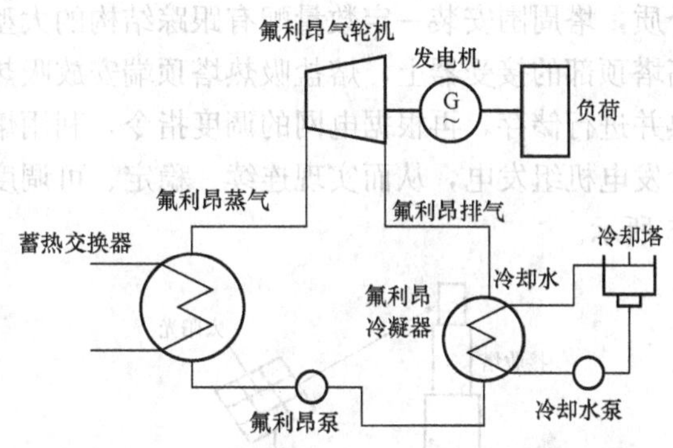

图 10-23　低沸点工质汽轮机工作框图

斯特林发动机是一位伦敦的牧师罗伯特·斯特林于 1816 年发明的。这是一种独特的热机，因为它理论上的效率几乎等于理论最大效率，通常称其为卡诺循环效率。斯特林发动机是通过气体受热膨胀、遇冷压缩而产生动力的。这是一种外燃发动机，它使燃料连续地燃烧，蒸发的膨胀氢气（或氦）作为动力气体使活塞运动，而膨胀气体则在冷气室冷却，如此反复循环，具有可适用于各种不同热源、无废气污染、效率高、振动小、噪声低、运转平稳、可靠性高和寿命较长等优点。

此外，在这主要的四种子系统的基础上，部分太阳能热发电系统还会增加辅助能源子系统。这是由于太阳能系统要求的蓄热子系统容量太大以致投资巨大，所以在太阳能热发电系统中采用常规能源作为辅助能源，是用以维持电站一直持续运行的可取的方案。

3. 典型太阳能热发电系统比较

聚焦式太阳能热发电（CSP）技术作为一种开发潜力巨大的新能源和可再生能源开发技术备受瞩目，目前已达到商业化应用水平或者说前景很好的太阳能热发电系统主要有聚焦型的塔式、槽式、碟式三种。前两种发电传热工质有水/蒸汽、空气和熔融盐，后一种采用氢气或氦气。CSP 技术从 20 世纪 80 年代发展至今，传热介质经历了水-水蒸气-空气-液态金属-导热油-熔融盐的变化过程。其中，熔融盐具有液体温度范围宽、黏度低、流动性能好、蒸汽压小、对管路承压能力要求低、相对密度大、比热容高、蓄热能力强、成本较低等诸多优点，已成为一种公认的良好的塔式太阳能热发电和聚光太阳能热化学利用的理想传热蓄热介质。三种热发电系统的现场图如图 10-24 所示，从左往右依次为塔式、槽式、蝶式。

(a)

(b)

(c)

图 10-24　三种聚光型太阳能发电系统

（a）塔式；（b）槽式；（c）碟式

（1）塔式太阳能热发电系统。塔式太阳能热发电系统又称为集中式系统，由聚光、集热、蓄热、汽轮发电四部分装置构成。

在太阳能热发电系统中，高温传热/蓄热介质尤为重要，它决定系统的运行效率和发电功率。熔盐塔式光热发电系统是运行效率较高的太阳能热发电系统。该系统以熔融盐为储热介质，塔周围安装一定数量配有跟踪结构的大型定日镜，能准确地将太阳光反射集中到一个高塔顶部的接受器上，熔盐吸热塔顶端安放吸热器，用于吸收光场反射的太阳能，将熔盐加热并进行储存，再根据电网的调度指令，利用熔盐与水热交换后产生的高温高压蒸汽驱动汽轮发电机组发电，从而实现连续、稳定、可调度的电力输出。其发电系统工作原理如图 10-25 所示。

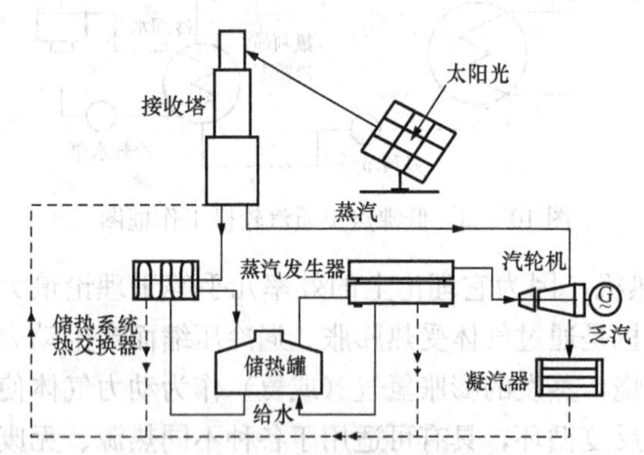

图 10-25 塔式太阳能热发电系统工作原理

目前，塔式热发电系统总效率可达 13% 左右，同时具备聚光比和温度高、热传递路程短、热损耗少、系统综合效率高等特点，极适合于大规模大容量（30～400MW）的商业化应用，但系统复杂，成本较高。另外，熔盐塔式光热发电系统因为是通过熔盐把太阳能储存起来，所以熔盐塔式发电无论在夜间，或者是阴天都可以发电，有阳光的时候收集阳光，没有阳光的时候通过释放储存的光能发电，解决了如传统风电有风才能发电，光伏有阳光才能发电的弊端。

塔式发电系统的关键技术有如下三方面：

1）定日镜及其自动跟踪。由于这一发电方式要求高温、高压，由于太阳光的聚焦必须有较大的聚光比，需用千百面反射镜，并要有合理的布局，使其反射光都能集中到较小的集热器窗口。反射镜的反光率应为 80%～90%，自动跟踪太阳要同步。

2）接收器。接收器又称为太阳能锅炉。要求体积小，换能效率高，有垂直空腔型、水平空腔型和外部受光型等类型。对于垂直空腔型和水平空腔型来说，由于反射镜反射光可以照射到空腔内部，因而可将锅炉的热损失控制到最低限度，但最佳空腔尺寸和场地的布局有关。外部受光型吸收体的热损耗要比上述两种类型大些，但适合于大容量系统。

3）蓄热装置应选用传热和蓄热性能良好的材料作为蓄热工质。选用水汽系统许多优点，因为工业界和使用者都很熟悉，有大量的工业设计和运行经验，附属设备也已商业化，但腐蚀问题是其不足之处。对于高温的大容量系统来说，可选用钠做热传输工质，它具有优良的导热性能，可在 3000kW/m^2 的热流密度下工作。

目前，八达岭太阳能热发电实验电站是我国、也是亚洲首个兆瓦级太阳能塔式热发电站，包括高约 120m 的吸热塔、1 万 m^2 的定日镜、吸热和储热系统、全场控制和发电等单元。目前，已实现 1.5MW 的汽轮发电机稳定发电运行。

（2）槽式太阳能热发电系统。槽式抛物面反射镜太阳能热发电系统简称槽式太阳能热发电系统，又称为分散型系统。它是利用线性聚焦的抛物面槽技术，由太阳辐射作为一次能源的中压、朗肯循环蒸汽发电系统。整个系统由聚光集热、辅助能源、蓄热及汽轮发电装置四部分组成。槽式太阳能热发电系统利用槽形抛物面反射镜将太阳光聚焦到集热器来加热工质

（油或水），产生蒸汽来推动汽轮机带动发电机发电。

图 10-26 所示为商用槽式抛物面镜线聚焦太阳能热发电系统的原理。

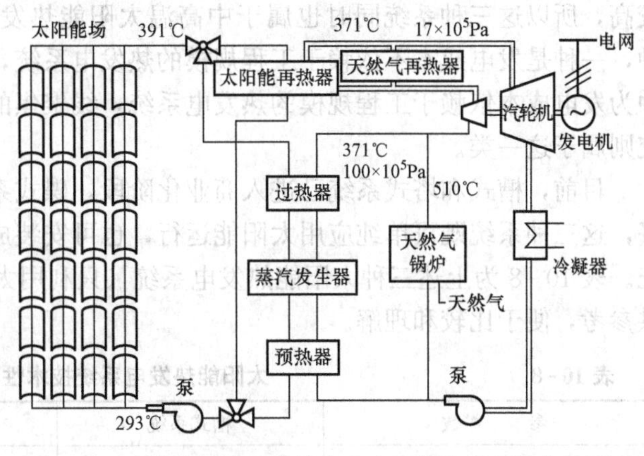

图 10-26　槽式抛物面镜线聚焦太阳能热发电系统的原理

系统中的太阳能收集器场装有相当数量的太阳能集热器组合单元，每个组合单元由若干槽式抛物面镜线聚焦集热器组成，装配成 50～96m 长的单元。

对槽式抛物面镜，集热器的吸收器主要发展趋势为真空管吸收器和腔体式吸收器。真空管吸收器存在诸多问题，中温时真空封口容易脆裂，热损增大，涂层成本高且容易老化和脱落。

腔体吸收器结构为圆柱形腔体，外表面裹隔热材料，由于腔体的黑体效应，使其能充分吸收聚焦后的阳光，主要用于长焦聚光器，其优点有腔体壁温较均匀，可减小与流体之间的温差，使开口的有效温度降低，从而最终使热损降低，成本降低且便于维护，而经优化设计后的腔体式吸收器，热性能与真空管吸收器稳定。

由于槽式太阳能热发电系统的集热器是一种线性集热器，其聚光比塔式系统低得多，吸收器的散热面积也比较大，因此集热器所能达到的介质工作温度一般不超过 400℃。该系统结构简单，安装维护比较方便，成本较低，但由于聚光比较小，且热传递回路长，其损失较大，导致系统总效率较低。

（3）碟式太阳能热发电系统。碟式太阳能热发电系统又称盘式系统，采用盘状抛物面镜聚光集热器（外形类似于大型抛物面雷达天线），如图 10-27 所示。

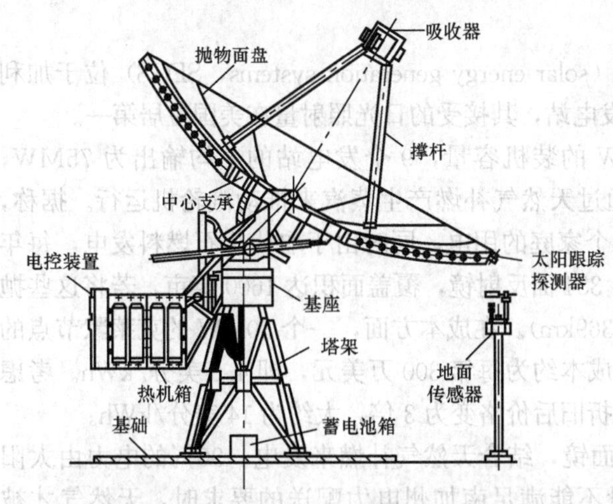

图 10-27　碟式小型太阳能热发电装置

该抛物面反射镜将入射的太阳光聚集在镜面焦点处，而此处可放置太阳能吸热器来吸收热能加热工质驱动汽轮发电机组发电，也可以放置太阳能斯特林发电装置直接发电。碟式系统的盘状抛物面镜是一种点聚焦集热器，其聚光比可以高达数百到数千倍，同时此系统还采用二维跟踪，使得聚光镜面始终正对太阳，所以聚光效率最高。

碟式系统可以单机标准化生产，具有使用寿命长、综合效率高、运行灵活性强等特点，可以独立运行，作为无电边远地区的小型电源，一般功率为 10～25kW，聚光镜直径为 10～15m；也可用于较大的用电户，把数台至十数台装置并联起来，组成小型太阳能热发电站，但是其单机规模受限制，发电装置的成功开发仍是目前的技术瓶颈。

上述三种太阳能热发电系统均为聚光型太阳能热发电系统，由于聚光可使系统工作温度较高，所以这三种系统同时也属于中高温太阳能热发电系统。若从经济性角度则可分为两种，一种是发电成本不依赖于工程规模的热发电系统，如点聚焦的碟式聚光发电系统；另一种为发电成本依赖于工程规模的热发电系统，线聚焦的槽式发电系统和点聚焦的塔式发电系统则属于这一类。

目前，槽式和塔式系统已进入商业化阶段，碟式系统尚处于示范阶段，但商业化前景看好，这三种系统既可单纯应用太阳能运行，也可安装成为与常规燃料联合运行的混合发电系统。表 10-8 为上述三种太阳能热发电系统（只利用太阳能运行情况）的技术性能参数，仅供参考，便于比较和理解。

表 10-8 太阳能热发电系统技术性能参数

参　　数	槽式系统	塔式系统	碟式系统
聚光比	10～70	300～1500	100～1000
规　模	30～320MW	10～20MW	5～25kW
运行温度（℃）	390/734	565/1049	750/1382
年容量因子（%）	23～50	20～77	25
峰值效率（%）	20	23	24
年净效率（%）	11～16	7～20	12～25
商业化情况	可商业化	示范阶段	试验样机阶段
技术开发风险	低	中	高
可否储能	有限制	可以	蓄电池
可否组成混合系统	可以	可以	可以
设备一次投资（欧元/kW）	2300～2500	2500～2900	5000～8000

4. 聚光型太阳能热发电工程简介

美国加利福尼亚州的太阳能发电系统（solar energy generation systems，SEGS）位于加利福尼亚州的莫哈维沙漠，包括 9 个太阳能发电站，其接受的日光照射量在美国位居第一。

（1）规模与营运。SEGS 拥有 345MW 的装机容量，9 个发电站的平均输出为 75MW，其利用率为 21%。此外，在夜间，可以通过天然气补燃产生蒸汽来推动汽轮机运行。据称，SEGS 在白天峰值阶段，可以供应 232 500 个家庭的用电，同时由于取代化石燃料发电，每年可以减少 3800t 污染物。发电系统共有 936 384 面反射镜，覆盖面积达 1600 英亩，若将这些抛物面反射镜一字排开，将延伸至 229mile（369km）。在成本方面，一个 30MW 的克莱默节点的构建需要 9000 万美元，而它的运行与维护成本约为每年 300 万美元，即 4.6 美分/kWh。考虑到 20 年的系统寿命，运行、维护、投资和折旧后价格变为 3 倍，大约为 14 美分/kWh。

（2）运行原理。SEGE 使用槽式抛物面镜，结合天然气补燃来发电，90%的电力由太阳能热发电技术产生。只有当太阳能发电量不能满足南加州电力配送的要求时，天然气才被使用。

抛物面反射镜的形状像一个半管，当太阳照射到反射率为 94%的玻璃面板上，该玻璃面板与反射率仅为 70%的普通镜子不同。这些反射镜能够自动跟踪太阳，而最能够导致其损坏的因素是风，通常每年要更换3000面反射镜。在激烈风暴中，运营商可通过转动反射镜来保护设备。另外，可用自动清洗系统来清理抛物面反射镜的面板。

太阳光被反射镜反射到一个装满合成油的中心管，将其加热到400℃以上。反射到中心管上的太阳光比普通光照集中了71～80倍。合成油将热量传递给水，水蒸发为蒸汽，驱动朗肯循环汽轮机，从而产生电能。至于用合成油代替水吸收太阳能热，是为了保持压力在可控范围内。

三、太阳能烟囱发电技术

太阳能烟囱热力发电技术是20世纪80年代首先由斯图加特大学的乔根·施莱奇教授及其合作者提出并进行了长期的实验研究，该项技术的装置简图如图10-28所示。

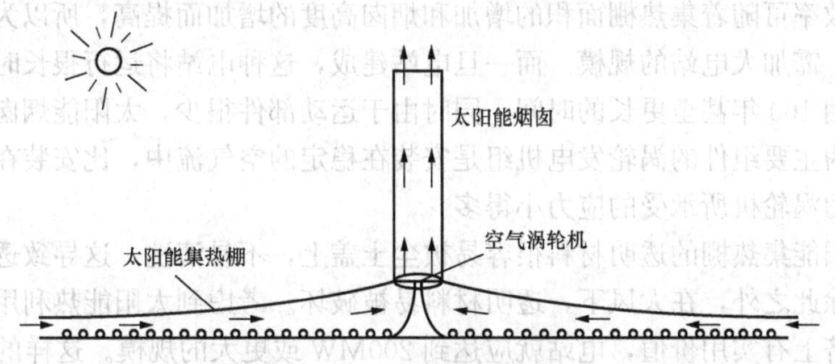

图10-28 太阳能烟囱系统

太阳能烟囱式热力发电系统由太阳能集热棚、太阳能烟囱、涡轮发电机组和蓄热装置构成。驱动涡轮发电机所需的热空气是通过太阳能集热棚的温室效应产生的。太阳能集热棚由半透明的棚顶和支撑结构组成，其半透明的棚顶材料通常为玻璃、聚碳酸酯或塑料膜，支撑结构则采用混凝土或钢支架。集热棚以太阳能烟囱中心，呈圆周状分布，并与地面有一定间隙，以引入周围的空气，棚顶与烟囱基础相连接，其与地面的间距随烟囱高度的增加而增加(通常为28m)，棚顶距地面越高则风阻越小。而太阳能烟囱周边与集热棚密封相连，其离地面也有一定距离，底部装有空气涡轮机。烟囱的作用是形成压差为电站提供热动力。压差与棚内外温差和烟囱高度成正比，并且与烟囱内的摩擦阻力有关。设计时应优化烟囱内表面积与容积的比值，使摩擦阻力最小。

太阳能烟囱发电的基本原理是太阳光照射集热棚，加热棚下的土地（或蓄热器）和棚内空气，从而导致空气温度升高，密度下降，在烟囱的抽吸作用下形成一股强大的上升气流，风速大致与棚内外温差 Δt 和烟囱高度 H 成正比，驱动安装在烟囱底部中央的单台空气涡轮发电机或呈环形排列的多台小型空气涡轮发电机发电。同时，集热棚周围的冷空气进入棚内，形成持续不断的空气循环流动。这种发电方式无需常规能源，其动力的供给完全来自于集热棚下面因太阳辐射所产生的热空气，在太阳能烟囱发电过程中依次实现了太阳能到空气热能、空气动能，最终到涡轮发电机电能的转换。太阳能烟囱发电中使用的空气涡轮机，与风力发电所采用的速度级涡轮机不同，它是压力级涡轮机，与水力发电中的水轮机相似，能把静压转换成涡轮机的旋转能。

为弥补太阳热辐射不能稳定、持续供应的缺点，蓄热装置是关键的一环。太阳能烟囱式热力发电站的结构特点和经济要求使之应采用显热蓄热棚顶下大面积的土壤层是其天然的显热蓄热材料。为加强蓄热能力，同时考虑经济性，可在地层上敷设充水黑色管道。白天太阳辐射透过半透明棚顶，被集热棚下的土壤和水管吸收，太阳辐射能转换为土壤和充水黑色管的热能而储存；当夜间温度下降时，土壤和充水黑色管将其所储存的热能传递给周围的空气，加热空气，使涡轮机继续发电。面积巨大的土壤和充水黑色管网能确保发电站昼夜发电量相对稳定。

太阳能烟囱发电技术适合于建在人口稀少的地区，我国西藏、青海、新疆、甘肃、宁夏、内蒙古等地区属太阳能资源丰富地区，且人口稀少、荒漠面积较大，适于建造太阳能烟囱电站。太阳能烟囱发电技术有诸多优点，它的蓄热装置可以保证发电机组昼夜均可连续运行，而且发电设备简单，只需太阳能集热棚、太阳能烟囱和涡轮发电机组即可。另外，太阳能烟囱发电的效率可随着集热棚面积的增加和烟囱高度的增加而提高，所以为了达到更好的效率和经济性，需加大电站的规模。而一旦电站建成，这种电站将运行很长时间，光是烟囱本身就可以使用100年甚至更长的时间。同时由于运动部件很少，太阳能烟囱电站的维修费用很低。而作为主要组件的涡轮发电机组是安装在稳定的空气流中，比安装在工况恶劣的阵阵狂风中的风力涡轮机所承受的应力小得多。

但是，太阳能集热棚的透明材料很容易被尘土盖上，不易清洗，这导致透明材料的热交换效率下降。除此之外，在大风下，透明材料易被破坏。考虑到太阳能热利用效率低，如果想要达到在经济上有实用价值，电站就应达到200MW或更大的规模。这样的话，需要其集热棚面积直径达数公里、烟囱高达近千米、烟囱直径超过100m，这些都是工程上的技术难题。

第四节 太阳能光发电

人类利用太阳能发电有两大类型，一类是太阳能热发电，另一类是太阳能光发电。其中，太阳能光发电是将太阳能直接转变成电能的一种发电方式。太阳能光发电包括光伏发电、光化学发电、光感应发电和光生物发电四种形式。光化学发电又可分为电化学光伏电池、光电解电池和光催化电池。

太阳能光伏发电技术主要涉及太阳能电池和矩阵、电源转换（逆变器、充电器）、控制系统、储能系统、并网技术等领域。本节主要介绍太阳能光伏发电技术。

一、太阳能电池

光电效应是指光照射到某些物质上，引起物质的电性质发生变化，也就是光能量转换成电能。太阳能电池是利用光生伏打效应将光能转换为电能，所谓光生伏打效应是指物体由于受光照时其内部的电荷分布状态发生变化而产生电动势和电流的一种效应。太阳光照在半导体p-n结上，形成新的空穴-电子对，在p-n结电场的作用下，空穴由n区流向p区，电子由p区流向n区，接通电路后即形成电流，此即光电效应太阳能电池的工作原理。

太阳能发电有光-热-电转换方式和光-电直接转换方式两种。

1. 光-热-电转换方式

光-热-电转换方式通过利用太阳能集热器将太阳辐射产生的热能转换成工质的蒸气，再驱动汽轮机发电。前一过程是光-热转换过程，后一过程是热-电转换过程。太阳能热发电的缺点是效率很低而成本很高，估计它的投资至少要比普通火电站高5～10倍。目前只能小规模地应用于特殊的场合，而大规模利用在经济上很不合算，还不能与普通的火电厂或核电厂相竞争。

2. 光-电直接转换方式

光-电直接转换方式是利用光电效应，将太阳辐射能直接转换成电能，其基本装置是太阳能电池。太阳能电池是一种利用光生伏特效应将太阳光能直接转化为电能的器件，是一个半导体光电二极管，当太阳光照到光电二极管上时，光电二极管就会把太阳的光能变成电能，产生电流。

3. 太阳能电池

在光生伏打效应的作用下，太阳能电池的两端产生电动势，将光能转换成电能，其作用可视为一个能量转换器。太阳能电池一般为硅电池，分为单晶硅太阳能电池，多晶硅太阳能电池和非晶硅太阳能电池三种。

通常的晶体硅太阳能电池是在厚度 350～450μm 的高质量硅片上制成的，这种硅片从提拉或浇铸的硅锭上锯割而成，如图 10-29 所示。

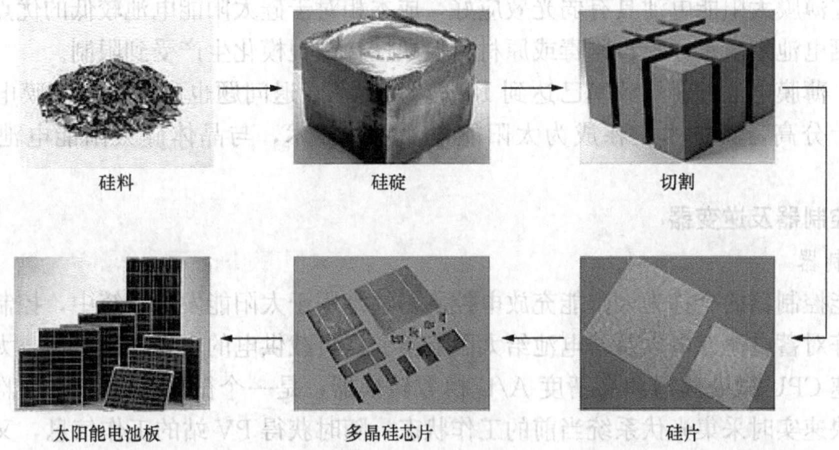

图 10-29　太阳能电池的生产流程

当需要输出较大功率电能时，可将多个太阳能电池串联或并联起来组成太阳能电池方阵，如图 10-30 所示。太阳能电池寿命长，只要太阳存在，太阳能电池就可以一次投资而长期使用；与火力发电、核能发电相比，太阳能电池不会引起环境污染；太阳能电池可以大中小并举，大到百万千瓦的中型电站，小到只供一户用的太阳能电池组，这是其他电源无法比拟的。

图 10-30　太阳能电池方阵

太阳能电池主要有以下几种类型：单晶硅太阳能电池、多晶硅太阳能电池、非晶硅太阳能电池、碲化镉电池、铜铟硒电池等。各类型电池主要性能见表 10-9。

表 10-9　各类电池主要性能表

种类	电池类型	商用效率	实验室效率	优点	缺点
晶硅电池	单晶硅	14%～17%	23%	效率高，技术成熟	原料成本高
	多晶硅	13%～15%	20.3%	效率高，技术成熟	原料成本较高
薄膜电池	非晶硅	5%～8%	13%	弱光效应好，成本相对较低	转化率较低
	碲化镉	5%～8%	15.8%	弱光效应好，成本相对较低	有毒污染环境
	铜铟硒	5%～8%	15.3%	弱光效应好，成本相对较低	稀有金属

晶硅类电池分为单晶硅电池组件和多晶硅电池组件，两种组件最大的差别是单晶硅组件的光电转化效率略高于多晶硅组件，也就是相同功率的电池组件，单晶硅组件的面积小于多晶硅组件的面积。单晶硅、多晶硅太阳能电池具有制造技术成熟、产品性能稳定、使用寿命长、光电转化效率相对较高的特点。

非晶硅薄膜太阳能电池具有弱光效应好，成本相对于硅太阳能电池较低的优点，而碲化镉、铜铟硒电池则由于原材料剧毒或原材料稀缺性，其规模化生产受到限制。

目前，薄膜电池的转换效率已达到 18%，其功率衰退问题也已解决。薄膜电池对弱光的转化率十分高，其技术正在成为太阳能电池主流技术，与晶体硅太阳能电池技术并驾齐驱。

二、控制器及逆变器

1. 控制器

太阳能控制器的全称为太阳能充放电控制器，是用于太阳能发电系统中，控制多路太阳能电池方阵对蓄电池充电以及蓄电池给太阳能逆变器负载供电的自动控制设备。太阳能控制器采用高速 CPU 微处理器和高精度 A/D 模数转换器，是一个微机数据采集和监测控制系统，既可快速实时采集光伏系统当前的工作状态，随时获得 PV 站的工作信息，又可详细积累 PV 站的历史数据，为评估 PV 系统设计的合理性及检验系统部件质量的可靠性提供了准确而充分的依据。此外，太阳能控制器还具有串行通信数据传输功能，可将多个光伏系统子站进行集中管理和远距离控制。太阳能控制器通常有 6 个标称电压等级，即 12、24、48、110、220、500V。

控制器对整个系统实施过程控制，并对蓄电池起到过充电保护、过放电保护的作用。在温差较大的地方，控制器还应具备温度补偿的功能。

由于太阳能电池和蓄电池是直流电源，当负载是交流负载时，逆变器是将直流电转换成交流电的必不可少的设备。逆变器按运行方式，可分为独立运行逆变器和并网逆变器。独立运行逆变器用于独立运行的太阳能电池发电系统，为独立负载供电；并网逆变器用于并网运行的太阳能电池发电系统。逆变器按输出波形可分为方波逆变器和正弦波逆变器。方波逆变器电路简单，造价低，但谐波分量大，一般用于几百瓦以下和对谐波要求不高的系统；正弦波逆变器成本高，但可以适用于各种负载。

2. 逆变器

逆变器是一种电源转换装置，太阳能逆变器的作用是将太阳能电池产生的 DC 电压转换成为电网兼容的 AC 输出。太阳能发电系统对逆变器的主要要求是可靠、效率高、波形畸变小、功率因数高。在可靠性和可恢复性方面，要求逆变器应具有一定的抗干扰能力、环境适应能力、瞬时过载能力及各种保护功能。

3. 太阳能逆变方式

现在比较通行的太阳能逆变方式为：集中逆变器、组串逆变器，多组串逆变器和组件逆变。下面分析几种逆变器运用的场合分析。

集中逆变一般用于大型光伏发电站（大于 10kW）的系统中，很多并行的光伏组串被连到同一台集中逆变器的直流输入端，一般功率大的使用三相的 IGBT 功率模块，功率较小的使用场效应晶体管，同时使用 DSP 转换控制器来提高所产出电能的质量，使它非常接近于正弦波电流。最大特点是系统的功率高，成本低。但受光伏组串的匹配和部分遮影的影响，导致整个光伏系统的效率和电产能。同时整个光伏系统的发电可靠性受某一光伏单元组工作状态不良的影响。最新的研究方向是运用空间矢量的调制控制以及开发新的逆变器的拓扑连接，以获得部分负载情况下的高效率。

在集中逆变器上可以附加一个光伏阵列的接口箱，对每一串的光伏帆板串进行监控，如其中有一组串工作不正常，系统将会把这一信息传到远程控制器上，同时可以通过远程控制将这一串停止工作，从而不会因为一串光伏串的故障而降低和影响整个光伏系统的工作和能量产出。

组串逆变器已成为现在国际市场上最流行的逆变器。组串逆变器是基于模块化概念基础上的，每个光伏组串（1～5kW）通过一个逆变器，在直流端具有最大功率峰值跟踪，在交流端并联并网。许多大型光伏电厂使用组串逆变器。优点是不受组串间模块差异和遮影的影响，同时减少了光伏组件的最佳工作点。

与逆变器不匹配的情况增加了发电量。技术上的这些优势不仅降低了系统成本，也增加了系统的可靠性。同时，在组串间引入“主-从”的概念，使得系统在单串电能不能使单个逆变器工作的情况下，将几组光伏组串联系在一起，让其中一个或几个工作，从而产出更多的电能。几个逆变器相互组成一个“团队”来代替“主-从”的概念，使得系统的可靠性又进了一步。目前，无变压器式组串逆变器已占了主导地位。

多组串逆变是取了集中逆变和组串逆变的优点，避免了其缺点，可应用于几千瓦的光伏发电站。在多组串逆变器中，包含了不同的单独的功率峰值跟踪和直流到直流的转换器，这些直流通过一个普通的直流到交流的逆变器转换成交流电，并网到电网上。光伏组串的不同额定值（如：不同的额定功率、每组串不同的组件数、组件的不同的生产厂家等）、不同的尺寸或不同技术的光伏组件、不同方向的组串（如：东、南和西）、不同的倾角或遮影，都可以被连在一个共同的逆变器上，同时每一组串都工作在它们各自的最大功率峰值上。同时，直流电缆的长度减少、将组串间的遮影影响和由于组串间的差异而引起的损失减到最小。

组件逆变器是将每个光伏组件与一个逆变器相连，同时每个组件有一个单独的最大功率峰值跟踪，这样组件与逆变器的配合更好。通常用于 50～400W 的光伏发电站，总效率低于组串逆变器。由于是在交流处并联，这就增加了交流侧的连线的复杂性，维护困难。另外，需要解决的是怎样更有效地与电网并网，简单的办法是直接通过普通的交流电插座进行并网，这样就可以减少成本和设备的安装，但往往各地的电网的安全标准也许不允许这样做，电力公司有可能反对发电装置直接和普通家庭用户的普通插座相连。另一个和安全有关的因素是是否需要使用隔离变压器（高频或低频），或者允许使用无变压器式的逆变器。这一逆变器在玻璃幕墙中使用最为广泛。

4. 逆变器性能分析

太阳能逆变器的效率指的是逆变器把直流电转换为交流电的效率，在逆变器输出效率方面，由于现在常用的太阳电池矩阵的光电转换效率小于15%，如果逆变器效率低，将太阳电池好不容易转换来的电能损耗掉，则十分可惜，这样势必增加矩阵中太阳电池组件的数量，增大矩阵所占的面积，从而大大增加太阳能发电设备的投资和土建费用。所以，要求逆变器效率要大于90%。大功率逆变器在满载时，效率必须在90%或95%以上，中小功率的逆变器在满载时，效率必须在85%或90%以上。在逆变器额定功率10%的情况下，也要保证90%以上的转换效率（大功率逆变器）。

对于逆变器输出波形，为使光伏阵列所产生的直流电源逆变后向公共电网并网供电，就必须对逆变器的输出电压波形、幅值及相位等与公共电网一致，实现向电网无扰动平滑供电，输出电流波形良好，波形畸变以及频率波动低于门槛值。

并网逆变器需要在不降低功率等级的前提下，紧密匹配电网的相位和频率。并网时，逆变器能够把负载用不了的电能回送至电网且无需借助体积庞大、成本高昂的能量存储器件。

基于安全考虑，并网的逆变器将在掉电时自动切断，且一般没有存储能量的电池组。同时，离网太阳能逆变器工作在独立模式，无需与外部交流电网同步。所以，它不需要任何反孤岛保护措施。

大型太阳光伏并网电站的控制逆变技术是太阳能光伏并网发电领域的核心技术之一。光伏发电系统必须对电网和太阳能电池的输出情况进行实时监测，对周围环境做出准确判断，完成相应动作，如对电网的投、切控制，系统的启动、运行、休眠、停止、故障等状态检测，以确保系统安全、可靠地工作。由于太阳能电池的输出曲线是非线性的，受环境影响很大，为确保系统能最大输出电能，需采用最大功率跟踪控制技术，通过自寻优方法使系统跟踪并稳定运行在太阳能光伏系统的最大输出功率点，从而提高太阳能输出电能利用率；同时，光伏发电系统作为分散供电电源，当电网由于电气故障、误操作或自然因素等外部原因引起中断供电时，为防止损坏用电设备以及确保电网维修人员的安全，系统必须具有孤岛保护的能力。随着现代电力电子技术、微电子技术和控制技术的进步，特别是电力电子器件和高性能微控制器技术的提高，高性能、高可靠性的能量变换装置成为可能。目前许多新能源领域的国外公司都在致力于这方面的研发工作，而且已经取得卓著的成效，形成了比较完善的针对并网逆变器的标准。例如：德国SMA公司已经研制成功大型并网逆变器，并开始系列化生产，其单台最大功率达到1000kW，由两台500kW逆变单元通过采用群控技术并联而成，具有完善的运行保护功能，而且可以通过网络通信实现在中央控制室对逆变器的监控。

相比较而言，太阳能光伏发电用控制并网型逆变器的研究起步比较晚，研究难度和研究范围大大增加，涉及光伏阵列最大功率跟踪、逆变、并网和防止孤岛效应（指供电电网断电时由于负载匹配等原因造成发电装置未停机，仍然给局部电网供电的不安全情况）等技术难题。我国对小型的与低压用户电网直接并网的光伏逆变器做过一些研究，但还没有成熟产品；对直接和高压网并网的逆变器的研究还刚刚起步。

三、太阳能光伏发电系统

目前，太阳能光伏发电系统大致可分为两类：离网光伏蓄电系统与光伏并网发电系统。

1. 离网光伏蓄电系统

太阳能离网发电系统包括以下三种：

（1）太阳能控制器（光伏控制器和风光互补控制器）对所发的电能进行调节和控制，一方面把调整后的能量送往直流负载或交流负载，另一方面把多余的能量送往蓄电池组储存，当所发的电不能满足负载需要时，太阳能控制器又把蓄电池的电能送往负载。蓄电池充满电后，控制器要控制蓄电池不被过充。当蓄电池所储存的电能放完时，太阳能控制器要控制蓄电池不被过放电，保护蓄电池。控制器的性能不好时，对蓄电池的使用寿命影响很大，并最终影响系统的可靠性。

（2）太阳能蓄电池组的任务是储能，以便在夜间或阴雨天保证负载用电。

（3）太阳能逆变器负责把直流电转换为交流电，供交流负荷使用。太阳能逆变器是光伏风力发电系统的核心部件。由于使用地区相对落后、偏僻，维护困难，为了提高光伏风力发电系统的整体性能，保证电站的长期稳定运行，对逆变器的可靠性提出了很高的要求。另外，由于新能源发电成本较高，太阳能逆变器的高效运行也显得非常重要。

太阳能离网发电系统主要由光伏组件、风机、控制器、蓄电池组、逆变器、风力/光伏发电控制与逆变器一体化电源等组成。

离网光伏蓄电系统是一种常见的太阳能应用方式，系统简单，适应性广，但因其蓄电池的体积偏大和维护困难，限制了使用范围，其系统结构如图 10 - 31 所示。

2. 光伏并网发电系统

（1）有逆流并网光伏发电系统。当太阳能光伏系统发出的电能充裕时，可将剩余电能馈入公共电网，向电网供电（售电）；当太阳能光伏系统提供的电力不足时，由电能向负载供电（买电）。由于向电网供电时与电网供电的方向相反，所以称为有逆流光伏发电系统。

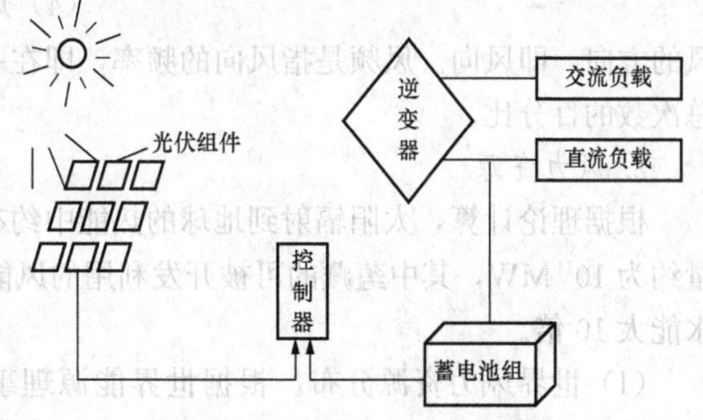

图 10 - 31　离网光伏蓄电系统示意

（2）无逆流并网光伏发电系统。太阳能光伏发电系统即使发电充裕也不向公共电网供电，但当太阳能光伏系统供电不足时，则由公共电网向负载供电。

（3）切换型并网光伏发电系统。该系统具有自动运行双向切换的功能。一是当光伏发电系统因多云、阴雨天及自身故障等导致发电量不足时，切换器能自动切换到电网供电一侧，由电网向负载供电；二是当电网因为某种原因突然停电时，光伏系统可以自动切换使电网与光伏系统分离，成为独立光伏发电系统工作状态。有些切换型光伏发电系统，还可以在需要时断开为一般负载的供电，接通对应急负载的供电。一般切换型并网发电系统都带有储能装置。

（4）有储能装置的并网光伏发电系统。该系统是在上述几类光伏发电系统中根据需要配置储能装置。带有储能装置的光伏系统主动性较强，当电网出现停电、限电及故障时，可独立运行，正常向负载供电。因此，带有储能装置的并网光伏发电系统可以作为紧急通信电源、医疗设备、加油站、避难场所指示及照明等重要或应急负载的供电系统。

第五节 风力发电

一、风与风力资源

1. 风的成因、特点及特征参数

风是地球外表大气层由于太阳的热辐射而引起的空气流动，大气压差是风产生的根本原因，地球上风的运动如图10-32所示。风具有周期性、多样性、复杂性的特点，风能的主要特征参数有风能、风能密度、风速与风级、风向与风频，其含义如下：

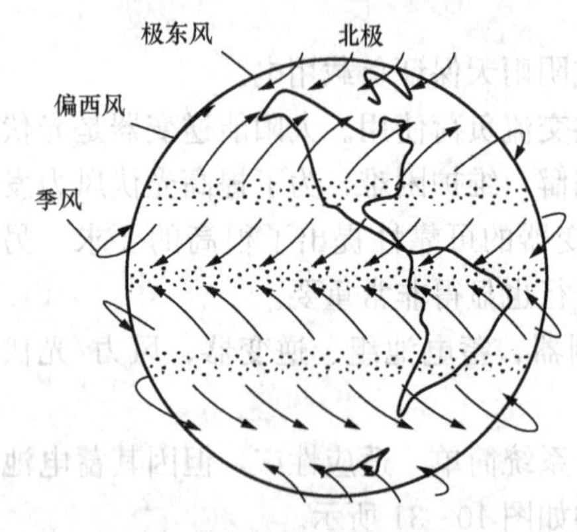

图10-32 地球上风的运动

（1）风能：空气运动产生的动能。

（2）风能密度：单位时间内通过单位截面积的风能。

（3）风速与风级：风速是空气在单位时间内移动的距离，国际上的单位是米/秒（m/s）或千米/小时（km/h）。英国人蒲福平1805年根据风对地面（或海面）物体影响程度拟定的等级，自0～12共13个等级，称“蒲氏风级”。自1946年以来，风力等级作了部分修改，增加到18个等级。我国目前仍习惯用到12级为止。

（4）风向与风频：通常把风吹来的地平方向定为风的方向，即风向。风频是指风向的频率，即在一定时间内某风向出现的次数占各风向出现总次数的百分比。

2. 风力资源

根据理论计算，太阳辐射到地球的热能中约有2%被转变成风能，全球大气中总的风能量约为10^{14}MW，其中蕴藏的可被开发利用的风能约有3.5×10^{9}MW，这比世界上可利用的水能大10倍。

（1）世界风力资源分布。根据世界能源理事会的有关资料，地球表面有27%的地区年平均风速高于5m/s（距地面10m高）。如将这些地方用作风力发电场，则每平方公里的风力发电能力最大值可达8MW，总装机容量可达24×10^{13}W。根据分析，实际上陆地面积中风力大于5m/s的地区，其中仅4%有可能安装风力发电机组。世界风能资源评估结果见表10-10。

表10-10 世界风能资源评估

地区	陆地面积（10^3km^2）	风力为3～7级地区所占比例（%）	风力为3～7级地区所占面积（10^3km^2）
北美	19 339	41	7876
拉丁美洲和加勒比	18 482	18	3310
西欧	4742	42	1968
东欧和独联体	23 047	29	6783

续表

地区	陆地面积（10^3km^2）	风力为3～7级地区所占比例（%）	风力为3～7级地区所占面积（10^3km^2）
中东和北非	8142	32	2566
撒哈拉以南非洲	7255	30	2209
太平洋地区	21 354	20	4188
中国	9597	11	1056
中亚和南亚	4299	6	243
总计	106 660	27	29 143

（2）中国风力资源。中国风能资源十分丰富，全国风能储量约 4.83×10^9MW，可开发利用的风能资源总量达2.53亿kW。在中国，风能资源主要分布在新疆、内蒙古等北部地区和东部至南部沿海地带及岛屿。其中，东南沿海、山东半岛、辽东半岛以及海上岛屿，内蒙古、甘肃北部，黑龙江南部、吉林东部为风能最佳区。西藏高原中北部、三北（西北、华北和东北）北部、东南沿海（离海岸线20～50km）为风能较佳区。东从辽河平原向西，过华北大平原经西北到最西端，左侧绕青藏高原边缘部分，右侧从华北向南面淮河、长江到南岭的地区及两广沿海、大小兴安岭山区为风能可利用区。

3. 风能的利用

按照不同的需要，风能可以被转化成其他不同形式的能量，如机械能、电能、热能等，以实现提水灌溉、发电、供热、风帆助航等功能，如图10-33所示。21世纪风能利用的主要领域是风力发电。

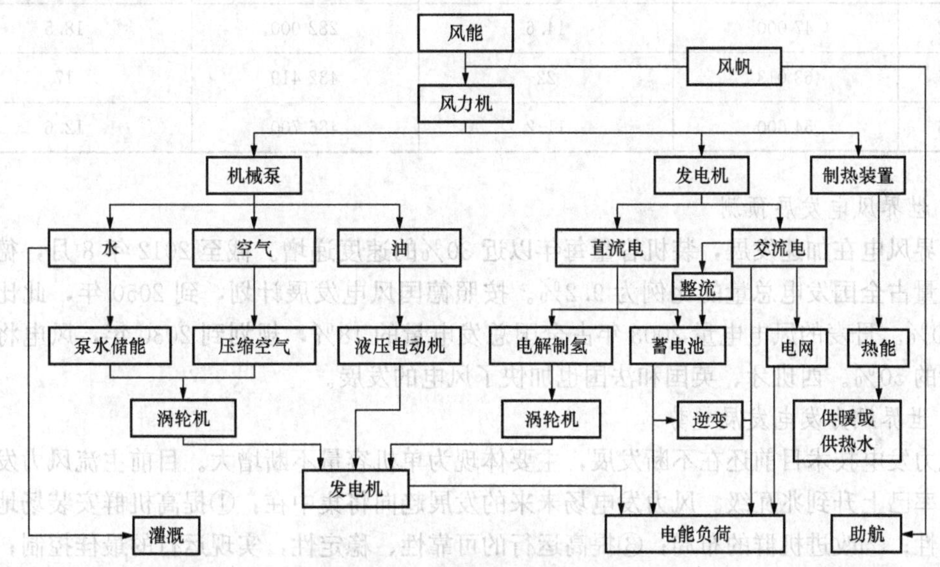

图10-33 风能的转换与利用

二、风力发电现状与展望

世界上第一台用于发电的风力机于1891年在丹麦建成。经过20年的开发，风电技术日臻成熟，商业化机组的单机容量从 55kW 增加到 1650kW，风电成本从 20 美分/kWh，持续下降到 5 美分/kWh，运行可靠性和发电成本接近常规火电，迅速发展为初具规模的新兴产业。

1. 世界风电现状

1998—2016 年世界风电状况见表 10 - 11。

表 10 - 11　　1998—2016 年世界风电状况

年份	新增装机容量（MW）	新增装机容量增速（%）	累计装机容量（MW）	累计装机总量增速（%）
1998	2520	33	10 200	34.2
1999	3440	36.5	13 600	33.3
2000	3760	9.3	17 400	27.9
2001	6500	72.9	23 900	37.4
2002	7270	11.8	31 100	30.1
2003	8133	11.9	39 431	26.8
2004	8207	0.9	47 620	20.7
2005	11 531	40.5	59 091	24.1
2006	15 245	32.2	74 052	25.3
2007	19 866	30.3	93 820	26.7
2008	26 560	33.6	120 291	28.2
2011	41 000	14.5	238 000	21
2012	47 000	14.6	282 000	18.5
2015	63 013	22	432 419	17
2016	54 600	11.2	486 700	12.6

2. 世界风电发展预测

世界风电在加速发展，装机容量每年以近 30％的速度递增。截至 2012 年 8 月，德国风能发电量占全国发电总量的比例为 9.2％。按照德国风电发展计划，到 2050 年，此比例将达到 50％。丹麦的风电电量 2003 年占全国总发电量的 18％，规划到 2030 年，风电将占总发电量的 50％。西班牙、英国和法国也加快了风电的发展。

3. 世界风力发电发展趋势

风力发电技术目前还在不断发展，主要体现为单机容量不断增大。目前主流风力发电机组的功率已上升到兆瓦级。风力发电场未来的发展趋向将集中在：①提高机群安装场地选择的准确性；②改进机群的布局；③提高运行的可靠性、稳定性，实现运行的最佳控制；④进一步降低设备投资及发电成本；⑤总装机容量在 1MW 以上的风力发电场将占据主导地位，风力发电场内的风力发电机组单机容量将主要是百千瓦以上至兆瓦级的。

三、风力发电设备

风力发电的基本原理是，风吹动风力机将风能转换为机械能，风力机拖动发电机将机械能转换为电能。风力发电机组主要包括风力机和发电机两大部分，下面分别进行介绍。

（一）风力机

根据风力机收集风能的结构形式及在空间的布置不同，可分为水平轴式或垂直轴式；从塔架位置不同，分为上风式和下风式；按桨叶数量不同，分为单叶片、双叶片、三叶片、四叶片和多叶片式；按桨叶和形式不同，可分为螺旋桨式、H形、S形等；按桨叶的工作原理不同，有升力型和阻力型两类；按风力机的容量不同，可分为微型（1kW以下）、小型（1～10kW）、中型（10～100kW）和大型机（100kW以上）。

（1）水平轴风力机。水平轴风力机的风轮轴与地面呈水平状态，它一般由风轮增速器、调速器、调向装置、发电机和塔架等部件组成，大中型风力机还有自动控制系统，如图10-34所示。这种风力机的功率从几十千瓦到数兆瓦，是目前最具有实际开发价值的风力机。

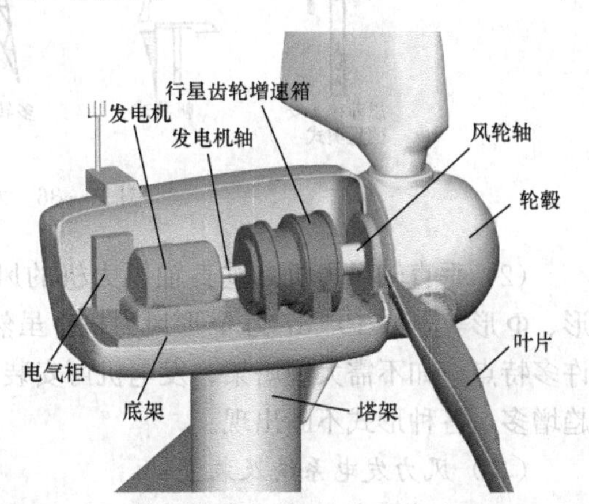

图10-34　水平轴风力机

目前世界上比较成熟的并网型风力发电机组多采用水平轴风力机，其形式多种多样，常见的水平轴风力机类型有：①单叶片式；②双叶片式；③三叶片式；④多叶片风车式；⑤车轮式多叶片风车式；⑥迎风式；⑦背风式等。典型的大型风力发电机组通常主要由叶轮、传动系统、发电机、调向机构及控制系统等几大部分组成，如图10-35所示。

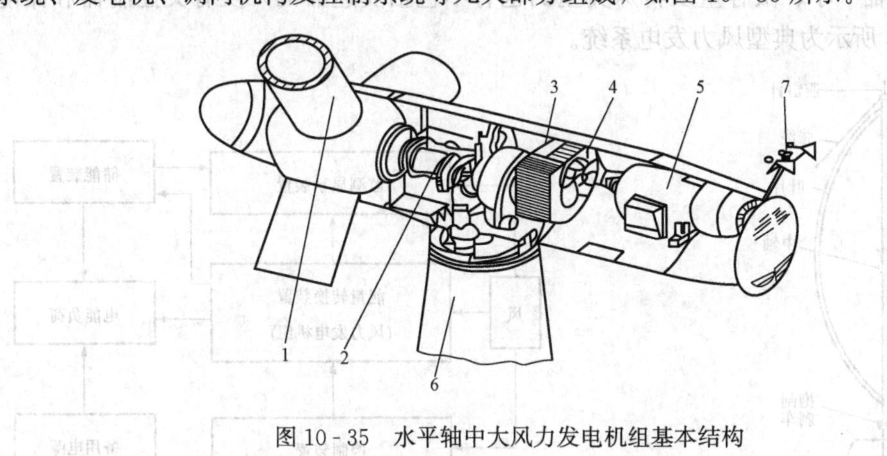

图10-35　水平轴中大风力发电机组基本结构

1—轮毂（安装叶片）；2—传动系统；3—齿轮箱；4—刹车系统；5—发电机；6—塔架；7—风速风向仪

风力机的主要技术指标参数主要有：①风轮直径，通常风力机的功率越大，直径应越大；②叶片数目，高速发电用风力机为2～4片，低速风力机大于4片；③叶片材料，现代常采用高强度低密度的复合材料；④风能利用系数，一般为0.15～0.5；⑤启动风速，一般为3～5m/s；⑥停机风速，通常为15～35m/s；⑦输出功率，现代风力机一般为几百千瓦至几兆瓦；⑧发电机，分为直流发电机和交流发电机；⑨塔架高度等。图10-36所示为各种形式的水平轴风力机。

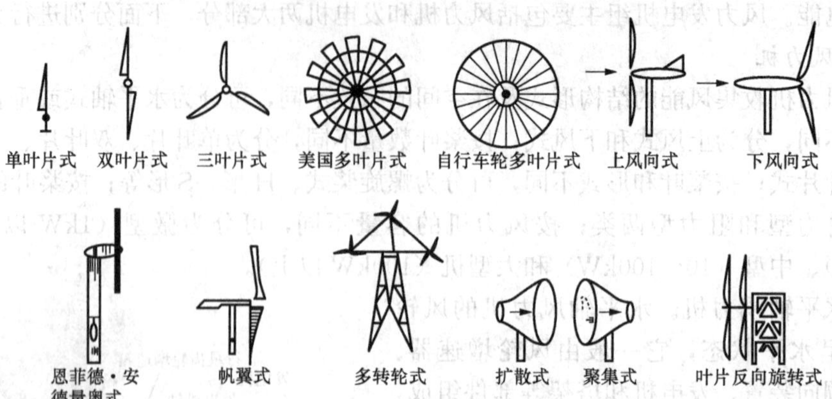

图 10－36 水平轴风力发电机

（2）垂直轴风力机。垂直轴风力机的风轮转轴与地面呈垂直状态，其形式有 S 形、H 形、Φ 形等，图 10－37 为 Φ 形风力机。虽然目前垂直轴风力机尚未大量商品化，但是它有许多特点，如不需大型塔架、发电机可安装在地面上、维修方便及叶片制造简便等，研究日趋增多，各种形式不断出现。

（二）风力发电系统及装置

1. 风力发电机组的系统组成

风力发电系统是将风能转换为电能的机械、电气及共控制设备的组合，通常包括风轮、发电机、变速器（小、微容量及特殊类型的也有不包括变速器的）及有关控制器和储能装置。图 10－38 所示为典型风力发电系统。

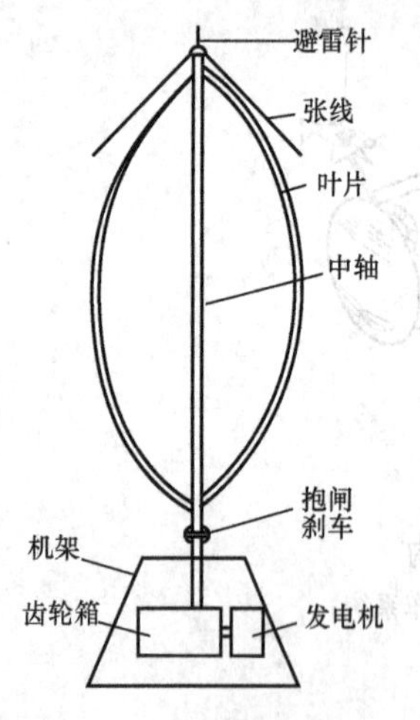

图 10－37 Φ 形风力机

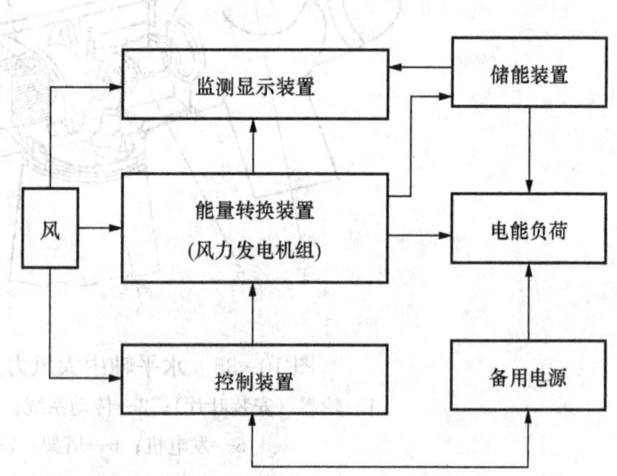

图 10－38 典型风力发电系统

2. 调向机构

调向机构用来调整风力机的风轮叶片旋转平面与空气流动方向的相对位置。因为当风轮叶片旋转平面与气流方向垂直时，也就是迎着风向时，风力机从流动的空气中获取的能量最大，因而风力机的输出功率最大，所以调向机构又称为迎风机构（国外通称为偏航系统）。

小型水平轴风力机常用的调向机构有尾舵和尾车，风电场中并网运行的中大型风力机则采用由伺服电动机。

3. 发电机

微型及小型（容量在 10kW 以下）风力发电机组，采用永磁式或自励式交流发电机，经整流后向负载供电及向蓄电池充电；容量在 100kW 以上的并网运行的风力发电机组，则应用同步发电机或异步发电机。

4. 升速齿轮箱

升速齿轮箱的作用是将风力机轴上的低速旋转输入转变为高速旋转输出，以便与发电机运转所需要的转速相匹配。

5. 塔架

水平轴风力发电机组需要通过塔架将其置于空中，以捕捉更多的风能。目前主要有由钢板制成的锥形筒状塔架和由角钢制成的桁架式塔架两种类型。

6. 控制系统

100kW 以上的中型风力发电机组及 1MW 以上的大型风力发电机组皆配有由微机或可编程控制器（PLC）组成的控制系统来实现控制、自检和显示功能。控制系统主要功能包括：

（1）按预先设定的风速值（一般为 3～4m/s）自动启动风力发电机组，并通过软启动装置将异步发电机并入电网。

（2）借助各种传感器自动检测风力发电机组的运行参数及状态，包括风速、风向、风力机风轮转速、发电机转速、发电机温升、发电机输出功率、功率因数、电压、电流等以及从动齿轮箱轴承的油温、液压系统的油压等。

（3）当风速大于最大运行速度（一般设定为 25m/s）时实现自动停机。

（4）故障保护。

（5）通过调制解调器与电话线连接。

（三）风力发电机组运行方式

风力发电机组有独立运行和并网运行两种运行方式。

1. 独立运行方式

独立运行的风力发电机组，又称离网型风力发电机组，是把风力发电机组输出的电能经蓄电池蓄能，再供应用户使用，如需要交流电，则要加逆变器。

（1）储能系统。风力发电系统采用的储能系统主要有：蓄电池储能、抽水蓄能，正在研究试验的有压缩空气储能、飞轮储能、电解水制氢储能等。

（2）与其他发电形式的联合运行。常用的方式主要有风力-柴油发电联合运行、风力-太阳能电池发电联合运行两种。其中，风力-光伏联合系统有两种不同的运行方式：①切换运行，即有风时由风力发电机组供电，有太阳光时由太阳能电池方阵供电，这种方式简单，但系统的效率较低；②同时运行，风力发电机组与太阳能电池方阵同时向蓄电池组充电，可以充分发挥两者的效能，系统效率高。

2. 并网运行方式

采用风力发电机与电网连接，由电网输送电能的方式，是克服风的随机性而带来的蓄能问题的最稳妥、易行的运行方式，同时可达到节约矿物燃料的目的。10kW 以上直至兆瓦级的风力发电机组皆可采用这种方式。

并网运行又可分为两种不同的方式：

（1）恒速恒频方式，即风力发电机组的转速不随风速的波动而变化，始终维持恒转速运转，从而输出恒定额定频率的交流电。这种方式目前已普遍采用，具有简单可靠的优点，但缺点是对风能的利用不充分。

（2）变速恒频方式，即风力发电机组的转速随风速的波动作变速运行，但仍输出恒定频率的交流电。这种方式可提高风能的利用率，但必须增加实现恒频输出的电力电子设备，同时还应解决由于变速运行而在风力发电机组支撑结构上出现的共振现象等问题。

四、风电场

在风能资源良好的地区，将几十台、几百台或几千台单机容量从数十千瓦、数百千瓦直至兆瓦级以上的风力发电机组按一定的阵列布局方式成群安装而组成的风力发电机群体，称为风力发电场，简称风电场。风力发电场属于大规模利用风能的方式，其发出的电能全部经变电设备送往大电网。

风电场场址选择的最主要的因素是风能资源、环境影响、道路交通及电网条件等。应结合风力资源、风塔建设条件、气象数据、地形地貌及对居民影响等综合确定。

1. 风力发电场的风力发电机组排列方式

合理地选择风力发电机组的排列方式，以减少机组之间的相互影响，风电场内风力发电机组的排列应以风电场内可获得最大的发电量来考虑。应按充分利用风能资源、最大程度利用风能为原则布置风力发电场的风力发电机组。影响机组布置的因素主要有风能分布、风场地形和土地征用等。

2. 风力发电场的经济效益评估

通常用风电场容量系数即发电成本来衡量风力发电场的经济效益。风电场内风力发电机组容量系数的计算方法为

$$容量系数(C_F)=\frac{全年发电量(kWh)}{风力发电机组额定容量(kW)\times 8760(h)}$$

$$风力发电机组额定容量=\frac{全年总运行时数(h)}{8760(h)}$$

影响风电场因素每千瓦时电能的发电成本的因素主要有风能资源特性（主要是风速频率分布）、风力发电机组设备的投资费用、风电场建设工程费用、风电场运行维护费用、建场投资回收方式及期限（指投资贷款利率、设备规定使用寿命及所要求的固定回收率等）及某些部件进口关税、设备增值税和设备保险所付出的费用等。

第六节 其他能源发电简介

能源是国民经济发展的动力，是人类生存的重要物质基础。能源的开发和利用程度（广度和深度）是衡量一个国家科学技术、生产水平的主要标志之一。随着世界经济的发展，各国对能源的需用量增长很快，进入20世纪以来，平均每30年增加1倍，而近20年又以每10年增加1倍的速度增长。为解决能源紧张的局面，必须多样化开发能源，下面就对可行的新能源发电方式进行简单介绍。

一、地热能发电

地热是指地球内部蕴藏的热能。地球是一个巨大的热库，据估计，世界石油总能量为煤

的 3%，目前人们能利用的核能（核燃料）仅为煤的 15%，而地热能（即地下热水、地热蒸汽和地下热岩石的热能）总量约为煤的 1.7 亿倍，在地下 3km 内，可供开采的地热能就相当于几万亿吨煤。

地热蒸汽发电的原理和设备与火力发电厂基本相同。地下的干蒸汽（不含水分）可直接送入汽轮发电机发电；地下的汽水混合物，可采用两种方法获得使汽轮机做功的地热蒸汽。

（1）减压扩容法。此方法是使地下热水转变为低压蒸汽供汽轮机做功，其流程如图 1-3 所示。地下热水经过除气器后，进入一级扩容器进行减压扩容，产生一次蒸汽（约占地下热水量的 10%），送入汽轮机做功，余下的 90%的热水再进入二级扩容器，进行二次减压扩容，产生二次蒸汽，也送入汽轮机的中间压力仓推动汽轮机带动发电机发电。减压扩容法构成了两级扩容地热发电系统，如图 10-39 所示。

（2）低沸点工质法。此方法是用地下热水通过预热器和蒸发器，对低沸点又易于凝结的工质（如氟利昂、异丁烷等）加热，建立热力循环，使变为气态的工质推动汽轮发电机发电，其流程如图 10-40 所示。

由图 10-40 可见，热水和工质各自构成独立系统，称为双流系统，因为此处的工质是双回路的，所以又称为两级双流地热发电系统。

地热发电不消耗燃料，不需锅炉燃烧、除灰等系统，因此无粉尘污染，设备利用率高，发电成本低，系统构成简单，运行管理方便。但容量和效率都较低，单位容量投资大，且需依赖地井的井址及规模。地下热水和蒸汽中含有硫化氢、氨等有害物质，应返灌回地下。

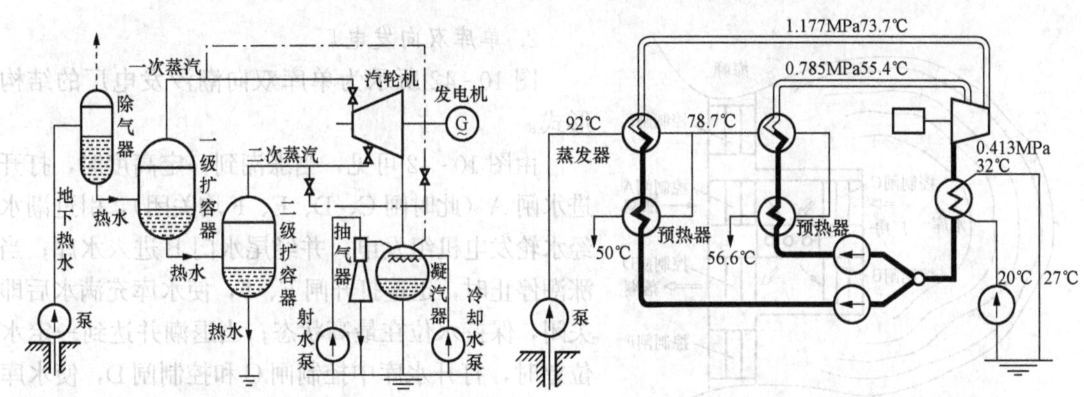

图 10-39　两级扩容地热发电系统（减压扩容法）

图 10-40　两级双流地热发电系统（低沸点工质法）

1904 年意大利在拉德瑞罗火山地区建造了世界上第一座地热电厂（容量为 500kW），引起了人们的重视。地热能发电在近 30 年来取得了较大的发展。我国于 1970 年建成了用减压扩容法发电的第一座地热电厂，1977 年又建成了地下蒸汽发电厂。1988 年 2 月，在西藏地区打成了第一口超过 200℃的地热井，进一步推动了我国地热发电厂的建设。

二、潮汐发电

潮汐发电是利用海水潮汐涨落时海水水位的升降落差推动水轮发电机组发电。由于太阳和月亮对地球表面不同位置的引力不平衡，使海水形成有规律升降的潮汐现象，海水有规律的运动形成大量的动能和势能，称为潮汐能。世界上的潮汐能约为（每年）30 亿 kW，经济可用的约为 6400 万 kW，折算成标准煤（每年）约为 0.64 亿 t。我国海岸线长达 14 000km，可开发利用的有500多处，可装机容量约为2800万kW，年发电量可达700亿kWh。

潮汐发电厂的基本结构形式有三种。

1. 单库单向发电厂

图10-41所示为单库单向潮汐发电厂的结构形式。由图可见，电厂只有一道堤坝，构成一个水库，水轮机组单向（由左向右）通水发电。这种电厂构造简单、投资小，但只有在落潮时才能发电。

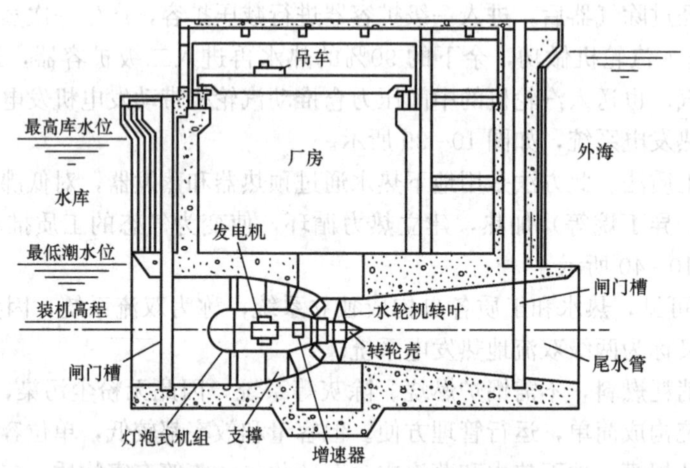

图10-41 单库单向潮汐发电厂的结构形式

2. 单库双向发电厂

图10-42所示为单库双向潮汐发电厂的结构形式。

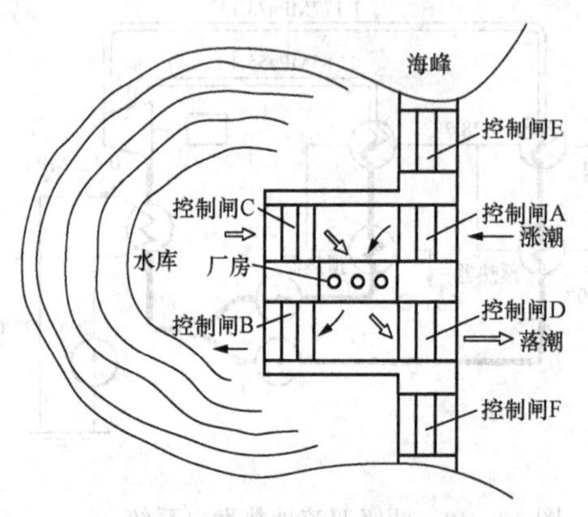

图10-42 单库双向潮汐发电厂的结构形式

由图10-42可见，当涨潮到一定高度时，打开进水闸A（此时闸C、D、E、F均关闭），引进潮水经水轮发电机组发电，并经尾水门B进入水库；当涨潮停止时，迅速打开闸E、F，使水库充满水后即关闭，保持水位在最高状态；当退潮并达到一定水位差时，打开水库中控制闸C和控制闸D，使水库的水经水轮发电机发电。这样就实现了涨潮及落潮均能发电。

3. 双库单向发电厂

将水库拦截为二，分为上水库和下水库，水轮发电机组置于两水库之间的隔坝内。上水库涨潮时进水，以尽量保持高水位（下水库不进水）；下水库在落潮时放水（入海），这样，可使上水库水位总比下水库水位高，因此可以全天进行发电。

三、燃气轮机发电

燃气轮机的工作原理与汽轮机相似，不同的是工质不是蒸汽，而是高温高压燃气，其基本循环示意如图10-43所示。

空气经压缩机压入燃烧室，燃料（油或液化天然气）经燃料泵打入燃烧室，在燃烧室燃烧产生高温高压的气体，进入燃气轮机膨胀做功，推动燃气轮机旋转，带动发电机发电。

燃气轮机转速较高，运转平稳，因无锅炉设备，不需水或仅需少量的水，所以机体紧凑，单机容量较大，启动快，热效率为 16%～33%，略低于汽轮机（30%～40%）。燃气轮发电机一般用于缺水地区和电网调峰。

为使燃气轮机的热效率提高，已采用燃气 - 蒸汽联合循环发电系统，如图 10 - 44 所示。由图可见，燃气轮机排出的高温燃气导入蒸汽锅炉充分利用，其综合效率可达 40%～60%。这是一种有效节能措施，是改造旧有蒸汽发电厂的可行办法。美国比维尔电厂有总容量 600MW 联合循环发电装置，其中包括六台 75MW 燃气轮机组和一台 150MW 汽轮发电机组，以油为燃料。日本新潟电厂有两套 1090MW 联合循环发电装置，净热效率为 43%，以液化天然气为燃料。

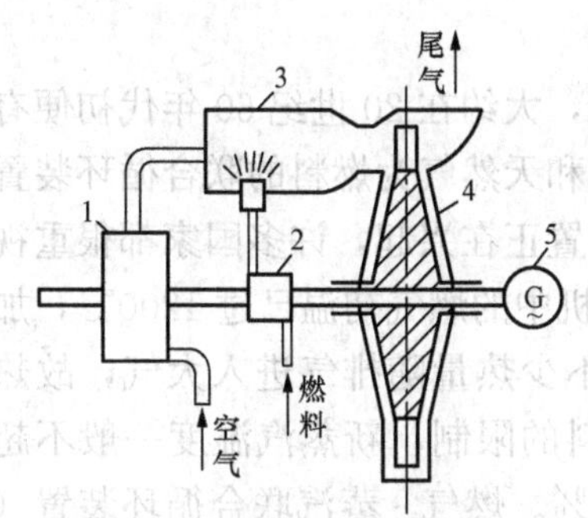

图 10 - 43 燃气轮机基本循环示意

1—空气压缩机；2—燃料泵；3—燃烧室；4—燃气轮机；5—发电机

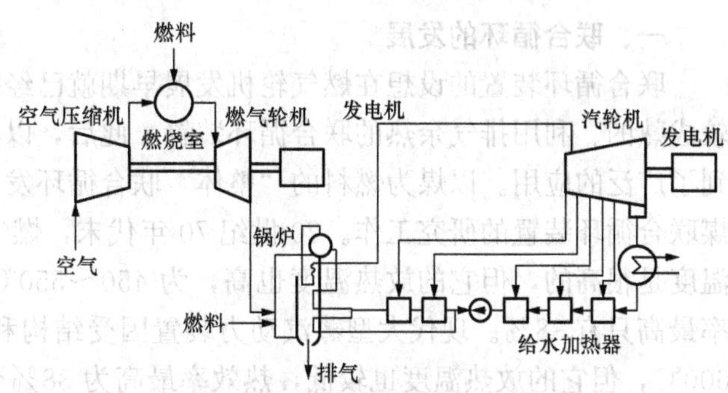

图 10 - 44 燃气 - 蒸汽联合循环发电系统

复习思考题

1. 生物质燃烧发电的原理是什么？
2. 目前用于垃圾发电的焚烧炉的主要有哪几类？各有什么特征？
3. 太阳能光热发电的基本流程是什么？
4. 太阳能光伏发电系统的主要部件有哪些？分别起什么作用？

第十一章　燃气-蒸汽联合循环系统

第一节　燃气-蒸汽联合循环系统概述

一、联合循环的发展

联合循环装置的设想在燃气轮机发展早期就已经提出，大约在20世纪60年代初便有了较成熟的、利用排气余热的联合循环装置。此后，以石油和天然气为燃料的联合循环装置得到了广泛的应用。以煤为燃料的“整体”联合循环发电装置正在兴起，许多国家都很重视燃煤联合循环装置的研究工作。20世纪70年代末，燃气轮机中的燃气初温已过1200℃，加热温度是很高的，但它的放热温度也高，为450～550℃，不少热量随排气进入大气，故热效率最高只有38%。现代大型蒸汽动力装置因受结构和材料的限制，新蒸汽温度一般不超过600℃，但它的放热温度也较低，热效率最高为38%～39%。燃气-蒸汽联合循环装置（简称联合循环装置）能把两者的优点结合起来。它的循环既具有燃气轮机的加热高温，又具有蒸汽动力装置的放热低温，从而有较高的热效率。

长期以来，我国的能源结构以煤为主，它决定了煤炭在我国发电能源结构中的地位。据预测，到2030年，燃煤电站占我国发电总装机容量的比例仍将高达58.5%，发电量则占65.7%。由以上可以看出，煤电一直会是我国的电力主导。而在环保方面，燃煤发电的污染排放（SO_2、NO_x）的问题异常严重，直到今天还没有得到有效的控制，这成为了我国在电力行业发展实施可持续发展战略的“瓶颈”。所以不仅要发展燃煤电站的环保装置，还要发展洁净煤发电技术，并有条件地调整我国的能源结构，比如使用天然气来替换部分发电的燃煤。因而，燃烧天然气的燃气轮机和蒸汽轮机联合循环发电机组是目前提高能源资源的利用效率、解决环境污染问题的首选。

二、联合循环的原理及类型

联合循环装置是把燃气轮机和蒸汽动力装置联合成为一个整体，将燃气轮机排出的废热用于蒸汽循环。压气机吸入空气压缩后送入燃烧室内，使燃料（油或天然气）燃烧产生高温高压燃气，进入燃气轮机膨胀做功发电，再将燃气轮机排出的气体引入锅炉（余热锅炉），作为锅炉的热源，利用锅炉产生的蒸汽进入蒸汽轮机再发电。这样就形成了燃气轮机和蒸汽轮机共同作为原动机的联合循环发电系统。

燃气-蒸汽联合循环的形式多种多样，按照燃气循环排气放热量被蒸汽循环全部或部分利用的不同情况及蒸汽锅炉结构形式的特征，可分为余热锅炉联合循环、补燃余热锅炉联合循环、增压锅炉循环。

1. 余热锅炉联合循环

余热锅炉联合循环是将燃气轮机的高温排气引入锅炉中，利用其余热将水加热成蒸汽来驱动蒸汽轮机。20世纪80年代之前，燃气轮机的单机功率较小，燃气初温较低，排气温度也较低，在这种情况下，余热锅炉联合循环由于余热锅炉效率低、汽轮机的功率和效率也低，所以只适合于旧的、小的蒸汽动力厂改造。图11-1（a）所示为余热锅炉联合循环系统。

2. 补燃余热锅炉联合循环

补燃余热锅炉联合循环与余热锅炉联合循环主要不同之处在于余热锅炉中补充部分燃料燃烧、利用燃气中剩余的氧气燃烧、提高余热锅炉效率以及提高蒸汽参数。随着补燃量的增加，汽轮机容量的比例随之增大。图 11-1（b）所示为补燃余热锅炉联合循环系统。

3. 增压锅炉循环

增压锅炉循环系统是以压气机取代送风机，空气经压缩（0.6～1MPa）后，将燃气轮机的燃烧室与产生蒸汽的锅炉合二为一，利用外置的锅炉省煤器来回收透平的排气余热。由于是增压锅炉，其传热面积大为减少，锅炉体积可缩至 1/6～1/5，其金属损耗量、厂房投资等大为降低。燃气轮机在排气温度较低的情况下，可使蒸汽参数及流量不受限制，从而可达到较大的机组容量和较高的机组效率。同时，由于烟气的质量流速较高，所以锅炉的传热效率高，所需的传热面积小，锅炉尺寸紧凑。但是，增压锅炉燃料受炉膛密封和燃气轮机工作要求的限制，目前还不能用煤，存在系统复杂、制造技术要求高、燃气轮机不能单独运行的缺点。图 11-1（c）所示为增压锅炉循环系统。

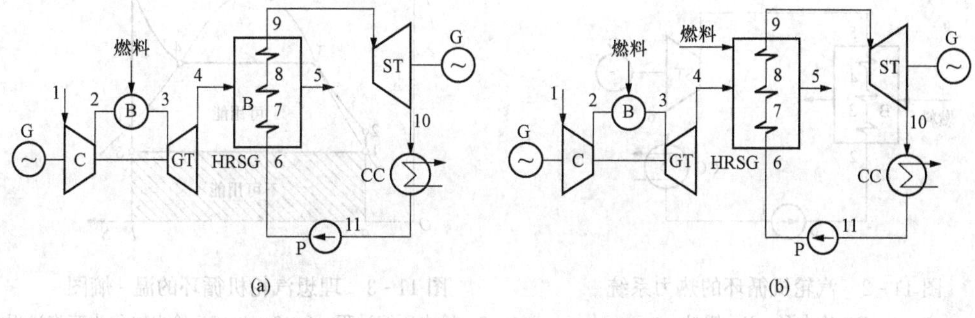

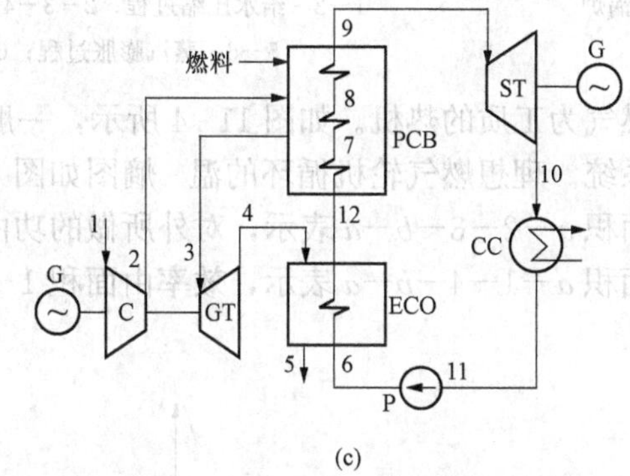

图 11-1　燃气-蒸汽联合循环

（a）余热锅炉；（b）补燃余热锅炉；（c）增压锅炉

C—压气机；B—燃烧室；GT—燃气轮机；HRSG—余热锅炉；PCB—增压锅炉；ST—汽轮机；CC—凝汽器；P—给水泵；ECO—省煤器；G—发电机

三、联合循环的热力学分析

1. 汽轮机循环与燃气轮机循环的局限性

由热力学原理可知，任何一种热机循环所能达到的最高热效率均可表示为

$$\eta = 1 - \frac{\overline{T}_2}{\overline{T}_1} \tag{11-1}$$

式中 $\overline{T}_1$——循环工质在高温热源的平均吸热温度，K；

$\overline{T}_2$——循环工质在低温热源（冷源）的平均放热温度，K。

由式（11-1）可见，欲使热机循环达到较高的热效率，必须使工质的平均吸热温度尽可能高，同时使工质的平均放热温度尽可能低。然而，实际情况往往是，一种单独的热机循环可以实现较低的工质平均放热温度，却不能实现较高的工质平均吸热温度。

汽轮机是以水和水蒸气为工质的热机，如图 11-2 所示，它与给水泵、锅炉、汽轮机和凝汽器四大设备组成热力系统。理想汽轮机循环的温-熵图如图 11-3 所示。在该循环中，单位质量工质从高温热源（锅炉）吸收的热量可由图上的面积 $a-2-3-4-5-b-a$ 表示，对外所做的功由面积 1—2—3—4—5—6—1 表示，向低温热源（凝汽器）放出的热量由面积 $a-1-6-b-a$ 表示，效率由面积 1—2—3—4—5—6—1 与面积 $a-2-3-4-5-b-a$ 之比间接表示。

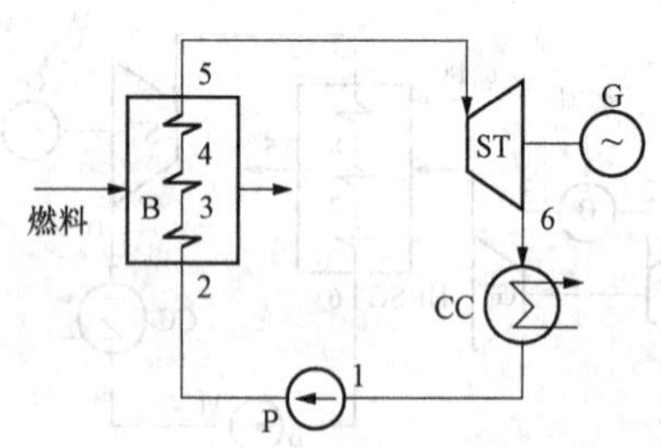

图 11-2 汽轮机循环的热力系统

P—给水泵；B—锅炉

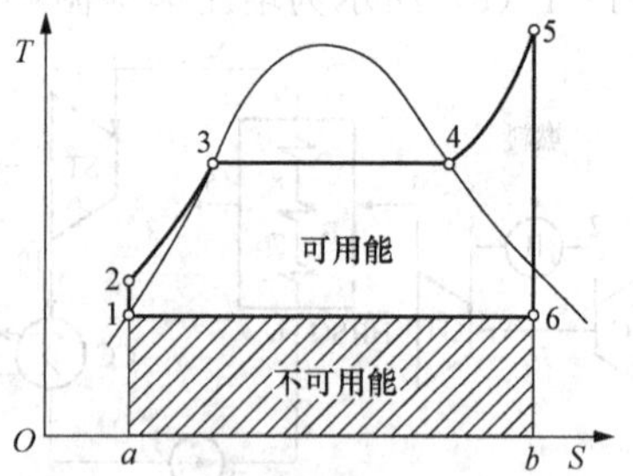

图 11-3 理想汽轮机循环的温-熵图

1—2—给水压缩过程；2—3—4—5—给水转化为蒸汽过程；

5—6—蒸汽膨胀过程；6—1—排气凝结过程

燃气轮机是以空气和燃气为工质的热机。如图 11-4 所示，一般由压气机、燃烧室、燃气轮机三大设备组成热力系统。理想燃气轮机循环的温-熵图如图 11-5 所示。单位质量工质所获的热量可由图上的面积 $a-2-3-b-a$ 表示，对外所做的功由面积 1—2—3—4—1 表示，向大气放出的热量由面积 $a-1-4-b-a$ 表示，效率由面积 1—2—3—4—1 与面积 $a-1-4-b-a$ 之比间接表示。

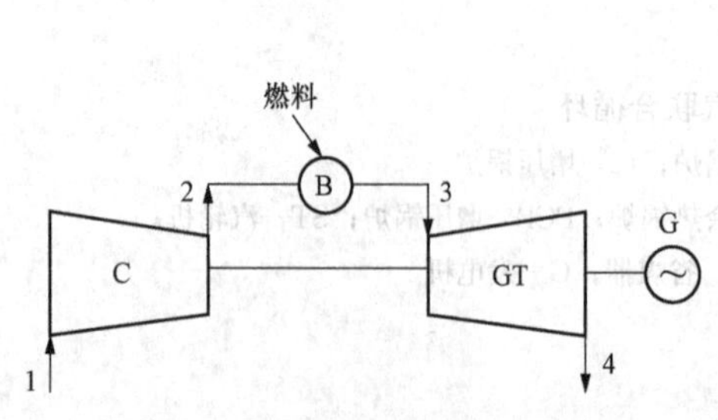

图 11-4 燃气轮机循环的热力系统

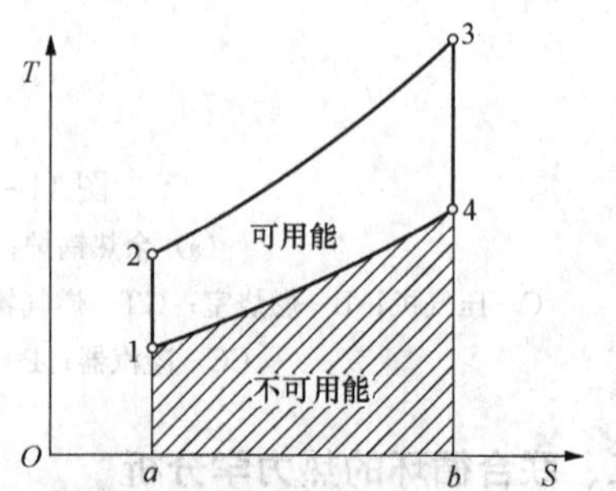

图 11-5 理想汽轮机循环的温-熵图

1—2—给水压缩过程；2—3—空气与燃料混合燃烧过程；

3—4—燃气膨胀过程；4—1—排气在大气中放热过程

2. 联合循环的热力性能

由于单独的汽轮机循环和燃气轮机自身的局限性，效率难以有大幅度突破，因此，将两者结合起来构成一种效率更高的循环——燃气-蒸汽联合循环系统。以余热锅炉型联合循环为例，该系统的原理：用余热锅炉吸收燃气轮机排气的热量产生蒸汽，然后用汽轮机将蒸汽的热量转化为机械功。由于燃气轮机排气的温度比较高，而汽轮机循环能够利用的蒸汽温度又比较低，所以这一原理可以实现效率的提高。

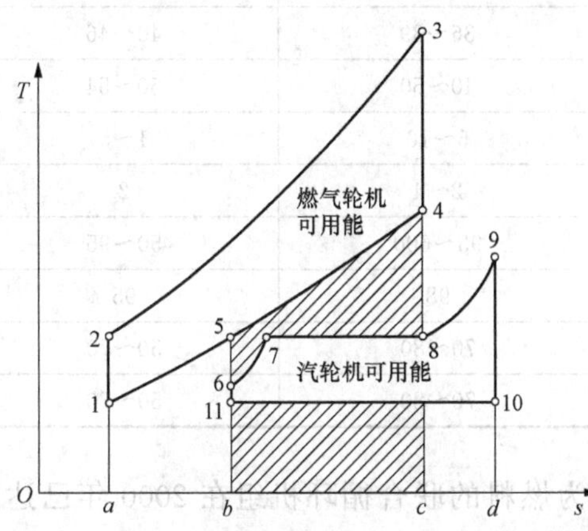

图 11-6　理想余热锅炉型联合循环的温-熵图

图 11-6 所示为理想余热锅炉型联合循环系统温-熵图，在该循环中，单位质量工质所获的热量可由图上的面积 $a-2-3-c-a$ 表示，对外所做的功由面积 1—2—3—4—1 表示，通过余热锅炉传向给水的热量由面积 $b-5-4-c-b$ 表示，向外界放出的热量由面积 $a-1-5-b-a$ 表示。在该循环的汽轮机循环中，与单位质量的空气相对应的蒸汽（当流过燃气轮机的空气量为单位值时，流过汽轮机的蒸汽量并不一定为单位值）从余热锅炉吸收的热量可由面积 $b-6-7-8-9-d-b$ 表示，它与面积 $b-5-4-c-b$ 相等，对外所做的功由面积 6—7—8—9—10—11—6 表示，通过凝汽器向外界放出的热量由面积 $b-11-10-d-b$ 表示。显然，在联合循环中，汽轮机循环的可用能来自于燃气轮机子循环，是后者不可用能的一部分。

综上可知，燃气轮机是工作于高温区的一种热机，宜于利用低品位的热量；汽轮机是工作于低温区的一种热机，宜于利用高品位的热量；而联合循环按照热量梯级利用原则将燃气轮机和汽轮机结合起来，可以将高品位和低品位的热量同时利用起来。表 11-1 为汽轮机、燃气轮机和燃气-蒸汽联合循环的性能进行比较。

表 11-1　　几种发电系统的主要技术性能比较

性能	汽轮机	燃气轮机	燃气-蒸汽联合循环
初温	600℃以下	1500℃以下	初温即燃气轮机之初温
排汽温度	30～35℃	550～610℃	终温即汽轮机之终温
效率	40%～45%	40%～45%	50%～60%
特点	优点：平均放热温度低 缺点：平均吸热温度低	优点：平均吸热温度高 缺点：平均放热温度高	同时具有燃气轮机初温高和汽轮机排汽温度低之优点，克服了两者的缺陷

四、联合循环的基本优点

与常规的汽轮机循环相比，各种各样的联合循环均有着高效率、低污染、低水耗等最基本的优点。表 11-2 为几种发电系统的主要技术指标比较。

表 11-2 几种发电系统的主要技术指标比较

机组类型		常规燃煤机组（带脱硫）	燃用天然气的联合循环机组	燃煤的联合循环机组	
				PFBC-CC（增压循环流化床联合循环）	IGCC（整体煤气化联合循环）
机组容量（MW）	2000 年	300～1300	150～390	80～350	200～600
	2010 年				
供电效率（%）	2000 年	34.5～38.5	55～58	36～39	40～46
	2010 年		>60	40～50	50～54
污染物排放（相对）	SO_2	6～12	0.01	5～10	1～5
	NO_x	18～90	11～55	2～4	2
	粉尘	2～5	0	95～600	50～95
	灰渣	120～200	0	98	95
	CO_2	107	60	70～80	50～70
耗水量（相对量）		100	50～70	70～80	50～70

由表 11-2 可见，在供电效率上，以天然气为燃料的联合循环机组在 2000 年已达到 55%～58%，比常规机组高 15%～18%；以煤为燃料的 PFBC-CC 和 IGCC 在 2000 年里比同等容量的常规机组高出不多，但潜力很大，随着技术的进步，预计 IGCC 和 PFBC-CC 的供电效率很快就会突破 50%。燃气-蒸汽联合循环中的燃气废热得以利用，蒸汽锅炉的 SO_2、NO_x 及粉尘的排放相应大为降低，特别是 SO_2 的排放。由于联合循环机组中燃气轮机不需要大量冷却水，所以其耗水量一般仅为常规燃煤机组的 50%～70%。另外，燃油（气）联合循环机组还具有系统简单、启停快、比投资费用低等优点；燃煤的联合循环机组还具有可燃用高硫、高灰分、低发热量劣质煤等优点。

第二节 燃 气 轮 机

燃气轮机是以连续流动的气体为工质带动叶轮高速旋转，将燃料的能量转变为有用功的内燃式动力机械，是一种旋转叶轮式热力发动机。

燃气轮机的基本原理与蒸汽轮机很相似，不同处在于工质不是蒸汽而是燃料燃烧后的烟气。燃气轮机属于内燃机，所以也称为内燃气轮机。构造有三大部分：空气压缩机、燃烧室、燃气透平系统。燃气轮机是利用气体作为工质在燃烧室里燃烧，将燃料的化学能转变为气体的热力学能。在喷嘴里，气体的热力学能转变为气体的动能，燃气高速喷出，冲击叶轮转动。

一、燃气轮机发展

我国在 12 世纪的南宋高宗年间就已有走马灯的记载，它是涡轮机（透平）的雏形。15 世纪末，意大利人列奥纳多·达·芬奇设计出烟气转动装置，其原理与走马灯相同。至 17 世纪中叶，透平原理在欧洲得到了较多应用。1791 年，英国人巴伯首次描述了燃气轮机的工作过程。1920 年，德国人霍尔茨瓦特制成第一台实用的燃气轮机，其效率为 13%、功率为 370kW，按等容加热循环工作，但因等容加热循环以断续爆燃的方式加热，存在许多重大缺点而被人们放弃。随着空气动力学的发展，人们掌握了压气机叶片中气体扩压流动的特点，解决了设计高效率轴流式压气机的问题，因而在20世纪30年代中期出现了效率达85%的轴流式压气机。与此同时，透平效率也有了提高。在高温材料方面，出现了能承受600℃以上高温的铬镍合金钢等耐热钢，因而能采用较高的燃气初温，于是等压加热循环的燃气轮机终于得到成功的应用。1939年，在瑞士制成了4MW发电用燃气轮机，效率达18%。同年，在德国制造的喷气式飞机试飞成功，从此燃气轮机进入了实用阶段，并开始迅速发展。随着高温材料的不断进展，以及透平采用冷却叶片并不断提高冷却效果，燃气初温逐步提高，使燃气轮机效率不断提高，单机功率也不断增大。1941年，瑞士BBC制造的第一辆燃气轮机车通过了交货试验；1947年，英国制造的第一艘装备燃气轮机的舰艇下水；1950年，英国制成第一辆燃气轮机汽车。在20世纪70年代中期出现了多种100MW级的燃气轮机，功率最高能达到130MW。应用于航空领域、发电用燃气轮机、工业用燃气轮机、船用燃气轮机、机车用燃气轮机（法国、加拿大）、车辆用燃气轮机等领域。

目前只有美、英、俄、法、德、日等几个发达国家具备独立研制燃气轮机的能力，其核心技术一直被这些国家垄断。燃气轮机如图11-7所示。

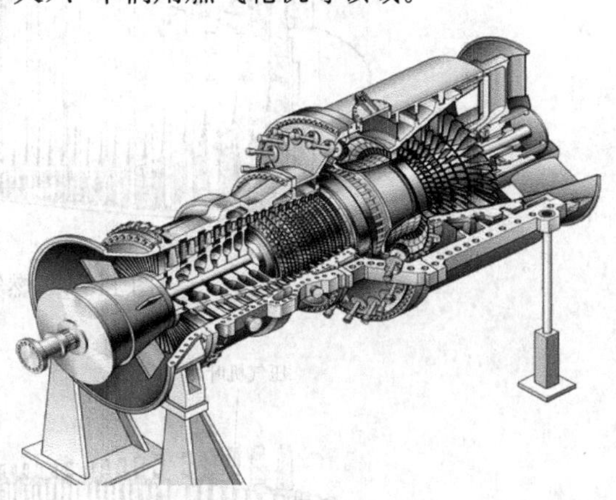

图11-7　燃气轮机

以三菱燃气轮机为例，其温度和效率的发展如图11-8所示。从图11-8中可以看出，1976年M701B进行工厂负荷测试；1984年M701D燃气轮机在日本东北电气公司进行商业运行，是世界首个预混合燃烧室应用于1150℃级别；1986年MF111燃气轮机进行商业运行，在工业应用中的是世界最高温度1250℃；1989年M501F在工厂负荷下1350℃级别；1997年M501G投入商业运行，是世界上首个1500℃级别机组；1999年M701G在日本东北电气公司运行，属于世界首台运营。

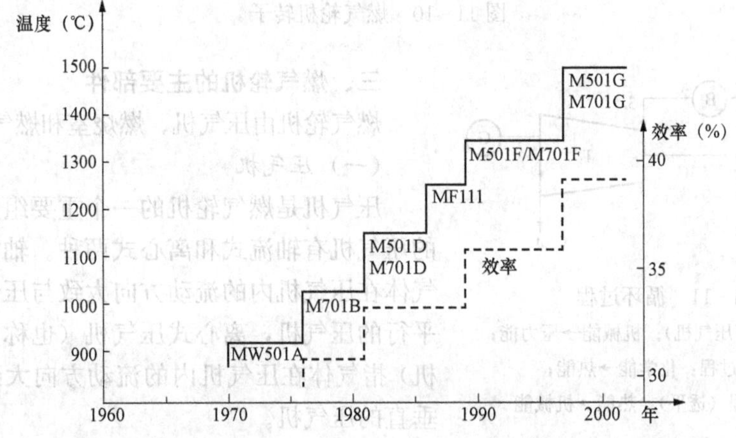

图11-8　燃气轮机温度与效率发展

二、燃气轮机工作过程

燃气轮机系统工作原理：图 11 - 9 所示为燃气轮机剖面。由图中可以看出，轴流式压气机从外部吸入空气，压缩后送入燃烧室，同时燃料也喷入燃烧室与高温压缩空气混合，进行定压燃烧。生成的高温高压烟气进入透平段膨胀做功，推动动叶片高速旋转，从而使得转子旋转做功，转子输出的一部分功率用于驱动自身的压缩机，其余的功可被用来驱动机械设备，如发电机、泵、压缩机等，最后乏气排入大气中或再加利用。燃气轮机的工作过程是最简单的，称为简单循环。此外，还有回热循环和复杂循环。燃气轮机的工质来自大气，最后又排至大气的是开式循环；还有工质被封闭循环使用的闭式循环；燃气轮机与其他热机相结合的称为复合循环装置。图 11 - 10、图 11 - 11 所示分别为燃气轮机转子及循环过程。

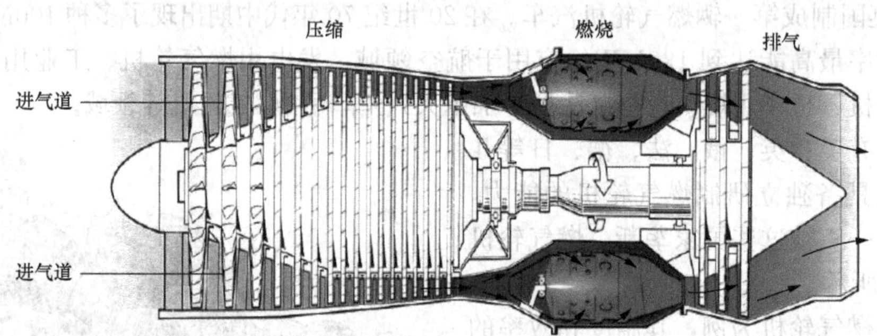

图 11 - 9　燃气轮机剖面

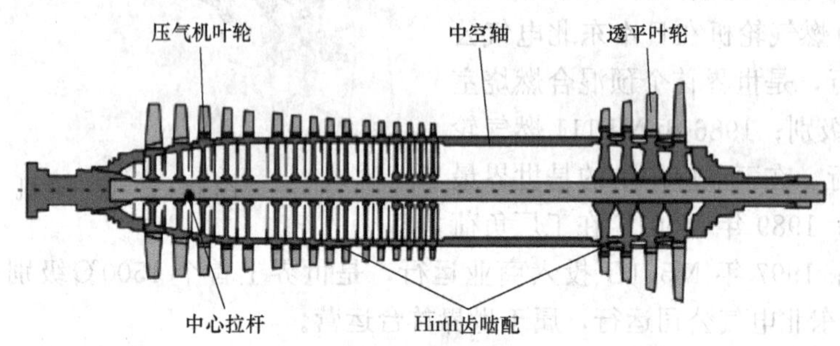

图 11 - 10　燃气轮机转子

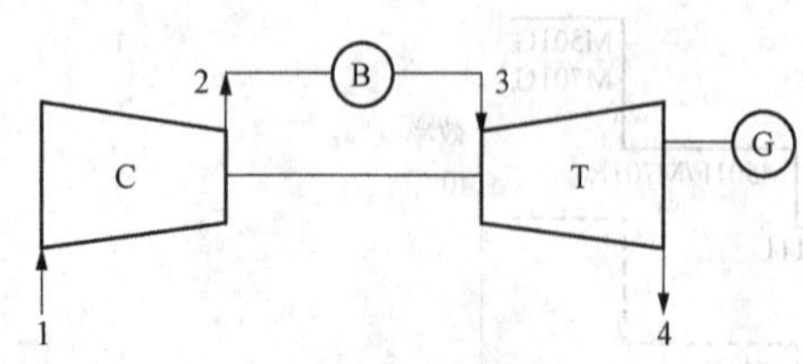

图 11 - 11　循环过程

C—压缩过程（压气机）：机械能→压力能；

B—燃烧过程：化学能→热能；

T—膨胀过程（透平）：热能→机械能

三、燃气轮机的主要部件

燃气轮机由压气机、燃烧室和燃气透平等组成。

（一）压气机

压气机是燃气轮机的一个重要组成部件。常用的压气机有轴流式和离心式两种。轴流式压气机指气体在压气机内的流动方向大致与压气机的旋转轴平行的压气机，离心式压气机（也称为径流式压气机）指气体在压气机内的流动方向大致与旋转轴相垂直的压气机。

以轴流式压气机为例，如 11 - 12 所示，轴流式压气机由静子与转子两大部件构成。靠涡轮（透平）驱动旋转，负责从周围大气吸入空气，并将空气压缩增压，然后连续不断地向燃烧室提供高压空气。轴流式压气机效率较高，适用于大流量的场合。在小流量时，轴流式压气机因后面几级叶片很短，效率低于离心式。功率为数兆瓦的燃气轮机中，有些压气机采用轴流式加一个离心式作末级，因而在达到较高效率的同时又缩短了轴向长度。

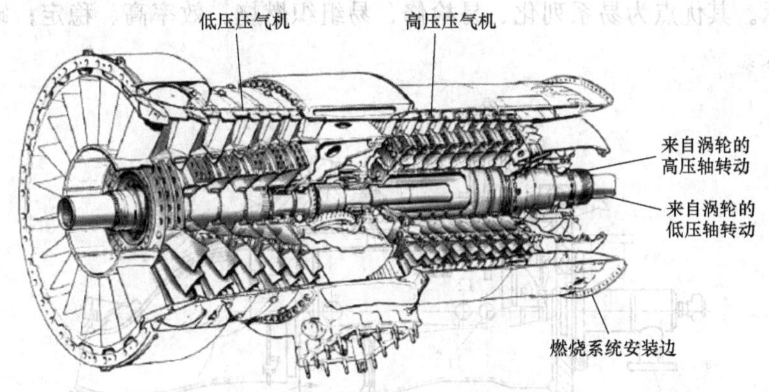

图 11 - 12　轴流式压气机

表 11 - 3 为轴流式压气机和离心式压气机比较。

表 11 - 3　**轴流式压气机和离心式压气机比较**

类型	轴流式	离心式
优点	流量大、效率高	级的增压能力高
缺点	级的增压能力低	流量小、效率低
应用场合	大功率燃机	中小功率燃机

（二）燃烧室

燃烧室是燃气轮机的三大部件之一，其结构图如图 11 - 13 所示。其作用是利用压气机送来的一部分高压空气使燃料燃烧，并将燃料产物与其余的高压空气混合，形成均匀一致的高温高压燃气后送往透平。除流动损失外，燃烧室的工作基本上是在等压下完成的。

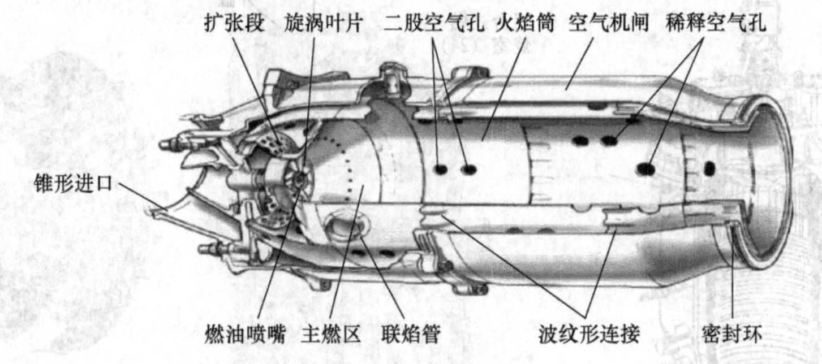

图 11 - 13　燃烧室结构

燃烧室由扩张段、主燃区、旋涡叶片、燃油喷嘴和火焰筒等构成。将压气机送来的高压空气与燃料混合燃烧，把燃料的化学能转换为燃气的热能，使流出燃烧室的燃气具有高的温度和压力（工质的焓值升高），使在涡轮中膨胀做功的能力增大。

燃烧室类型有分管型、圆桶形、环形、环管形。

1. 分管型

分管型燃烧室是由若干个管式燃烧室环绕燃气轮机主轴排列组成一个整体的燃烧室，如图 11 - 14 所示。其优点为易系列化、易检修、易组织燃烧、效率高、稳定；缺点为空间利用差 、压损大。

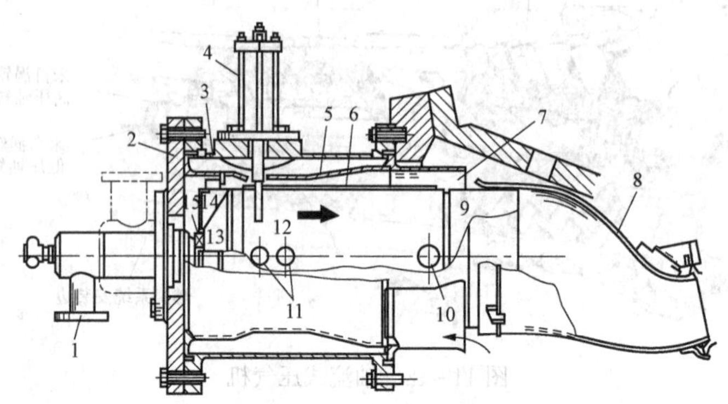

图 11 - 14 分管型燃烧室

1—燃料喷嘴；2—盖板；3—外壳；4—点火器；5—遮热筒；6—火焰筒；7—环腔；8—过渡段；9—掺混区；10—混合射流孔；11——次射流孔；12—燃烧区；13—过渡锥顶；14—配气盖板；15—旋流器

2. 圆桶形

圆桶形燃烧室通过内外套管分别与涡轮进气蜗壳和压气机出气蜗壳相连接，全部空气流过一个或者两个独立于压气机 - 涡轮轴系之外的燃烧室，如图 11 - 15 所示。其优点为简单、灵活，装拆方便，燃烧稳定，压损小；缺点为笨重、设计调试困难。

3. 环形

环形燃烧室内有一个环形火焰筒，如图 11 - 16 所示。其优点为质量小、空间利用好；缺点为燃烧组织难、出口不易均匀、设计调试困难、解体检修难。

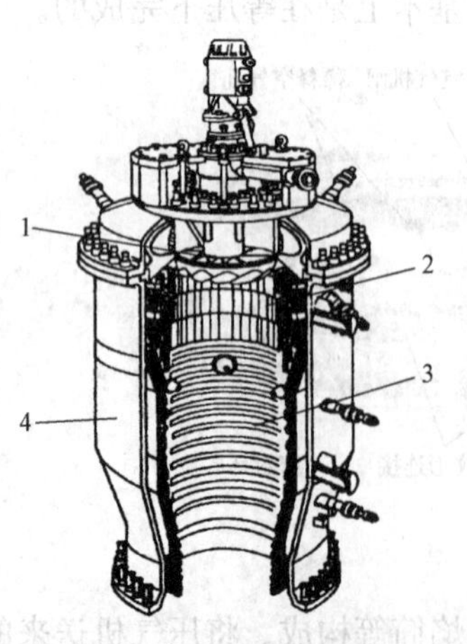

图 11 - 15 圆桶形燃烧室

1—旋流器；2—挂片式冷却结构；3—火焰筒；4—外壳

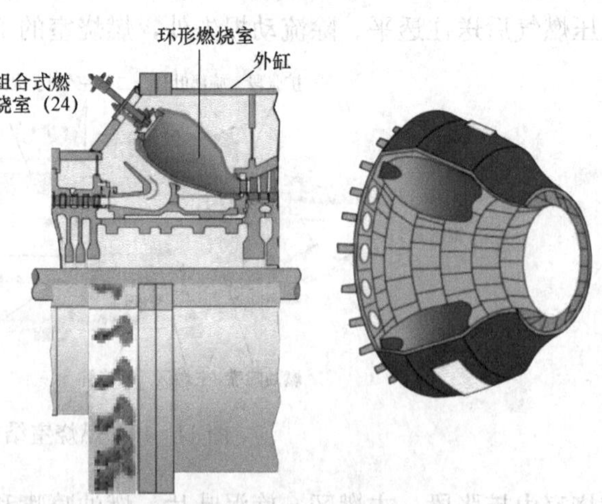

图 11 - 16 环形燃烧室

4. 环管形

环管形燃烧室是由若干个管式火焰筒绕燃气轮机主轴排列在一个燃烧室内组成的，如图 11-17 所示。其优点为易系列化、易组织燃烧、效率高；缺点为压损大。

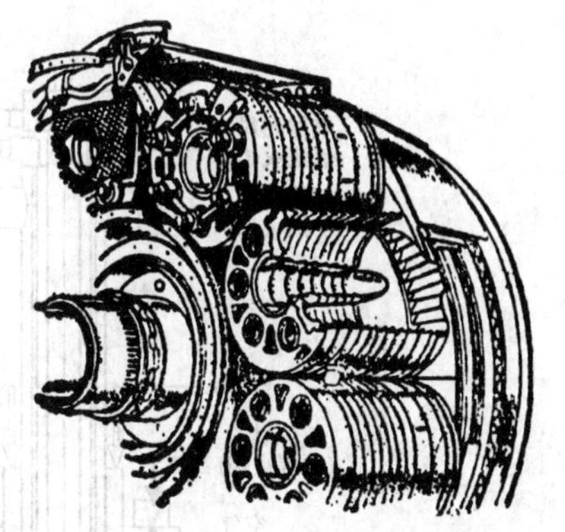
图 11-17 环管形燃烧室

下面介绍典型 DLN 燃烧室（器）。

（1）GE 公司的 DLN 燃烧室。GE 公司的 DLN 燃烧室配有 14 个环形低氮 DLN 型燃烧器，燃气轮机有 3 级叶轮，转子轮盘由分布短拉杆连接，燃气轮机、压气机转子为 3 轴承支撑方式，轴承监测轴振、瓦振。其特点为两级串联、双燃料燃烧室。燃柴油时，只以扩散方式燃烧。图 11-18 所示为 GE 公司的 DLN 燃烧室。

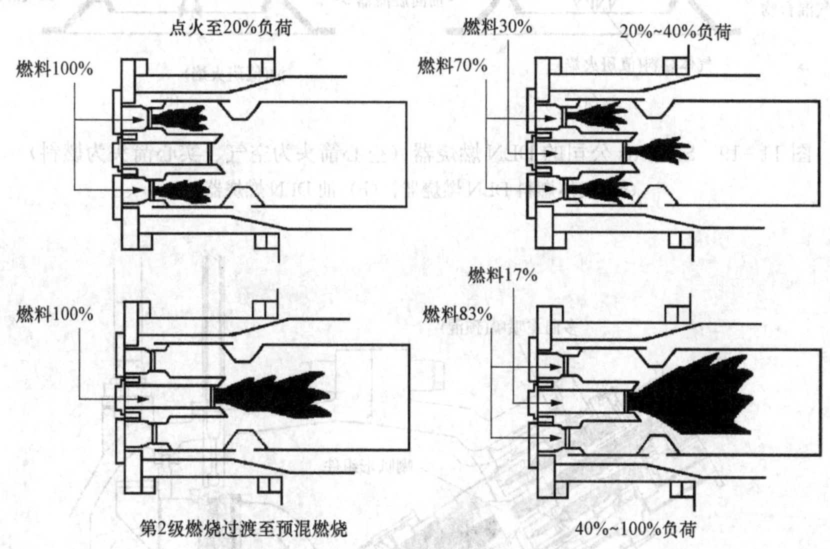

图 11-18 GE 公司的 DLN 燃烧室

（2）Siemens 公司的 DLN 燃烧器。Siernens 公司的环形燃烧室是由带 24 个周向均布的干式低 $N0_x$ 排放混合型燃烧器组成的。该燃烧室的环形燃烧空间是用敷有氧化物——陶瓷涂层的高温合金钢制成的遮热板组合而成的。冷却空气将通过遮热板之间的气隙排出，它既能防止高温的热燃气排出燃烧空间，又能在遮热板上形成一层冷却气膜。其特点为多级并联、双燃料、中心有值班喷嘴。燃用柴油时，低负荷为扩散，高负荷为预混。图 11-19 所示为 Siemens 公司的 DLN 燃烧器。

（3）三菱公司的 DLN 燃烧器。该公司生产的配有 18 个环形低氮 DLN 型燃烧器，如图 11-20 所示。燃烧室的一次空气具有旁路阀门，实现一次空气可调，在低负荷燃气流量较小时，旁路一部分压气机的排气引入燃烧器尾部，不参与燃烧，保证燃烧器中一定的燃料与空气比例，确保燃烧火焰稳定，这样部分负荷下排气温度不变的区域（50%以上）是同类型机组中最大的。其特点为两级串联、双燃料、中心有值班喷嘴。燃用柴油时，相当大程度上为扩散燃烧。设有空气旁路。

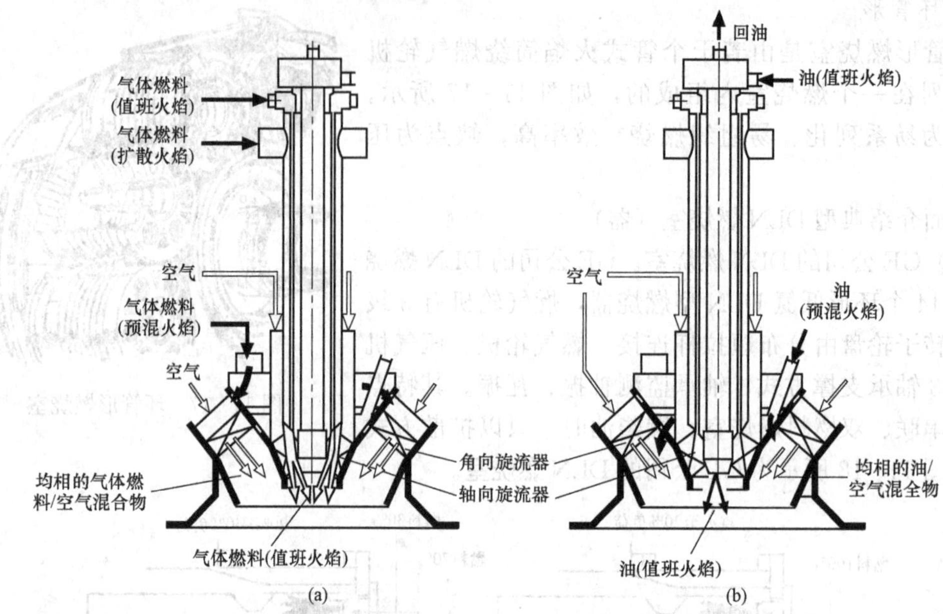

图 11-19　Siemens 公司的 DLN 燃烧器（空心箭头为空气、实心箭头为燃料）

（a）气体燃料 DLN 燃烧器；（b）油 DLN 燃烧器

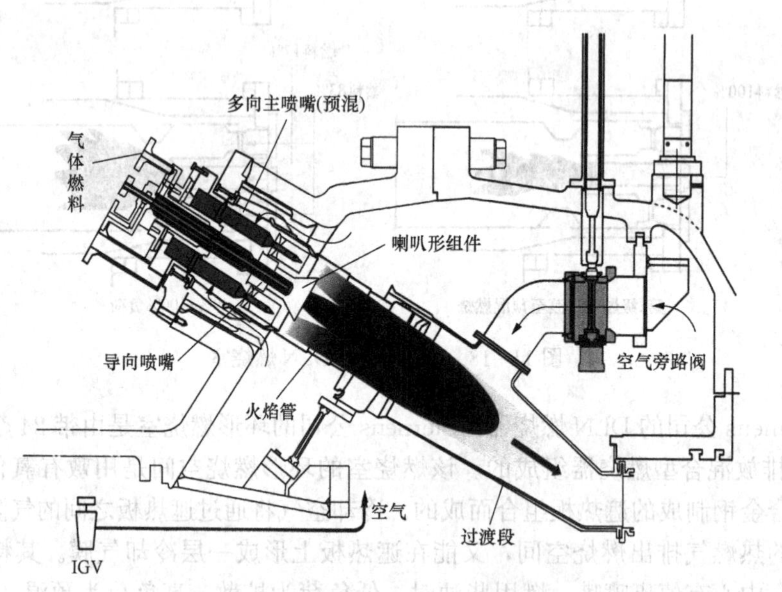

图 11-20　三菱公司的 DLN 燃烧器

（三）燃气透平

燃气透平又称为燃气轮，它是燃气轮机三大主要部件之一，透平叶片如图 11-21 所示。经压气机压缩提高了压力的空气，在燃烧室中吸收了燃料燃烧所释放的能量，变成高温高压的燃气，进入透平膨胀做功。所以，透平是把燃气工质的热能转化成透平转子轴输出机械功的部件，所做机械功一部分用来带动压气机工作，多余的部分则作为燃气轮机的有效功输出，去带动外界的负荷。

图 11-21　透平叶片

按照燃气在透平内部的流动方向，透平通常可以分为轴流式和向心式两大类。两者的比较见表 11-4。

表 11-4　轴流式和向心式透平比较

类型	轴流式	向心式
优点	流量大、效率高	级的做功能力大
缺点	级的做功能力小	流量小、效率低
应用场合	大功率燃气轮机	中小功率燃气轮机

与汽轮机相比，透平的特点为缸壁薄，级数少，转子、叶片需冷却，无调节级，效率变化影响显著。燃烧室和透平不仅工作温度高，而且还承受燃气轮机在启动和停机时，因温度剧烈变化引起的热冲击，工作条件恶劣，故它们是决定燃气轮机寿命的关键部件。为确保有足够的寿命，这两大部件中工作条件最差的零件如火焰筒和叶片等，须用镍基和钴基合金等高温材料制造，同时还须用空气冷却来降低工作温度。燃气透平均为 4 级：1、2 级动叶片为单晶叶片，外面加两层涂层；第 3 级动叶片为定向结晶叶片，加一层涂层；第 4 级由于温度相对比较低，所以采用一般材料的锻件。各级叶片均有空气冷却孔。冷却系统设计要求：从不同部位引气，流量分配合理，空气清洁。透平和叶片的冷却如图 11-22和图 11-23 所示。

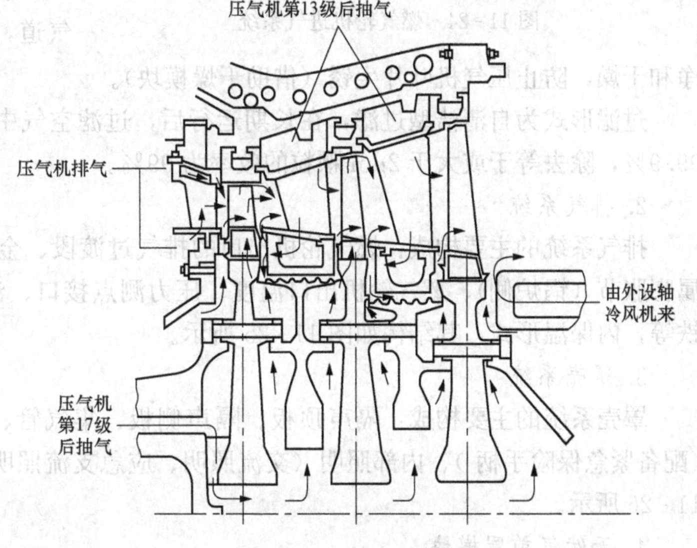

图 11-22　透平的冷却

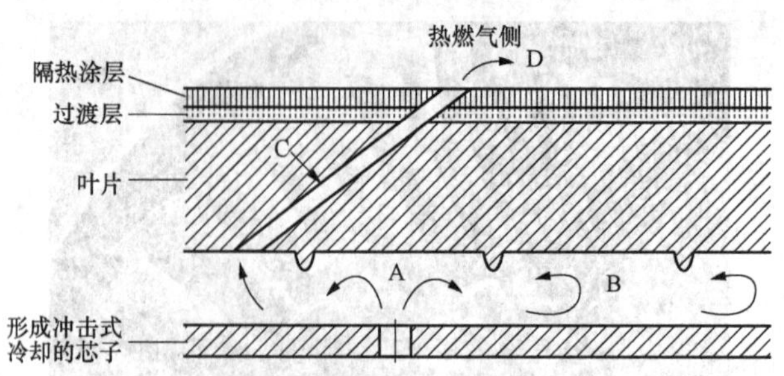

图 11 - 23 叶片的冷却方式

A—冲击式冷却；B—利用扰流片增强对流冷却效果；C—内部传热；D—气膜冷却

四、燃气轮机辅助系统

1. 进气系统

燃气轮机进气系统的主要构成：入口滤网、防雨装置、膨胀节、防冰冻装置、从过滤器到压气机入口的气密风道、消声器和安全控制所需的所有控制器和仪表等，如图 11 - 24 所示。

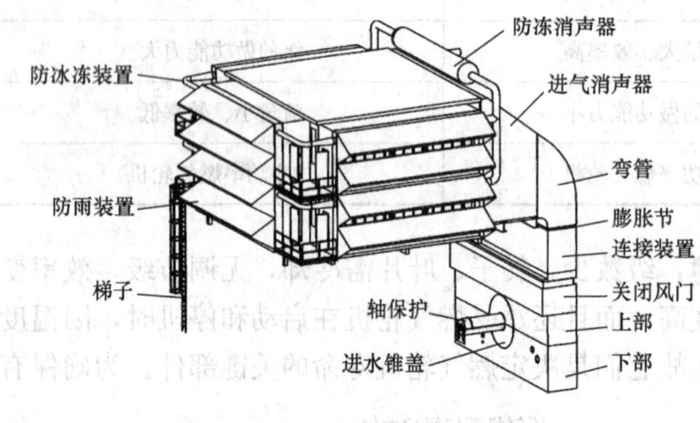

图 11 - 24 燃气轮机进气系统

进气系统的主要功能如下：

(1) 将空气过滤并导入燃气轮机压气机，为燃气轮机提供干净、干燥的燃烧空气，确保燃气轮机安全可靠地运行。

(2) 减少和吸收燃气轮机压气机产生的噪声，使之满足规定的噪声允许值。

(3) 在机组停止运行期间关闭进气道，使燃气轮机内部的空气保持干净和干燥，防止压气机叶片生锈（借助干燥模块）。

过滤形式为自清洁型过滤，在长期运行后，过滤空气中等于或大于 5μm 颗粒的效率为 99.9%，除去等于或大于 2μm 颗粒的效率为 99%。

2. 排气系统

排气系统的主要构成：燃气轮机出口的排气过渡段、金属膨胀节（燃气轮机侧）、非金属膨胀节（锅炉侧）、燃气轮机出口温度、压力测点接口、油漆、结构支撑、地脚螺栓、垫铁等，内保温形式，其结构如图 11 - 25 所示。

3. 罩壳系统

罩壳系统的主要构成：隔声顶板、隔声侧板、集气管、排风管、空气处理机、安全门（配备紧急保险手柄）、内部照明（交流照明、应急支流照明）、结构支撑及锚定件等，如图 11 - 26 所示。

4. 天然气前置模块

前置模块的主要构成：进口绝缘与计量装置、过滤分离装置、放散与紧急切断装置、与燃气模块的连接管路（BOP）、氮气置换接口等，如图 11 - 27 所示。所有焊口均采用 100%

无损检测。

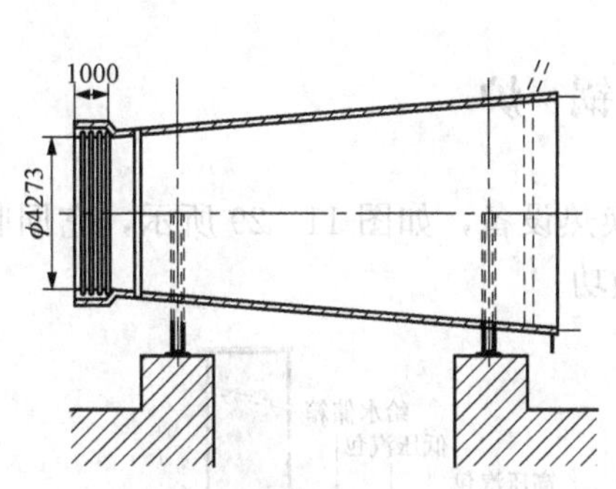

图 11-25　燃气轮机排气系统

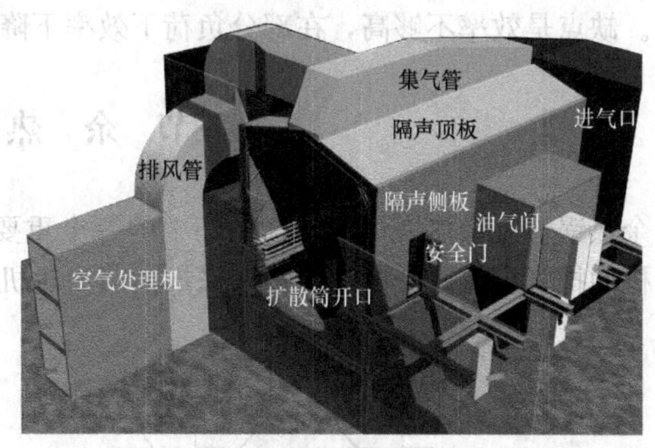

图 11-26　燃气轮机罩壳系统

5. 燃气模块

燃气模块的主要构成：过滤器、温度监控、压力监测、气体放散装置等，如图 11-28 所示。

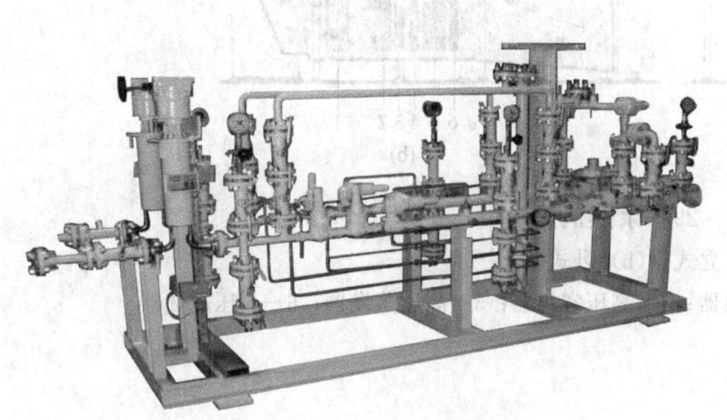
图 11-27　天然气前置模块

图 11-28　燃气模块

其他辅助系统还有燃机本体保温、润滑油模块及油冷却器、水洗模块、干燥模块等。

6. 燃气轮机和蒸汽轮机比较

两种设备都是将热能转化为机械能的设备，两者的基本原理有类似之处，区别在于，燃气轮机有燃烧室，以高温燃气为工质，它是直接利用燃料燃烧产生的高温燃气来驱动多级叶轮产生动力的，蒸汽轮机依靠高温高压的水蒸气来驱动叶轮。所以燃气轮机的工作温度要更高，其设计和工艺、材料要求也比蒸汽轮机高了几个数量级，蒸汽轮机相比而言，其工作压力和温度要低得多，所以更容易设计制造，但它需要配套的蒸汽发生装置才可使用，体积大，能量密度也不如燃气轮机。燃气轮机和蒸汽轮机都有各自的优点和缺点。一般而言，蒸汽轮机能效低，能源消耗高，因为它离不开锅炉，整个装置既笨重又庞大；新蒸汽的压力和温度也不能过高，排汽压力不能过低，热效率难以提高，它是一种复式机器，惯性力限制了转速的提高，工作过程是不连续的，蒸汽的流量受到限制，也就限制了功率的提高，但是结构相对较为简单，易于维护操作。燃气轮机的主要优点是小而轻。压气机连续地从大气中吸入空气并将其压缩；压缩后的空气进入燃烧室，与喷入的燃料混合后燃烧，成为高温燃气，随即流入燃气透平中膨胀做功，推动透平叶轮带着压气机叶轮一起旋转；加热后的高温燃气的做功能力显著提高，因而燃气透平在带动压气机的同时，尚有余功作为燃气轮机的输出机械功。缺点是效率不够高，在部分负荷下效率下降快，空载时的燃料消耗量高。

第三节　余　热　锅　炉

余热锅炉是余热锅炉型联合循环中的一个重要换热设备，如图 11－29 所示，它回收燃气轮机的排气余热，借以产生蒸汽来推动蒸汽轮机做功。

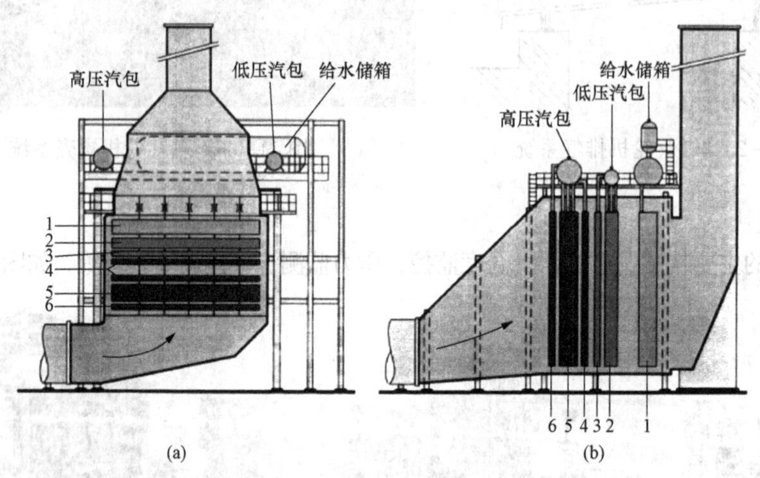

图 11－29　余热锅炉

（a）立式；（b）卧式

1—预热器；2—低压蒸发器；3—低压过热器；4—高压省煤器；5—高压蒸发器；6—高压过热器

一、余热锅炉分类

（1）按烟气流向分为卧式、立式。

（2）按汽水系统的特点分为单压式（产生一种压力的蒸汽）、多压式（产生多种压力的蒸汽）、再热多压式。

（3）按汽水循环方式分为自然循环、强制循环。

（4）按汽水流程分为汽包炉、直流炉。

（5）按有无补燃装置分为补燃式和无补燃式。目前随着燃气轮机燃气初温的提高，联合循环已很少采用补燃式。

二、余热锅炉的特点

与常规燃煤锅炉相比余热锅炉的主要特点如下：

（1）热力特性变化大。被动接受上游燃机排气，不能独立控制燃料，燃机负荷变化时，在运行中的热力参数和性能经常发生较大变化。

（2）烟气温度低、流量大，传热方式以对流为主。

（3）炉内烟气速度和温度分布很不均匀。

（4）汽水系统形式多样。单压、双压、双压再热、三压、三压再热等。

（5）变工况时烟气侧和蒸汽侧热力变化不协调。燃机的排气温度和流量随燃机的负荷和大气温度的变化而变化，而蒸汽侧的热力参数需要保持相对稳定。

(6) 需要适应燃机快速启动的要求。目前大部分机组采用一拖一，单轴布置，不设旁路烟道，余热锅炉要适应燃机快速启动。

三、工作原理

通常余热锅炉的受热面是由省煤器、蒸发器、过热器以及联箱和汽包等换热管簇和容器等组成的，如图 11-30 所示。在有再热的蒸汽循环中，可以加装再热器。在省煤器中完成对锅炉给水的预热任务，使给水温度升高到接近于饱和温度的水平；在蒸发器中，使给水相变成饱和蒸汽；在过热器中，饱和蒸汽被加热升温成过热蒸汽；在再热器中，再热蒸汽被加热升温到所设定的再热温度。

图 11-31 所示为余热锅炉中的传热量与烟气和汽水温度之间的关系。

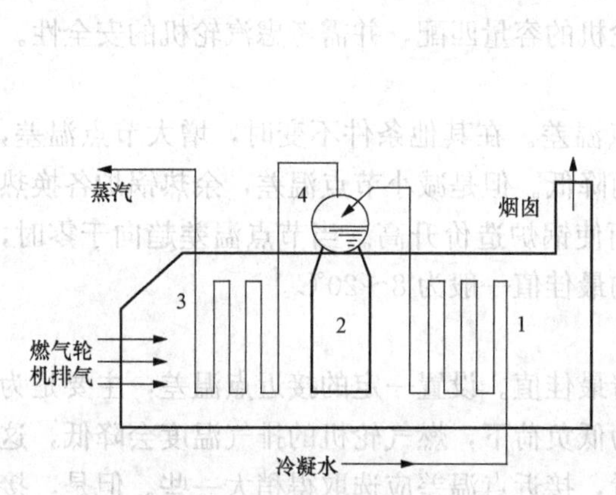

图 11-30　余热锅炉汽水系统

1—省煤器；2—蒸发器；3—过热器；4—汽包

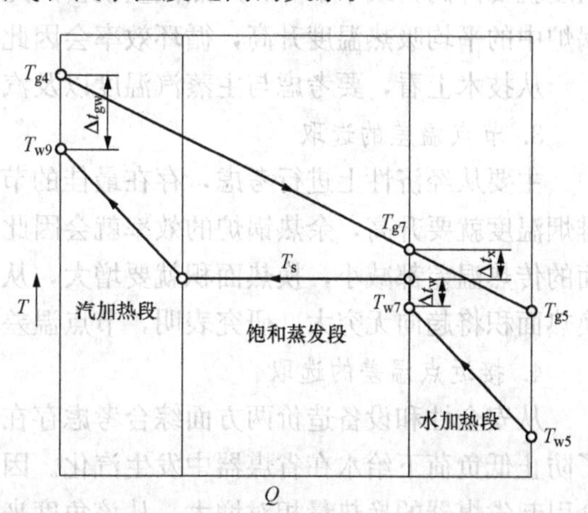

图 11-31　余热锅炉中的传热量与烟气和汽水温度之间的关系

端差（热端温差）：过热器入口烟温与过热器出口蒸汽温度的差值，即

$$\Delta t_{gw} = T_{g4} - T_{w9}$$

节点温差：蒸发器入口处烟温与饱和水温度的差值，即

$$\Delta t_x = T_{g7} - T_s$$

接近点温差：相应压力下饱和水温度与省煤器出口水温的差值，即

$$\Delta t_w = T_s - T_{w7}$$

四、余热锅炉热力参数的选取

余热锅炉热力参数的选取需从经济和技术两个方面加以考虑：

从经济上看，存在着最佳的排烟温度。因为排烟温度越低，效率就越高；但要达到较低的排烟温度，余热锅炉就要更多的换热面积，这一方面会使锅炉的制造费用上升，另一方面还会使烟气侧的流动阻力增大，从而导致燃气轮机功率和效率的下降。

从技术上看，受烟气酸露点温度的限制。实践中对燃烧含有硫分的气体燃料或液体燃料的联合循环，排烟温度一般选取 150～200℃；对燃烧天然气的联合循环，因存在碳酸腐蚀的问题，排烟温度一般取 100℃左右。

1. 主蒸汽温度的选取

从经济和技术两个方面加以考虑。

从经济上看，存在着最佳的主蒸汽温度。因为主蒸汽温度选取得高，会使汽轮机的出力增大，从而使联合循环机组的出力和效率提高；但主蒸汽温度过高，会使余热锅炉的平均传热温差减小，从而使余热锅炉的换热面积增大，设备制造费用增加。

从技术上看，要考虑与蒸汽压力以及汽轮机的容量匹配，并需考虑变工况时汽轮机的安全性。实践中一般在端差大于30℃的范围内，通过优化选取。

2. 主蒸汽压力的选取

从经济和技术两个方面加以考虑。

从经济上看，存在着最佳值。因为其他条件不变，主蒸汽压力提高时，余热锅炉的排烟温度就要升高，效率下降，产蒸汽量就会因此而减少；但对蒸汽循环而言，由于工质在余热锅炉中的平均吸热温度升高，循环效率会因此而有所提高。

从技术上看，要考虑与主蒸汽温度以及汽轮机的容量匹配，并需考虑汽轮机的安全性。

3. 节点温差的选取

主要从经济性上进行考虑，存在最佳的节点温差。在其他条件不变时，增大节点温差，排烟温度就要升高，余热锅炉的效率就会因此而降低。但是减小节点温差，余热锅炉各换热面的传热温差都减小，换热面积就要增大，从而使锅炉造价升高。当节点温差趋向于零时，换热面积将趋向无穷大。研究表明，节点温差的最佳值一般为8～20℃。

4. 接近点温差的选取

从安全性和设备造价两方面综合考虑存在着最佳值。设置一定的接近点温差，主要是为了防止低负荷下给水在省煤器中发生汽化。因为低负荷下，燃气轮机的排气温度会降低，这会引起省煤器的换热量相对增大。从该角度来看，接近点温差应选取得稍大一些。但是，接近点温差增大，蒸发器的换热面积就要增大，锅炉的总换热面积就要增大，造价会提高。

5. 烟气侧流速的选取

从经济性上进行考虑存在着最佳的烟气流速。烟气流速增大时，余热锅炉的换热系数会增大，所需的换热面积会因此而减小，但是，烟气的流动阻力会随之增大，使燃气轮机的排气压力升高，从而导致燃气轮机出力和效率也下降。

五、余热炉的主要性能参数

输出的热量与输入的热量之比为效率，即

$$\eta_h = \frac{Q_{st}}{h_{g4} - h_{g1}}$$

由图11-32可得余热锅炉中的传热量与烟气和汽水温度之间的关系，可得出效率的简化表达式，即

$$\eta_h = \frac{h_{g4} - h_{g5}}{h_{g4} - h_{g1}} \approx \frac{c_{pg}(T_{g4} - T_{g5})}{c_{pg}(T_{g4} - T_1)} = \frac{T_{g4} - T_{g5}}{T_{g4} - T_1}$$

六、余热锅炉的汽水系统

1. 采用多压余热锅炉降低排烟温度

对单压余热锅炉而言，在燃气轮机排气温度一定的情况下，为提高余热锅炉效率，应尽可能降低余热锅炉的排烟温度。为了降低排烟温度，必须降低蒸汽的压力、温度，从而导致汽轮机循环效率降低。这里存在最佳取值问题。研究表明：按照最佳值选取蒸汽参数时，单压锅炉的排烟温度只能降低到200℃左右甚至更高。那么，怎样进一步降低排烟温度呢？最

理想的办法是采用双压或三压锅炉。

2. 双压余热锅炉的 T-Q 曲线

从图 11-32 中两图相比可以看出，双压余热炉之所以可以将排烟温度降得更低，是因为相当于在第一台余热炉后又串了一台压力等级更低一些的余热炉，后者以前者的排烟作为热源，进一步降低了排烟温度。

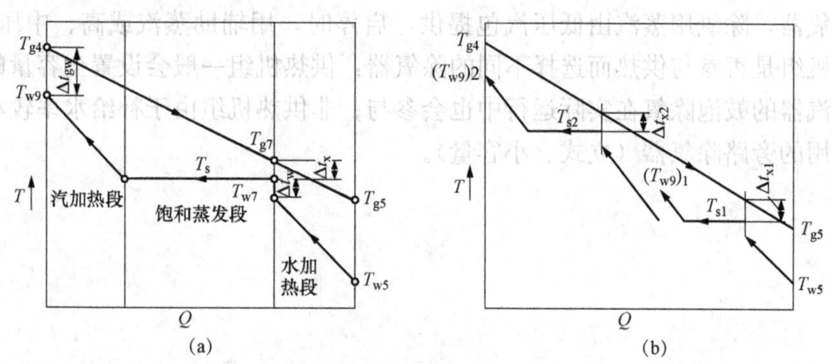

图 11-32 双压余热锅炉的 $T-Q$ 曲线

(a) 单压余热锅炉的 T-Q 曲线；(b) 双压余热锅炉的 T-Q 曲线

一般多压系统可以把排烟温度降低至 110～130℃，如果燃料为低硫的天然气，则排烟温度可降至 80～85℃。

研究表明：三压联合循环的效率比双压联合循环的效率大约可提高 1%；双压和三压采用再热后，联合循环的效率能再提高 0.8%～0.9%。

3. 典型的多压汽水系统

图 11-33 所示为三压有再热自然循环带整体式除氧器的余热锅炉的汽水系统。

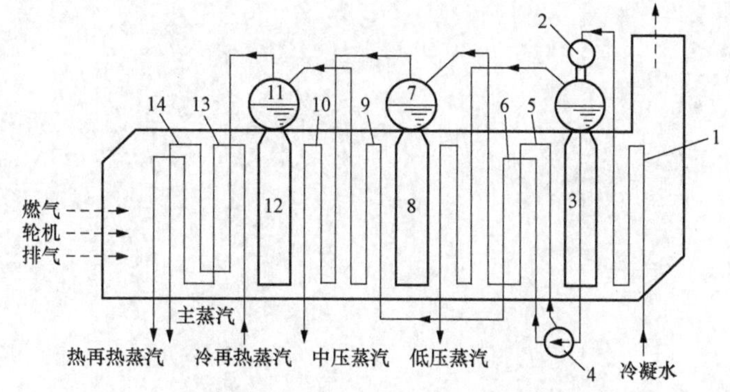

图 11-33 三压有再热自然循环带整体式除氧器的余热锅炉的汽水系统

1—低压省煤器；2—整体除氧器；3—低压蒸发器；4—给水泵；5—中压省煤器；6—高压省煤器（第一级）；7—中压汽包；8—中压蒸发器；9—高压省煤器（第二级）；10—中压过热器；11—高压汽包；12—高压蒸发器；13—再热器；14—高压过热器

七、余热锅炉其他辅助设备

(1) 给水泵：根据余热炉的压力等级和余热炉的容量不同可配置高、低压给水泵，一般一备一用，配套有给水调节站。

（2）给水预加热器再循环泵或再掺混阀：作用是控制预加热器进口温度，防止低温腐蚀。

（3）除氧系统：联合循环机组的除氧方式一般有三种，一是在余热炉中除氧，二是在凝汽器中进行真空除氧，三是设置独立的除氧器。

余热锅炉除氧是目前应用较多的一种方式。这种方式下，除氧水箱兼作低压汽包用，称为整体式除氧器，除氧用蒸汽由低压汽包提供，启停时，用辅助蒸汽或高、中压汽包提供。一般会根据机组是否参与供热而选择不同的除氧器：供热机组一般会设置全容量的大型卧式除氧器，凝汽器的鼓泡除氧在实际运行中也会参与；非供热机组由于补给水率较小，一般只配置启动时用的旁路除氧器（立式、小容量）。

附　录

附录A　单元机组集控运行简介

本部分内容包括单元机组的启停、运行调整、控制调节、局部顺序控制，炉膛安全系统，火电厂计算机监控系统应用分析、AVC在电厂中的应用及复习思考题几部分，请扫码阅读。

附录B　发电厂经济与管理简介

本部分主要介绍了发电厂的技术经济指标、电能质量与生产管理、安全运行与经济管理及复习思考题等内容，请扫码阅读。

参 考 文 献

[1] 李永华，刘长良，陶哲．火电厂锅炉系统及优化运行．北京：中国电力出版社，2011.
[2] 张力．锅炉原理．北京：机械工业出版社，2006.
[3] 文锋，李长云．现代发电厂概论．3版．北京：中国电力出版社，2014.
[4] 广东电网公司电力科学研究院．1000MW超超临界火电机组技术丛书：锅炉设备及系统．北京：中国电力出版社，2011.
[5] 常湧．电气设备系统及运行．北京：中国电力出版社，2009.
[6] 陈洪章，王岚．现代生物质能源技术丛书：生物质生化转化技术．北京：冶金工业出版社，2012.
[7] 中国可再生能源发展战略研究丛书：生物质能卷．北京：中国电力出版社，2008.
[8] 中国可再生能源发展战略研究丛书：太阳能卷．北京：中国电力出版社，2008.
[9] 中国可再生能源发展战略研究丛书：风能卷．北京：中国电力出版社，2008.
[10] 中国可再生能源发展战略研究丛书：综合卷．北京：中国电力出版社，2008.
[11] 宋记锋，丁树娟．太阳能热发电站．北京：机械工业出版社，2013.
[12] 吴佳梁．风力机安装、维护与故障诊断．北京：化学工业出版社，2011.